国家科技重大专项
大型油气田及煤层气开发成果丛书
（2008—2020）
卷 20

低渗透油气藏高效开发钻完井技术

路保平　丁士东　何　龙　陶　谦　等编著

石油工業出版社

内容提要

本书介绍了低渗透油气藏高效开发钻完井的关键技术，主要包括低渗透油气深层高温高压随钻测控技术、低渗透储层高精度随钻成像技术、复杂地层钻井提速提效关键工具与装备、低渗油气藏钻井液完井液及储层保护技术、高压低渗油气藏固井技术、高压低渗油气藏完井技术等，反映了国家“十三五”重大科技专项“低渗透油气藏高效开发钻完井技术”的研究内容和成果。

本书可供从事低渗透油气藏高效开发钻完井的技术人员及大专院校相关专业的师生阅读，对科研和教学具有重要参考价值。

图书在版编目（CIP）数据

低渗透油气藏高效开发钻完井技术 / 路保平等编著 .
—北京：石油工业出版社，2023.5
（国家科技重大专项・大型油气田及煤层气开发成果丛书：2008—2020）
ISBN 978-7-5183-4739-1

Ⅰ.①低… Ⅱ.①路… Ⅲ.①低渗透油层–油气钻井–完井 Ⅳ.①TE257

中国版本图书馆 CIP 数据核字（2021）第 140147 号

责任编辑：方代煊　王长会　沈瞳瞳
责任校对：张　磊
装帧设计：李　欣　周　彦

出版发行：石油工业出版社
（北京安定门外安华里 2 区 1 号　100011）
网　址：www.petropub.com
编辑部：（010）64523583　图书营销中心：（010）64523633
经　销：全国新华书店
印　刷：北京中石油彩色印刷有限责任公司

2023 年 5 月第 1 版　2023 年 5 月第 1 次印刷
787×1092 毫米　开本：1/16　印张：27.5
字数：700 千字

定价：280.00 元

《低渗透油气藏高效开发钻完井技术》

编写组

组　长：路保平

副组长：丁士东

成　员：何　龙　陶　谦　倪卫宁　马清明　张　卫　唐志军　蒋祖军　唐海全　黄子超　郑奕挺　李　新　陈晓晖　王　卫　赵洪山　唐　波　李　闪　罗成波　王希勇　潘宝风　杨　旭　刘仍光　马兰荣　陈　勇　常连玉　庞　伟　岳　慧　马广军　亢武臣　王文立　杨　枝　薛　森

丛书 · 序

能源安全关系国计民生和国家安全。面对世界百年未有之大变局和全球科技革命的新形势，我国石油工业肩负着坚持初心、为国找油、科技创新、再创辉煌的历史使命。国家科技重大专项是立足国家战略需求，通过核心技术突破和资源集成，在一定时限内完成的重大战略产品、关键共性技术或重大工程，是国家科技发展的重中之重。大型油气田及煤层气开发专项，是贯彻落实习近平总书记关于大力提升油气勘探开发力度、能源的饭碗必须端在自己手里等重要指示批示精神的重大实践，是实施我国“深化东部、发展西部、加快海上、拓展海外”油气战略的重大举措，引领了我国油气勘探开发事业跨入向深层、深水和非常规油气进军的新时代，推动了我国油气科技发展从以“跟随”为主向“并跑、领跑”的重大转变。在“十二五”和“十三五”国家科技创新成就展上，习近平总书记两次视察专项展台，充分肯定了油气科技发展取得的重大成就。

大型油气田及煤层气开发专项作为《国家中长期科学和技术发展规划纲要（2006—2020年）》确定的10个民口科技重大专项中唯一由企业牵头组织实施的项目，以国家重大需求为导向，积极探索和实践依托行业骨干企业组织实施的科技创新新型举国体制，集中优势力量，调动中国石油、中国石化、中国海油等百余家油气能源企业和70多所高等院校、20多家科研院所及30多家民营企业协同攻关，参与研究的科技人员和推广试验人员超过3万人。围绕专项实施，形成了国家主导、企业主体、市场调节、产学研用一体化的协同创新机制，聚智协力突破关键核心技术，实现了重大关键技术与装备的快速跨越；弘扬伟大建党精神、传承石油精神和大庆精神铁人精神，以及石油会战等优良传统，充分体现了新型举国体制在科技创新领域的巨大优势。

经过十三年的持续攻关，全面完成了油气重大专项既定战略目标，攻克了一批制约油气勘探开发的瓶颈技术，解决了一批“卡脖子”问题。在陆上油气勘探、陆上油气开发、工程技术、海洋油气勘探开发、海外油气勘探开发、非常规油气勘探开发领域，形成了6大技术系列、26项重大技术；自主研发20项重大工程技术装备；建成35项示范工程、26个国家级重点实验室和研究中心。我国油气科技自主创新能力大幅提升，油气能源企业被卓越赋能，形成产量、储量增长高峰期发展新态势，为落实习近平总书记“四个革命、一个合作”能源安全新战略奠定了坚实的资源基础和技术保障。

《国家科技重大专项·大型油气田及煤层气开发成果丛书（2008—2020）》（62卷）是专项攻关以来在科学理论和技术创新方面取得的重大进展和标志性成果的系统总结，凝结了数万科研工作者的智慧和心血。他们以“功成不必在我，功成必定有我”的担当，高质量完成了这些重大科技成果的凝练提升与编写工作，为推动科技创新成果转化为现实生产力贡献了力量，给广大石油干部员工奉献了一场科技成果的饕餮盛宴。这套丛书的正式出版，对于加快推进专项理论技术成果的全面推广，提升石油工业上游整体自主创新能力和科技水平，支撑油气勘探开发快速发展，在更大范围内提升国家能源保障能力将发挥重要作用，同时也一定会在中国石油工业科技出版史上留下一座书香四溢的里程碑。

在世界能源行业加快绿色低碳转型的关键时期，广大石油科技工作者要进一步认清面临形势，保持战略定力、志存高远、志创一流，毫不放松加强油气等传统能源科技攻关，大力提升油气勘探开发力度，增强保障国家能源安全能力，努力建设国家战略科技力量和世界能源创新高地；面对资源短缺、环境保护的双重约束，充分发挥自身优势，以技术创新为突破口，加快布局发展新能源新事业，大力推进油气与新能源协调融合发展，加大节能减排降碳力度，努力增加清洁能源供应，在绿色低碳科技革命和能源科技创新上出更多更好的成果，为把我国建设成为世界能源强国、科技强国，实现中华民族伟大复兴的中国梦续写新的华章。

中国石油董事长、党组书记
中国工程院院士 戴厚良

丛书·前言

石油天然气是当今人类社会发展最重要的能源。2020 年全球一次能源消费量为 134.0×10^8t 油当量，其中石油和天然气占比分别为 30.6% 和 24.2%。展望未来，油气在相当长时间内仍是一次能源消费的主体，全球油气生产将呈长期稳定趋势，天然气产量将保持较高的增长率。

习近平总书记高度重视能源工作，明确指示“要加大油气勘探开发力度，保障我国能源安全”。石油工业的发展是由资源、技术、市场和社会政治经济环境四方面要素决定的，其中油气资源是基础，技术进步是最活跃、最关键的因素，石油工业发展高度依赖科学技术进步。近年来，全球石油工业上游在资源领域和理论技术研发均发生重大变化，非常规油气、海洋深水油气和深层—超深层油气勘探开发获得重大突破，推动石油地质理论与勘探开发技术装备取得革命性进步，引领石油工业上游业务进入新阶段。

中国共有 500 余个沉积盆地，已发现松辽盆地、渤海湾盆地、准噶尔盆地、塔里木盆地、鄂尔多斯盆地、四川盆地、柴达木盆地和南海盆地等大型含油气大盆地，油气资源十分丰富。中国含油气盆地类型多样、油气地质条件复杂，已发现的油气资源以陆相为主，构成独具特色的大油气分布区。历经半个多世纪的艰苦创业，到 20 世纪末，中国已建立完整独立的石油工业体系，基本满足了国家发展对能源的需求，保障了油气供给安全。2000 年以来，随着国内经济高速发展，油气需求快速增长，油气对外依存度逐年攀升。我国石油工业担负着保障国家油气供应安全，壮大国际竞争力的历史使命，然而我国石油工业面临着油气勘探开发对象日趋复杂、难度日益增大、勘探开发理论技术不相适应及先进装备依赖进口的巨大压力，因此急需发展自主科技创新能力，发展新一代油气勘探开发理论技术与先进装备，以大幅提升油气产量，保障国家油气能源安全。一直以来，国家高度重视油气科技进步，支持石油工业建设专业齐全、先进开放和国际化的上游科技研发体系，在中国石油、中国石化和中国海油建立了比较先进和完备的科技队伍和研发平台，在此基础上于2008年启动实施国家科技重大专项技术攻关。

国家科技重大专项“大型油气田及煤层气开发”（简称“国家油气重大专项”）是《国家中长期科学和技术发展规划纲要（2006—2020年）》确定的16个重大专项之一，目标是大幅提升石油工业上游整体科技创新能力和科技水平，支撑油气勘探开发快速发展。国家油气重大专项实施周期为2008—2020年，按照“十一五”“十二五”“十三五”3个阶段实施，是民口科技重大专项中唯一由企业牵头组织实施的专项，由中国石油牵头组织实施。专项立足保障国家能源安全重大战略需求，围绕“6212”科技攻关目标，共部署实施201个项目和示范工程。在党中央、国务院的坚强领导下，专项攻关团队积极探索和实践依托行业骨干企业组织实施的科技攻关新型举国体制，加快推进专项实施，攻克一批制约油气勘探开发的瓶颈技术，形成了陆上油气勘探、陆上油气开发、工程技术、海洋油气勘探开发、海外油气勘探开发、非常规油气勘探开发6大领域技术系列及26项重大技术，自主研发20项重大工程技术装备，完成35项示范工程建设。近10年我国石油年产量稳定在2×10^8t左右，天然气产量取得快速增长，2020年天然气产量达$1925\times10^8m^3$，专项全面完成既定战略目标。

通过专项科技攻关，中国油气勘探开发技术整体已经达到国际先进水平，其中陆上油气勘探开发水平位居国际前列，海洋石油勘探开发与装备研发取得巨大进步，非常规油气开发获得重大突破，石油工程服务业的技术装备实现自主化，常规技术装备已全面国产化，并具备部分高端技术装备的研发和生产能力。总体来看，我国石油工业上游科技取得以下七个方面的重大进展：

（1）我国天然气勘探开发理论技术取得重大进展，发现和建成一批大气田，支撑天然气工业实现跨越式发展。围绕我国海相与深层天然气勘探开发技术难题，形成了海相碳酸盐岩、前陆冲断带和低渗—致密等领域天然气成藏理论和勘探开发重大技术，保障了我国天然气产量快速增长。自2007年至2020年，我国天然气年产量从$677\times10^8m^3$增长到$1925\times10^8m^3$，探明储量从$6.1\times10^{12}m^3$增长到$14.41\times10^{12}m^3$，天然气在一次能源消费结构中的比例从2.75%提升到8.18%以上，实现了三个翻番，我国已成为全球第四大天然气生产国。

（2）创新发展了石油地质理论与先进勘探技术，陆相油气勘探理论与技术继续保持国际领先水平。创新发展形成了包括岩性地层油气成藏理论与勘探配套技术等新一代石油地质理论与勘探技术，发现了鄂尔多斯湖盆中心岩性地层大油区，支撑了国内长期年新增探明 10×10^8t 以上的石油地质储量。

（3）形成国际领先的高含水油田提高采收率技术，聚合物驱油技术已发展到三元复合驱，并研发先进的低渗透和稠油油田开采技术，支撑我国原油产量长期稳定。

（4）我国石油工业上游工程技术装备（物探、测井、钻井和压裂）基本实现自主化，具备一批高端装备技术研发制造能力。石油企业技术服务保障能力和国际竞争力大幅提升，促进了石油装备产业和工程技术服务产业发展。

（5）我国海洋深水工程技术装备取得重大突破，初步实现自主发展，支持了海洋深水油气勘探开发进展，近海油气勘探与开发能力整体达到国际先进水平，海上稠油开发处于国际领先水平。

（6）形成海外大型油气田勘探开发特色技术，助力“一带一路”国家油气资源开发和利用。形成全球油气资源评价能力，实现了国内成熟勘探开发技术到全球的集成与应用，我国海外权益油气产量大幅度提升。

（7）页岩气、致密气、煤层气与致密油、页岩油勘探开发技术取得重大突破，引领非常规油气开发新兴产业发展。形成页岩气水平井钻完井与储层改造作业技术系列，推动页岩气产业快速发展；页岩油勘探开发理论技术取得重大突破；煤层气开发新兴产业初见成效，形成煤层气与煤炭协调开发技术体系，全国煤炭安全生产形势实现根本性好转。

这些科技成果的取得，是国家实施建设创新型国家战略的成果，是百万石油员工和科技人员发扬艰苦奋斗、为国找油的大庆精神铁人精神的实践结果，是我国科技界以举国之力团结奋斗联合攻关的硕果。国家油气重大专项在实施中立足传统石油工业，探索实践新型举国体制，创建“产学研用”创新团队，创新人才队伍建设，创新科技研发平台基地建设，使我国石油工业科技创新能力得到大幅度提升。

为了系统总结和反映国家油气重大专项在科学理论和技术创新方面取得的重大进展和成果，加快推进专项理论技术成果的推广和提升，专项实施管理办公室与技术总体组规划组织编写了《国家科技重大专项·大型油气田及煤层气开发成果丛书（2008—2020）》。丛书共 62 卷，第 1 卷为专项理论技术成果总论，第 2～9 卷为陆上油气勘探理论技术成果，第 10～14 卷为陆上油气开发理论技术成果，第 15～22 卷为工程技术装备成果，第 23～26 卷为海洋油气理论技术装备成果，第 27～30 卷为海外油气理论技术成果，第 31～43 卷为非常规油气理论技术成果，第44～62卷为油气开发示范工程技术集成与实施成果（包括常规油气开发7卷，煤层气开发5卷，页岩气开发4卷，致密油、页岩油开发3卷）。

各卷均以专项攻关组织实施的项目与示范工程为单元，作者是项目与示范工程的项目长和技术骨干，内容是项目与示范工程在2008—2020年期间的重大科学理论研究、先进勘探开发技术和装备研发成果，代表了当今我国石油工业上游的最新成就和最高水平。丛书内容翔实，资料丰富，是科学研究与现场试验的真实记录，也是科研成果的总结和提升，具有重大的科学意义和资料价值，必将成为石油工业上游科技发展的珍贵记录和未来科技研发的基石和参考资料。衷心希望丛书的出版为中国石油工业的发展发挥重要作用。

国家科技重大专项“大型油气田及煤层气开发”是一项巨大的历史性科技工程，前后历时十三年，跨越三个五年规划，共有数万名科技人员参加，是我国石油工业史上一项壮举。专项的顺利实施和圆满完成是参与专项的全体科技人员奋力攻关、辛勤工作的结果，是我国石油工业界和石油科技教育界通力合作的典范。我有幸作为国家油气重大专项技术总师，全程参加了专项的科研和组织，倍感荣幸和自豪。同时，特别感谢国家科技部、财政部和发改委的规划、组织和支持，感谢中国石油、中国石化、中国海油及中联公司长期对石油科技和油气重大专项的直接领导和经费投入。此次专项成果丛书的编辑出版，还得到了石油工业出版社大力支持，在此一并表示感谢！

中国科学院院士 贾承造

《国家科技重大专项·大型油气田及煤层气开发成果丛书（2008—2020）》

分卷目录

序号	分卷名称
卷 1	总论：中国石油天然气工业勘探开发重大理论与技术进展
卷 2	岩性地层大油气区地质理论与评价技术
卷 3	中国中西部盆地致密油气藏“甜点”分布规律与勘探实践
卷 4	前陆盆地及复杂构造区油气地质理论、关键技术与勘探实践
卷 5	中国陆上古老海相碳酸盐岩油气地质理论与勘探
卷 6	海相深层油气成藏理论与勘探技术
卷 7	渤海湾盆地（陆上）油气精细勘探关键技术
卷 8	中国陆上沉积盆地大气田地质理论与勘探实践
卷 9	深层—超深层油气形成与富集：理论、技术与实践
卷 10	胜利油田特高含水期提高采收率技术
卷 11	低渗—超低渗油藏有效开发关键技术
卷 12	缝洞型碳酸盐岩油藏提高采收率理论与关键技术
卷 13	二氧化碳驱油与埋存技术及实践
卷 14	高含硫天然气净化技术与应用
卷 15	陆上宽方位宽频高密度地震勘探理论与实践
卷 16	陆上复杂区近地表建模与静校正技术
卷 17	复杂储层测井解释理论方法及 CIFLog 处理软件
卷 18	成像测井仪关键技术及 CPLog 成套装备
卷 19	深井超深井钻完井关键技术与装备
卷 20	低渗透油气藏高效开发钻完井技术
卷 21	沁水盆地南部高煤阶煤层气 L 型水平井开发技术创新与实践
卷 22	储层改造关键技术及装备
卷 23	中国近海大中型油气田勘探理论与特色技术
卷 24	海上稠油高效开发新技术
卷 25	南海深水区油气地质理论与勘探关键技术
卷 26	我国深海油气开发工程技术及装备的起步与发展
卷 27	全球油气资源分布与战略选区
卷 28	丝绸之路经济带大型碳酸盐岩油气藏开发关键技术

序号	分卷名称
卷 29	超重油与油砂有效开发理论与技术
卷 30	伊拉克典型复杂碳酸盐岩油藏储层描述
卷 31	中国主要页岩气富集成藏特点与资源潜力
卷 32	四川盆地及周缘页岩气形成富集条件、选区评价技术与应用
卷 33	南方海相页岩气区带目标评价与勘探技术
卷 34	页岩气气藏工程及采气工艺技术进展
卷 35	超高压大功率成套压裂装备技术与应用
卷 36	非常规油气开发环境检测与保护关键技术
卷 37	煤层气勘探地质理论及关键技术
卷 38	煤层气高效增产及排采关键技术
卷 39	新疆准噶尔盆地南缘煤层气资源与勘查开发技术
卷 40	煤矿区煤层气抽采利用关键技术与装备
卷 41	中国陆相致密油勘探开发理论与技术
卷 42	鄂尔多斯盆缘过渡带复杂类型气藏精细描述与开发
卷 43	中国典型盆地陆相页岩油勘探开发选区与目标评价
卷 44	鄂尔多斯盆地大型低渗透岩性地层油气藏勘探开发技术与实践
卷 45	塔里木盆地克拉苏气田超深超高压气藏开发实践
卷 46	安岳特大型深层碳酸盐岩气田高效开发关键技术
卷 47	缝洞型油藏提高采收率工程技术创新与实践
卷 48	大庆长垣油田特高含水期提高采收率技术与示范应用
卷 49	辽河及新疆稠油超稠油高效开发关键技术研究与实践
卷 50	长庆油田低渗透砂岩油藏 CO_2 驱油技术与实践
卷 51	沁水盆地南部高煤阶煤层气开发关键技术
卷 52	涪陵海相页岩气高效开发关键技术
卷 53	渝东南常压页岩气勘探开发关键技术
卷 54	长宁—威远页岩气高效开发理论与技术
卷 55	昭通山地页岩气勘探开发关键技术与实践
卷 56	沁水盆地煤层气水平井开采技术及实践
卷 57	鄂尔多斯盆地东缘煤系非常规气勘探开发技术与实践
卷 58	煤矿区煤层气地面超前预抽理论与技术
卷 59	两淮矿区煤层气开发新技术
卷 60	鄂尔多斯盆地致密油与页岩油规模开发技术
卷 61	准噶尔盆地砂砾岩致密油藏开发理论技术与实践
卷 62	渤海湾盆地济阳坳陷致密油藏开发技术与实践

本卷·前言

为了全面、准确地反映“十三五”期间“国家科技重大专项·大型油气田及煤层气开发”（简称国家油气重大专项）的创新研究成果，将成果的“精华”部分提炼和展现出来，根据国家油气重大专项办公室的安排，《低渗透油气藏高效开发钻完井技术》作为国家油气重大专项系列成果专著之一，由项目牵头单位中国石化石油工程技术研究院牵头，组织项目各参与单位的专家编写，内容包括近五年来低渗透油气藏高效开发钻完井应用基础研究、新技术开发、工具仪器装备研制、钻井液完井液研发等。这些成果是项目组科研人员心血的凝聚和智慧的结晶，是过去五年的工作总结，也是未来研发工作的基础。

项目牵头单位非常重视这项工作，将它作为一件大事来抓，力争把这本专著变成国家油气重大专项系列专著的“精品”，成立由路保平院长牵头的编写组。编写组组织召开了多次会议，广泛征求意见，讨论本专著的提纲和编写内容，确定各章节执笔专家。考虑到低渗透油气藏高效开发钻完井技术体系的特点，以及国家油气重大专项的研究成果，本书内容包括低渗透油气深层高温高压随钻测控技术、低渗透储层高精度随钻成像技术、复杂地层钻井提速提效关键技术、低渗油气藏钻井液完井液及储层保护技术、高压低渗油气藏固完井技术，以及相关技术的应用实例，确保内容的先进性、系统性、实用性和可读性。

低渗透油气藏高效开发钻完井技术研究针对低渗透油气藏单井产量低、动用程度低难题，围绕提速、提效和降低成本，开展相关技术研究。低渗透油气藏高效开发钻完井是一项学科交叉性很强的工作，涉及地质、钻完井工程、仪器装备、工具、液体材料等。由于本书涉及技术面广泛，内容较多，参与撰写专家较多，因此成立了编写组和设置各章节负责人：本书共 7 章，路保平负责第 1 章和第 3 章，丁士东负责第 2 章和第 7 章，何龙负责第 4 章和第 5 章，陶谦负责第 6 章。

本书研究成果得到国家油气重大专项项目支持。项目合作单位中国石化西南油气分公司、中国石化胜利石油工程有限公司、中国石化西南石油工程有限公司、中国石油大学（北京）、中国石油大学（华东）、西南石油大学、四川大学、电子科技大学、浙江大学的相关研究人员参与了大量科研工作，为本专著提供了丰富素材并参与本专著的编写，在此一并表示诚挚谢意！

由于作者水平有限，书中不足之处在所难免，恳请读者批评指正。

目录

第一章　绪　论

低渗透油气藏油层孔隙度低、喉道小、流体渗透能力差、产能低，通过常规开采方式难以有效规模开发，需要进行油藏改造才能维持正常生产，包括低渗透砂岩油气藏、碳酸盐岩油气藏和火山岩油气藏等。

世界上对低渗透油气藏并无统一的标准和界限，不同的国家是根据不同时期的石油资源状况和经济技术条件来制定其标准和界限，变化范围较大。而在同一国家、同一地区，随着认识程度的提高，低渗透油气藏的标准和概念也在不断地发展和完善，并且油藏和气藏的划分标准也不同。

针对我国油气资源状况、经济技术条件及低渗透油气藏勘探开发的实践，将油气藏按渗透率大小分为如下三类：常规油气藏（50.0～10.0mD）、特低渗透油气藏（10.0～1.0mD）和超低渗透油气藏（1.0～0.1mD）。

目前，全球约38%、中国约46%的油气属于以低渗透为主的低品位资源；国内主要含油气盆地中，低渗透石油资源占剩余石油资源总量的60%，低渗透天然气资源占剩余天然气资源总量的51%；鄂尔多斯盆地、准噶尔盆地、松辽盆地和柴达木盆地4大盆地低渗透储量所占比例均超过85%，可见低渗透油气资源在国内剩余油气资源总量中占有绝对的主导地位，低渗透油气资源的开发利用对确保我国油气的可持续发展具有重要战略意义。尽管我国低渗透油藏储量巨大、资源丰富，但总体来说开发效果并不理想，国外大公司低渗透油田平均采收率超过了35%，而国内低渗透油田平均采收率仅为24%左右。

低渗透油气藏高效开发钻完井技术针对我国川西、东部胜利、西部准噶尔等中浅层和深层低渗透油气藏，以提速、提效和降低成本为目标，开发高精度随钻成像地质导向和抗高温随钻测量仪器等核心装备与技术，形成低渗透储层高效钻完井技术系列，攻克超深水平井钻完井关键技术，减少储层伤害，实现低渗透油气田的高效开发。

第一节　国内外钻完井工程技术现状

我国低渗透油气藏普遍埋藏较深、地质条件复杂、开发难度较大，存在着系列开发矛盾和钻井难题，影响了低渗透油气藏的整体开发效益，主要难题存在6个方面：（1）缺乏有效产能预测、评价及设计手段，单井储量控制低；（2）“常规直井 / 水平井”开发方式相对单一，整体开发效果不高；（3）缺乏核心随钻测量工具仪器，储层钻遇率普遍低于80%；（4）常规提速提效手段适应能力不足，安全高效钻井难度大；（5）储层孔喉细小，压敏、水敏强，储层保护难度大；（6）采用长水平段水平井开发，固井质量难以保障，且分段压裂对水泥石力学性能要求高。

低渗透油气田规模有效勘探开发技术一直是国际上没有很好解决的重大工程技术难

题，也是油气田开发工程学科的前沿课题。随着低渗透油气在新增储量、产能建设中占比日益升高，低渗透、特低渗透油气开发规模日益增大，如何提高低渗透油气藏储量动用程度，实现其整体效益开发，成为了摆在我们面前的一个关键问题。

钻完井工程技术是实现其高效开发的关键。目前的主要做法是采用长水平段水平井 + 分段压裂完井技术，目的是增大储层接触面积，提高单井产量，增加油气藏的开发效益。在“十二五”攻关期间，形成了围绕低渗透油气藏高效开发钻完井技术，包括“增大泄油气面积钻井技术、分支井完井技术、150℃随钻测量仪器关键技术”等。其中，在钻井技术方面，国外形成了基于地震、测井和工程参数一体化钻井优化设计技术，随钻地层评价与旋转导向结合的导向钻井技术，分支井 / 鱼骨井等增大油藏接触面钻井技术，钻完井储层保护技术等；国内初步形成钻井地质与工程参数描述、中高温随钻测井和旋转导向技术、长水平井优快钻井及其钻井液 / 固井技术等，但是随钻高精度成像测井、高温随钻测控、一体化导向钻井等技术尚未形成成熟技术，难以进一步提高低渗透油气水平井开发效率。完井技术方面，国外较系统地开展了水泥环长期密封完整性机理研究，研究开发了弹塑性水泥浆体系、较完善的中深井固井技术；将随钻地层评价与地应力分析结合，对压裂段、射孔簇等实施精细选层和个性化设计；研制了高温、高压、防腐的测试工具，可满足 7000m 测试需要。

随着勘探开发的深入，“十三五”期间我国低渗透油气开发面临新的技术挑战：（1）Ⅱ类和Ⅲ类储层增加，钻遇地层更加复杂，动用难度增加。（2）降本增效面临巨大的技术挑战。钻完井成本占低渗透油气藏勘探开发成本的 60% 左右，国际油价可能在较长时期处于低位，提高开发效益面临重大挑战。（3）深层低渗透油气藏开发对安全高效钻完井技术提出新的挑战。川西和东部等低渗透油气资源勘探开发扩大至深层，深部地层可钻性差、地层压力体系复杂、井壁不稳定等导致钻井周期长、安全压力大的问题更加突出。为此，努力攻克低渗透油气藏高效开发面临的钻完井关键技术难题，促进“十三五”油气勘探开发目标的实现和经济有效动用，助力石油企业上游实现有效益的发展。

针对低渗透油气藏安全高效开发在“十三五”期间面临的关键技术难题，开展了 5 个方面的研究：低渗透油气藏深层高温高压随钻测控技术、低渗透储层高精度随钻成像技术、复杂地层钻井提速提效关键工具与装备、低渗透油气藏钻井液完井液及储层保护技术、高压低渗透油气藏固井完井技术。围绕“提高钻遇率、高效安全钻井、提高油气产量”为目标，形成了 3 项标志性成果：高温随钻测量技术及高精度随钻成像技术实现工业化应用；复杂地层钻井提速提效关键工具与装备；低渗透油气藏全过程储层保护技术和精细分段完井技术。

第二节　研究成果及现场应用效果

“低渗透油气藏高效开发钻完井技术”研究团队围绕 3 项标志性成果，在高温高压随钻测控技术、高精度随钻成像技术、复杂地层提速装备与工具、全过程储层保护和定量评价技术、长效密封固井和精细分段完井技术取得重大突破，关键仪器、工具、工作液性能指标均达考核指标要求，应用井数达到474井次，申请发明专利190件，发表论文184篇，培养了一批学科带头人和核心技术骨干。研究成果在济阳凹陷滩坝砂低渗透油藏、川西高庙和中江低渗透气藏开展规模化应用，国产化随钻测量仪器较国外成本降低40%以上，平均机械钻速提高30.5%以上，固井质量优良率90%以上，钻井复杂失效降低31.3%，钻进综合成本降低17%，钻井周期较“十二五”末降低21.3%；增产效果明显，盐222区块和滨425区块滩坝砂低渗透油藏井区产量液量增加33.32%以上。

在川西中浅层、深层和济阳坳陷低渗透油气藏开展高温MWD测量仪器、近钻头电磁波电阻率和方位伽马系统、高精度随钻成像技术累计156井次，解决了薄油藏、断块等钻遇率低难题，并在新疆和东北等地区应用23口井。形成高温随钻测量及随钻成像系统，其中近钻头电阻率测量技术处于领跑水平；测量精度和成像分辨率方面处于并跑。技术成熟度达到八级，具有商业推广应用条件；钻井提速提效工具与装备分别在国内低渗透油气藏推广应用141口井，其中：胜利油田低渗透油藏累计实施77口井，提高机械钻速30.5%～254.05%，节省钻井时间506.90d，实现高892区块等降低钻井成本23.6%以上；川渝、鄂尔多斯致密气藏累计应用33口井，节省钻井时间202.84d，实现焦石坝区块等降低钻井成本32%以上，有力保障了低渗透油气田降本增效、高效开发。

低渗透油气全过程储层保护和精细分段完井技术在川西高庙区块和江沙区块等实施12口井，固井质量优良率100%，龙遂49D–3井较邻近单井日产气量提高51.23%以上；胜利油田滨南区块和埕岛区块等应用64口井，表皮系数仅为–0.74，产液量提高了33.2%；低吸附压裂液在川西江沙区块和中江区块施工7井次，与邻井产气量相比，试验井产气量提高1倍以上。水泥浆体系及高端固井工具应用150余井次，下套管速度提高40%，固井质量合格率100%、优质率80%。分段完井工具和测试仪器应用50余井次，在蓬莱镇组和沙溪庙组应用平均产量比“十二五”期间分别提高5.5倍和2.9倍；海相深层测试技术单井降本1000余万元，满足了元坝8井和川深1井等特深层测试评价要求，促进了雷口坡组气藏$830\times10^{8}m^{3}$探明储量提交，经济和社会效益显著。

第二章　低渗透油气深层高温高压随钻测控技术

随着油气勘探开发难度的逐渐增大，深井、复杂结构井、高温高压井及恶劣环境下油气井的钻井问题明显增多。其中高温高压油气藏勘探开发面临的钻井问题包括了油井的设计、工艺、工具、设备、井控、安全等一系列问题。因此，不断研究并解决高温高压钻井问题，是近年世界油气工业重点关注的一个问题。高温高压随钻测量技术作为深井与超深井、复杂结构井的必须手段，需求正日益增加。因此，研制适用于深井、测量参数更多、测量功能更全的高温高压随钻测控技术是当前开发低渗透油气藏的先进手段，对于提高低渗透勘探开发效益具有重要意义（刘之的，2006；张辛耘等，2006；荆宝德等，2012；药晓江等，2015；林楠，2015）。

本章主要介绍高温高压随钻 MWD 系统、近钻头随钻测量系统、补偿电磁波电阻率和方位伽马系统以及随钻测控一体化平台系统的研制、开发及现场应用。

第一节　国内外现状及发展趋势

一、国外现状

随钻测控技术主要由斯伦贝谢（Schlumberger）公司、哈里伯顿（Halliburton）公司和贝克休斯（Baker Hughes）公司三大石油技术服务公司引领，一直处于世界领先地位（苏义脑等，1996）。国外各大石油技术服务公司都推出了耐温 200℃以上的高温 MWD 产品。斯伦贝谢公司从 1980 年开始推出第一代一体式 MWD 系统，2000 年推出第二代耐温 175℃的 SlimPulse MWD 系统，2016 年推出耐温 200℃第三代 ultraHT 系统，Telescope ICE 超高温随钻测量 + 抗高温旋转导向系统可以持续在 200℃的高温环境中工作。随钻测井仪器方面，斯伦贝谢公司推出第二代 Vision 系列的商业化产品，包括电磁波电阻率、侧向电阻率、方位中子密度、核磁共振、声波、地震等成像系列；第三代推出了 Scope 系列，各类探边仪器被使用，形成了基于大数据和人工智能算法的多维多尺度地质预测、智能导向和油藏描述。

1. 高温高压随钻 MWD 系统

高温高压随钻测量技术作为开发深层低渗透油气藏的必须手段，国外不断投入大量技术资金研制耐更高温度和压力的 MWD 产品，并同时研制与其配套的随钻地层评价系统。目前国外各大公司满足深井、超深井的随钻测量系统已经相当成熟，如斯伦贝谢公司的 SlimPulse 系统，哈里伯顿公司的 HDS1（High-Speed Directional Survey）系统、Precision Drilling Computa Log 公司开发的用于恶劣环境 MWD（HEL MWD）系统，贝克休斯公司的 NAVI185 系统，APS 公司的 SureShot 系统和 GE Tensor 的 QDT 175 系统等。其中斯伦贝谢公司的 SlimPulse 系统最高工作温度为 177℃，耐压 20000psi[1]，仪器钻铤外径最小为 63.5mm。哈里伯顿公司的 HDS1（High-Speed Directional Survey）系统最大工作温度 175℃，耐压 22500psi，适合 $5^7/_8$in 以上井眼使用。Precision Drilling Computa Log 公司开发的用于恶劣环境 MWD（HEL MWD）系统包括定向探测器、高温方位伽马仪、环境恶劣度测量和井眼 / 环空压力探测器，能在 180℃、172MPa 的井下环境中稳定工作。贝克休斯公司 NAVI185 系统最高工作温度 185℃，耐压 25000psi，适合 $5^7/_8$in 以上井眼。APS 公司 SureShot 系统最高工作温度为 175℃，可选用钻井液发电机或者高能锂电池，适合 $5^7/_8$in 以上井眼。GE Tensor 的 QDT 175 系统最高工作温度为 175℃。高端地质导向技术与装备，基本被国际三大石油技术服务巨头垄断，并占领了全球高端服务市场。

高温高压随钻测量技术的重要性及其潜在的经济价值早就为随钻行业所瞩目，设计制造具有耐高温高压能力的随钻测量系统是多家公司技术攻关的重点。国外公司为了延长井下工具高温环境下的寿命，近年来对电子元件技术进行了多项研究和开发：在美国能源部的资助下，Honeywell 公司成功开发出耐高温高压电子芯片，作为井下传感器或智能工具的标准部件，这种芯片应用了硅绝缘技术，可以承受极度高温高压环境，使高温高压钻井既经济又安全（姜国，2005）。为了提升随钻系统在高温高压环境下的作业能力，Total 公司与哈里伯顿公司协议联合研发系列超高温高压传感器，目前已开发出耐温 204℃、耐压 175MPa 的 Prometheus 系列传感器。

随钻测量仪器大多工作在高温、高压、强振动等恶劣环境下，作为复杂系统，电路和机械结构等多方面的工作可靠性受到极大的挑战，极易发生故障。美国油服公司在仪器可靠性试验方面投入巨大，研究工作渗透到仪器的研发、制造、现场使用的方方面面，在仪器的整体可靠性和持续改进方面体现了举足轻重的作用（黄晓凡等，2013）。

2. 近钻头随钻测量系统

近钻头测量技术是 20 世纪 90 年代发展起来的一项钻井高新技术，体现了现代钻井技术与测井、油藏工程技术的结合。目前斯伦贝谢公司的地质导向 IDEAL 系统配置了近钻头井斜、伽马和电阻率三种近钻头参数，测量点距井底 1.5～2.5m。贝克休斯公司的 Navigator-TM 系统配置了井斜和伽马两个近钻头参数，测量点距井底 2.5～3.2m。哈里伯顿公司的 Geo-Pilot 系统配置了井斜和伽马两个近钻头参数，近钻头井斜测点距井底 1.35m，近钻头伽马距井底 2.25m。

目前，斯伦贝谢公司的 iPZIG、NOV 的 Tolteq iSeries、哈里伯顿公司的 ABG 等集成近钻头方位伽马、近钻头井斜测量功能，而且近钻头动态井斜测量精度给工程定向人员指导作用比较明显；贝克休斯公司的 ZoneTrak 钻头电阻率仪器直接通过钻头探测地层视电阻率变化评价地层边界位置，从而实现地质导向。国内中国石油集团钻井工程技术研究院研制成功了近钻头地质导向钻井系统第一代产品，主要包含测传马达、无线接收系

[1] 1psi＝6894.75Pa。

统、正脉冲无线随钻测量系统以及地面信息处理与导向决策软件系统。

3. 补偿电磁波电阻率和方位伽马系统

国际三大石油技术服务公司紧盯测井领域的随钻测井这一发展方向研制随钻测井仪器（党瑞荣等，2006）。斯伦贝谢公司的 VISION 系列、Scope 系统、哈里伯顿公司的 Geo-Pilot 系统和贝克休斯公司的 OnTrack 系统等均能提供中子孔隙度、岩性密度、多个探测深度的电阻率、伽马，以及钻井方位、井斜和工具面角等参数，基本能满足地层评价、地质导向和钻井工程应用的需要。根据用户的需要，这些系统分别有各种不同的组合形式和规格，最常使用的 2 种组合是 MWD+ 伽马 + 电阻率，提供地质导向服务，结合邻近地层的孔隙度资料还可用于地层评价；MWD+ 伽马 + 电阻率 + 密度 + 中子，提供地质导向和基本地层评价服务。

4. 随钻测控一体化平台系统

目前，斯伦贝谢公司、贝克休斯公司和哈里伯顿公司等三大石油技术服务公司代表了随钻测控技术的最高水平，通过研发不同种类的随钻测控仪器，不断优化升级仪器平台，形成了基于地质导向、旋转导向等的随钻测控系列化技术。

斯伦贝谢公司从最初研发至今，先后形成了补偿系列、VISION 系列和 SCOPE 系列等三大系列产品。补偿系列用于相关对比、地层评价，测量参数包括地质导向、电阻率、密度中子，解决轨迹不确定性。VISION 系列用于地质导向、地层评价，测量参数包括方位电阻率成像、方位密度中子、声波、核磁，解决地质目标不确定性。SCOPE 系列用于油藏导航和钻井效率的实时决策，测量参数包括边界探测、多功能随钻测井平台、地层压力，解决边界不确定性和地质构造不确定性，主要包括 EcoScope、StethoScope、PeriScope、SonicScope、TeleScope 等，EcoScope 含有 LWD 全套标准的测量，加上少量以前没有的测量，StethoScope 用于随钻地层测试，PeriScope 用于远距离地层边界探测，SonicScope 可进行多极声波测量，TeleScope 是系统的高速遥测和电源组件，这些仪器与 PowerDrive 旋转导向系列工具组合形成完整的旋转地质导向一体化系统。其中，EcoScope 多功能随钻测井系统基于先进的 Scope 平台，将电阻率、中子、密度、PEF、地层 Σ 因子、ECS 岩石岩性信息、井眼成像、测量碳氢饱和度等全套地层评价，以及环空压力、三轴振动、井径等工程参数等钻井优化测量集成在一个短节上，提高了作业效率，降低了作业风险，改善了数据解释以及产量和储量计算结果的可靠性。

贝克休斯公司在统一的多功能随钻测井平台基础上，完善形成了 Trak 系列随钻测控系统，主要包括 OnTrak 随钻自然伽马和电阻率测井仪器、LithoTrak 随钻中子密度孔隙度测井仪器、StarTrak 随钻高分辨率电阻率成像测井仪器、SoundTrak 随钻声波测井仪器、MagTrak 随钻核磁共振测井仪器、TesTrak 随钻地层压力测试器、AziTrak 随钻方位电阻率测井仪器，以及 AutoTrak 旋转导向系列工具。其中，OnTrak 平台集成了仪器系统控制中心，通过标准的机电连接、通信和双向传输标准，并在 BCPM1 低速率钻井液脉冲传输的基础上，发展了 BCPM2 高速率钻井液脉冲传输系统，实现旋转地质导向系统组合，满足油藏导航应用需求。

哈里伯顿公司以高速率 MWD、四参数随钻测井 FEWD 等为基础，建立了随钻测控仪器平台，配以 ADR 电阻率地层边界探测、Geo-Pilot 系列旋转导向工具等，也形成了先进的旋转地质导向系统。

二、国内现状

国内多家公司及研究院所也开展了高温高压随钻测量仪器等相关技术的研究，但由于传感器及高温电子元器件受到进口限制，而国内又没有自主研发的相关产品，所以，高温高压测量仪器研究进展缓慢（解庆等，2012）。虽然与国外存在差距，但也取得了一些进展。

1. 高温高压随钻 MWD 系统

国内自主研发高温 MWD 仪器的单位主要有中国石化、郑州士奇测控技术有限公司、北京六合伟业科技股份有限公司等，中国石化石油工程技术服务公司、中国石化工程技术研究院和中国石化休斯顿研发中心都开展了 175℃高温 MWD 研制。其中，中国石化石油工程技术服务公司主要由胜利工程公司测控院在研发，目前已形成 150℃和 175℃两种温度等级的成熟 MWD 系统，并形成制造、维保、服务完整产业链，目前正在攻关定型 185° 高温随钻测量仪器和高速钻井液传输技术；中国石化休斯顿研发中心 185℃高温 MWD 仪器在胜利油田和顺北油田等地区完成 24 口井应用，入井成功率为 80.5%。

2. 近钻头随钻测量系统

国内中国石油和中国石化最早开展了近钻头地质导向系统的研发工作（李安宗等，2017）。中国石油钻井工程技术研究院研发了 CGDS 近钻头地质导向系统，主要包含测传马达、无线接收系统、正脉冲无线随钻测量系统以及地面信息处理与导向决策软件系统；中国石油西部钻探工程院研发了 XZ-NBMS-Ⅰ型近钻头地质导向系统，包括了近钻头井斜和方位伽马，测点距离钻头 0.6m。中国石化胜利石油工程有限公司以及中国石化石油工程技术研究院都开展了近钻头地质导向系统相关的研发工作。中国石化石油工程技术研究院“十三五”期间研发了近钻头伽马成像系统样机；中国石化胜利石油工程有限公司测控院于“十二五”期间研制成功 NBGS-Ⅰ型近钻头地质导向系统，“十三五”期间完成系统升级。目前版本采用跨动力钻具无线短传型独立短节结构设计，主要包含近钻头井斜（测量零长 0.5m）、近钻头方位伽马（测量零长 0.5m）、电磁波电阻率（测量零长 0.4m），有适用于 $8^1/_2$in 和 $9^1/_2$in 井眼近钻头地质导向系统。

3. 补偿电磁波电阻率和方位伽马系统

中国石油和中国海油已能自主研发伽马、电阻率、中子和密度等的随钻测井仪，研发的方位侧向电阻率成像、中子密度仪器已提供技术服务，多极子声波和核磁共振等随钻成像在研发中。中国科学院地质与地球物理研究所开展了随钻声波、中子密度、边界探测电阻率等仪器的研究，并进行现场试验。中国电子科技集团第 22 研究所自主研发了随钻混合传输 MWD/LWD 系统、随钻电磁波传播电阻率仪器，实现推广应用。中国石化石油工程技术研究院在近钻头伽马成像、高精度电阻率成像方面开展了技术攻关，目前还处于样机研制阶段。中国石化胜利石油工程有限公司于 2012 年研制成功多频多深度随钻电磁波电阻率系统，“十三五”期间，研发了随钻方位电阻率边界探测系统、伽马成像系统以及高温随钻电磁波电阻率和方位伽马系统等逐步实现产业化应用。

4. 随钻测控一体化平台系统

国内随钻测控技术以中国石化、中国海油和中国石油等三大公司为主。中海油田服务股份有限公司（简称中海油服公司）针对海上钻井应用需求，以随钻地层评价、旋转导向为重点，研制了 DriLog+Welleader 的旋转地质导向系统。井下仪器以 SPOTE（Service Platform of Oilwell Tracking and Evaluation）随钻测井系统平台为基础，包含钻井液发电机、脉冲传输、MWD 中控单元等，扩展挂接电阻率、伽马、密度、中子、旋转导向等。地面软件系统主要进行井斜、方位、电阻率及自然伽马测试。

中国石油多家钻探公司和研究院均开展了随钻测控技术研究，研制了近钻头地质导向钻井系统、电阻率、方位伽马、旋转导向等，各自形成旋转地质导向钻井技术，但未形成统一的技术标准，不同系统之间不能形成互联。

中国石化以中国石化胜利石油工程有限公司和中国石化石油工程技术研究院为主，开展了随钻测控技术研究。其中，中国石化胜利石油工程有限公司开发了基于单总线通信平台的 MRC 电磁波电阻率随钻测井系统，该系统以多频电磁波电阻率测量仪为核心，将井斜、方位伽马集成在一起，实现了工程参数（井斜）与地质参数（方位伽马、多深度电阻率）集成测量，仪器平台采用模块化设计，内部信号及数据传输采用多种标准总线，外部具有标准机械和电气连接结构以及信号传输接口，具有随钻测控一体化的主要技术特征。

三、发展趋势与展望

石油工业的发展越来越依靠多学科的支持。为解决油气钻采面临的高温高压难题，需要充分借鉴和利用包括航空、电子、国防、化学和生物等其他领域的研究成果。目前我国基础工业在高温元器件、处理器以及高温传感器方面与国外先进水平相比存在较大差距，制约了高温高压随钻测量仪器的耐高温性能。

国内外各公司在自己的耐高温高压随钻测量商业化产品推出后，还不断投入大量技术资金研制尺寸更小、耐更高温度、压力的产品，并同时研制与其配套的随钻伽马、电阻率、密度等地层评价系统。未来，随钻测量仪器更加关注测量点到钻头的距离、数据传输率、仪器的可靠性和放射性源等问题。

第二节　高温高压随钻 MWD 系统

我国东部低渗透油田如胜利油田车镇与丰深区块和东部盐下砂砾岩等储层埋藏较深，井底温度高、压力高，测量仪器使用受限，为了满足井眼轨迹控制的要求，需要抗高温高压的随钻 MWD 测量仪器。其中川东北元坝地区是中国石化勘探南方公司“十二五”主要勘探区块，是其实现 $6000\times10^8m^3$ 油气储量目标的关键。而元坝区块存在地层复杂、陆相地层下部可钻性差、高密度钻井液钻井井段长、深井井底温度高、钻具尺寸小等诸多不利因素，常规的随钻仪器已经明显不能满足所需温度和压力要求。塔里木盆地塔中北坡地处沙漠腹地，包括顺南和顺托等勘探区块，该区块对高温高压 MWD 系统具有迫切应用需求。西部深井开发中如托普台、哈里哈塔新区块，以及四川盆地川西新场气田高压低渗透气藏等储层高温井和深井的开发也需要高温高压 MWD 系统。

一、结构原理

使井眼轨迹按设计顺利到达最终目的地是随钻测量工具的工作，就跟定向钻井的两个井眼一样，随钻测量工具显示了钻井液马达是如何在钻井时定向以及定向是否成功，随钻测量工具是底部钻具组合的一部分，尤其位于钻井液马达上面，如果没有安装钻井液马达，随钻测量工具就要尽可能靠近钻头。在最基本的层面，随钻测量工具提供了工具面角（钻井液马达是如何定向的）、井眼方位角和井斜角。

测量指的是在不同深度获得井眼位置的信息的过程，任何测量的两个组成部分是井斜（也称斜角）和方位（也称方向），方位读数可能需要以固定参照点进行校正，井斜或井斜角不需要校正。方位和井斜都是用角度来衡量的，方位的等级是从 0° 到 360°，井斜的等级是从 0° 到 180°，但井斜很少超过 100°。方位和罗经方位是不一样的，方位方向向北 0° 测量，并顺时针转至 359°，罗经方位可以从北纬 0° 或南纬 0° 开始，并向东或向西转 90°。不管使用罗经或方位，方位的原始数据必须从磁北校正至真北，可以校正至格网北向，磁北、真北和格网北向都作为参照点。知道测量的正确与否很重要，可以帮助辨别测量正确与否的有磁倾角、全磁场和全重力场，进行测量评估时，它们充当着品质因数的角色。

二、关键技术

1. 高温高压 MWD 可靠性测试分析

可靠性是元件、产品和系统在一定时间内，在一定条件下无故障地执行指定功能的能力或可能性。可通过可靠度、失效率和平均无故障间隔等来评价产品的可靠性。在随钻测量领域，提高仪器的可靠性有非常重大的意义。仪器的可靠性越高，无故障工作的时间就越长，不仅能保证施工进度，还能避免因仪器故障造成各种损失，提高经济效益。仪器的可靠性提高，能提高产品的信誉，还能提高在市场中的竞争能力。所以，随钻仪器的可靠性设计至关重要。

1）井下仪器失效分析

失效模式影响及危害性分析（FMECA）是分析系统中每一产品所有可能产生的故障模式及其对系统造成的所有可能影响，并按每一个故障模式的严重程度及其发生概率予以分类的一种归纳分析方法，随钻测控仪器的失效分析需要从原理、设计、工艺和材料等多个方面开展。

在仪器寿命周期内的不同阶段，FMECA的应用目的和应用方法略有不同。在仪器寿命周期的各个阶段虽然有不同形式的FMECA，但其根本目的只有一个，即从仪器设计（功能设计、硬件设计、软件设计）、生产（生产可行性分析、工艺设计、生产设备设计与使用）和产品使用角度发现各种缺陷与薄弱环节，从而提高产品的可靠性水平。

方案论证阶段：（功能FMECA）分析研究系统功能设计的缺陷与薄弱环节，为系统功能设计的改进和方案的权衡提供依据。

工程研制阶段：（硬件FMECA、软件FMECA）分析研究系统硬件、软件设计的缺陷与薄弱环节，为系统的硬件、软件设计改进和方案权衡提供依据。

生产阶段：（生产工艺FMECA、生产设备FMECA）分析研究所设计的生产工艺过程的缺陷和薄弱环节及其对产品的影响，为生产工艺的设计改进提供依据；分析研究生产设备的故障对产品的影响，为生产设备的改进提供依据。

使用阶段：（统计FMECA）分析研究仪器用过程中实际发生的故障、原因及其影响，为评估论证、研制、生产各阶段的FMECA的有效性和进行产品的改进、改型或新产品的研制提供依据。

进行系统的FMECA一般按以下的步骤进行：

（1）明确分析范围。根据系统的复杂程度、重要程度、技术成熟性、分析工作的进度和费用约束等，确定系统中进行FMECA的产品范围。

（2）系统任务分析。描述系统的任务要求及系统在完成各种任务时所处的环境条件。系统的任务分析结果一般用任务剖面来描述。

（3）系统功能分析。分析明确系统中的产品在完成不同的任务时所应具备的功能、工作方式及工作时间等。

（4）确定故障判据。制订与分析判断系统及系统中的产品正常与故障的准则。

（5）选择FMECA方法。根据分析的目的和系统的研制阶段，选择相应的FMECA方法，制订FMECA的实施步骤及实施规范。

（6）实施FMECA分析。FMECA分析包括故障模式影响分析（FMEA）和危害性分析（CA）两个步骤。FMEA又包括故障模式分析、故障原因分析、故障影响分析、故障检测方法分析与补偿措施分析等步骤。

（7）给出FMECA结论。根据故障模式影响分析和危害性分析的结果，找出系统中的缺陷和薄弱环节，并制订和实施各种改进与控制措施，以提高产品（或功能、生产要素、工艺流程、生产设备等）的可靠性（或有效性、合理性等）。

开展高温电路失效分析，从电路板板材、原理图设计、元器件布局等方面出发，对高温电路在设计、焊接、测试、试验和使用过程中出现的故障进行机理分析，提高高温电路的可靠性。

2）井下仪器可靠性测试

通过对随钻测控仪器施加一定的环境应力，将随钻测控仪器缺陷激发为可以被检测到的故障，通过对故障模式、故障机理的分析，从设计上改进和从生产中控制缺陷，提高随钻测控仪器的健壮性和可靠性，降低随钻测控仪器在使用过程中发生故障的概率。

在可靠性强化实验前，应根据中国石化提供随钻测控仪器研制、生产、检验过程中发现的薄弱环节及其他实验（如系统联试、环境实验等）中发现的薄弱环节确定强化实验中的关注点。

在可靠性强化实验前，应采用红外热成像仪对随钻测控仪器进行非接触式温度调查，以便了解受试随钻测控仪器的热分布及温升情况；同时，也应对随钻测控仪器开展振动响应调查分析，以便获取其振动响应量值，为实验中的故障排除提供参考。

2. 高温高压 MWD 性能提升

1）脉冲器及驱动模块化

脉冲器作为钻井液压力数据传输的通道，对钻井现场的仪器使用和仪器维护受到严重制约，对钻井泵的排量要求和钻进速度也受到限制，因此，使研发的仪器结构简单，抗冲刷，抗磨损，抗冲击，防砂卡，可在现场进行维修、维护，特别对于定向井和水平井的应用等诸多要求，都是抗高温脉冲器可靠性研究必须面对的难题。

进一步优化小径脉冲器的设计，通过分流器的重新设计，将小径脉冲器的长度减少了 50mm，并根据实际井下工况完成了仿真设计优化，包括三个方面：（1）通过所需脉冲压力信号的强度，即蘑菇头的大小、钻井液密度、流量、蘑菇头限流环结构尺寸等数据计算泵压；（2）根据传输信号的速率，计算活塞速度，确定泵流量；（3）根据控制信号的大小和系统压力，计算控制阀的开启压力，设计控制阀的电磁参数。

经过仿真设计优化，确定了小径脉冲器的机械制图。改进后的小径脉冲器，其仪器外径为 47.6mm，扶正器直径为 57mm，可以装配到外径为 121mm 的钻铤中，适用于井眼尺寸为 139.7～165.1mm、排量为 9.5～22.0L/s、油基或水基等常规钻井液体系的小井眼钻井。

高温驱动器作为 175℃高温 MWD 系统中重要的功能模块，其功能是测量信号按照设计的时序经由驱动器的功率放大驱动脉冲器动作实现测量模块测量参数的实时上传，属于功率器件，其在高温下的可靠、平稳工作给电控系统设计带来了前所未有的挑战。主要技术突破点集中在二次封装工艺及相关技术。

2）大功率发电机及电源管理模块化

研发的大功率钻井液发电机可作为独立模块与其他仪器配接应用于一体化系统中（图 2–2–1）。而且根据发电机的放置位置不同，设计了不同的上、下接口的电气及机械连接方式（图 2–2–2），同时，优化了发电机本体与电路模块之间的连接设计，以满足不同仪器结构连接需要（图 2–2–3），优化定子、转子及磁耦合结构，满足高温情况下的大功率输出。

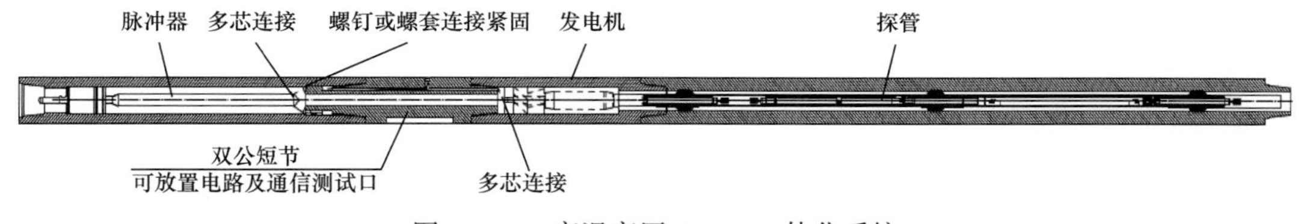

图 2–2–1 高温高压 MWD 一体化系统

图 2-2-2 电气及机械连接方式

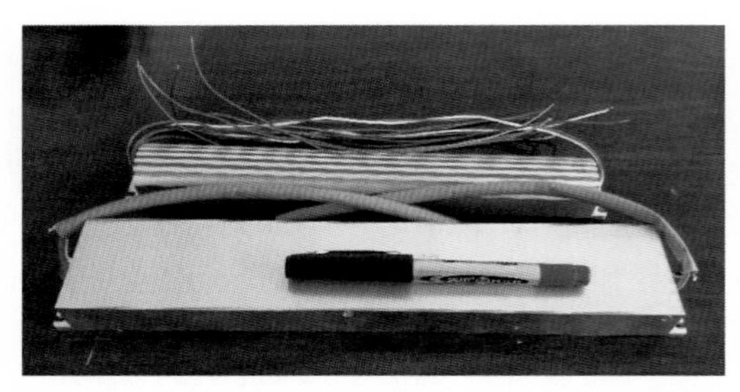

图 2-2-3 基于发电机的宽范围大波动电源模块

电源模块的功能是将输入电源模块中的不稳定的交流电转换成 33V（28V）稳定的直流电，从而提供给 LWD 或旋转导向所需的电压，具有输入电压范围宽、输出电压稳定、纹波低等优点。

3）电路系统低功耗优化

随钻测井系统传感器主要包括 CPU 及外围电路、电源、UART 通信、RTC、电压电流及温度传感器、Flash 存储、总线通信部分和总线接口部分。其中耗电较多的是 Flash 模块、电压、电流及温度测量模块、RTC 及通信电路。有些模块在一些时期是不需要工作的，因此可以动态电源管理，达到节约功耗的目的。

在选用高温电子器件及优化电路结构来实现电路耐高温性能增强的同时，也要考虑该如何降低其系统功耗。对于集成电路的设计，降低其供电电压是实现功耗降低的最直接、有效的方法，但在实际操作中，电压的降低会增加门电路的输出延迟。降低系统功耗的另外一种思路是实施降频，进行有选择性的降频措施。而最有意义的降低功耗的设计方法是设法使负载容抗降低。在电路设计中要想使功耗降低，可从硬件及软件设计方面采取一定的措施。

4）井下仪器一体化结构优化

175℃高温 MWD 系统作为井下随钻测量仪器的基本平台和载体，在设计开发新系统时采用了全新的井下仪器一体化设计理念，构建了 MWD 及其他测量仪器系统网络化架构平台，随钻测控一体化平台。该平台（井下仪器部分）基本组成如图 2-2-4 所示。随钻测控一体化平台由电源模块、数据总线、主控模块、测控 / 传输模块、结构连接器等组成。

研制 175℃高温高压 MWD 仪器测量短节新结构，作为一体化系统内的一个测量节点，短节结构采用传感器和电路集成安装到内骨架的方式，整体安装于小型化、厚管壁的抗压管内，接口采用单芯插接方式挂接到一体化系统中，如图 2-2-5 所示。该新结构搭载第二版高温测控电路、搭载高精度传感器，重新设计电路骨架及传感器安装仓，新版电路对电源和能耗进一步优化控制，增加系统各项状态的实时监控和存储单元，以便于对井下仪器的动态性能进行分析。选用 ITT 高温连接器，改变原有软、硬连接方式，确保高温环境下插针连接稳定性，提高了仪器可靠性与耐温性。

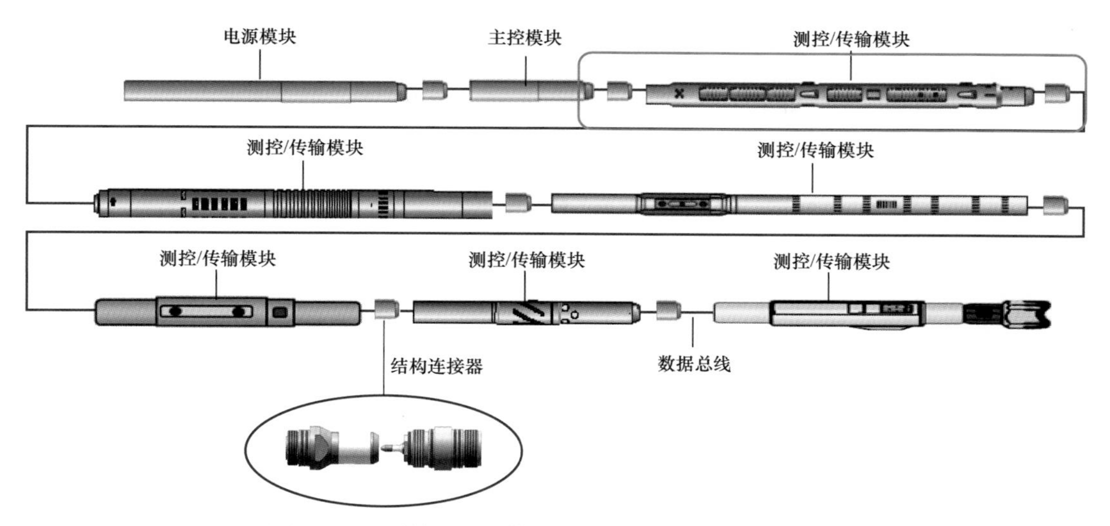

图 2-2-4 随钻测控一体化平台（井下仪器部分）组成

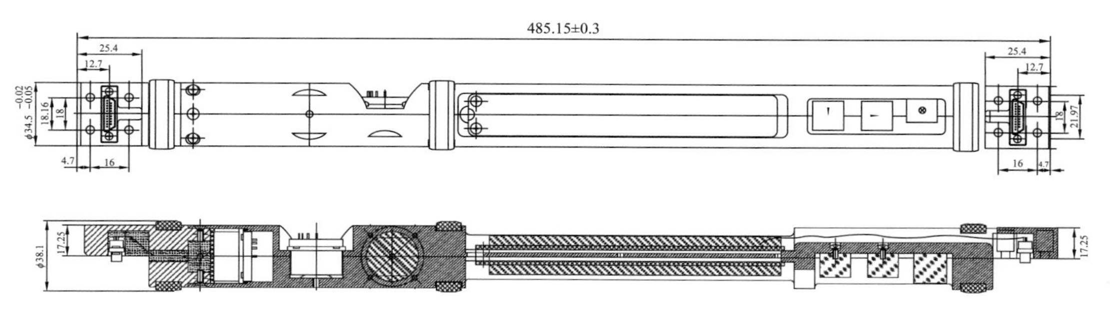

图 2-2-5 传感器结构图

重新设计 175℃高温高压 MWD 仪器整体新结构连接器连接结构，通过采用机械紧固插针头方式，该结构可以保证连接部分的高可靠性，改进电路安装骨架结构，搭载进口高精度 175℃传感器，极大提高测量部件的抗高温性与可靠性。该新结构长度更短，连接紧固性更高，能够更好地适应高温高压恶劣工作环境，提高仪器综合性能。

5）地面系统优化

完成了地面信号采集处理方法优化。地面信号采集系统主要由井场传感器组、地面实时多任务数据处理系统、主控计算机、司钻显示器等硬件设备以及地面系统软件组成。其中以地面实时多任务数据处理系统最为关键。采用了基于 USB-DAQ 模块和专用 CAN 模块的系统结构，如图 2-2-6 所示。

模拟量、数字量和开关量等的数据采集，选用 NI 公司 DAQ 模块，不仅具有很好的通用性和兼容性，而且数据采集的技术指标（分辨率、采集速率、采集通道、采集信号类型等）可以根据要求进行灵活选型和配置，同时具备安全、可靠、电磁兼容等商业化产品必须的品质。具有特殊定制功能的外部专用 CAN 模块，可以通过具有扩展性能好、可靠性高的规范化 CAN 总线接入。

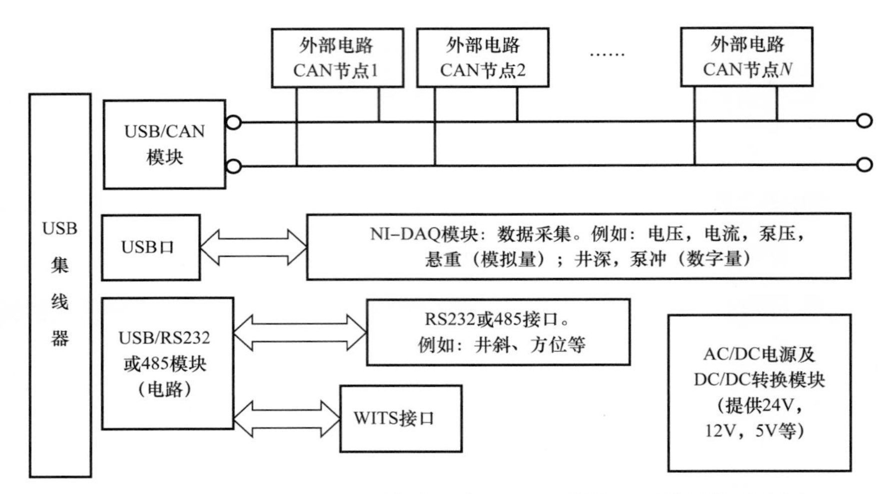

图 2-2-6　基于 USB-DAQ 模块和专用 CAN 模块的系统结构示意图

系统分析了钻井液脉冲信号中的高频噪声和低频噪声，对高频噪声进行了 FIR 去噪算法、小波去噪算法、自适应去噪算法和 FFT 去噪算法分析。针对泵冲等低频噪声的干扰，提出了相关泵冲消除基值算法和移动窗口中值滑动泵冲基值算法。

3. 高温高压 MWD 仪器制造技术

1）仪器制造标准与质量管理体系

将现有的可靠性实验能力分配到仪器设计、研发、生产和现场应用阶段，为仪器的优化设计、工艺提升提供了实验技术支持，应用工程实验激发仪器在设计、材料和工艺方面的缺陷，应用统计实验量化评价仪器的可靠性水平。并通过随钻测控仪器的可靠性指标确认、可靠性责任分解、故障影响因素分析和实验数据，形成高温随钻测控仪器可靠性评价和预测技术。

（1）建立高温 MWD 仪器实验信息管理平台，将仪器的研发、制造、室内实验和现场实验数据管理起来，为仪器的优化升级和可靠性提升提供大数据分析基础。

（2）制订高温 MWD 仪器全寿命周期的可靠性管理体系，明确高温 MWD 仪器全寿命周期各个阶段需要开展的可靠性工作项目以及各个可靠性工作项目的目的、实施流程、输出成果、注意事项等。

在可靠性设计阶段，开展可靠性指标论证工作，确定高温 MWD 仪器可靠性工作的目标；开展可靠性指标分解工作，将高温 MWD 的可靠性指标自上而下分配到各层次产品中，将分配结果作为对承制方提出可靠性责任要求的主要依据，并找出仪器的薄弱环节。

在可靠性分析阶段，针对找到的仪器薄弱环节开展分析，包括故障模式影响分析、可靠性仿真分析、可靠性设计准则核查等，分析薄弱环节的问题所在，提出改进措施，提高薄弱环节的可靠性水平。

在可靠性实验阶段，通过开展高温 MWD 仪器的可靠性强化实验和可靠性指标验证实验，分析仪器在经过前期的可靠性设计和分析之后，其可靠性指标是否有所提高，验证仪器可靠性水平是否达到规定的目标值。

（3）通过开展上述可靠性工作，提高随钻测控仪器可靠性水平，形成较为完善的随钻测控仪器可靠性设计、分析与实验能力。

2）无损检测技术

高温随钻测量系统的电路板结构复杂，电子元器件集成度高，出现故障后传统的接触式诊断需要大量的时间和精力，因此采用非接触式的故障诊断方法最为合适。

红外热像仪利用光学成像镜头、红外探测器接受被测目标的红外辐射能量，并将红外辐射能量转换成标准视频信号，通过显示屏显示红外热像图。这种热像图与物体表面的热分布场相对应，是被测目标物体各部分红外辐射的热像分布图。红外热像仪能够将探测到的热量精确量化，能够对发热的故障区域进行准确识别和严格分析，因此，红外热像仪能够非接触准确测温，并能够实时显示热场分布的特点使得其成为电路板检测等无损探伤的最佳工具。

X 射线检测技术具有无损检测的功能，同时还能产生足以探测出电路板缺陷并识别出生产制造过程中缺陷的图像；另外，X 射线图像不会受 BGA（球状栅格阵列）封装器件、防护罩、高密度双面板的影响。足以满足随钻测控仪器电路内部缺陷检测的需求，为缺陷检测提高"一次性通过率"和争取"零缺陷"的目标提供了更为有效的检测手段。

三、技术参数

高温高压 MWD 系统，突破了低功耗及混合电路设计技术，选用了进口耐高温传感器，研制成功耐温 175℃的 MWD 仪器，提供井斜、方位、工具面角等参数的准确测量，仪器最高工作温度 175℃，最大工作压力 172MPa，可实现与其他随钻测控仪器的一体化挂接，测量精度高，工作稳定可靠。目前已制造 24 套 175℃ MWD 仪器，在胜利油田、川渝油田和新疆油田等完成 30 多口井的现场应用，其中顺北 57X 井最高应用地层温度 165℃，最大井底工作压力 148MPa。高温高压 MWD 仪器主要技术参数见表 2-2-1。

表 2-2-1 高温高压 MWD 仪器技术参数

技术参数		指标数值
探管外径 /mm		47.6
最高工作温度 /℃		175
最大工作压力 /MPa（psi）		172（25000）
井下仪器工作电压 /V		22～40
测量参数	井斜精度 /（°）	±0.1（0°～180°）
	方位精度 /（°）	±1（0°～360°，井斜＞5°）
	重力工具面角精度 /（°）	±1（0°～360°，井斜＞5°）
	磁工具面角精度 /（°）	±1（0°～360°，井斜＜5°）
	重力精度 /‰	±3
	磁场强度精度 /μT	±0.3

续表

技术参数	指标数值
抗振强度	500g
抗振性能	20Grms
适用井眼尺寸 /mm	≥118
适用排量范围 /（L/s）	≥6
钻井液体系	油基、水基等常规钻井液体系
含砂量 /%	≤1

高温高压 MWD 仪器研制取得长足的技术进步，但是仍然存在下述的技术难题，需要通过工具装备的研发加以解决和完善。

随钻测控仪器实验信息管理平台需要的室内和现场实验数据量不足，而高温 MWD 可靠性分析需要大量的实验数据作为基础，还需对高温 MWD 多年来的现场数据和实验数据进行录入，为仪器研发和优化升级提供数据基础。高温 MWD 仪器的整体可靠性还有待提高，还需要对井下高温、高压、高振动工况有更准确的分析，需要建立有针对性的高温井下环境参数模型，建立高温随钻测量仪器综合环境模拟实验装置、方法与标准，形成高温随钻测量仪器试验检测系统，对高加速寿命测试、元器件综合老化筛选等可靠性测试方法进行深入研究，准确评估和把握高温 MWD 仪器在高温、高压、高振动恶劣工况下的使用情况和寿命周期，建议结合高温 MWD 工程化应用继续开展可靠性研究。

随着油气勘探开发难度的逐渐增大，深井超深井、高温高压井及恶劣环境下油气井的钻井问题明显增多。因此，不断研究并解决超深层油气勘探中的高温高压钻井问题，是近年世界油气工业重点关注的一个问题。超深小井眼高温高压随钻测量技术作为深井与超深井、超深层油气勘探的必需手段需求正日益增加。目前 SINOMACS 175℃高温高压 MWD 已经在胜利油田、四川油田和新疆油田区块开展应用，但是受传感器、探管、脉冲器等仪器因素的影响，在超深层油气勘探、超深层小井眼轨迹控制中的应用仍然受限。因此，有必要针对超深层油气勘探、超深层小井眼轨迹控制对 MWD 仪器的需求，开展高温高压 MWD 的优化研究，解决 MWD 仪器应用于超深层油气勘探中面临的技术问题，解决超深层油气勘探中亟需克服的小井眼高温高压轨迹控制难题。

因此，建议进一步开展深井超深井油气层高温高压 MWD 仪器研发及工程化推广应用，主要包括：

（1）深井超深井小井眼高温 MWD 仪器工作环境建模；

（2）深井超深井小井眼高温 MWD 仪器可靠性技术研究；

（3）深井超深井小井眼高温 MWD 关键技术研究；

（4）深井超深井小井眼高温 MWD 仪器现场应用技术研究。

四、性能特点

（1）耐温性能好，主要器件均为175℃温度等级以上高温器件。

（2）测量数据准确，精度高。

（3）现场操作简单，装配方便。

（4）信号稳定性好，误码率低，传输速度快。

（5）使用一体化平台总线结构，扩展性好，可挂接伽马、电阻率、近钻头、旋转导向等仪器。

五、施工工艺

1.MWD 井下仪器下井前的准备工作

1）电子测量总成 SEA 的组装

装配工具：六方扳手（3mm），乐泰胶242，抱钳，M4×12内六方螺钉4个，O-LUBE 胶。

（1）将半瓦扶正连接器与探管 SEA 的减振器相连，上好4个固定螺钉（M4×12），上螺钉前要滴乐泰胶242。

（2）将10芯连接软线探管 SEA 的另一端相连。

（3）先将软10芯连接软线塞入抗压筒并将抗压筒倾斜至一定角度，使线头呈自然下放状态以避免挤线，将探管插入抗压筒，在密封圈上涂上 O-LUBE 胶，慢慢将探管旋进抗压筒并用抱钳上紧（图2-2-7）。

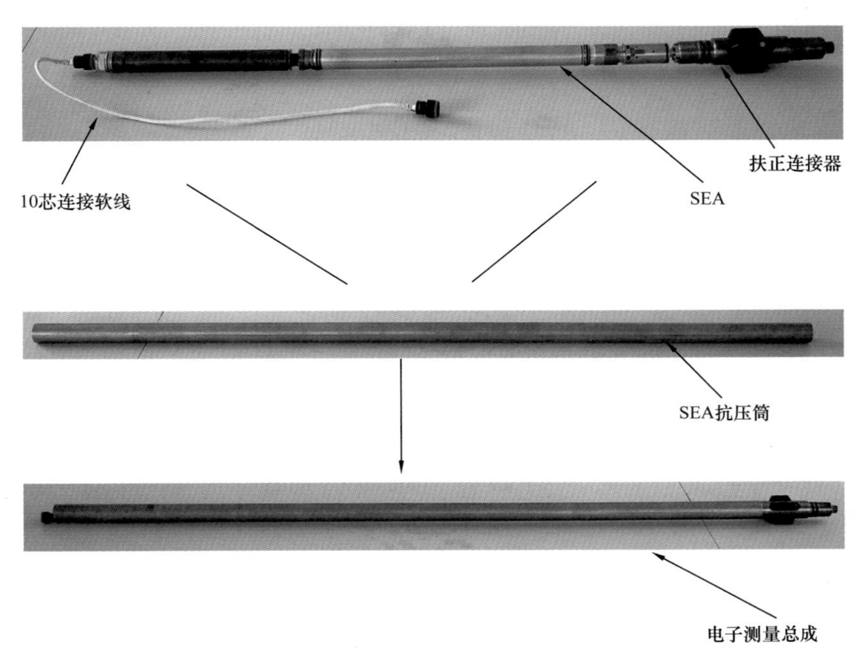

图2-2-7 电子测量总成连接图

2）电池总成 PSA 的组装

装配工具：六方扳手（3mm），乐泰胶242，抱钳，M4×12内六方螺钉4个，O–LUBE胶。

（1）将半瓦扶正连接器与电池的减振器相连，上好固定螺钉（M4×12），上螺钉前要滴乐泰胶242。

（2）将10芯连接软线与电池的另一端相连。

（3）先将软线塞入电池抗压筒并将抗压筒倾斜至一定角度，使线头呈自然下放状态以避免挤线，将电池插入抗压筒，在密封圈上涂上O–LUBE胶，慢慢将电池旋进抗压筒并用抱钳上紧（图2–2–8）。

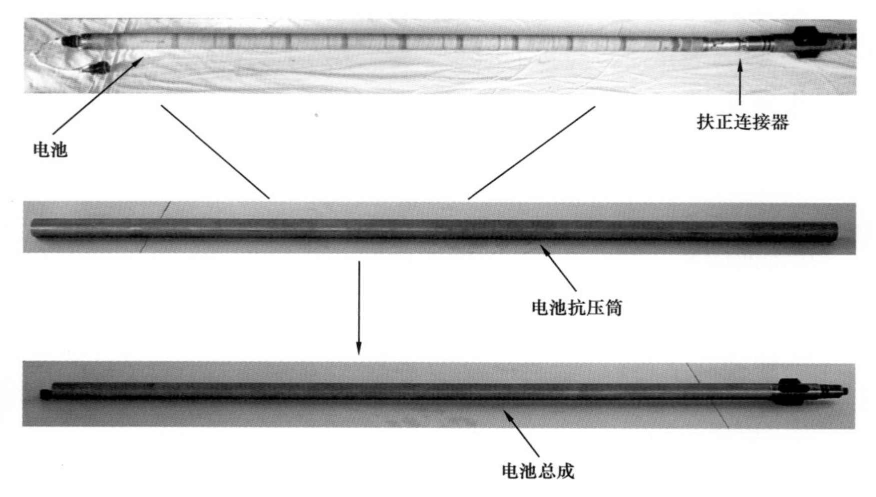

图2–2–8　电池总成连接图

3）激活电池

按照电池加载程序将电池加载到规定值，方可使用。

4）井下仪器串测试

MWD井下仪器在下井前必须整串测试，以保证整串仪器工作正常。

（1）脉冲发生器连APC，APC连PSA，PSA的末端用10芯电缆连到中间测试盒标有PSA字样的插孔中。

（2）中间测试盒标有SEA字样的插孔，用10芯电缆与SEA的电路插孔相连。

（3）中间测试盒自带的25芯电缆与计算机的并口（LPT）相连。

（4）中间测试盒上的开关置于DOWN位置。

（5）计算机接通220V交流电源，运行MWD2003程序。

（6）中间测试盒上的开关打到UP位置，此时屏幕上PRESSURE下的英文由DOWN变为UP。

（7）等待约50s，整个仪器串将发出一组反映当前SEA所处环境的静态测量值，随着信号的发生可以听到脉冲发生器发出的“咔哒”“咔哒”的声音。

（8）在连接不正常的情况下，没有信号或声音，仪器不能下井。应在现场或送回车间进一步检查故障。

5）SEA 与 PSA 在滑道上连接

把电池与探管放到 V 形架上，将探管内的软线与电池扶正连接器的另一端相连，将扶正连接器倒转 9 圈，然后正转上紧。

6）仪器角差的读取

将仪器串放到 V 形架上并使定位键朝上，测量前应确保所有螺纹已用抱钳上紧，用软线将探管下端 10 芯插头与角差测试盒相连，用一根串口线将角差测试盒与计算机相连，进入角差测试程序并读出当前角差，上好尾锥与上面扶正连接器的保护套。

2. 钻台仪器串连接

1）井下仪器串的吊装

（1）将吊装夹板装在电池抗压筒上部靠近扶正连接器位置，起吊时两人将仪器串抬起，当吊绳吃劲时，第一个人将电池抗压筒举起，第二个人抓住仪器串的尾部向后拽住。

（2）吊绳缓慢起吊，第一个人在够不着的情况下，由前向后举起仪器串，第二个人抓住仪器串的尾部向后拽住。

（3）在第一个人够不着的情况下，与第二个人一起抓住仪器串的尾部向后拽，一边拽一边向坡道送，将仪器串轻放到坡道上后放手。

2）钻台上井下仪器串的连接

（1）指挥司钻吊起无磁短节，使之垂立于钻台上，卸下保护套，边提边卸，直到 APC 抗压筒全部提出保护套。

（2）将仪器串吊起放入无磁钻铤，将 APC 插进吊起的 APC 抗压筒中，两个人抬起吊装夹板以使扶正连接器与 APC 抗压筒相连，另外一人上好固定螺栓。

（3）卸下吊装夹板，在扶正器上涂抹铅油，缓缓将仪器串放入无磁钻铤并低速上扣。

3. 浅测试

井下仪器除了地面串测试、钻台上用编程器验证整个仪器串性能外，下钻前，必须运转钻井泵做浅测试，实际验证下井仪器的性能，方法如下：

钻具配好后（浅测试时，钻头接与不接均可），将仪器串放入井眼，脉冲发生器低于钻台面，运转钻井泵至钻台泵压表显示 3～5MPa，1min 后，在仪器房根据地面接口箱的打印曲线上是否有信号可判断仪器串正常与否，同时也判断了地面系统是否正常，可以下钻。

4. 钻具偏差角的获取

仪器在下钻前，必须测量 MWD 仪器工具面与动力钻具弯接头刻线之间的角差，然后输入定向软件包进行工具面校正，方法如下：

以 MWD 仪器短节上面的参考标记为基准，顺着井眼，从上往下看，顺时针量取仪器工具面与动力钻具弯接头刻线之间的夹角（0°～360°）即为偏差角。

5. 井下仪器串的拆卸

（1）当井下工具串被提出井口时，告诉钻工从无磁悬挂短节下部卸扣。当把仪器刚刚提出无磁钻铤约十几厘米后，用棉纱或破布塞住仪器与无磁悬挂短节之间的环形空间，防止上面的液体往下滴。

（2）将吊装夹板装在电池抗压筒上部靠近扶正连接器位置，把仪器坐在井口，拆下 APC 抗压筒下面的固定螺栓，缓慢上提钻具，小心地将 APC 从抗压筒中取出来。

（3）用吊装夹板上提，将仪器串提出无磁钻铤，把仪器串移到坡道处，吊绳一边下放，一边向上换手把仪器串放在坡道上，吊绳停止起吊。

六、应用案例

顺北 57X 井区位于塔里木盆地顺托果勒区块内，行政区划隶属于新疆维吾尔自治区阿克苏地区沙雅县。工区内交通条件差，仅有沙漠公路穿过。通信手段主要靠卫星电话和无线网络。该井是中国石化西北石油管理局布置的一口预探井，设计井深 8697m、设计垂深 7760m。

顺北 57X 井第 5 开次下入高温随钻仪器，井眼尺寸 165.1mm，该开次采用抗高温聚磺混油钻井液体系，钻井液密度 1.45～1.49g/cm^3，漏斗黏度 65～70s，固相含量 25%～30%，含砂量＜0.1%。

仪器于 2020 年 7 月 8 日至 2020 年 8 月 6 日进行了 7 趟钻的施工应用。施工井段 7439～7717m，仪器总计入井时间 634.5h，循环工作时间 348.7h，井底测得最高静止温度 165℃，循环温度 154℃。单根探管连续下井时间 525.5h，连续循环时间 323h。详细施工情况见表 2-2-2。

表 2-2-2 顺北 57X 井仪器施工统计表

施工井段 /m	工作时间 /h	循环时间 /h	探管编号	脉冲编号
7439～7562.13	127	76	10011245+007	APS2403
7562.13～7612.29	137	91	10011245+007	APS2406
7612.29～7643.84	82	52	10011245+007	APS2215
7643.84～7647.08	45	13.7	10011242+003	APS1150
7647.08～7683.65	88.5	47	10011245+007	JQ242
7683.65～7709.90	91	57	10011245+007	JQ242
7709.90～7716.35	64	12	10011238+004	APS2215

第三节 近钻头随钻测量系统

随着油田开发进入后期，开采油层越来越薄，常规随钻测井系统 LWD 由于测量地层数据测点距离井底有 10～15m 的零长，不能满足超薄油层钻井技术服务需求，只有采用测量参数零长很短的近钻头随钻测量仪器才能有效地提高超薄油层钻遇率。通过调研国内外市场在用的成熟可靠的近钻头地质导向工具发现，普遍采用无线数据短传方式完成过动力钻具信号传输，动力钻具仍采用普通螺杆，现场维修、维护和更换灵活，有效控制使用仪器成本。

近钻头地质导向系统将测量单元安装于近钻头处，在地层打开的第一时间测量钻头附近的地层和工程信息，真正实现参数测量的"零延时"。彻底解决传统参数测量的"大延迟"问题，为开发薄油层、断块油层以及边缘油藏等复杂储层提供优质、高效解决方案。

一、结构原理

近钻头随钻测量系统近钻头部分只有 2 个短节构成，接收短节连接在螺杆上部，测量发射短节连接在螺杆下部，前面直接安装钻头，如图 2–3–1 所示。近钻头参数测量零长均在 1m 以内，发射短节仍具有方位伽马、电阻率、井斜、钻头转速等测量功能，所获取的数据以电磁波信号的形式跨过螺杆传送给接收短节，接收短节再将其转换成电信号通过数据链接传递给脉冲器，由脉冲器转换成为脉冲信号传递到地面。现场维修、维护和更换灵活，有效控制使用仪器成本。近钻头测量系统总体结构与模块分布如图 2–3–2 至图 2–3–4 所示。

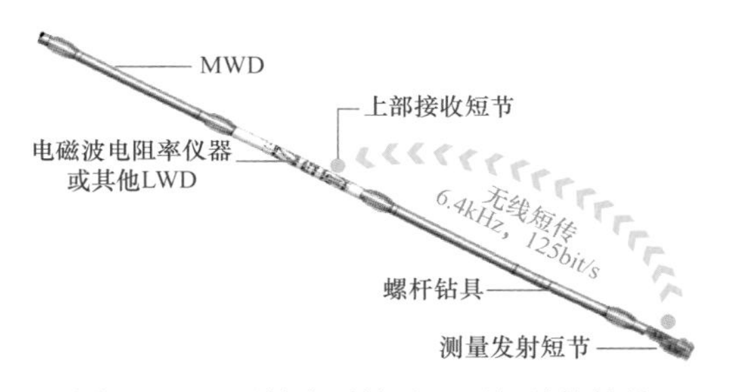

图 2–3–1 近钻头系统（Ⅱ型）总体结构

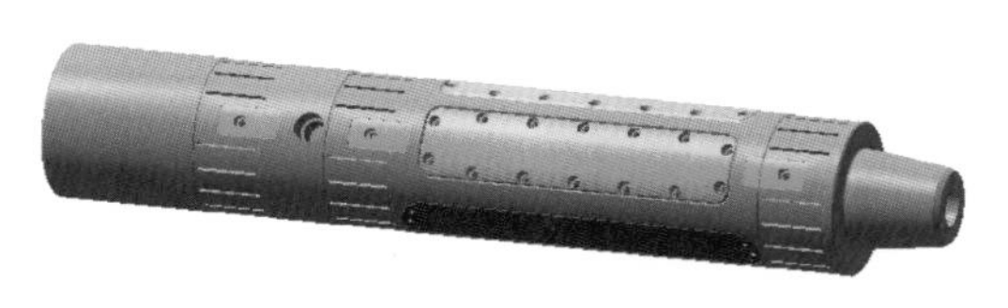

图 2–3–2 近钻头系统（Ⅱ型）测量发射短节结构

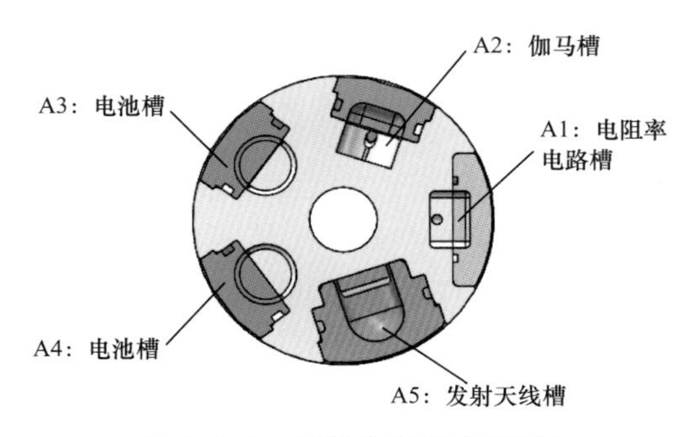

图 2–3–3 近钻头系统（Ⅱ型）测量发射短节模块分布

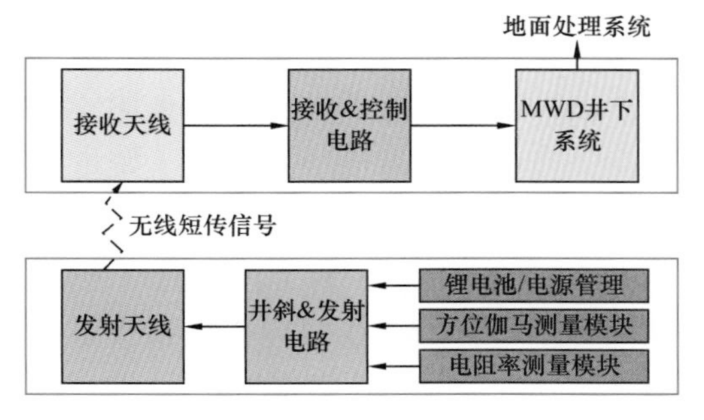

图 2–3–4 近钻头系统（Ⅱ型）功能模块结构

二、关键技术

1. 近钻头随钻测量系统研制技术

1）近钻头系统结构设计及优化

（1）近钻头系统结构整体设计方案。

系统近钻头部分只有两个短节构成，接收短节连接在螺杆上部，测量发射短节连接在螺杆下部，前面直接安装钻头，真正实现测量数据“零”延迟；测量数据通过无线电磁短传方式传送到螺杆马达上部的接收短节，然后再传送到 MWD 系统，通过钻井液脉冲信号实时传输到地面，如图 2-3-5 所示。

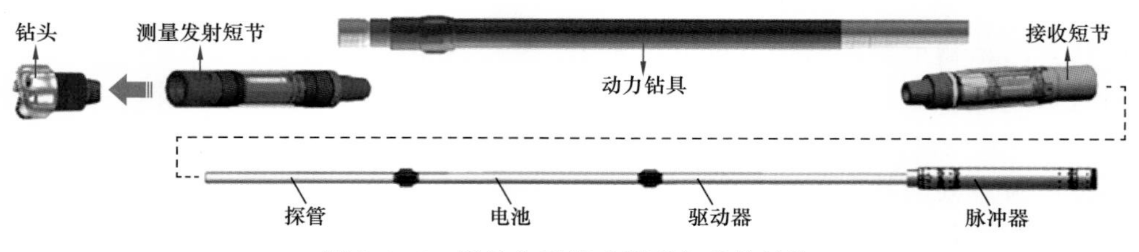

图 2-3-5 近钻头系统（Ⅱ型）总体结构

系统采用电源载波线数据短传方式进行信号传输的近钻头系统，需要专用动力钻具，与第一代近钻头地质导向系统过动力钻具传输方式相同，在此基础上开展研究，具有一定的研发经验和现场试验应用经验。但由于近钻头测量短节是直接安装到动力钻具弯壳体上部，是动力钻具的一部分，制作成本较高。这种传输方式设计简单，传输速率快，但凹槽结构容易被挤压变形，每次穿线难度大、维修维护费用高，且在钻井液冲蚀下导线密封效果不佳，仪器可靠性有待提高。

通过调研国内外市场在用的成熟可靠的近钻头地质导向工具发现，普遍采用无线数据短传方式完成过动力钻具信号传输，动力钻具仍采用普通螺杆，现场维修、维护和更换灵活，有效控制使用仪器成本。实现过动力钻具信号传输，只需要上、下（发射和接收）两个短节配合，在钻头和螺杆之间加装带有传感器的近钻头测量短节，所获取的数据以电磁波信号的形式跨过螺杆传送给接收短节，接收短节再将其转换成电信号通过数据链接传递给脉冲器，由脉冲器转换成为脉冲信号传递到地面。参数测量零长均在 1m 以内，发射短节仍具有方位伽马、电阻率、井斜、钻头转速等测量功能，可以及时发现地层变化，及时调整井眼轨迹，最大限度地满足地质和工程要求。优选近钻头测量短节本体材料，优化防磨带区域；优化载波频率和 GMSK 调制解调方式，短传距离 15m 以上；优化电路制作工艺、密封工艺、通信连接结构；制定仪器制作和测试规范，制作 ϕ172mm 近钻头短节 2 套，无线短传型近钻头系统短节与各测量模块挂接通信正常，系统地面联调测试达到现场应用技术水平。

（2）钻铤本体井下工作状态受力仿真分析。

随钻自然伽马除具备测量功能外，还需具备在井下高温、高压、振动、冲击等恶劣环境下的动力传送功能，在传递动力时需要承受巨大的扭矩，为保证仪器钻铤在此环境下不断裂，对钻铤在钻压 30tf、扭矩 30kN·m 条件下进行了受力仿真分析。

（3）传感器嵌入方式研究与抗振设计。

由于伽马探测器的晶体非常易碎，并且仪器是在钻井井下剧烈振动的恶劣环境下使用，为此设计了一套减振环加锰皮结构的减振体，该结构由锰皮筒、减振环、固定堵头、稳谱源固定装置及前方电路骨架等几部分组成，如图 2-3-6 所示。伽马传感器居中安装在锰皮筒中间，并用特殊胶体进行减振固定，传感器两端用固定堵头进行固定，两端减振堵头外侧安装减振环与减振橡胶圈，降低振动对传感器的影响。

图 2-3-6　伽马传感器减振体结构

（4）嵌入式电路模块封装设计。

仪器在井下振动环境下进行使用，会对电路及器件造成破坏，需要对随钻自然伽马能谱测井仪器电路进行减振处理。为此，采用特殊液体胶在设计的专用封胶模具中对电路进行封装，封装完成后的模块胶体外层有凹陷的线条，通过凹陷线条的缓冲增强电路的抗振性（图 2-3-7）。电路封装模块外只保留板间连接线、插接件。电路封装完成后进行嵌入式安装，起到减振效果。

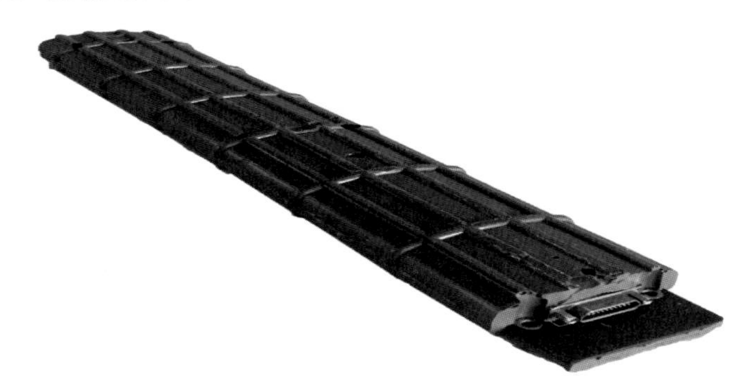

图 2-3-7　仪器电路封装图

为实现测控电路的模块化减振封装，设计加工了专用封胶模具，该模具采用盒盖式设计，盒内腔尺寸与钻铤本体上的测控电路安装仓尺寸相同，电路放入下盒后通过限位键进行固定，下盒与上盖用紧固螺钉紧固并密封，确保在封胶过程中液体胶不外流（图 2-3-8）。

图 2-3-8　电路封胶工装外部结构

盒盖内部设计有网状凹槽（图 2–3–9），该凹槽可以使封装出的电路模块表面出现凹槽结构，一方面可以起到很好的减振作用，另一方面又可以减小模块在井下高温状态下胶体受热膨胀对器件的挤压损伤。

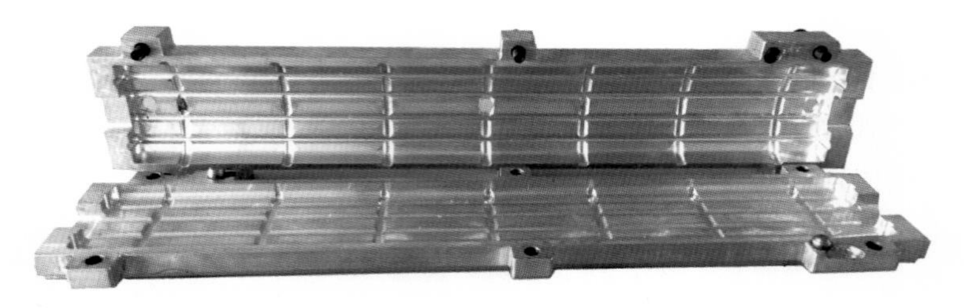

图 2–3–9　电路封胶工装内部结构

为实现各功能模块之间的有效连接，设计并加工了专用连接器，分别安装到电路、机械钻铤和传感器等部位，部分连接器具有承压密封功能，使各功能模块、传感器之间通过专用连接器和高温导线进行有机连接，使其成为具有一定测量功能的测控系统。所设计连接器连接可靠性、接触电阻、耐高温性能均满足设计需求，如图 2–3–10 所示。

图 2–3–10　专用连接器

2）高温器件选型

传统磁通门传感器是利用被测磁场中高导磁铁芯在交变磁场的饱和激励下，其磁感应强度与磁场强度的非线性关系来测量弱磁场的一种传感器。探头就是在坡莫合金外面绕上激励线圈和讯号线圈构成的传感器，这种探头的基波分量很大，为选出二次谐波分量，必须改进电路，提高选频能力。为了突出二次谐波分量、抑制基波分量，就用圆探头或跑道形探头，两边对称。探头综合性能与骨架结构的设计、坡莫合金带的材质、加工工艺的规范、温漂特性差、处理电路的严格优化都有关系。

磁阻效应传感器是根据磁性材料的磁阻效应制成的。磁阻传感器已经能制作在硅片上，并形成产品。其灵敏度和线性度已经能满足磁罗盘的要求，各方面的性能明显优于霍尔器件。迟滞误差和零点温度漂移还可采用对传感器进行交替正向磁化和反向磁化的方法加以消除。由于磁阻传感器的这些优越性能，使它在某些应用场合能够与磁通门竞争。

3）基准电压源

ADR225 2.5V 基准电压源在时 210℃仅消耗最大 60A 的静态电流，并具有超低漂移特性，因而非常适合用于该低功耗数据采集电路。ADR225 的初始精度为 ±0.4%，可在 3.3～16V 的宽电源范围内工作。

像其他 SAR（逐次逼近式模拟数字转换器）ADC（汇编指令，以下简称“ADC”）一样，AD7981 的基准电压输入具有动态输入阻抗，因此必须利用低阻抗源驱动，REF（识别系统，以下简称“REF”）引脚与 GND（电线接地端，以下简称“GND”）之间应有效去耦。除了 ADC 驱动器应用，AD8634 同样适合用作基准电压缓冲器。

使用基准电压缓冲器的另一个好处是，基准电压输出端噪声可通过增加一个低通 RC 滤波器来进一步降低。在该电路中，电阻和电容提供大约 67Hz 的截止频率。

转换期间，AD7981 基准电压输入端可能出现高达 2.5mA 的电流尖峰。在尽可能靠近基准电压输入端的地方放置一个大容值储能电容，以便提供该电流并使基准电压输入端噪声保持较低水平。通常使用低 ESR 10μF 或更大的陶瓷电容，但对于高温应用，没有陶瓷电容可用。因此，选择一个低 ESR 47μF 钽电容，其对电路性能的影响极小。

4）数字接口

AD7981 提供一个兼容 SPI、QSPI 和其他数字主机的灵活串行数字接口。该接口既可配置为简单的 3 线模式以实现最少的输入 / 输出数，也可配置为 4 线模式以提供菊花链回读和繁忙指示选项。4 线模式还支持 CNV（转换输入）的独立回读时序，使得多个转换器可实现同步采样。

本参考设计使用的 PMOD 接口实现了简单的 3 线模式，SDI（数字分量串行接口）接高电平 VIO（虚拟输出）。VIO 电压是由 SDP–PMOD 转接板从外部提供。

5）电源

本参考设计的 +5V 和 –2.5V 供电轨需要外部低噪声电源。AD7981 是低功耗器件，可由基准电压缓冲器直接供电，如图 2–3–11 所示，因而无须额外的供电轨，节省功耗和板空间。

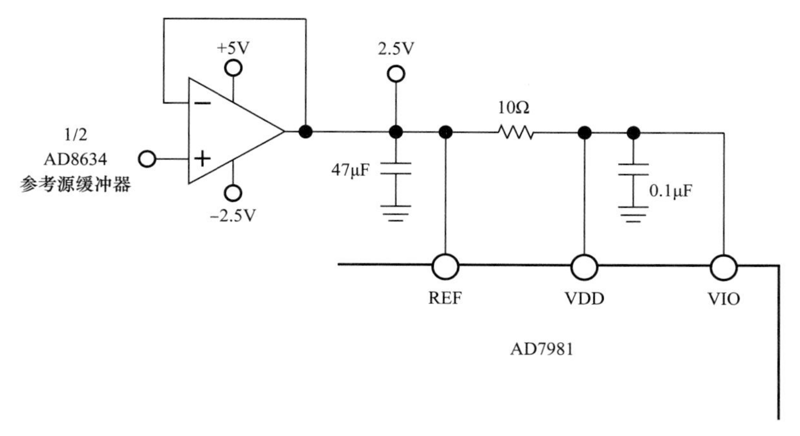

图 2–3–11　从基准电压缓冲器为 ADC 基准电压源供电

6）IC 封装和可靠性

ADI 公司高温系列中的器件要经历特殊的工艺流程，包括设计、特性测试、可靠性认证和生产测试。专门针对极端温度设计特殊封装是该流程的一部分。本电路中的 175℃塑料封装采用一种特殊材料。

耐高温封装的一个主要失效机制是焊线与焊垫界面失效，尤其是金（Au）和铝（Al）混合时（塑料封装通常如此）。高温会加速Au、Al金属间化合物的生长。正是这些金属间化合物引起焊接失效，如易脆焊接和空洞等，这些故障可能在几百小时之后就会发生。

为了避免失效，ADI公司利用焊盘金属化（OPM）工艺产生一个金焊垫表面以供金焊线连接。这种单金属系统不会形成金属间化合物，经过195℃、6000h的浸泡式认证测试，已被证明非常可靠。

虽然ADI公司已证明焊接在195℃时仍然可靠，但受限于塑封材料的玻璃转化温度，塑料封装的额定最高工作温度仅为175℃。

除了本电路所用的额定175℃产品，还有采用陶瓷FLATPACK封装的额定210℃型号可用。同时有已知良品裸片（KGD）可供需要定制封装的系统使用。

对于高温产品，ADI公司有一套全面的可靠性认证计划，包括器件在最高工作温度下偏置的高温工作寿命（HTOL）。数据手册规定，高温产品在最高额定温度下最少可工作1000h。全面生产测试是保证每个器件性能的最后一步。ADI高温系列中的每个器件都在高温下进行生产测试，确保达到性能要求。

7）无源元件

必须选择耐高温的无源元件。本设计使用175℃以上的薄膜型低TCR电阻。COG/NPO电容用于低值滤波器和去耦应用，其温度系数非常平坦。耐高温钽电容有比陶瓷电容更大的容值，常用于电源滤波。本电路板所用SMA连接器的额定温度为165℃，因此，在高温下进行长时间测试时，必须将其移除。同样，“0.1”接头连接器（J2和P3）上的绝缘材料在高温时只能持续较短时间，因而在长时间高温测试中也必须予以移除。

8）PCB布局和装配

在本电路的PCB（印制电路板）设计中，模拟信号和数字接口位于ADC的相对两侧，IC之下或模拟信号路径附近无开关信号。这种设计可以最大程度地降低耦合到ADC芯片和辅助模拟信号链中的噪声。AD7981的所有模拟信号位于左侧，所有数字信号位于右侧，这种引脚排列可以简化设计。基准电压输入REF具有动态输入阻抗，必须用极小的寄生电感去耦，为此须将基准电压去耦电容放在尽量靠近REF和GND引脚的地方，并用低阻抗的宽走线连接该引脚。本电路板的元器件故意全都放在正面，以方便从背面加热进行温度测试。

针对高温电路，必须采用特殊电路材料和装配技术来确保可靠性。FR4是PCB叠层常用的材料，但商用FR4的典型玻璃转化温度约为140℃。超过140℃时，PCB便开始破裂、分层，并对元器件造成压力。高温装配广泛使用的替代材料是聚酰亚胺，其典型玻璃转化温度大于240℃。本设计使用4层聚酰亚胺PCB。

PCB表面也需要注意，特别是配合含锡的焊料使用时，因为这种焊料易于与铜走线形成金属间化合物。常常采用镍金表面处理，其中镍提供一个壁垒，金则为接头焊接提供一个良好的表面。此外，必须使用高熔点焊料，熔点与系统最高工作温度之间应有合适的裕量。本装配选择SAC305无铅焊料，其熔点为217℃，相对于175℃的最高工作温度有42℃的裕量。

9）性能预期测试

采用 1kHz 输入信号音和 5V 基准电压时，AD7981 的额定 SNR（信噪比，即放大器的输出信号功率与同时输出噪声功率的比值）典型值为 91dB。然而，当使用较低基准电压时（低功耗 / 低电压系统常常如此），SNR 性能会有所下降。根据 AD7981 数据手册中的性能曲线，在室温和 2.5V 基准电压时，预期 SNR 约为 86dB。该 SNR 值与室温时测试本电路所实现的性能（约 86dB SNR）符合得很好。

2. 可靠性室内试验

1）系统电子元器件筛选

在测控电路功能设计基础上，利用器件老化筛选设备对仪器测控电路中用到的电子元器件进行筛选；采用部分厚膜及二次封装的措施，提高电路抗温能力。

严格合理规范随钻自然伽马能谱测井仪系统设计、制作标准，保障仪器可靠性，主要工作包括：

（1）关键元器件及部件管理库；

（2）建立随钻测量系统设计、制作、检验操作规范；

（3）建立仪器现场应用流程、维修检测标准。

2）电路模块高温实验

为提高仪器测控电路的抗高温性能，主要方法：一是选用高温电子器件、集成电路模块以及优化电路工作状态，降低仪器功耗，增强仪器的抗高温性能；二是对电路部分器件进行集成处理，减少器件数量，降低电路功耗及散热，提高电路可靠性；三是根据随钻仪器工作状态的实际情况，在实现仪器测量功能的前提下，通过 CPU 控制实现电路器件选择间歇性工作，降低仪器功耗，增强仪器的抗高温性。

为验证仪器的抗高温性能，在高温箱中对测控电路进行不间断的 24h 高温实验，在温度升至 175℃环境下，各项测量指标达到设计要求，见表 2-3-1。

表 2-3-1 电路常温和高温相对误差对比

参数	常温	175℃	仪器指标要求
GR 相对误差 /API	+0.97	+0.99	±2
K 相对误差 /%	+2	-3.9	±5
U 相对误差 /%	-1.8	+2.3	±3
Th 相对误差 /%	+2.6	-4.2	±6

3）电源模块高温性能测试

对电源模块在室内高温箱进行高温性能测试，确保电源模块符合设计要求。通过室内试验数据分析判断，该单电源模块温度性能满足设计要求，可以进行系统应用（表 2-3-2）。

表 2-3-2 单电源模块高温试验数据 单位：V

输入电压	标准输出电压	50℃输出电压	70℃输出电压	90℃输出电压	110℃输出电压	130℃输出电压	150℃输出电压	170℃输出电压	180℃输出电压
24～40	+15.00±0.5	+15.00	+15.01	+15.10	+15.10	+14.95	+15.10	+15.20	+15.15
	−15.00±0.5	−15.00	−15.00	−15.00	−15.15	−15.10	−15.20	−15.16	−15.20
	+5.00±0.2	+5.00	+5.00	+5.05	+5.03	+5.05	+5.10	+5.10	+5.15

3. 近钻头传感器补偿修正方法

1）近钻头井斜测量误差修正方法

当前应用于随钻测量的姿态传感器短节多采用由三个重力计、三个磁力计和一个温度传感器组成的一个单独短节。重力计又称重力加速度计，用于测量地球重力场，采用牛顿力学定律的基本原理 $F=ma$ 设计制作而成。石英绕性伺服重力计传感器实际上是一种力平衡（力反馈）式伺服系统。力平衡式伺服加速度传感器是测量超低频直至零赫兹的加速度以及静态角的装置。

磁力计又称磁通门，能够在运动目标中极其敏感地对地磁强度进行测量。它是利用铁、镍、钴以及合金等高导磁材料制成感应线圈，利用线圈中的磁饱和特性来测量磁场，常见的磁力计在一个闭合的高导磁率材料上绕装两个绕组，两绕组与激磁变压器的副边构成电桥。如图 2-3-12 所示。

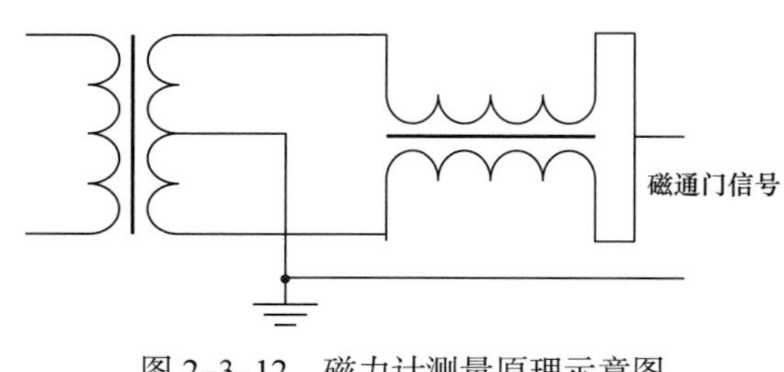

图 2-3-12 磁力计测量原理示意图

磁力计能在运动目标中非常敏感地测量地磁强度，磁力计测量原理：地磁场水平分量 E 将铁芯磁化，在面积 S 上通过的磁通量 Φ_e 可由式（2-3-1）计算：

$$\Phi_e=\mu ES\cos\theta \tag{2-3-1}$$

2）非居中安装井斜传感器误差修正方法

与随钻测量（MWD）仪器静态测量方法不同，旋转导向系统需要在底部钻具动态旋转的情况下实时测量工具面角、井斜角和方位角，但井下钻具的振动严重影响了传感器的测量精度，Aboelmagd 等采用加速度计和光纤陀螺实现了井下钻具的连续测量，采用室内试验的方式分析了钻井工具的冲击振动对测量传感器的影响，并提出了相应的滤波算法。

在旋转导向工具井下工况中，钻具实时旋转，在钻具匀速旋转时井斜角的测量是可以计算得到的，但是旋转导向控制系统中的一个非常重要的参数重力工具面 GTF 的计算却遇到了困难。通过分析我们还发现，基于磁测量的磁工具面的计算则不受振动、旋转工况的影响，能否通过计算磁工具面的方法计算重力工具面呢。在传统的MWD测量中，依据传统的方法，在小井斜（<5°）时，钻具滑动的工况下，工程上主要使用磁工具面，在井斜角>5°以后，工程经验告诉我们需要将磁工具面转换到重力工具面。当前经过低通滤波，数学方法处理等方式计算的重力工具面的精度大多在±（3°～5°），基本上也能满足当前钻井工程的应用。

3）基于点源的相邻扇区放射性解耦刻度方法

通过对仪器在各扇区地层的响应的正演计算，设计实现8扇区地层的刻度装置，包括：刻度装置的尺寸，高、低放射性地层中放射性强度的大小，使刻度装置外部放射性剂量不超过放射性管理的要求；分别针对2扇区、4扇区和8扇区地层或点放射源刻度装置，确定了方位灵敏因子的计算方法（井周方向），及纵向灵敏因子计算方法（不同深度）及操作流程和步骤；分别针对不同扇区地层的刻度装置和方案，设计刻度过程的操作流程、显示及刻度结果的计算，以及刻度时间的选择及误差分析、刻度结果的显示和输出等功能，从而实现方位伽马测井仪器的方位灵敏系数及深度灵敏系数的刻度。这一工作对于研究仪器的方位灵敏性、为后期数据处理及伽马成像、准确的地层实时评价等都有重要的意义。

由于放射性的特点，伽马射线从释放出来之后是向四周各向同性的发射，因此方位伽马测井仪器响应是由其周围各方向地层的综合贡献，如图2-3-13所示。但是方位伽马测井的特点是要得到不同方位地层的差异，仪器虽然反映了探测器正对地层的贡献，但是还受到了周围地层放射性高低的影响，为了精确地描述不同方位地层的放射性强度高低，需要对仪器的方位响应进行处理。

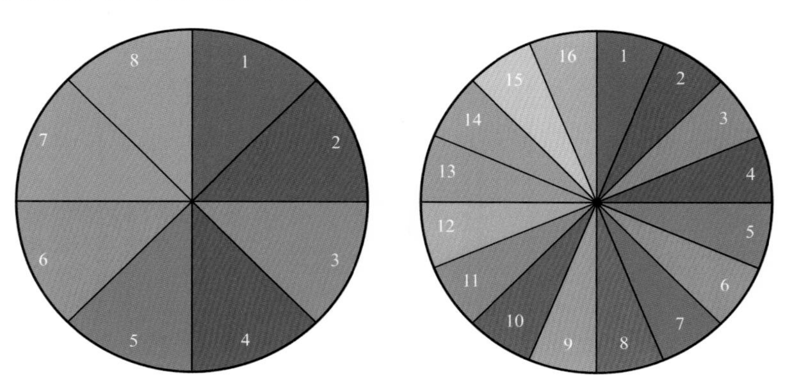

图2-3-13 井周8扇区或16扇区

从图2-3-14中可以看出，仪器居中放置于井眼中间，周围为均匀的放射性地层，但是探测器接收到各方位地层的伽马射线量不一样，即：各方位地层对于仪器的贡献量不同。

4）近钻头电阻率非对称刻度方法

电阻率是物质的固有属性，是反映物质对电流阻碍作用的属性，是指长1m、横截面积是1mm^{2}的物体在常温下（20℃时）的电阻。

电阻率R常用单位是欧姆·毫米（Ω·mm）和欧姆·米（Ω·m）。

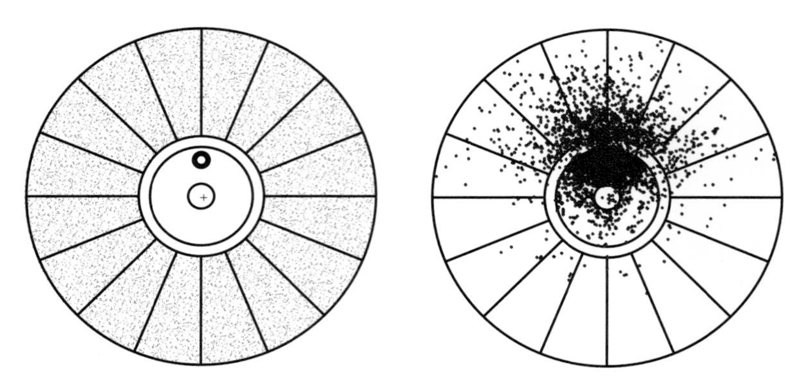

图 2-3-14 均匀放射性地层对仪器探测器的贡献

$$R = \frac{rA}{L} \tag{2-3-2}$$

电导率 C 是表示物质导电的性能，为电阻率的倒数。电导率越大则导电性能越强，反之越小。单位是西门子 / 米（S/m）。

$$C = \frac{1000}{R} \tag{2-3-3}$$

影响电阻率的因素包括地层水电阻率、温度、迂曲度、油气的存在、页岩含量和孔隙度。

既然地层水是导体，那么很明显，地层水的电阻率 R_w 对岩石电阻率有很大影响。而地层水电阻率与它本身的矿化度和温度有关。

矿化度很高的地层水中含有很多离子，离子本身导电，所以矿化度越高的流体，其导电性越高，相反，即电阻率越低。淡水含盐度很低，导电性极差，所以含淡水的岩层电阻率高，淡水的电阻率大约为 2Ω · m。从以上可看出，地层电阻率与地层水矿化度成反比。

温度越高，地层水中的离子移动越活跃，故其导电性越好。所以，岩层电阻率与温度成反比。电阻率与温度的关系可以用 Arps 公式概括：

$$R_2 = R_1 \times \frac{T_1 + 21.5}{T_2 + 21.5} \tag{2-3-4}$$

式中 T_1——表层温度；

T_2——地层温度；

R_1——表层流体电阻率；

R_2——井底流体电阻率。

岩石中孔隙的形状对电阻率也有影响。当电流通过一块电阻率恒定的岩石时，电阻是与电流通过的路径的长度成比例的。

不同的孔隙形状造成电流路线不同，电流不仅要沿着蜿蜒的路径流动，而且在岩石不同的部位，电流在流经孔隙和孔喉时路径的情况各不相同。这些差异对电阻率也是存在影响的。综上所述，孔隙的形状越不规则，岩石的电阻率越高。

5）空气刻度

电磁波测井利用交流电的互感原理测量地层的导电性，仪器发射线圈被通以一定频率和幅度的正弦交流电，在周围介质中形成交变电磁场。线圈系周围介质可看成无数个截面积为 d*r*d*z*，半径为 *r* 的圆环组成。这些圆环为闭合线圈，它们在发射线圈交流电磁场的作用下产生感应电流和感应电动势，而地层的电导率信息只与介质感应得到的二次场有关，实际仪器测得的幅度比和相位差既包含接收线圈直接接收到的一次场的信息，同时也包含介质感应得到的二次场的信息。通过吊零可以确定一次场的大小以及仪器结构、电子等因素造成的误差，以便在电阻率转换过程中消除这些因素的影响。

6）吊零试验

为了对仪器进行测试验证，进行了刻度及验证试验。在吊零过程中，为了消除周围环境的影响，仪器周围 4m 范围内不允许有导电性物质，发射线圈离开地面大于 3m，在本次试验过程中采用的吊零架高 10m，两边支柱距离为 10m。吊零过程中，两个接收线圈的相位、幅度、相位差幅度比以及补偿后的相位差和幅度比等数据实时显示在测试软件上。在该界面中 Phase R1、Phase R2、Att R1 和 Att R2 分别表示接收线圈接收到的原始的相位和幅度；Pdiff 和 Atten 分别表示接收到的相位差和幅度比；PhaseT1T2 和 AttenT1T2 表示补偿后的相位差和幅度比；PDRRes 和 ATRRes 表示转换后的相位电阻率和幅度电阻率，在吊零试验中，该显示值无意义。

将整体装配好的仪器的发射短节和接收短节分别放置于相距 11m 的 2m 高的木质支架，确保周围无对伽马及电阻率测量产生影响的环境因素，从发射短节读取口进入测试模式，读取各传感器实时测量值并记录，验证仪器各传感器功能及参数正常，随后设置发射短节和接收短节进入井下模式，从接收端实时采集数据验证短传天线的功能性及可靠性。将仪器整体放置于无磁高温烘箱内按温度梯度和时长进行带电测试，实时测量并记录在各温度下仪器的功能及稳定性。仪器按要求摆放至木质支架上，如图 2-3-15 所示。

图 2-3-15 室内空气刻度和吊零试验

设置发射短节进入测试模式，并采集记录各传感器相应参数。通过空气刻度和吊零试验，近钻头电阻率测量参数稳定，常温刻度数据达到设计要求。

三、技术参数

采用独立发射测量短节，国内首次实现了集井斜、方位伽马和单发双收电磁波电阻率测量的设计、制造技术，实现了井斜、方位伽马、电阻率高精度测量（表 2-3-3）。

表 2-3-3 近钻头随钻测量系统（Ⅱ型）技术参数表

参数	数据	参数	数据
仪器外径 /mm	172/190	井斜零长 /mm	500
适合井眼直径 /mm	215.9/241.3	电阻率测量范围 /Ω·m	0.2～1000
发射短节长度 /mm	880/700	电阻率测量精度 /%	±5（50Ω·m）
接收短节长度 /mm	1050	电阻率零长 /mm	400
伽马测量范围 /API	0～500	转速测量范围 /（r/min）	0～300
伽马测量精度 /API	±2（于 50API）	转速测量精度 /（r/min）	±2
伽马扇区	2/4/8/16	连续工作时间 /h	200
伽马零长 /mm	500	最高工作温度 /℃	175
井斜测量范围 /（°）	0～180	最高工作压力 /MPa	140
井斜精度 /（°）	±0.2		

四、性能特点

近钻头随钻测量系统提供电磁波电阻率、方位伽马、井斜和转速等测量参数。系统采用嵌入式电磁波无线短传技术，适用于水基钻井液和油基钻井液施工作环境。系统采用独立的短节结构，接收短节安装在动力钻具上部，测量发射短节安装在动力钻具与钻头之间，参数零长 0.5m，真正实现了测量参数的“零延时”。为开发薄油层、断块油层及边缘油藏等复杂储层提供优质、高效的解决方案。

五、施工工艺

1. 施工前近钻头工程参数（与甲方技术交底）

井队提供的参数：顶驱转速、转盘转速、钻井泵的参数、钻井液参数、上水（水龙带）的工况、钻井液池液面的状况以及振动筛出沙的情况，以上主要是为了保证 MWD 信号的问题。

关于动力钻具，了解是否自带扶正器、螺纹类型及尺寸、钻头尺寸、无磁长度内径（工程设计，地质设计和邻井资料）。

提供给甲方和井队：仪器零长、伽马测量范围、伽马测量精度、近井斜和 MWD 井斜测量精度和二者偏差范围以及温度。

仪器井口安装拆卸的要求，仪器正常工作的各种测量方式和开关泵的等待时间，井深校正的具体操作细节。

2. 近钻头仪器设置

1）外观检查

盖板外观完好，固定螺栓完好，短节端面完好，螺纹完好，防磨带完好。

2）发射短节设置

发射短节和接收短节的摆放位置模拟井下，同时注意两者的距离需大于 10m。清理发射短节数据口外表面，利用扭矩扳手打开数据口固定螺栓，检查内螺纹和螺栓密封圈，将发射短节和上位机通过数据设置盒连接；打开发射设置软件，点击数据下载盒红色按键，选用 bus 总线按钮和对应数据线插口；选择软件菜单栏下来对应虚拟口；点击 idle 按键进入挂机状态（所有设置和测试步骤都在挂机状态操作）；点击 para 进行参数设置，点击 clock 校正时钟、down 键写入、up 键读（观察时间变化，确定是否正常写入）；点击 toolcfg 设置频率，smpinv=20s，延迟时间 WaitTime（根据下钻时间设定）；worktime 电池工作时间；点击 GR_DIV 设置伽马系数；点击 erase 擦除内存数据；点击 test（设置 20000ms）测试发射数据；点击 ReadDate 下载内存数据；点击 Playback 数据格式转换；点击 Pwr_Close 关闭电源；点击 Log 键进入测井状态；利用扭矩扳手上紧数据口固定螺栓，完毕后观察密封圈是否完好。

3）接收短节设置

清理接收短节数据口外表面，利用扭矩扳手打开数据口固定螺栓，检查内螺纹和螺栓密封圈，将接收短节和上位机通过数据设置盒连接；打开接收设置软件，点击数据下载盒红色按键，选用 bus 总线按钮和对应数据线插口；选择软件菜单栏下来对应虚拟口；点击 idle 按键进入挂机状态（所有设置和测试步骤都在挂机状态操作）；点击 para 进行参数设置，点击 clock 校正时钟、down 键写入、up 键读（观察时间变化，确定是否正常写入）；点击 toolcfg 设置频率，smpinv=30s，延迟时间 WaitTime（根据下钻时间设定）；worktime 电池工作时间；点击 erase 擦除内存数据；点击 test（设置 1000ms）测试接收数据；点击 ReadDate 下载内存数据；点击 Playback 数据格式转换；点击 Pwr_Close 关闭电源；点调整工具击 Log 键进入测井状态；利用扭矩扳手上紧数据口固定螺栓，完毕后观察密封圈是否完好。

3. 近钻头仪器 +MWD 地面串接测试

（1）MWD 串接及测试。电池和近钻头专用探管井下状态打紧测试，在探管抗压筒外壁做好高边标记；连接专用振动开关；连接进口 APS 脉冲器，打紧（注意脉冲器自身有一道扣）；量取内部角差；安装提升调整工具。

（2）近钻头 +MWD 地面串接。探管下依次连接空管；连接直连转接；连接加长杆；连接接收短节（压块量取差约 3mm）。

（3）打开 PMWD 软件进行地面系统测试，注意观察重力核，磁场强度，温度等参数；观察全测量尾码，确定系统正常挂机。

4. 近钻头井口安装及开泵测试

（1）将脉冲器悬挂短节和无磁承压钻杆连接，用气葫芦将井下仪器串吊入。注意：大钩要提升到足够高度，气葫芦要尽量垂直于井口，提升仪器串控制慢速。

（2）在井口串接仪器串和接收短节。注意：保护短节打紧即可，便于拆卸；尽可能使用抗压筒卡子，避免直接提升无磁承压连接损伤仪器；加长杆保护外筒的抗压堵头注意密封。

（3）连接发射短节（仪器负责人必须在井口指挥发射短节的安装和拆卸，确实风险很大）；利用B型钳和钻头座将发射短节和钻头连接到动力钻具，然后再将钻头拆下开泵测试仪器；仪器测试完毕后，再指挥安装钻头！指挥人员要注意到井队设备的差异，确保B型钳钳牙位置不要卡到仪器盖板：观察人工卡紧后位置、绳子拉紧后位置、再次人工卡紧后位置，一个发射短节安装周期可能有好几次，每一步都要仔细观察。

（4）开泵测试必须放置滤子，开泵泵压4MPa，泵冲在井队许可的范围内越大越好，井口测试只需观察MWD信号和全测量尾码确认挂机正常即可下钻。

施工提示：

压力传感器需配备活接头及对应转接头，配备直转锥接头；

起下钻在保证井下安全的前提下，提醒井队尽量减少仪器在套管中的时间；

中途测试钻头要出套管两个立柱；

脉冲器悬挂安装顶丝再运往井场；

下25～30柱中途灌浆，井队临时起钻（诸如等措施之类）要将近钻头仪器置于套管以外，减少过度耗电。

六、应用案例

［案例1］ 林中33平02井是胜利油田分公司滨南采油厂为落实林中10–8井区孔店组储层展布规律及孔店组6～8砂组各小层露头位置及含油性，开发林中9块孔店组油层的一口ϕ241.3mm开发水平井，由渤海钻井30526队承钻，属于济阳坳陷惠民凹陷林樊家断裂鼻状构造带林中9块构造。设计垂深1018.00m，A靶垂深1018.00m，B靶垂深1013.00m，A～B靶间水平距离399.03m。地质导向服务由中国石化胜利石油工程有限公司提供。

采用了近钻头地质导向系统（SinoMacs_NBGS）+随钻电磁波方位电阻率（SinoMacs_AMR）+一体化随钻测量系统（SinoMacs_MWD）组成的新型地质导向系统。地质导向技术服务井段从A靶前井深973m直至完钻井深1587m，累计进尺614m，井下工作76h，系统不仅实现了井斜、方位、工具面和温度等MWD轨迹测量，提供的近钻头井斜、上下方位伽马、深浅电阻率数据为实时地质导向提供了及时准确的参数依据，利用近钻头井斜测量确保了轨迹准确入靶并在靶体中延伸，借助于近钻头上下方位伽马和多条电阻率测量，确保了准确、平稳着陆以及井眼在油层内穿行，保证了目的层钻遇率。经过1趟钻完成了该井地质导向服务任务。

［**案例 2**］ 桩 115- 平 5 井是胜利油田分公司桩西采油厂为完善采油井网，挖潜 Ng 上 41 小层高部位剩余油，进一步提高储量动用程度，改善开发效果而钻探的一口开发水平井，由渤海钻井 40600 队承钻，属于济阳坳陷沾化凹陷桩西披覆构造带桩 115-01 块构造。设计垂深（均不含补心高）：A 靶垂深 1511.50m，B 靶垂深 1519.00m，A～B 靶间水平距离 490.64m。地质导向服务由中国石化胜利石油工程有限公司提供。

地质导向技术服务井段从 A 靶前井深 2184m 直至完钻井深 3075m，累计进尺 891m，井下工作 82h，系统不仅实现了井斜、方位、工具面和温度等 MWD 轨迹测量，提供的近钻头井斜、上下方位伽马、电阻率数据为实时地质导向提供了及时准确的参数依据，利用近钻头井斜测量确保了轨迹准确入靶并在靶体中延伸，借助于近钻头上下方位伽马和电阻率测量，确保了准确、平稳着陆以及井眼在油层内穿行，保证了目的层钻遇率。经过 1 趟钻完成了该井地质导向服务任务。

第四节 补偿电磁波电阻率和方位伽马系统

20 世纪 80 年代末、90 年代初，石油工业界的随钻测井项目仅有伽马、中子孔隙度、岩性密度、光电因子、相移电阻率和衰减电阻率。在过去的近 15 年时间里，随钻测井技术得到迅速发展，不仅原有的一些测量方法得以改进，还出现了许多新的随钻测井方法。首先是随钻方位测井，如方位密度中子（AND）测井仪提供方位密度和光电因子（PE），钻头电阻率仪器（RAB）提供方位伽马和实时电阻率图像；其次是多探测深度的定量成像测井，如 RAB 产生的电阻率图像，VISION 系统测量的密度成像图。随钻方位测井与多探测深度测井，完善了随钻地层评价。迄今，可进行随钻测井的项目有比较完整的随钻电、声、核测井系列，随钻井径、随钻地层压力、随钻核磁共振测井以及随钻地震等。有些 LWD 探头的测量质量已经达到同类电缆测井仪器的水平。国际三大石油技术服务公司紧盯测井领域的随钻测井这一发展方向研制随钻测井仪器。斯伦贝谢公司的 VISION 系列、Scope 系统，哈里伯顿公司的 Geo-Pilot 系统和贝克休斯公司的 OnTrack 系统等均能提供中子孔隙度、岩性密度、多个探测深度的电阻率、伽马，以及钻井方位、井斜和工具面角等参数，基本能满足地层评价、地质导向和钻井工程应用的需要。根据用户的需要，这些系统分别有各种不同的组合形式和规格，最常使用的两种组合是 MWD+ 伽马 + 电阻率，提供地质导向服务，结合邻近地层的孔隙度资料还可用于地层评价；MWD+ 伽马 + 电阻率 + 密度 + 中子，提供地质导向和基本地层评价服务。

一、结构原理

补偿电磁波电阻率和方位伽马系统通过仪器上阵列排列的 4 个电磁波发射天线和 2 个电磁波接收天线可以测得不同深度的电阻率。每个发生器会按时序不停地向地层发出 2MHz 和 400kHz 的电磁波，通过分别测量计算两个接收器接收到的相位和振幅的差异而得到 8 条相位和 8 条衰减井眼补偿电阻率。井眼补偿的效果来源于每个发生器和接收器之间相对位置的特定排列。电磁波电阻率工具能够获得井眼补偿的精确测量，它减少了由于井眼不规则对测量的影响，同时也减少了由于温度和压力变化而引起电波偏移的影响。钻铤上集合了方位伽马和近井斜的测量，实现地质参数和工程参数一体化测量。

1. 随钻电磁波电阻率测量原理

电磁波测井利用交流电的互感原理测量地层的导电性，仪器发射线圈被通以一定频率和幅度的正弦交流电，在周围介质中形成交变电磁场。线圈系周围介质可看成无数个截面积为 drdz，半径为 r 的圆环组成。这些圆环为闭合线圈，它们在发射线圈交流电磁场的作用下产生感应电流和感应电动势，电磁波电阻率测量短节并不是直接测量接收线圈的电动势来得到地层的电阻率，而是通过两个接收天线得到的电动势的幅度比和相位差转换得到地层的电阻率。普通的双感应测井只受地层介质感应的二次电场的影响（图 2-4-1），随钻电磁波电阻率测井既受一次场的影响，也受二次场的影响。

得到地层的电磁场分布以后，则容易得到两个接收线圈上的感应电动势 U_{R1} 和 U_{R2}（图 2-4-2），实际测井记录的幅度比（*Amp*）和相位差（*Phase*）为：

$$Amp=20\lg\left(\frac{\mathrm{abs}(U_{R1})}{\mathrm{abs}(U_{R2})}\right) \tag{2-4-1}$$

$$Phase=\arg(U_{R1})-\arg(U_{R2}) \tag{2-4-2}$$

其中 arg 表示取相位角，根据幅度衰减和相位差转换就可以得到随钻电磁波电阻率。随钻电磁波电阻率仪器根据电磁波穿过不同物性地层（电导率、磁导率、介电常数）时接收线圈感应电动势幅度和相位的变化反演得到地层的物性参数。

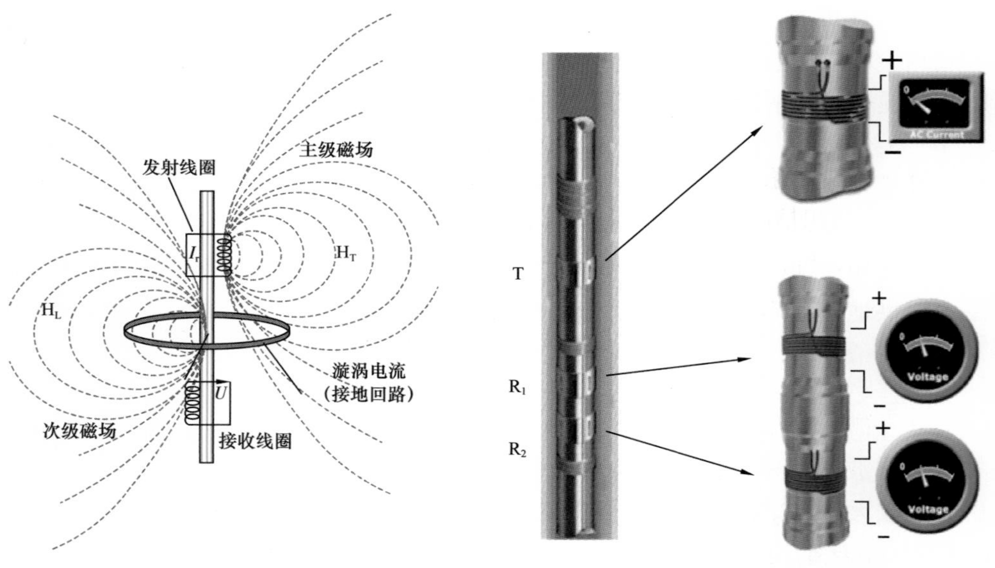

图 2-4-1　感应测井原理示意图　　图 2-4-2　电磁波电阻率测量原理示意图

2. 电阻率对称补偿测量方法及数据处理流程

本设计采用等源距补偿方式，也就是利用分布于接收线圈对两端的对称发射线圈的响应来直接算出井眼补偿误差，从而线圈系的测量结果井眼补偿。仪器结构如图 2-4-3 所示。T_1、T_2、T_3 和 T_4 是发射线圈，R_1 和 R_2 是接收线圈，其中 T_2 和 T_4 是补偿线圈，可以消除 T_1 和 T_3 的测量误差。下面以测量线圈 T_1 及补偿线圈 T_2 为例，说明对称补偿的原理。

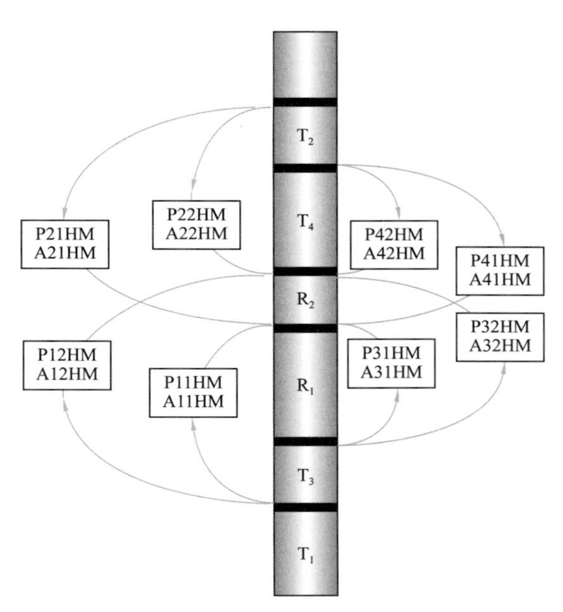

图 2-4-3　电磁波电阻率对称补偿测量

为了获得补偿，发射线圈 T_1 和 T_2 交替激发，T_1 激发时 T_2 截止，电磁波下行传播，经过地层到达接收线圈对 R_1 和 R_2，在 R_1 和 R_2 上产生的电压幅度比为：

$$AT_{DM}=AT_1+AT_{ERR} \tag{2-4-3}$$

相位差为：

$$PS_{DM}=PS_1+PS_{ERR} \tag{2-4-4}$$

$$AT_1=20\lg（A_{2D}/A_{1D}）$$

$$PS_2=P_{2D}-P_{1D}$$

$$AT_{ERR}=20\lg（A_2/A_1）$$

$$PS_{ERR}=P_2-P_1$$

式中　AT_1——理想情况下的电压幅度比；

PS_2——理想情况下的相位差；

A_{1D}、A_{2D}、P_{1D}、P_{2D}——理想接收线圈感应电动势的幅度和相位；

AT_{ERR}、PS_{ERR}——两个接收电路非共有部分以及井眼凹凸不平产生的附加幅度和相位。

在高电阻率地层，AT_1 和 PS_1 相对地层电阻率的变化量很小，AT_{ERR} 和 PS_{ERR} 严重影响仪器的测量精度。AT_{ERR} 和 PS_{ERR} 随井内温度、压力和井眼钻井液电阻率及井内运行时间的变化而变化。

利用发射线圈 T_2 可以消除 AT_{ERR} 和 PS_{ERR}。当发射线圈 T_2 激发时，T_1 截止，T_2 发出的电磁波上行传播，经过地层作用到达接收线圈对。如上分析，可得上行波产生的幅度比为：

$$AT_{UM}=AT_2-AT_{ERR} \tag{2-4-5}$$

相位差为：

$$PS_{UM}=PS_2-PS_{ERR} \tag{2-4-6}$$

其中

$$AT_1=20\lg(A_{2U}/A_{1U})$$

$$PS_2=P_{2U}-P_{1U}$$

均匀地层情况下，由于发射线圈 T_1 和 T_2 关于接收天线对称分布，AT_1 和 AT_2（或 PS_1 和 PS_2）相等，所以将上行传播和下行传播测得的仪器响应曲线相叠加就可以消除 AT_{ERR} 和 PS_{ERR}。等源距补偿后的电压幅度比和相位差为：

$$AT_{BHC}=(AT_{UM}+AT_{DM})/2 \tag{2-4-7}$$

$$PS_{BHC}=(PS_{UM}+PS_{DM})/2 \tag{2-4-8}$$

将两次测得的响应曲线相减，即可得到井眼补偿误差，计算公式为：

$$AT_{ERR}=(AT_{UM}-AT_{DM})/2 \tag{2-4-9}$$

$$PS_{ERR}=(PS_{UM}-PS_{DM})/2 \tag{2-4-10}$$

3. 补偿电磁波电阻率和方位伽马系统一体化结构设计

整个 MRC 地质导向系统采用多参数紧凑型设计，以多频多深度电磁波电阻率测量仪为核心，自然伽马（GR）采用方位结构设计，测井斜工具采用近钻头结构设计，将方位伽马、近钻头井斜和电磁波电阻率结构集成在一根钻铤上，连接在动力钻具的后面，上接 MWD 测量仪，实现了工程参数（井斜、方位）、地质参数（多深度电磁波电阻率、自然伽马）与近钻头井斜方位一体化测量，能在水平井中更及时反映油气藏变化，有利于主动调整，提高油层穿透率。结构及总线如图 2-4-4 和图 2-4-5 所示。此外，MRC 地质导向系统亦可独立或与其他随钻仪器组合使用，例如随钻中子、随钻刻度、随钻密度测井仪等，拆卸方便，功能强大，更适用于复杂油气藏开发的多参数随钻地层评价。

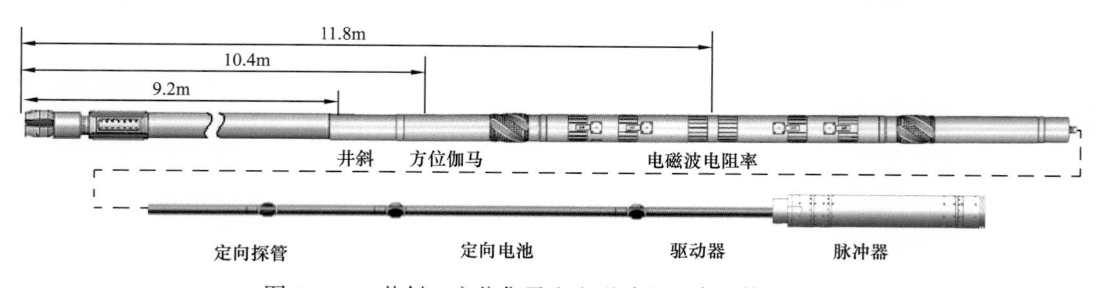

图 2-4-4 井斜、方位伽马和电磁波电阻率一体化结构

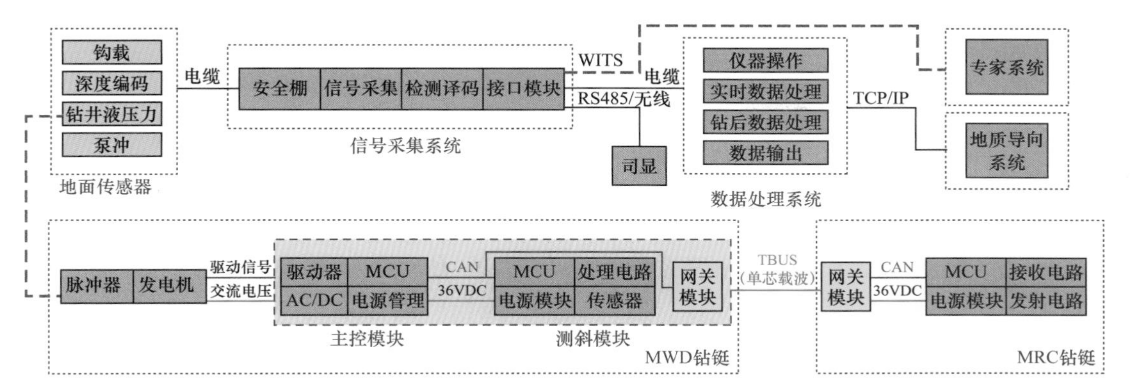

图 2-4-5 基于一体化平台的 MRC 地质导向系统总线设计

MRC 地质导向系统受空间约束大，需在壳体的结构方面进行专门设计，保证其在有限的空间内进行天线系和电路的安装，并使测点尽量接近钻头。电磁波电阻率由钻铤本体、线圈系保护罩、电路保护套筒（发射端、接收端）、电路盖板、导流套及电池短节等多个部件组成（图 2-4-6），其中，钻铤本体在整个系统总成起到的作用主要是提供放置线圈及处理电路的空间，保护线圈及处理电路以免受到高压钻井液的侵蚀，完成与上下部分钻具的连接以及传递钻压和扭矩等。

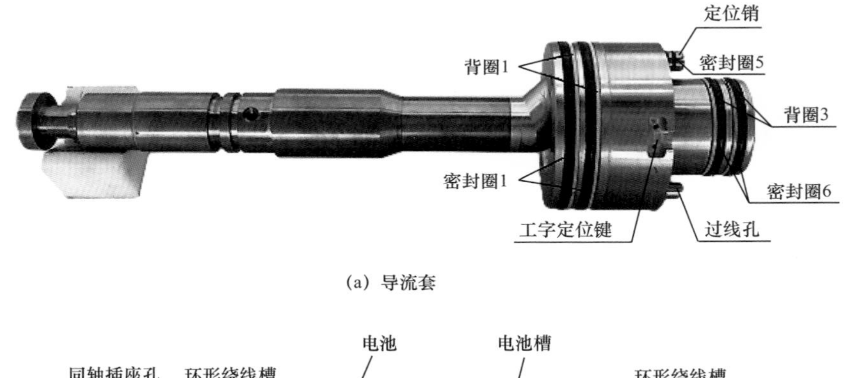

(a) 导流套

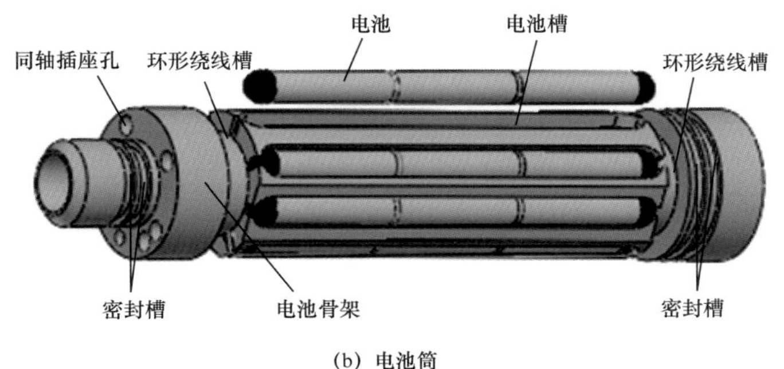

(b) 电池筒

图 2-4-6 导流套、电池筒结构式设计

通过开展机械钻铤结构设计、承压密封设计、天线封装工艺设计等技术研究，实现了高温环境下电磁波电阻率、自然伽马 / 方位伽马、井斜参数的一体化测量，系统整体结构如图 2-4-7 所示。

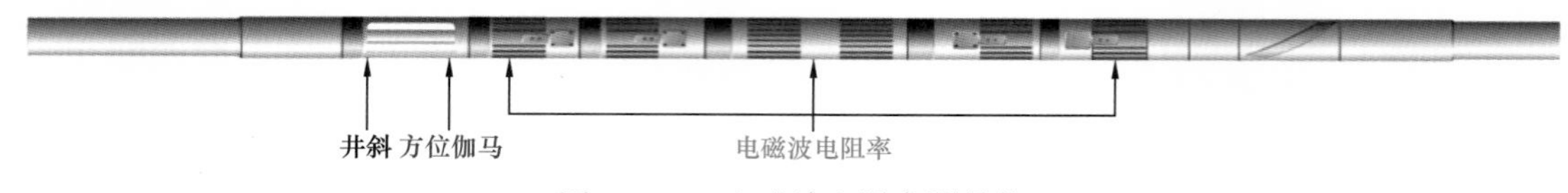

图 2-4-7 电磁波电阻率测量仪

二、关键技术

补偿电磁波电阻率和方位伽马系统在“十二五”研究基础上进行创新突破和集成设计应用。通过理论模拟、改进优化、室内试验和现场应用等方式，成功研制了高温补偿电磁波电阻率和方位伽马系统，满足了我国低渗透油气藏勘探开发需要。同时加强了在川西、济阳坳陷等低渗透油气藏中的技术推广和应用，并根据现场应用情况进行相关技术与仪器设备的优化与完善，确保井眼轨迹控制精度、随钻储层识别精度及耐高温高压能力。形成了系统参数设计技术、天线优化设计、高精度电磁波刻度标定技术、环境校正及分析技术、方位伽马成像响应模拟等关键技术。

1. 系统参数优化设计技术

线圈系结构选择主要考虑以下因素：

（1）源距——发射线圈到接收线圈的距离。源距的选择由探测深度和接收器的灵敏度决定。源距太大，接收器无法接收到电磁波信号；源距太小，不能达到要求的探测深度。

（2）间距——两个接收器间的距离。间距由轴向的地层分辨率和接收器灵敏度确定。间距太大，不利于分辨薄层，且第二接收信号强度太小，测量误差增大；间距太小，幅度及相位差变化太小，同样不利于精确测量。

图 2-4-8 模拟在 2MHz 工作频率下不同线圈距的频率分量的归一化响应特征，图 2-4-9 模拟线圈距 36in 时，不同频率下的信号响应特征。由模拟结果可以看出，线圈距越大、频率越高对高阻地层的响应越敏感，线圈距越小、频率越低对低阻地层响应越敏感，因此为了同时对高低阻地层都有较好的响应特性，无论在石油还是煤炭开采应用方面一般都采用多频、多线圈距的仪器线圈系设计。

当线圈距增加到一定程度时，在低阻地层中幅度衰减出现振荡，且开始出现振荡的位置与频率和地层电阻率有关。频率越高、地层电阻率值越小，开始出现振荡的距离越小。幅度衰减出现振荡，说明在这种线圈系结构和地层参数下，仪器的发射—接收距离再增加已经无法进行有效探测。利用这种幅度衰减图可以根据需要确定仪器参数的合理范围。经过模拟发现，在测量地层电阻率采用 2MHz 工作频率时，线圈距不宜超过 40in。

随钻电磁波测井的工作频率范围从几百千赫兹到十几兆赫兹，随钻电磁波测井的主要目的是测量地层电导率，希望尽量减小介电常数的影响。在满足 $\omega\varepsilon \ll \sigma$ 的情况下，可以忽略地层中位移电流，此时地层传导电流起主要作用，此时的地层中电磁场是似稳的，可以在测井中忽略介电常数的影响。因此，随钻电磁波测井仪器的工作频率 f 需要满足式（2-4-11）：

$$f \ll \frac{\sigma_{\min}}{2\pi\varepsilon} \tag{2-4-11}$$

式中　σ_{min}——最小电导率；

ε——介电常数。

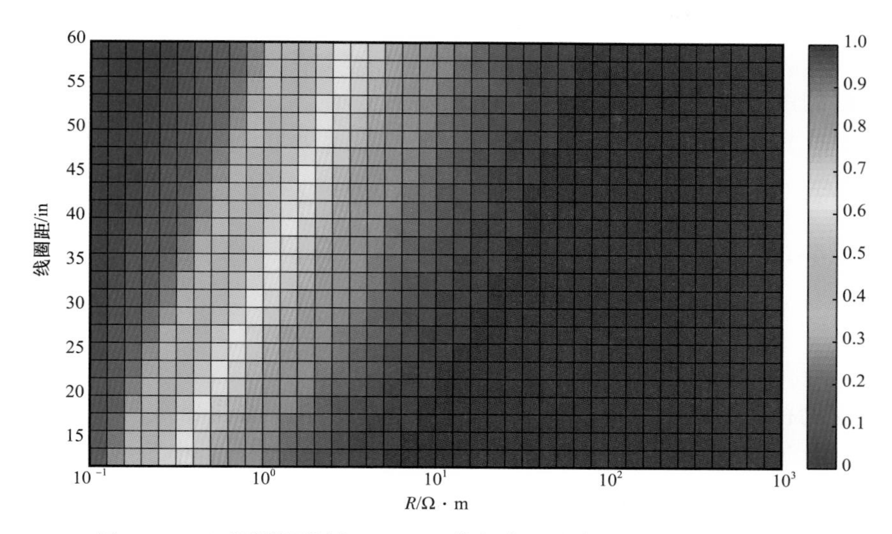

图 2-4-8　不同线圈距在 2MHz 工作频率下响应特征（归一化处理）

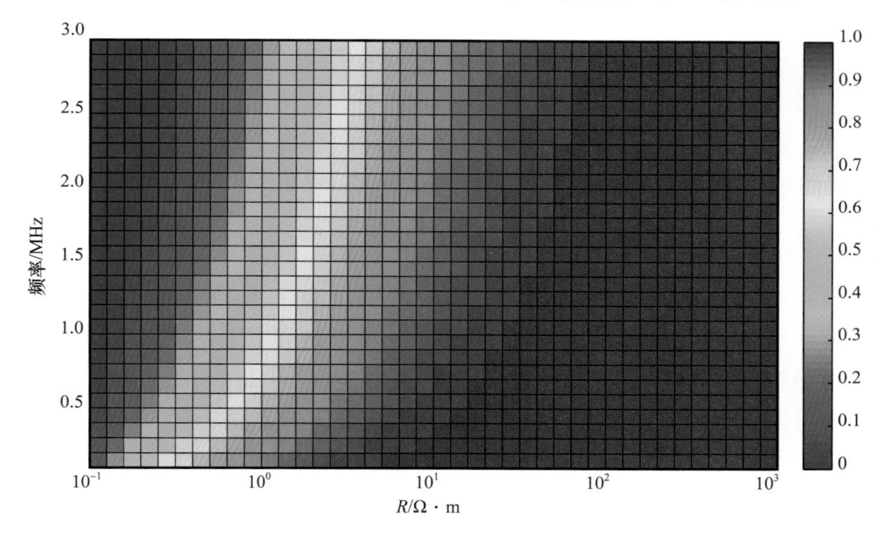

图 2-4-9　线圈距为 36in 时不同频率下响应特征（归一化处理）

两个接受线圈的相位差可以表示为：

$$\Delta\phi = \frac{360\Delta L}{\lambda} \tag{2-4-12}$$

其中

$$\lambda = \frac{2\pi}{\beta}\text{，}\quad \beta = \omega\sqrt{\frac{\mu\varepsilon}{2}\left[\sqrt{1+\left(\frac{\sigma^2}{\omega\varepsilon}\right)^2}+1\right]} \approx \sqrt{\frac{\omega\mu\sigma}{2}} = \sqrt{\pi f\mu\sigma}$$

假定仪器可以分辨的最小相位差为 $\Delta\phi_{min}$，则：

$$\Delta\phi=\frac{180\Delta L\sqrt{f\mu\sigma}}{\sqrt{\pi}}>\Delta\phi_{min} \tag{2-4-13}$$

因此仪器的工作频率还应满足

$$f>\frac{\pi}{\mu\sigma_{min}}\left(\frac{\Delta\phi_{min}}{180\Delta L}\right)^2 \tag{2-4-14}$$

由式（2-4-11）和式（2-4-14）联立可得仪器的工作频率的范围为：

$$\frac{\pi}{\mu\sigma_{min}}\left(\frac{\Delta\phi_{min}}{180\Delta L}\right)^2<f\ll\frac{\sigma_{min}}{2\pi\varepsilon} \tag{2-4-15}$$

一般地层的相对介电常数在几到十几之间，如果取相对介电常数为 5，若要探测到的最小电导率 σ_{min} 为 0.01S/m，则可以求得频率要远小于 36MHz。小于该值的 1/10 可以认为是远小于，故频率需要满足小于 3.6MHz。同时，取仪器能分辨的最小相位差 $\Delta\phi_{min}$ 为 1°，设仪器线圈系的间距 ΔL 为 9in（0.23m），按可求得频率需大于 0.145MHz。故工作频率应该在 0.146～2.6MHz 之间。

此外，频率还会影响仪器的径向探测深度和水平地层分辨率。降低频率可以增加径向探测深度，但会减小水平地层分辨率；增加频率可以增加水平地层分辨率，但会减小径向探测深度。因此，可以适当选择频率以兼顾径向探测深度和水平地层分辨率。综合以上因素，电磁波电阻率测量的工作频率选择为 400kHz 和 2MHz。

2. 天线优化设计技术

随钻电磁波电阻率测量系统天线槽的长度和数量对电磁场信号强度有较大影响，一般来讲天线槽长度越大，数量越多对电磁场信号测量越有利，但会对仪器结构强度造成影响，因此需通过数值模拟对天线系统进行优化设计。图 2-4-10 和图 2-4-11 分别模拟天线槽直径分别为 6.5in 和 8in 时，不同天线槽长度对应的电磁场信号（归一化）。

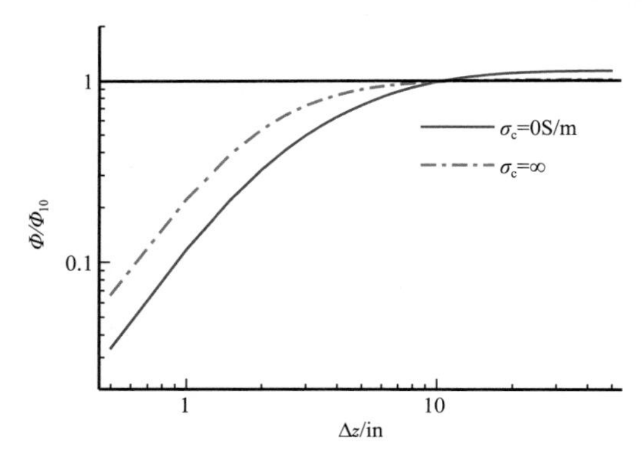

图 2-4-10 天线槽直径 6.5in 时不同天线槽长度对应的电磁信号（归一化）

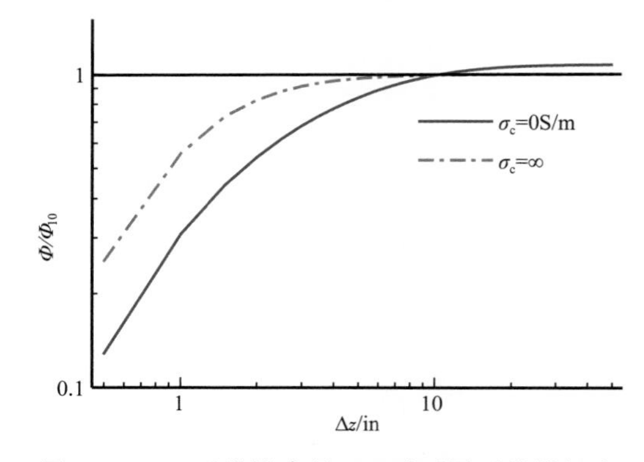

图 2-4-11 天线槽直径 8in 时不同天线槽长度对应的电磁信号（归一化）

3. 高精度电磁波转换刻度标定技术

在数值模拟的基础上可以得到各种环境和地层因素对随钻电磁波视电阻率的影响。这些影响因素主要包括仪器精度、井眼（井眼大小、钻井液矿化度以及井眼偏心）、井斜与层厚、各向异性、介电常数、钻井液侵入等。

1）仪器精度

随钻电磁波电阻率测量短节的精度随着地层电阻率的增大而减小，与传统的感应类仪器相同，随钻电阻率在低电阻率地层的精度较高，而对于高电阻率地层，微小的相位或幅值变化都会引起电阻率测量值相对比较大的变化（图 2-4-12 和图 2-4-13）。当地层的视电阻率高达几百甚至上千欧姆米的情况下，仪器自身的误差可能达到百分之几十或者成倍的误差，在这种情况下仪器自身的精度可能是误差的主要来源，再对资料进行其他因素的校正已经显得意义不大了，因此在资料的实际处理过程中既要考虑到地层的实际情况，也要考虑到仪器自身的因素。

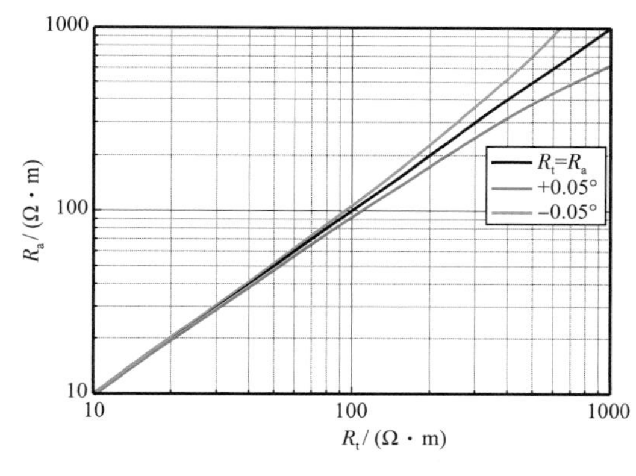

图 2-4-12　仪器相位检测精度对相位电阻率影响

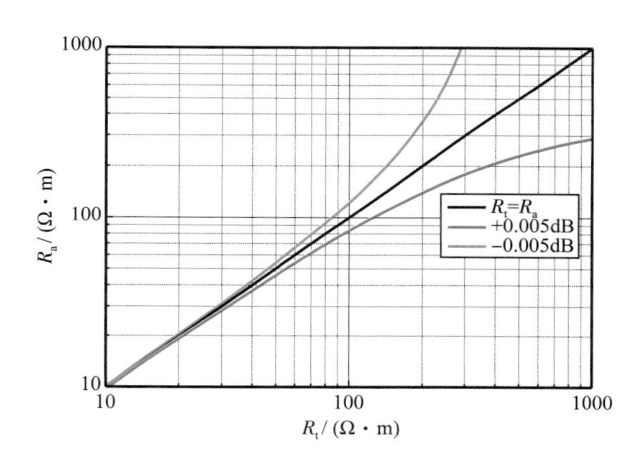

图 2-4-13　仪器幅度监测精度对幅度电阻率的影响

2）井眼

井眼对电磁波仪器响应的影响主要在井眼比较大和地层与钻井液电阻率对比度比较大的情况，当然在某些情况下，井眼垮塌造成的响应异常也应得到重视。此外在大斜度井 / 水平井环境下仪器在井眼中偏心是比较常见的，在钻井液和地层电阻率对比度比较大的情况下，可能会造成比较大的影响。随钻电磁波仪器与常规感应测井仪器类似，适应于淡水钻井液或油基钻井液。在盐水钻井液中，钻井液的高矿化度容易使 2MHz 频率下仪器测量值达到饱和状态。而井眼不规则和仪器偏心对随钻仪器中的低频测量值影响较小。值得注意的是，在考虑井眼的影响时除了考虑井眼的大小还要考虑到仪器的直径，在井眼一定的情况下，仪器直径越大，钻井液对仪器响应的影响越小。图 2-4-14 和图 2-4-15 为模拟一种钻井液电导率情况下的井眼校正模板，可以看出同样的井眼条件对幅度电阻率和相位电阻率的影响是不同的。

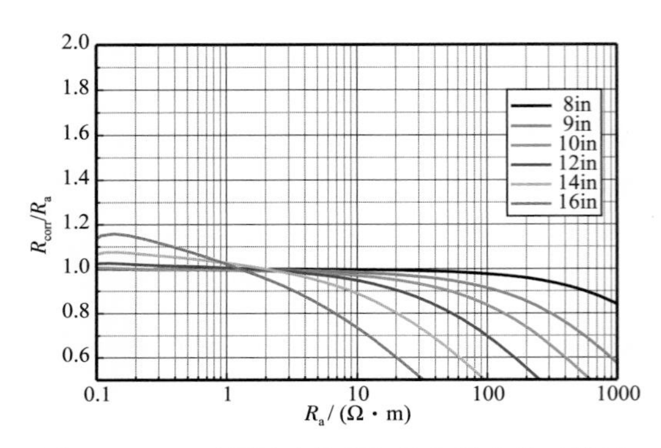

图 2-4-14 不同尺寸井眼相位电阻率校正模板
（模拟条件：仪器直径 6.75in，
钻井液电阻率 0.05Ω·m）

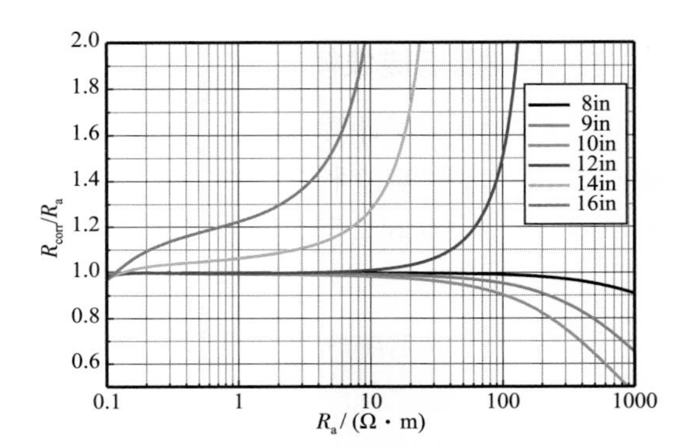

图 2-4-15 不同井眼尺寸幅度电阻率校正模板
（模拟条件：仪器直径 6.75in，
钻井液电阻率 0.05Ω·m）

3）井斜与层厚

在随钻电磁波测井中，层厚的影响和井斜的影响从来都是联系在一起的，也就是说在大斜度井 / 水平井的资料处理过程中，如果仍以直井模型为基础则会造成很大的误差。在大斜度井 / 水平井环境下仪器的垂向分辨率等指标不再适用，因此对实际地层使用环境进行模拟，了解仪器响应情况，显得更加重要。图 2-4-16 模拟了直井和大斜度井环境下的层厚校正模板，可以看出：层厚较小时，相同视电阻率大斜度井的校正值小于直井的校正值；随着层厚的增大，相同视电阻率大斜度井的校正值大于直井的校正值，并且视电阻率越大，这种现象越明显，如图 2-4-16 中阴影区域。当地层厚度大到一定程度时，视电阻率值不再受围岩影响，地层电阻率越大，不受围岩影响的最小地层厚度也越大。

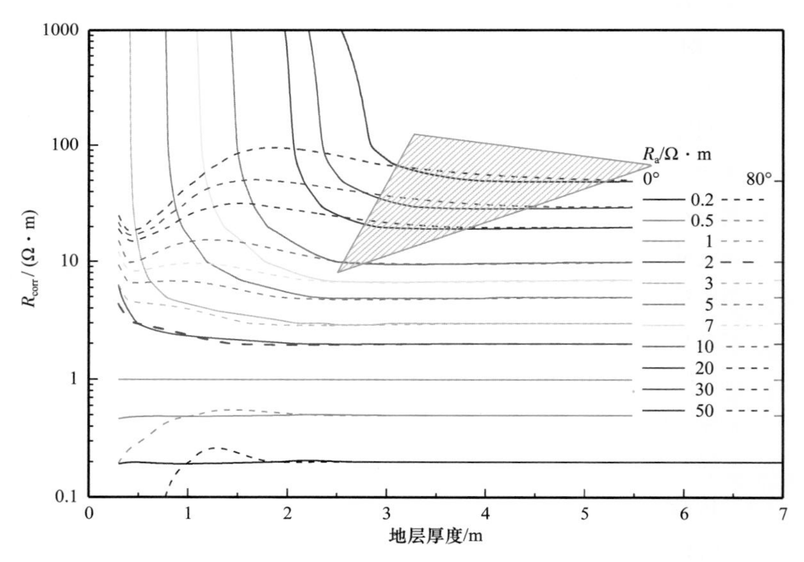

图 2-4-16 直井和大斜度井（80°）层厚校正模板对比
（模拟条件：围岩电阻率 1Ω·m）

4. 方位伽马成像模拟技术

利用蒙特卡罗计算模型，计算比较放射性地层不同地层倾斜角度及不同厚度对方位伽马成像图的影响。利用同样计算模型，地层倾斜角度（α）和厚度（H）分别为 70° 和 20cm、70° 和 40cm、80° 和 20cm，记录仪器穿过地层不同位置处 4 个探测器 16 个方位的自然伽马计数，利用得到的数据及插值方法得出的方位伽马成像图如图 2-4-17 所示。

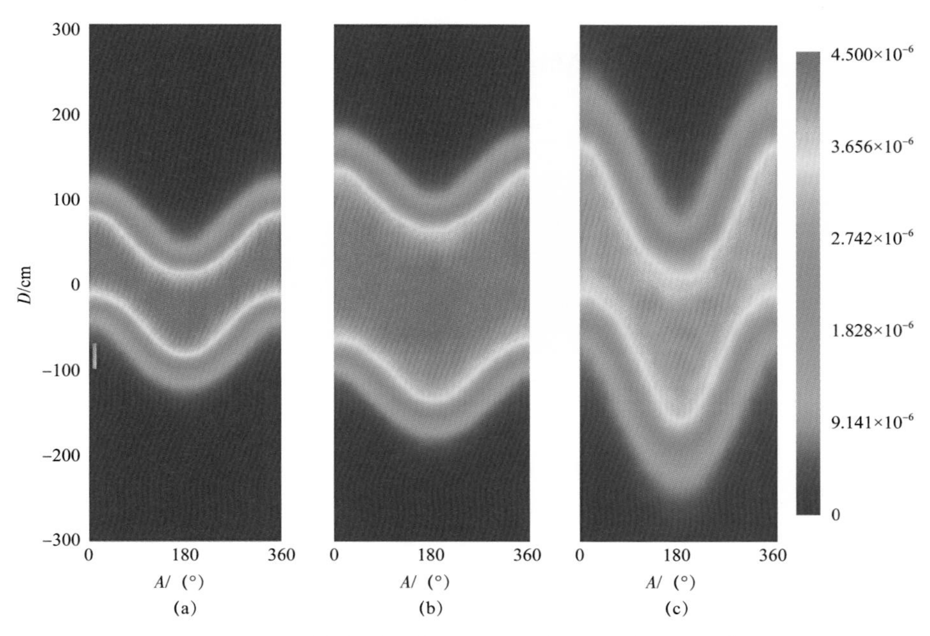

图 2-4-17　不同地层倾斜角度和地层厚度方位伽马成像图

（a）α=70°，H=20cm；（b）α=70°，H=40cm；（c）α=80°，H=20cm

由图 2-4-18 可以看出，地层倾斜角度越大，地层厚度越厚，方位伽马成像图分布范围越大，地层倾斜角度和地层厚度对方位伽马成像图影响很大。

研究仪器穿过多个放射性地层模型，地层厚度为 20cm，仪器以 50° 向下穿过地层，在砂岩地层钻过一定距离后钻头上调再以 60° 穿过放射性地层，在砂岩地层钻过一定距离后钻头再下调以 70° 穿过放射性地层，在砂岩地层钻过一定距离后钻头再上调以 80° 穿过放射性地层，最后在砂岩地层钻过一定距离后下调钻头以 85° 穿过放射性地层，方位伽马成像图如图 2-4-18（a）所示；地层厚度为 40cm，仪器以 60° 向下穿过地层，在砂岩地层钻过一定距离后钻头上调再以 70° 穿过放射性地层，在砂岩地层钻过一定距离后钻头再下调以 80° 穿过放射性地层，最后在砂岩地层钻过一定距离后钻头再上调以 85° 穿过放射性地层，方位伽马成像图如图 2-4-18（b）所示。

利用蒙特卡罗计算模型，断层两断块倾斜角度都为 80°，断块厚度都为 20cm，上下断块地层中心轴与井轴交点的距离 Δ 为 200cm，记录仪器穿过地层不同位置处 4 个探测器 16 个方位的自然伽马计数，利用得到的数据及插值方法得出的方位伽马成像图如图 2-4-19 所示。

同样可以求的断层上下断块的倾斜角度和厚度的位置。

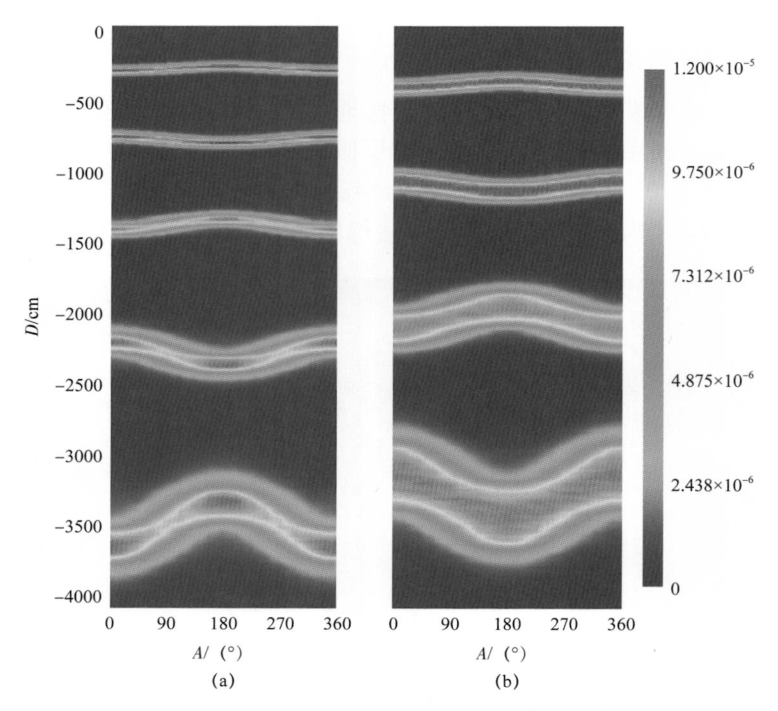

图 2-4-18　穿过多个放射性地层方位伽马成像图

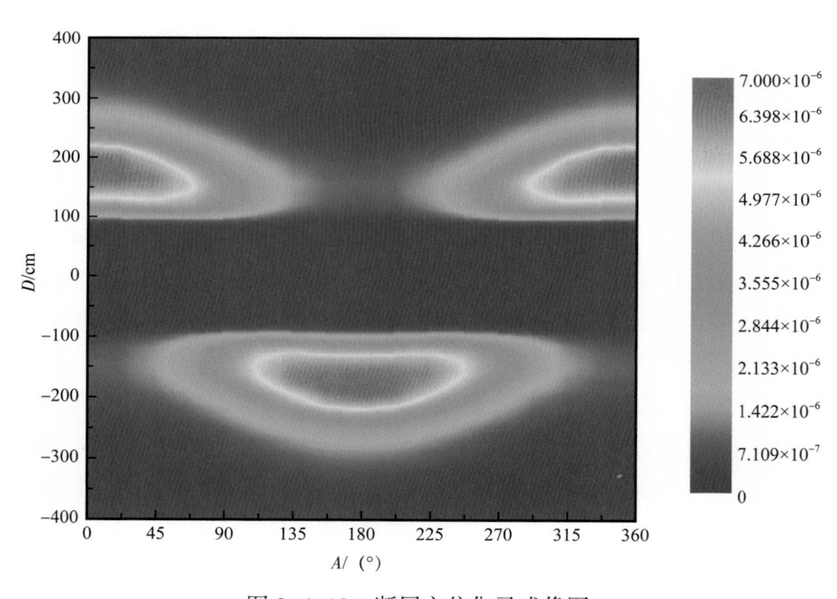

图 2-4-19　断层方位伽马成像图

从由图 2-4-19 可以看出，断层方位伽马成像图与放射性斜地层方位伽马成像图存在很大差异；利用与放射性斜地层方位伽马成像图中求取地层倾斜角度和地层厚度的方法，同样可以求的断层上下断块的倾斜角度和厚度；从成像图上可以大体的判断断层断块的位置。

（1）断层两断块厚度相同，倾斜角度相同，Δ 不同。

利用同样计算模型，断层两断块的厚度 H=20cm，断块倾斜角 θ=80°，改变上下断块地层中心轴与井轴交点的距离 Δ 为 100cm 和 200cm，记录仪器穿过地层不同位置处 4 个探测器 16 个方位的自然伽马计数，利用得到的数据及插值方法得出的方位伽马成像图如图 2-4-20 所示。

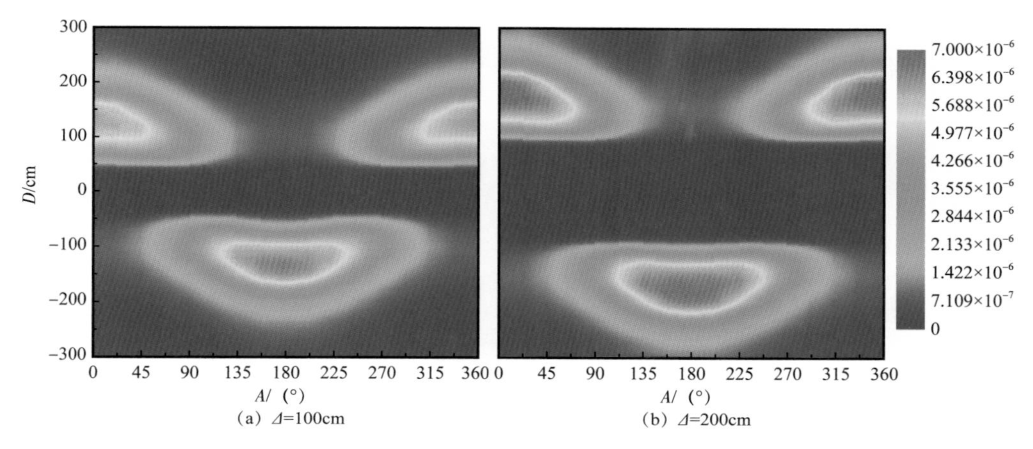

图 2-4-20　Δ 不同断层方位伽马成像图

由图 2-4-20 可以看出，方位伽马成像图可以明显的指示出上下断块地层中心轴与井轴交点距离变化，随着上下断块地层中心轴与井轴交点距离的变大，两断块在成像图的距离变大。

（2）断层两断块厚度相同，倾斜角度不同，Δ 相同。

利用同样计算模型，断层两断块的厚度 H=20cm，上下断块地层中心轴与井轴交点的距离 Δ 为 200cm，改变上下断块倾斜角为 60° 和 70° 以及 60° 和 80°，记录仪器穿过地层不同位置处 4 个探测器 16 个方位的自然伽马计数，利用得到的数据及插值方法得出的方位伽马成像图如图 2-4-21 所示。

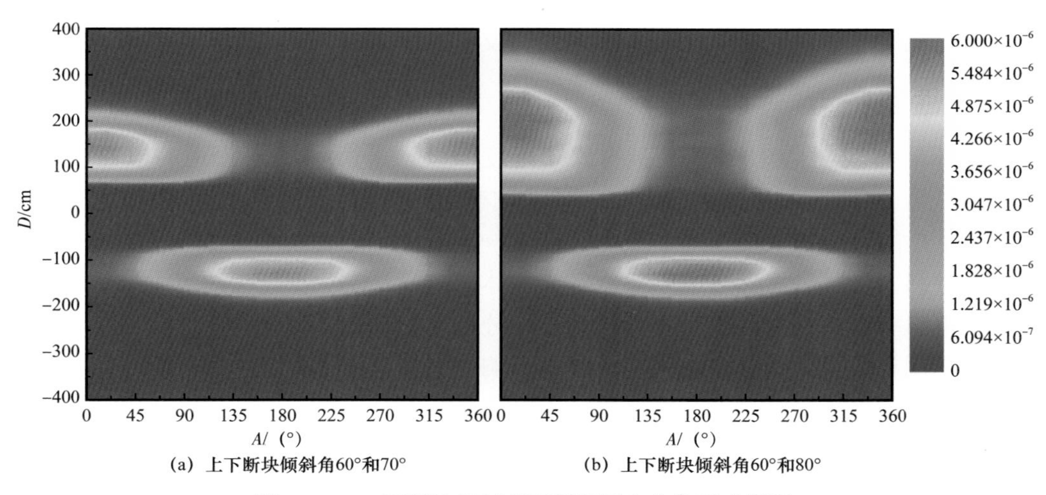

图 2-4-21　两断块倾斜角不同断层方位伽马成像图

由图 2–4–21 可以看出，断层倾斜角度对方位伽马成像图有很大影响，断块倾角越大，断块成像图在轴向展布越大。

（3）断层两断块厚度不同，倾斜角度相同，Δ 相同。

利用同样计算模型，上下断块倾斜角度都为 80°，上下断块地层中心轴与井轴交点的距离 Δ 为 200cm，改变上下断块厚度为 20cm 和 40cm 以及 20cm 和 80cm，记录仪器穿过地层不同位置处 4 个探测器 16 个方位的自然伽马计数，利用得到的数据及插值方法得出的方位伽马成像图如图 2–4–22 所示。

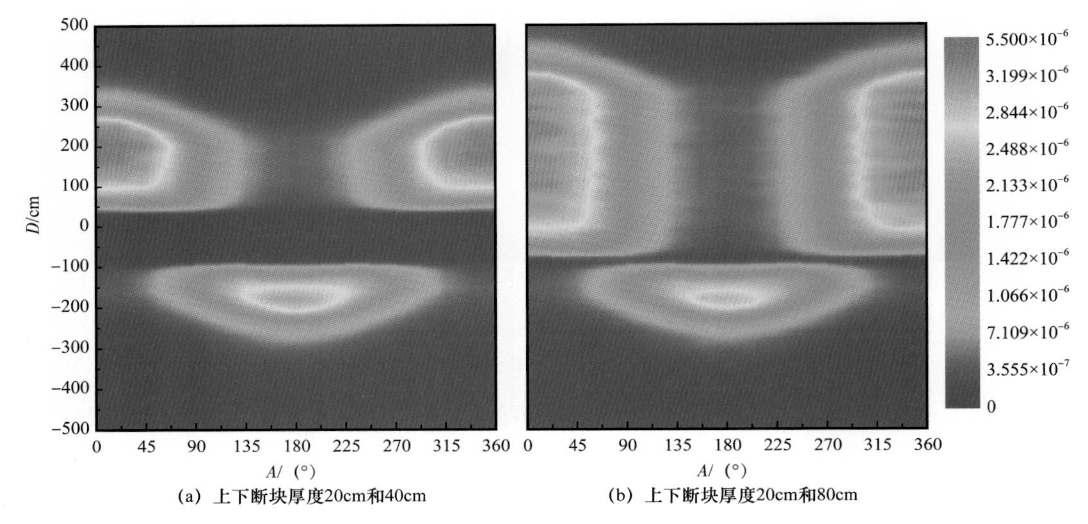

(a) 上下断块厚度20cm和40cm (b) 上下断块厚度20cm和80cm

图 2–4–22 两断块厚度不同断层方位伽马成像图

由图 2–4–22 可以看出，断层厚度对方位伽马成像图有很大影响，断块厚度越大，断块成像图在轴向展布越大。

三、技术参数

补偿电磁波电阻率和方位伽马系统达到的技术指标见表 2–4–1。

四、性能特点

针对不同市场对电磁波电阻率的认知程度，设计了两种不同源距的电磁波电阻率（图 2–4–23），一种采用对称结构，另一种采用非对称结构。一体化的电磁波电阻率测量仪具有以下性能特点：

（1）井斜、伽马、多深度电阻率近钻头一体化测量；

（2）电阻率探测深度深，垂直分辨率高，分层能力强；

（3）采用补偿技术消除系统误差及井眼影响，测量精度高；

（4）可利用多扇区方位伽马特性立体识别地层界面；

（5）操作简单，模块化设计，可扩展性强；

（6）独立或与其他随钻仪器组合使用。

表 2-4-1　补偿电磁波电阻率和方位伽马仪器技术参数

<table>
<tr><td>钻铤外径 /mm（in）</td><td colspan="4">121（$4^{3}/_{4}$）</td><td colspan="4">172（$6^{3}/_{4}$）</td><td colspan="4">203（8）</td></tr>
<tr><td>适用井眼尺寸 /mm（in）</td><td colspan="4">149～165
（$5^{7}/_{8}$～$6^{1}/_{2}$）</td><td colspan="4">216～242
（$8^{1}/_{2}$～$9^{1}/_{2}$）</td><td colspan="4">311 以上
（$12^{1}/_{5}$ 以上）</td></tr>
<tr><td>工作频率</td><td colspan="12">2MHz；400kHz</td></tr>
<tr><td>测量范围</td><td colspan="12">0.1～2000Ω·m（相位差电阻率）
0.1～400Ω·m（幅度比电阻率）
0～500API（伽马）</td></tr>
<tr><td rowspan="4">测量精度</td><td rowspan="2" colspan="3">相位差电阻率</td><td colspan="2">2MHz</td><td colspan="7">±2%@（0.1～50Ω·m）；±0.5ms/m
（50～2000Ω·m）</td></tr>
<tr><td colspan="2">400kHz</td><td colspan="7">±2%@（0.1～25Ω·m）；±1ms/m
（25～1000Ω·m）</td></tr>
<tr><td rowspan="2" colspan="3">幅度比电阻率</td><td colspan="2">2MHz</td><td colspan="7">±2%@（0.1～25Ω·m）；±1.0ms/m
（25～400Ω·m）</td></tr>
<tr><td colspan="2">400kHz</td><td colspan="7">±5%@（0.1～5Ω·m）；±5ms/m（5～200Ω·m）</td></tr>
<tr><td>垂直分辨率 /mm</td><td colspan="12">203.2（电阻率、伽马）</td></tr>
<tr><td rowspan="5">电阻率
探测深度
R_t=10Ω·m
R_{xo}=1Ω·m</td><td colspan="6">幅度比电阻率</td><td colspan="6">相位差电阻率</td></tr>
<tr><td colspan="3">长线圈距（400kHz）</td><td colspan="3">2362mm</td><td colspan="3">长线圈距（400kHz）</td><td colspan="3">1486mm</td></tr>
<tr><td colspan="3">短线圈距（400kHz）</td><td colspan="3">1956mm</td><td colspan="3">短线圈距（400kHz）</td><td colspan="3">1168mm</td></tr>
<tr><td colspan="3">长线圈距（2MHz）</td><td colspan="3">1626mm</td><td colspan="3">长线圈距（2MHz）</td><td colspan="3">1118mm</td></tr>
<tr><td colspan="3">短线圈距（2MHz）</td><td colspan="3">1321mm</td><td colspan="3">短线圈距（2MHz）</td><td colspan="3">864mm</td></tr>
<tr><td>最高工作温度 /℃</td><td colspan="12">175</td></tr>
<tr><td>最高工作压力 /MPa（psi）</td><td colspan="12">138（20000）</td></tr>
</table>

五、施工工艺

1. 仪器安全

为了保护钻具、减少维修次数，延长其使用寿命，施工过程中，要注意以下事项：

（1）钻具运输、吊装过程中，必须戴护丝，防止螺纹机械损坏（钻具上井后，将钻具放在安全的地方）。

（2）钻具上下钻台，不能野蛮操作。配钻具和卸钻具时，要加强责任心，防止损坏钻具。

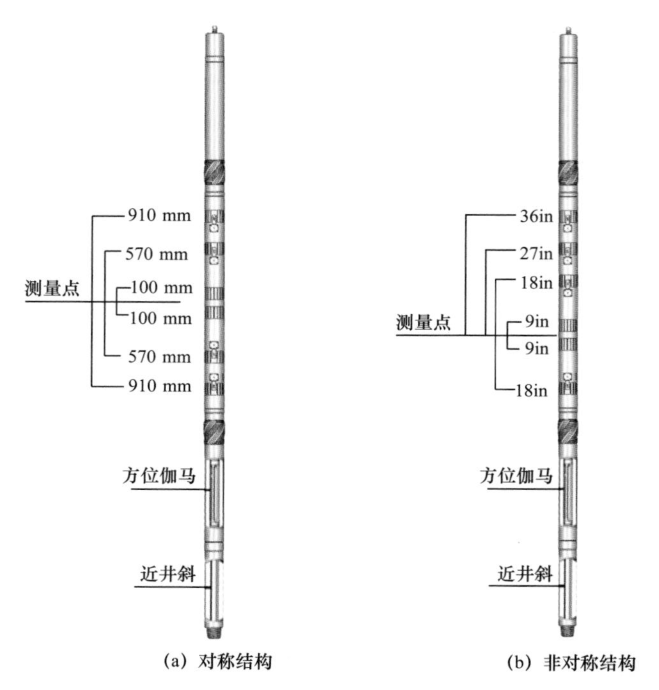

图 2-4-23 电磁波电阻率测量仪

（3）专用钻铤上扣时，为防止粘扣，先均匀涂抹一层铜质螺纹脂，按推荐扭矩上扣。扭矩表要准确，上扣时，不要太猛，扭矩不能过大，以免胀扣。

（4）井下仪器和悬挂短节之间的连接，上扣和卸扣都必须在井口操作。

（5）连接井下仪器、悬挂短节时，先用链钳将仪器连接好后，再用大钳紧扣。

（6）井口操作按标准进行，使用好卡瓦和安全卡瓦，防止出现钻具落井事故。

（7）下井钻具要定期探伤，确保螺纹完好。

施工准备时所需工具见表 2-4-2。

表 2-4-2 施工准备时所需工具

工具	数量
脉冲器压簧及垫片	1 套
O-Lube	适量
脉冲器校正工具	1 套

2. 钻具的装配

钻具装配如图 2-4-24 所示。

（1）钻具组合顺序：钻头 + 动力钻具 + 回压阀 +MRC 仪器 + 专用无磁钻铤 + 脉冲器悬挂短节。

（2）用提升短节将所有钻具按从脉冲器悬挂短节到钻头的顺序连接好后紧扣。

（3）将悬挂短节上端打开并坐好卡瓦，准备仪器串的吊装。

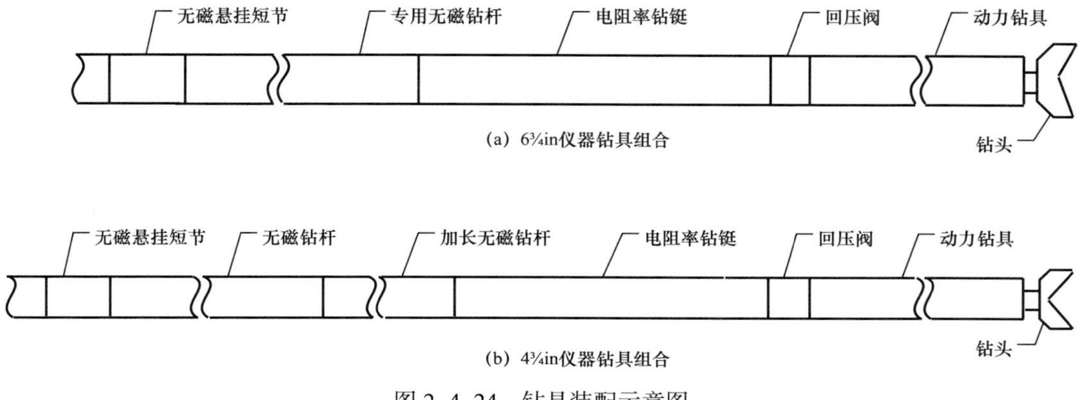

图 2–4–24　钻具装配示意图

3. 仪器吊装

仪器吊装作业务必注意以下几点：

（1）井下仪器总成安装在悬挂短节里面。吊装悬挂短节时，须小心，严禁碰撞或其他危险行为发生。

（2）LWD 是一种精密测井仪器，里面装有一个锂电池总成。吊装 LWD 过程中必须小心，严禁滑落、碰撞或其他危险行为发生。

（3）关于 MRC 仪器的吊装必须要求井队用绳套固定钻铤的前后端，然后用双气动绞车绷至钻台，吊装过程中避免剧烈的磕碰，特别是钻铤天线部分。外螺纹部分必须安装护帽。

下井钻具配置完毕，将悬挂短节安全坐于井口，将悬挂短节内螺纹打开，准备放置井下仪器串。

将气动绞车绳索安装于脉冲器下部的提升卡瓦上，确保锁紧安全后，将仪器串吊至钻台，吊装时应尽量缓慢，并拖住仪器后方，避免仪器串过度弯曲，直至将仪器串尾端送入钻台滑道（图 2–4–25）。

图 2–4–25　现场仪器吊装

4. 仪器钻台对接

（1）在将脉冲器放入无磁悬挂中之前，首先量取悬挂短节坐键台阶到内螺纹端面的高度，再量取脉冲器本体的高度。

（2）将井下仪器串吊至钻台，将脉冲器键位对准悬挂坐键标记，缓慢坐入悬挂短节内。

（3）仪器串放入钻铤中，将脉冲器与悬挂短节的坐键位置对好，将脉冲器放入悬挂中，使用调整工具确认脉冲器坐入悬挂键中。确认脉冲器坐入悬挂键中的方法如下：

量取脉冲器上端面到悬挂短节内螺纹端面的高度 h、悬挂短节坐键台阶到内螺纹端面的高度与脉冲器本体高度之差 Δh，若 $h=\Delta h$，则说明脉冲器已坐入悬挂键中。

（4）确认脉冲器完全坐入悬挂中后，放入簧片，计算垫片的高度钻杆外螺纹的高度（表 2–4–3）确认无误后，紧扣。

表 2–4–3　2in 挡板至悬挂短节扣平面的距离要求

脉冲器型号	距离 /in
350	3.6～3.8
650	4.1～4.3
1200	4.6～4.8

（5）将钻具提升至电阻率保护接头下端坐卡开扣，将钻具上提，上提时应注意平稳，并做相应的保护，避免钻具晃动损伤电阻率上端。

（6）将电阻率保护接头上端松扣，为了避免损伤加长杆伸缩筒需用人力将其卸掉，如果伸缩筒计算正确，这时伸缩筒应已经从无磁下端露出。

（7）将伸缩筒中的螺旋线取出与电阻率上端锁紧头锁紧，并用螺栓固定外筒。固定完毕后紧扣。

5. MRC 唤醒步骤

MRC 唤醒所需工具见表 2–4–4。

表 2–4–4　MRC 唤醒所需工具

工具	数量	工具	数量
5mm 内六方扳手	1 把	螺栓 M6×14	4 个
盖板专用起拔工具	1 个	固定开关螺栓 M2×6	2 个
扭力扳手	1 把	Loctite243 胶	适量
开关	1 个		

（1）用 5mm 内六方扳手卸下通信口盖板上的 4 个 M6×14 固定螺栓。

（2）用专用起拔工具拆下挡板。

（3）插入开关，并上紧 2 个固定螺栓 M2×6。

（4）盖上挡板，将 4 个 M6×14 固定螺栓涂抹少量 Loctite 243 胶后上在挡板，并用扭力扳手上紧，扭矩为 18N·m。

6. 工程角差的量取

（1）确认悬挂短节以下钻具均已紧扣。

（2）在悬挂短节上安装提升短节，并用大钳紧扣。

（3）在悬挂短节键槽处做好记号。

（4）上提钻具至动力钻具定向刻度线露出转盘面 1m 的高度。

（5）将悬挂短节刻度线引向动力钻具定向刻度线处环面，做好记号，工程人员负责量取动力钻具和仪器之间的角差，仪器人员判断角差方向。

（6）将计算所得最终角差输入计算机。

仪器与动力钻具的角差量取正负原则：以脉冲器的定位键为基准，从上到下顺时针（向左）量取到动力钻具的标记为正；反之，逆时针（向右）量取到动力钻具的标记为负。该数据由工程人员量取，仪器工程师应量取前详细向工程人员讲解并监督量取数据。计算出动力钻具和仪器之间的角差后，将仪器内部的角差（正值）与动力钻具的角差（正值）相加即为输入校正角差，若所得数值大于 360° 时就减去 360°，所得到数据输入计算机。

7. 浅层测试及井下测量

MRC 施工，正式下钻前，应在井口对井下仪器信号是否正常、MRC 是否正常挂机进行测试。

其方法为：装入钻井液滤网，接方钻杆缓慢开泵，排量控制在设计施工的排量范围内，开泵时间大于 15min，见到正常的脉冲波形即可停泵下钻，否则应查明原因，排除故障，必要时起出更换井下仪器总成。

浅层测试至少需要进行两次，第一次为地面数据，第二次为井口数据。

1）静态测量

钻进过程中，根据定向工程师的要求我们需要做全测量来实时掌握井眼轨迹（井斜、方位），因此我们须要进行静态测量来进行井斜方位数据的测量。

测量方法：

（1）开泵状态下将钻具上提至距离井底 1m 处。

（2）静止钻具，停泵 1min。

（3）开泵获取静态测量数据。

2）滑动模式与转盘模式

钻进的方式通常分两种：滑动钻进、复合钻进。

MRC 系统同样具有相应的两种模式：滑动模式、转盘模式。

滑动模式：s+ 工具面 + 工具面标志码 + 伽马值 + 浅电阻 + 深电阻 + 电阻率标志码 +s。

转盘模式：gs+ 伽马值 + 浅电阻 + 深电阻 + 电阻率标志码 + 尾码 +gs。

滑动模式与转盘模式的转换：

静止钻具后停泵 15s，开泵。

在不进行滑动钻进且钻时较快时，为了方便伽马及电阻率数据更快的传输，需要开启转盘模式来适应录井的需要。

3）MRC 数据要求

MRC 入井后为了准确地跟踪伽马和电阻率数据，对深度及数据的跟踪有严格的要求：

（1）校对井深后要求每 10m 进行一次核对与校正。

（2）伽马与电阻率数据的采集要求每 1m 至少要录入 3 个伽马和电阻率数据。

（3）每次起钻，都要进行伽马和电阻率内存数据的下载，以及仪器重新设置。

六、应用案例

1. 永 3 平 1 井基本情况简介

永 3 平 1 井位于准噶尔盆地中央坳陷昌吉凹陷西段车莫古隆起南翼永 3 区块。该井为水平井（油藏评价井），设计垂深：5595.52m，A 靶垂深 5566.02m，B 靶垂深 5579.02m，A～B 靶间水平距离 400.08m，C 靶垂深 5595.52m，B～C 靶间水平距离 399.99m（设计垂深及靶点垂深均按海拔 374.92m 计算，不包括补心高）。钻探目的为落实储层展布、进一步评价水平井产能，完善和提升优快钻井技术，明确有效开发技术政策。永进油田位于准噶尔盆地中部中 3 区块，是储量规模上亿吨的整装油田。自 2003 年 11 月部署永 1 井开始钻探，先后完成了 7 口预探井和 1 口水平井，其中有 4 口井完井试油获得工业油流。前期钻探开发中，永进油田环境高温高压导致的井下复杂故障频发。

由于目的层厚度薄，埋藏深，储层预测存在一定的不落实性，因此在水平段钻进过程中，应加强气测、岩屑资料的综合应用，根据油气显示情况及时跟踪调整井眼轨迹，A 靶至 B 靶在正常钻进情况下井眼轨迹向上摆动不超过 1m，向下摆动不超过 2m，横向摆动不超过 50m。B 靶至 C 靶做好轨迹向下摆动的幅度控制，防止在钻至 C 靶点前钻穿储层（图 2-4-26）。

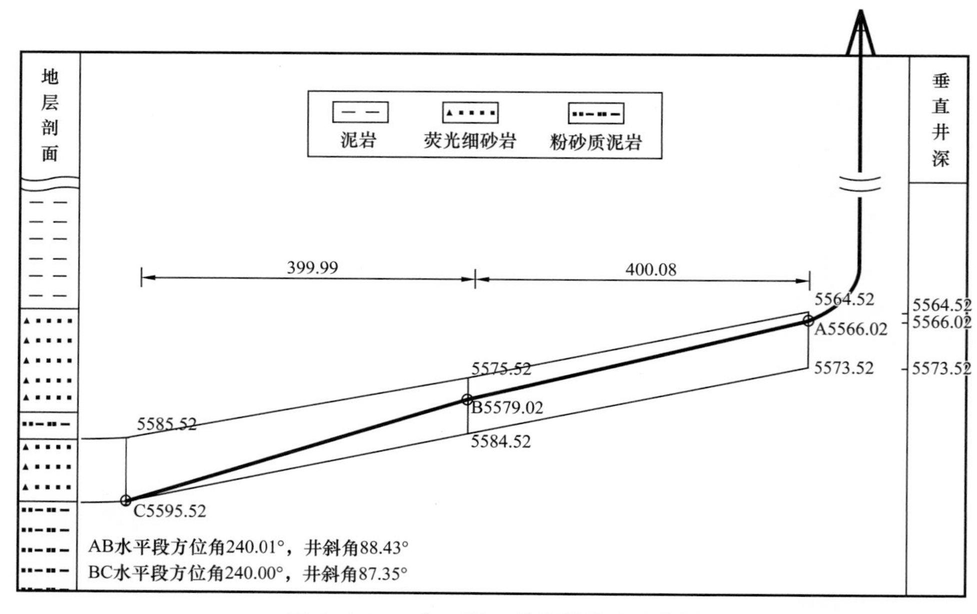

图 2-4-26 永 3 平 1 井井眼轨迹示意图

2. 永 3 平 1 井应用效果

2019 年 9 月 22 日，随钻测控中心随钻高温随钻电磁波电阻率 + 一体化探管顺利完成永 3 平 1 井地质导向工程服务，仪器组合井下工作 568h，进尺 565m。该仪器组合实时提供的地质参数和工程参数指导井眼准确入层，得到了甲方和井队肯定。高温随钻电磁波电阻率是随钻测控中心完全自主设计研发的高端地质导向仪器，可以自动判断仪器钻进状态，在旋转钻进状态下实时提供两条电阻率和两条定向电动势以及 4 条伽马曲线，具备界面距离和方位预测功能；在定向钻进过程中可以提供两条电阻率和一条平均伽马曲线。该井油层中深 5880.75m，地层温度为 135.7℃，地温梯度为 2.31℃ /100m，属正常温度系统。地层静压为 97.45～110MPa，压力系数高达 1.69～1.86，属异常高压系统。高温随钻电磁波电阻率的成功应用为永 3 平 1 井的顺利施工提供了有力保障。在该井地质导向服务中电阻率测量与斯伦贝谢公司测量邻井资料高度吻合，指导甲方油层垂深下移 15m，准确入层。施工过程仪器零故障，钻井时效创永进油田最快记录。

永 3 平 1 井完钻井深 6616m，水平位移 1166.77m，创造了中 3 区块最长水平井段纪录。水平段钻遇三个油气显示层段，气测值最高达 60%。永 3 平 1 井试油获稳定高产工业油气流，控制放喷日产油 42.5m^3，油压 45MPa。高温随钻电磁波电阻率在该井施工中取得了巨大的经济效益和社会效益。

该井地质导向服务所采用的高温 MRC 地质导向系统性能可靠，测量准确，故障率低，在该区块的成功应用为后续永 3 区块的开发奠定了良好的基础。

第五节 随钻测控一体化平台系统研制

一、结构原理

随钻测控一体化平台系统由井下仪器一体化平台和地面一体化处理系统两部分组成。图 2-5-1 所示为 SINOMACS 随钻测控一体化平台系统组成。

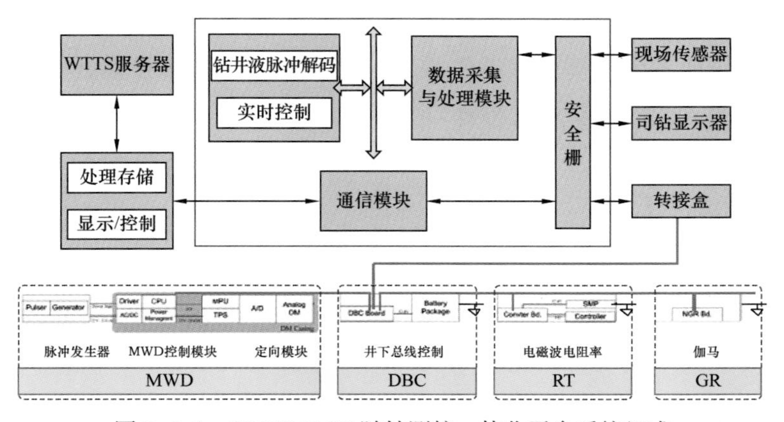

图 2-5-1 SINOMACS 随钻测控一体化平台系统组成

井下仪器一体化平台由电源、测控短节、数据总线系统、机械适配连接器组成，如图 2–5–2 所示。

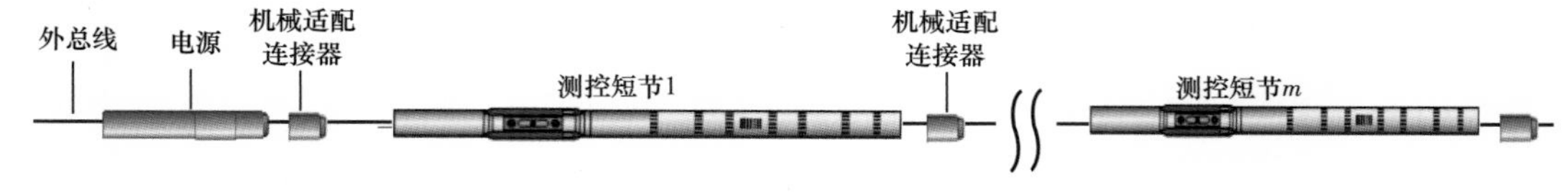

图 2–5–2　井下仪器一体化平台连接结构示意图

胜利油田随钻测控一体化井下仪器平台是基于随钻仪器系统网络化架构设计的具体实例。平台以内外总线为核心，外总线（WDS–BUS）负责井下仪器外部数据通信，内总线（CAN BUS）负责仪器内部数据通信，将平台中不同测控模块、不同测控短节有机组合，实现不同的随钻测控功能。井下仪器平台采用总线型拓扑结构，所有节点均挂接在总线上，如图 2–5–3 所示。平台由钻井液发电机提供电源，连接到平台的测控短节可以使用平台提供的电源，也可以使用自带电源。平台以主控模块为控制中心，通过内总线和外总线进行通信，其中，外总线负责井下仪器外部数据通信，内总线负责仪器内部数据通信，将多个不同功能的不同测控模块和测控短节（MWD、方位伽马、随钻电磁波电阻率、旋转导向工具等）有机组合，实现不同的随钻测控功能。主控模块通过总线与其他测控短节通信，完成时钟同步、查询其他测控短节的测量数据等任务，其他测控短节响应主控模块的指令，向主控模块发送各自的测量数据。安装有控制软件的地面计算机可以通过总线与平台进行连接通信。

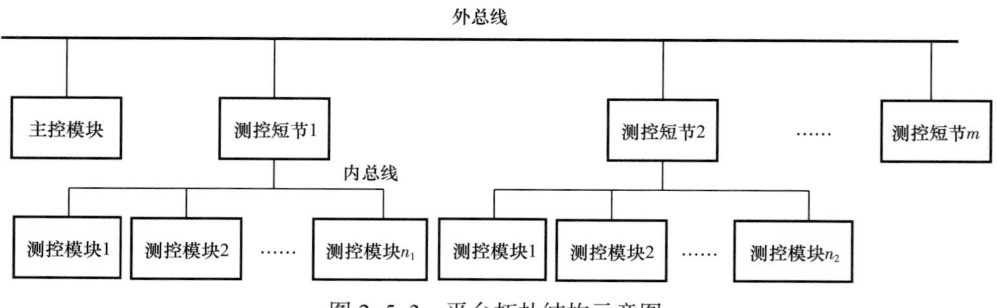

图 2–5–3　平台拓扑结构示意图

地面一体化处理系统主要由井场传感器组、地面实时多任务数据处理系统、主控计算机、司钻显示器、下传控制系统等硬件设备以及地面系统软件组成。其中以地面实时多任务数据处理系统最为关键。采用了基于 USB–DAQ 模块和专用 CAN 模块的系统设计结构。

下传控制系统是基于钻井液负流量脉冲方式的下行通信方法，通过有规律地改变流至井底的钻井液流量，形成负流量脉冲信号，实现地面信息的下传。在钻井立管上安装有一条流入钻井液池的旁通管线，旁通管线上安装有一个开关阀，用来发送下行信息，在井下旋转导向工具中安装有涡轮发电机，用来检测负流量脉冲，进而实现下行信息的接收。

二、关键技术

1. 井下系统总线架构

根据系统功能要求，确定了 SINOMACS 随钻测控仪器平台系统组成，如图 2-5-1 所示。

井下仪器平台由电源、测控短节、数据总线系统和机械适配连接器等组成，如图 2-5-2 所示。

所有节点均具有唯一的总线地址，此原则与仪器的物理结构没有直接的关联。仪器根据其功能的配属情况，可以拥有多个总线地址。

2. 机械连接与安装结构优化

随钻测控系统一般由若干个短节组成，两个短节之间由钻铤螺纹相连接。接口类型包括钻铤连接、内部骨架连接。

1）钻铤连接接口

钻铤外径 177.8mm，接头两端螺纹应符合 API Spec7-1 中 $5^1/_2$FH 螺纹类型的规定，电子骨架的上端面至内螺纹端面的距离应为 265mm±5mm。钻铤的内螺纹端、外螺纹端主要尺寸如图 2-5-4 和图 2-5-5 所示，钻铤内部倒角尺寸如图 2-5-6 所示。

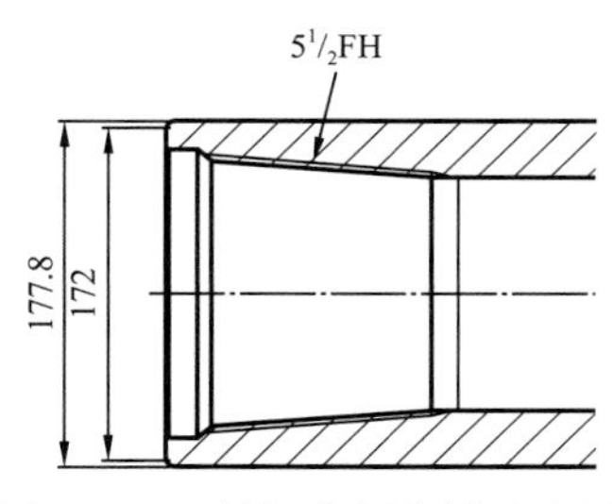

图 2-5-4 钻铤内螺纹端示意图

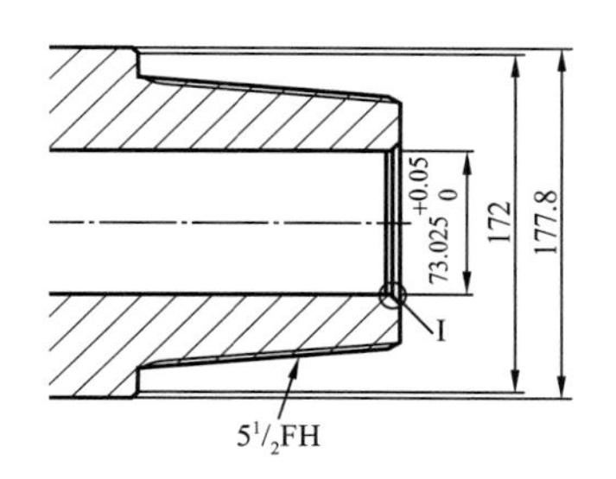

图 2-5-5 钻铤外螺纹端示意图

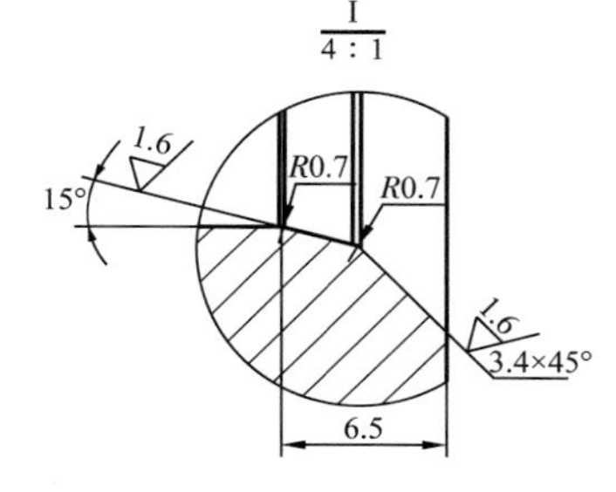

图 2-5-6 钻铤外螺纹端倒角示意图

2）内部骨架连接

内部骨架接口形式有两种：内孔式滑环连接和对插式滑环连接。在内孔式滑环连接的连接方式中，内螺纹滑环与外螺纹滑环配对使用，实现短节之间的电气连接，流体由滑环中间通过。在对插式滑环连接方式中，由调整短节及适配头配对使用，实现钻铤内壁密封插入式结构与中心探管式结构连接及流体通道转换。

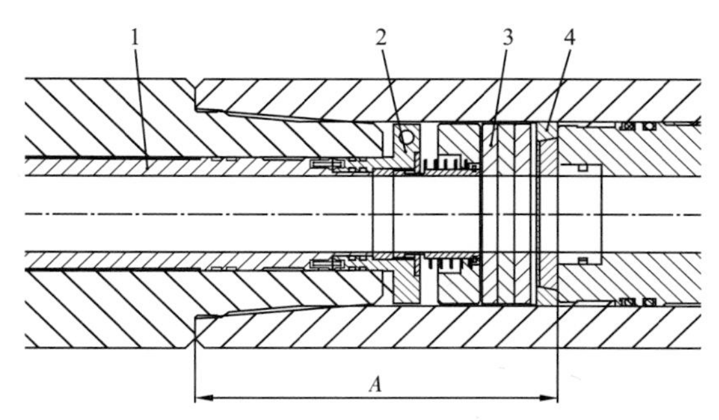

图 2-5-7 内螺纹滑环连接情况示意图
1—外螺纹滑环；2—内螺纹滑环；3—垫片；4—锁紧装置

内孔式滑环连接情况如图 2-5-7 所示。内滑环上安装有单芯插件，骨架上安装有单芯插件，两者用密封跨接线连接。内螺纹滑环与锁紧装置间装有调节垫片。外螺纹滑环有不同的长度，长度间隔为0.5in。最长为368mm。与内螺纹滑环配对使用，实现系统电气连接。

在系统中，除了内孔式滑环连接之外，还有钻铤内腔对插式滑环连接结构，如图2-5-8所示。对插式滑环包括外螺纹滑环和内螺纹滑环，外螺纹滑环安装在仪器外螺纹端，内螺纹滑环安装在与之相连的短节内螺纹端，两仪器连接时，外螺纹滑环端面的顶针和内螺纹滑环端面的铜环相接触，连接时内螺纹滑环内部的弹簧处在压紧状态，使得顶针和铜环能在仪器承受较大振动和冲击的情况下保证连接可靠。

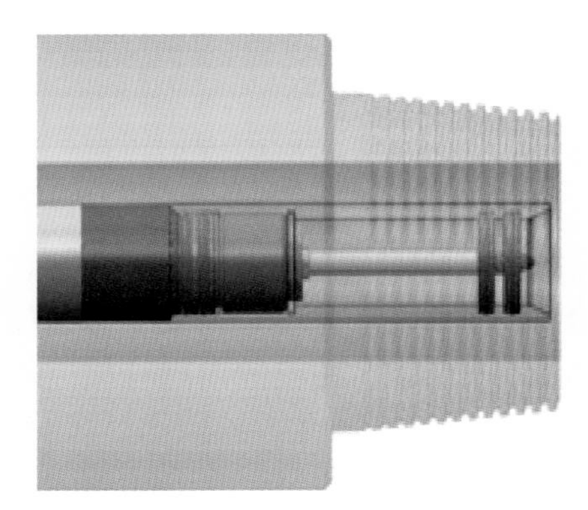
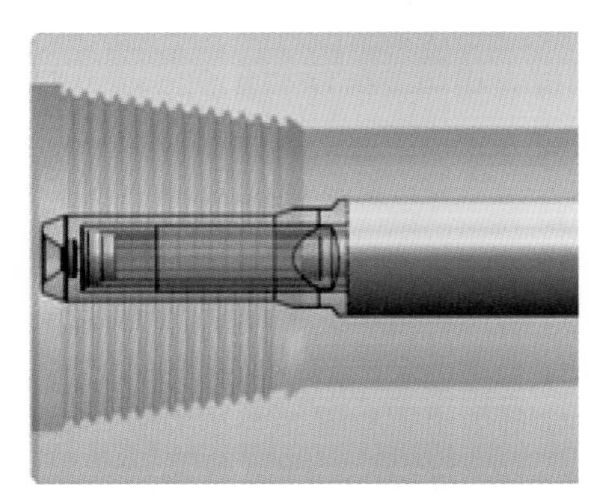

图2-5-8 对插式连接结构示意图

外螺纹滑环包括外螺纹滑环本体和导电铜环，导电铜环周围是橡胶，与金属本体绝缘，内螺纹滑环由内螺纹滑环本体、导电铜环、压紧弹簧和背板等组成。内外螺纹滑环导电铜环用导线通过单芯插针与仪器内部骨架相连，如图2-5-9所示。

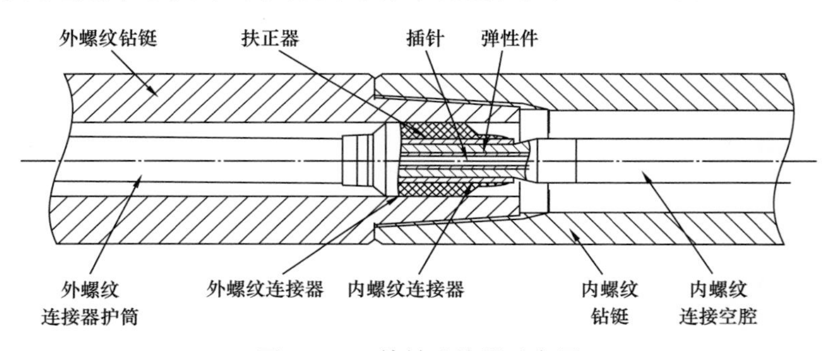

图2-5-9 旋转连接器示意图

该连接器由外螺纹连接器、外螺纹钻铤、内螺纹连接器和内螺纹钻铤组成；外螺纹连接器包括外螺纹连接器插针、外螺纹连接器护筒、扶正器、弹性接触件，内螺纹连接器由内螺纹连接器空腔和内螺纹连接器基座组成。外螺纹连接器居中安装在外螺纹钻铤内部的外螺纹抗压筒的外螺纹端，外有外螺纹连接器护筒保护；内螺纹连接器安装在内螺纹连接器基座上，内螺纹连接器基座与内螺纹抗压筒的外螺纹端相连接，内螺纹连接器与内螺纹抗压筒安装在内螺纹钻铤内。旋转连接器采用单总线进行电信号与功率信号的复合传输。

3. 总线通信

总线传输的信号以串行数字脉冲码的调制方式在数据总线上传输，按符合以下定义的位、字和消息等格式。字中任何不适用的位应按逻辑“0”传输。

总线上传输的数据字，按最高有效位在先，按数值递减的次序跟着较低有效位。确定一个数值所需的位数应符合测控模块所要求的分辨率或精度。如果在总线上发送的信息其精度或分辨率超过 16 位，也应先发送最高有效位，超过 16 位的数据位再按数据递减的次序组成第二个字发送。允许将多个参数信息的位合并成一个数据字。

三、井下动态大容量数据管理系统

1. 数据存储电路设计

随钻测控系统提供的测量信息是井眼轨道控制决策的重要依据，随钻测控系统从早期的钻具工具面角、井斜、自然伽马等数据量较少的随钻测量，逐步向地层信息更丰富的电阻率、方位电阻率、方位伽马等精细测量、成像以及井下复杂的工程参数等技术发展，随之而来的是井下数据量的急剧增加。由于随钻测控系统采用钻井液脉冲传输方式将井下采集的信息传输到地面设备，该传输方式速率较低，远不能满足大容量的随钻测控数据传输的需要，所以大部分数据必须存储在井下仪器中。

2. 数据压缩技术

在电缆测井中，大量的数据需要通过带宽非常有限的电缆遥测系统从井下传送到地面。有限的带宽常常会导致测井时间的延长或井孔信息的丢失。在随钻测井中，数据传输速率无法满足实际测井需求的问题表现的更加突出。钻井液脉冲遥测是当前随钻测量和随钻测井系统普遍使用的一种数据传输方式，但这种方式的数据传输速率极低，远低于电缆测井的数据传输速率，无法将大量的测井数据及时传输到地面，只能将少量极为重要的处理结果实时传送到地面。因此，将可变相提高数据传输和存储效率的数据压缩技术引入到随钻测井中是十分必要性的。

1）基于位重组标记编码的波形数据无损压缩方法

位重组标记编码主要包括位重组和标记编码两个组成部分，是为具有较小均方值特征的整型数据序列设计的一种有效的无损编码方式。图像数据、音频数据和其他波形数据经过预测处理得到的预测误差或经过小波变换处理得到的小波系数以及具有均值为零，方差较小的正态分布特征的实验数据等数据序列的均方值都比较小，可利用位重组标记编码进行压缩处理，且理论上可以取得较好的压缩效果。测试表明，位重组标记编码对具有较小均方值特征的整型数据序列的压缩效果优于算术编码，LZW 编码，WinRAR 软件和专业音频数据压缩软件 FLAC 的压缩效果。

（1）标记编码。

标记编码可以根据数据的分布特点自适应地进行标记编码。标记编码的核心思想是利用较短的码字 f（也称为替代码字），指需要用较少二进制位数表示的符号 1 代替数据流中出现频率最高的数据，其他数据正常编码（即不做任何改变），原样记录需要编码的数据，且每个数据认为是一个码字，称为非替代码字 1，并在每个非替代码字前给出一个特殊的位标记。除了替代码字之外，其他码字均具有相同的长度。给出特殊的位标记的目的是为了在数据解压时能够正确地区分非替代码字和替代码字，以保证解码的正常进行。

采用双重标记编码的编码方法如下：分割输入数据流为不同的数据块，数据块大小可依据实际经验确定；统计各数据在数据块中出现的概率，以及最大概率对应的数据；如果最大概率大于预设阈值，则选标记编码方式，否则选择正常编码方式。

（2）位重组。

位重组的目的是为了提高某一数据出现的概率，是为标记编码服务的。位重组处理方法可描述为：首先依次提取数据流中各数据的最高位，然后依次提取各数据的次高位，如此循环，直至最后依次提取各数据的最低位，之后将这些提取的数据位按顺序组合成新的数据；对于 16 位无符号整型数而言，首选按顺序依次提取数据流中各数据的第 16 位、第 15 位、……、第 1 位，然后将这些提取到的数据位按顺序组合成新的数据 f 每 16 位组合成 1 个数据 1 即完成了位重组处理。

具有较小均方值特征的整型数据序列中各数据的高位部分基本都是由 0 组成的，对这类数据进行位重组处理理论上可以大大提高某些数据 f 主要是数据 01 出现的概率。实际测试表明，对具有较小均方值的整型数据序列进行位重组处理确实可以明显提高某些数据出现的概率，有利于提高最终的压缩效果。

（3）基于位重组标记编码的数据压缩与解压方法。

数据压缩方法由于具有较小均方值特征的整型数据序列一般既包括负整数，又包括非负整数，即为有符号整型数据序列。所以在采用位重组标记编码对这类数据序列进行压缩之前，有必要先对数据序列进行数据类型转换处理，即将有符号整型数据序列转换为无符号整型数据序列。做这一处理有两点好处：① 可以避免编码和解码过程中对符号位进行特殊的处理；② 可以提高位重组标记编码的处理效果，进而提高最终的压缩效果。由于负整数的符号位为 1，而非负整数的符号位为 0，所以有符号整型数据序列的符号位由 0 和 1 组成，且其出现的概率可能相近，这不利于提高位重组标记编码的效果。而转换为无符号整型数据序列之后再进行位重组处理则可以避免这一问题，因为序列中无符号整型数的最高位主要由 0 组成，且一般情况下全为 0。数据类型转换可以通过一种可逆的映射来实现，即将第 n 个负整数映射到第 n 个奇数，将第 m 个正整数映射到第 m 个偶数。具体转换式如下：

$$y=\begin{cases}2x & x\geqslant 0\\ 2|x|-1 & x<0\end{cases}$$

其中：x 表示有符号整型数；y 表示转换后的无符号整型数。

数据压缩方法主要包括 3 个部分：对具有较小均方值特征的整型数据序列进行数据类型转换处理，将有符号整型数转换为无符号整型数；对无符号整型数据序列做位重组处理；标记编码，实现压缩。

（4）数据解压方法。

数据解压是数据压缩的逆过程。数据解压方法同压缩方法一样也包括 3 个部分：① 对压缩数据进行标记解码，这是标记编码的逆过程且根据标记编码的原理和实现方法容易得到标记解码的实现方法；② 对标记解码后的数据做位恢复处理，这是与位重组相对应的反处理，即将各数据位恢复到位重组前的原始位置上；③ 进行数据类型转换；解压过程中的数据类型转换是将无符号整型数转换为有符号整型数，这与压缩过程中的类型转换正好相反。完成以上 3 步处理之后就重构出了原始数据序列，解压过程完毕。

2）基于预测编码的随钻数据压缩算法

预测编码（predictive coding）是统计冗余数据压缩理论的三个重要分支之一，它的理论基础是现代统计学和控制论。预测编码根据量化器的类型不同，可以分为有损压缩和无损压缩两种。

预测编码是根据某一模型利用以往的样本值对于新样本值进行预测，然后将样本的实际值与其预测值相减得到一个误差值，对于这一误差值进行编码。如果模型足够好且样本序列在时间上相关性较强，那么误差信号的幅度将远远小于原始信号，从而可用较少的电平类对其差值量化得到较大的数据压缩结果。

如果能精确预测数据源输出端作为时间函数使用的样本值的话，那就不存在关于数据源的不确定性，因而也就不存在要传输的信息。换句话说，如果能得到一个数学模型完全代表数据源，那么在接收端就能依据这一数学模型精确地产生出这些数据。然而没有一个实际的系统能找到其完整的数据模型，我们能找到的最好的预测器是以某种最小化的误差对下一个采样进行预测的预测器。

预测编码方法是一种较为实用被广泛采用的一种压缩编码方法。预测编码方法原理，是从相邻像素之间有强的相关性特点考虑的。比如当前像素的灰度或颜色信号，数值上与其相邻像素总是比较接近，除非处于边界状态。那么，当前像素的灰度或颜色信号的数值，可用前面已出现的像素的值进行预测（估计），得到一个预测值（估计值），将实际值与预测值求差，对这个差值信号进行编码、传送，这种编码方法称为预测编码方法。

预测编码方法分线性预测编码方法和非线性预测编码方法。线性预测编码方法，也称差值脉冲编码调制法，简称 DPCM（Differential Pulse Code Modulation）。预测编码方法在图像数据压缩和语音信号的数据压缩中都得到广泛的应用和研究。

3）基于数据特点的分段线性压缩编码

对于电磁波电阻率等随钻测井数据，根据其实际特点，可以采用分段线性编码。在对数坐标下，相位差与电阻率基本成线性变化关系。

对于电磁波电阻率而言，上传代码，CODE=64lg（$10\times R$）。为了提高上传精度及提高传输速率，采用新的存储及上传方式。

方式 1：采用固定压缩编码。在这种方式下，在以电阻率值的对数坐标上，其分辨率提高了 4 倍。这种设计有一个问题，就是在每个范围内容易出现很多的 AA–FF 的上传编码，影响传输速率。

方式 2：保持 CPR 的上传分辨率不变，提高传输速率。电阻率采用 8 进制。

方式 3：伽马采用 3 位 8 进制码上传（000～777），及 10 进制（000～511），伽马数据不包含尾码，电阻率数据压缩与方式 2 相同，方式 2 中存在尾码过大的情况，为此进行改进，使用特定码表示电阻率值的范围。

4）随钻测控地面数据处理系统

（1）地面信号采集系统。

地面信号采集系统主要由井场传感器组、地面实时多任务数据处理系统、主控计算机、司钻显示器等硬件设备以及地面系统软件组成。其中以地面实时多任务数据处理系统最为关键。采用了基于 USB–DAQ 模块和专用 CAN 模块的系统设计结构。

模拟量、数字量和开关量等的数据采集，选用 NI 公司 DAQ 模块，不仅具有很好的通用性和兼容性，而且数据采集的技术指标（分辨率、采集速率、采集通道、采集信号类型等）可以根据要求进行灵活选型和配置，同时具备安全、可靠、电磁兼容等商业化产品必须的品质。具有特殊定制功能的外部专用 CAN 模块，可以通过具有扩展性能好、可靠性高的规范化 CAN 总线接入。

配套研制了 16 套地面信号采集系统，如图 2–5–10 和图 2–5–11 所示。该系统具有以下特点：采用标准机箱，电源、接插件符合随钻仪器通用要求；多路开关量 / 模拟量采集通道，满足不同信号处理要求；可挂接第三方模块，保护第三方仪器的内部私有性技术，兼容性好；符合测井资料处理标准，可挂接现有测井解释软件系统；满足 WITS 标准的远程通信，与地质录井系统挂接；同一个硬件平台，通过重新配置软件，可实现不同功能的测量仪器。

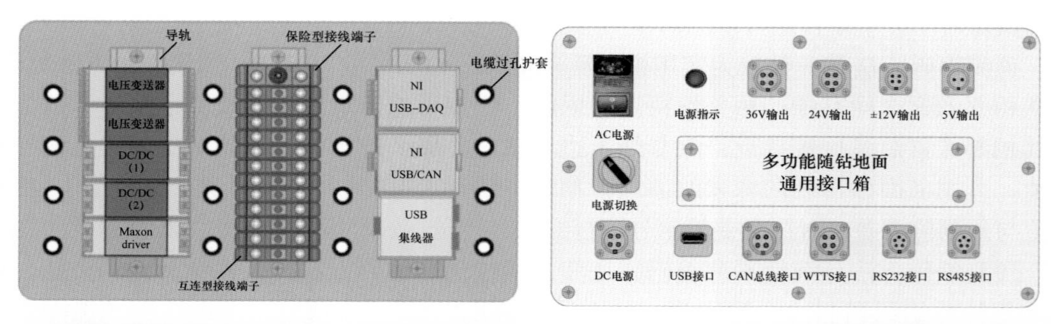

图 2–5–10 地面实时多任务数据处理系统

（2）地面下传控制系统。

①下传通信系统总体设计。基于钻井液负流量脉冲方式的下行通信方法，通过有规律地改变流至井底的钻井液流量，形成负流量脉冲信号，实现地面信息的下传。

在钻井立管上安装有一条流入钻井液池的旁通管线，旁通管线上安装有一个开关阀，用来发送下行信息，在井下旋转导向工具中安装有涡轮发电机，用来检测负流量脉冲，进而实现下行信息的接收。

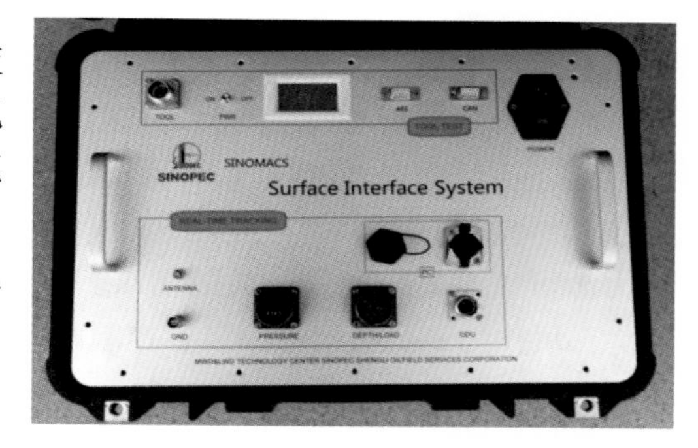

图 2-5-11　地面信号采集系统实物图

在钻井开始时，开关阀处于关闭状态，钻井液通过立管全部流入井底，流经井底的钻井液流量等于泵流量 q_0。在下传过程中，首先将待下传的地面控制信息进行编码，形成 0～1 编码序列，按照信息编码序列，通过有规律地打开或关闭阀将编码信号调制成负流量脉冲信号，如码元“1”表示打开阀 t_0 时间，“0”表示关闭阀 t_0 时间。在阀打开时，部分钻井液沿旁通管线流入钻井液池，流入井底的钻井液流量减小至 q_1，到达 t_0 时间后关闭阀，此时流至井底的流量又变回至 q_0，在井底形成了负流量脉冲 q。井下的涡轮发电机中的涡轮受负流量脉冲的影响，涡轮转速发生变化，并使与其直连的发电机转子转速从 ω_0 变化到 ω_1，发电机产生电压脉冲信号 u，实现了钻井液负流量脉冲 q 到电压信号 u 的转化，然后采用井下信号检测装置采集该电压信号，并解调为 0～1 编码系列，进而解码信号实现下行信息的复原，以实现地面信号的下行通信。

②下传通信地面装置设计。下传装置由节流开关阀、降压模块、气动回路及外部支撑等组成，节流开关阀与旋塞阀、降压模块之间均采用活接头连接。节流开关阀主要是为了导通或关闭旁通管线，并具有一定节流降压作用。降压模块采用可重构多级喷嘴结构，主要用于调节下行通信地面系统出入口的压降，降压模块与控制阀串联安装，确保一定泵压下旁通管线流出预设流量。旋塞阀主要起安全保护作用，钻井现场中在改变多级喷嘴结构形式前，通过关闭旋塞阀，保证操作人员的安全。气动组件用于在预定编码规则下开启和关闭节流开关阀，产生与下传信息相对应的钻井液脉冲。

为适应不同钻井现场泵压的变化，方便现场情况下的安装、调试和更换工作，将降压模块设计为可重构式节流口结构，节流口由若干个节流喷嘴串联而成。

此外，在现场使用过程中，通常根据井下涡轮发电机的使用要求，首先给出合理的涡轮流量，然后根据泵流量安排旁通流量的大小，再根据该旁通流量大小，选择喷嘴组合。

控制阀作为控制下行通信地面系统产生流量负脉冲的重要设备，阀门开启和闭合的时间会影响钻井液流量负脉冲的波形，进而影响下行通信信号的波形，所以设计该控制阀时，在综合考虑耐压、耐冲蚀的同时，需要尽可能地减小阀开启和闭合的时间。此外，控制阀还需具备小范围精确调节压力的能力，能够较精确调节阀的开口面积。

为准确控制回流钻井液流量以产生可被井下识别的钻井液流量脉冲，控制阀的开启和关闭必须反应及时、准确。因此，需要对控制阀动力源进行设计选择。常用控制阀按照动力源可划分为气动式、液动式和电动式三种类型，其优缺点见表 2-5-1。从表 2-5-1 可以得知，控制阀选择高压气源作为动力源较合适，一是在钻井现场拥有便利的气源条件，二是结构简单可靠，三是由于采用特制的控制阀阀芯结构，所要求的驱动力不大，该动力源可以满足控制阀开关的需求。此外，气动方式还具有安全、排气处理环保安全等优势，可作为下行通信地面装置控制阀的动力源。

表 2-5-1 阀门动力源的优缺点

动力源	优点	缺点
气压	结构简单、清洁、响应速度快	驱动力小
液压	结构紧凑、体积小、驱动力大	响应速度慢
电动	适用性强、驱动力范围大和便于安装、维修	结构复杂，输出力中等

研制的下行通信地面设备如图 2-5-12 所示。气动执行器的额定工作压力为 0.8MPa，气压最小工作压力 0.5MPa。

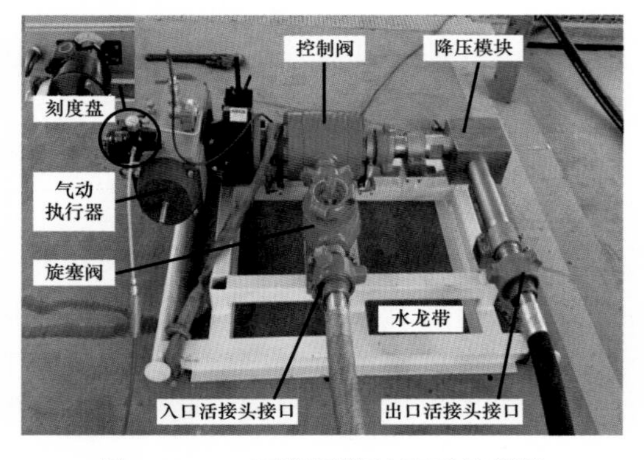

图 2-5-12 下行通信地面系统样机

5）下传通信地面装置控制系统设计

（1）下传控制策略。下行通信地面系统控制策略要综合考虑下行通信系统工况条件，控制阀的开闭性能，按照编码信息控制气动控制阀的打开与关闭，确保按照一定时序产生流量负脉冲信号。

由气动控制阀的研制可知，电磁铁控制气动管路的导通与关闭，从而带动控制阀的旋转轴旋转实现控制阀的打开与关闭。其控制方案如图 2-5-13 所示。压缩空气供气管道通过过滤器、减压阀进入电磁阀后，与气动控制阀的气缸连接。计算机通过下行通信软件系统将下行通信信息编码数据通过 USB 接口实时传输至下传控制器中，经下传控制器调制成高低电平控制信号，控制电磁阀驱动器，来驱动电磁阀，实现气缸的伸缩运动，从而实现控制阀的启闭。

下行通信地面系统首先发送脉冲指令“1”给下传控制器，下传控制器产生控制信号，控制电磁阀驱动器产生电磁阀驱动使能信号；然后电磁阀打开，接通流至气缸中的气源回路；气缸开始动作，带动控制阀旋转轴打开阀门。同理发送脉冲指令“0”给下传控制器，下传控制器产生控制信号，关闭电磁阀，这时电磁阀切断气动回路，气缸活塞在弹簧的作用下恢复原位，带动控制阀旋转轴关闭阀门。

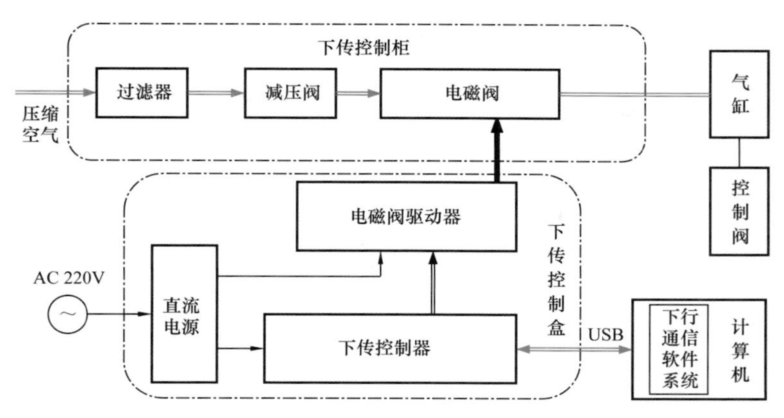

图 2-5-13 下行通信地面装置控制方案

由于控制器处理算法、驱动器动作以及电磁铁动作均需要消耗时间，从发送第一个脉冲开始到电磁阀供电开始会有阀控延迟时间；电磁铁完成动作后，接通流入气缸的气源，气缸开始动作，直到气缸动作结束，需要一段控制阀打开或关闭的时间。控制阀动作开始，控制阀的阀前压力开始变化，控制阀动作结束后，阀前压力可能仍会变化。

从时序图可以看出，两个下降沿之间的脉冲表示“1”，两个上升沿之间的脉冲表示“0”。虽然整个系统有很大的延迟，但脉冲波形特征与阀控时序均是一一对应，且由于下行通信暂时不要求实时性，所以所提出的控制策略能够满足下行通信的要求。

（2）下行通信控制器。

下行通信控制硬件系统选择可编程控制器作为主控制器，电磁阀驱动器采用低压中间继电器实现。可编程控制器 S7-200 上有两个串行通信接口以及 24 个数字量 I/O 口。通过这两个串口编程或接收来自上位机的下传信息，通过 I/O 口发送控制序列给中间继电器。控制系统硬件实现方案如图 2-5-14 所示。

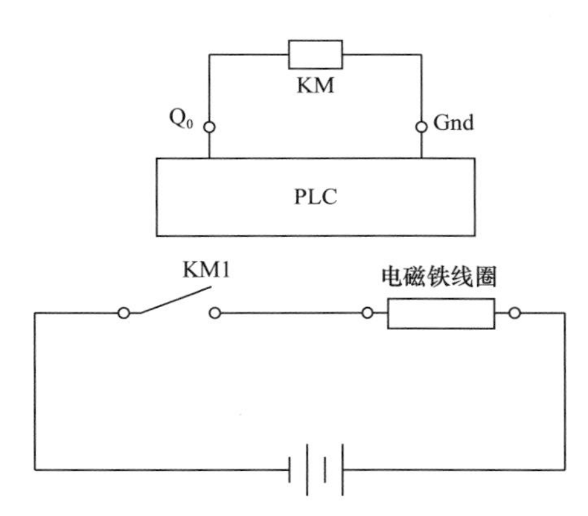

图 2-5-14 控制系统硬件实现方案

（3）下传软件功能模块开发。旋转导向控制软件主要通过控制下传装置给导向工具实时发送导向指令以实现轨迹调整。旋转导向控制软件系统是基于 Visual Studio 2010 软件平台设计，数据库采用 Microsoft Office Access 2007。其主要功能包括下传信息编码、编码信号的发送、状态监控以及数据储存等。

下传信息编码主要是对地面控制信息编码；采用通信接口将编码数据发送给下行通信控制器，用于控制电磁阀；状态监控是接收下行通信控制器中的码元发送情况以及工作情况；数据存储是将已发送信号的有关信息存储至数据库中。

根据上述功能分析，所开发旋转导向控制软件系统如图 2-5-15 所示。

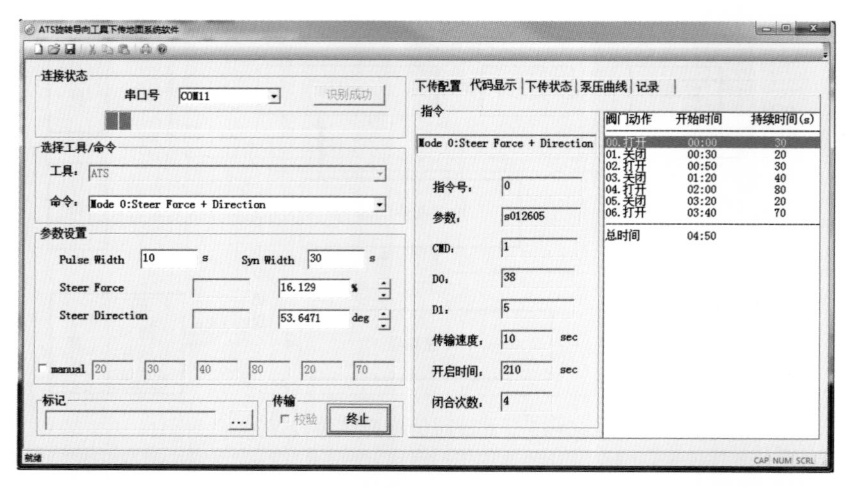

图 2-5-15 旋转导向控制软件系统

6）数据处理系统软件框架设计

解决随钻测井解释系统中大容量数据传输的关键问题；利用实时数据库技术提高整个系统的运行效率和稳定性；通过钻、测、录一体化数据格式规范系统中数据传输问题，从而提高系统的实时性。系统需要研究的内容主要有以下几个方面：

（1）大容量实时数据传输。随钻测井数据多点分散、数据量大、实时性要求高、终端数量多，井场分布范围广。针对随钻测井解释系统应用特点，负责将井场采集到的实时数据迅速高效地发回到服务中心。

（2）随钻测井实时数据库。实时数据库是随钻测井实时解释系统的重要组成部分，是随钻测井实时解释系统的数据处理中心，从而保障随钻测井解释的实时性。

（3）钻、测、录一体化数据格式兼容性研究。基于石油工业数据传输的国际标准协议 WITS（Wellsite Information Transfer Standard）/WITSML（Wellsite Information Transfer Standard Markup Language），实现井场各种不同来源数据（如随钻测井、录井、钻井、定向井等）的实时数据格式转换技术，提高系统运行效率。

四、技术参数

采用一体化设计，满足相关的机械行业标准，并制定了平台技术行业标准。表 2-5-2 为一体化平台技术参数表。

五、性能特点

（1）采用统一的机械、电气和通信标准，将不同的随钻测量仪器连接在一起。

（2）采用高效的上下传编解码方法和地面处理系统，融合所有的地面处理系统功能于一体。

（3）一体化平台系统通过单元和系统集成方式，分别配套 MWD、电磁波电阻率、近钻头、方位伽马、旋转导向等仪器，完成 7 种系统集成应用、集成配套，解决中国石化区块内的高温、精细化导向难题，为低渗透油气藏的安全高效开发提供技术支撑。

表 2-5-2　一体化平台技术参数表

供电电压	直流 28～72V，纹波≤200mV（峰峰值）	总线电缆的直流电阻 /（Ω/km）	≤50
供电电流 /A	≤10	载波频率 /kHz	50～350
贮存温度 /℃	-40～+70	载波信号幅度 /V	2～10
连接器的额定工作电流 /A	≥10	载波通信最大传输速率 /（kbit/s）	80
滑环连接器中的导电铜环与本体之间的绝缘电阻 /MΩ	≥1000（25℃），≥50（175℃）	载波通信误码率 /%	≤0.01
总线电缆的额定工作电流 /A	≥10	总线通信波特 /（bit/s）	≥1200

六、施工工艺

1. 电气结构连接

系统采用电源和通信共用同一条电缆芯线的单芯载波传输方式，测控短节从总电源输出端经隔离电感后取电。

基本要求如下：

（1）测控短节之间采用内外滑环、中心对插滑环或多芯自锁插头连接器进行电气连接；

（2）测控短节内部采用总线电缆进行电气连接；

（3）平台中连接到总线的测控短节数量不超过 32 个。

2. 机械结构连接

随钻测控系统一般由若干个短节组成，两个短节之间由钻铤螺纹相连接。接口类型包括钻铤连接、内部骨架连接。

（1）钻铤连接接口。

钻铤外径 177.8mm，接头两端螺纹应符合 API Spec7-1 中 $5^1/_2$FH 螺纹类型的规定，电子骨架的上端面至内螺纹端面的距离应为 265mm±5mm。

（2）内部骨架连接。

内部骨架接口形式有两种：内孔式滑环连接和对插式滑环连接。

3. 总线通信连接

总线传输的信号以串行数字脉冲码的调制方式在数据总线上传输，按符合定义的位、字和消息等格式。

七、应用案例

垦 626- 斜 31 井，是由渤海钻井 40528 井承钻，下入由随钻测控一体化平台配套的旋转导向系统，仪器入井深 1666～2700m，进尺 1034m，仪器入井时间 213h，循环时间 163h。

随钻测控一体化平台配套旋转导向，成功实现 SINOMACS 旋转地质导向系统整体测控性能，采用 Steer 模式、Hold 模式等控制，成功实现增斜、稳斜、扭方位等不同钻进方式，完全符合设计轨迹。探管测量各姿态参数准确，方位伽马数据稳定可靠，脉冲控制模块发码正常，一体化随钻测控中控单元通信稳定，系统机械安装结构简单方便可靠。图 2-5-16 所示为 SINOMACS ATS Ⅰ型旋转导向系统井下仪器组成示意图。

图 2-5-16 SINOMACS ATS Ⅰ型旋转导向系统井下仪器组成示意图

所研制的国产新地面接口箱能够同时采集泵压、悬重、码盘三种接口的数据，数据采集准确稳定，抗干扰性强。能够兼容 RS232/485、CAN、TCP/IP 等通信接口，并且集成了室内测试及现场实时采集功能模块，现场操作简单，稳定可靠，基于组合码的国产解码软件和进口解码软件对比，解码数据基本一致，单泵次定向时最长 24h，解码准确率 100%。解码软件在编码的基础上做了优化提升，使得传输更加稳定可靠、抗干扰性强，并且能够兼容所有的市面上的同类型的组合码的仪器（图 2-5-17）。

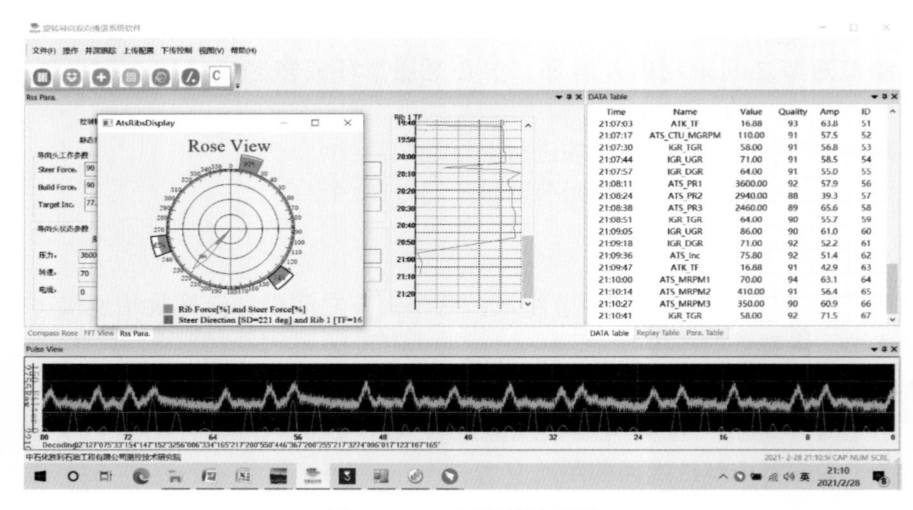

图 2-5-17 解码软件截图

第三章 低渗透储层高精度随钻成像技术

随钻测量技术是提高单井产量的重要技术手段，为实现长期高产和高效开发奠定基础。常规随钻仪器和装备，为低渗透油气藏的高效开发奠定了基础。但是随着不断开发的储层物性变差、动用难度增加，以及向深部地层、复杂地层的深入和国际油价的影响，对低渗透油气藏开发随钻测量技术提出了更高的要求和更多的挑战：低渗透油气藏存在非均质性强，地层物性差异大，提高油气钻遇率难度大。

地质导向的评价依据是：根据随钻测量的地质参数判断钻头是否在储层中钻进。随钻地质导向测量目前存在着检测信息少、分辨率不高以及测量点距离钻头较远的问题，影响了精确井眼轨迹控制地质导向效果。高精度随钻成像测量技术满足随钻成像储层描述评价和精细化地质导向需求，为开发复杂地质和油藏条件的低渗透储层提供了有效手段。高精度随钻伽马和随钻电阻率采集技术、双信道数据传输技术构成的高精度随钻地质导向技术，为提高储层钻遇率、准确监测井下环境，在钻井作业环节及时得到井下工程和地质信息，保障低渗透油气藏钻井中井筒安全提供了技术支持。

本章主要介绍高精度随钻伽马成像系统、随钻高分辨率电阻率成像测量系统、双信道一体化随钻传输系统、三维成像随钻解释评价技术等随钻成像测量与传输仪器、方法软件、现场施工工艺和应用案例。

第一节 国内外现状及发展趋势

一、国外现状

伴随着石油的大量开采，整装油气藏逐渐减少，复杂、难动用油气藏逐渐增加，低渗透油气藏成为当前主要的勘探目标之一。20 世纪 80 年代初，随着定向井技术的成熟和新的井下工具、仪器的应用，水平井钻井蓬勃发展（Minette D C et al，1992）。水平井、分支井和鱼骨井等特殊工艺井技术大大增加了井眼轨迹在储层中的有效长度，扩大了泄油面积，使得用常规钻井技术无法动用的边际油气藏得到了有效的开发，并提高了油气藏的采收率。但是对于复杂油气藏（例如低渗透油气藏），由于其精细结构无法预知，仅靠将井眼轨迹控制在钻井设计的几何靶区内的常规水平井钻井技术，常常由于储藏钻遇率低而无法实现预期的开发目标。即使对于油藏情况了解比较清楚的地区，也会因产层变化导致水平井的钻进效果不理想。而随钻测井（LWD）和随钻测量（MWD）技术的突破，实现了水平井的实时地质导向，即根据井底地质测井结果而非三维几何空间目标将井眼轨道保持在储层内的一种轨迹控制。与早期的以三维空间几何体为目标的控制方式相比，地质导向控制方式以井眼是否钻达储层为评价标准，是一种更高级的井眼轨迹控制方式（张辛耘等，2006）。因此，高分辨率成像地质导向钻井是科技进步的必然产物，也是油气勘探开发对钻井的客观需求。

1. 高精度随钻伽马成像系统

国外随钻伽马测井已经取得长足进步，技术和测量仪器成熟，仪器形成系列化，工业化程度较高。斯伦贝谢公司、哈里伯顿公司和贝克休斯公司的仪器基本上能代表现在随钻自然伽马仪器发展现状和趋势。

斯伦贝谢公司 MWD/LWD 服务中近钻头伽马成像测量仪器采用的是 IPZIG。其中，自然伽马测量部分位于仪器的最前端，实现近钻头测量地层自然放射性，测量时利用 4 个伽马探测器，最多可提供 16 扇区的方位伽马成像。IPZIG 为最新的近钻头测量仪器，实时传输的岩性变化资料可以精确定位水平井的钻井轨迹，使其最大可能地在产层内钻进，可以提供井斜和近钻头自然伽马成像。

哈里伯顿公司的随钻伽马成像仪器有 GABI、AGR、ABG 以及 DGR 等，其中 GABI、AGR 和 ABG 可以提供方位伽马成像。GABI 是一种地质导向仪器，在随钻过程中提供近钻头方位伽马测量和井斜测量。仪器采用 4 个伽马探测器，仪器滑动时提供 4 个扇区的方位自然伽马测量值，并实时上传。仪器转动时提供 16 个方位的自然伽马测量值，并存储在井下仪器里面，可以得到地层方位伽马成像。AGR 的伽马探测器距离钻头为 0.45m，仪器最多可提供 8 个方位伽马成像。ABG 是随钻过程中实时地质导向测井仪器，采用 3 个伽马探测器，在随钻过程中提供不间断的方位伽马成像测量，探测器距离钻头的尺寸为 0.76m。

OnTrak 是贝克休斯公司的多功能随钻仪器，可以提供电磁波电阻率、方位伽马、环空压力、温度等测量。随钻方位伽马测量中，利用两个伽马探测器实现方位伽马测量，并合成两组测量数据，存储 16 扇区数据，并实时上传到地面 8 扇区伽马成像数据，实现地层界面识别以及地层倾角和厚度计算。

2. 高精度随钻电阻率成像系统

斯伦贝谢公司的 Vision 系列、Scope 系列，哈里伯顿公司的 AFR/ABR/ADR 系统和贝克休斯公司的 AziTrak 系统等均能提供中子孔隙度、岩性密度、多个探测深度的电阻率成像，基本能满足地层评价、地质导向和钻井工程应用的需要。根据用户的需要，这些系统分别有各种不同的组合形式和规格，最常使用的两种组合是：（1）MWD + 伽马 + 电阻率，提供地质导向服务，结合邻近地层的孔隙度资料还可用于地层评价；（2）MWD + 伽马 + 电阻率 + 密度 + 中子，提供地质导向和基本地层评价服务。经过多年的发展，基于随钻测井的水平井地质导向技术已经成为优化储层内井眼轨迹提高泄油面积实现油田增产的新技术。

最早期的具有方向性测量的地质导向工具为 GST，其近钻头测量短接头可以提供井斜、聚焦伽马和电阻率测量，通过工具面的配合可以实现数据点形式的方向性伽马测量。方向性测量出现以后，电阻率成像地质导向在此基础上也逐渐发展起来（Fulda C et al,

2010）。它不仅可以提供上下、左右方向性测量，而且也可以提供全井眼的电阻率成像测量，这主要是通过工具的旋转来实现。工具带有纽扣式的电阻率测量电极，当工具旋转一周后，就能够获得全井眼的成像资料，为实施导向提供方向，通过专有的数据处理系统在成像图上拾取地层倾角，从而为导向过程中地层倾角的判断提供有力的依据。

在薄储层开发中，迫切需要通过随钻高分辨率成像测井技术获取方向性测井数据，结合钻前地质背景预测钻进中实时局部构造的倾角变化分析，实现薄层钻井的地质导向（林楠等，2015）。在钻井过程中通过井眼轨迹穿过地层界面位置的方向性测量和成像来判断轨迹和地层之间的关系及计算地层视倾角从而指导决策。最大限度地降低储层水平段的无效进尺，提高钻遇率，减少侧钻，在地层倾角不断变化、局部构造不确定的情况下，保证水平井按照最优的目标钻进。采用 MicroScope 测量的数据图像，电缆测量的图像，以及实际地层岩石的对比可知，可以明显通过 MicroScope 获取地层的裂缝等信息。

3. 双信道一体化随钻传输系统

钻井液脉冲 MWD 使用钻井液作为传输信道，在空气和泡沫钻井、欠平衡钻井、随钻堵漏等场合无法正常工作。电磁随钻测量仪器（EM–MWD）使用钻杆、钻井液、地层组成的闭合回路作为传输信道，具有传输不受钻井液介质影响的特点，能适用于各种钻井工艺，尤其是漏失井、高噪声井、气体和泡沫钻井等脉冲 MWD 无法正常工作的场合。电磁传输还具有测斜时间短、易损件少、应用成本低等优点，能够显著缩短非生产时间，目前国外已形成普遍共识，在能够使用电磁波的场合优先使用电磁传输 MWD，近年来，电磁 MWD 在我国的应用也越来越广泛。但电磁传输受地层电阻率影响，测量深度一般只有 2000～3000m，地层电阻率过高或过低时、长套管井等环境下无法工作。此时需要使用钻井液脉冲传输作为补充，钻井液脉冲传输 MWD 不受地层电阻率影响，测量深度能达到 6000m 以上，因此有时现场需同时配套这两种仪器，使用不方便且成本高。因此亟需将钻井液脉冲、EM–MWD 合二为一，优先使用 EM–MWD，信号弱时无需起钻就灵活切换到钻井液脉冲 MWD 模式，集合两者优点，对适用于更广泛的钻井条件、有效提高钻井效率、减少钻井成本、确保钻探的准确性有着积极意义。

斯伦贝谢公司推出了 E–Pulse、Vision 系列、Scope 系列等多种遥测产品，既有钻井液脉冲传输方式，也包含电磁波传输方式，可以通过起下钻灵活更换，拥有 ϕ165mm 和 ϕ121mm 两种尺寸规格，测量参数包括井斜、方位角、工具面角、自然伽马、电阻率、方位伽马、全方位电阻率、多极子声波等，最大数据传输速率可达 12bit/s，井下仪器耐压 83MPa，耐温 125℃。

哈里伯顿公司推出了 GeoLink 系列和 Sperry Drilling 系列，具备钻井液脉冲、电磁波两种传输方式，可以通过起下钻灵活更换，拥有 ϕ241mm、ϕ203mm、ϕ165mm、ϕ121mm 和 ϕ89mm 等多种尺寸规格，测量参数包括井斜、方位角、工具面角、自然伽马、全方位电阻率、方位伽马、伽马成像等，最大数据传输速率为 10bit/s，井下仪器耐压 125MPa，耐温 150℃。

贝克休斯公司的 Trak 系列随钻测量产品，具备钻井液脉冲、电磁波两种传输方式，可以通过起下钻更换，拥有 ϕ197mm、ϕ165mm 和 ϕ121mm 三种尺寸规格，可测量井斜、方位角、工具面角、自然伽马、方位伽马、方位电阻率、地层压力等参数，最大数据传输速率 12bit/s，井下仪器耐压可达 140MPa，耐温可达 150℃。

国外已比较广泛使用电磁波和钻井液脉冲传输相结合的数据传输方式，但目前井下实时切换传输方式的双信道一体化测传产品还较少，大多数还需要起下钻切换传输。目前只有美国和加拿大的两家公司曾报道生产出了能够井下实时切换的双信道复合式 MWD，根据上述公司发布的应用报告显示，这种仪器在北美地区的试验和应用中取得了良好的效果。

二、国内现状

国内随钻测井技术经过十几年的发展，已经形成了多个具有一定研发能力的机构和团队。这些机构主要包括：中国石油集团钻井工程技术研究院、中油测井公司、中国石化胜利油田钻井工艺研究院、中海油服、大庆油田钻井院、中国石油长城钻探、北京海蓝科技、胜利伟业公司等。这些机构都在各类型的随钻测井技术上取得了丰硕的研究成果，为我国的随钻测井事业奠定了扎实的基础（苏义脑等，1996；姜国，2005；石倩等，2015；宋长河，2014；张宇等，2016）。

国内随钻伽马测量技术通过引进应用和研发取得了较大进步。1996 年，中油测井公司从哈里伯顿公司引进了第一套 MWD/LWD 仪器，经过技术消化和吸收，在随钻测量服务取得了良好效果。2001 年，中国石化成功研制出了具有自主知识产权的随钻自然伽马测量仪。2003 年，中海油服引进了哈里伯顿公司 Sperry-sun 的 FEWD 和贝克休斯公司的 LWD 仪器。2006 年，中国石油集团钻井工程技术研究院研发的 CGDS-Ⅰ钻井系统实时监测近钻头电阻率、方位电阻率、自然伽马、近钻头井斜和工具面等数据。2012 年，中国石化胜利油田钻井工艺研究院研发近钻头方位伽马测量工具，具备两个扇区的分辨能力。

中国石油集团钻井工程技术研究院和大庆油田钻井工程技术研究院开展了近钻头随钻测井系统的研究。中国石油集团钻井工程技术研究院研制的 CGDS-1 系统配置了近钻头电阻率仪器，测量方式和测点距钻头距离大体与斯伦贝谢公司 IDEAL（综合评价和测试）系统相同，这种测井方法探测深度较浅，不适合于油基钻井液和空气钻井使用。大庆油田钻井工程技术研究院研制 DQ-NBMS 型近钻头随钻测井系统，配置的近钻头电阻率测井仪器采用电磁波电阻率测井原理，该方法探测深度较深，同时受井眼内钻井液性质的影响小。中国石化胜利油田钻井工艺研究院通过 863 项目“随钻测井核心探测器关键技术研究”成功研制了随钻电磁波电阻率测井仪、随钻可控氘—氚中子测井仪、随钻补偿密度测井仪及配套刻度装置，开发了随钻测井解释软件系统。中国海油也开发研制了随钻常规电磁波电阻率和方位电磁波电阻率。

以上国内研究单位目前的研究重点主要集中在随钻电磁波电阻率上。由于探测深度深、钻井液适应性广，随钻电磁波电阻率已经被广泛应用。而基于随钻侧向电流型的一种高分辨率电阻率只有中国石油测井公司持续的在进行相关研究，目前已经研制了相关样机并已入井试验。中国石油集团钻井工程技术研究院 2016 年也已经立项开始进行侧向原理的电阻率成像技术研究。随钻侧向电流型电阻率由于其分辨率高目前也开始在国内逐渐开始应用。

目前国内 150℃常规钻井液 MWD 研发和应用已相对成熟，电磁 MWD 的研制和应用也处于走向成熟的阶段（宋长河，2014）。但国内 MWD 商业化产品都只是电磁波或钻井液脉冲一种传输方式，现场适用性差，尚未见开展双信道传输技术研究工作的相关报道。

三、发展趋势与展望

在随钻测量、随钻测井以及以旋转导向为核心的导向控制仪器装备方面，国内外均开展相关技术研究和产品应用。国外公司开展研究起步较早，装备的可靠性、成熟度很高，技术应用广泛。国内研究相对来说起步较晚，国内的研发一方面通过引进国外成熟仪器装备消化吸收，另一方面已经开始进行新型随钻仪器装备的研制。针对国内低渗透油气藏的特殊需求，加强了随钻成像测量技术研究，在仪器结构的耐高温高压技术、伽马探测器和电阻率成像电极传感器的分辨率、随钻大容量数据传输技术等方面取得突破，以现场需求为导向，研发的高精度随钻成像测量仪器装备成为支撑国内非常规油气藏地质导向的关键技术。

由于高温元器件、传感器、加工设备和工艺的限制，国内外产品之间还有一定的差距。未来，需要结合现场需求，将国内自主可控的高温芯片和传感器应用到随钻测量仪器装备的研制当中，尽快研制耐温 175℃以上的随钻测量仪器和装备，为深层、超深层低渗透油气藏开发快速高效、可持续发展奠定基础。

第二节　高精度随钻伽马成像系统

由于不同岩性的地层本身所含放射性核素种类及丰度不同，伽马测量仪器能有效测量地层放射性强度，根据放射性强度的变化划分岩性。地层伽马射线的强度在一定时间内具有很好的稳定性，并且不受外部钻井液的侵蚀。伽马测井曲线已成为地质导向中重要的测量资料，伽马测量仪器成为区分地层岩性必须使用的工具之一。

常规 MWD/LWD 由于安装位置距离钻头一般在 10m 以上，获取的随钻数据存在较大延迟，降低了随钻决策和调整的及时性。并且检测参数单一，因此无法及时判断穿行地层的上下界面和地层倾角，影响了井眼轨迹控制。测量位置不断前移和伽马成像成为随钻伽马测量仪器的发展趋势。

近钻头伽马成像测量仪器，解决了检测点距离钻头远、检测信息量少和跨螺杆数据传输不可靠三个技术问题，用于实时获得近钻头处地层伽马成像信息，减少地质导向决策时间，优化井眼轨迹。

一、结构原理

传统的自然伽马测井是用伽马探测器探测地层岩石中的伽马计数，从而用于岩性识别和井剖面划分的一种测井方法。随钻地质导向伽马成像测量的原理是在钻井的过程中，利用随钻头转动的伽马射线探测器来测量井眼周围地层的方位伽马强度，对方位伽马测量值根据其方位和测量深度进行成像，进而计算相对倾角，用于指导钻头在目的储层中钻进。

1. 自然伽马成像的测量原理

岩石的放射性来源于其所含有的放射性物质，地层中的伽马强度是由岩石所含有的放射性元素的种类及其在矿物中的含量决定的，目前已发现的天然放射性核素约有 60 种，在这些放射性核素中，除了 40K 外，其余大多数分处于半衰期较长的自然放射系中。

对于不同种类的岩石，放射性物质的含量存在明显差异，由其产生的伽马射线强度也明显不同。整体上，岩浆岩的放射性活度随着其酸性减弱而有规律地降低。变质岩的放射性活度与岩石的变质过程和变质程度有关，其放射性核素活度往往介于高放射性岩浆岩和普通的沉积岩之间。在沉积岩中，岩石的放射性活度往往取决于黏土矿物的种类和含量，黏土岩放射性活度最高，而石膏和硬石膏等放射性活度最低。

与普通的自然伽马测量原理相似，地层中含放射性物质的岩石产生的伽马射线通过钻铤开窗进入探头后，与晶体发生光电效应和康普顿效应而产生荧光，光电倍增管和协同的电子线路将荧光转变为电信号，一般的随钻测量仪器是通过将电信号转化为钻井液脉冲信号进行传输的，传输到地面钻井液脉冲信号经过一系列的数据处理后转化为测量方位地层的伽马强度值。

在钻头钻进的同时，随钻伽马探头一般紧邻钻头安装无磁钻铤内，仪器探测到的来自各方位地层的伽马强度被探测器接收后转为电信号数据，一部分伽马强度数据即时通过钻井液脉冲传输至地面，利用这些数据可以精确地指导钻头在目的层中钻进，从而提供即时的地质导向服务；还有一些采集的伽马值存留于井下，经过处理后可以得到计算相对倾角的记忆伽马成像。

2. 随钻伽马成像计算相对倾角的原理

随钻地质导向伽马利用在随钻过程中测量得到的随方位和深度变化的伽马强度值，对测量的伽马强度值进行成像，再通过成像信息来估计井眼相对倾角的变化趋势，从而调整钻头方向以实现地质导向。利用成像计算相对倾角的公式为：

$$\alpha = \arctan\left(\frac{H}{d + 2DI}\right) \tag{3-2-1}$$

式中 α——井眼相对倾角；

H——正弦曲线宽度；

d——井眼直径；

DI——成像深度，如图 3-2-1 所示。

3. 仪器的蒙特卡罗计算模型设计

考虑到实际情况和计算方便，模型建立为圆柱体状，如图 3-2-2 所示。模型长

200cm，直径 110cm，地层物质为泥岩，含 5mg/kg U、10mg/kg Th、5% K，地层分 16 个扇区，密度为 $2.5g/cm^3$，井眼内充填淡水钻井液，密度 $1.0g/cm^3$。

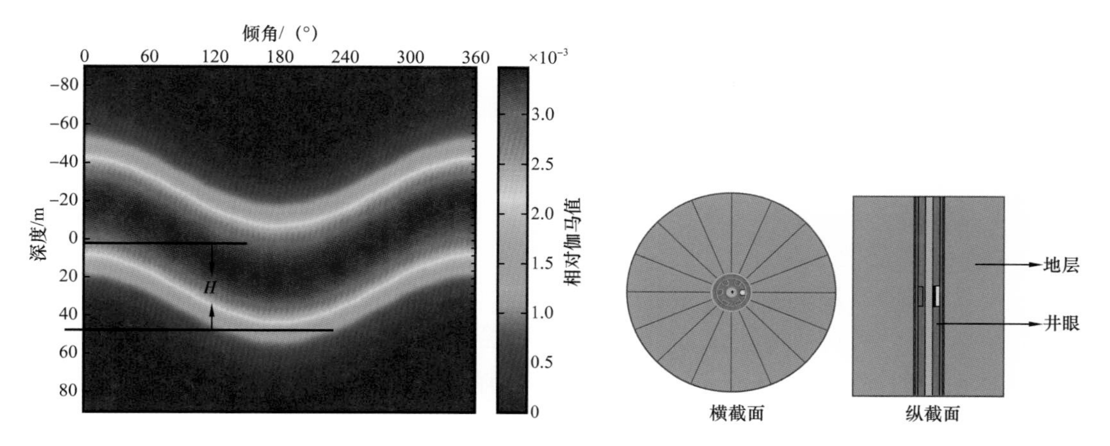

图 3-2-1 倾斜地层的随钻伽马成像图

图 3-2-2 蒙特卡罗计算模型

模拟随钻伽马仪器模型如图 3-2-3 所示，仪器主要部件装在钻铤内部，采用一个 NaI 晶体探测器，探测晶体的“背部”采用屏蔽材料钨来屏蔽探测方位以外的伽马射线。探测器在随钻铤转动的过程中采集来自井下不同方位的伽马射线，以提供方位伽马成像。

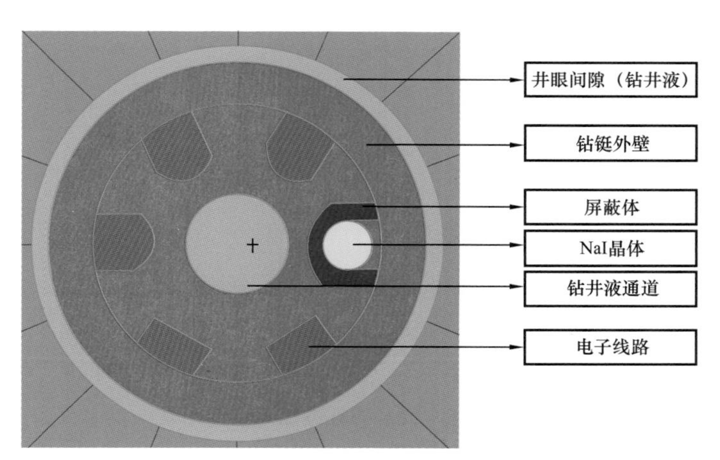

图 3-2-3 模拟随钻伽马仪器模型

采用的仪器探测特性研究方法借鉴了感应测井中的几何因子理论，利用蒙特卡罗数值模拟技术模拟仪器周围的放射性地层几何微元体得到相应的几何因子，再利用几何因子分析仪器的探测特性，进而求取仪器相应的分辨率。

对图 3-2-2 的计算模型进行修改，将高放射性地层设置成图 3-2-4 所示的方位体积微元，将其置于低放射性地层中，让其沿逆时针方向旋转一周，通过仪器在不同方位放射性地层微元下的模拟计算可以得到仪器的方位微分几何因子，再将方位微分几何因子

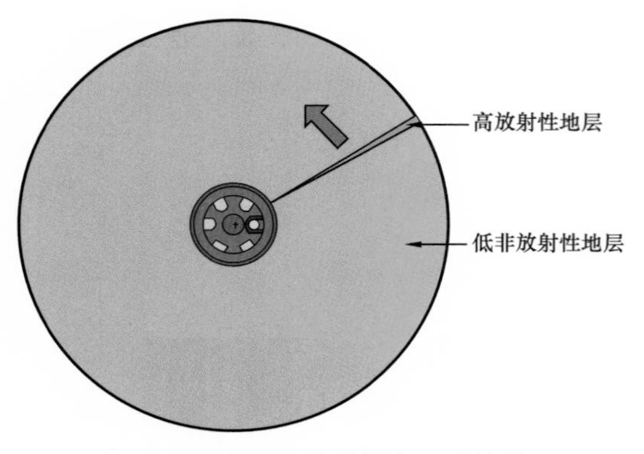

图 3-2-4 求取方位分辨率的计算模型

转化为方位积分几何因子，仪器的方位探测特性如图 3-2-5 所示，其中当高放射性地层微元正对探测晶体窗口时方位角为 180°。

利用仪器的方位积分几何因子就可以计算得到仪器的方位分辨率。本文中涉及的仪器方位分辨率分两种情况：（1）方位积分几何因子取 0.8 时，仪器分辨的方位地层的角度；（2）仪器分辨一定扇区或方位角度（如 16 扇区—22.5°，8 扇区—45°，四扇区—90°）的地层所对应的方位积分几何因子的取值，即探测晶体窗口对应该角度下的放射性地层所测得的计数率占 360° 放射性地层计数率的百分比。

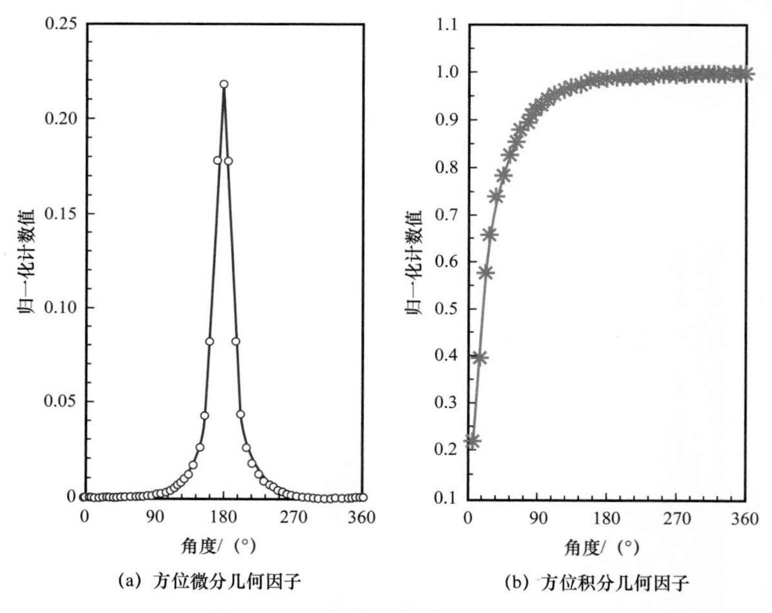

(a) 方位微分几何因子 (b) 方位积分几何因子

图 3-2-5 仪器的方位探测特性图

二、关键技术

1. 伽马成像探测技术

伽马成像是对地层圆周的不同扇区分别进行测量，获得圆周 360°不同扇区的数据集合。

1）伽马探测器和工具面传感器在伽马成像测量钻具内的布局

（1）伽马探测器的伽马敏感区域背向地层的内侧，采用伽马屏蔽材料填充，减少背部地层伽马射线作用于伽马探测器的强度，如图 3-2-6 所示。

（2）两个工具面传感器以垂直布置于测量钻具内。

2）计算地层扇区累积测量时间

（1）将 360° 平均划分为 n 个扇区（例如：n=4，8，16 或 32），如图 3-2-7 所示，对应的角度区间分别为：[0，360/n]，[360/n，2×360/n]，…，[360−360/n，360]。

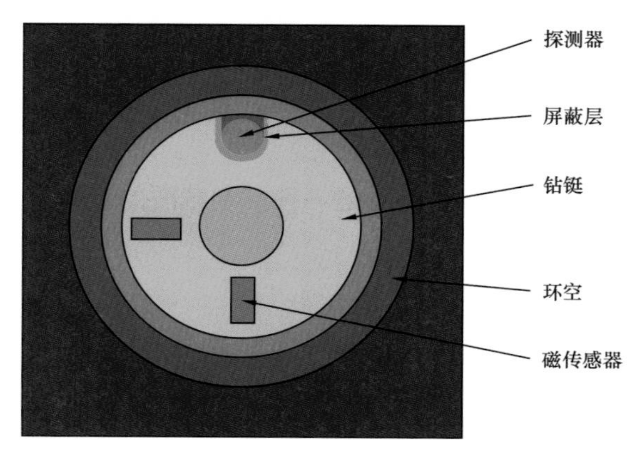

图 3-2-6　钻铤内伽马探测器和磁传感器的布局

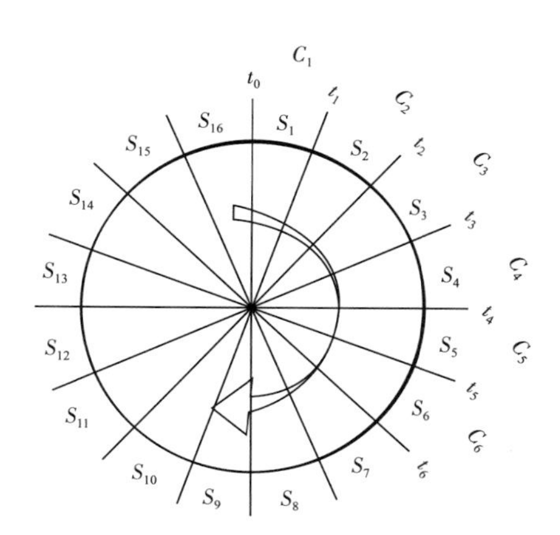

图 3-2-7　扇区、时间和伽马计数示意图

（2）采用两个磁传感器实时测量钻具旋转角度 θ，并用时钟实时获得时间 t。

（3）每旋转一周，当 θ= 扇区界面角度时，记录此时的时间：t_0，t_1，…，t_n，计算每个扇区对应的测量时间：t_1-t_0，t_2-t_1，…，t_n-t_{n-1}。

（4）在总的测量时间内，累加旋转过程中记录的每个扇区对应的测量时间：T_1，T_2，…，T_n，即是地层扇区的累积测量时间。

3）判别伽马测量脉冲对应的扇区

（1）n 个扇区对应的伽马计数值归零。

（2）当采集到一个伽马脉冲时，记录此时的测量钻具旋转角度 θ_t，判别 θ_t 对应的扇区 n_t，此时将 n_t 扇区对应的伽马计数值 C_{nt+1}。

（3）当测量时间结束时，累计得到伽马计数序列为：C_1，C_2，…，C_n。

4）计算扇区对应的伽马测量值

扇区对应的伽马值：G_1，G_2，…，G_n，$G_x=C_x/T_x$。

2. 井下跨螺杆无线通信技术

建立无线电磁短传信道的方法是：用两个绕有线圈的磁环作为发射和接收装置，这两磁环分别装在近钻头短节和上短节上，在近钻头的是发射线圈，在上短节的是接收线圈。它的工作原理是：给发射线圈施加一频率为 f 的信号电流，在信号电流的激励下产生出频率为 f 的交变磁场，而这交变的磁场又在接收线圈上感应出电压，正是这交变磁场构成了无线短传信道的基础。电磁短传信道基本结构如图 3-2-8 所示。

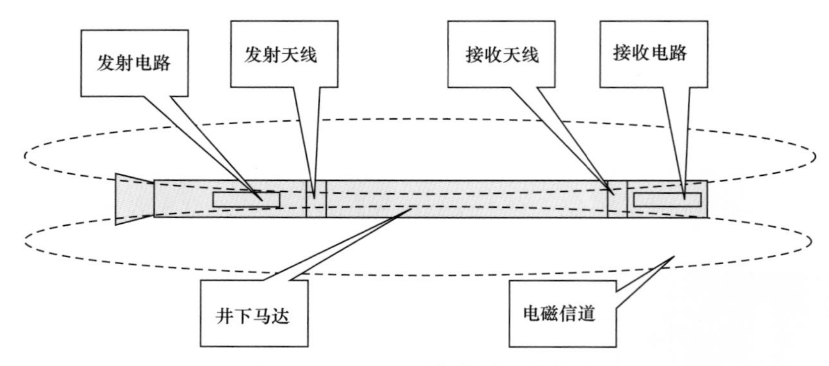

图 3-2-8 电磁短传信道基本构成

无线信号调制解调基于二进制移相键控 BPSK 原理，BPSK 是一种抑制载波的双边带信号，具有恒定包络。BPSK 的信号形式一般表示为：

$$e_0(t)=\left[\sum_n a_n g(t-nT_s)\right]\cos\omega_c t \tag{3-2-2}$$

其中 $g(t)$ 是单个矩形脉冲，脉宽为 T_s，而 a_n 为输入基带信号，其特征为：

$$a_n=\begin{cases}+1 & \text{概率为}P\\ -1 & \text{概率为}(1-P)\end{cases} \tag{3-2-3}$$

可见在一个码元的时间 T_s 内 $e_0(t)$ 为：

$$e_0(t)=\begin{cases}\cos\omega_c t & \text{概率为}P\\ -\cos\omega_c t & \text{概率为}(1-P)\end{cases} \tag{3-2-4}$$

即发送码元 1 时，$e_0(t)$ 的相位取 π，发送码元 0 时，$e_0(t)$ 的相位取 0。

1）BPSK 信号的 IQ 正交调制

若 BPSK 序列为 $m(t)$，则两路时域信号可以表示为：

$$\begin{cases}s_I(t)=A\cos[\varphi m(t)]\\ s_Q(t)=A\sin[\varphi m(t)]\end{cases} \tag{3-2-5}$$

式中 φ——相位调制指数。

若 φ 为 π，则在 BPSK 信号中，当 $m(t)=0$ 时，$\varphi m(t)=0$；当 $m(t)=1$ 时，$\varphi m(t)=\pi$。因此 BPSK 信号可以表示为：

$$s(t)=s_I(t)\cos(2\pi f_0 t)-s_Q(t)\sin(2\pi f_0 t)=\cos[2\pi f_0 t+\varphi m(t)] \tag{3-2-6}$$

从 BPSK 信号调制的原理框图 3-2-9 可知，基带信号经 I 路与本地载波相乘以后得到 BPSK 的调制信号，BPSK 信号随码元的变化，其相位也在 0 或者 π 之间进行变化。由此得到的 BPSK 信号的时域波形，如图 3-2-10 所示。

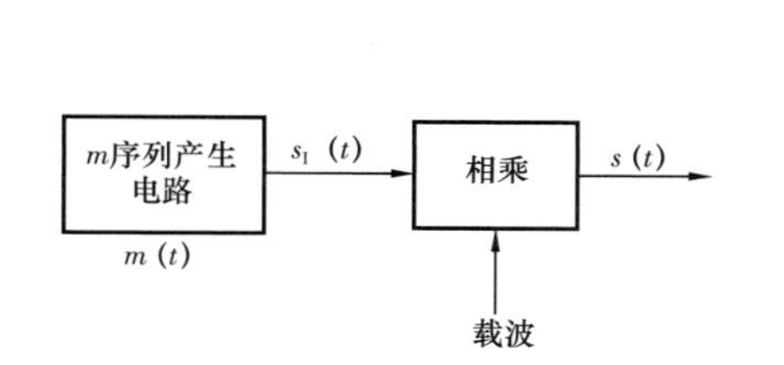

图 3-2-9 BPSK 信号调制的原理框图

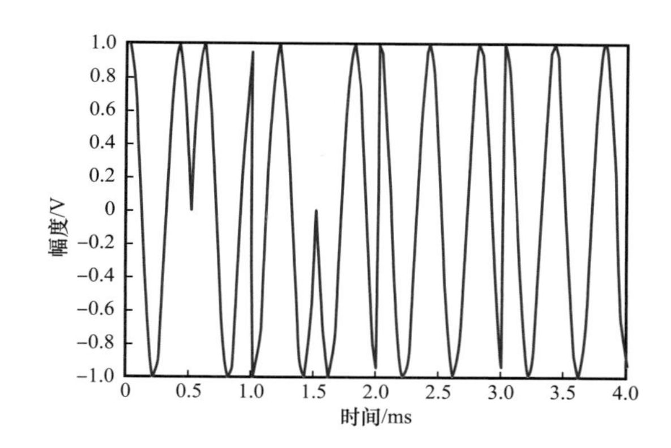

图 3-2-10 BPSK 信号的时域波形

2）BPSK 信号的解调方式

BPSK 信号为双边带信号，一般采用相干解调法，如图 3-2-11 所示，也称为极性比较解调法，解调过程为通过对输入的 BPSK 信号与本地载波信号进行极性比较。BPSK 信号首先通过带通滤波器滤出带宽之外的干扰噪声，然后将滤波后的信号与本地载波相乘，此本地载波必须是与 BPSK 信号的调制载波同频同相。接着信号通过一低通滤波器之后，进行抽样判决，根据极性进行判决得到所传输的基带数据。若本地载波未与 BPSK 的调制载波同相，则出现 π 相位变成 0 相位或者 0 相位变成 π 相位，这样使抽样判决将出现数据判错，得到完全错误数据，这样接收机因为本地载波倒相而使解调的数据发生错误的现象称之为“倒 π”现象。

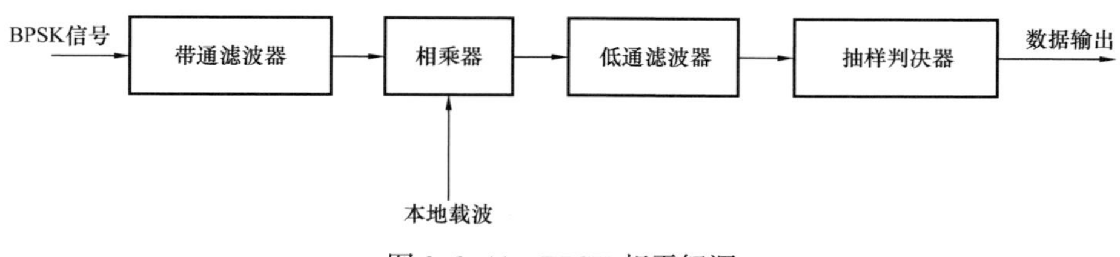

图 3-2-11 BPSK 相干解调

3. 高集成度机械结构

作用在近钻头系统上的载荷主要包括重力、驱动力矩、顶部钩载、钻杆和钻铤与井壁的随机接触力、钻头与岩石相互作用力、钻杆和钻铤与内外钻井液相互作用力及底部钻具组合与井壁作用力等。

1）上短节

如图 3-2-12 所示，天线防护结构 2 固定到钻铤 1 上，需要主要天线防护结构的螺纹通孔与钻铤上的螺纹孔对齐，两半天线防护结构要对称安装，防止一半固定好之后另一半无法安装；高压插针盖 3 固定到钻铤 1 上。

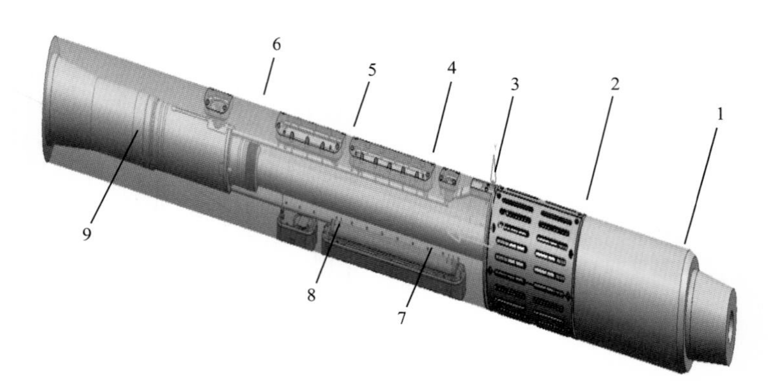

图 3-2-12 上短节结构图

1—钻铤本体；2—天线防护结构；3—高压插针盖；4—电路板一盖板；5—电路板二盖板；6—调试口盖；7—传感器盖；8—压力检测模块；9—MWD-LWD 转换头

2）近钻头短节

如图 3-2-13 所示，天线防护结构 2 固定到钻铤 1 上；下短节保护筒 3 的安装需要借助工装，由于下短节保护筒具有传递扭矩的八棱结构，其安装具有方向性和安装角度。

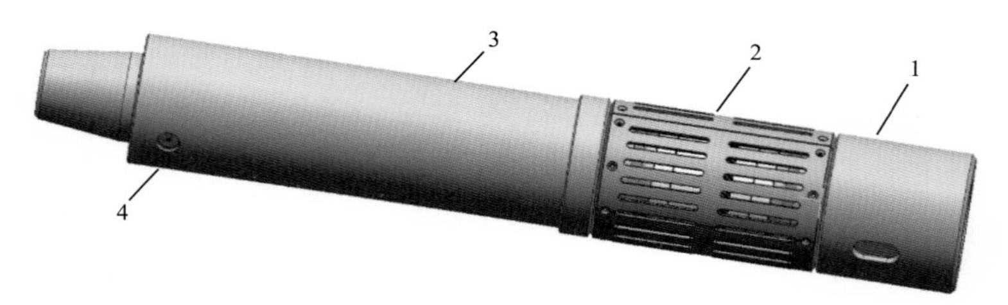

图 3-2-13 近钻头短节结构图

1—钻铤本体；2—天线防护结构；3—下短节保护筒；4—圆柱销

三、技术参数

近钻头伽马成像测量仪器主要技术参数见表 3-2-1。

表 3-2-1 近钻头伽马成像测量仪器技术参数

参数名称	参数值	参数名称	参数值
井眼范围 /mm	216～250	伽马测量范围 /GAPI	0～1200
标称外径 /mm	176	伽马成像扇区	上下或 8 扇区 / 实时，16 扇区 / 存储
电池最长工作时间 /h	200	伽马探测器位置	离钻头 0.5m
短传距离 /m	＞15	井斜 /（°）	0～180（±0.1）
最大工作温度 /℃	150	钻头转速 /（r/min）	0～450（±2）
最大工作压力 /MPa	140	钻井液类型	水基、油基
存储空间 /GB	1		

四、性能特点

（1）以单伽马探测器进行井筒360°伽马扫描成像。硬件上基于单伽马探测器、工具面传感器和伽马屏蔽层，采用等时间间隔的伽马脉冲和工具面同时采集处理的软件方法，形成实时8扇区、存储16扇区的伽马成像算法，实现井下快速成像和地面精细成像。

（2）对伽马成像数据进行高压缩传输，在低MWD传输速率下，实现井下成像数据及时传输至地面。

（3）基于磁感应传输原理，以单频占空比可调的发射方法和窄带滤波接收方法，完成发射调谐和接收频率精准调制，实现跨螺杆无线短传，适合的应用领域涵盖水基钻井液和油基钻井液等各种钻井环境。

（4）测量点距离钻头短，井下测量数据多，有助于地面及时作出导向决策部署，优化井眼轨迹，提高有效储层钻遇率。

五、施工工艺

仪器钻具组合一般为：钻头＋近钻头短节＋螺杆＋上短节+MWD+钻铤，近钻头短节螺纹类型：430/431，上短节螺纹类型：410/411。近钻头短节与上短节之间的距离不超过15m。

仪器入井前进行地面设置和调试：

（1）组合上短节和MWD；

（2）使近钻头短节与上短节距离约8m，轴线在同一线上；

（3）启动近钻头短节，设置近钻头短节；

（4）从MWD地面调试软件上，检查近钻头短节采集的数据。

注意点：

（1）吊装时，采用天线防护套保护天线，避免碰撞冲击；

（2）在钻台组合钻具时，天线部分应避免被装夹。

六、应用案例

井号：江沙211-2HF。

该井系水平井开发井，属于四川盆地川西坳陷东部斜坡福兴构造，钻头直径215.9mm，采用水基钻井液。在转速55r/min时进行控速钻进，取得了全井伽马资料，并在5个井段获取伽马成像数据。

如图3-2-14所示，获得了清晰的伽马成像图像，第1道随钻总伽马与第2道的电缆伽马测井对比，趋势一致，纵向分辨率较好，0.5m的薄层伽马清晰显示。

如图3-2-15所示，在斜钻穿地层界面时，第3道随钻伽马成像清晰描述了钻穿过程。

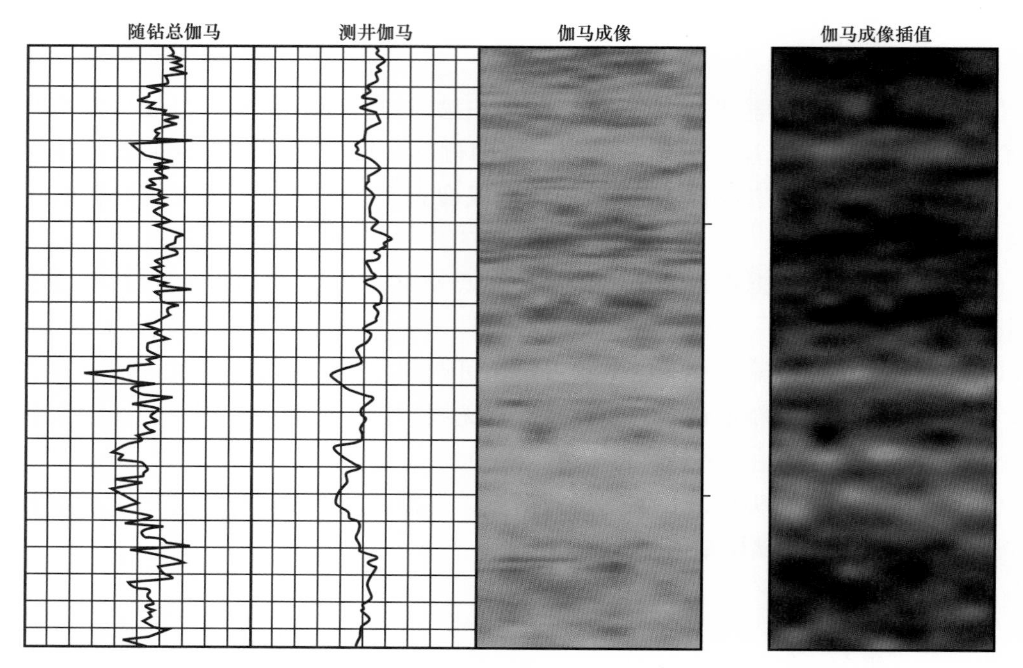

图 3-2-14 江沙 211-2HF 井薄层伽马成像

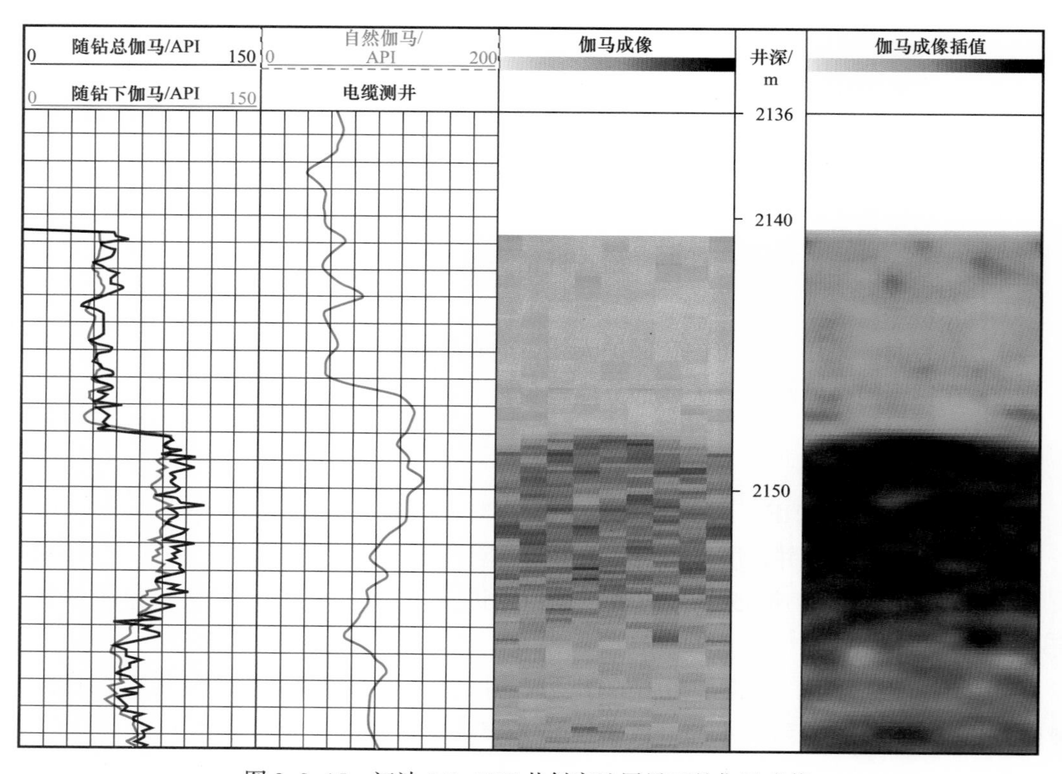

图 3-2-15 江沙 211-2HF 井斜穿地层界面的伽马成像

第三节 随钻高分辨率电阻率成像测量仪器

随钻测井技术已经成为提高钻井效率、降低作业成本、及时准确获取钻井和地质资料的重要手段。随钻高分辨率电阻率成像系统可以实时提供井筒高清图像，测定地层倾角等特征，帮助地质导向专家将井眼准确控制在优质储层之中，还可以在钻井中实时监测井眼崩落和裂缝情况，为钻井液漏失点识别和储层压裂提供有价值的信息。

一、结构原理

1. 随钻侧向电阻率成像测量原理

随钻侧向电阻率成像仪器都是利用内置铁芯环形线圈（以下简称螺绕环）在钻铤和地层回路中激发电流的方式来进行测量的，图 3-3-1 所示为随钻侧向电阻率测量基本原理图，上下两个螺绕环作为发射电极，在导电杆产生相位相反的电流。电流在导电杆轴向相向流动，于两发射电极中间某一点汇流，垂直地射入地层中。两接收螺绕环作为电流监督和测量电极，调节发射电极的激励电压，使得两接收螺绕环测得电流大小相等。此时电流汇流于两接收螺绕环中点，并垂直射入地层。此时测得的电流和地层电阻率有关。

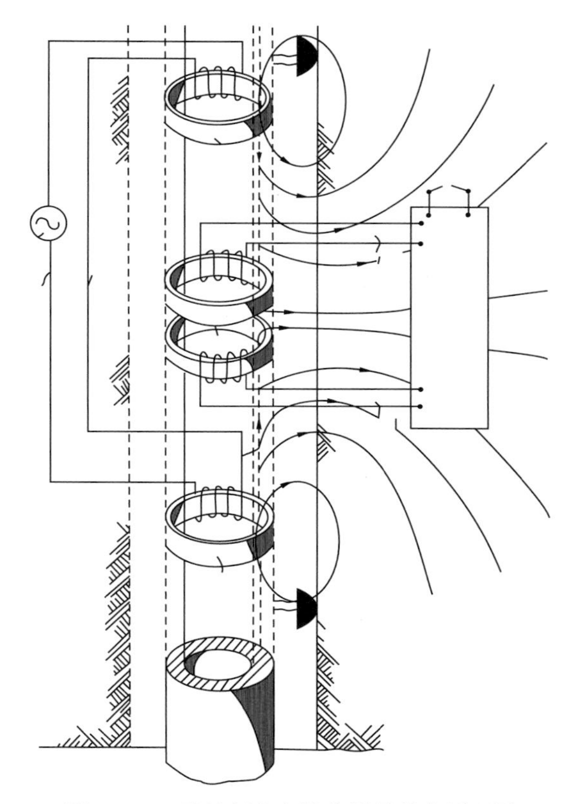

图 3-3-1 随钻侧向电阻率测量基本原理图

这种电极相比常规电极具有独特的优点：

（1）可以将螺绕环安置在钻铤上，实现近钻头电阻率测量。

（2）不必对钻铤表面进行电极分隔，钻铤的结构不被破坏，其强度得以保障。

（3）螺绕环具有电流放大作用，通以较小的激励电流，即可在地层中感应出较大的回路电流，尤其适合在随钻测井中降低宝贵的电源功率消耗。

基于以上三个特点，这种利用螺绕环作为发射电极的方式被广泛应用于随钻电阻率测井仪器中。

发射螺绕环和接收螺绕环实际上都可以等效为变压器，理想变压器电压变比 n 为初级线圈匝数比次级线圈匝数 $\frac{N_p}{N_s}$，电流比为电压比的倒数 $\frac{1}{n}$，但这只限于理想变压器。而理想变压器是有前提条件的：

条件 1：无损耗，两绕组的导线无电阻（无铜损），做芯子的铁磁材料无磁滞损耗和涡流损耗（无铁损）。

条件 2：没有漏磁，即两绕组完全耦合，耦合系数 $k=1$，也即互感系数 $M=\sqrt{L_1L_2}$。其中，L_1 为初级绕组的电感值；L_2 为次级绕组的电感值。

条件 3：初次级绕组感抗无穷大，也即磁芯磁导率无穷大，从而励磁电流趋于 0。

2. 螺绕环成像电极发射与接收

实际的变压器只能做到不断接近理想变压器的效果，而永远无法成为理想变压器，因此，在对螺绕环进行深入研究时，就不能把它单纯地看作理想变压器。必须建立实际等效模型进行分析。磁芯的尺寸、磁导率以及磁滞损耗等关键参数也需考虑在内。

套装在钻铤上的铁磁环形线圈（以下称为螺绕环）以及钻铤和地层回路如图 3-3-2 所示。这种配置形成了变压器结构，其中变压器初级为螺绕环上的环形绕组，次级为钻铤和地层组成的回路。当初级线圈外加交流电压时，在螺绕环上下两部分钻铤之间感应出电势差。钻铤上的电势差 V_{tool} 等于初级激励电压 V 除以初级绕组上的匝数 N，从而构成了发射电极。以斯伦贝谢公司的 RAB 电阻率测井仪为例，工作频率设定为 1500Hz，其发射电极感应出的电压在几百毫伏级别。

为检测回路电流，必须设置接收电极，接收电极可分为轴向电流接收电极和径向电流接收电极。

图 3-3-3 示出了套在钻铤上作为成像电流接收电极的螺绕环。这种配置构成了电流互感器，其初级为钻铤和地层组成的回路，次级为螺绕环上的环形绕组。

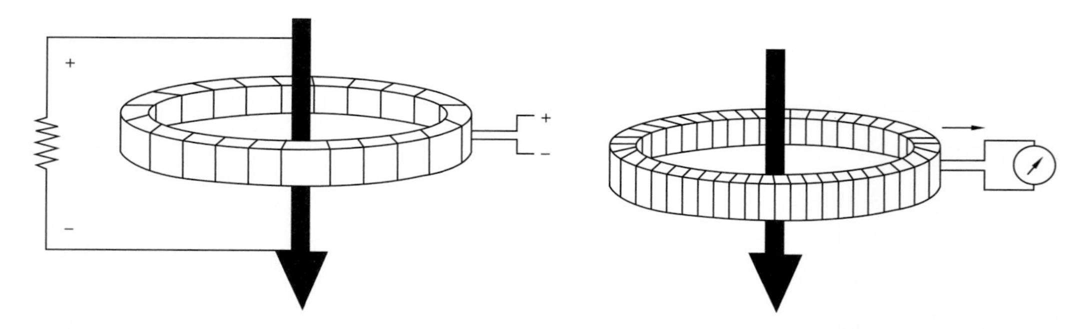

图 3-3-2 在磁环上缠绕线圈形成环形发射器　　图 3-3-3 在磁环上缠绕线圈形成环形接收器

次级线圈接入一低输入阻抗检测电路，当电流穿过螺绕环在钻铤中向下流动时，在互感器次级线圈中感应出电流，感应电流 I_{meas} 等于钻铤中流经螺绕环的轴向电流除以线圈匝数。以斯伦贝谢公司 GVR 电阻率成像仪为例，接收螺绕环主要作为电流聚焦的监督电极以及近钻头电阻率测量电极。

目前国内对于激励源为螺绕环的随钻侧向测井尚未有所研究，通过对其进行研究可以为后续仪器的生产和测井资料的解释提供理论基础。基于商业软件 COMSOL，采用三维有限元方法，对随钻侧向电阻率测井仪器参数影响及响应特性进行了数值模拟分析，研究了源距、接收线圈距和钻头短节长度对测量信号的影响，考察了仪器的探测特性以及仪器在斜度井中响应特性的影响因素。

二、关键技术

1. 螺绕环激励式随钻侧向测量技术

仪器采用的基本结构是螺绕环发射，纽扣成像，螺绕环接收。它既可以测量侧向电阻率和钻头电阻率，也可以实现电阻率成像。仪器结构示意图如图 3-3-4 所示。其中 T_1、T_2 和 T_3 为发射螺绕环，R_1、R_2 和 R_3 为接收螺绕环。B 为纽扣电极，用于井壁电阻率成像和侧向电阻率测量。B、R_2 和 R_3 分别构成了不同探测深度的侧向电阻率测量，同时 R_3 用于测量钻头电阻率。本书聚焦于仪器侧向电阻率测量方式，模拟了 T_1 发射 R_2 和 R_3 接收时的情况，将 R_2 和 R_3 接收到的电流之差转化为地层电阻率。模拟钻铤直径为 171mm（6.75in），纽扣直径为 25.4mm（1in）。

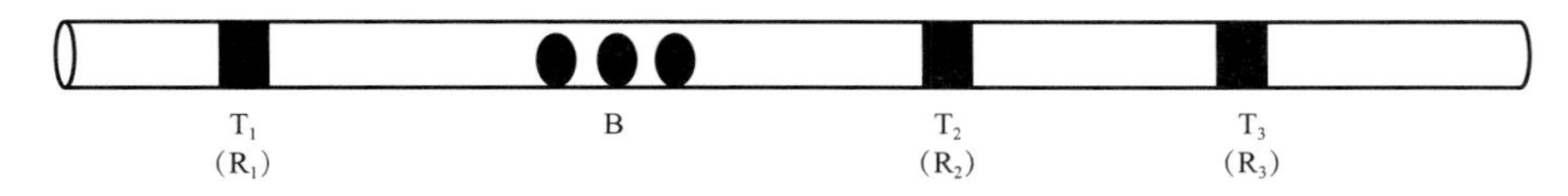

图 3-3-4 螺绕环激励式随钻侧向测量仪器结构示意图

该仪器在进行侧向测量时采用螺绕环激励的方式，这与传统电极型随钻侧向测井仪器不同。忽略实际生产中钻柱的电导率，将其视为理想导体，假设发射器上方和下方的钻柱部分是一对正负等量电位差的等电位面，采用直流法，忽略测量频率的影响，可以将螺绕环在钻铤和地层中产生电流的方式等效为一个延长的电压偶极子，电流从下方的钻柱发射，流经井眼和地层，然后再返回到上方的钻柱中。图 3-3-5 反映了侧向测量的电位场和电流线分布特征。

基于三层地层模型，采用三维有限元法研究随钻侧向电阻率测井的响应特征。图 3-3-6（a）为建立的斜井三层地层模型，即中间层为目的层，上下两层为上下围岩，有井眼，无侵入。仪器和地层法线方向的夹角即为井斜角，当井斜角为 0° 时，即为直井三层地层模型。模型采用自由四面体网格来剖分，网格剖分结果如图 3-3-6（b）所示。考虑到求解空间较大，为了平衡模拟的精度与计算量之间的关系，在目的层和螺绕环附近网格划分得较密，而在其他区域网格划分得较为稀疏。

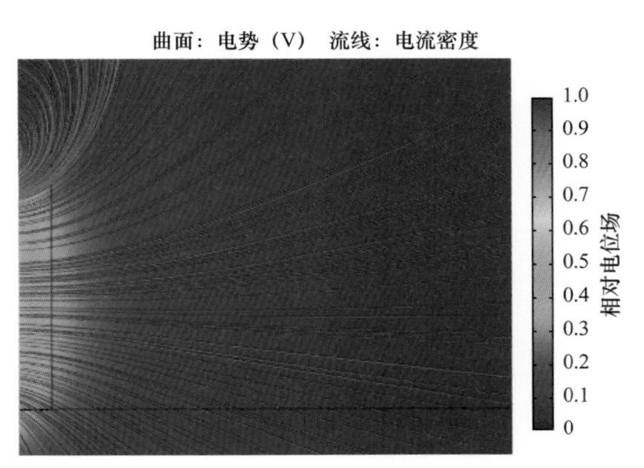

图 3-3-5 电位场和电流线分布特征

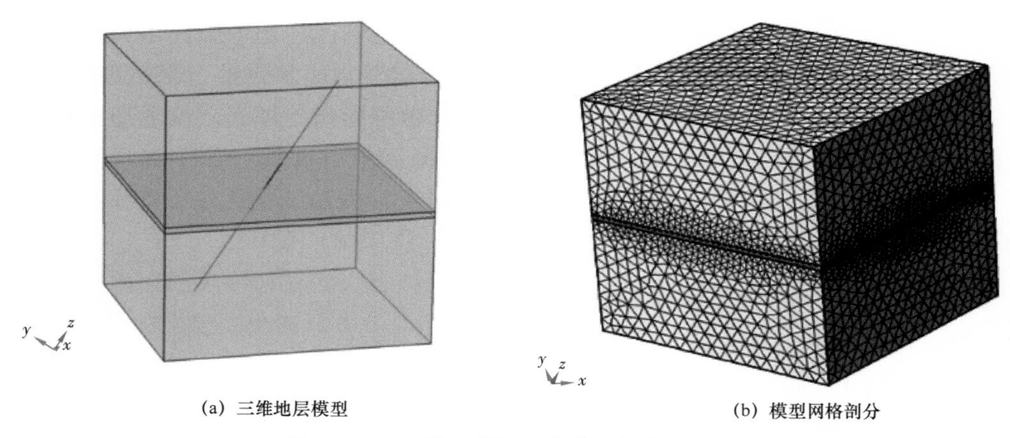

(a) 三维地层模型　　(b) 模型网格剖分

图 3-3-6　三维地层模型和模型网格剖分图

2. 测量信号强度的影响因素分析

设计仪器结构时，应保证在满足性能要求的同时接收到的测量信号符合仪器所接收最低信号强度的要求。本节主要研究了仪器结构（源距、接收线圈距和钻头短节长度）与随钻侧向电阻率测量信号的关系。

1）源距的影响

源距是指发射线圈 T_1 与接收线圈 R_2 之间的距离。图 3-3-7 模拟了当仪器的源距从 0.1m 变化至 2m，测量电阻率为｛0.1，1，10，100，10000｝Ω·m 的均匀地层时，源距与测量信号强度的关系。

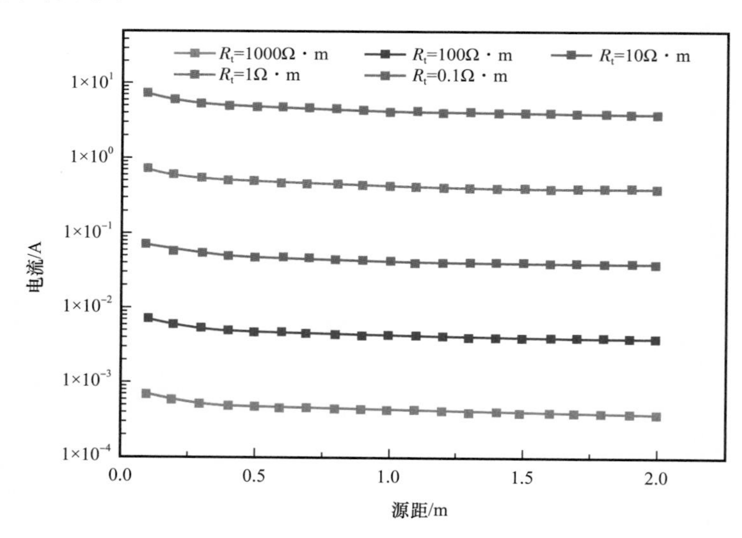

图 3-3-7　测量信号强度与源距的关系

固定接收线圈距为 0.381m，钻头短节长度为 2m。可以看出，随着源距增加，信号强度降低，当源距的大小在 0.254 和 0.5m 之间时，源距与信号强度之间呈非线性关系，下降的速度较快，而当源距大于 0.5m 时，两者呈线性关系，下降的较为缓慢。

2）接收线圈距的影响

接收线圈距的大小决定了仪器的最小纵向分辨率，但在设计仪器接收线圈距时要考虑其对测量信号强度的影响。本书中接收线圈距 L_r 是指接收线圈 R_2 和 R_3 之间的距离。固定原状地层电阻率为 1Ω·m，源距为 1m，钻头短节长度为 2m，模拟当接收线圈距为｛0.127，0.1905，0.254，0.3175，0.381，0.4445，0.508，0.5715，0.635｝m 时，接收线圈距与测量信号强度的关系。模拟的结果如图 3-3-8 所示，可以看到两者呈正比关系，随着接收线圈距的增加信号强度增大，拟合两者关系如式（3-3-1）所示，拟合系数 R^2=0.9999。

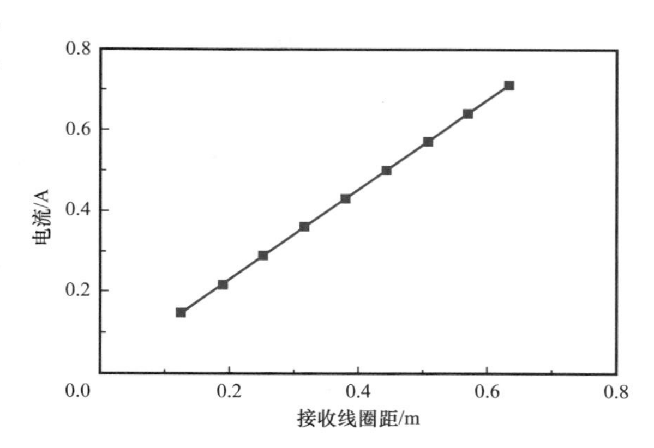

图 3-3-8 测量信号强度与接收线圈距的关系

$$I = 0.0282L_r + 0.0076 \qquad (3\text{-}3\text{-}1)$$

式中 L_r——接收线圈距，m；

I——测量电流，A。

3）钻头短节长度的影响

钻头短节（BHA）是指接收螺绕环 R_3 下方的钻铤部分，在进行钻头测量时相当于侧向测井中的电极。固定仪器源距为 1m，接收线圈距为 0.381m，图 3-3-9 为模拟了钻头短节长度（L）从 0.5m 到 10m 依次变化，测量电阻率为 1Ω·m 的均匀地层时钻头短节长度与测量信号强度的关系。可以看出，两者呈非线性关系，随着钻头短节长度增加，信号强度降低得较快。拟合两者关系为（拟合系数 R^2=0.9986）：

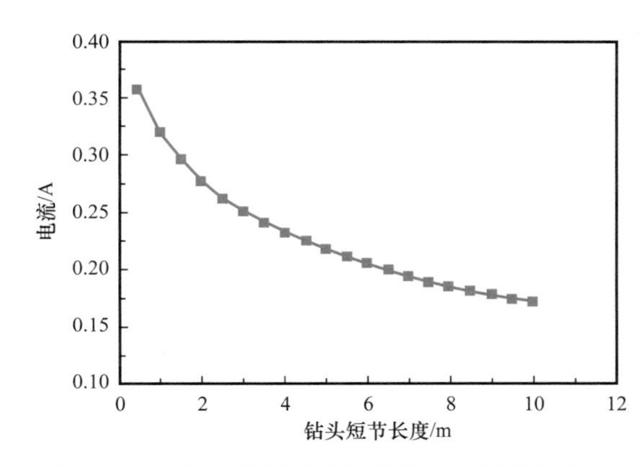

图 3-3-9 测量信号强度与钻头短节长度的关系

$$I = -0.063\ln L + 0.3193 \qquad (3\text{-}3\text{-}2)$$

式中 L——钻头短节长度，m；

I——测量电流，A。

3. 高精度探测技术

基于前面的研究，当源距选取为 0.1～2m，接收线圈距为 0.127～0.653m，钻头短节长度为 0.5～2m 时，仪器均有良好的测井响应，可以在此范围内灵活地设计模拟参数。

结合仪器本身的结构，最终选取源距为 1.27m，接收线圈距为 0.381m，钻头短节长度为 2m 这组参数为后文的模拟所用参数。

1）不同地层电阻率对比度下仪器的探测深度

利用伪几何因子理论，考察了不同地层对比度下该仪器的探测深度。视电阻率可以表示为侵入带和原状地层两者的贡献，PGF 为侵入带电阻率 R_{xo} 对视电阻率的贡献，称之为伪几何因子。

$$\mathrm{PGF}=\frac{R_a-R_t}{R_{xo}-R_t} \tag{3-3-3}$$

式中 R_a——视电阻率，Ω·m；

R_{xo}——冲洗带电阻率，Ω·m；

R_t——原状地层电阻率，Ω·m。

定义伪几何因子 PCF=0.5 时的侵入半径为仪器的探测深度。模拟过程中井眼钻井液电阻率 R_m=10Ω·m，侵入带电阻率 R_{xo}=10Ω·m。图 3-3-10 为当侵入带半径从 0.05m 到 1.5m 变化，原状地层电阻率 R_t 分别为｛0.1，0.5，5，50，100，500｝Ω·m 时的伪几何因子图版。

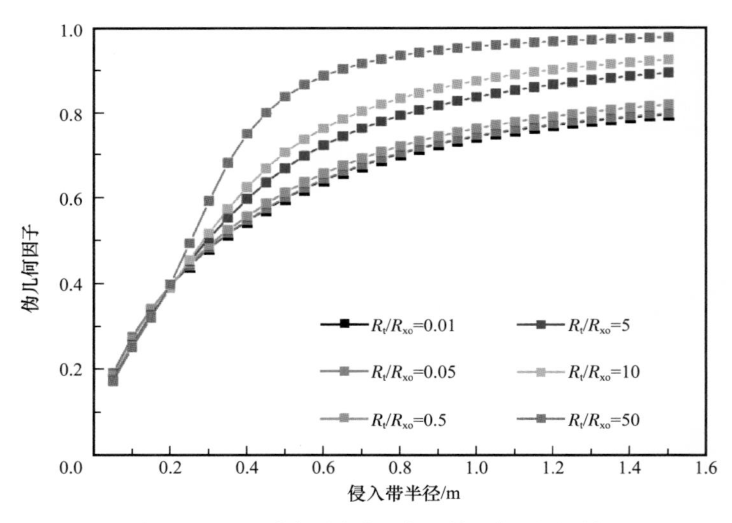

图 3-3-10 不同地层对比度下伪几何因子图版

从图 3-3-10 可以看出，低阻侵入（$R_t>R_{xo}$）时，仪器的探测深度为 0.25～0.3m，当侵入带电阻率一定时，随着原状地层电阻率的降低，仪器的探测深度逐渐增加；而高阻侵入（$R_t<R_{xo}$）时，仪器的探测深度几乎不再改变，在 0.32m 左右。该仪器的探测深度较电极型侧向测井偏小，主要是由于螺绕环激励的聚焦效果与环状电极相比较差，但考虑到该仪器是实时测量，受到侵入的影响较小，此时的探测深度也足以满足我们的探测需要。

2）仪器的纵向测井响应

纵向分层能力是考察仪器性能的一个重要指标，为了研究该仪器的纵向分层能力，模拟了其在地层对比度分别为 10 和 100 的连续薄互层模型的测井响应。设计了一个有8个相对高阻层且层厚分别为｛0.1，0.2，0.3，0.4，0.5，0.6，0.7，0.8｝m的地层模型，上下围岩厚度为1m，围岩的电阻率$R_s=10\Omega\cdot m$，无侵入。地层对比度$R_t/R_s=10$（$R_t=100\Omega\cdot m$）和地层对比度$R_t/R_s=100$（$R_t=1000\Omega\cdot m$）时仪器在模型中测井响应如图3-3-11所示。

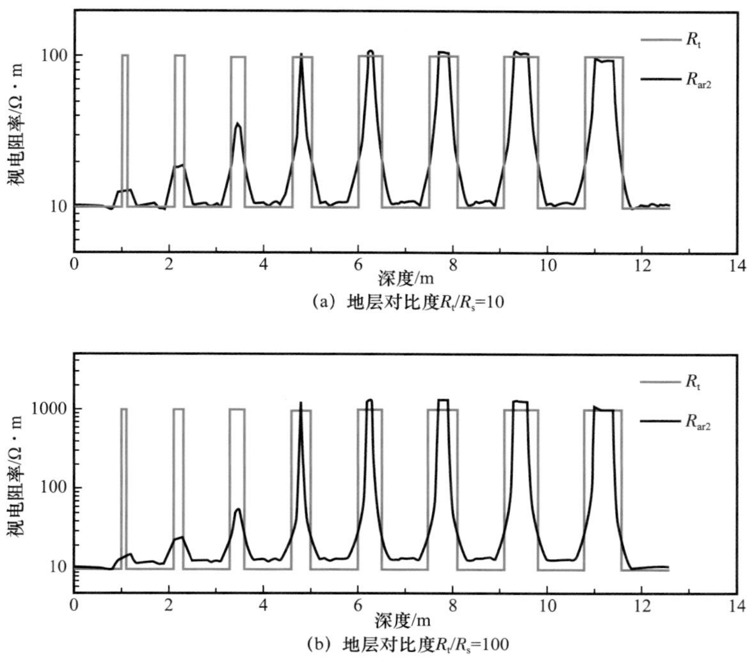

图3-3-11 仪器在模型中的测井响应

R_t—标准地层电阻率；R_{ar2}—电极2实际测量的电阻率

从图3-3-11中可以清楚地看到，仪器在薄层中的测井响应不明显，地层视电阻率受到连续薄层的影响较大，不是能够很好地反映薄层的真实电性参数。当地层对比度为10或100时，仪器可以很好地分辨出0.5m厚的薄层。对比图3-3-11（a）和图3-3-11（b），可以看出仪器在地层对比度为100的薄互层中，测井响应更差一些。仪器在低阻（围岩）处，视电阻率与真电阻率不完全吻合主要是由于上下高阻层的影响。图中曲线出现不对称的尖峰的原因是由于该仪器在侧向测量时并没有进行补偿。同传统侧向测井类似，仪器测井响应曲线也出现了"犄角"现象，这是由于在地层界面电荷积累。

4. 高可靠探测器集成设计

随钻高分辨率电阻率成像仪器主要基于螺绕环电极系测量原理，如图3-3-12所示。仪器电极系由两个发射电极和三个成像电极构成。其中，两个发射电极对称布置在仪器两端，成像电极位于发射电极中间位置。发射电极为螺绕环结构，绕制在金属钻铤外侧，在钻铤和地层回路中激发出电流回路。根据变压器原理，发射螺绕环作为主级线圈，钻铤—钻井液—地层为次级线圈。工作时，发射螺绕环发射低频正弦电流，在其上下两侧的钻铤上形成电势差，电流从螺绕环下方的钻铤发出，经钻井液—地层回到螺绕环上方的钻铤形成回路。成像电极镶嵌在钻铤外壁上，且尽可能地靠近井壁，降低钻井液和仪器偏心的影响。

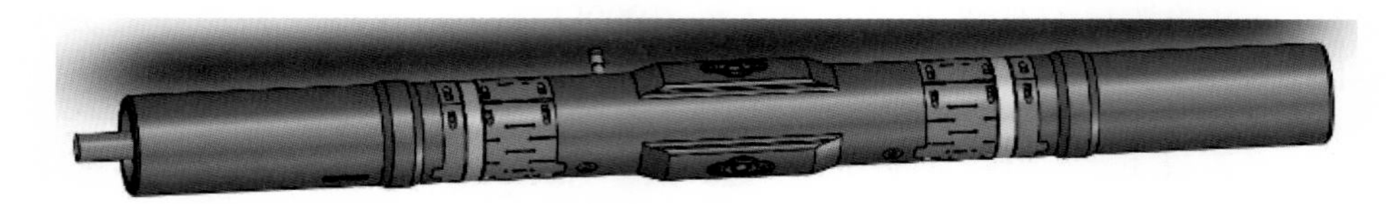

图 3-3-12 随钻高分辨率电阻率成像仪器结构

1）信号采集

电阻率测量单元包括发射和采集两部分。发射部分包括：发射控制单元、发射调节单元和功率驱动单元；接收部分包括：调谐单元、前置放大单元、采集单元和采集控制单元。发射控制单元发射低能量波形，经发射驱动提升信号功率后，通过调谐模块（用于调整工作频率、带宽，增加发射效率）输送给发射电极。调谐模块尽量靠近发射电极。接收单元与发射单元同时工作，采集流经成像电极进入地层回路的实时电流微弱信号，经过前置放大滤波模块后，由检波采集模块数字化。前置放大尽量靠近成像电极。

主控单元包括低功耗微程序控制器 MCU、通信单元和存储单元等部分。MCU 负责统一协调测量模式的切换、数据的处理 / 传输和存储。仪器采用 RS485 串行总线与 MWD 系统进行数据通信，通过钻井液脉冲或电磁波遥传将 8 扇区图像实时传至地面。存储单元容量为 16Gbit，负责将原始信息保存在仪器内部，待仪器返回地面后进行读取回放。整套采集系统可在 150℃下长期稳定工作。

2）电阻率计算

螺绕环发射电极安置在钻铤外壁上的凹槽中，其外侧安装含绝缘带的钛合金保护罩。这种结构具有显著优点：（1）整个钻铤为金属结构，外壁成等电势，起到天然聚焦的作用；（2）不需将钻铤分隔绝缘产生电势差，钻铤为整体结构保证了强度；（3）螺绕环具有电流放大作用，适合随钻低功耗应用。

利用上下两个螺绕环作为发射电极，在钻铤本体中产生相位相反的电流，电流在钻铤本体轴向相向流动，在两发射电极中点（成像电极处）处汇集并流入地层之中，达到聚焦的效果，提高探测深度和纵向分辨率。发射螺绕环还互为电流监督和测量电极，在遇到高阻或低阻夹层时，自动调节和平衡发射功率。此时成像电极上测得的电流信号和地层电阻率 R 有关：

$$R = K\left(\frac{U_1}{I_1} + \frac{U_2}{I_2}\right) \tag{3-3-4}$$

式中 I_1，I_2——上下发射电极上的监督电流；

K——仪器常数，通过标准刻度得到。

当 I_1 和 I_2 相等时，式（3-3-4）简化为：

$$R = K\left(U_1 + U_2\right)/I_1 \tag{3-3-5}$$

3）动态工具面检测

工具面检测单元采用了 MEMS 陀螺仪、MEMS 正交磁通门传感器和 MEMS 加速度计的多传感器组合方案获取动态工具面。

首先根据陀螺仪计算和判断仪器转速，在转速＜15r/min 时进入滑动模式，转速≥15r/min 时进入成像模式。在成像模式下，利用正交磁通门数据解算 128 扇区角度坐标。在水平井中，无法利用地磁数据求解正北方向，此时利用加速度计计算仪器的高边，定义图像的第 1 个扇区。

成像分辨率越高、仪器转速越快，对采集测量系统的要求越高，即单个扇区内的测量时间要求越短。仪器采用了 FPGA 快速采集技术，在 2ms 内完成三个成像电极和所有传感器信号的高速采样。仪器入井测量前，要设定单次连续采样时间和两次采集间隔的时间。在这种模式下，仪器的转速将对成像分辨率产生影响。总体来说，成像分辨率与转速呈反比关系，但有最低转速约束。

4）成像工作模式

仪器设计两种工作模式：成像模式和滑动模式。在成像模式下，成像电极在仪器高速旋转下扫描井壁（采集经成像电极流入地层的电流），通过动态工具面检测单元同步记录下每次测量时的角度坐标，将旋转一周的数据沿钻井深度展开得到井壁的电阻率图像。随钻电阻率图像的起点为正北方向，其像素分辨率用“扇区”的数量表示。三个成像电极系呈 120° 均匀分布，可提高仪器的周向分辨率，并在滑动模式下提供三个固定方位的电阻率曲线。随钻电阻率图像或方位数据还可以合成平均电阻率曲线。

三、技术参数

随钻高分辨率电阻率成像测量仪器主要技术参数见表 3-3-1。

表 3-3-1　随钻高分辨率电阻率成像测量仪器技术参数

参数名称	参数值	参数名称		参数值
井眼范围 /mm	216～250	测量范围 /Ω·m		0.2～2000
标称外径 /mm	175	测量精度 /%	0.2～1.0Ω·m	±30
扶正外径 /mm	200		1.0～1000Ω·m	±5
最大工作温度 /℃	150		1000～2000Ω·m	±20
最大工作压力 /MPa	105	探测深度 /cm		约 15cm
存储空间 /GB	16	测量点距底端 /cm		90
纽扣直径 /mm	10	方位数量		3 方位
成像扇区	128 扇区	测量范围 /Ω·m		0.2～16000
覆盖范围 /（°）	360	钻井液类型		水基 / 油基
成像转速 /（r/min）	15～230	电阻率范围 /Ω·m		0.01～20

四、性能特点

随钻高分辨微电阻率成像系统在井下钻具组合旋转过程中利用三个高清成像纽扣电极扫描地层，获得全井筒 360° 的高分辨率微电阻率图像，图像分辨率为 128 扇区。

钻井过程中实时获得的地层结构和地层特征的高分辨率图像可以准确测定倾角和裂缝方向，有助于优化井眼轨迹，提高储层钻遇率，监测钻井液漏失情况。

高分辨率随钻成像可以识别井眼崩落情况，确定地层应力，为储层压裂改造提供有地层微观信息。

在水平井等特殊井型中代替电缆测井完成地层电阻率曲线和成像资料的获取。

五、施工工艺

仪器安装在钻具组合中，与钻铤或钻杆一并入井通井或钻井作业。仪器可安装在钻具组合任何位置，根据采集目的进行确定，螺纹类型要求为 410/411，配备合适转接头。

现场组装好仪器，675 型仪器外径 175mm、扶正器外径 200mm（建议井眼尺寸为 216～250mm），仪器下入前调试好数据传输，记录测点零长，按规定进行操作，获取测井数据。

六、应用案例

井号：P2–X123 井。

井眼直径 241mm，水基钻井液。仪器位于钻头后方进入井筒。仪器采用自适应采集模式，自动检测钻柱旋转状态，在钻柱下放低转速下进入“滑动模式”采集地层平均电阻率，在高转速下进入“成像模式”进行地层井壁扫描成像。

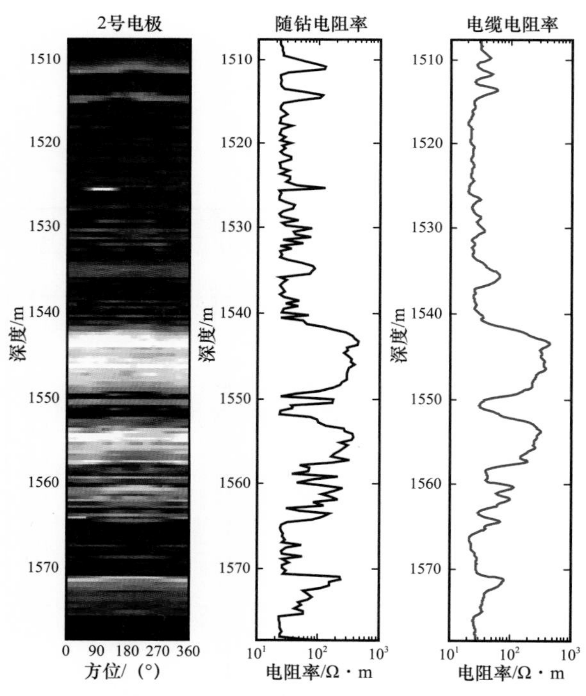

图 3–3–13 胜利油田 P2–X123 井随钻电阻率成像数据

仪器连续工作 13h，成像扫描层段 67m，机械强度、密封性、抗震性得到验证，仪器发射电极和成像电极等关键工艺通过检验。随钻数据处理后成功获得了目的层段高清图像，成功识别仪器入层 / 出层状态，地层界面显示为 Sine 形态，如图 3–3–13 所示。图中第 1 道分别为随钻电阻率静态图像，为直径 10mm 的 2 号成像电极测量结果。第 2 道随钻电阻率图像得到的平均电阻率，与第 3 道的电缆电阻率测井对比，趋势高度一致，且具有更高的纵向分辨率，更好地成功识别出薄层信息，验证了原理方法的正确性。

第四节　双信道一体化随钻传输仪器

随钻传输系统能够在钻进作业过程中实时将随钻测井仪器采集到的钻井工程和地质数据传输给地面技术人员。准确监测井下环境、及时得到井下信息，是保证低渗透油气藏复杂钻井作业中井筒安全的前提保障，也是优快钻井、提高开发效益的基础。

双信道一体化随钻传输技术是随钻传输领域的一项新兴技术，它是将电磁随钻传输和钻井液脉冲随钻传输合二为一的数据传输方式，能够根据现场实际情况灵活切换选择最合适的传输方式。该技术集合了电磁波和脉冲传输的优势，在复杂的井下环境中能够确保数据传输的连贯性，减少起钻更换传输仪器所产生的非钻进时间，有效提高钻井时效。

一、结构原理

双信道一体化随钻传输仪器工作原理示意图如图 3-4-1 所示。仪器的井下发射机安装在井底螺杆钻具上方尽可能靠近钻头的位置，实时接收仪器自带的测量探管或电阻率成像、近钻头伽马成像等其他随钻测井仪器发来的测量数据，进行编码调制后将原始测量数据打包成数据帧，通过井下电磁偶极天线转化为电磁激励信号或通过脉冲发生器产生钻井液脉冲信号发送给地面。地面接收系统通过对应的接收器收到井下发送来的电磁和脉冲信号后，对其进行放大、滤波等预处理后，将接收到的模拟信号转化为数字信号，送入地面 PC 机上的处理及应用软件，进行数据解调、解码、校验，将其还原为原始测量数据，实时显示给地面技术人员。

图 3-4-1　双信道一体化随钻传输仪器工作原理示意图

就传输信道而言，电磁波传输和脉冲传输信道完全不同。其中电磁波传输是电学激励过程，它以地层、钻井液和钻柱所构成的闭合回路作为传输信道，并将井下数据加载到 1～20Hz 极低频电磁载波信号上，通过钻杆偶极天线发射电磁波。电磁传输使用的钻杆偶极天线结构如图 3-4-2 所示，它采用绝缘段将钻杆隔绝为两段作为天线两极，在上面施加低频交流电信号，通过电激励产生电磁信号。地面接收电磁信号时，通过安装在井口和大地上的两路接地电极检测钻杆和地层中的电磁波信号所产生的电压差，然后通过解调解码还原为井下测量信号。

图 3-4-2 电磁钻杆偶极天线

钻井液脉冲传输则是一种机械激励过程，以钻井液作为单一传输介质，使用脉冲发生器，通过控制电路驱动转子转动，由转子相对于安装在其上方的定子产生钻井液截流效应后，使钻柱内钻井液产生压力脉冲波，地面装置利用井口安装的压力传感器检测钻井液脉冲产生的压力，并将压力脉冲转化为电脉冲信号，通过解码解调还原为井下测量信号。

由于电磁波和脉冲传输完全不同的传输信道，决定了两种信号传输方式可以相容，能够实现双信道同时数据传输。

二、关键技术

1. 双信道兼容性设计

双信道随钻传输系统是将电磁随钻测量和钻井液脉冲随钻测量合二为一的数据传输方式，能够根据现场实际情况灵活切换选择最合适的传输方式。其中电磁传输是指以地层、钻井液和钻柱所构成的闭合回路为传输介质，并将井下测量信息加载到低频载波信号上，通过钻杆天线发射电磁波，地面装置利用接地电极检测地层和钻杆中电磁波信号，然后通过解码解调还原为井下测量信号。电磁传输使用的天线为钻杆耦合式天线（图 3-4-3），它使用绝缘段将钻杆隔绝为两段作为天线两级，然后在上面施加低频交流电信号，通过电激励产生电磁信号。

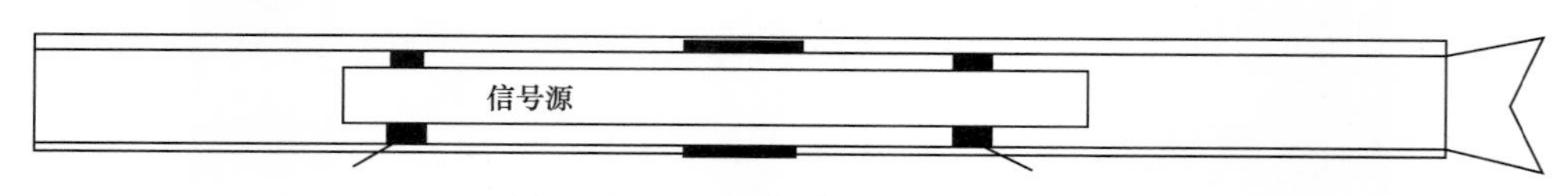

图 3-4-3 电磁耦合式天线示意图

本章节全部公式中：下标中含 0 的量为空气介质中的量；下标中含 1 的量为地层介质中的量。$z>0$ 的区域为空气介质，μ_0、ε_0、σ_0 分别为磁导率、介电常数和电导率，假定空气是理想的无耗媒质，即 $\sigma_0=0$；$z<0$ 的区域为地层，μ_0、ε_1、σ_1 分别为其磁导率、介电

常数和电导率；$z=0$ 的位置为电极安插在大地上时电极和地层的接触点。垂直电偶极子 Il 放置在 z 轴上，距地表的距离为 h，距钻头距离为 h_1。

此时，这种井下垂直电偶极子天线在地面上产生的场分量表达式可由赫兹电矢量来表示：

$$E_{0z}^{e}\big|_{z=0}=\frac{Ilk_0\eta}{4k_1^2R_0^3}B^*(h,\rho) \tag{3-4-1}$$

$$E_{0\rho}^{e}\big|_{z=0}=\frac{jIlk_0\eta}{2\pi k_1^2}\left(\frac{3}{R_0^3}-\frac{3jk_1}{R_0^2}-\frac{k_1^2}{R_0}\right)\frac{h\rho}{R_0}\mathrm{e}^{jk_1R_0} \tag{3-4-2}$$

$$H_{0\varphi}^{e}\big|_{z=0}=\frac{jIlk_0^2\rho}{4k_1^2R_0^3}A^*(h,\rho) \tag{3-4-3}$$

其中，$E_{0z}^{e}\big|_{z=0}$、$E_{0\rho}^{e}\big|_{z=0}$、$H_{0\varphi}^{e}\big|_{z=0}$ 分别为柱坐标系下，垂直电偶极子在地表均匀半空间 z、ρ 和 φ 坐标上产生的地面电场垂直分量、地面电场径向分量和地面磁场分量。I 为电偶极子的电流强度；l 为电偶极子长度。$k_i^2=\omega^2\mu_0\varepsilon_i^*$ 为传播波数，其下标 $i=0$，1，ω 为时谐电磁场的角频率，$\eta=\sqrt{\frac{\mu_0}{\varepsilon_0}}$ 为自由空间的波阻抗。R_0 为 $z=0$ 时观测点到场源点的距离，即 $R_0=(h^2+\rho^2)^{1/2}$。

$$\begin{aligned}B^*(h,\rho)=&\mathrm{J}_0(x)\mathrm{H}_0^{(1)}(y)\frac{k_1^2h}{2R_0}(2h^2-\rho^2)+\mathrm{J}_0(x)\mathrm{H}_1^{(1)}(y)y\left(\frac{\rho^2-2h^2}{R_0^2}-2h_1h\right)\\&+\mathrm{J}_1(x)\mathrm{H}_0^{(1)}(y)x\left(\frac{2h^2-\rho^2}{R_0^2}-2k_1hy\right)+\mathrm{J}_1(x)\mathrm{H}_1^{(1)}(y)\frac{h}{R_0}\cdot 6xy\end{aligned} \tag{3-4-4}$$

$$A^*(h,\rho)=\frac{k_1^2R_0h}{2}\left[\mathrm{J}_1(x)\mathrm{H}_1^{(1)}(y)-\mathrm{J}_0(x)\mathrm{H}_0^{(1)}(y)\right]+y\mathrm{J}_0(x)\mathrm{H}_1^{(1)}(y)-x\mathrm{J}_1(x)\mathrm{H}_0^{(1)}(y) \tag{3-4-5}$$

其中，$x=\frac{1}{2}k_1(R_0-h)$，$y=\frac{1}{2}k_1(R_0+h)$，$\mathrm{J}_i(y)$ 为第一类贝塞尔函数，$\mathrm{H}_i^{(1)}(y)$ 为汉克尔函数。

通过链路分析可知，电磁波传输和脉冲传输链路完全不同，且电磁波传输为电学激励过程，信号不受钻井液介质状态影响，而钻井液脉冲传输为机械激励过程，因此两种信号传输方式可以相容，双信道传输平台可行。

2. 高可靠仪器结构设计技术

双信道一体化随钻传输系统包括模块化井下双信道仪器总成和地面双信道接收装置两大部分，如图 3-4-4 所示。

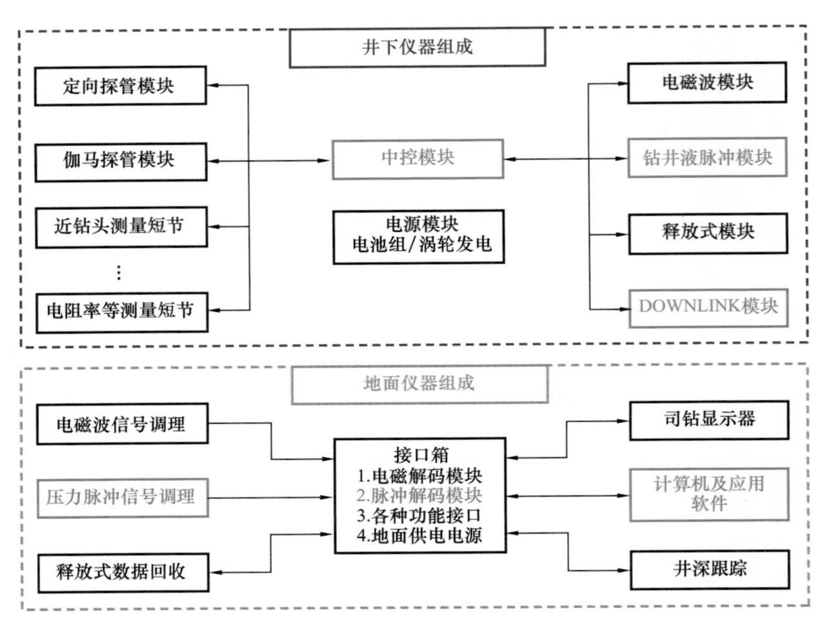

图 3-4-4　系统各模块组成示意图

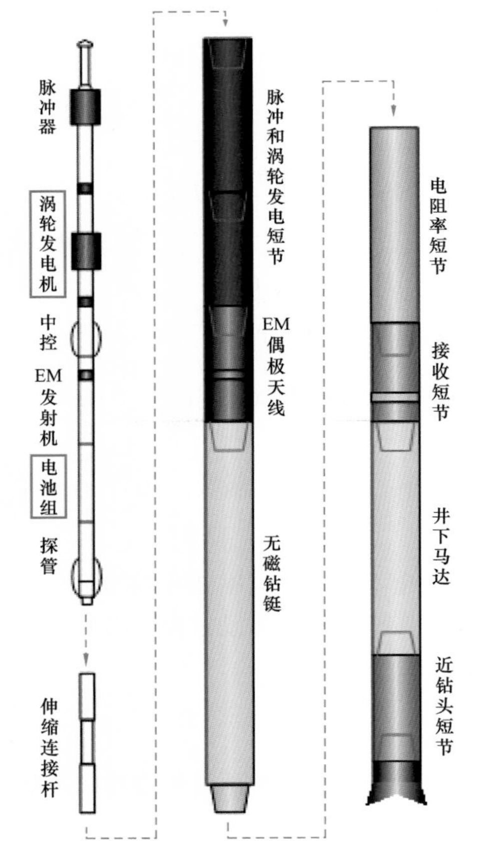

图 3-4-5　双信道井下仪器总成结构示意图

1）模块化井下双信道仪器总成

钻井液脉冲模块：悬挂短节、旋转阀流道总成、脉冲驱动器。

电磁传输模块：偶极天线短节、耦合组件、EM 发射机。

中控模块：MPU、流量开关、压力测量、电磁信号接收器。

电源模块：锂电池组或涡轮发电机短节。

测量模块：D&I、GAMMA、NB、RT。

井下仪器总成采用上悬挂方式，集成目前现有的测量模块和近钻头传输系统后，各模块应能根据现场工况需要任意拆分，灵活组合。双信道井下仪器总成结构如图 3-4-5 所示。

三种组合模式：脉冲、电磁、脉冲 + 电磁。

两种供电方式：锂电池组、涡轮发电机。

多测量模块挂接：伸缩杆、偏心连接器、滑环等测量短节连接方式。

2）地面双信道接收装置

钻井液脉冲信道：压力传感器、信号调理板、A/D 转换板。

电磁传输信道：信号电极、信号调理板、A/D 转换板。

接口转换模块：WIFI/RS485/USB、司显接口、配置接口、EM 下传接口、井深接口、WITS 接口等。

计算机及应用软件平台：笔记本电脑、信号接收处理应用软件。

井深跟踪模块：旋转编码器、大钩传感器、固件。

在这种研究思路指引下，通过双信道传输特性和相容性理论分析，形成了双信道一体化随钻传输系统技术方案，如图 3–4–6 所示。

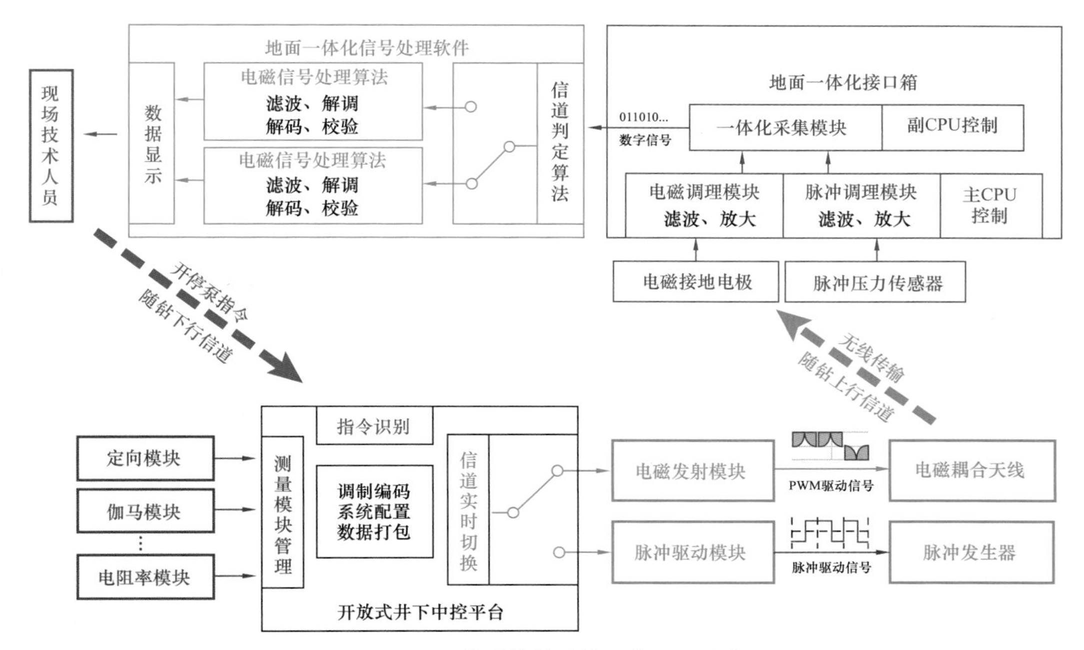

图 3–4–6 双信道传输系统工作原理示意图

其中，井下仪器总成将电磁波和正脉冲两种传输模块集成到一个短节中，采用涡轮和高温锂电池组双供电方式，由一个开放式的井下通用中控平台进行管理和信道切换，支持各种测量模块和短节任意组合下井。

地面接收处理装置将电磁波和正脉冲两种信号接收调理模块集成到同一个双核一体化接口箱中，由一体化信号处理软件还原为原始测量数据。

3. 关键数据帧结构设计与工作模式

根据现场应用要求，双信道随钻测量仪器将测量数据组成三种不同的数据帧进行发射，这三种数据帧分别称为测斜帧、工具面帧和长测量帧，每个数据帧发送的测量参数种类可以通过地面软件的设置功能自由添加、删除和组合。这三种数据帧的初始默认设置如下：测斜帧只包含最基本的井斜、方位角、重力、磁场和工具面共 5 种定向参数；工具面帧只包含工具面一种测量参数；长测量帧除了上述定向参数外，还包含温度、电池电压、工作电流、流量等工作状态参数，是信息最全的数据帧。这三种数据帧发送时序如图 3–4–7 所示，当仪器从休眠转为启动状态后立刻发送 2 个测斜帧，然后连续发送 10～15 个工具面帧，随后发送 1 个长测量帧，然后再次发送 10～15 个工具面帧、1 个长测量帧，不断循环直至再次休眠……。即只有从休眠状态变为启动状态时，才发送测斜帧，之后整个仪器工作过程中都在循环发送工具面帧和长测量帧。三种帧每次发送的数量均可通过配置自由设定。

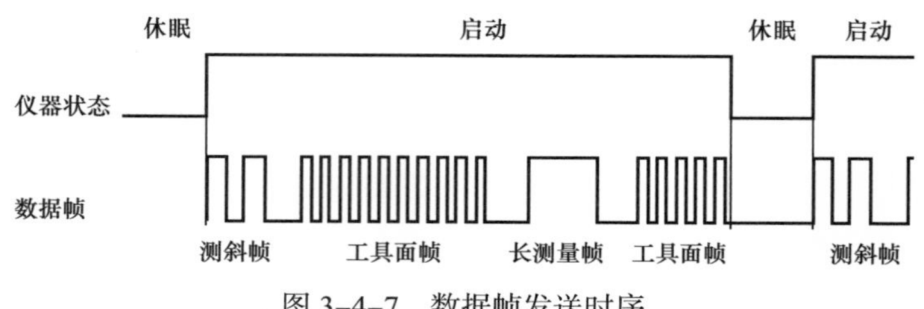

图 3-4-7　数据帧发送时序

双信道一体化随钻传输仪器可根据实际需要自由选择单独电磁传输、单独脉冲传输、电磁和脉冲复合传输三种工作模式。由于电磁随钻传输具备操作方便、测斜时间短、传输不受钻井液介质限制等优势，因此在实际应用时推荐优先使用单独电磁传输模式，电磁信号弱时切换至钻井液脉冲传输方式，在大量数据传输时可采用复合传输模式。

双信道一体化随钻传输仪器通过控制地面的流量分流式指令下传装置，根据预设好的指令对泵状态进行不同的开停组合，来发出一个下行的组合指令。井下仪器总成基于内置的高精度双轴数字加速度计，通过滤波和算法计算，实现高准确度的开停泵状态检测，控制模块通过识别到的开停泵状态解析出当前组合所对应的信道切换指令，从而实现工作模式的实时切换。预设的工作模式切换指令见表 3-4-1，为了确保在深井和钻井液流动性差的恶劣环境中能够准确判断泵状态，长开泵的判定门限放宽至 40～70s，短开泵的判定门限放宽至 10～40s，在 100s 内无需起下钻，即可完成工作模式的实时切换。

表 3-4-1　工作模式切换指令

工作模式	单独电磁	单独脉冲	电磁 + 脉冲
组合指令	短—停—长—停	长—停—短—停	短—停—短—停

三、技术参数

双信道一体化随钻传输仪器主要技术参数见表 3-4-2。

表 3-4-2　双信道一体化随钻传输仪器主要技术参数

参数名称	参数值	参数名称	参数值
井眼范围 /mm	216～250	脉冲最大传输速率 /（bit/s）	2
外径 /mm	165	工作模式切换时间	可调，最短切换时间 100s
最大工作温度 /℃	150	测量井斜范围（精度）/（°）	0～180（±0.1）
最大工作压力 /MPa	140	测量方位角范围（精度）/（°）	0～360（±1.0）
井下连续工作时间 /h	＞200	工具面范围（精度）/（°）	0～360（±1.0）
电磁最大传输速率 /（bit/s）	12	自然伽马范围（精度）/API	0～500（±5%）

四、性能特点

双信道一体化随钻传输仪器集成了电磁波随钻传输不受钻井液介质影响、测斜时间短、操作方便等优点，能够在泡沫、雾化等欠平衡钻井和漏失井、高噪声井等嘈杂钻井液环境中实现数据的随钻传输。

仪器集成了脉冲随钻传输不受地层电阻率限制、传输距离长的优点，能够在深井和不适宜电磁波信号传输的地层中实现数据的随钻传输。

仪器能够充分发挥电磁波和脉冲随钻传输的优势，在复杂钻井和快速钻井作业中确保随钻数据的连续、稳定传输，避免因起钻更换随钻传输仪器所产生的非钻进时间，有效提高钻井时效，降低生产成本。

五、施工工艺

仪器安装在钻具组合中，与钻杆一并入井进行定向作业。为了测量准确，仪器应安装在螺杆钻具上方尽量靠近钻头的位置，采用的钻具组合为 ϕ215.9mm 钻头 + ϕ210mm 短螺旋扶正器 + ϕ165mm 双信道一体化井下原理样机 + ϕ127mm 钻杆。其中双信道一体化随钻传输仪器采用上座键的坐键方式，其中井下仪器总成外径为 165mm，井下仪器本体外径为 45mm，仪器长度 6900mm。

仪器入井前应根据操作规程测量工具面角差，计算电池配置信息，并测试电磁波信道、脉冲信道信号以确保仪器工作正常，入井时按规定进行坐键操作。

六、应用案例

井号：中江 122 井。

该井为定向井，地理位置位于成都市金堂县福兴镇金福村，设计垂深 2674m/ 斜深 2767m，一开套管 ϕ244.5mm，下入井深 2050m，双信道实钻应用试验井段为二开 2050～2110m 定向作业段，井眼尺寸 215.9mm。

为验证仪器性能，最开始设置为电磁 + 脉冲复合传输，仪器在井口时电磁波和脉冲信号均接收正常。下钻过程中由于套管内的电磁屏蔽效应，电磁波信道无法传输，脉冲信道传输正常。钻穿水泥塞定向钻进后，电磁波信道恢复正常，开始双信道复合传输。由于该区块地层电阻率较低，2090m 处电磁波传输超出有效距离，地面无法接收到电磁波信号，改为单独脉冲传输模式继续定向钻进，直至 2110m 试验结束，仪器起钻出井。

本次试验仪器入井连续工作 60h，进尺 60m，数据传输稳定连续，所测井斜和方位与多点结果一致，验证了仪器的可靠性。双模式复合传输、工作模式随钻切换等重要功能也通过现场试验得到了验证，图 3-4-8 为电磁波 + 脉冲复合传输模式时地面接收到的数据，为验证传输准确性，电磁波和脉冲此次传输的测量参数相同，可以看出地面接收到的电磁波数据和脉冲数据完全相同，更新频率一致，显示了高度的同步性。

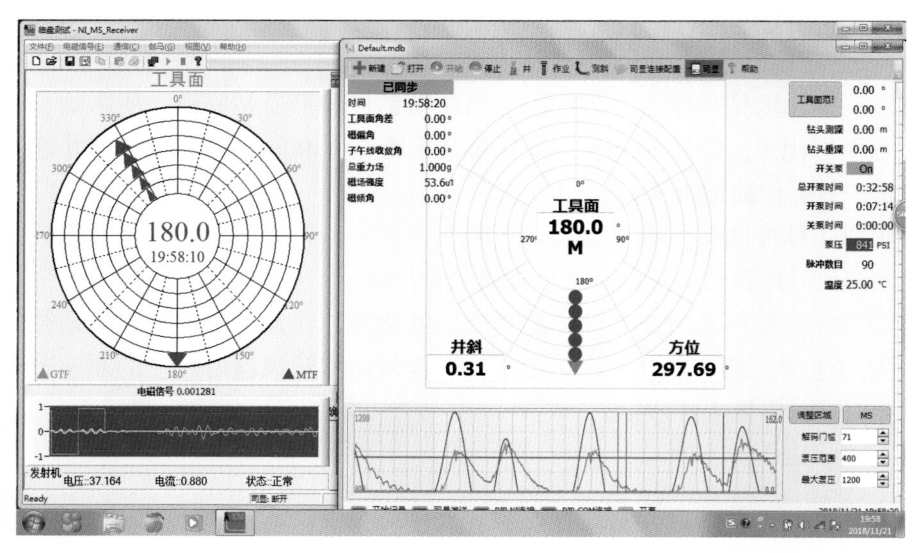

图 3-4-8 电磁波 + 脉冲复合传输模式时地面接收数据

第五节 三维成像随钻解释评价技术

地质导向是钻井工程的重要技术环节，是提高优质储层钻遇率的重要保障。本节主要阐述了一种新型的导向方法，涵盖井周地层预测技术、方位伽马处理与解释技术和远探测地层实时分析方法。井周地层预测技术主要基于邻井测井数据对地层进行精细分层，借助反演技术，构建井周地层自上而下 360°方位三维模型，全方位对目标地层进行分析，实现对岩性、地层走向及边界位置的预测，并针对待钻井设计轨迹，提取矢量剖面，作为导向的基础模型；方位伽马处理与解释技术主要以近钻头伽马成像仪资料为基础，采用相关对比、模式分析等方法对地层倾角进行精确计算，实现对地层走向的判定；远探测地层实时分析方法主要基于电磁波电阻率仪器随钻测井数据，快速反演技术反演地层边界位置，实现对储层边界的预测。结合初始矢量模型、方位伽马处理与解释技术与远探测地层实时分析方法，实现对地层的精确分析与定位，完成对初始模型的校正，指导钻井施工。该技术在涪陵页岩气田、杭锦旗致密砂岩气田进行应用，达到了预期效果。

一、井周地层预测技术

1. 地层分层

在利用测井资料进行岩性识别、储层划分、反演计算等研究工作前，首先需要完成分层工作。利用人工解释方法进行分层速度慢，受人为影响因素大，因此，研究人员提出了许多利用计算机进行自动分层的方法。应用随钻伽马、电阻率响应的差异，可以进行岩性识别、储层划分等。为了方便地质导向、反演计算，需要对地层进行分层标识，分布建立导眼井和水平井的分层模型。导眼井分层以现有测量的伽马和电阻率为主，如图 3-5-1

所示；为了反演需要，水平井分层需要综合考虑侵入带电阻率、侵入带半径、地层电阻率、各向异性系数和层边界距离等，形成相关地质与测井参数分层方案，如图 3-5-2 所示。

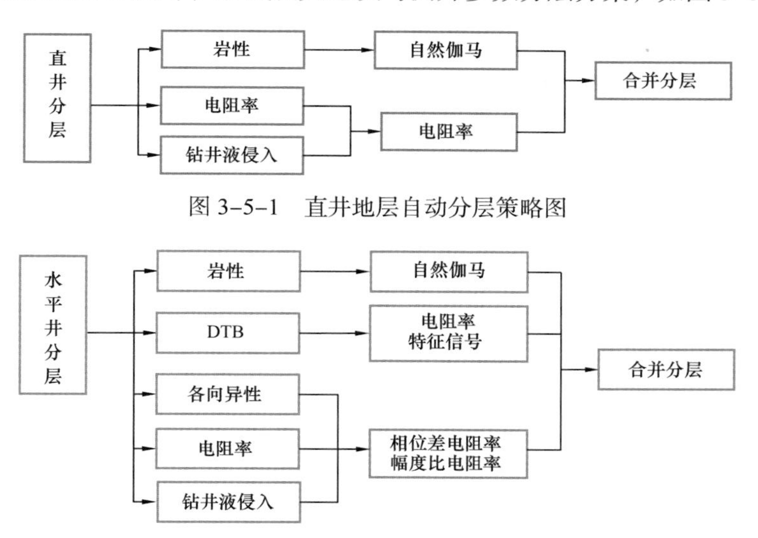

图 3-5-1　直井地层自动分层策略图

图 3-5-2　水平井地层自动分层策略图

利用计算机技术对测井资料进行自动分层的方法很多，比如最优化分层法、模糊分层法、变换分层法等，这里介绍两种比较高效的自动分层方法：活度分层法和拐点分层法。

（1）活度分层法：该分层法计算量小、分层速度快，分层流程如图 3-5-3 所示。

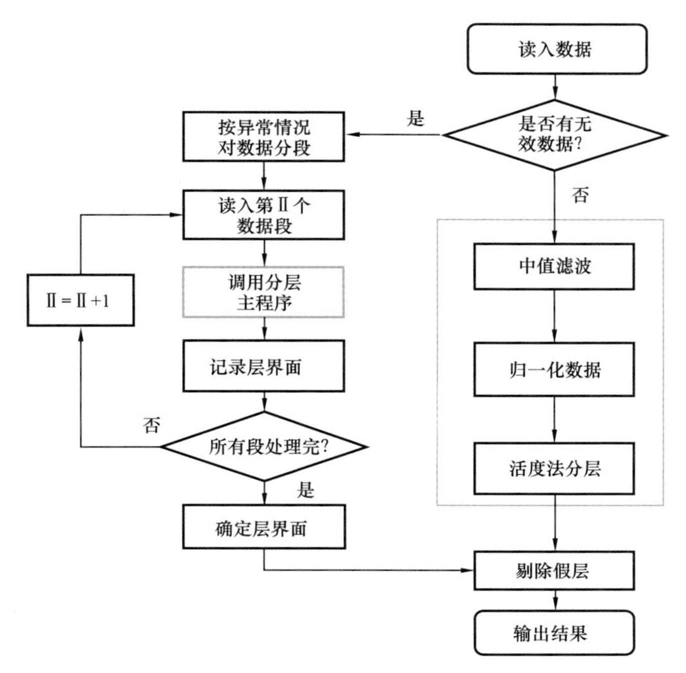

图 3-5-3　活度法自动分层流程图

测井曲线是对地层物理性质随井深变化的记录，在岩性不同的地层分界面处，物理性质的变化最为明显，测井曲线表现为急剧的变化。为了表示测井曲线的动态性质，定义测井曲线的活度为：

$$E(d)=\int_{d-\frac{\Delta}{2}}^{d+\frac{\Delta}{2}}\left[x(t)-\overline{x}(d)\right]^2\mathrm{d}t \tag{3-5-1}$$

$$\overline{x}(d)=\frac{1}{\Delta}\int_{d-\frac{\Delta}{2}}^{d+\frac{\Delta}{2}}x(t)\mathrm{d}t \tag{3-5-2}$$

式中 $E(d)$——d 的活度函数值；

$x(t)$——原始测井曲线测量值；

$\overline{x}(d)$——测井曲线在区间［$d-\Delta/2$，$d+\Delta/2$］内的平均值；

Δ——计算活度时所取测井曲线的长度（下称窗长）。

活度公式相应的离散公式为：

$$E(d)=\sum_{i=d-n}^{d+n}\left[x(i)-\overline{x}(d)\right]^2 \tag{3-5-3}$$

$$\overline{x}(d)=\frac{1}{2n+1}\sum_{i=d-n}^{d+n}x(i) \tag{3-5-4}$$

从活度的定义公式可以看出，活度实际上为随机信号 $x(i)$ 在窗长内的方差，可以很好地反映测井曲线的动态性质。因此，在此定义的活度下，当活度曲线达到峰值时，就是测井曲线变化最剧烈处，即是岩性不同的地层分界面。分层时使用测井曲线，结合实际水平井测井资料的特殊性，采用如下分层策略：根据不同曲线反应的地层参数不同，对岩性、DTB 和电性参数分别采用活度法自动分层，最后在把分层结果合并，剔除假层。

在分层的过程中，考虑到往往会结合不同类别的曲线进行综合分层，每种曲线因为度量的不同或对层界面灵敏度的不同，因此分层前需先对数据进行归一化处理，去除不同曲线间量纲的差异，归一化方法如下：

$$Y_{ij}=\frac{x_{ij}^{0.26}-x_{\min j}^{0.26}}{x_{\max j}^{0.26}-x_{\min j}^{0.26}} \tag{3-5-5a}$$

$$\mathrm{TNPL}'_j=\frac{\mathrm{TNPL}_j+0.15}{0.45-0.15} \tag{3-5-5b}$$

$$\mathrm{ALCD}'_j=\frac{\mathrm{ALCD}_j+1.95}{3.95-1.95} \tag{3-5-5c}$$

式（3–5–5a）是极值归一化方法，其中 x_{ij} 是第 j 条曲线上第 i 个点的数据，$x_{\min j}$ 是第 j 条曲线的最小值，$x_{\max j}$ 是第 j 条曲线的最大值，Y_{ij} 是第 j 条曲线的归一化结果。该公式适合对电阻率曲线进行归一化，式（3–5–5b）、式（3–5–5c）是线性归一化方法，分别用来对中子密度和中子孔隙度进行归一化，其中 TNPL_j 为中子密度曲线，ALCD_j 中子孔隙度曲线，TNPL′ 为校正后的中子密度曲线，ALCD'_j 为校正后的中子孔隙度曲线。

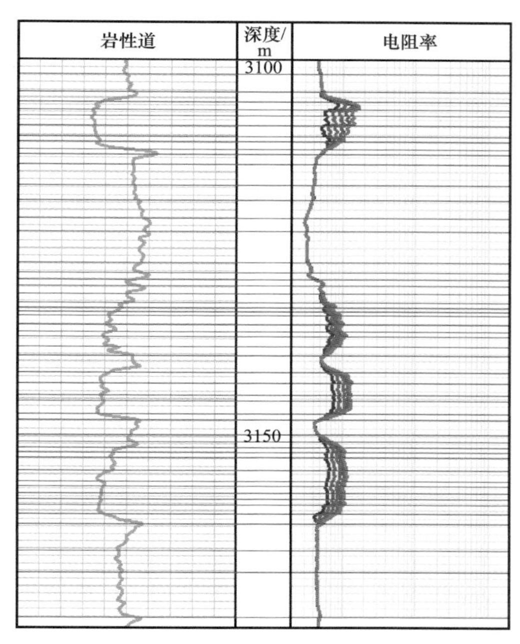

图 3–5–4　水平井自动分层策略

图 3–5–4 是对电阻率曲线和伽马曲线进行活动分层得到的层界面，从图中可以看到，层界面位置在厚层井段位于伽马、电阻率测井曲线拐点处，在薄层分层界面位于拐点内侧，分层结果与曲线指示层界面位置一般认识一致。

（2）拐点分层法：拐点法分层的主要依据是在岩性和流体性质变化处，测井响应特征存在明显的变化。为了表示测井曲线的动态性质，定义测井曲线的拐点为：

$$G(t)=\frac{\partial f(t)}{\partial t} \tag{3-5-6}$$

$$E(t)=\frac{\partial G(t)}{\partial t} \tag{3-5-7}$$

式中　$E(t)$——t 的拐点函数值；

$f(t)$——原始测井曲线测量值；

$G(t)$——测井曲线在 t 时的一阶导数；

Δ——计算拐点时所取测井曲线的长度（下称步长）。

拐点公式相应的离散公式为：

$$G(t+\Delta)=\frac{f(t+\Delta)-f(t)}{\Delta} \tag{3-5-8}$$

$$E(t)=\frac{G(t+\Delta)-G(t-\Delta)}{2\Delta} \tag{3-5-9}$$

从拐点的定义公式可以看出，拐点实际上为随机信号 $f(t)$ 在步长内的差分，可以很好地反映测井曲线的动态性质。因此，在此定义的拐点下，当拐点曲线等 0 时，就是测

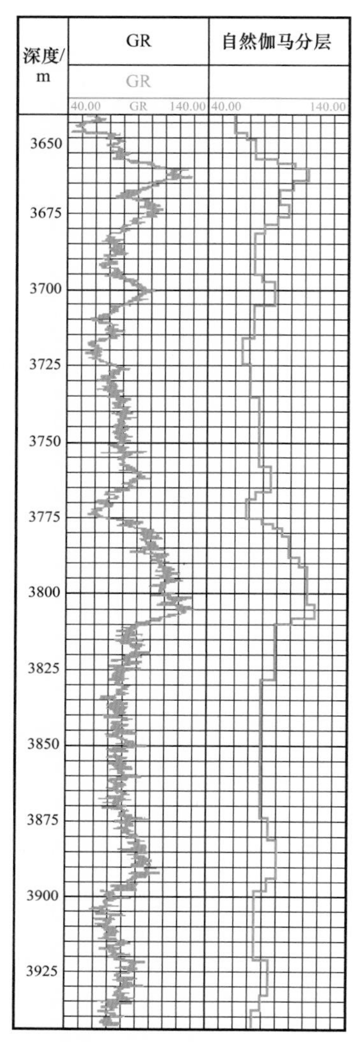

图 3-5-5　拐点法自然伽马分层效果图

井曲线变化最剧烈处，即是岩性不同的地层分界面，图 3-5-5 为拐点法自然伽马分层效果图。

2. 地层构造反演与分析

结合分层数据、伽马提倾角数据和邻井逐层快速反演，获得地层测井参数和层位划分信息，通过这些信息建立水平井地层模型，再依据相关正演与反演算法，依据图 3-5-6 技术流程，得到地层电阻率和侵入带半径等重要地质参数。

在实际建模与导向过程中，实钻地层层位深度与三维模型预测层位深度往往不一致，如图 3-5-7 所示，往往需要对三维导向模型进行调整。在调整时，需要设置标准点，明确标准点的坐标（x，y，z），本次研究采用加入虚拟井的方式，设立虚拟直井，明确虚拟井与各地层界面进行交叉点，在分析钻遇地层特性的基础上，可以对虚拟井新钻遇层位的层厚、倾向进行调整，通过对层界面的调整来修正导向模型，进而预测下一步地层特性，明确钻头位置。这一技术可以用于井震联合建模和基于测井层位建模中。

同样可以基于区域三维地质模型提取地层构造属性和测井属性（图 3-5-8），绘制二维剖面图。图 3-5-9 指示了地层剖面切分的过程，首先可以认定为面 ABCD 与面 r1 和 r2 等相切，转换为线 AB 与面相交，进而转换为线与构成三维体的各个网格线相交，通过提取各个网格线的相关信息，进行剖面图的提取。

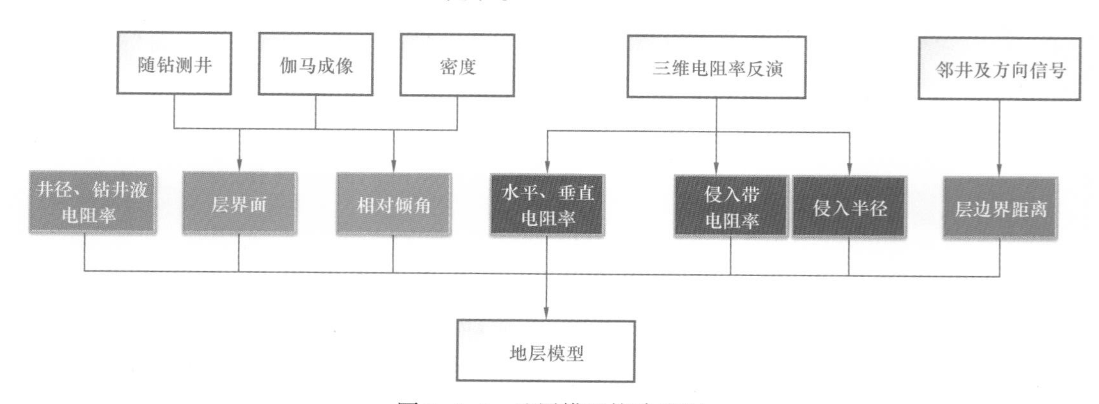

图 3-5-6　地层模型构建流程

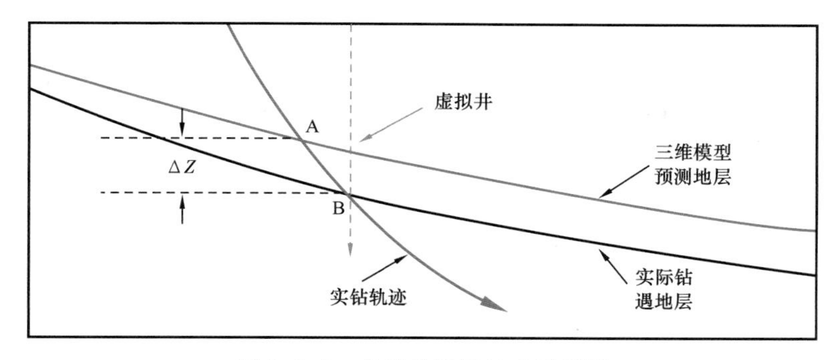

图 3-5-7 虚拟井设计技术示意图

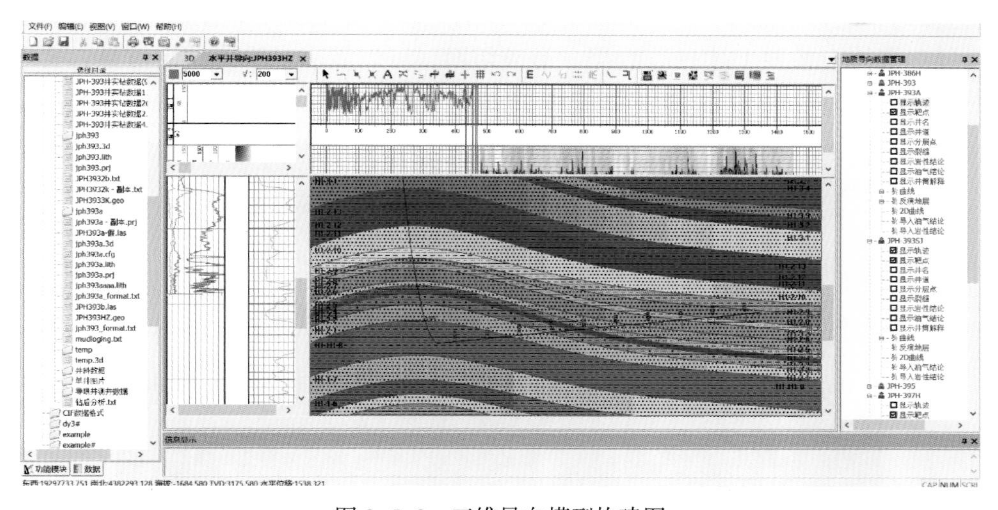

图 3-5-8 三维导向模型构建图

从数学实现的角度来说，空间平面的一般方程为 $AX+BY+CZ+D=0$，空间直线的一般方程为：

$$A_1X + B_1Y + C_1Z + D_1 = 0 \qquad (3\text{-}5\text{-}10)$$

$$A_2X + B_2Y + C_2Z + D_2 = 0 \qquad (3\text{-}5\text{-}11)$$

式（3-5-10）和式（3-5-11）实际上是空间两个面的方程，两个面相交形成空间直线。这里就方程式（3-5-10）和式（3-5-11）的 X、Y、Z 的系数及常数项 D 分别进行讨论。设方程式（3-5-10）为剖面方程，对应于图 3-5-10 中 ABCD 面，式（3-5-11）为平面方程，对应于图 3-5-9 中 r_1 面。

当式（3-5-10）$A_1=C_1=0$；式（3-5-11）$A_2=B_2=0$；则式（3-5-10）和式（3-5-11）变为：

$$Y=D_1' \qquad (3\text{-}5\text{-}12)$$

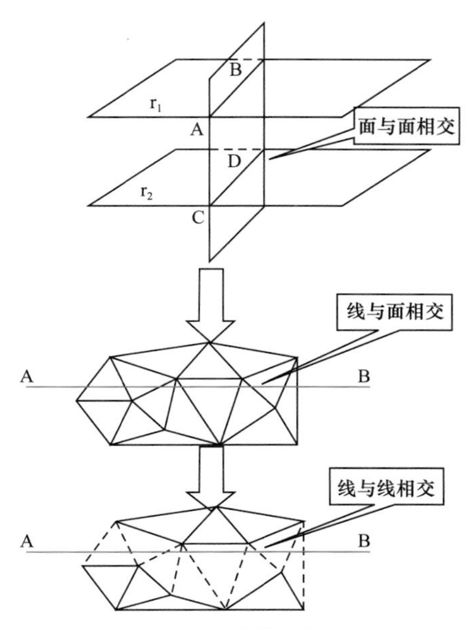

图 3-5-9 地质体剖切示意图

$$Z=D_2{}' \tag{3-5-13}$$

式（3-5-13）就是切割剖面图形成平面图的直线方程。当 Z 为已知时，通过剖面 $X—Z$ 坐标系求出 X 坐标，Y 值可通过式（3-5-14）计算：

$$Y=\left(n_i-n_0\right)D_0 \tag{3-5-14}$$

式中 n_i——目标线；

n_0——基准线；

D_0——间距。

X 和 Y 形成平面切割数据。式（3-5-10）就是由平面切割形成剖面图的直线方程。当 Y 值为已知时，通过平面 $X—Y$ 坐标系可求出 X 的坐标，由（X，Z）形成剖面切割数据。

通过三维体上按照上述提取数据，形成切面，可以展示三维体储层信息，实现对三维体内部结构、层界面、沿设计井轴的属性分析，如图 3-5-10 至图 3-5-12 所示。

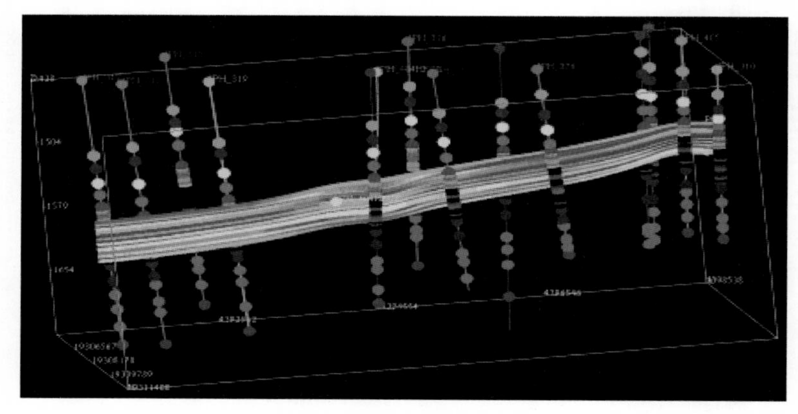

图 3-5-10　三维体切面图

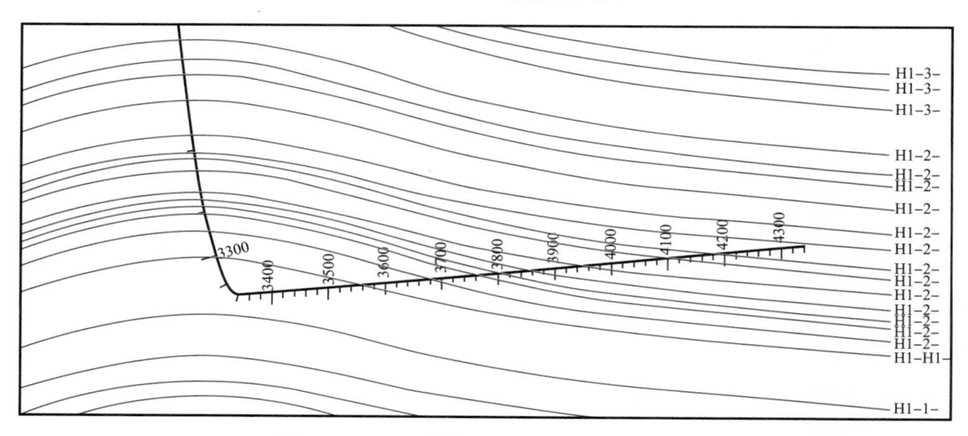

图 3-5-11　三维提取的二维剖面示意图

3. 地层属性反演与分析

随钻测井资料的广泛应用，测井项目逐渐增加，从原来的单伽马到伽马 + 远探测电阻率，再到伽马成像 + 方位远探测电阻率，方法逐步增加，探测深度增大，是应用随钻测井资料联合正反演技术进行地层实时评价成为可能。应用随钻测井资料联合反演技术，不但进行地层倾角分析、井眼轨迹与地层边界距离的计算，同时还可以实时分析储层的岩性、物性、含油气性等特征。

图 3-5-12　三维提取的二维剖面示意图

远探测电阻率曲线一般提供 12 条测量曲线，实时上传 4 条曲线，具有较高的探测深度（0.3～1.5m），具有较深（1.5～4m）的探边能力，但是当仪器从上部和下部进入泥岩的测井响应特征一致，如图 3-5-13 所示，仅指示仪器靠近边界，但无法判断地层所在方位。方位伽马曲线具有较好的方位识别能力，但探测深度浅，如图 3-5-14 所示无法指示仪器是否靠近了界面。国外主要应用方位电阻率进行地层边界的判识，但由于仪器昂贵，国内尚未有相关仪器进入商业应用，因此探索了应用具体深探测的远探测电阻率与具有方位特性的方位伽马进行联合反演的方法，获得地层电阻率、边界距、倾角和地层方位，指导地质导向。

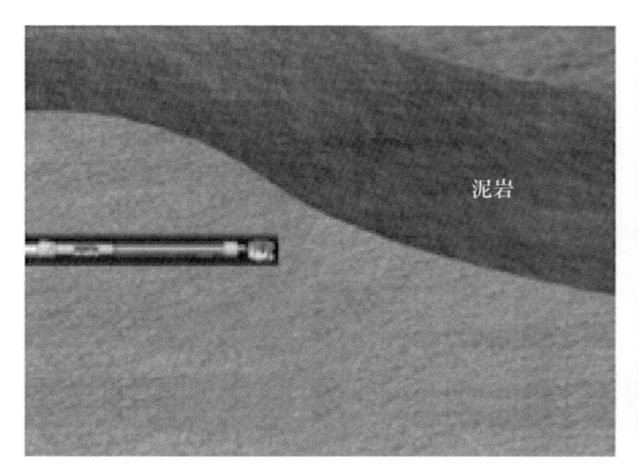

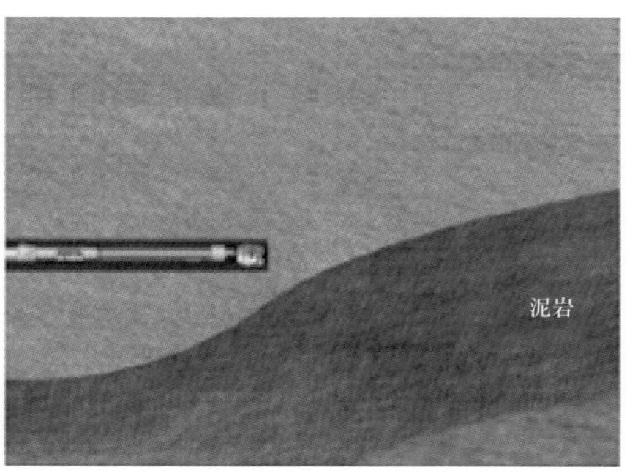

图 3-5-13　远探测电阻率探测特性

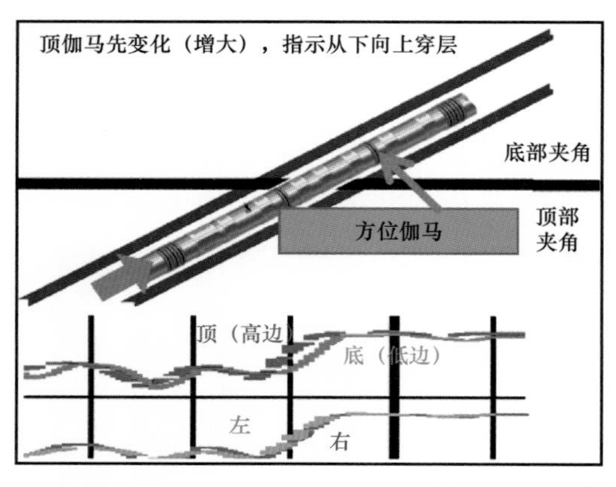

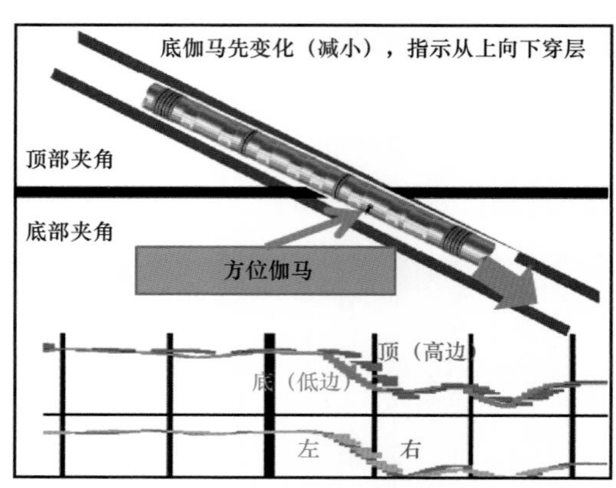

图 3-5-14　方位伽马探测特性

基于随钻测井正反演技术的导向的技术思路、流程如图 3-5-15 所示，首先依据进行导眼井成果，进行自动分层，然后依据分层对沿井眼轨迹的地层进行测井响应预测；在实钻过程中对比实测曲线与预测曲线，如一致则地层模型准确，钻井参数可以按设计实施；如果存在差异，则修正地层模型直至正演数据与实测数据一致，则由此确定当前地质模型特征，并根据新的地层模型设计钻井参数。

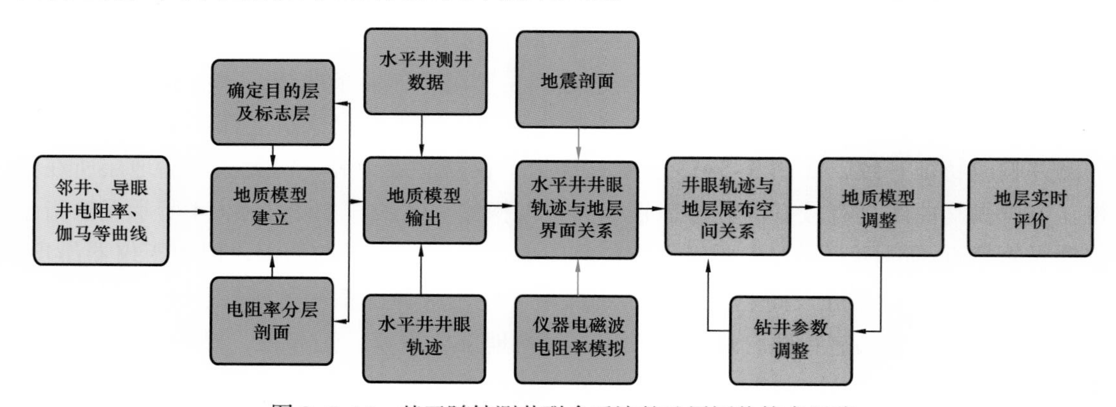

图 3-5-15　基于随钻测井联合反演的地层评价技术思路

二、方位伽马处理与解释技术

1. 方位伽马成像化技术

自然伽马测井是用伽马射线探测器测量岩石总的自然伽马射线强度，当地层中自然产生的伽马射线进入闪烁体时，闪烁体中的原子受激发产生荧光。利用光导和反射物质将大部分荧光光子收集到光电倍增管的光阴极上。光子在光阴极上打出光电子，光电子在光电倍增管内不断倍增，最后形成电子束在阳极上产生电压脉冲，并被记录系统记录，最后转化为自然伽马值。自然伽马探测器有两种应用较为普遍：放电计数管和闪烁计数管。

放电计数管：利用放射性辐射使气体电离的特性来探测伽马射线。此种计数管对伽马射线记录效率很低（1%～2%）（Geiger Muller 管）。

闪烁计数管：利用被伽马射线激发的物质发光现象来探测伽马射线。此种计数管计数效率高，分辨时间短，被广泛应用（NaI 晶体管）。

方位伽马仪器装有两块独立的半圆形测量管（Bank A 和 Bank B），每块包括 8 根 Geiger Muller 管，管内含有 99% 氖气和 1% 溴气，通过高压电源板在管体加载 1000V 电压。当伽马射线轰击管体内表面的铂金属涂层，激发产生低能量电子，通过外电场加速，产生电子雪崩效应，即产生电子流导致管外电压下降形成一个负脉冲。每检测到电压下降 5V，则认为检测到一个单位伽马射线，计数器工作一次，如图 3-5-16 所示。

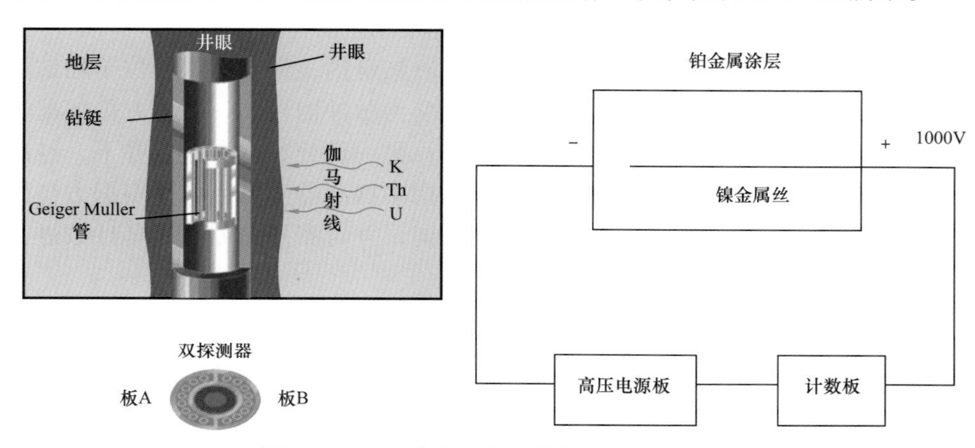

图 3-5-16　方位伽马仪器结构图及测量原理

随钻方位伽马测井仪器采用单个探管旋转测量的方式。在随钻过程中，利用仪器旋转实现多个方位探测地层自然放射性测量。其测量数据具有方位特性，不仅可以实现常规自然伽马应用，更重要的是可以为地质导向工具指示仪器以何种姿态穿透地层，同时可以应用在对地层进行方位伽马成像，方便后期更好地评价地层结构。

图 3-5-17 所示为方位伽马仪器探测器具体安装剖面图，闪烁 NaI（TL）探测器镶嵌在钻铤侧壁上。

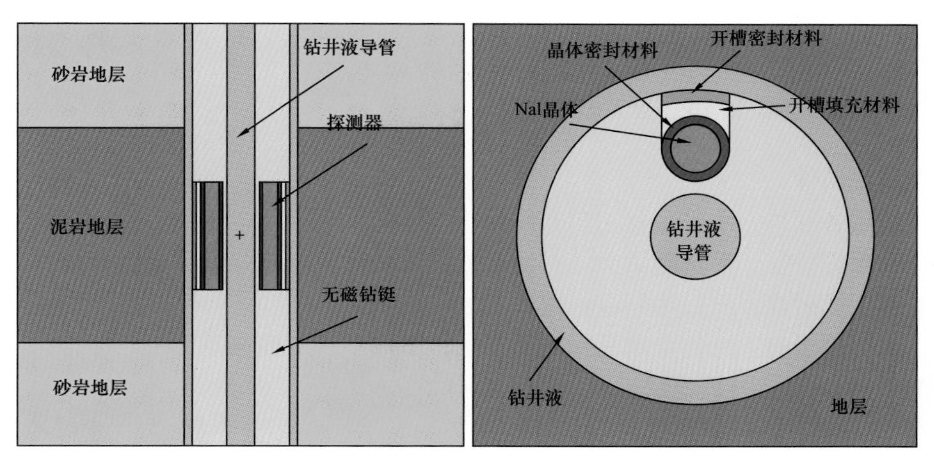

图 3-5-17　方位伽马仪器探测器在钻铤中安装剖面图

随钻方位伽马测井特点：

（1）伽马探管位于钻铤的一侧；

（2）方位伽马仪器开槽放置在钻铤中；

（3）测量资料具有方位特性，可用于提取倾角和方位信息。

地层放射性强度主要取决于铀、钍和钾的含量，这些元素主要存在于页岩和黏土矿物中，地层中自然产生的伽马射线被晶体伽马探测器探测产生闪光，光电倍增管将闪光转变为电子脉冲信号，电子脉冲信号通过在一定电子线路再转换为钻井液脉冲信号，并传到地面存储，然后脉冲信号经过解码再转变为地层测量的自然伽马值。

随钻测量过程中，自然伽马仪器开槽装在无磁钻铤内，伽马探测器位于随钻测量探管下面，地层自然伽马放射性强度通过电子线路变为脉冲信号，一部分方位数据实时上传为地质导向服务，可以精确地指导钻头的钻进；另一部分数据存储在井下，经过数据处理和成像显示可以提供地层方位伽马成像。利用多探测器测量系统并根据方位采集伽马射线强度信息得到方位数据，可以实现地质导向，并对测量的方位伽马计数进行成像处理，能够实时进行储层评价。

随钻方位伽马测井仪在旋转测量过程中可等价为有多个探测器，分别朝向不同的方位。简化起见本节将方位伽马仪器旋转测量时等价为有两个探测器的情况，探测器分别位于仪器两侧呈 180° 排列，并且距钻头的距离相等（图 3-5-18）。

为了简化问题，采用地层模型为图 3-5-19 所示水平层状，图中阴影代表伽马探测器的测量范围，圆心为探测器所处位置。同时各层的放射性值已知，以此正演上下伽马测井曲线。

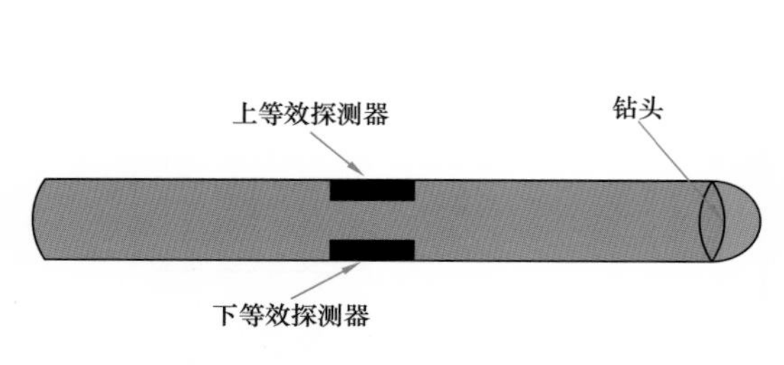

图 3-5-18　方位伽马仪位置示意图

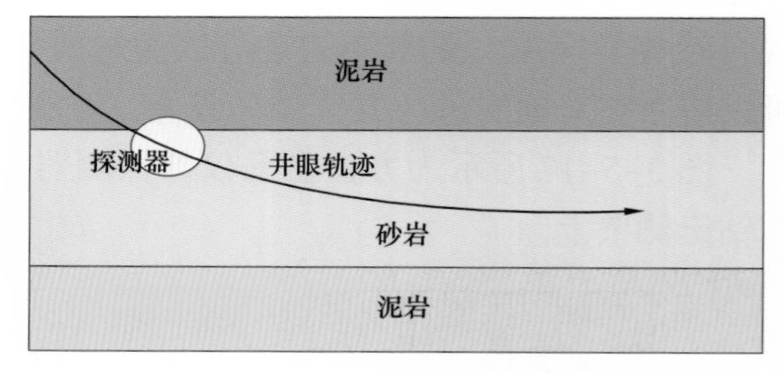

图 3-5-19　水平层状地层模型

模型满足条件：

（1）地层各层均为水平层状均匀介质；

（2）井眼无扩径，鉴于随钻测井是滤饼成熟度较低，忽略井眼和滤饼影响；

（3）地层放射性强度设为当量强度；

（4）仪器测量时，保持上伽马探测器在上，下伽马探测器在下。

探测器的探测范围是地层垂直剖面上以探测器为圆心，探测深度为半径的圆。各层以各自在二维圆中所占面积比例提供相应的放射性计数贡献。当然，如果追求必要的精确度，也可以按三维球体情况进行模拟计算。

图 3-5-20 中三个圆分别表示探测器距各层界面距离不同时，相应地层对放射性计数率的贡献率示意图，快速正演模拟的上下探测器伽马计数率公式：

$$GR = GR_1 \cdot S_1 + GR_2 \cdot S_2 + \cdots + GR_n \cdot S_n \tag{3-5-15}$$

式中 GR——探测器伽马计数率，API；

GR_n——各层的放射性，API；

S_n——圆中各层所占的面积比（n=1，2，…）。

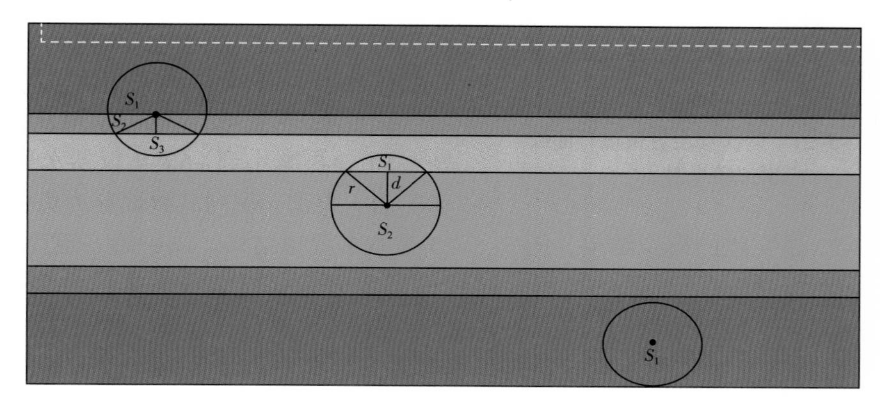

图 3-5-20 探测器计数原理图

$$S = \begin{cases} 0 & d > r \text{或} d < -r \\ x(d) & 0 < d < r \\ 1 - x(d) & -r < d < 0 \end{cases} \tag{3-5-16}$$

其中

$$x(d) = \frac{\arccos\left(\frac{|d|}{r}\right)}{\pi} - \frac{|d| \cdot \sqrt{r^2 - d^2}}{\pi r^2} \tag{3-5-17}$$

式中 $x(d)$——较小弓形面积占整个圆面积的比值；

r——探测器的探测深度（圆半径），m。

在探测范围内有多个地层的情况下，S 是较大弓形面积所占比。

在图 3-5-29 中第一种情况时，可通过以上公式先由圆心到第二个层界面的距离 d_2 求出最小弓形面积 S_3 的比值，再由圆心到第一层界面的距离 d_1 求出 S_1 所占比值，最后，S_2 所占面积比即为除去前两部分面积比后剩下的部分。至于更加复杂的情况，例如探测范围内存在三个以上地层时，也可由类似方法得出各层所占比值，所用方法完全可以处理，并且已体现在程序中，不再过多论述。

仪器以 2° 倾角从放射性 50API 下部围岩进入放射性 20API 目的层，以同样的角度从目的层进入上部围岩，两次穿层方位伽马曲线模拟结果对比如图 3-5-21 所示。

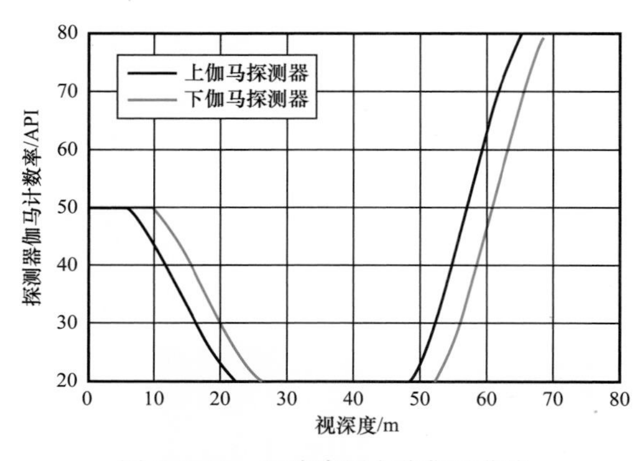

图 3-5-21 两次穿层方位伽马曲线模拟结果对比

模拟仪器从目的层进入上围岩，又从上围岩穿过顶界面、底界面进入下围岩的过程的上下伽马曲线，所建模型中基本参数设置：地层视倾角 DIP=0°；仪器的初始位置设为上探测器距上界面初始距离 DTB=1.5m，仪器探测深度 DOI=0.3m，采样深度间隔 S_{dep}=0.3m，仪器直径 M_{dia}=0.13m；目的层厚度 h=3m，探测器到钻头距离 L=1m，仪器钻进过程起始位置仪器角度 γ 由 0° 现增加到 30°，再减小到 -60°（仪器水平偏向顶界面 γ 为正、偏向底界面 γ 为负）。

图 3-5-22 是文献的模拟结果，图 3-5-23 是本书模拟结果。图中第一道为视深度道，模拟了视深度 0～36m 的上下伽马测井曲线；第二道为仪器倾角数据，设为均匀变化；第三道为正演上下伽马测井曲线结果（实线为上伽马测井线，虚线为下伽马测井曲线）；第四道为井眼轨迹与地层的位置关系，深色为目的层，两边浅色为高放射性围岩，实线为井眼轨迹，此处模拟地下垂深为 995～1005m 层段处井眼轨迹。

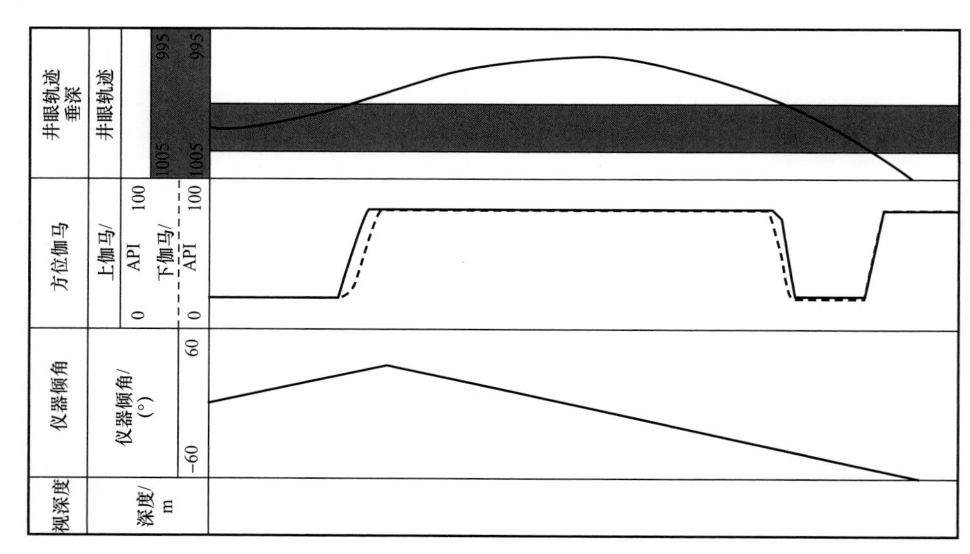

图 3-5-22 文献的模拟结果

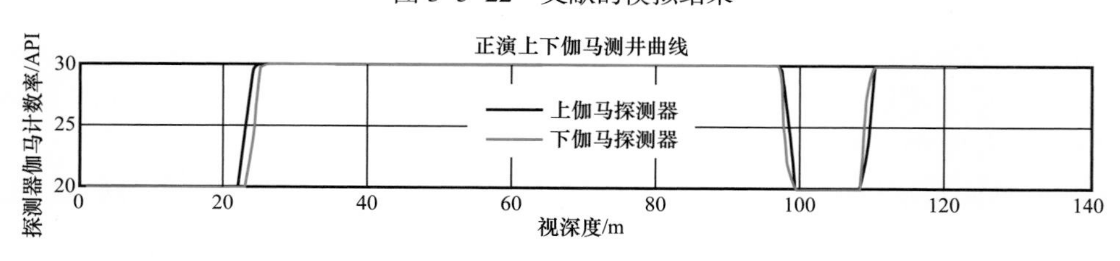

图 3-5-23 本书模拟结果

在伽马正演验证基础上进行伽马成像模拟，模型参数设置：层厚 5ft，层界面位置 50ft 处和 55ft 处，上下围岩伽马值 200API，目的层伽马值 30API。利用方位成像伽马快速正演程序，对如图 3–5–24 第二道（自下向上）模型进行正演，正演结果如图中第三道（自下向上）。

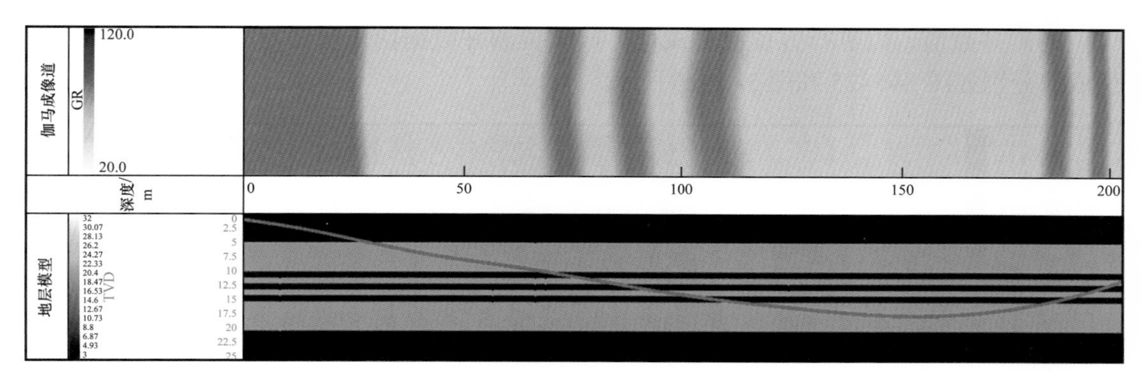

图 3–5–24　水平井地层模型及伽马成像正演结果

伽马成像特征：

（1）向下穿层界面，底伽马先变化，伽马成像“)”；

（2）向上穿过层界面，顶伽马先变化，伽马成像“(”；

（3）贴近（穿过）储层部后返回层中间，伽马成像“) (”；

（4）贴近（穿过）储层顶部后返回层中间，伽马成像“( )”。

2. 方位伽马地层界面模式识别技术

利用方位伽马伪成像技术可以进行地层界面识别，方位数据伪成像是利用有限条方位测井数据，还原井内 360° 方位测量数据成像，其优势是实施测井数据上传量少，能够有效减小地质导向过程中数据传输压力。伪成像技术需要传输 4 个方位测井数据，分别对应 0°，90°，180° 和 270° 方位的测量；或者两个方位伽马曲线两条，分别对应 0° 和 180° 方位的测量。为进行方位测井数据成像前，需要计算其他方位的响应，不同方位的测井响应是方位角的函数，设其傅里叶级数展开形式如下（忽略二次及以上谐波项）：

$$y(\varphi)=a_0+a_1\cos\varphi+a_2\sin\varphi \tag{3-5-18}$$

若方位测井有顶、底及左、右 4 条线，采用最小二乘拟合方法，求解如下方程组的最小二乘解：

$$\begin{bmatrix}1 & \cos 0° & \sin 0° \\ 1 & \cos 90° & \sin 90° \\ 1 & \cos 180° & \sin 180° \\ 1 & \cos 270° & \sin 270°\end{bmatrix}\begin{bmatrix}a_0 \\ a_1 \\ a_2\end{bmatrix}=\begin{bmatrix}y_{\mathrm{U}} \\ y_{\mathrm{R}} \\ y_{\mathrm{B}} \\ y_{\mathrm{L}}\end{bmatrix} \tag{3-5-19}$$

若方位测井仅有顶底两条线，通过余弦函数拟合，求解如下方程组：

$$\begin{bmatrix}1 & \cos 0^\circ \\ 1 & \cos 180^\circ\end{bmatrix}\begin{bmatrix}a_0 \\ a_1\end{bmatrix}=\begin{bmatrix}y_U \\ y_B\end{bmatrix} \tag{3-5-20}$$

方程式（3–5–19）与式（3–5–20）中，y_U，y_B，y_L 和 y_R 分别为顶、底、左、右方位的测井值。通过求解方程式（3–5–19）与式（3–5–20）得到相应的系数，则可获得任意方位的测井数值，以进行方位测井成像。四方位测井数据伪成像和两方位伽马测井数据伪成像分别如图 3–5–25 和图 3–5–26 所示。

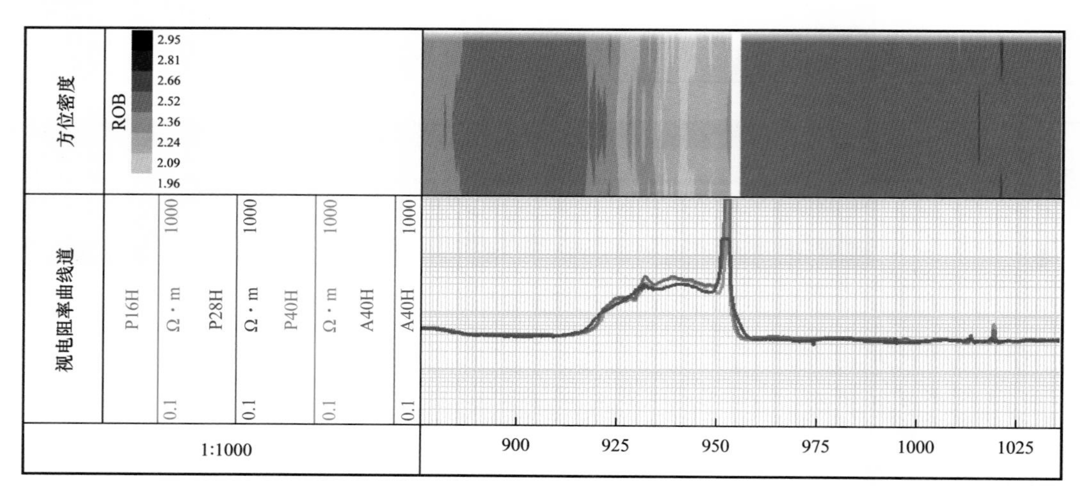

图 3–5–25　四方位测井数据伪成像及与电阻率曲线比较

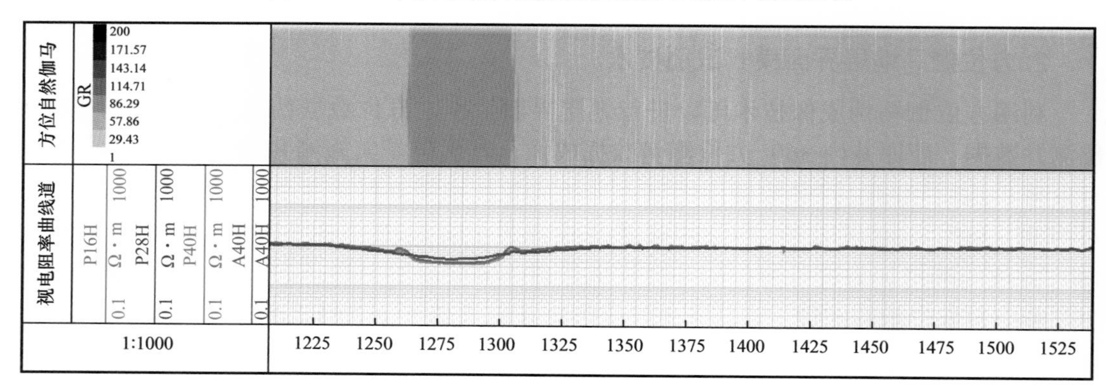

图 3–5–26　两方位伽马测井数据伪成像及与电阻率曲线比较

通过方位密度和方位伽马测井数据不仅能够提取倾角，而且可以通过数据成像能够直观显示层界面的位置，以及井眼相对地层的钻进方向。如图 3–5–25 和图 3–5–26 所示，井眼由上而下钻遇了底部泥岩，成像图在层界面处显示出哭脸“︶”图案；随后导向工程师决策调整井眼轨迹向上钻进，在由下而上钻出底部泥岩时，成像图在层界面处显示出笑脸“︵”图案。

3. 地层倾角计算技术

水平井和大斜度井中，仪器与地层存在相对夹角，倾角的不同会对电阻率测量值和方向信号测量值产生影响，体现在仪器在 360° 旋转测量过程中，由于钻铤半径和仪器探测深度的存在，探测器朝向不同方位测量的曲线过层界面的时刻不同，对应的测井深度也不同，方位曲线在层界面处出现深度差，如图 3-5-27 所示。

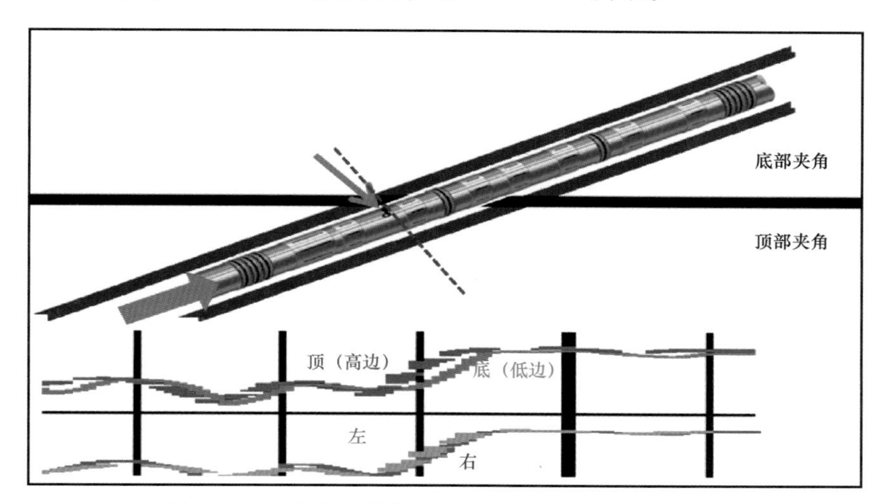

图 3-5-27　方位随钻伽马测井曲线在界面处测井响应

方位伽马 360° 方位测量中，层界面处高边与低边两个方位测量曲线深度差最大，深度差异量与界面两侧伽马值大小无关，只与井眼—地层相对倾角大小有关。根据这一特征，可以根据高边、低边两方位测量曲线的深度偏移量计算井眼—地层相对夹角的大小。对于单条伽马测井曲线，当仪器从一种介质穿过层界面进入另一种介质时，测井曲线的响应值逐渐发生变化，测井曲线变化的半幅点对应于地层界面位置，利用活度法分别求取方位伽马高边和低边测量值半幅点位置，确定高边伽马、低边伽马测井曲线边界对应的深度，将两深度做差求取高程差，然后进一步计算得到井眼—地层相对倾角。

1）活度法识别地层界面的基本原理

伽马测井曲线是对地层放射性质随井深变化的记录，在岩性不同的地层分界面处，放射性的变化最为明显，伽马测井曲线表现为急剧的变化。为了表示测井曲线的动态性质，定义测井曲线的活度为：

$$E(d)=\int_{d-\frac{\Delta}{2}}^{d+\frac{\Delta}{2}} f(t)\mathrm{d}t \tag{3-5-21}$$

其中

$$f(t)=\left[x(t)-A_d\right]^2 \tag{3-5-22}$$

$$A_d=\frac{1}{\Delta}\int_{d-\frac{\Delta}{2}}^{d+\frac{\Delta}{2}} x(t)\mathrm{d}t \tag{3-5-23}$$

式中　$E(d)$——d 的活度函数值；

$x(t)$——原始测井曲线测量值；

A_d——测井曲线在区间$\left[d-\frac{\Delta}{2},d+\frac{\Delta}{2}\right]$内的平均值；

Δ——计算活度时所取测井曲线的长度（下称窗长）。

活度公式相应的离散公式为：

$$E(d)=\sum_{i=d-n}^{i=d+n}f(i) \tag{3-5-24}$$

其中

$$f(i)=\left[x(i)-a_d\right]^2 \tag{3-5-25}$$

$$a_d=\frac{1}{2n+1}\sum_{i=d-n}^{i=d+n}x(i) \tag{3-5-26}$$

从活度的定义公式可以看出，活度实际上为随机信号 $x(i)$ 在窗长内的方差，可以很好地反映测井曲线的动态性质。因此，在此定义的活度下，当活度曲线达到峰值时，就是测井曲线变化最剧烈处，即是岩性不同的地层分界面。

2）利用不同方位曲线界面识别结果计算高程差

当仪器以一定倾角穿过层界面时，伽马测量曲线的高边和低边遇到界面时刻不同，对应的深度不同。记高边界面对的测井深度为 D_{top}，低边界面对应的测井深度为 D_{bottom}，则计算得到的高程差为：

$$H=D_{top}-D_{bottom} \tag{3-5-27}$$

当 H 值大于 0 时，表示方位仪器低边先遇到层界面，仪器与层界面法线相对夹角小于 90° 的姿态穿过层界面；当 H 小于 0 时，表示方位仪器高边先遇到层界面，仪器与界面法线夹角大于 90° 的姿态穿过层界面。

3）利用高程差计算井眼—地层相对倾角原理

自然伽马和中子密度探测深度较浅，在用方位自然伽马或方位电阻率、方向信号进行地层倾角提取时，与曲线探测深度密切相关。因而要根据仪器的探测特性进行相应的探测深度校正。

探测深度可以定义为：

$$D_{el}=DH+2\mathrm{DOI_{EFF}} \tag{3-5-28}$$

式中 D_{el}——探测直径；

DH——井径；

$\mathrm{DOI_{EFF}}$——仪器探测深度。

电直径 D_{el} 的数值与仪器相关，并且 $D_{el}>DH$。通常情况下，探测深度 DOI_{EFF} 与真实的井径无关，探测深度取决于介质背景值和地层吸收吸收，高伽马地层可能比低伽马地层探测深度大。

4）井眼—地层相对倾角提取

利用方位自然伽马曲线（2 条或 4 条）进行倾角提取工作，对曲线进行活度法界面识别，可以得到对应层的高程差，即为倾斜层面上的点，根据井眼—地层间几何关系，通过公式：

$$\text{DIP}=\arctan\left(\frac{H}{D_{\text{el}}}\right) \tag{3-5-29}$$

式中 DIP——井眼—地层相对倾角；

H——高程差；

D_{el}——探测直径。

由于井壁与倾斜层相交的展开图在图像上表现为单周期的余弦函数，如图 3-5-28 所示。

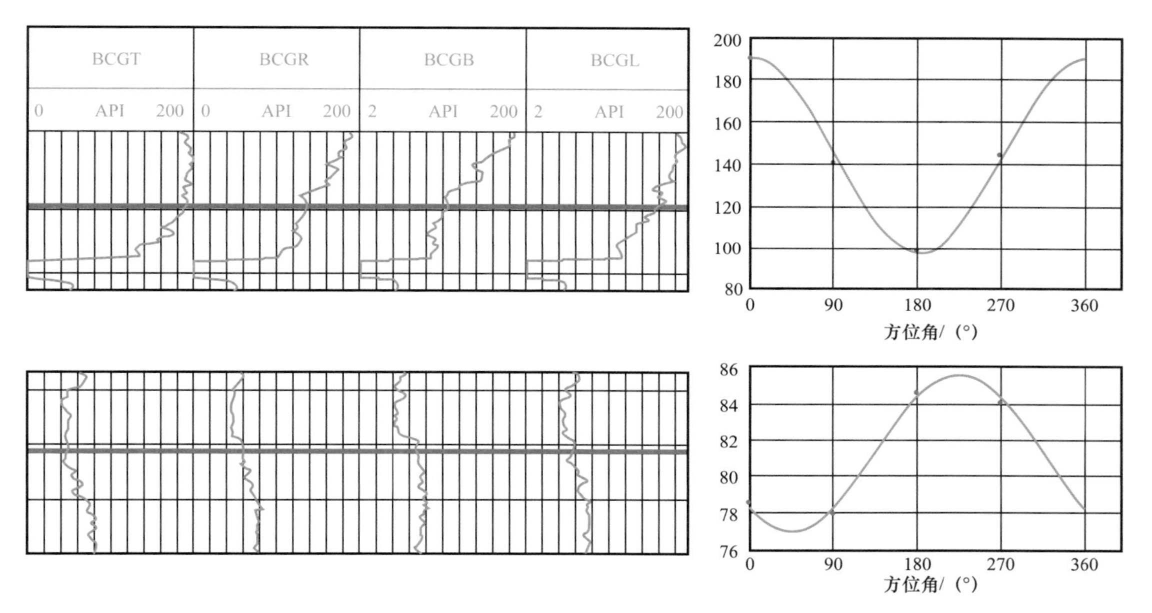

图 3-5-28 层界面方位测量展开图

余弦曲线的方程可设为：

$$y=A\cos\left(\omega x-\beta\right)+y_0 \tag{3-5-30}$$

该曲线的周期即为图像宽度。y_0 为伽马值纵坐标偏移量，可以通过下面公式求得：

$$y_0=\frac{\sum_{i=1}^{n}y_i}{n}\quad（n=2\text{ 或 }n=4） \tag{3-5-31}$$

至此余弦方程中只有 A 与 β 未知，因此将高边、低边方位测井值代入余弦曲线方程，得：

$$\begin{cases}y_1=A\cos\left(\omega\times 0-\beta\right)+y_0\\ y_2=A\cos\left(\omega\times \pi-\beta\right)+y_0\end{cases} \tag{3-5-32}$$

求解上面方程组，得到：

$$\begin{cases}\beta=\arctan\left[\left(y_1-y_0\right)/\left(y_2-y_0\right)\right]\\ y_0=\dfrac{1}{n}\sum_{i=1}^{n}y_i\quad\left(n=2\text{ 或 }n=4\right)\\ A=\left(y_2-y_1\right)/\left(2\sin\phi\right)\end{cases}\tag{3-5-33}$$

式中 A——余弦方程振幅；

β——初始相位（地层方位角）；

y_0——伽马均值。

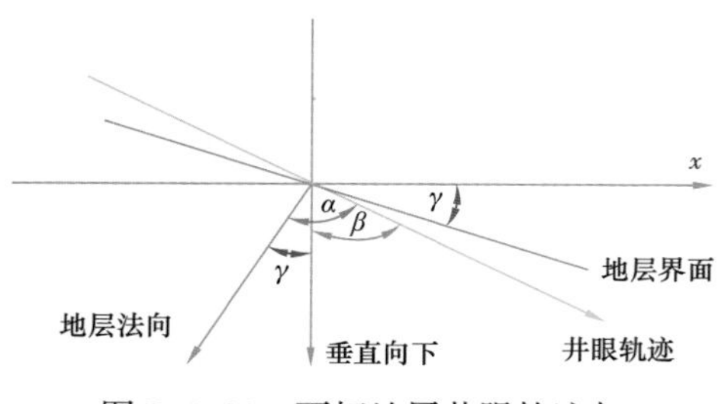

图 3-5-29 下切地层井眼轨迹与地层相对关系图

5）地层真倾角变换

以上提取到的地层倾角是井眼周线方向与地层界面法线方向的夹角，还需将其转换成地层与水平面夹角。图 3-5-29 至图 3-5-31 是井眼轨迹—地层相对关系示意图，地层与井眼轨迹其他相对关系同样满足以上公式，这里不再给出示意图。

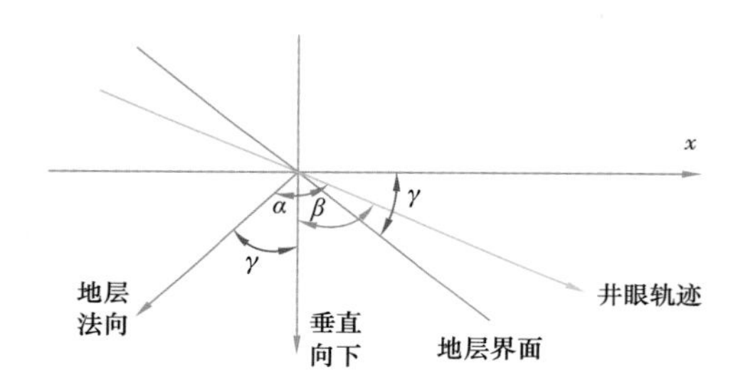

图 3-5-30 上切地层井—地相对关系图

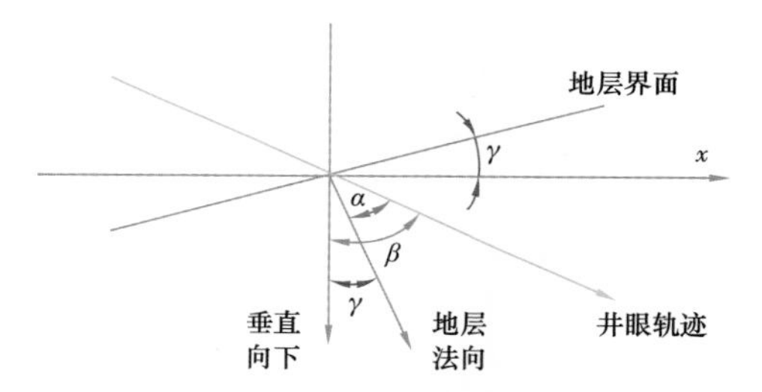

图 3-5-31 下切地层井—地相对关系图

地层视倾角计算满足如下公式：

$$\gamma=\alpha-\beta\tag{3-5-34}$$

式中 γ——地层视倾角；

α——从图像中提取得到地层与井眼轨迹相对夹角；

β——井斜角。

当 $\gamma>0$ 时，地层为下倾地层；当 $\gamma<0$ 时，地层为上倾地层。β 为已知量，α 为提取的地层—井眼相对倾角。

三、远探测地层实时分析

1. 远探测电阻率探边原理

围岩导致电阻率异常现象：在大斜度井和水平井中，在砂岩与泥岩地层界面附近，电阻率由小缓慢变大或者由大缓慢变小，利用电阻率区分不了地层界面的现象。围岩影响电阻率异常现象主要受以下几个主要因素的影响：

（1）仪器与地层界面之间相对角大小；

（2）电阻率测点距离地层界面的距离。

如图 3–5–32 所示，当钻头即将穿出油层进入泥岩时，测量深电阻率先受到下伏低阻泥岩的影响，表现为：测量较深的电阻率＜测量较浅的电阻率。

如图 3–5–33 所示，钻头即将进入油层，特征与出油层相反，测量深电阻率先受到上覆高阻泥岩的影响，测量较深的电阻率＞测量较浅的电阻率。

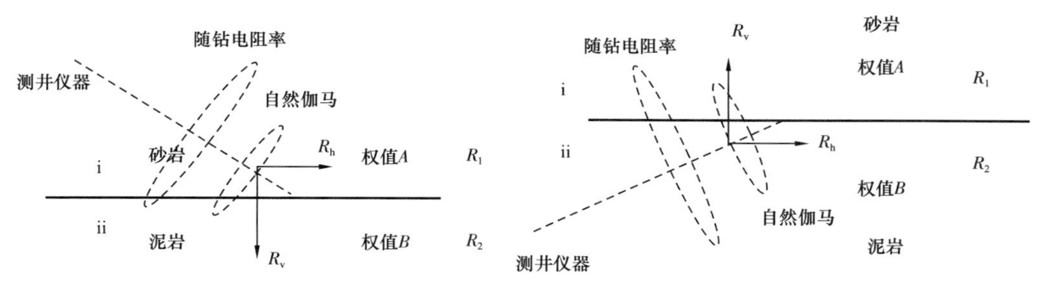

图 3–5–32　钻头穿出油层的模式　　图 3–5–33　钻头进入油层的模式

在围岩、倾角、层边界距离影响下，不同探测深度的视电阻率 R_a 曲线会分离，且有明显分离特征：在层界面两侧对比度较大，仪器相对层界面倾角较大，层边界距离越近不同探测深度电阻率曲线分离越严重；仪器在高阻侧，曲线分离特征是深探测模式视电阻率小于浅探测模式的视电阻率，视电阻率小于当前层真实电阻率；仪器处在低电阻侧时测井曲线分离的情形相反，探测深度越深，视电阻率值越大，且视电阻率值高于真实地层电阻率。随着层边界距增大，不同探测深度的视电阻率曲线分离程度减弱，当层边界距离大于仪器探测范围，视电阻率曲线不分离或分离不明显，这与各向异性和侵入引起的曲线分离是不同的，后者在层边界距大于探测深度时，视电阻率曲线依然分离且曲线分离特征不变。

结合随钻地质导向过程中钻开时间短的特点，受侵入影响小的实际规律，电阻率曲线分离归为以下几个因素：（1）边界距足够大、不受围岩影响、各向同性介质，随钻测量电阻率曲线基本重合；（2）边界距较小，受高阻围岩影响严重，探测深度越深电阻率值越大，P40H、P28H 和 P16H 单调递减分布；（3）边界距较小，受低阻围岩影响严重，探测越深电阻率值越小，P16H、P28H 和 P40H 单调递减分布；（4）边界距足够大、不受围岩影响、各向异性介质，相位差电阻率小于幅度比电阻率，P40H、P28H 和 P16H 单调递减分布。

地质导向过程中通常选定 4 条质量较好的曲线进行实时传输，选定 P16H、P28H、P40H 和 A40H 比较常用的 4 条电阻率曲线，将这 4 条曲线分别标记为设曲线 1、曲线 2、曲线 3 和曲线 4，定义曲线间分异 S_{ij}（其中 $i=1\sim4$，$j=1\sim4$）算式如下：

$$S_{12}=\frac{\rho_{\mathrm{P28H}}-\rho_{\mathrm{P16H}}}{\rho_{\mathrm{P16H}}} \tag{3-5-35}$$

$$S_{23}=\frac{\rho_{\mathrm{P40H}}-\rho_{\mathrm{P28H}}}{\rho_{\mathrm{P28H}}} \tag{3-5-36}$$

$$S_{34}=\frac{\rho_{\mathrm{P40H}}-\rho_{\mathrm{P28H}}}{\rho_{\mathrm{P28H}}} \tag{3-5-37}$$

$$S_{13}=\frac{\rho_{\mathrm{P40H}}-\rho_{\mathrm{P16H}}}{\rho_{\mathrm{P16H}}} \tag{3-5-38}$$

$$S_{14}=\frac{\rho_{\mathrm{P40H}}-\rho_{\mathrm{P16H}}}{\rho_{\mathrm{P16H}}} \tag{3-5-39}$$

如果选择其他曲线组合，曲线间分异算式定义依此类推。

然后，定义4种环境指示信号（Environment Signal）如下：

$$\mathrm{ESA}=S_{13} \tag{3-5-40}$$

$$\mathrm{ESB}=\frac{S_{12}-S_{23}}{2} \tag{3-5-41}$$

$$\mathrm{ESC}=\frac{S_{12}+S_{23}+S_{34}}{2} \tag{3-5-42}$$

$$\mathrm{ESD}=S_{14} \tag{3-5-43}$$

在层边界附近及各向异性地层中P40H与P16H分离程度均较大，因此选用各向异性环境指示信号（Environment Signal for Anisotropy，ESA）用于指示各向异性地层。

DTB较大时，P16H、P28H和P40H三条曲线大小通常是单调的，因此用层边界环境指示信号（Environment Signal for Boundary，ESB）用于指示层边界位置。ESB为P16H与P28H的分离程度和P28H与P40H的分离程度的差值的一半，信号值在DTB较大时接近零。

DTB较大时，由于受低阻、高阻不同围岩影响时，A40H与相位差电阻率相对大小不同，则C3信号值的符号不同；DTB足够大（大于4条线探边距离）时，P16H、P28H、P40H和A40H四条线两两之间分离程度的均值接近0，因此用目的层—围岩电阻率对比度环境指示信号（Environment Signal for Contrast，ESC）指示目的层—围岩电阻率对比度。

A40H和P16H探边能力差异大，A40H与P16H分离程度受边界距远近影响最大，因此用边界预警环境指示信号（Environment Signal for Detecting the Boundary，ESD）用于边界预警。

最后，环境指示信号基础上定义基于常规电阻率测井的地质导向信号（Geo-Signal Based on Resistivity，GSBR），GSBR信号为以上4个环境指示信号的绝对值的最大值，具有DTB较大时信号值较小、DTB较小时信号值较大、探边能力较强的特性。

$$\mathrm{GSBR}=\max\left[\mathrm{abs}(\mathrm{ESA}),\ \mathrm{abs}(\mathrm{ESB}),\ \mathrm{abs}(\mathrm{ESC}),\ \mathrm{abs}(\mathrm{ESD})\right] \tag{3-5-44}$$

利用三层模型对以上定义环境指示信号进行考察，结果分别如图 3-5-34 至图 3-5-36 所示。

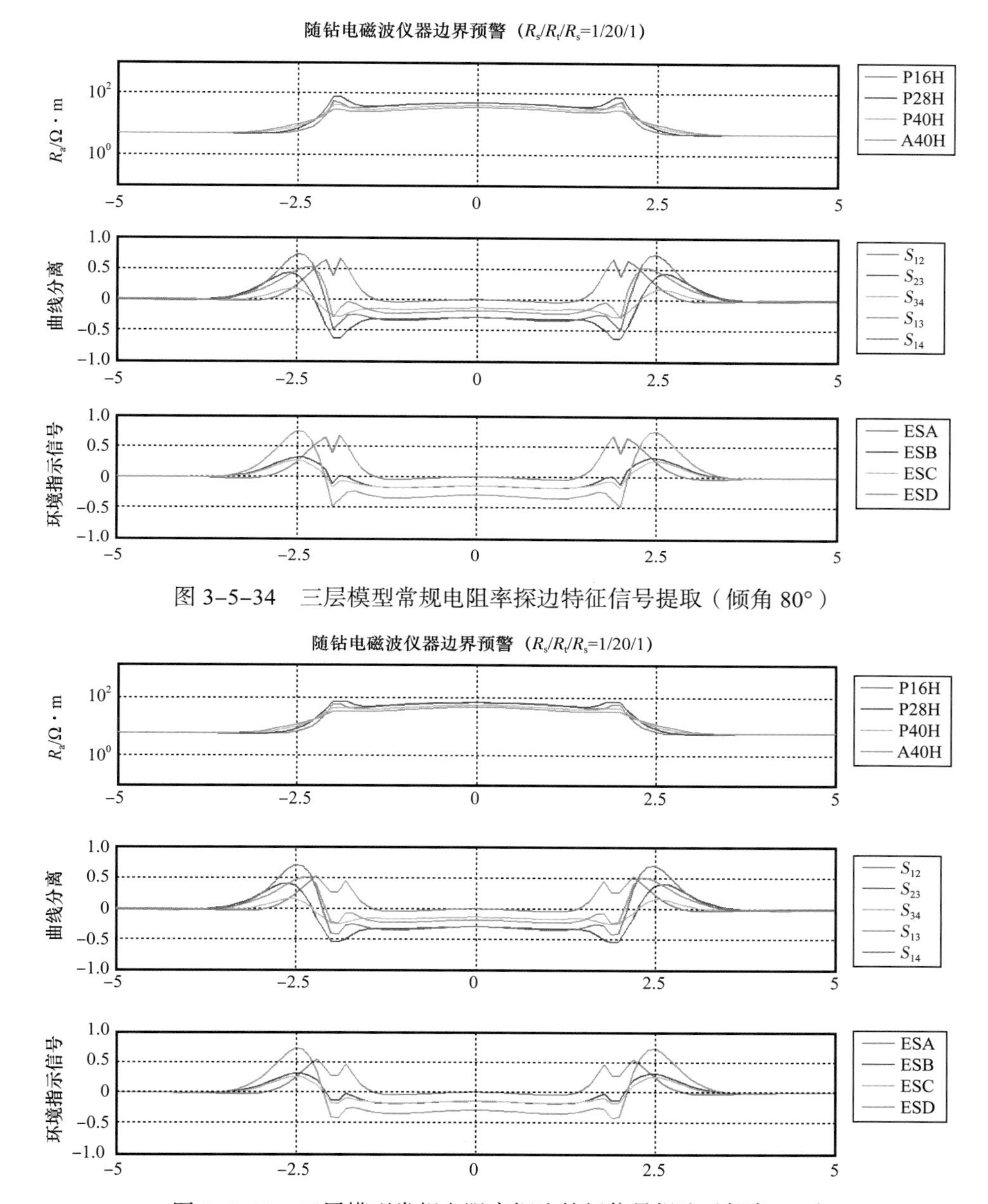

图 3-5-34 三层模型常规电阻率探边特征信号提取（倾角 80°）

图 3-5-35 三层模型常规电阻率探边特征信号提取（倾角 85°）

结果显示：

（1）目的层中间，ESA 等于 0，指示为各向同性地层；围岩层中远离层界面 ESA 等于 0，指示围岩为电阻率各向同性。

（2）接近层界面和远离层界面处，ESB 信号较大，层面较远处，ESB 信号基本为零，ESD 信号指示层界面位置。

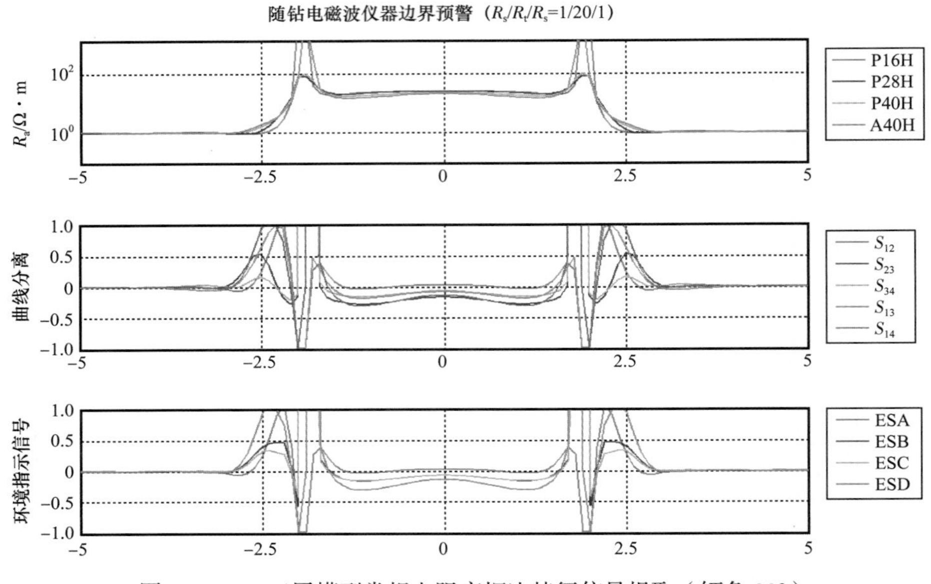

图 3-5-36 三层模型常规电阻率探边特征信号提取（倾角 90°）

（3）ESD 信号在层界面处值较大，且具有远探边特性，指示靠近层边界和远离层边界测井响应值主要受围岩影响；在低阻围岩侧 ESD 小于 0，在高阻围岩侧 ESD 大于 0。

（4）离层界面较远时，ESB 信号与 ESC 接近，无明显偏大现象，指示为各向同性介质，与 ESA 指示作用相同；同时在高阻层（低阻围岩）ESC 和 ESB 小于 0，指示低阻围岩特征。

在各相异性地层下，利用三层模型对以上定义环境指示信号进行考察，结果分别如图 3-5-37 至图 3-5-39 所示。

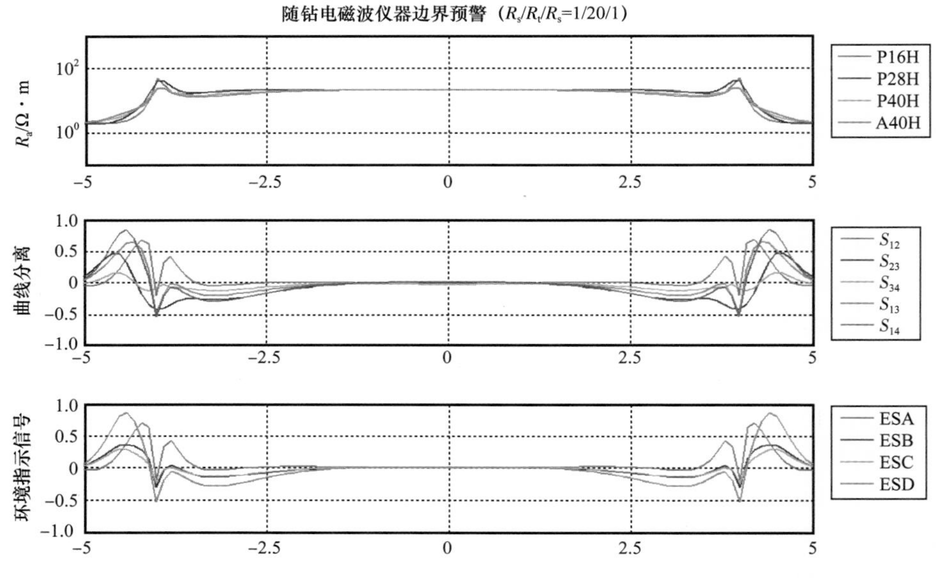

图 3-5-37 三层模型常规电阻率探边特征信号提取（倾角 85°，各向同性）

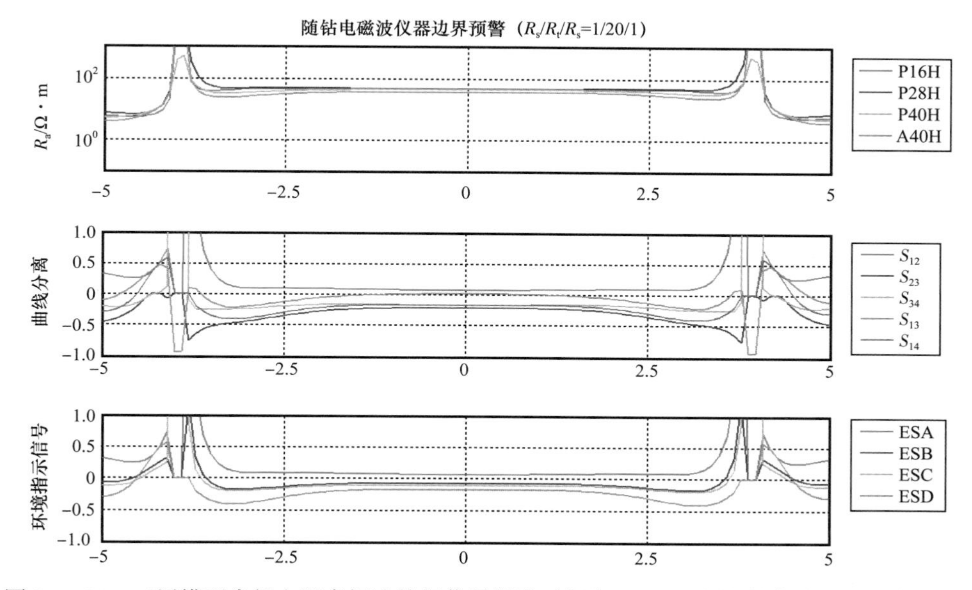

图 3-5-38 三层模型常规电阻率探边特征信号提取（倾角 88°，地层电性各向异性系数 λ=2）

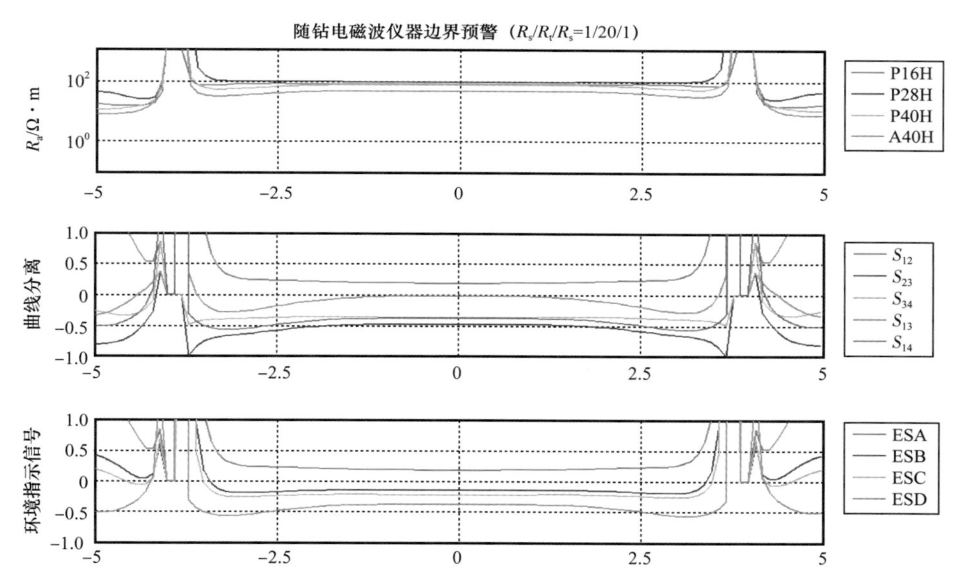

图 3-5-39 三层模型常规电阻率探边特征信号提取（倾角 88°，地层电性各向异性系数 λ=3）

结果显示各特征信号指示功能适用于各向异性地层：

（1）目的层中，图 3-5-37 中 ESA 等于 0，指示地层为各向同性；图 3-5-38 中 ESA 大于 0，指示地层为各向异性；图 3-5-39 中 ESA 有更大值，指示地层为各向异性系数更大。

（2）ESD 信号在层界面处值较大，且具有远探边特性，指示靠近层边界和远离层边界测井响应值主要受围岩影响；各向异性地层中不再具备在低阻围岩侧 ESD 小于 0，在高阻围岩侧 ESD 大于 0。

（3）各向异性地层离层界面较远时，ESB 信号与 ESC 分离，分开程度基本不变，指示为各向同性介质且各向异性系数不变，与 ESA 指示作用相同；同时在高阻层（低阻围岩）ESC 和 ESB 小于 0，在低阻层（高阻围岩）ESC 和 ESB 大于 0，指示低阻围岩特征。

通过电阻率探边特征信号指示层边界位置、围岩—目的层电阻率相对大小、各向异性功能，适用于水平井和不同角度的大斜度井。

2. 地层边界距离反演技术

实际测井曲线是测井仪器对于复杂地质环境的响应，为了得到地层真电阻率，需要对曲线进行环境校正和时间校正。针对三维问题，定量分析井眼、围岩、层厚、侵入、倾角、层边界距离和各向异性等因素，计算并考察井眼尺寸、钻井液电阻率、围岩厚度、地层厚度、侵入带电阻率、各向异性系数等因素的影响，开发实时的快速三维地层电阻率井眼环境综合校正方法，用以获得地层真电阻率和相关径向电阻率分布剖面等参数，并通过分析得出仪器测量极限适用条件，包括最大井眼直径、最大各向异性系数、最差物性、极限侵入深度、最低井眼钻井液电阻率、极限地层厚度、极限层边界距离、侵入带电阻率范围何地层电阻率范围等。

针对不同的三维随钻电阻率测井仪器，相应的三维快速反演采用的是校正图版的自动查询方式，这里所说的校正图版并非画成图形去查，而是抽象成图版，离散化成数据库，进行自动校正。电阻率反演前，需先用侵入带半径、侵入带电阻率、地层真电阻率、地层倾角、层边界距离、围岩电阻率、各向异性系数等几个量分别固定循环得到对应的不同探测深度视电阻率 R_a，并保存成一个数据库，反演时对已经形成的库进行查询对比。

由于数据库比较庞大，若先读取整个数据然后进行查询，所需要的时间和内存将非常大，所以这里使用分段读取数据库的方法，不仅使得读取的库变小，也加快了查询的速度。在查询过程中，采用最小二乘法和线性插值的方法，寻求全局上的最优化数值解，所获得的结果是全局唯一确定的，该算法解决了反演查询过程中的多解性问题，能够得到地层的真电阻率、侵入带半径、侵入带电阻率和各向异性系数等参数。

在最小二乘法中，假定 y 为实际测量的随钻测井曲线数据，f 为数据模拟的随钻测井曲线，并且假定目标函数是平方和的形式：

$$\varphi(\vec{x})=\sum_{k=1}^{m}\left[y_k-f_k(\vec{x})\right]^2 \tag{3-5-45}$$

式中 f——模型体的响应函数，是关于参量 $\vec{x}$ 的非线性函数；

$\vec{x}$——待反演参数。

Gauss 提出了一种线性化方法：所谓线性化就是在 $\vec{x}^0$ 附近将 $f_k(\vec{x})$ 展开成 Taylor 级数，并略去 $\overline{\delta_1}$ 的二次项和二次以上的项，使得：

$$f_k\left(\vec{x}^0+\vec{\delta}\right)=f_k\left(\vec{x}^0\right)+\sum_{k=1}^{m}\frac{\partial(\vec{x})}{\partial x_i}\Big|_{\vec{x}=\vec{x}^0}\delta_i \tag{3-5-46}$$

或简单地写成：

$$f_k\left(\vec{x}^0+\vec{\delta}\right)=f_k\left(\vec{x}^0\right)+\boldsymbol{p}\vec{\delta} \tag{3-5-47}$$

其中，$\boldsymbol{p}$ 称为雅可比（Jaccobi）矩阵。

$$\boldsymbol{p}_{m\times n}=\begin{pmatrix} \dfrac{\partial f_1}{\partial x_1} & \cdots & \dfrac{\partial f_1}{\partial x_n} \\ \vdots & \ddots & \vdots \\ \dfrac{\partial f_m}{\partial x_1} & \cdots & \dfrac{\partial f_m}{\partial x_n} \end{pmatrix}$$

所以函数 φ 的线性近似表达式为：

$$\varphi\left(\vec{x}^0+\vec{\delta}\right)=\left[\vec{y}-f\left(\vec{x}^0\right)-p\vec{\delta}\right]^{\mathrm{T}}\left[\vec{y}-f\left(\vec{x}^0\right)-\boldsymbol{p}\vec{\delta}\right]^{\mathrm{T}} \tag{3-5-48}$$

目的是要求出使 φ 达到极小的改正量 $\vec{\delta}$ ，因此 $\vec{\delta}$ 应满足下列条件：

$$\frac{\partial\varphi}{\partial\vec{\delta}}=-2\boldsymbol{p}^{\mathrm{T}}\left[\vec{y}-f\left(\vec{x}^0\right)\right]+2\boldsymbol{p}^{\mathrm{T}}\boldsymbol{p}\vec{\delta}=0 \tag{3-5-49}$$

或改写成

$$A\vec{\delta}=\vec{g} \tag{3-5-50}$$

其中

$$A=\boldsymbol{p}^{\mathrm{T}}\boldsymbol{p}$$
$$\vec{g}=\boldsymbol{p}^{\mathrm{T}}\left[\vec{y}-f\left(\vec{x}^0\right)\right]$$

由此可以解出：

$$\vec{\delta}=A^{-1}\vec{g} \tag{3-5-51}$$

在实际问题中，当观察值已给出，选定模型并给定初值 $\vec{x}^0$ 后，p，A 和 $\vec{g}$ 均可求出，并由此可求出 $\vec{\delta}^0$ ，进而取

$$\vec{x}^{(1)}=\vec{x}^{(0)}+\vec{\delta}^{(0)} \tag{3-5-52}$$

再以 $\vec{x}^{(1)}$ 作为初值重复计算求出 $\vec{\delta}^{(1)}$ ，直到求 $\vec{\delta}^{(k)}$ 的分量的绝对值 $\Sigma\left|\vec{\delta_1}\right|$ 小于事先给定的允许误差 ε 为止。对于非线性问题，之所以要反复迭代和修正，关键在于所取的 Taylor 展开式是近似的，因而求出的 $\vec{x}$ 也是近似的，其近似程度依赖于 $\left|\vec{\delta_1}\right|$ 的大小。若 $\left|\vec{\delta_1}\right|$ 较大，则 $\left|\vec{\delta_1}\right|$ 的二次项及二次以上的项不能忽略，而逐次迭代的结果。所得的 $\vec{x}$ 将逐次逼近于真值。当 $\left|\vec{\delta_1}\right|$ 逐步减小到二次项可以忽略时，式（3–5–52）便成为精确表达式。当然，如果迭代过程中二次项与二次以上项的系数偏导数皆为零时，也就变成了线性情况，这时，不论 $\left|\vec{\delta_1^k}\right|$ 有多大，式（3–5–52）总是精确的。所以当 $f_k\left(\vec{x}\right)$ 为线性函数时，不用反复迭代逐次减小 $\vec{\delta}$ ，但

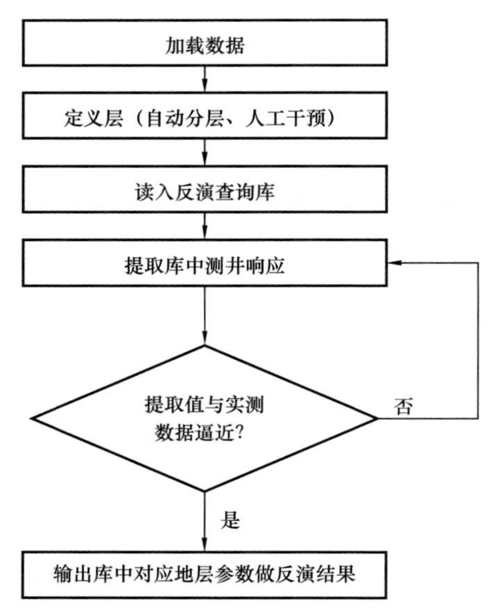

图 3-5-40　快速反演软件流程图

对于非线性问题，则需要进行多次迭代。

基于上述反演理论开发快速反演模块，为提高反演速度，利用正演仿真库查询模型测井响应代替实时计算模型测井响应是一个有效的方法。具体流程是首先建立地层模型正演响应数据库，反演时同时读入测井数据和正演仿真库，把库中数据与实际的测量做比较，输出达到匹配标准库中正演响应对应的地层模型，如图 3-5-40 所示，三维电阻率快速反演分 5 个步骤：

（1）加载随钻测井数据；

（2）导入测井曲线自动分层文件，进行必要人工干预，定义层界面位置；

（3）读入快速反演库数据；

（4）按序从库中提取模拟测井响应；

（5）判断提取到的响应值是否充分逼近实测数据，若是，则输出该模型值作为反演结果，若否，重复步骤（4）（5），直至输出反演结果。

反演地层模型参数包括相应测井时刻的层边界距离、井眼—地层相对倾角和地层真电阻率，各向异性地层反演水平电阻率和垂直电阻率。反演过程中构造地层模型响应数据与实测数据差值的平方和形式为目标函数，采用阻尼最小二乘方法，逐步计算地层模型参数的改变量以使其响应值逐步逼近实测值，直至满足给定的计算收敛条件。

工程化快速反演通过先建立地层模型正演响应数据库，反演时同时读入测井数据和正演仿真库，把库中数据与实际的测量做比较，输出达到匹配标准库中正演响应对应的地层模型。

为验证反演软件可靠性，设计了不同随钻测井模型，具体步骤为：首先对模型进行随钻电阻率测井正演，获得随钻电阻率测井响应；然后将正演得到的响应视作测井响应，在地层模型未知的条件下，开展快速反演；反演得到的结果进行井轨迹—地层电阻率剖面二维显示，并与设计的模型进行对比，验证反演结果可靠性。

图 3-5-41 至图 3-5-43 显示了不同情况 3 种模型反演验证结果。

模型一：建立三维地层模型，目的层地层厚度为 4m，地层分界面为：0.0m，4.0m；井眼直径为 d_H=8.5in（即 0.10795m）；钻井液电阻率为 R_m=0.1Ω·m；上围岩地层电阻率为 R_{s1}=5.0～17.0Ω·m；下围岩地层电阻率为 R_{s2}=3.0～11.0Ω·m；目的层无侵入，水平电阻率为 R_h=20.0Ω·m，垂直电阻率为 R_v=20.0Ω·m，无各向异性；大斜度井，井眼地层相对倾角 88°；仪器从目的层上界面以恒定角度穿过目的层。

图 3-5-41 为反演结果与正演模型对比，从下向上第一道为地层模型；第二道为深度道；第三道为层边界距离与模型值对比（虚线真实值，实线反演值）；第四道为目的层多层界面三维电阻率反演结果与模型值对比（虚线真实值，实线反演值）；第五道为围岩电

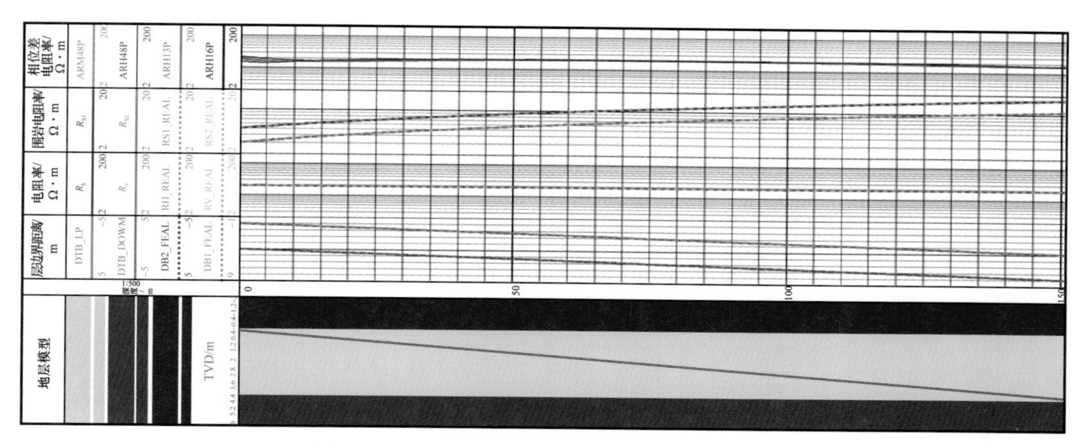

图 3-5-41　大斜度井 3 层模型反演结果验证

阻率与模型值对比（虚线真实值，实线反演值）；第六道为视电阻率道。反演结果对比来看，真实值曲线和对应反演结果曲线重合，所有反演参数最大误差小于 0.2%，反演精度高；反演水平段 150m，采样间隔 0.1m 共 1500 个数据点，耗时 1.8h，平均每点计算速度 4.32s/ 点。

模型二：建立三维地层模型，尖灭层模型，目的层地层最大厚度为 4m，地层开始分界面为：-3.0m，3.0m；井眼直径为 d_H=8.5in（即 0.10795m）；钻井液电阻率为 R_m=0.1Ω·m；上围岩地层电阻率为 R_{s1}=3.0Ω·m；下围岩地层电阻率为 R_{s2}=5.0Ω·m；目的层无侵入，水平电阻率为 R_h=20.0Ω·m，垂直电阻率为 R_v=20.0Ω·m，无各向异性；水平井，井眼地层相对倾角 90°，目的层厚度逐渐减小位 0.0m。

图 3-5-42 为反演结果与正演模型对比，从下向上第一道为地层模型；第二道为深度道；第三道为层边界距离与模型值对比（虚线真实值，实线反演值）；第四道为目的层多层界面三维电阻率反演结果与模型值对比（虚线真实值，实线反演值）；第五道为围岩电阻率与模型值对比（虚线真实值，实线反演值）；第六道为视电阻率道。反演结果对比来看，真实值曲线和对应反演结果曲线重合，所有反演参数最大误差小于 0.32%，反演精度高；反演水平段 150m，采样间隔 0.1m 共 1500 个数据点，耗时 2.09h，平均每点计算速度 5.03s/ 点。

模型三：建立三维地层模型，目的层地层最大厚度为 4m，地层开始分界面为：0.0m，4.0m；井眼直径为 d_H=8.5in（即 0.10795m）；钻井液电阻率为 R_m=0.1Ω·m；上围岩地层电阻率为 R_{s1}=5.0～13.0Ω·m；下围岩地层电阻率为 R_{s2}=3.0～7.0Ω·m；目的层无侵入，水平电阻率为 R_h=20.0～40.0Ω·m，垂直电阻率为 R_v=20.0～200.0Ω·m，目的层为各向异性；井眼地层相对倾角 90°，连续移动井眼位置使井眼穿过目的层。

图 3-5-43 为反演结果与正演模型对比，从下向上第一道为地层模型；第二道为深度道；第三道为层边界距离与模型值对比（虚线真实值，实线反演值）；第四道为目的层多层界面三维电阻率反演结果与模型值对比（虚线真实值，实线反演值）；第五道为围岩电阻率与模型值对比（虚线真实值，实线反演值）；第六道为视电阻率道；第七道为方向信

号道。反演结果对比来看，真实值曲线和对应反演结果曲线重合，除去处于层界面上的个别点，反演参数最大误差小于 3.0%，反演精度高；反演水平段 155m，采样间隔 0.1m 共 1550 个数据点，耗时 1.3h，平均每点计算速度 3.02s/ 点。

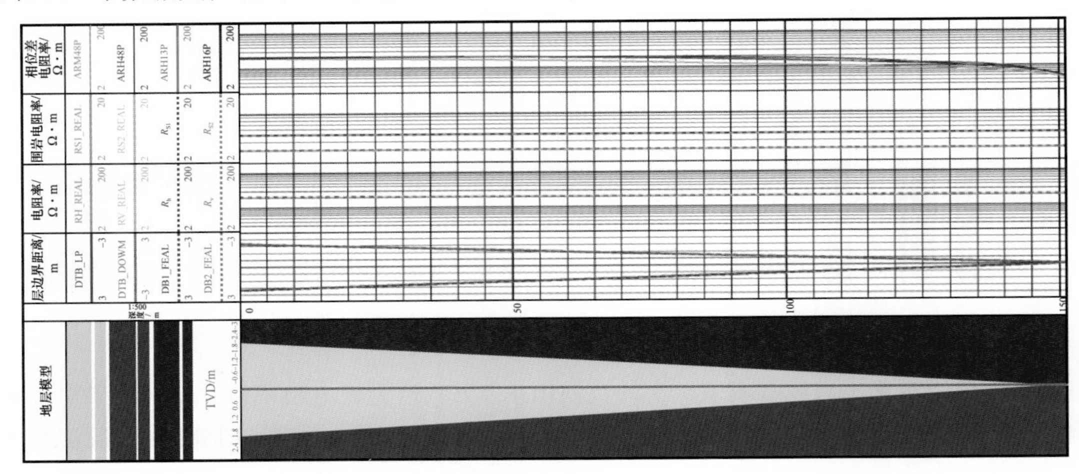

图 3-5-42　水平井尖灭模型反演结果验证

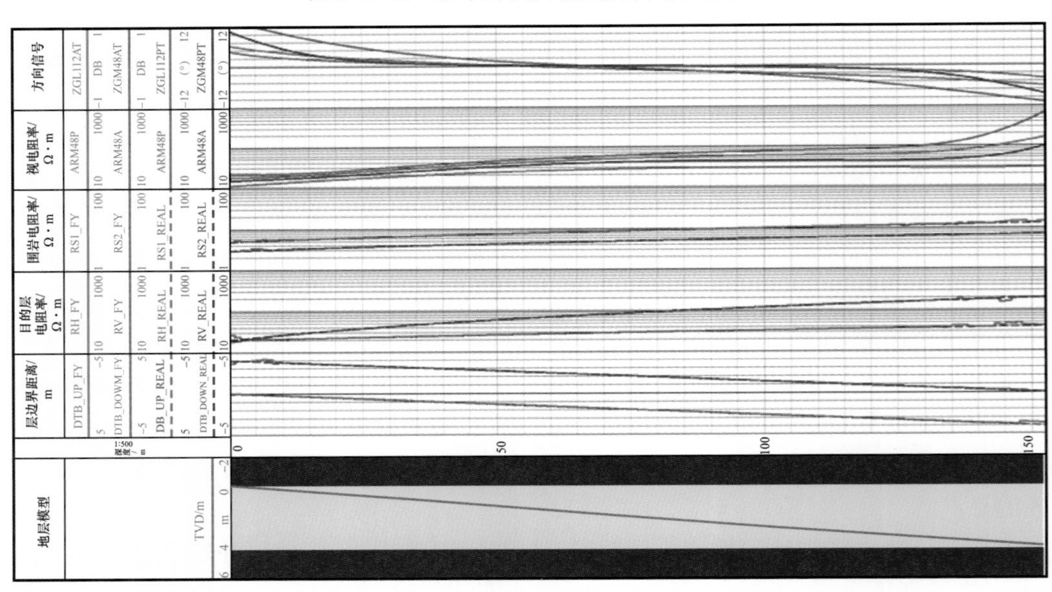

图 3-5-43　水平井多参数地层模型反演结果验证

由模型反演计算与分析表明：（1）反演结果与正演模型对比，所有反演参数最大误差小于 3.0%，反演精度高；（2）模型参数涉及的变量越多，影响因素越复杂，反演结果的误差相应越大；（3）在层界面附近，受围岩影响严重，在水平井条件下往往在界面处出现极化效应，视电阻率对模型反应敏感，模型反演误差增大。

3. 方位伽马与远探测电阻率联合导向技术

远探测电阻率仪器地质导向过程中，方位伽马仪器虽然距离钻头较近，但其探测深度极低，只有钻头非常靠近和穿过层界面时，伽马信号才有变化，因此不适合利用伽马曲线来边界预警。随钻远探测电阻率测井曲线具有探测深度大、受井眼影响小的优点，非常适合用来边界预警。通常选取测井响应稳定、对各向异性敏感，探边能力范围大且分布均衡的电阻率曲线作为地质导向实时传输的探边电阻率曲线。以斯伦贝谢公司ARC675仪器为例，仪器处于均匀无限厚地层中时，测量的电阻率即为地层真电阻率；当仪器穿过界面时电阻率曲线通常会产生极化角；仪器从层中靠近边界时，边界的影响通常会使不同探测深度的电阻率曲线分离，因此可以利用电阻率曲线的变化来进行边界警。

极化现象反映了井眼倾角、层界面位置、界面两侧电阻率等信息可知地层界面—仪器相对夹角是极化现象产生的基本条件，因此利用同一地层在直井和斜井两种测井环境下曲线响应对比下定义极化值大小，极化值在本书定义下定量化计算公式为：

$$\text{Peak}=\frac{R_{\text{a}}\big|_{\text{DIP}=\theta}-R_{\text{a}}\big|_{\text{DIP}=0}}{R_{\text{a}}\big|_{\text{DIP}=0}} \tag{3-5-53}$$

式中 Peak——极化响应值大小；

R_{a}——视电阻率；

DIP——井眼与地层界面法线相对夹角；

θ——井眼与地层界面法线相对夹角的某一角度值；

$R_{\text{a}}\big|_{\text{DIP}=\theta}$——井眼与地层界面法线夹角为 θ 时测量得到的视电阻率。

在实际地质导向应用中，利用前面介绍的联合反演方法，进行地层电阻率反演获得界面两侧地层电阻率大小，利用正演程序模拟在界面两侧同等电阻率大小情况下直井随钻测井响应，得到倾角为 0 时的随钻测井响应。利用 Peak 值计算公式，计算当前点 Peak 值，根据 Peak 值反算测量点到边界距离。Peak 值与边界距之间关系如图 3-5-44 所示，当测量点距边界较远时，Peak 值等于 1，随着边界距减小，Peak 值增大，在边界附近 Peak 值达到极大值；测量点过边界后，随着测量点距边界增大，Peak 值逐渐减小，直至接近有等于 1。

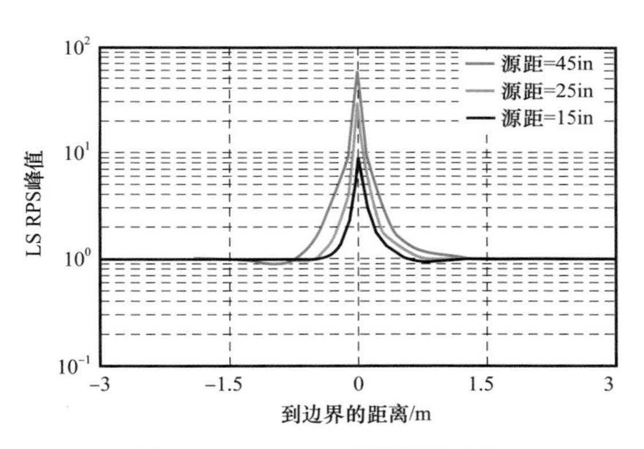

图 3-5-44 Peak 边界预警功能

基于 Peak 值的这一特征，我们定义 Peak 值等于 1.05 时对应的边界距（斜井与直井测井响应相对误差为 5%）作为 Peak 值的探测深度。图 3-5-45 和图 3-5-46 分别是固定围岩两侧电阻率对比度考察不同电阻率情况下探测深度和固定一侧电阻率考察不同对比度下 Peak 值探测深度。

从图 3-5-45 和图 3-5-46 考察结果可以看到，Peak 值探测深度受地层电阻率、围岩两侧电阻率对比度影响，相同对比度下，地层电阻率值越大，探测深度越大；相同围岩电阻率下，对比度越大，探测深度越大。

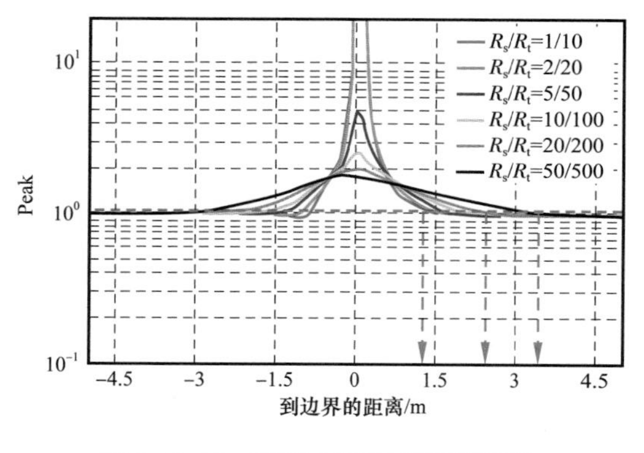

图 3-5-45　不同电阻率下探测深度

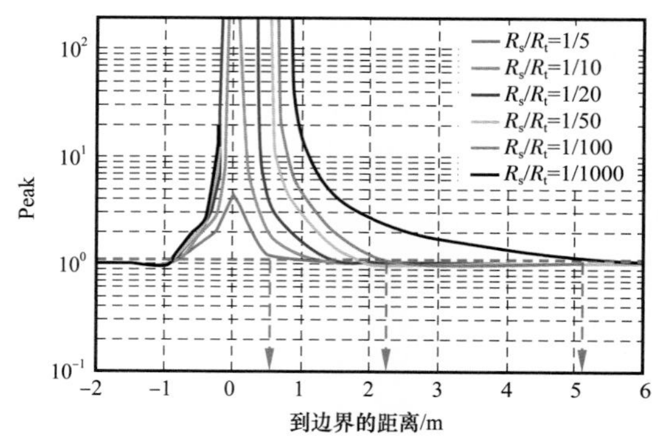

图 3-5-46　不同对比度下探测深度

表 3-5-1 和表 3-5-2 分别为等对比度模型和等围岩电阻率模型下 Peak 值探测深度—电阻率对照表，从表中可以看到，在高阻地层（仪器处于油层）50Ω·m 电阻率下 Peak 值定义的探测深度为 3.5m，在 1000Ω·m 地层，Peak 值定义的探测深度可达 5.1m，由此可见，Peak 值可有效提高随钻仪器探测深度，有助于地质导向目标的实现。

表 3-5-1　不同电阻率背景下探测范围统计（对比度不变）

对比度不变 低阻 R_t/（Ω·m）		1	2	3	10	20	50
探测范围 / m	低阻层	0.9	1.2	1.5	1.7	2.5	2.8
	高阻层	1.4	1.5	1.6	1.8	2.2	3.5

表 3-5-2　不同电阻率背景下探测范围统计（一侧电阻率不变）

一侧电阻率不变 另一侧 R_t/（Ω·m）		5	10	20	50	100	1000
探测范围 / m	低阻层	0.85	0.9	0.95	0.95	0.95	0.95
	高阻层	0.6	1.2	1.6	1.9	2.3	5.1

导向过程中边界距反演计算界面预测方法：

（1）如图 3-5-47 所示，利用方位伽马测井曲线计算地层倾角，结合井眼轨迹计算获得层界面距测量点连线距离 LEN_{AB}，根据钻具实际组合情况可以确定零长 LEN_{BC}，地层无方位倾斜情况则有：

$$DTB_B = LEN_{AB} \times \sin\theta \tag{3-5-54}$$

$$DTB_{BIT} = LEN_{AC} \times \sin\theta \tag{3-5-55}$$

$$LEN_{AC} = LEN_{AB} + LEN_{BC} \tag{3-5-56}$$

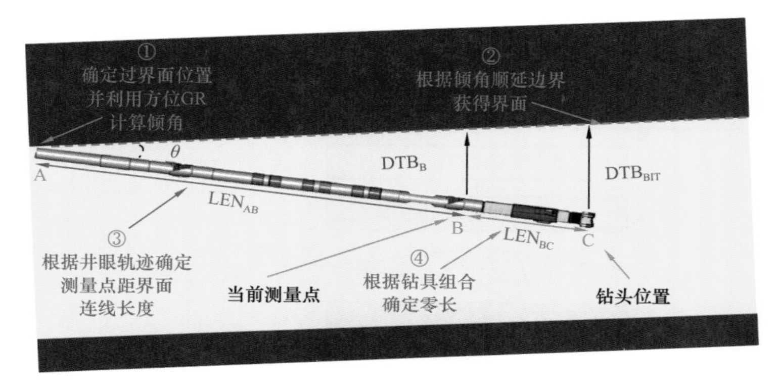

图 3-5-47　利用提取倾角预测钻头 DTB 模型

地层方位倾斜 φ 则计算的边界距需乘以 $\cos\varphi$，φ 可以利用方位 GR 确定。

（2）充分利用随钻方位 GR 测井的方位信息，定性判别井眼钻进方向、井眼—地层位置关系，为电阻率测井反演提供参考和约束。利用随钻电磁波电阻率深探测特性，通过实测响应与模型模拟响应对比，定量计算层边界距离。如图 3-5-48 所示，通过联合反演提高 DTB 计算精度，利用不同测量点反演或联合反演所得 DTB 需满足几何规律（X 方向 DTB 的继承性）。根据 X 方向 DTB 继承性，结合井眼轨迹，预测钻头处 DTB。

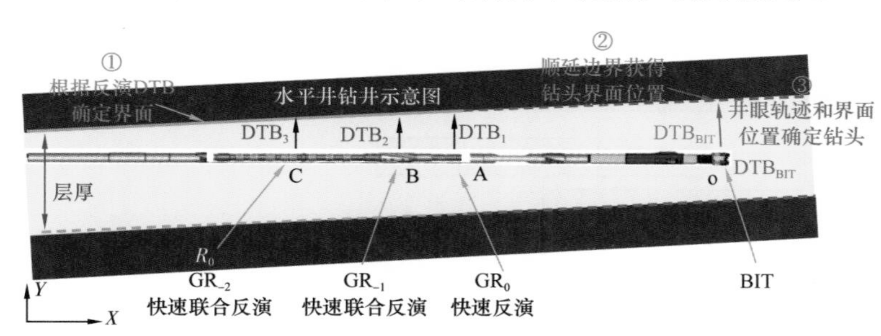

图 3-5-48　联合反演层边界预测的数学—地质模型

$$\mathrm{DTB_{BIT}}=\frac{L_{\mathrm{BC}}L_{\mathrm{AO}}\left(\mathrm{DTB_1}-\mathrm{DTB_2}\right)+L_{\mathrm{BC}}L_{\mathrm{AO}}\left(\mathrm{DTB_2}-\mathrm{DTB_3}\right)+2L_{\mathrm{AB}}L_{\mathrm{BC}}\mathrm{DTB_1}}{2L_{\mathrm{BC}}L_{\mathrm{AB}}} \quad (3\text{-}5\text{-}57)$$

通过电阻率反演可获得井眼轨迹钻遇层的构造和属性，我们通过等厚模型获得完整剖面：

通过实时反演，获得已钻遇地层的电阻率、层边界、倾角及层厚等。

结合层厚向未钻遇地层进行构造（DTB、倾角）顺延、修正初始模型构造参数。

向未钻遇地层电阻率顺延，修正初始模型属性参数。

添加工程化约束：与初始模型匹配的层位用该层位初始电阻率约束反演结果合理范围。

经过边界距反演后，得到测量点所在层位的电阻率及围岩电阻率、层边界距离等曲线，需要通过井轨迹—地层位置关系判别将一维曲线转化为二维剖面，判别流程如图 3-5-49 所示。

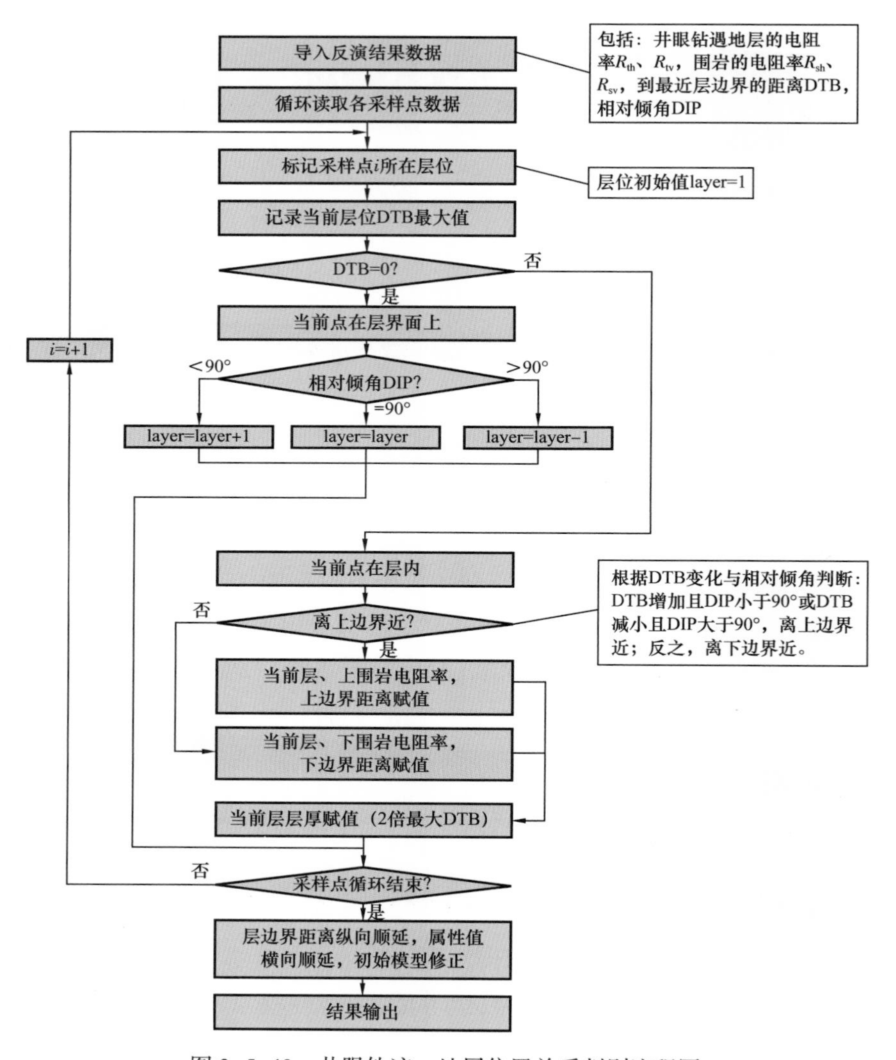

图 3-5-49　井眼轨迹—地层位置关系判别流程图

图 3-5-50 是井眼轨迹—地层位置关系算法模块模型测试结果，在井眼穿过地层，绘制二维剖面与原始模型剖面一致，同时在仪器探测范围之外的区域，根据地层延伸方向DTB 继承性，已钻遇围岩地层构造（DTB、倾角）进行修正。实测井处理中同时添加了根据层理方向 DTB 继承性，结合邻井资料，对未钻遇围岩地层构造进行预测，进而指导地质导向。

图 3-5-50　井眼轨迹—地层位置关系模型测试

四、导向软件研制与应用

1. 多模式导向软件简介

针对地质导向技术需求和技术的发展，设计了随钻地层实时评价的整体技术方案，如图 3-5-51 所示。随钻地层实时评价技术以现场数据采集评价为核心，以区域地质模型为基础，建立适应不同现场随钻数据类型的地质导向和导向预警方法，通过实时数据的传输、接收、处理，进行地层测井参数、地质参数的实时评价和地质导向预警，预测目标层展布，进而指导地质导向，同时进行安全钻井、质量控制监测。开发基于中国石化科技成果一体化测井解释软件平台 logPlus 的多模式导向软件。

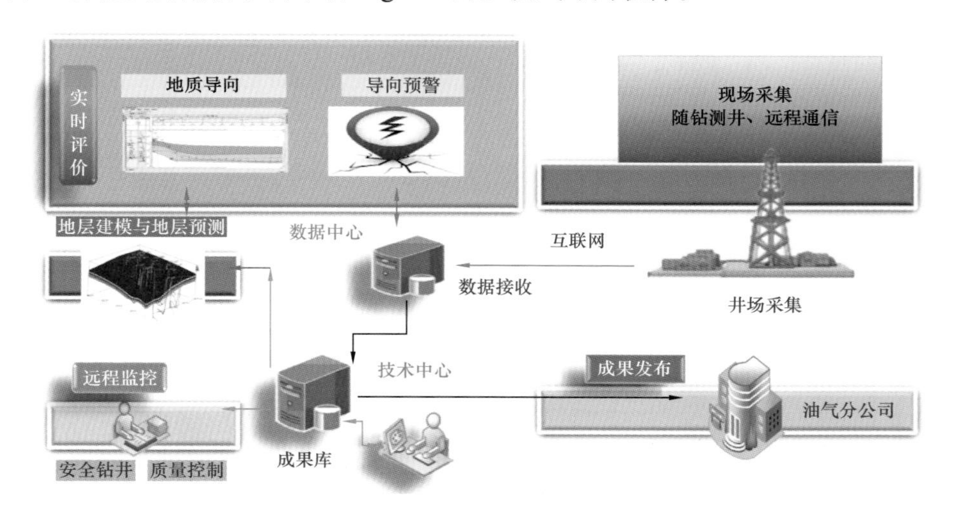

图 3-5-51 水平井随钻地层实时评价技术方案

2. 地质导向应用

依据 11 个特征测井响应特征进行隆页 X 井 A 靶点前地质导向。在深度 2814.4m 处，出现进入 9 小层后的第一个伽马高值尖，后迅速降低；随钻伽马特征出现较尖锐的伽马值尖，随后伽马值整体幅度明显降低；判断轨迹已穿过 6 小层顶界面，位于 6 小层中部。轨迹末端形态有上翘的趋势，表明井斜偏大，建议适当降斜钻进；在测深 2981m 处，伽马值整体降低后，出现伽马高值尖，气测值从测深 2960m 左右明显升高，全烃含量 12% 左右，表明该深度可能为优质页岩层的顶界面（即 5 小层顶），距离设计 A 靶点水平位移 21m，垂向距离 15m，根据地层模型，设计 A 靶点深度偏约 14m，建议适当降斜，与甲方地质导向人员讨论后，确定先从上靶窗进入地层，A 点后移，甲方下指令继续稳斜钻进。在测深 3061m 处，随钻伽马低值尖和高值尖连续出现，气测值较稳定，全烃维持在 12% 左右，地层对比认为进入 3 小层靶窗（表 3-5-3）。

在水平段地质导向阶段，利用预测地层倾角和井斜角之间的关系，判断轨迹上穿或下穿地层，分别在测深 3395m、3650m、3795m、3896.4m、4050m 和 4315.1m 等深度多次提出轨迹调整建议，防止轨迹出靶窗。最终该井在4378m完钻，水平段全长1317m，表3-5-3为隆页X井A靶点和水平段地层分析表，由表可以看到储层钻遇率为100%。

表3-5-3 隆页X井地质导向成果分析表

阶段	井段/m	长度/m	位置	对应隆页1井地层深度/m
入靶前轨迹穿层情况统计	2809～2839	30	⑨小层	2737～2757.3
	2839～2869	30	⑧小层	2757.3～2771.6
	2869～2900	31	⑦小层	2771.6～2784.8
	2900～2958	58	⑥小层	2784.8～2800
	2958～2991	33	⑤小层	2800～2812.3
	2991～3039	48	④小层	2812.3～2819.8
	3039～3061	22	③小层	2819.8～2822
水平段轨迹穿层情况统计	3061～3207	146	上靶窗	2822～2826
	3207～3230.0	23	靶心	2826～2828
	3230～3360	130	下靶窗	2828～2832
	3360～3400	40	靶心	2826～2828
	3400～3640	240	上靶窗	2822～2826
	3640～3722	82	靶心	2826～2828
	3722～4378	656	下靶窗	2828～2832

注：水平段总长1317m，其中：上靶窗穿行长度为146m+240m=386m，占比29.31%；靶心穿行长度为23m+40m+82m=145m，占比11.01%；下靶窗穿行长度为130m+656m=786m，占比59.68%。靶窗钻遇率为100%。

随钻实时评价，对应分析随钻伽马、随钻方位伽马、录井资料，发现三维属性导向模型能够较好地反映钻遇地层特性，在实际导向过程中依据三维属性模型的分析，同时进行随钻岩性参数的计算，进行下一步导向建议。

JPH-X1井主目的层为H1-3-5，随钻地层评价技术支撑水平井侧钻点后3642～4218m井段地质导向，4天16小时完成676m钻井，砂岩钻遇率100%，层界面深度预测误差小于0.5m，满足技术指标要求。

JPH-X1井导向成果图如图3-5-52所示，水平井整体在H1-3-5小层中穿行，部分井段下穿钻遇到H1-3-4小层，但岩性为细砂岩，三维地层模型预测与实际对比见表3-5-4，H1-3-5等小层层界面误差小于0.41m，超过技术指标要求。本井电缆测井解释917m水平段，全部为砂岩，泥质含量均小于40%；对应井段随钻测井解释测井解释898m砂岩，泥质含量大于40%的泥岩19m，整体符合率97.9%，数据表见表3-5-4。分析两者解释发现，因为地层存在部分高伽马砂岩，伽马虽然高，但是中子、密度、电阻率等曲线特征依然为砂岩，随钻测井解释仅依据伽马计算泥质含量判断岩性存在一定的局限性。

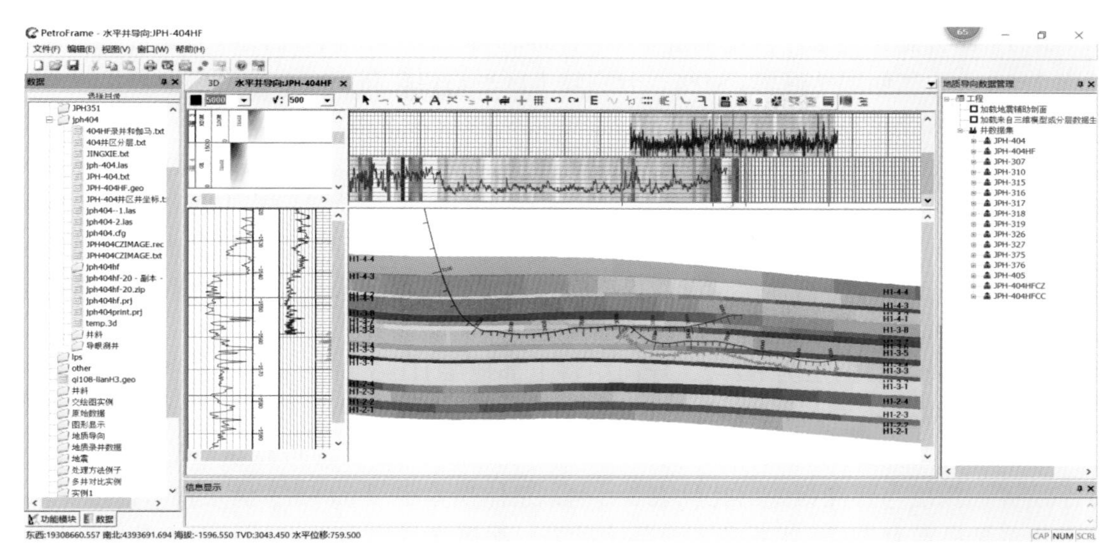

图 3-5-52　JPH-X1 井三维导向成果图

表 3-5-4　JPH-X1 井和 JPH-X2 井地层界面深度对比表

JPH-X1 层界面顶部深度				JPH-X2 层界面顶部深度			
层位	预测 /m	实际 /m	误差 /m	层位	预测 /m	实际 /m	误差 /m
H1-3-4	2981.75	2981.46	-0.29	H1-3-4	3137.1	3137.4	-0.3
H1-3-3	2987.58	2987.17	-0.41	H1-3-3	3139.97	3139.27	-0.7
H1-3-2	2994.23	2994.1	-0.13	H1-3-2	3141.56	3140.76	-0.8
H1-3-1	2995.07	2995.07	-0.2	H1-3-1	3142.37	3141.57	-0.8
H1-3-8	3000.01	3000.23	-0.22	H1-2-13	3146.43	3145.83	-0.6
H1-3-7	3001.85	3001.30	-0.25	H1-2-12	3148.12	3147.45	-0.67
H1-3-6	3003.36	3003.12	-0.24	H1-2-11	3149.52	3148.52	-0.7
H1-3-5	3004.56	3004.15	-0.41	H1-2-10	3151.99	3150.59	-0.8
H1-3-4	3010.39	3010.14	-0.25	H1-2-9	3154.45	3153.45	-0.7
H1-3-3	2012.69	2012.33	-0.36	H1-2-8	3155.97	3154.97	-0.5
H1-3-2	2981.75	2981.46	-0.29	H1-2-7	3156.15	3155.29	-0.86
H1-3-1	2987.58	2987.17	-0.41	H1-2-6	3157.11	3156.25	-0.86
H1-2-4	2994.23	2994.1	-0.13	H1-2-5	3159.01	3158.23	-0.78
H1-2-3	2995.07	2995.07	-0.2	H1-2-4	3160.12	3159.23	-0.89
H1-2-2	3000.01	3000.23	-0.22	H1-2-3	3161.05	3160.13	-0.92
H1-2-1	3001.85	3001.30	-0.25	H1-2-2			

JPH–X2 井随钻地层评价技术指导三开 1000m 水平井段地质导向，6 天完钻，砂岩钻遇率 100%，含气储层钻遇率 68.9%，分别较工区平均值提高 10%。地层模型与实际地层深度误差小于 0.9m，实时评价砂岩岩性准确率 98.0%，满足技术指标要求。

在 6 天多的水平井钻井过程中，项目组与现场定向技术人员反复沟通修正三维地质模型，钻井工程师通过软件实时看到钻头在地层中穿行轨迹，当 JPH–X2 井钻进至 4210m，系统提示注意井斜，录井显示砂岩岩性变细，气测显示变弱，团队通过远程沟通积极配合钻井工程师分析地层情况，提出轨迹调整建议得到采纳，为提高含气砂岩钻遇率提供了有力的技术支撑。

JPH–X2 井主目的层为 H1–2，导向中将上部地层 H1–3 划分 4 小层，主目的层划分为 13 小层，H1–2–6 小层、H1–2–7 小层和 H1–2–8 小层砂体为主要砂组，H1–2–3 小层、H1–2–5 小层、H1–2–11 小层、H1–2–12 小层和 H1–2–13 小层为可能钻遇的泥岩层。主要小层界面深度与预测误差对比见表 3–5–4，整体误差小于 0.86m，满足技术指标要求。本井电缆测井解释 970m 水平段，全部为砂岩，泥质含量均小于 40%；对应井段随钻测井解释测井解释 951m 砂岩，泥质含量大于 40% 的泥岩 19m，整体符合率 98.5%，对比见表 3–5–5，两者有较好的对应关系。

表 3–5–5　随钻参数计算与电缆测井解释砂泥岩分析对比表

井号	深度范围 / m	电缆解释结论		随钻解释结论		符合率 / %
		砂岩 /m	泥岩 /m	砂岩 /m	泥岩 /m	
JPH–X2	3465～4435	970	0	951	19	98.0
JPH–X1	3240～4157	917	0	898	19	97.9

第四章　复杂地层钻井提速提效关键技术

随着油气勘探开发的进一步深入，目前国内低渗透油气藏逐渐向深部、致密、低丰度油气资源发展，特别是在川西中浅层、川西深层及济阳坳陷等低渗透油气藏区块，钻遇地层将会呈现岩石强度高、研磨性强、压力体系复杂等特点，钻进期间复杂情况多、钻井效率低、钻井速度慢等问题较为突出，钻井费用占到整个投资的70%以上，严重影响了低渗透油气资源的经济高效开发。因此研发适合低渗透油气藏复杂地层的钻井提速提效关键工具、装备及应用技术，确保复杂地层安全高效钻进，已经成为实现低渗透油气藏高效开发的重点任务之一。

本章主要介绍了自主研发形成的系列高效金刚石钻头、复合冲击钻井技术、井筒工程环境随钻监测技术、恒定井底压力控制技术以及旋转导向钻井等5项提速提效关键技术，以期为国内低渗透油气藏高效开发提供有力的技术参考。

第一节　国内外现状及发展趋势

一、国外现状

当前油气勘探开发面对资源品质劣质化、油气目标复杂化、安全环保严格化等严峻挑战，全球油气勘探开发目标正从浅层向深层、超深层发展。在这样的背景下，钻井工程技术紧随油气工业发展步伐，尽管面临着前所未有的困难和挑战，但也迎来了创新和发展的难得机遇。尤其是随着致密油气、页岩气等成为油气工业的热点，以及新材料、信息化等技术的飞速发展，国外在高效金刚石钻头、新型提速工具、井下信息随钻测量、钻井实时优化、高造斜率旋转导向工具等方面取得了较大的突破。

1. 高效金刚石钻头

近年来，随着石油勘探开发的难度增加，针对坚硬致密地层、坚硬强研磨性地层及坚硬致密泥岩地层的特点，国外一些石油公司和油气技术服务公司均开展了高性能金刚石钻头的深入攻关研究，并且在金刚石钻头设计、切削齿研制、水力能量利用研究等方面取得了很大进展，推出了不少新理论、新技术、新产品（蔡家品，2016）。

1）创新形状和结构，实现切削齿多样化

长期以来，PDC切削齿的切削面一直是平的。为进一步提高破岩效率和延长钻头使用寿命，近几年国内外钻头公司打破常规，颠覆传统，相继推出了多种非平面PDC切削齿，例如斯伦贝谢Smith钻头公司的锥形切削齿、贝克休斯公司的凿形切削齿和StayCool多维切削齿。此外，传统的PDC切削齿是固定齿，近几年创新研制出一些活动型PDC切削齿，例如斯伦贝谢公司的可旋转PDC复合片、贝克休斯公司的可自动调节切削深度的自适应切削齿，可旋转PDC切削齿有助于充分发挥PDC切削齿的潜能，提高钻速并延长钻头使用寿命。

2）钻头结构多样化、集成化，增强钻头适应能力

近年来，国外持续推出一些新型切削齿，将传统切削齿与新型切削齿集成应用，即生产混合齿钻头，取得了意想不到的综合效果（查春青，2019）。例如，贝克休斯公司新推出了一种集PDC切削齿和牙轮钻头硬质合金齿于一身的PDC钻头；NOV公司开发了一种混合使用PDC切削齿和孕镶金刚石材料的PDC钻头；斯伦贝谢公司新推出了可旋转PDC切削齿，并相应推出了装有固定PDC切削齿和多颗可旋转PDC切削齿的PDC钻头。此外，在钻头集成创新方面取得的最大突破当属贝克休斯公司研制的Kymera钻头，集牙轮钻头与PDC钻头优势于一体的二合一钻头，拓宽了钻头的地层适应性，提高了机械钻速。

3）高新技术和材料引入钻头设计制造，引领钻头不断突破

为了提升钻头设计与制造的效率与质量，大数据、云计算、3D打印、虚拟现实、人工智能等高新技术，将越来越多地引入钻头的优化设计、制造与选型，加快个性化钻头的发展，并极大推动钻头切削齿和钻头结构的个性化、多元化、集成化。此外，全球正掀起石墨烯材料研究热潮，石墨烯将带来一次材料革命，国外已有公司申请了石墨烯钻头专利。随着石墨烯技术的不断发展，基于石墨烯等高新材料有望打造新一代钻头，其破岩效率更高、耐温能力更强、使用寿命更长。

2. 复合冲击钻井技术

冲击钻井技术是近年来研发及应用较多的提速技术，它是通过在钻头上部连接冲击装置，将冲击钻进和旋转钻进相结合的一种钻井方法。钻进时，钻头在受到常规钻压和扭矩作用的基础上，依靠高压气体或钻井液推动冲击器的活塞上下运动，施加一定频率的冲击作用，撞击钻头以增加破岩能力。根据钻进过程中主要起到破岩作用力方向可将冲击振动钻井技术分为轴向冲击钻井和扭转冲击钻井（陈颙等，2001）。

Ulterra公司研制的扭转冲击钻具的设计理念是基于传统液动冲击钻具技术，唯一不同的是扭转冲击钻具将钻井液能量转化为一种直接施加到PDC钻头上的一个持续、高频、均匀的冲击扭转力，协助PDC钻头破岩，其冲击频率为680～2400Hz，冲击扭矩为610～1627N·m。扭转冲击钻具能够使PDC钻头在平稳的钻井扭矩条件下进行高效破岩。扭转冲击钻具由钻井液能量转换器、冲击扭力发生器、驱动短节以及钻头接头等组成。部分钻井液从上接头旁通口进入钻井液能量转换器，钻井液能量转换器驱动下部驱动短节内的2个动力锤持续相互反转碰撞，产生的高频冲击扭矩，经钻头接头传递给钻头，使钻头均匀、稳定地破碎岩石，可获得较高的机械钻速，并达到延长钻头寿命的目的。

Tomax公司的衡扭矩钻井工具是基于对钻头扭矩能量的存储和释放，实现钻头扭矩的实时自平衡，该工具主要由上接头、弹簧套、弹簧、导向套及螺旋心轴等构成。当PDC钻头的扭矩达到一定值时，衡扭矩钻井工具克服弹簧力，上接头、弹簧套、导向套

相对于螺旋心轴的花键配合压缩弹簧，使整个工具处于压缩状态，这时钻头会被逐渐从井底提起，直到钻头回到原来的旋转速度。当钻头的扭矩减少时，弹簧将会适当地拉伸（释放扭矩能量），维持钻头正常钻井。钻井作业中，衡扭矩钻井工具在钻压略有降低的条件下，能够有效地减缓钻头扭矩的波动，大幅减少磨损，提高机械钻速。经测试，在井口恒钻压条件下，钻头钻压略微降低波动，扭矩十分平稳、波动较小，PDC 钻头的机械进尺相对平稳。

3. 井筒工程环境随钻监测技术

井筒环境监测与评价技术首先由 BP 公司和斯伦贝谢公司提出，他们联合开发了 No Drilling Surprises（无风险钻井）系统，简称 NDS。综合了作业者的经验和斯伦贝谢公司的工具和专门技术基础后，实用软件得到开发和快速试验。随着钻井工程和管理工程的不断发展，无风险钻井不单指钻井作业本身，而是包括整个钻井涉及的各个方面，也不单指钻井过程遇到的事故及各种复杂情况，还要包括钻井成本风险。NDS 可以及早发现井下复杂情况与事故发生的预兆，及时采取有效措施，预防井下复杂情况与事故的发生，并且可以实现井眼稳定性控制、地层孔隙压力预测、漏失控制和井眼摩阻控制等功能，其核心在于井下工程参数测量系统的研制。

斯伦贝谢公司、贝克休斯公司等国际油田技术服务公司早已具备井下工程参数测量的能力，并结合钻井效能评价分析，发展了 APWD、MSE、NDS、DWD、IDEAS、StethoScope 和 eDriling 等测量系统，在钻井过程中发挥了重要作用。例如，APWD（Annular Pressure Measurement While Drilling）系统由哈里伯顿公司提出，即随钻井底压力测量技术，其主要解决欠平衡钻井监测的需要，通过随钻井底压力测量仪器，在随钻过程中实时测量井底环空压力数据，并通过 MWD 或者 EM MWD 进行实时数据上传，指导欠平衡钻井作业（Minette D C et al，1992）。美国开发的井下随钻诊断系统（Diagnostics While Drilling，DWD），能随钻测量井下温度、压力、钻头钻压、钻头扭矩、井斜角、方位角和地层参数等，其随钻测量工具、高速数据传输系统和钻井分析软件等将井下地层、钻井状况与地面数据实时联系起来，优化指导钻井作业，以达到提高钻井速度，获取最佳钻井效果的目的。

4. 复杂条件下井筒压力控制技术

控压钻井是一种自适应的钻井工艺，可以精确控制全井筒环空压力剖面，确保钻井过程中保持“不漏、不喷”的状态，即井眼始终处于安全密度窗口内。目前国际上对控压钻井研究很多，形成商业化产品、能够进行现场施工服务的主要有哈里伯顿公司的动态压力控制系统（DAPC 精细控压钻井系统）、威德福公司的 Secure Drilling 系统（精细流量控制系统）和斯伦贝谢公司的自动节流控压钻井系统。控压钻井技术在海洋、陆地应用超过 500 口井，用于解决窄密度窗口下的漏失和提速等（Mo S Y et al，2016）。

威德福公司开发的深水闭环钻井系统能够发现微小溢流和井漏，实现相关信息的实时输出和自动决策，适用于先进 MPD 及井眼压力监测，钻井液形成闭路循环，能提高钻井效率，降低钻井成本。

REELWELL公司研发的双壁钻杆反循环钻井工艺实质上也属于控压钻井的一种。在常规钻柱内部安装特殊内管，形成一种同心管，称Reelwell钻井方法（RDM）。内管用于从井底清除岩屑，外管用于泵入钻井液。内管外壁有绝缘涂层，管中管充当同轴电缆，向井下供电，实现数据的高速、双向传输。在BHA上方和钻柱下部安装滑动活塞，用于分离环空内双梯度钻井液和帮助控制压力。井底钻具组合以上环空采用较高密度钻井液，循环采用低密度钻井液。提高了压力控制水平和水平段延伸能力，能够更好地解决窄密度窗口问题，减少非生产时间，提高作业安全性。

目前国外的控压钻井主要用于一些高难度井，如高温高压井、含酸性有毒气体的碳酸盐岩裂缝性地层、海洋窄密度窗口井，以及以前采用常规方法所无法钻达设计井深的井等。

5. 旋转导向钻井技术

国外从20世纪80年代末期开始进行旋转导向钻井系统的研发，20世纪90年代进入商业化使用，并逐渐改进、升级、完善。目前以斯伦贝谢公司、贝克休斯公司、哈里伯顿公司、威德福公司为代表的油田技术服务公司分别拥有自己先进的旋转导向系统序列，大规模应用在油田技术服务中，已经成为了一种主要的定向井、水平井钻井工具。

斯伦贝谢公司初始的PowerDrive系统是全旋转导向，其井下导向工具具有三个支撑导向棱块。当井下工具开始工作后，地面监控系统通过双向通信系统向导向工具发送指令需要在某个方向导向时，导向工具每旋转一周三个导向棱块都在该方向的相反方向伸出一次，顶向井壁产生支撑力，使钻头偏向所需固定方向，导向棱块转离该方向后自动收回。斯伦贝谢公司由最初研发的PowerDrive系列工具，后续发展了指向式的PowerDrive Xceed系列旋转导向工具，近年来该公司又发布了新型高造斜率的指向式旋转导向工具（PowerDrive Archer）。

贝克休斯公司的旋转导向钻井系统以推靠式为主，在其不旋转的外筒上均匀分布三个支撑肋，支撑肋由独立的液压系统提供动力推靠井壁产生所需要的侧向力，三个支撑肋产生的侧向力之和即为导向工具的导向力，从而实现旋转导向钻进。近年来贝克休斯公司已改进为推靠和指向复合式。其最新研制的AutoTrakCurve系统可以实现一趟钻完成直井段、造斜段、水平段，使钻井速度更快，系统性能更优越。同时，AutoTrak的优势还在于它集成了先进的LWD系统，从而缩短了底部钻具组合的长度，地质参数传感器更接近钻头，使轨迹控制更加精确。

二、国内现状

近年来，针对深层特深层油气勘探开发中存在的钻井风险大、钻井周期长，致密气藏单井产量低、难动用储量动用率低，页岩气储层单井产量低、综合成本高，旋转导向钻井系统受国外制约等关键难题，持续加大科技攻关力度，尽管在高效金刚石钻头、新型提速工具、井筒压力控制及旋转导向工具研发等方面取得了快速发展，但是整体上与国外先进技术水平仍存在较大差距（郭元恒，2013；豆宁辉，2015；陈昱汐，2016；韩来聚，2017；冯强，2018）。

1. 高效金刚石钻头

国内在现有PDC钻头的基础上，针对特殊的地层，在高效钻头的开发和改进方面做了大量的工作，设计出了一些个性化的PDC钻头。

针对含有砾石和软硬交错地层的特点，提出了混合切削结构设计。这种钻头的主切削齿为PDC，在PDC切削齿的后面镶嵌上硬质合金齿，可支撑PDC切削齿和增强PDC的抗断裂强度。这种钻头在钻软地层时，由PDC切削地层，而在坚硬或研磨性强的地层中钻进时，在PDC切削齿磨损后，由硬质合金齿与地层接触并肩负起碎岩的任务。

中国石油休斯敦研究中心研制的Tridon切削齿为非平面PDC切削齿。中国石油大学（华东）研制了一种新型的、带有自锐式切削齿的水力辅助破岩系统，既可提高对工作重点切削齿的冷却，又可实现水力—机械破岩的目的。这种钻头由钻头基体、水力喷射系统及自锐式切削齿构成，由于该钻头采用了合理的水力喷射系统和自锐式切削齿，使得重点切削齿实现与水力联合破岩的目的，弥补了普通金刚石钻头的纯机械切削、切削齿过快钝化及清岩不畅等缺陷，可大幅度提高钻进速度（关舒伟，2015）。

2. 复合冲击钻井技术

自20世纪80年代中期以来，国内加快了在石油旋冲钻井方面的研究步伐，先后设计了不同类型的液动冲击器，但大多技术不成熟。国内近年来也致力于扭转冲击钻井提速工具的研发，中国石化胜利油田钻井院、中国石油钻井工程技术研究院、西南石油大学、中国石油大学等均在进行扭转冲击钻井工具的研制，并取得了一系列的初步研究成果。

国内扭转冲击钻具的设计理念是基于传统液动冲击钻具技术，唯一不同的是扭转冲击钻具将钻井液能量转化为一种直接施加到钻头上的一个持续、高频、均匀的冲击扭转力，协助钻头破岩。扭转冲击钻具由钻井液能量转换器、冲击扭力发生器、驱动短节以及钻头接头等组成。部分钻井液从上接头旁通口进入钻井液能量转换器，钻井液能量转换器驱动下部驱动短节内的2个动力锤持续相互反转碰撞，产生的高频冲击扭矩，经钻头接头传递给钻头，使钻头均匀、稳定地破碎岩石，可获得较高的机械钻速，并达到延长钻头寿命的目的。目前，国内多家公司已成功研制出类似产品，已在现场推广应用。

3. 井筒工程环境随钻监测技术

国内学者也致力于随钻井下工程参数测量工具研究，并取得了一定进展，井下工程参数测量仪器、井下钻压测量装置、井下钻柱测量接头计算机自动测量系统等均已成功进行试验，然而国内研究多以测量井下钻压、扭矩、弯矩、压力为主，对于钻柱振动的井下监测研究甚少，而且系统稳定性较差、可靠性不高、精度较低，对井下实测工程数据、振动参数开展的应用研究也刚刚起步（姜海龙等，2020）。

4. 复杂条件下井筒压力控制技术

近年来，国际上利用控压钻井技术解决窄窗口安全钻井已取得了较好的成绩，我国起步相对较晚，但发展较快，目前已经开展了相关技术的引进以及相应工艺技术、设备的自主创新研究，针对窄压力窗口钻井问题已进行过相当多的实践（曾凌翔，2011）。总体来说，我国已经从常规控压钻井技术向精细控压钻井技术发展。

为解决窄压力窗口钻井难题，国内自主研制了包括地面压力控制装置和井下压力随钻测量工具的精细控压钻井系统，攻克了控压钻井技术及装备的核心技术，井底压力控制精度 ±0.5MPa，实现多策略、自适应闭环监控，可进行近平衡、欠平衡精细控压钻井作业，适用于各种钻井工况，达到了国外同类技术的先进水平。在塔里木油田塔中、川渝油田、冀东油田、华北油田等开展现场试验与工业应用，实施了井底压力精细控制，系统性能稳定，有效解决了“溢漏共存”钻井难题，取得显著应用效果。

此外，中国石化胜利石油工程有限公司首次提出了“液量稳定”控压钻井方法，并对控压钻井方案、“液量稳定”控压方式的可行性以及方案实施要点进行了分析，同时为了解决盐水层钻井和井喷井漏问题，利用手动方式在土库曼斯坦阿姆河右岸地区 011 井、010A 井、013 井、KEL–21 井、SSHOR–21 井、B–P–109H 井、B–P–102D 井、Gir–23D 井、Gir–24D 井和 sal–21 井等多口井进行了成功应用，为该技术今后的研究及应用奠定了基础。

5. 旋转导向钻井技术

国内开展旋转导向钻井技术的研究工作起步于 20 世纪 90 年代中期，多家研究机构和大学都涉及了这一技术的研发（姜伟，2013）。由于我国研究起步较晚、尚不成熟，且受制于技术资金投入、加工制造能力和高端传感器技术限制等因素，目前尚未形成商业化产品，无法满足高精度钻井的地质导向需求（苏义脑等，1996）。

1993 年，西安石油学院开始开展旋转导向井下闭环钻井技术的理论研究与技术开发；1996 年，胜利油田开始进行旋转导向钻井技术的跟踪调研工作；2001 年“旋转导向钻井系统整体方案设计及关键技术研究”“旋转导向钻井技术研究”分别被列为国家“863”前瞻性研究项目和中国石化集团公司科技攻关项目；2003 年以来，“旋转导向钻井系统关键技术研究”，“可控（闭环）三维轨迹钻井技术”被列为国家“863”正式科技攻关项目，并在井下推靠式旋转导向钻井工具系统关键技术研究方面取得突破，形成了功能性样机。2001—2010 年，中国地质大学依托国家科技部国际科技合作重点项目——“井下闭环高精度导向钻井技术”研究，开展了基于“Geo–Pilot”的静态指向式旋转导向钻井系统研究，取得了阶段性成果。

三、发展趋势与展望

随着油气勘探开发程度的不断深入，勘探开发领域正逐渐转向低渗低产低品位、深层特深层、非常规油气藏，由此对复杂地层钻井提速提效关键工具与装备提出了更高要求。目前不论是石油公司、油田技术服务公司或石油装备制造商均致力于提速提效装备与工具的研发，例如，斯伦贝谢公司、贝克休斯公司、DRECODRECO 公司、Smith 公司、国民油井公司、阿特拉公司等注重提速工具、钻头的研发；挪威国家石油公司将提速降本建井技术作为重点支持项目；美国 Veristic 公司、挪威油井系统技术集团等则大力研制高性能的钻机设备。

（1）钻头性能直接关系到钻井的效率、质量、成本乃至安全，是钻井提速降本的第一利器。今后高效钻头应用于硬岩地层的关键问题将在于提高切削齿的强度、改进切削齿对岩石的切削破碎方式、适应性能等方面。

（2）国内外钻井提速正朝着更安全、低成本、高效破岩的方向发展。在继续完善现有提速工具的基础上，研发革命性的高效破岩提速技术。其中大幅提高井底破岩能量和钻头破岩效率、改善井底钻头和钻具工作状态是今后破岩工具的发展方向之一。

（3）井下测量控制技术正向着智能化、自动化、高可靠方向发展。系统探测深度、测量精度和多参数集成化程度进一步提高，有利于增强精细钻井的实时控制能力；而高可靠测量技术、小型化仪器的发展则能够满足高温高压恶劣环境和深井、小井眼钻井需求。

（4）目前井筒压力控制技术已形成了较为完整的理论体系，并发展了近平衡压力钻井、欠平衡压力钻井、控压钻井等多种应用形式，正向着全自动化、精细化控制发展，自动化程度和控制精度将越来越高。

（5）围绕着更好地控制井眼轨迹，进一步提升性能、降低成本和扩大应用，旋转导向钻井技术未来的发展趋势主要集中在高造斜率、高轨迹控制精度、高工作可靠性、高机械转速、全旋转结构方式、多参数化随钻测量、可视化钻进等方面，并且随着井下处理系统的发展及随钻测井技术的日益成熟，旋转导向钻井技术与地质导向钻井技术相结合，实现地质导向闭环控制的旋转导向钻进，将在复杂油气藏开发方面发挥着越来越重要的作用。

第二节 高效金刚石钻头

金刚石钻头广泛用于石油、天然气、地质钻井，取得了突出的使用效果，现在和将来都将具有更为广泛的应用，但是对于川西和济阳坳陷等地区的深部复杂地层，由于研磨性强、可钻性差，在这些地层中钻进时，PDC 钻头切削齿损伤严重，从而容易导致钻头提前报废，钻头进尺少、机械钻速慢，钻头使用量增加，起下钻频繁，钻井周期延长。针对低渗透油藏复杂地层，分别研制了耐磨混合 PDC 钻头、微心 PDC 钻头及孕镶金刚石钻头等 3 种类型高效钻头，进一步丰富了低渗透油气藏钻井提速的破岩手段。

一、结构原理

钻头是钻探工程中破碎地层岩石、钻出井眼必不可少、最直接的工具。根据低渗透油藏钻探中钻遇的地层岩性特征，开发了改变破岩方式不增加布齿密度的耐磨混合 PDC 钻头、提高地质录井地层岩性识别的微心 PDC 钻头及适于强研磨性硬地层的孕镶金刚石钻头。

1. 耐磨混合 PDC 钻头

砂岩、砂砾岩等地层采用常规 PDC 钻头进尺少，钻头耐磨性需进一步提高。目前常规 PDC 钻头设计过程中较为常用的提高耐磨性的方式是提高布齿密度、增加刀翼数量或增加切削齿排数，但通过增加布齿密度来提高耐磨性必然导致切削齿吃入地层深度降低、机械钻速下降。耐磨混合 PDC 钻头是在布齿密度不变的前提下，通过改变破岩方式来提高钻头的耐磨性能。

耐磨混合 PDC 钻头采用复合片加锥齿 / 孕镶块组合的切削结构设计，在研磨性地层中可以有效延长钻头寿命，提高单只 PDC 钻头进尺。如图 4–2–1 所示，其结构主要包括钻头体、PDC 复合片、锥齿 / 孕镶金刚石块，通过孕镶金刚石块达到延长钻头寿命的目的。

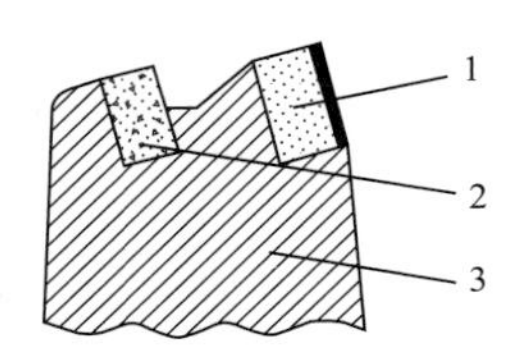

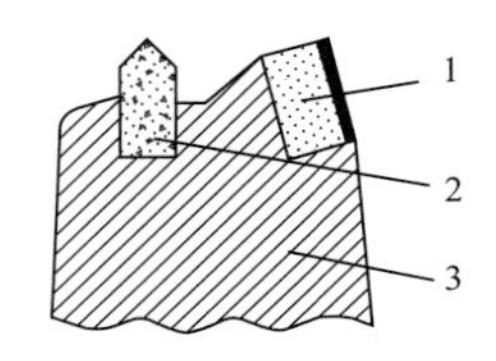

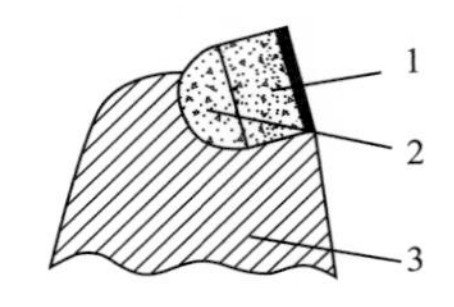

图 4–2–1 复合片加孕镶块组合的切削结构
1—金刚石复合片；2—锥齿 / 孕镶块；3—钻头体

复合片加孕镶块组合钻头在复杂研磨性地层中钻进时，首先是 PDC 复合片切削岩石，跟在其后的金刚石孕镶块由于出露高度低于金刚石复合片，前期并不参与切削岩石，当 PDC 复合片崩损后，跟在其后的金刚石孕镶块逐渐接触到地层参与磨削岩石，同时保护钻头 PDC 复合片不受过大冲击。

如图 4–2–2 所示，为复合片加锥齿组合耐磨混合 PDC 钻头的破岩原理示意图，其中锥形切削齿布置在 PDC 切削片之后（15～30mm），锥形切削齿比 PDC 切削齿出露低 2mm，相邻刀翼后排齿配有普通 PDC 圆齿，PDC 后排切削齿比钻头主切削齿出露低 3mm。因而钻进初期只有 PDC 切削齿参与破岩，但当钻遇非均质地层时，前排主切削齿的磨损或者受力载荷增加，使锥形切削齿接触地层，一方面降低了 PDC 切削齿上的钻压及扭转力，减小了热磨损和冲击作用对 PDC 切削齿的破坏概率，另一方面锥形齿刻划犁削地层形成裂纹，PDC 复合片随后切割内聚力已被卸载的岩石，这时 PDC 复合片所需的切削力远低于常规 PDC 复合片切削地层时所需的力。因此，可以以较低的反扭矩提高岩石切削能力。锥形齿在非均质地层钻进后期，锥顶磨损后破岩效率降低，相邻刀翼的普通 PDC 后排齿此时接触地层，一方面新复合片的切削刃非常锋利，有利于提高钻头钻进后期钻速，另一方面还能够延长钻头使用寿命。

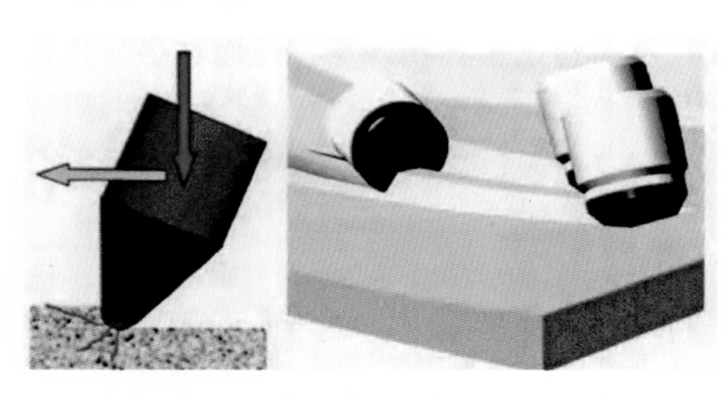

图 4–2–2 锥齿混合切削结构破岩示意图

2. 微心 PDC 钻头

常规 PDC 钻头的破岩方式是在软—中硬地层中对岩石进行剪切破坏，在中硬—硬地层中对岩石进行刮削或者研磨破坏，生成的岩屑颗粒小，代表性不强，增加了地质录井中岩性判断和分层的难度。尤其是当接近产层钻进期间，只能牺牲钻井速度，使用牙轮钻头，靠冲击破碎破岩形成颗粒状岩屑提高岩性判断准确性，为及时发现、保护和评价油田勘探开发提供依据。但这种方式增加了起下钻次数，降低了钻井速度，延长了钻井时间，降低了钻井效益。为了把 PDC 钻头扩展应用到探井和其他对岩屑录井要求较高的井中去，需要解决 PDC 钻头岩屑细小、岩性难以判断的问题。微心 PDC 钻头就是为满足这一需求设计的新型 PDC 钻头。

如图 4-2-3 所示，微心 PDC 钻头区别于普通 PDC 钻头最显著的特点是在钻头的中心部位不布置普通切削齿，钻头在岩层中钻进时，其井眼中心部位的岩石不是依靠 PDC 切削齿通过剪切或者是磨削方式进行破坏，而是以断裂或者压碎的方式进行体积破碎，并通过这些碎岩方式来达到获得较大岩屑。

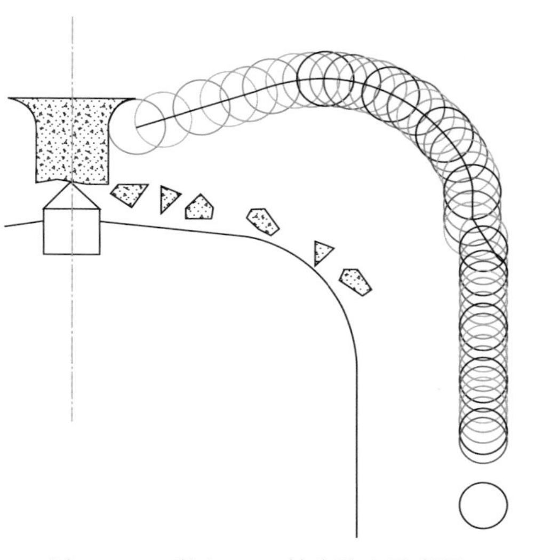

图 4-2-3 微心 PDC 钻头取心示意图

微心 PDC 钻头关键结构主要包括型心结构、断心结构和返心结构等几个方面，其中：（1）型心结构是根据地层岩性特点设计微心钻头的微岩心直径、长度等；（2）断心结构是根据地层岩性特点、岩石类型和强度对钻头断心结构的布置方式进行设计；（3）返心结构是根据微岩心的大小，对钻头的返屑槽的深度和宽度等进行设计，对钻头水力特点分析研究，合理设计喷嘴的数量、大小和方位等，使得岩心能够尽快脱离井底顺利返出；同时保证钻头表面得到及时清洗，能够对 PDC 切削齿进行有效地冷却，防止钻头泥包。

通过对微心 PDC 钻头的提速原理进行分析，在旋转钻井中，钻头破坏地层的能量 E 主要是有两部分组成的，即钻头因旋转产生的动能 E_r 和因钻头振动产生的冲击能 E_p：

$$E = E_p + E_r \tag{4-2-1}$$

$$E_p = F_p d / V \tag{4-2-2}$$

$$E_r = 2\pi T / V \tag{4-2-3}$$

式中 E_p——钻头因振动产生的冲击能，J；

E_r——钻头因旋转而产生的动能，J；

F_p——冲击力，N；

T——扭矩，N·mm；

d——切削深度，mm；

V——钻头每次旋转时破碎的地层体积，mm^3。

从理论分析可以得出，以钻头的中心点为中心，越靠近钻头中心点的地方钻头切削的线速度越小，扭矩 T 也越小，E_r 也越小，越接近中心的地方线速度基本为零，E_r 也基本为零。在 E_r 基本为零的情况下，中心点附近的岩石只能靠钻头因振动产生的冲击能 E_p 进行破碎，这就大大增加了中心点附近岩石的破碎难度，从而严重影响钻头破碎地层的效率，使得钻进的机械钻速下降。为了提高机械钻速，防止中心点附近因动能几乎为零造成的机械钻速下降问题，让钻头不切削中心点附近岩石，而是让其形成一定直径的岩心通过钻井液返出地面，这样不但提高了钻进的机械钻速，也增大了岩屑的直径，增加了岩屑的研究价值。

3. 孕镶金刚石钻头

对于火成岩、高研磨性砂岩或含砾砂岩等难钻地层，采用牙轮钻头钻进，钻进时效低、工作寿命短，成为制约提速的技术瓶颈。近年来，随着国内外人工合成金刚石单晶技术不断成熟，孕镶金刚石钻头整体性能随之得到显著提升，使得孕镶金刚石钻头在研磨性难钻地层应用越来越广泛，与常规牙轮钻头和PDC钻头相比，破岩效率高、钻进速度快。

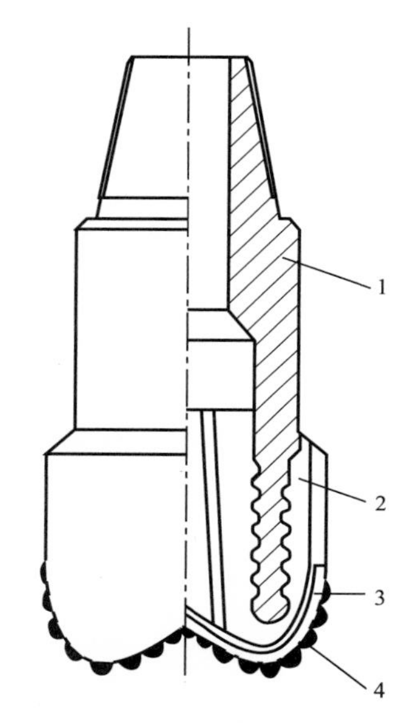

图4-2-4 切削—研磨型孕镶钻头结构图
1—本体；2—胎体；3—孕镶金刚石层；4—PDC形孕镶块

新型切削—研磨型孕镶金刚石钻头将PDC钻头设计融入到孕镶钻头结构中，形成了离散化切削结构设计技术。钻头采用高强度、超耐磨的圆柱形金刚石孕镶块作为主要破岩元件，改变了以往孕镶钻头的单纯研磨破岩方式，同时兼具切削和研磨两种破岩作用，进一步拓宽了对地层的适应范围，如图4-2-4所示。金刚石孕镶块的几何形状与PDC切削齿相似，当钻遇软或中硬地层时（如含泥页岩地层），可以像PDC切削齿一样切削岩层，充分利用切削破岩效率高的优点；新型切削齿与岩石接触部分为天然或人造金刚石孕镶体，在硬地层（如含石英质砂岩地层）中钻进时，可以像常规孕镶金刚石钻头一样磨削岩石，从而获得较高的破岩效率。

二、关键技术

1. 耐磨混合PDC钻头

1）锥形齿轮廓设计

锥形PDC齿的锥顶必须具有合适的形状，锥顶太尖虽然容易吃入地层，但强度低、耐磨性和抗冲击性也不够，太钝会使锥形 PDC 齿吃入地层困难，破岩效率低。本书设计了一种锥形齿，齿直径为 13mm，齿高 16mm，锥顶宽度 3mm，锥顶圆弧半径 2mm，锥顶角为 86°，锥顶与锥面均为聚晶金刚石层，其锥齿轮廓设计如图 4–2–5 所示。

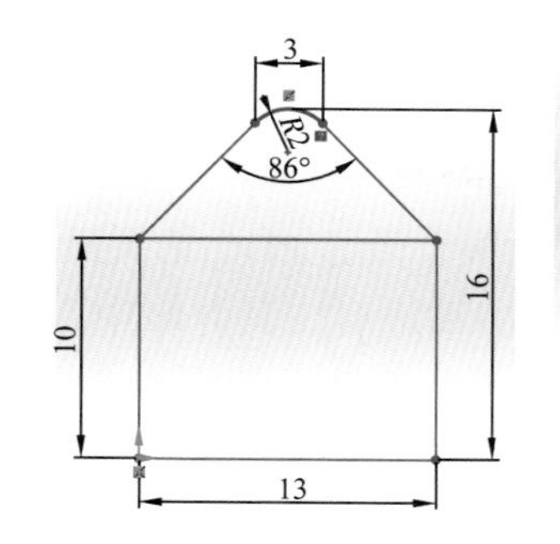

图 4–2–5 锥形 PDC 齿平面设计图和三维设计图

2）锥形齿研制

锥形齿作为新型钻头的提速及减振元件，其质量的好坏直接影响到钻头的切削效率和使用寿命。提高锥形齿的质量，增强其使用寿命及切削效率是亟待解决的问题。通过对影响复合片性能因素进行研究，研制出了适合非均质地层的特殊锥形齿，其中新型锥形齿研制过程中：（1）选用了对金刚石具有良好润湿性、线性膨胀系数与金刚石接近的黏结剂；（2）不同粒度的金刚石颗粒以合适比例混合，保证了金刚石颗粒间的连接更加紧密；（3）在金刚石层和基体之间镀上一些金属进行过渡；（4）把金刚石层和基体之间的界面做出曲面，使得二者之间的界面更加稳定。

3）冠部剖面形状设计

针对非均质地层特点，采用等磨损和等切削原则，在拟合三种基本轮廓理论曲线方程的基础上，结合钻头设计经验，确定出钻头冠部轮廓形状：中等深度内锥结构，双圆弧冠部轮廓和较短的外锥长度。中等深度的内锥结构一方面能够抵抗一部分的钻头横向力，保持钻头的稳定性，另一方面还能在定向时使钻头具有较强的侧向切削能力。较大的冠顶半径，这样在钻进非均质地层时，使切削齿受力较均匀，避免单齿受力过大而先期损坏。

4）布齿设计

钻头前排齿按轨径布齿：部分 PDC 切削齿（心部切削齿除外）分布在钻头冠部端面上不同的同心圆环上。这一径向布齿方式使钻头在钻进过程中产生不平滑的井底，PDC 切削齿钻进中会撞击相邻的岩石凸起环带，产生一个与偏移方向相反的稳定力，从而提高钻头整体的稳定性。

钻头后排齿布齿：锥形切削齿布置在 PDC 主切削齿之后（20mm），且锥形切削齿比 PDC 切削齿的出露低 2mm，相邻刀翼后排齿配有普通 PDC 圆齿，且普通 PDC 后排切削齿比钻头主切削齿的出露低 3mm。各切削齿出露度关系：主切削圆齿＞锥形齿＞后排圆齿。新型钻头后排齿的布齿设计如图 4–2–6 所示。

图 4–2–6 新型钻头锥形后排齿设计及正常圆齿后排齿设计图

2. 微心 PDC 钻头

1）微心 PDC 钻头型心结构设计

区别于普通 PDC 钻头，微心 PDC 钻头最显著的特点是在钻头的中心部位不布置普通的切削齿，钻头在岩层中钻进时，其井眼中心部位的岩石不是依靠 PDC 切削齿通过剪切或者是磨削方式进行破坏，而是以断裂或者压碎的方式进行体积破碎，通过这些碎岩方式达到获得较大岩屑的目的。

根据微心 PDC 钻头破岩机理，对微心 PDC 钻头的型心结构进行设计，在钻头基体的中心部位布置一个如图 4-2-7 所示具有一定倾斜角度的 PDC 复合片，这个装置称之为顶心结构或者是断心结构。其复合片前面与垂直方向的夹角 R 称之为断心角。根据理论力学分析，该断心角角度越小，在同等的钻压下，岩心越容易折断，但是由于在实际钻进中，实际产生的岩心会小于理论岩心，如果断心角过小，复合片与岩心接触点的半径就会越大，甚至有可能接触不到岩心，或者即使接触到岩心，在岩心没有断裂之前，由于磨损的作用，而把岩心进一步磨小，使断心结构失去了作用。经过综合分析初步把断心角度设置为 20°～30°，当所钻地层岩性比较松软时，岩心相对比较容易折断，而且岩心直径要比理论直径相对较小，这时选择相对较大的断心角，防止断心结构不能产生作用。当地层岩性较硬时，使用较小的断心角，因为岩性较硬，实际岩心直径与理论直径更加贴近，较小的角度可以产生更大的横向断力，使得岩心更容易折断，防止折断力不够而影响了机械钻速。因此根据不同的地层岩性特点选择不同的折断角，既能够取得最好的断心效果，又防止断心结构接触不到岩心而失去作用。

2）微心 PDC 钻头返心结构设计

为了使微岩心能够顺利排出井底并顺利上返，对微心 PDC 钻头的返心结构进行了研究。当岩心折断后，就会下落到井底中心部位，为了防止岩心在井底无法顺利返出，或者卡在钻头刀翼的某个部位，针对岩心的返出，对钻头的结构进行了改进设计。在保持钻头力平衡的条件下，适当加宽一个水槽的宽度，同时进行加深，并延伸至钻头中心部位，这个槽称之为排心槽，如图 4-2-8 所示。

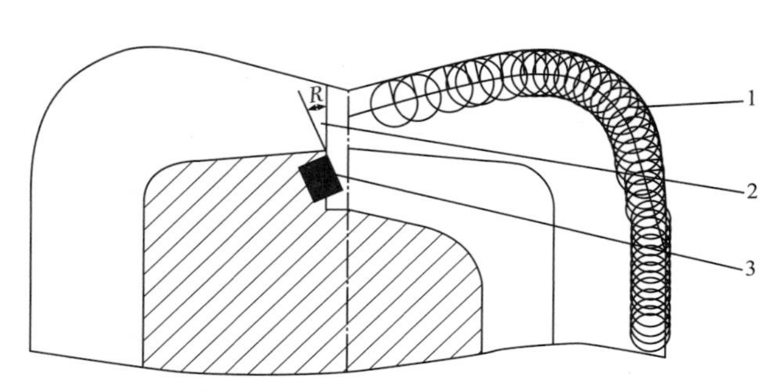

图 4-2-7 折断式微心 PDC 钻头结构设计

1—切削齿；2—断心角；3—断心复合片

图 4-2-8 折断式微心 PDC 钻头设计模型

岩心断裂后就落在这个排屑槽内，然后随钻井液上返至井口。为了防止岩心进入其他水槽内，并卡住，把钻头其他刀翼适当延伸至钻头中心附近，封住其他水槽的入口，防止岩心进入其他水槽内。

3. 孕镶金刚石钻头

新型孕镶金刚石钻头采用“切削破岩 + 犁削破岩”离散化结构设计，为了增强孕镶钻头的稳定性，孕镶钻头的冠部形状采用稳定性较好的 B 形剖面。为了适应火成岩等难钻地层抗压强度高、胶结致密、易剥落掉块等特点，同时满足提高机械钻速、延长钻头使用寿命和防卡钻的要求，对孕镶金刚石钻头结构进行了优化：一是将钻头刀翼数量减少，增加刀翼间宽度；二是强化保径部分防卡设计，优化水力流道，将 2 个刀翼合并为 1 个形成宽刀翼排屑槽（比较大的水路从井底连通到外保径），斜倾角弯流道设计使岩块落入排泄槽可受到向上的推力，可以防止钻头被卡死；在钻头保径部位布设了倒划眼切削齿，使钻头在划眼作业时具有一定的切削能力。新型孕镶金刚石钻头立体示意图如图 4–2–9 所示。

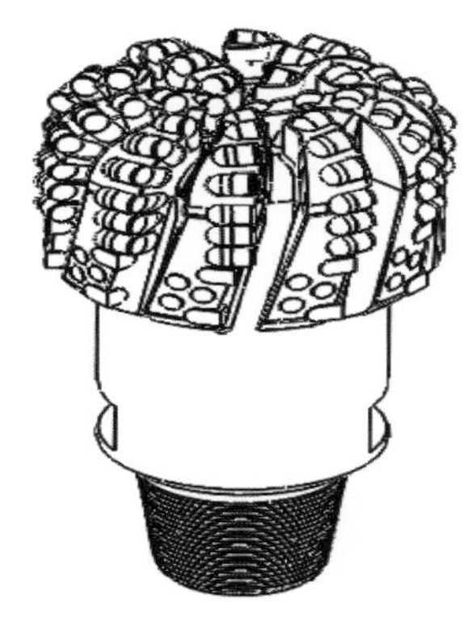

图 4–2–9 新型孕镶金刚石钻头立体示意图

针对岩石强度高、研磨性强的火山岩、砂砾岩地层，孕镶金刚石钻头采用较小粒度、较高浓度的金刚石，一方面利于钻进过程中失去工作能力的金刚石不断脱落，新的金刚石能够不断出露，保证孕镶钻头具有良好的自锐能力；另一方面能够大大增加钻头工作面上参与破岩的金刚石数量，显著提高孕镶钻头的耐磨能力，尽可能延长其使用寿命。为了能够同时获得比较高的机械钻速和钻头进尺，以钻头平稳钻进、长使用寿命兼顾高机械钻速为主要目的，研制了自锐性好、耐磨性强、整体强度高的新型孕镶金刚石钻头。新型孕镶金刚石钻头选用 70% 金刚石浓度、40/50 目和 50/60 目两种粒度的金刚石作为切削元件，其中 40/50 目金刚石占总量的 65%，主要起“掏槽”破岩作用，以提高机械钻速为主；50/60 目金刚石占比 35%，具有良好的耐磨作用，可以延长孕镶钻头的使用寿命。

三、技术参数

1. 耐磨混合 PDC 钻头

针对非均质地层特点，钻头刀翼结构设计为稳定性较强的六刀翼结构（3 个长刀翼、3 个短刀翼），长刀翼与短刀翼间隔排列。主切削齿采用 ϕ16mm 复合片，3 个短刀翼后排齿采用锥形齿，3 个长刀翼后排齿采用常规的 ϕ13mm PDC 复合片。主切削齿从钻头中心向外方向，依次采用 10°～20° 后倾角设计来降低钻头的冲击破坏，详见表 4–2–1。

2. 微心 PDC 钻头

微心 PDC 钻头采用四刀翼或五刀翼钻头结构，冠部为抛物线形状，深内锥结构设计，内锥角设计 140°～145°。PDC 切削齿布置在刀翼上，钻头中心区域未布置 PDC 切削齿，留有 15～20mm 空隙，钻头旋转时中心区域形成一个圆柱形凹槽，凹槽底部布置一颗锥形金刚石齿，锥形金刚石齿的轴心与圆柱形凹槽的轴心不在同一个平面内，锥形金刚石齿的轴心所指向的排泄槽较其他排泄槽宽深，其在钻头周向上的宽度大于凹槽直径，钻头钻进时心部可形成岩心柱。微心 PDC 钻头产品规格及性能参数详见表 4–2–2。

表 4–2–1 耐磨混合 PDC 钻头性能参数表

项目	取值	备注
刀翼	六刀翼	提高稳定性
主切削齿 /mm	16	
后倾角 / (°)	10～20	提高攻击性
刀翼及保径结构设计	螺旋刀翼和螺旋保径	提高稳定性
布齿结构	复合片加锥齿	提高破岩效率
锥齿角度 / (°)	17	依据室内实验结果

表 4–2–2 微心 PDC 钻头产品规格及性能参数表

项目	取值	备注
刀翼	四刀翼或五刀翼	稳定性设计
冠部形状	抛物线	
内锥角 / (°)	140～145	深内锥
中心区 /mm	15～20	形成岩心柱

3. 孕镶金刚石钻头

孕镶金刚石钻头设计 140° 的小内锥角提高在高转速条件下的工作稳定性，外侧至保径布置宽度为 16mm 的孕镶切削元件；钻头心部采用 ϕ16mm 优质 PDC 复合片代替孕镶块，以防止钻头“掏心”现象发生；水力结构采用“大流道 + 深水槽 + 多水眼不等径”设计，以保证钻头的冷却和清洗效果。孕镶金刚石钻头规格及性能参数详见表 4–2–3。

表 4–2–3 孕镶金刚石钻头规格及性能参数表

项目	取值	备注
刀翼	八刀翼或十刀翼	提高布齿密度
冠部形状	B 形剖面	
内锥角 / (°)	140	深内锥
保径长度 /mm	200	提高保径能力
心部布齿	ϕ16mm 优质 PDC	防掏心设计

四、性能特点

1. 耐磨混合 PDC 钻头

（1）耐磨混合切削结构其破岩方式是在轴向力和扭矩作用下连续旋转破岩，锥齿是以前倾角的角度将硬地层岩石犁出沟槽，随后复合片剪切掉锥齿预破碎的地层，提高复合片的破岩效率同时延长钻头寿命。

（2）强研磨性粉砂岩（砾石）、非均质性强地层、软硬交错地层钻进期间憋跳严重，会对钻头造成较大损害，采用 PDC 切削齿和锥形切削齿混合切削结构，同时辅以切削锥齿、主辅齿距离、主辅齿高度差等优化设计，显著提高了破岩效率和耐磨性。

（3）新型切削结构 PDC 钻头在钻头鼻部外侧主切削齿后面布置锥形齿和普通 PDC 圆齿，不仅能提高破岩效率，还能为 PDC 主切削齿提供保护作用，提高了 PDC 钻头使用寿命。

2. 微心 PDC 钻头

（1）在钻头的中心部位利用锥形尖齿代替原有的岩心折断结构，在钻进过程中，同等钻压的条件下利用锥形尖齿的局部压强高的特点把中心部位的岩心压碎，并伴随钻井液返出井口，从而为地质岩屑录井提供易于辨别和分析的大颗粒岩屑。

（2）当中心岩柱接触到钻头中心的锥形齿时，压碎式微心 PDC 钻头由于锥形齿本身的结构，岩心与锥形齿的接触面积非常小，因此在同样的压力下就会比其他机构产生更高的压强，同时由于岩心已经与周围的地层岩石剥离，没有了地层围岩的影响，岩心在局部高压的作用下会劈裂开，这种破岩方式为体积破岩，比普通 PDC 钻头剪切或者刮削岩石的效率更高，而且产生岩屑更大。

3. 孕镶金刚石钻头

（1）把 PDC 钻头的成熟设计理念融入到了孕镶金刚石钻头结构设计中，优化了孕镶金刚石钻头结构和水力流道，形成了适于复杂地层的孕镶金刚石钻头的离散化切削设计方法。

（2）采用“切削破岩 + 犁削破岩”离散化切削方式，钻头工作过程中遇到软地层可以切削破岩，遇到硬研磨性地层可以磨削破岩，复配高速螺杆或涡轮钻具可进一步提高破岩效率。

（3）金刚石采用多级粒度配比，提高了钻头切削效率，粗粒度金刚石磨削地层快速破岩，细粒度金刚石提高整体的耐磨性，延长钻头寿命，提高进尺。

（4）选用 40/50 目或 50/60 目金刚石粒度，并配以 70% 左右金刚石浓度，研制出的孕镶金刚石钻头具有自锐性好、耐磨性强的技术优势，可以起到兼顾提高难钻地层机械钻速和钻头寿命的效果。

（5）优选了孕镶体骨架及黏结金属材料，进一步提高基体对金刚石的把持力，防止金刚石脱落，提高了钻头耐磨性。

五、施工工艺

1. 耐磨混合 PDC 钻头

1）钻头适用地层

中等强度、适度研磨性和易变形、硬化的中等深度的碎屑沉积岩（如硅质页岩、粉砂岩、石膏）地层。

2）钻头现场使用

（1）钻头搬运过程中注意防碰，使用前检查切削齿是否损坏，水眼是否堵塞。

（2）下钻时钻头上扣使用专用卸扣板，控制下放速度，尽量避免钻头划眼，若必须划眼应大排量、低转速。

（3）钻头下到井底后提离井底 0.5m 以上，循环钻井液并缓慢转动钻具，以确保井底清洁，在钻头接触井底后以低转速、低钻压造型 0.5～1m。

（4）用最优钻压试求法确定钻井参数以达到最快机械钻速，但不得超出厂推荐使用参数，可根据地层变化情况适当调整，以获得最优机械钻速。

（5）钻进时使用钻杆滤清器以防堵塞水眼，按选定钻压和转速进行正常钻进，送钻均匀，钻硬夹层时可适当降低钻压，待钻穿后再恢复正常。

（6）遇到下列情况之一应考虑起钻：① 钻头没有进尺；② 泵压有明显升高或降低；③ 机械钻速突然降低，采取措施无效；④ 当低钻压钻速时，井底扭矩很大，机械钻速降低。

2. 微心 PDC 钻头

（1）配备钻杆滤清器最大孔径小于钻头最小喷嘴直径，防止钻头堵水眼。

（2）井内情况应正常，保证下钻畅通无阻，井底必须干净，确保无金属之类的坚硬落物。

（3）下钻前，钻头上扣时要涂好螺纹脂、紧好扣，下放至封井器时找中缓慢下放，控制下放速度，特别注意经过阻流环时，防止碰坏复合片。

（4）钻头下至井底时，应提前开泵清洗井底，以防喷嘴被堵。

（5）由于钻头的喷嘴出口离井底较近，因而开泵时要注意观察泵压表的变化，待泵压正常后方可加压钻进。

（6）原则上不允许划眼，若不得不划眼时尽可能大排量循环，钻压控制在 10kN 以下，转速 60r/min 以下。

（7）为提高微取心效果，建议不带螺杆钻进，最大钻压小于 100kN。

（8）为了不影响岩心的正常排出，建议不加扶正器，如果必须带扶正器，使用直棱扶正器替代螺旋扶正器。

（9）为提高岩心完整度和岩心出井率，漏斗黏度不低于 50s，动切力不低于 7Pa，动塑比 0.5 以上。

3. 孕镶金刚石钻头

1）钻头的适用地层

（1）致密、硬度较高、研磨性较强的砂泥岩地层（如硬砂岩、粉砂岩等）。

（2）埋藏较深、强度较高、研磨性较强的海相地层（如白云岩、石灰岩等）。

（3）硬度较高、研磨性较强的变质岩和浸入岩地层（如火成岩等）。

（4）避免用于黏性较强、泥质松软、容易垮塌和泥包的地层。

2）钻头现场使用

（1）钻头搬运过程中注意防碰，使用前检查钻头体是否损坏，水眼是否堵塞。

（2）推荐与涡轮或高速螺杆配合使用。

（3）下钻时钻头上扣要使用专用工具，并控制下放速度，在出套管鞋处开钻循环——以井底循环速度作为参考，大排量冲洗井底，并开始旋转钻进。

（4）钻头下到井底前10m，旋转钻头，开大排量，划到距井底0.5m处循环冲洗井底碎屑，确保井底清洁；在钻头接触井底后，以0～10kN的低钻压、最大排量的75%进行井底造型1m后，逐渐增大流量和钻压。

（5）为了防止钻头堵塞，使用期间尽可能保持较大排量、在获得需要的机械钻速的条件下保持1～40kN的低钻压，钻进泥页岩时控制钻压在60kN以内；钻进过程中如果泵压比预计值升高过多，则应当将钻头提离井底，反复活动钻具、循环清洗钻头。

（6）钻进时坚持使用钻杆滤清器，以防堵塞水眼；在钻进软地层时，应当有规律地将钻头提离井底5cm并旋转5min以保持钻头表面的清洁；每次钻头提离井底应当记录流量和泵压以便随时观测；使用精确的参数检测仪表。

（7）遇到下列情况之一应考虑起钻：钻头没有进尺；泵压有明显升高或降低；机械钻速突然降低，采取措施无效；当高钻压钻进时，井底扭矩很小，机械钻速降低。

六、应用案例

1. 耐磨混合PDC钻头

井号：川西泰来7井。

该井二开在沙溪庙组开展了耐磨混合PDC钻头现场应用，钻头自1371m入井，初期钻压60～80kN，钻时稳定在5～7min/m，钻进至井深1550m后钻时15min/m，加大钻压至100～120kN，钻时基本稳定在10～12min/m，钻进至井深1628m，钻时逐步变慢决定起钻。

该只钻头入井总时间64h，进尺257.00m，纯钻时间36.98h，平均机械钻速6.95m/h。与随后下入的PDC钻头对比见表4-2-4，使用PK5253SJZ耐磨混合PDC钻头单趟钻进尺提高283.7%，机械钻速提高96.6%。

表4-2-4　耐磨混合PDC钻头应用效果分析

钻头型号	入井深度/m	出井深度/m	进尺/m	机械钻速/m/h	地层	起钻原因	磨损情况
PK5253SJZ	1371	1628	257	6.95	上沙溪庙组	钻时变慢	1颗肩部齿崩、其余基本完好
其他PDC钻头	1628	1694.97	66.97	3.27	上沙溪庙组	钻时慢	心部2颗齿崩、其余基本完好

如图 4-2-10 所示，为耐磨混合 PDC 钻头出井的钻头照片，从图中可以看出，该只钻头出井后，钻头水眼通畅，3 号刀翼有 1 颗肩部齿崩，其余齿完好无磨损，新度 95%。

图 4-2-10　耐磨混合 PDC 钻头出井照片

2. 微心 PDC 钻头

井号：街 403 井。

该井处于临盘油田临南坡折带部位，北部为营子街含油区，南邻兴隆寺富集带，沙三段烃源岩较发育、品质优良，为构造岩性、岩性圈闭成藏提供条件，目的层岩性以砂岩为主；完钻层位为沙三段，设计井深 4290m，下部井段夹层对钻头稳定性带来挑战。

该井从 3450m 钻进到 3679m 取心点起钻并下入微心 PDC 钻头，进尺 229m，平均机械钻速 7.21m/h，同比邻井提高 117.8%（表 4-2-5）；如图 4-2-11 所示，为从振动筛返出岩屑中筛选出的比较大的砂岩岩屑，由此表明钻头取得的微岩心满足了地质录井需要。

表 4-2-5　街 403 井微取心钻头与邻井机械钻速比较

项目		尺寸 / mm	类型	钻头型号	钻进井段 / m	进尺 / m	机械钻速 / m/h	钻压 / kN	转速 / r/min
邻井参数	街 503 井	215.9	PDC	M5567AH	3431～3843.66	412.66	4.44	50	120
	街 301 井	215.9	PDC	PM1952F	3285～3699.49	414.49	6.20	50	85
	街 502 井	215.9	PDC	PM1952F	3078～4200	1122.00	6.03	30～50	90
	街 501 井	215.9	PDC	M5567AH	3317～3693	376.00	4.60	30	100
	街 5 井	215.9	PDC	M5567AH	3553～3927	374.00	8.13	30～50	70
		215.9	PDC	M5567AH	2764～3553	789.00	8.89	50	80
	街 4 井	215.9	PDC	BTM115E	3319～3468	149.00	3.94	40	80
		215.9	PDC	BTM115E	3472～3914	442.00	6.70	40	80
	平均						6.12		
街 403 井参数		215.9	PDC	CP5263SJ	3450～3679	229	7.21	30～50	70
		215.9	PDC	M5567AH	3680～4100	420	6.02	60～80	70
提速比例 /%		117.8							

3. 孕镶金刚石钻头

井号：元坝 27-3H 井。

图 4-2-11 街 403 井微心 PDC 钻头取得岩屑

该井是部署在元坝气田的一口水平开发井，设计井深 7610m。新型孕镶金刚石钻头在该井二开须家河组须一段进行了现场试验，岩性为灰色致密细砂岩和粉砂岩。孕镶金刚石钻头自井深 4693.4m 入井，钻进至 4798.03m 时，钻时变慢起钻，累计工作时间 165.28h，钻头进尺 104.63m，纯钻时间 123.84h，平均机械钻速 0.85m/h。

如图 4-2-12 所示，将 DIG259S 孕镶金刚石钻头与邻井在须家河组使用的 HJT537GK 牙轮钻头、K507 孕镶钻头的应用效果进行了对比分析，新型孕镶金刚石钻头与 Smith 公司 K507 孕镶钻头的技术指标相当，与 HJT537GK 牙轮钻头相比，节省了 2 只牙轮钻头及 2 趟起下钻时间，平均单只钻头进尺和机械钻速分别同比提高了 208.83% 和 70.00%，取得了显著应用效果。

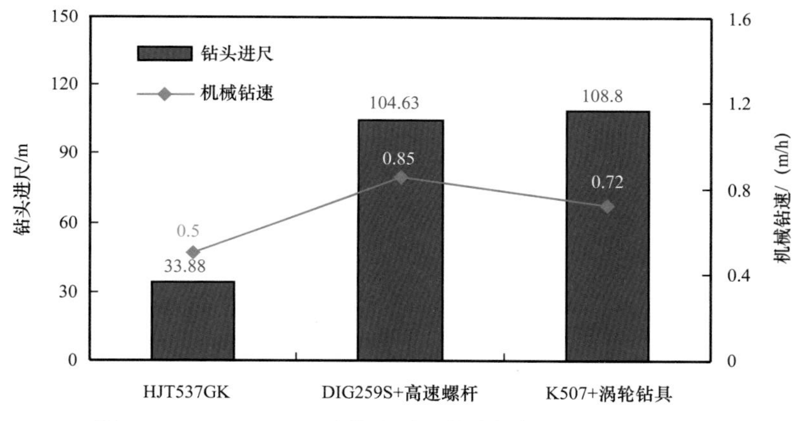

图 4-2-12 DIG259S 孕镶金刚石钻头与邻井应用效果对比

图 4-2-13 DIG259S 孕镶金刚石钻头出井照片

图 4-2-13 给出了元坝 27-3H 井新型孕镶金刚石钻头出井照片，DIG259S 钻头外侧磨损较轻，心部及内侧磨损中等，综合新度 50%，仍能继续使用。此外，根据 IADC 磨损分级标准，该只钻头出井时 IADC 磨损等级 5-3-WT-A-X-I-LT-DMF，验证了新型孕镶钻头钻进致密砂岩地层良好的耐磨性能和提速效果。

第三节　复合冲击钻井技术

深井硬质地层可钻性较差，采用常规钻井技术时机械钻速较低，且容易造成 PDC 钻头崩齿，使用寿命大幅度降低。传统的旋冲钻井技术是一种提高硬质地层机械钻速的方法，但是也存在一定的局限性，如较大的冲击载荷对钻头以及井底钻具组合（BHA）的使用寿命提出了挑战。扭力冲击器是一种抑制 PDC 钻头黏滑振动的工具，其工作原理是给钻头提供高频低幅的往复扭转冲击，改善钻头的工作状态，能有效地保护钻头。从现场使用情况来看，该工具在一定的区域内具有较好的使用效果，但是由于不能解决 PDC 钻头在硬质地层中切削深度不够的问题，因此其钻井提速效果有限。

为了更好地实现硬质地层快速破岩，综合旋冲钻具和扭力冲击器两种冲击破岩技术以及现有提速工具的特点，通过开展复合冲击钻井提速机理研究、冲击钻井工具方案及结构优化设计，研制出了一种复合冲击钻井工具，在实现提高机械钻速的同时，有效提高了 PDC 钻头的使用寿命，为硬质地层钻井提速提供了一种有效手段。

一、技术原理

复合冲击钻井技术依托自主研制的复合冲击钻具，综合往复轴向冲击和往复扭转冲击，直接作用在 PDC 钻头上，其中扭向冲击可使钻杆的旋转破岩能量均匀传递到钻头上而不是积累在钻杆上，消除或降低黏滑效应；轴向冲击可使钻头获得更高的轴向破岩能量，从而使钻头具有三维“立体破岩”效果。简言之，复合冲击“立体破岩”的实质就是复合冲击钻具通过其有序的轴向和扭向振动，合理控制并分配聚集在钻柱上的能量，提供改变钻头破岩方式的动力，使整个钻柱的扭矩保持稳定和平衡，达到提高破岩效率和机械钻速的目的。

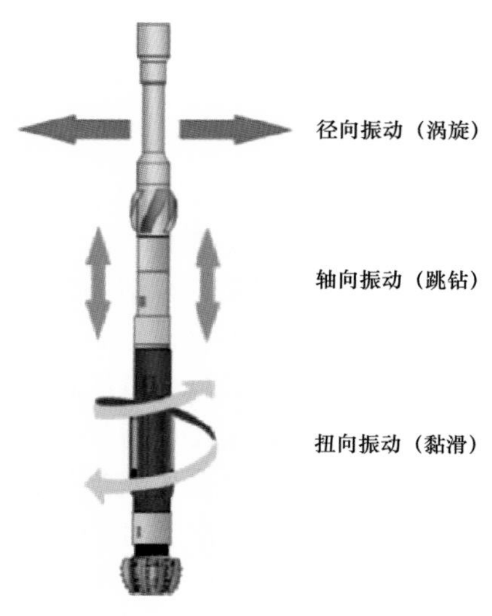

图 4-3-1　钻柱的振动形式

1. 复合冲击钻井破岩机理

（1）释放上部钻柱能量。钻柱的振动形式比较复杂，主要有轴向振动、径向振动和扭向振动等 3 种形式，如图 4-3-1 所示。钻柱与井壁、钻头与岩石之间的非线性接触会引起钻柱发生黏滑振动，从而引起钻柱间歇性的高速运动和黏滞静止的周期性运动，这样会引发钻头和钻柱的周期性应力与应变波动，从而造成钻柱和井下工具过早疲劳失效。当钻头处于黏滞状态停止转动而钻柱由于转盘继续转动所积蓄的能量达到足以破碎岩石时，钻头滑脱或跳钻。当发生滑脱运动时，钻柱内积蓄的能量瞬间释放，钻头在相反方向突然加速或减速，造成钻头角速度瞬间增大，钻头因受较大冲击力，过早失效。

为了减轻钻头的黏滑振动并实现钻柱振动的有效控制和利用，设计在钻柱上增加一个工具短节实现对轴向振动的主动控制。但问题的关键是，以何种方式释放钻柱上聚集的所有能量（包括由转盘提供的扭转动力、钻压—钻柱动力、水动力等），释放多少能量才足以消除黏滑效应。复合冲击钻具作为主动控制装备安装在钻头上部，主要作用就是通过其有序的横向、纵向以及扭向振动合理控制聚集在钻柱上的能量。其中，扭向冲击模块的功能是将聚集在钻柱上的扭向冲击功转变为改变钻头牙齿破岩方式的动力，而轴向冲击模块的功能是将通过水动力提供的轴向往复冲击功转变为改变钻头牙齿上下冲击破岩方式的动力。这种工作方式的实质就是使整个钻柱的扭矩保持稳定和平衡，提高钻头的破岩效率。

（2）井底钻头—地层作用。对于“三高地层”，由于钻头吃入岩石的深度有限，使高转速下磨蚀岩石的能力受到限制。如果钻进硬地层期间，既有纵向上的冲击破岩降低岩石强度，又有横向的回转力剪切破岩，就能获得更高效的“立体破岩”效果。图 4–3–2 所示为井底岩石连续破碎过程，在复合冲击旋转钻进时，一个牙齿压入岩石后，会沿井底平面圆周完成连续的高频移动冲击，且在一定静压力作用下，以应力波形式传递的冲击力能有效作用到岩石上。钻头牙齿在井壁分布的冲击点密度较大，岩石产生形变所需时间缩短，被冲击点还来不及对冲击能量进行重新分配，井底岩石应力就迅速接近或超过岩石强度极限，使岩石脆性增加，塑性下降，从而产生体积破碎。

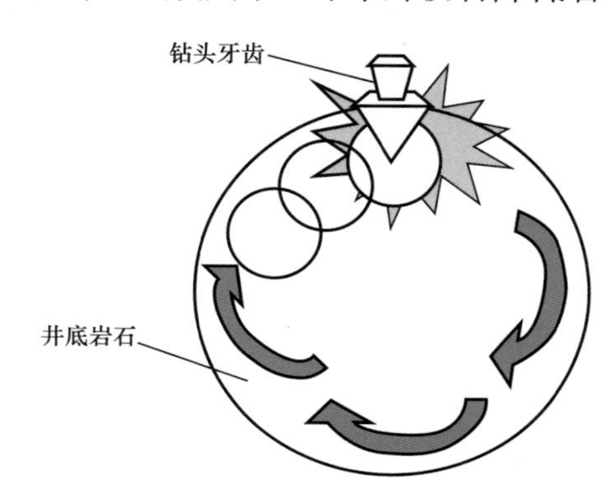

图 4–3–2　连续冲击破岩过程

复合冲击钻进时钻头破碎岩石的过程具有轴向冲击和旋转切削两种特性。井底岩石首先在轴向冲击力作用下形成破碎坑，比较相邻冲击点的距离（即冲击间距）与岩石破碎坑大小，研究冲击频率对连续破岩的作用。如图 4–3–3 所示，钻头的冲击频率对钻头切削齿的冲击间距有一定影响，当冲击频率较小时，冲击间距大于岩石破碎坑的大小，破碎坑相互分隔，不能形成连续的裂纹，如图 4–3–3（a）所示；当冲击频率处于临界状态，冲击破碎坑正好相连，此时的冲击能量利用率最高，临界状态时的冲击频率才是回转冲击切削岩石的合理冲击频率，如图 4–3–3（b）所示；冲击频率较大时，冲击间距小于岩石破碎坑的大小，相邻冲击位置之间相互重叠，冲击作用的利用率相对较低，如图 4–3–3（c）所示。复合冲击钻井破岩机理分析表明，当冲击频率适中时，在轴向冲击的作用下岩石会形成相连的破碎坑，破碎坑之间“残留”的脊部在扭转切削作用下被切除，容易破碎形成坑穴和产生剪切体，有利于岩石产生体积破碎。

2. 复合冲击钻具结构及工作原理

根据所要实现的复合冲击的功能，设计并研制了复合冲击钻具，其结构如图 4–3–4 所示。复合冲击钻具主要由壳体组件、连接短节、换向机构、轴向冲锤、摆锤、冲击筒、喷嘴、悬挂机构以及钻头座组成。复合冲击钻具上端接钻铤，下端接 PDC 钻头。

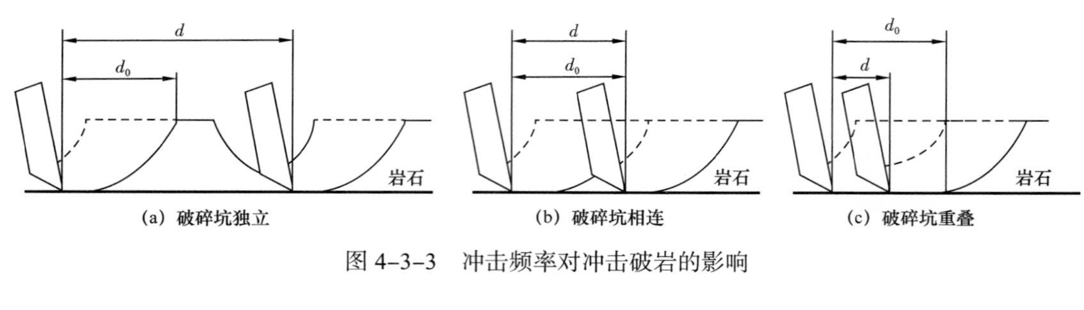

图 4-3-3 冲击频率对冲击破岩的影响

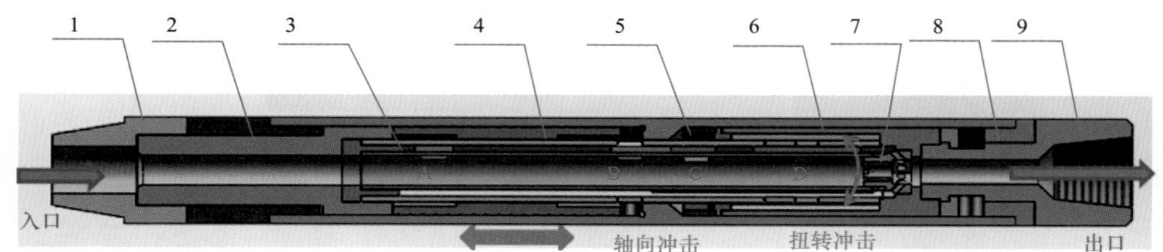

图 4-3-4 复合冲击钻具结构示意图

1—壳体组件；2—连接短节；3—换向机构；4—轴向冲锤；5—摆锤；6—冲击筒；7—喷嘴；8—悬挂机构；9—钻头座

复合冲击钻具的换向机构有 A，B，C 和 D 等 4 条通道，其中，通道 A 和通道 B 分别与轴向冲锤的上下腔体对应，通道 C 与摆锤换向通道相连，通道 D 与摆锤的摆腔相连。换向机构的转动会改变各通道与之相对应通道之间的开启和关闭状态，从而改变高压流体和低压流体的流动方向。

复合冲击钻具的轴向冲击是由轴向冲锤的轴向往复运动来实现，往复扭转冲击是由摆锤的周向往复转动来实现，其中轴向冲锤的轴向运动是由轴向冲锤上下腔体内的流体的压差来实现，摆锤的周向往复转动是由摆锤两端腔体内的流体的压差来实现。轴向冲击和扭转冲击同时由换向机构的转动来实现。

高压流体从工具左端流入工具内部，一部分高压流体直接从工具内部的喷嘴直接流到钻头处；由于喷嘴处出现截面积突变，会产生一个压降，使得一部分高压流体从换向组件的通道分别流入轴向冲锤的腔体和摆锤的腔体内。当通道 A 打开时，通道 B 关闭，高压流体从通道 A 流入轴向冲锤的上腔体，并推动轴向冲锤向下运动并撞击到壳体形成冲击载荷；同时通道 D 的高压流体流入摆锤顺时针转动的腔体内，推动摆锤顺时针转动，并撞击到冲击筒的壁面上，形成扭转冲击并通过六方结构传递到钻头处。摆锤的转动会带动换向机构转动，当摆锤撞击到冲击筒的壁面时，带动换向机构转动到极限换向位置，换向机构的换向通道打开并转动到另一个极限位置，此时通道 A 关闭，通道 B 开启，高压流体流入轴向冲锤的下腔体推动轴向冲锤向上运动；同时通道 D 的高压流体流入摆锤逆时针转动的腔体内，推动摆锤逆时针转动，并带动换向机构转动到另一个极限换向位置。如此反复实现换向机构、摆锤以及轴向冲锤的往复运动。

二、关键技术

复合冲击钻井过程中，两种冲击载荷的主要作用是不同的，从破岩角度分析，向下的轴向冲击及正向扭转冲击是破岩的主要能量来源。从减振角度分析，轴向冲击会加剧扭转振动，而扭转冲击是抑制扭转振动。从减阻角度来分析，轴向冲击和扭转冲击均能减阻，因此在现场应用过程中需要综合考虑破岩、减振、减阻等几种作用，对复合冲击的结构及冲击参数进行优化设计。

1. 复合冲击钻具流体运动分析

如图 4-3-5 所示，复合冲击钻具冲锤和摆锤的运动是由同一个换向机构进行配流换向，从而确保扭转冲击和轴向冲击的频率相等。其中摆锤的通道 1 和冲锤的通道 3 同时开启，而摆锤的通道 2 和冲锤的通道 4 同时开启。高压流体进入腔体后，推动冲锤和摆锤运动，使得低压腔内的流体从低压腔体流出，并汇合至喷嘴处喷出的低压流体处。

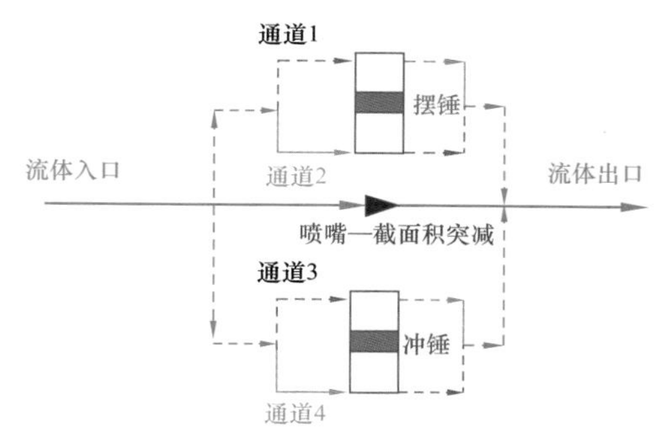

图 4-3-5 复合冲击钻具内流体运动示意图

从图 4-3-5 中可以看出，喷嘴是整个复合冲击钻具流场形成的关键部件，如果没有喷嘴，流体就会直接从中间流道流出，流体不会进入轴向冲击腔体和摆腔内。喷嘴直径的大小直接关系到工具的压降以及流体的分配。

1）轴向冲锤运动分析

轴向冲击腔体内有一个可以轴向往复运动的轴向冲锤，并将轴向冲击腔体分隔成两个相互独立腔体，当高压流体进入其中一个腔体时，另一个腔体即为低压腔体，所形成的压差会推动轴向冲锤运动。根据工具中轴向冲锤的运动过程，将其运动简化为图 4-3-6 所示的示意图。

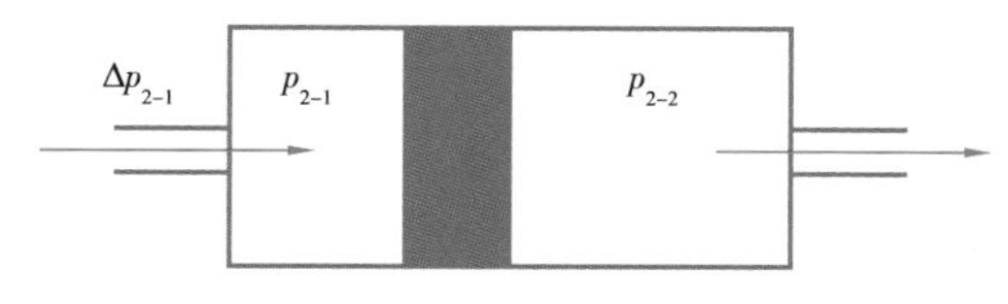

图 4-3-6 轴向冲锤工作原理示意图

如图 4-3-6 所示，将轴向冲锤的运动简化成一个活塞运动，当左端与高压流体相通时，右端会与低压流体相通，推动活塞向右运动。

为了分析轴向冲锤的运动，认为轴向冲锤的初始状态为静止状态。随着流体的进入，冲锤的运动速度逐渐增大。

所形成的轴向冲击功为：

$$E_a = \frac{1}{2} m_a v_a^{\ 2} \tag{4-3-1}$$

式中 E_a——轴向冲击功，J；

m_a——轴向冲锤的质量，kg；

v_a——轴向冲锤的运动末速度，m/s。

设计的轴向冲锤的腔体入口和出口尺寸为完全一致，低压流体排出通道所产生的局部压降和高压流体入口通道所产生的局部压降相等，即：

$$\Delta p_{2-1} = \Delta p_{2-2} \tag{4-3-2}$$

式中 Δp_{2-1}——轴向冲锤腔体入口流道产生的局部压降，Pa；

Δp_{2-2}——轴向冲锤腔体出口流道产生的局部压降，Pa。

轴向冲锤所受的驱动力为：

$$F_a = \left(p_{2-1} - p_{2-2}\right) A_a \tag{4-3-3}$$

式中 p_{2-1}——轴向冲锤腔体高压腔体的压力，Pa；

p_{2-2}——轴向冲锤腔体低压腔体的压力，Pa；

A_a——轴向冲锤的流体推动面积，m^2。

轴向冲锤在驱动力的作用下，会逐渐加速，而随着轴向冲锤运动速度的改变，进入轴向冲锤腔体内的流体的流速逐渐增大，即 Q_{2-1} 和 Q_{2-2} 增大，使得压降 Δp_{2-1} 和 Δp_{2-2} 逐渐增大，轴向冲锤所受的驱动力逐渐减小。因此轴向冲锤的运动不是一个匀加速的过程，而是一个加速度逐渐减小的过程。

轴向冲锤在较短的时间内加速到最大值，设其最大速度为 v_{max}，此时所产生的压降为：

$$\Delta p_{2-1} = \xi_{2-1} \frac{\rho_0 \left(\frac{v_{max} S_a}{A_{2-1}} \right)^2}{2} \tag{4-3-4}$$

式中 v_{max}——冲锤最大速度，m/s；

ρ_0——钻井液密度，kg/m^3；

A_{2-1}——轴向腔体进液通道截面积，m^2；

ξ_{2-1}——局部压降系数。

认为在初始状态时，轴向冲锤为静止状态，轴向冲锤在流体的驱动下快速加速到一定值，当轴向冲锤冲击到壁面时，其行程为：

$$h_a = \int_0^t v_a \mathrm{d}t \tag{4-3-5}$$

式中 h_a——轴向冲锤的行程，m。

2）摆锤运动分析

根据摆锤的运动过程，将其简化为图 4-3-7 所示的工作示意图。

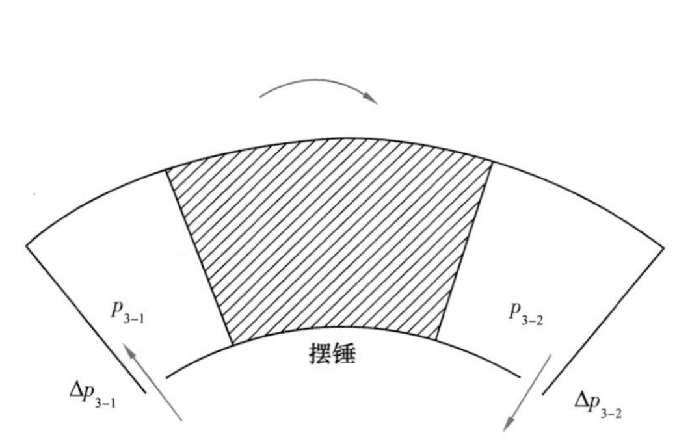

图 4-3-7 摆锤工作示意图

摆锤在两端流体的压差作用下往复转动，图 4-3-7 所示为摆锤运动的一个状态（摆锤顺时针转动），高压流体从左端进入摆腔的通道内，推动摆锤顺时针转动，而摆锤另一端的低压流体从出口通道流出，并最终汇至低压流体处。

摆锤的转动能量为：

$$E_b = \frac{1}{2} J_b \omega_b^2 \tag{4-3-6}$$

式中 E_b——摆锤转动能量，J；

J_b——摆锤的转动惯量，kg·m^2；

ω_b——摆锤的转速，rad/s。

根据以上分析，摆锤的受力与摆锤的侧面积成正比，侧面积越大，驱动力越大；与摆锤两端的压差成正比，而摆锤两端的压差与摆腔的流体通道的结构和尺寸相关，当流道的尺寸较小时，所产生的流体的压力损失就会比较大，驱动摆锤运动的驱动力会降低。为了使得摆锤的驱动力增大，尽量加大流体通道的尺寸，但是加大流体通道的尺寸后，会使得摆锤的筋和本体之间的连接强度降低，有可能会使得工具提前失效，因此在设计流体通道时需要综合考虑压力损失和强度的因素。

流体汇入通道后，由于截面积有突变，会产生一定的流体压力损失，设为 Δp_4，其关系式为：

$$\Delta p_4 = \xi_4 \frac{\rho_0 \left(\frac{Q_2 + Q_3}{A_4} \right)^2}{2} \tag{4-3-7}$$

式中 Q_2——冲锤腔体的低压流体排出流量，m^3/s；

Q_3——摆锤腔体的低压流体排出流量，m^3/s；

A_4——喷嘴处汇入流道面积，m^2；

ξ_4——局部压降系数。

根据流体运动的关系，经过喷嘴流出、进入轴向冲击腔体以及进入摆腔内的流体的并联关系，根据流体力学得出并联的各部分的压降相等，即：

$$\Delta p_{1-1} = \Delta p_2 = \Delta p_3 \tag{4-3-8}$$

式中 Δp_{1-1}——节流喷嘴处产生的压降，Pa；

Δp_2——进入轴向冲击腔体内的流体所产生的总压降，Pa；

Δp_3——进入摆腔内的流体所产生的总压降，Pa。

根据流体的串并联关系，得出：

$$\Delta p_2 = \Delta p_{2-1} + \Delta p_{2-2} + \Delta p_4 \tag{4-3-9}$$

$$\Delta p_3 = \Delta p_{3-1} + \Delta p_{3-2} + \Delta p_4 \tag{4-3-10}$$

$$\xi_1 \frac{\rho_0\left(\frac{Q_{1-1}}{\pi r_{1-1}}\right)^2}{2} = 2\xi_{2-2}\frac{\rho_0\left(\frac{Q_{2-1}}{A_{2-2}}\right)^2}{2} + \xi_4\frac{\rho_0\left(\frac{Q_2+Q_3}{A_4}\right)^2}{2} = 2\xi_{3-1}\frac{\rho_0\left(\frac{Q_{3-1}}{A_{3-1}}\right)^2}{2} + \xi_4\frac{\rho_0\left(\frac{Q_2+Q_3}{A_4}\right)^2}{2} \tag{4-3-11}$$

式中 Δp_{3-1}——摆锤腔体入口流道产生的局部压降，Pa；
r_{1-1}——节流喷嘴半径，m；
Δp_{3-2}——摆锤腔体出口流道产生的局部压降，Pa；
Q_{1-1}——流经节流喷嘴处的流量，m^3/s；
A_{2-2}——轴向腔体排液通道截面，m^2；
Q_{2-1}——进入轴向冲击腔体的流量，m^3/s；
A_{3-1}——摆锤腔体进液通道截面积，m^2；
Q_{3-1}——进入摆锤腔体的流量，m^3/s；
ξ_{2-2}，ξ_{3-1}——局部压降系数。

当摆锤摆动一次，摆腔所排出的体积为：

$$V_3 = 2A_3h_3 \tag{4-3-12}$$

式中 A_3——单个摆腔截面积，m^2；
h_3——摆腔的高度，m。

摆锤从初始状态（认为是静止状态）时逐渐加速至最大值，摆锤以一个最高的转速撞击到冲击筒的壁面上，设此时的转速为 ω_{max}，此时摆锤入口所产生的压降为：

$$\Delta p_{3-1} = \xi_{3-1}\frac{\rho_0\left[\frac{\omega_{max}(r_{3-1}-r_{3-2})^2h_3}{A_{3-1}}\right]^2}{2} \tag{4-3-13}$$

式中 r_{3-1}——摆腔扇形截面的外径，m；
r_{3-2}——摆腔扇形截面的内径，m；
ξ_{3-1}——局部压降系数。

而摆锤的流体出口处所产生的压降与入口处的压降相等。在最高转速时，摆锤所造成的压降为最大值，此时摆锤以一个恒定的转速继续转动。摆锤转动一圈其外圈的弧长为：

$$l_3 = \theta\pi\left(r_{3-1} - r_{3-2}\right) \tag{4-3-14}$$

式中 θ——摆腔扇形腔体的角度，rad。

设其转速为 $\omega(t)$，根据以上分析得出转速与时间的关系如图 4-3-8 所示。

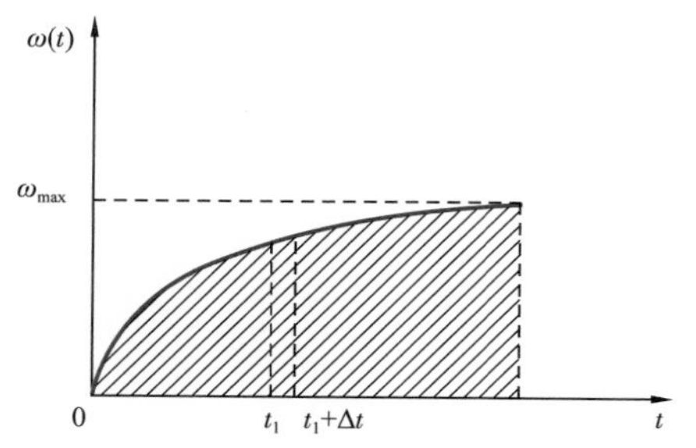

图 4-3-8 摆锤的转速与时间的关系示意图

摆锤刚开始的角加速度较大，在很短的时间内加速到较高的角速度。随着转速的逐渐增大，其角加速度逐渐减小，并逐渐接近于最高转速 $\omega_{\max}$。

其与弧长之间的关系为：

$$l_3 = \int_0^t \omega(t) r_{3-1} \mathrm{d}t \tag{4-3-15}$$

此时喷嘴处所产生的压降为：

$$\Delta p_{1-1} = \xi_{1-1} \frac{\rho_0 \left[\dfrac{Q - v_{\max} A_2 - \omega_{\max} \left(r_{3-1} - r_{3-2} \right)^2 h_3}{\pi {r_{1-1}}^2} \right]^2}{2} \tag{4-3-16}$$

式中 Q——流经工具的总流量，$\mathrm{m^3/s}$。

而低压流体汇入通道所产生的压降为：

$$\Delta p_4 = \xi_4 \frac{\rho_0 \left[\dfrac{v_{\max} A_2 - \omega_{\max} \left(r_{3-1} - r_{3-2} \right)^2 h_3}{A_4} \right]^2}{2} \tag{4-3-17}$$

根据压降的关系得出：

$$\xi_{1-1} \frac{\rho_0 \left[\dfrac{Q - v_{\max} A_2 - \omega_{\max} \left(r_{3-1} - r_{3-2} \right)^2 h_3}{\pi {r_{1-1}}^2} \right]^2}{2} = 2\xi_{2-1} \frac{\rho_0 \left(\dfrac{v_{\max} A_2}{A_{2-1}} \right)^2}{2} + \xi_4 \frac{\rho_0 \left[\dfrac{v_{\max} A_2 - \omega_{\max} \left(r_{3-1} - r_{3-2} \right)^2 h_3}{A_4} \right]^2}{2}$$

$$= 2\xi_{3-1} \frac{\rho_0 \left[\dfrac{\omega_{\max} \left(r_{3-1} - r_{3-2} \right)^2 h_3}{A_{3-1}} \right]^2}{2} + \xi_4 \frac{\rho \left[\dfrac{v_{\max} A_2 - \omega_{\max} \left(r_{3-1} - r_{3-2} \right)^2 h_3}{A_4} \right]^2}{2} \tag{4-3-18}$$

2. 复合冲击钻具结构参数设计

1）冲击功设计

复合冲击中向下的轴向冲击直接用于破岩，设计轴向冲击功主要考虑对岩石的损伤。一些学者对岩石受轴向冲击载荷时的破岩效果进行了分析，得出如图 4-3-9 所示的破碎比功与冲击功之间的关系图。

如图 4-3-9 所示，当冲击功较小不足以产生体积破岩，此时为伤痕区，冲击产生的岩石基本上为粉粒，比功很大。当冲击峰值应力低于单轴强度的 60%～70% 时，轴向冲击基本上不会使得岩石发生动态损伤。当峰值应力较小时，会引起微裂纹的闭合，使得

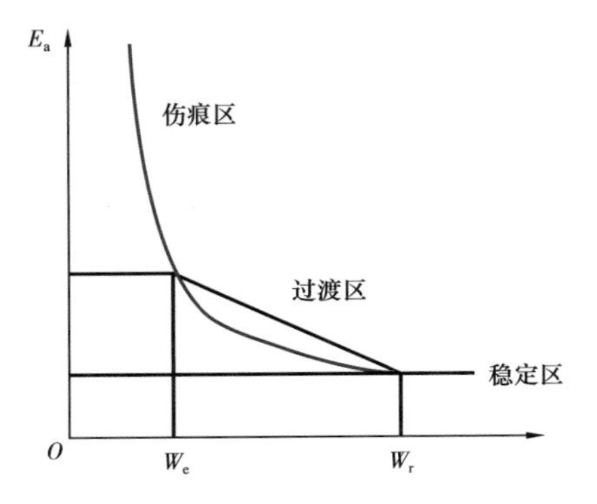

图 4-3-9 破碎比功与冲击功之间的关系图

岩石整体处于压密状态，而当峰值较大时，超过岩石的屈服强度，冲击会产生体积破岩。根据以上分析，如果单独通过冲击载荷来实现破岩，冲击载荷的峰值需要到达岩石单轴抗压强度的 70% 以上，结合现有旋冲钻具的工作参数，单次轴向冲击功的设计为 200J 左右。

此外，扭转冲击的正向冲击对切削齿前端的岩石产生冲击破坏，而反向的扭转冲击是作用在钻柱上。从破岩的角度分析，正向扭转冲击需要的冲击功越大，对岩石的损伤越大，破岩效果越好。但是过大扭转冲击载荷会对钻进产生一定的影响：（1）由于现在的 PDC 钻头追求较快的机械钻速，切削齿的切削角度较小，导致切削齿的抗扭转冲击的能力较小，因此在设计扭转冲击载荷时需要考虑 PDC 钻头切削齿的抗冲击能力；（2）过大的反向扭转冲击会直接对钻柱的接头螺纹产生损坏，可能会造成螺纹的卸扣，产生极大的安全事故。

复合冲击中的两种冲击载荷的来源为液动能，均采用机械方式来实现，在理论上，冲击功和冲击频率越大越好，但是从工具设计角度来分析，冲击功和冲击频率两者是相互矛盾的，冲击功的大小和行程有关，行程越大冲击功越大，但是冲击一次所需要的时间较长，频率越小。因此实际应用中需要综合考虑冲击功和冲击频率之间的关系来确定冲击功的大小。

2）钻压的确定

在钻进过程中，施加的钻压对岩石内部微裂纹的影响很大，影响岩石抵抗破碎的能力，因此钻压的确定也是提高冲击钻进破岩效率的一个关键因素。

PDC 钻头用于坚硬岩石的钻进时，钻头所需要的静压要求比较大。而在钻进过程中，钻压是主要的破岩能量，破岩的实质是以切削为主，冲击破岩为辅助。因此静压是切削齿吃入岩石内部的必要条件，其取值取决于岩石的抗压强度以及切削齿本身的横断面积。

刀具侵入岩石内部需要克服岩石的抗破碎强度以及摩擦力，刀具对岩石的作用力为：

$$W = 2hL\sigma_c\left(\tan\frac{\beta}{2} + \mu\right) \tag{4-3-19}$$

式中 W——轴向静压力，N；

L——切削刃长度，m；

h——切削刃宽度，m；

σ_c——岩石的抗压强度，Pa；

β——岩石内摩擦角，rad；

μ——摩擦系数。

根据式（4-3-19）可以得出，静压的选择需要综合考虑岩石及切削齿的特点。在较硬的地层中，静压所产生的岩石深度有限，过大的静载荷对钻头以及钻柱稳定性不利，综合考虑后，在复合冲击钻井过程中，钻压采用正常 PDC 钻头钻进时的钻压（40～80kN）。

3）冲击频率设计

设计的复合冲击中的扭转冲击频率和轴向冲击频率相等，轴向冲击对破岩的贡献较大，从破岩角度需要优先设计轴向冲击频率。

轴向冲击会直接作用在 PDC 切削齿上，冲击会使得切削齿对岩石产生一个冲击坑，根据冲击间距的大小将其分为图 4-3-10 中的 3 种情况。

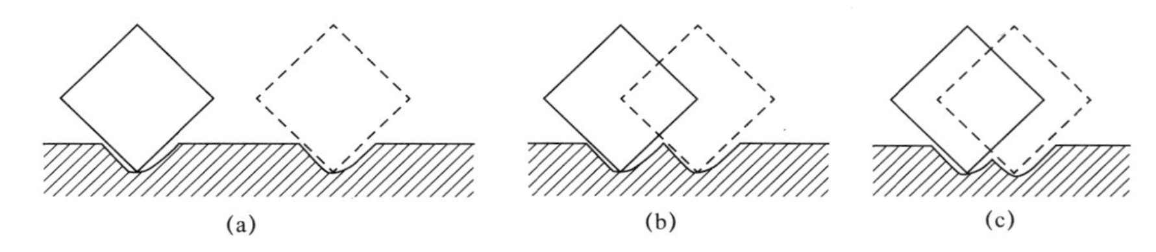

图 4-3-10　不同冲击频率时冲击—切削破岩的状态

图 4-3-10（a）为相邻两次冲击载荷的间距较大，形成两个相互独立的冲击坑，此时两次的冲击坑所形成的裂纹不会相互贯穿；图 4-3-10（b）为相邻两次冲击载荷间距恰好相连，此时为一种临界状态，两次所形成的冲击坑之间为三角形脊岩，两次所形成的裂纹会有贯穿；图 4-3-10（c）为相邻两次冲击载荷的间距较小，所形成的冲击坑完全相连，中间无“脊岩”。为了提高破岩效率，设计的冲击频率尽量高于临界状态时的冲击频率。

冲击频率（f_a）的选择和钻头转速（Ω）直接相关，即：

$$f_a \propto \Omega / l_p \tag{4-3-20}$$

式中　l_p——相邻两次冲击之间的距离，m。

岩石在载荷作用下所产生的破碎坑的宽度为：

$$l_b = \frac{\eta W}{2\tau B\tan\alpha} = \frac{\eta W}{\sigma_c B\tan\alpha_3\cot\frac{1}{2}\left(\frac{\pi}{2}-\alpha+\beta-\phi_3\right)} \tag{4-3-21}$$

其中

$$\eta = \cos^2\phi_3 / \sin\left(\alpha_3 + 2\alpha\right)$$

式中　τ——岩石的抗剪强度，Pa；

α_3——切削刃的尖角，rad；

B——切削刃宽度，m；

ϕ_3——切削力与前刃面法线之间的夹角，rad。

根据图 4-3-10，临界轴向冲击频率为：

$$f_{ac}=\frac{\Omega\tau B\tan\alpha}{W\eta} \tag{4-3-22}$$

由式（4-3-22）分析，冲击频率的选择和岩石性质、切削齿性能参数以及钻进参数有关。钻头转速 Ω 的值越大，即转速越高，其冲击频率越高；岩石的硬度越高，其抗剪强度越高，所需要的冲击频率值越大；切削齿的攻击性越强，所需要的冲击频率越低。需要的冲击频率随着切削速度、岩石力学硬度和切削刃角的增大的而增大，随着钻压和内摩擦角的增大而降低。

4）冲击载荷计算

为研究冲锤和摆锤撞击砧体过程中的冲击载荷与冲击扭矩，对冲锤和摆锤进行了数值仿真分析，分别如图 4-3-11 和图 4-3-12 所示。工具所采用的材料为 42CrMo，表 4-3-1 为 42CrMo 的力学性能参数。

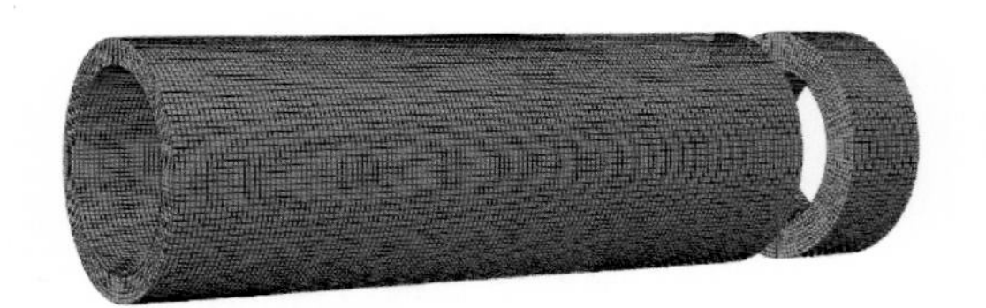

图 4-3-11　冲锤冲击仿真模型

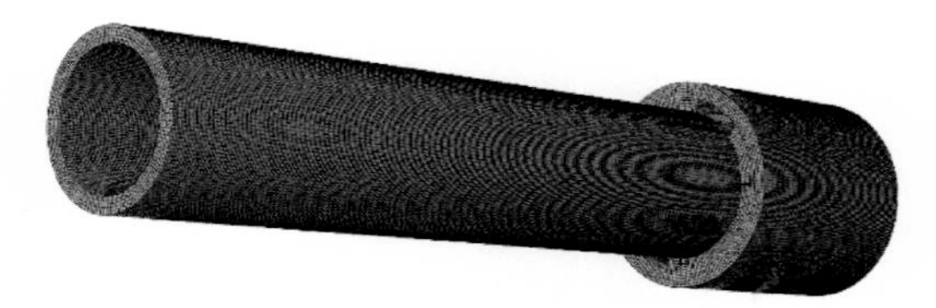

图 4-3-12　摆锤冲击仿真模型

表 4-3-1　42CrMo 的力学性能表

抗拉强度 / MPa	屈服强度 / MPa	伸长率 / %	冲击韧性值 / J/cm^2	硬度 / HB	断面收缩率 / %
1080	930	12	78	217	45

从图 4-3-13 和图 4-3-14 中可以看出在不同冲锤冲击速度条件下，轴向冲击载荷随时间变化曲线近似为梯形加载曲线，且冲击载荷的加载持续时间不变，约为 0.162ms。轴向冲击载荷峰值随冲击速度的增加呈线性增加趋势，冲击速度由 2m/s 增加到 6m/s 时，冲击载荷峰值由 1127.5N 增加到 3326.6N。

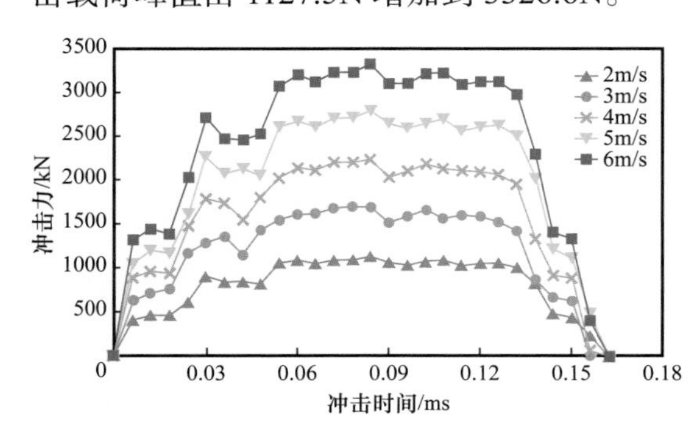

图 4-3-13　不同冲击速度下轴向冲击载荷随时间变化曲线

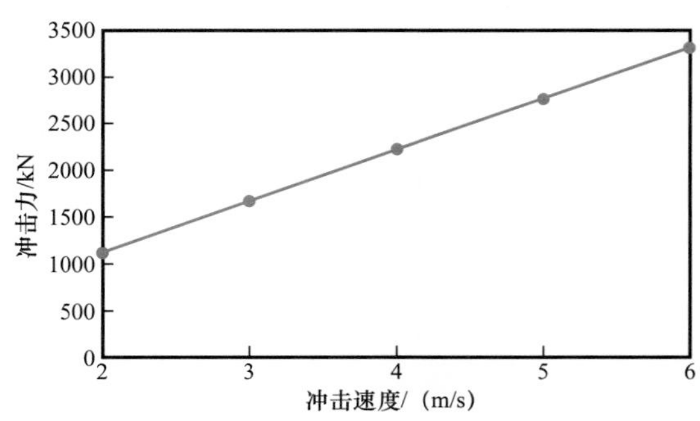

图 4-3-14　轴向冲击载荷峰值随冲击速度变化曲线

从图 4–3–15 和图 4–3–16 中可以看出在不同摆锤冲击角速度条件下，周向冲击载荷随时间变化曲线近似为正弦加载曲线，同样冲击载荷的加载持续时间不变，约为 0.051ms。周向冲击载荷峰值随冲击角速度的增加呈线性增加趋势，当冲击角速度由 40rad/s 增加到 80rad/s 时，冲击载荷峰值由 1460.7N 增加到 3037.4N。

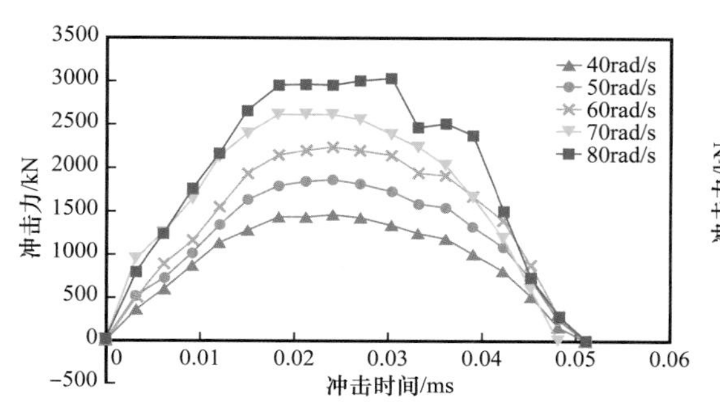

图 4–3–15　不同冲击角速度下周向冲击载荷随时间变化曲线

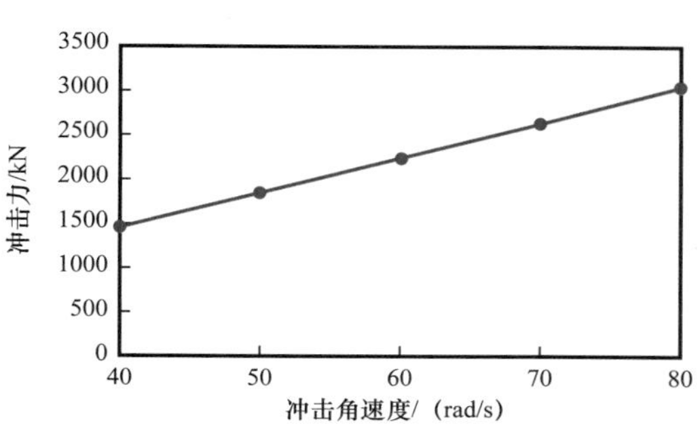

图 4–3–16　周向冲击载荷峰值随冲击角速度变化曲线

3. 复合冲击钻具室内试验

在复合冲击钻具设计和计算之后，为了验证自主研制的复合冲击钻具的工作原理及其性能参数，对装配后的复合冲击钻具进行了室内试验。其目的是在于测试工具在地面试验条件下的工作情况，以保证工具的可靠性和稳定性。

1）室内试验目的

室内试验旨在验证研制的复合冲击钻具原理的可行性，测试该工具在不同排量条件下工具的性能参数以及工具的稳定性，对监测的参数进行分析处理，分析出研制的复合冲击钻具的性能参数与排量及结构参数之间的变化规律。

2）试验内容与方案

整个试验系统的布置如图 4–3–17 所示。

3）室内试验结果分析

试验中分别测试了采用不同直径的喷嘴时，复合冲击钻具的冲击频率、冲击功以及压降与入口排量之间的关系。

室内试验过程中分别测试了喷嘴直径为 18mm、20mm 和 22mm 时排量和频率之间的关系，测试结果如图 4–3–18 所示。

如图 4–3–18 所示，复合冲击中的频率与排量之间呈线性关系，随着排量的增大而逐渐增大，随着喷嘴直径的增大而减小。

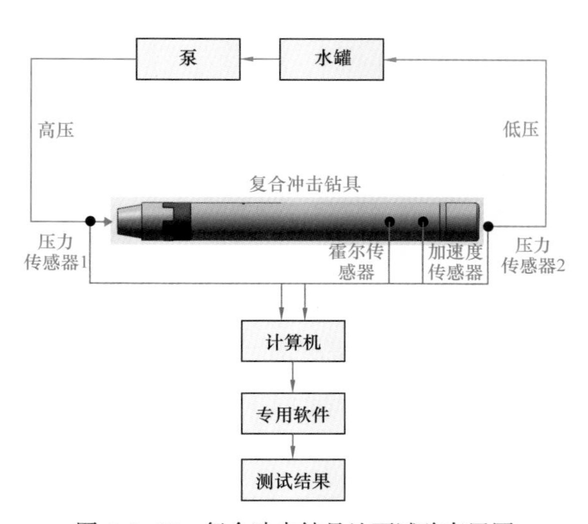

图 4–3–17　复合冲击钻具地面试验布置图

图 4–3–19 为实测的喷嘴直径分别为 18mm、20mm 和 22mm 时扭转冲击功和轴向冲击功与排量之间的关系图，测试结果显示，冲击功随着排量的增大而逐渐增大，近似呈二次函数的关系。喷嘴的直径对冲击功的大小影响很大，直径越大，冲击功越小。

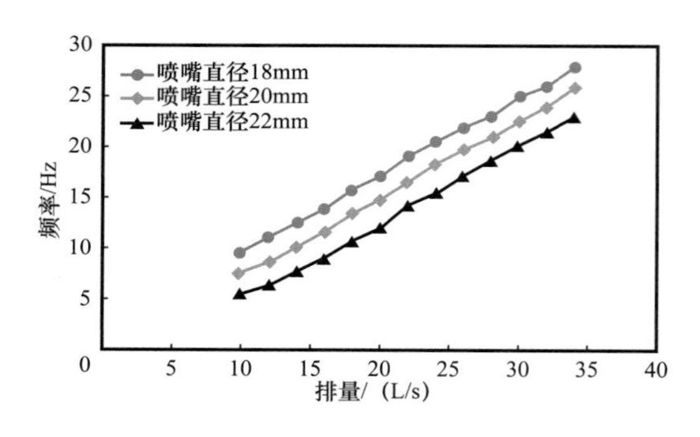

图 4–3–18 不同喷嘴直径时复合冲击钻具频率与排量之间的关系图

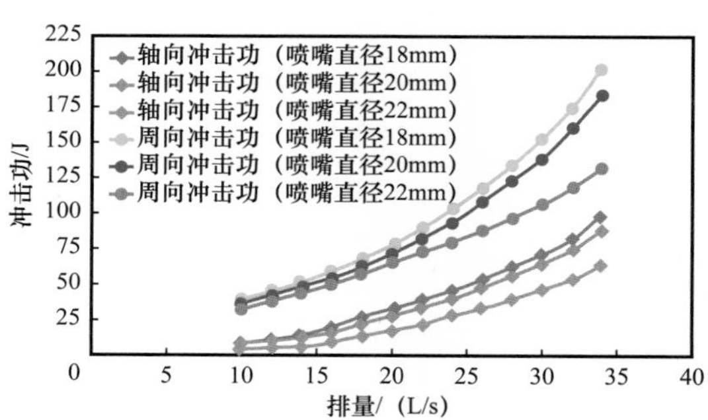

图 4–3–19 不同喷嘴直径时扭转冲击功和轴向冲击功与排量之间的关系图

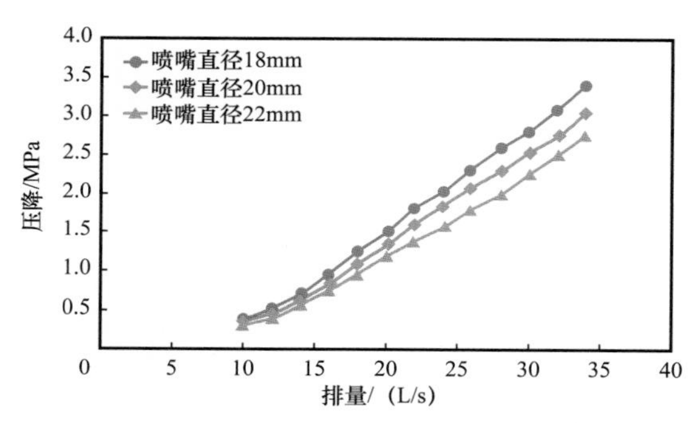

图 4–3–20 不同喷嘴直径时复合冲击钻具的压降和排量之间的关系图

图 4–3–20 为实测的喷嘴直径分别为 18mm、20mm 和 22mm 时复合冲击钻具压降与排量之间的关系图，如图所示，工具的压降随着排量的增大而逐渐增大，并随着喷嘴直径的增大而减小。

室内试验结果显示，在水动力的驱动下，研制的复合冲击钻具能实现同时产生轴向冲击和扭转冲击的功能，在连续运行 30h 后，工具运行较为平稳，没有出现故障，证明了工具的原理与结构可行。工具的性能参数与工具的排量和喷嘴直径直接相关。排量越大，冲击功和冲击频率均会增大，压降增大。喷嘴直径越小，冲击功和冲击频率会增大，压降增大。因此在工具的现场使用过程中，需要综合考虑排量和压降影响，对喷嘴的直径进行优选。

将实测的结果与计算结果进行比较，计算的轴向冲击功比实测的高 22%，扭转冲击功高 27%，频率高 20%。计算的结果均比实测的结果大，分析认为是计算中没有考虑摩擦力、流体泄漏、沿程摩阻等消耗的液动能，使得计算的结果偏大，但是测试的工具性能规律与理论分析的规律一致，证明工具的计算方法可行。

三、技术参数

复合冲击钻具的主要结构参数为：轴向冲锤质量 25kg，摆锤质量 6kg，外壳直径为 177.8mm，接头为 431×430 接头，详见表 4–3–2。

表 4-3-2 复合冲击钻井工具性能参数表

长度 / mm	适合井眼直径 / in	频率 / Hz	连接螺纹	推荐钻压 / kN	轴向载荷峰值 / N	扭矩峰值 / N·m	压降 / MPa
720	$8^1/_2$	50	$4^1/_2$REG	60～100	4800	960	3.2

四、性能特点

如图 4-3-21 所示为复合冲击钻井技术的示意图，从图中可以看出，复合冲击钻具直接安装在 PDC 钻头的上端，其上端接钻铤等 BHA 工具，钻头转动由转盘或者井下动力钻具提供。

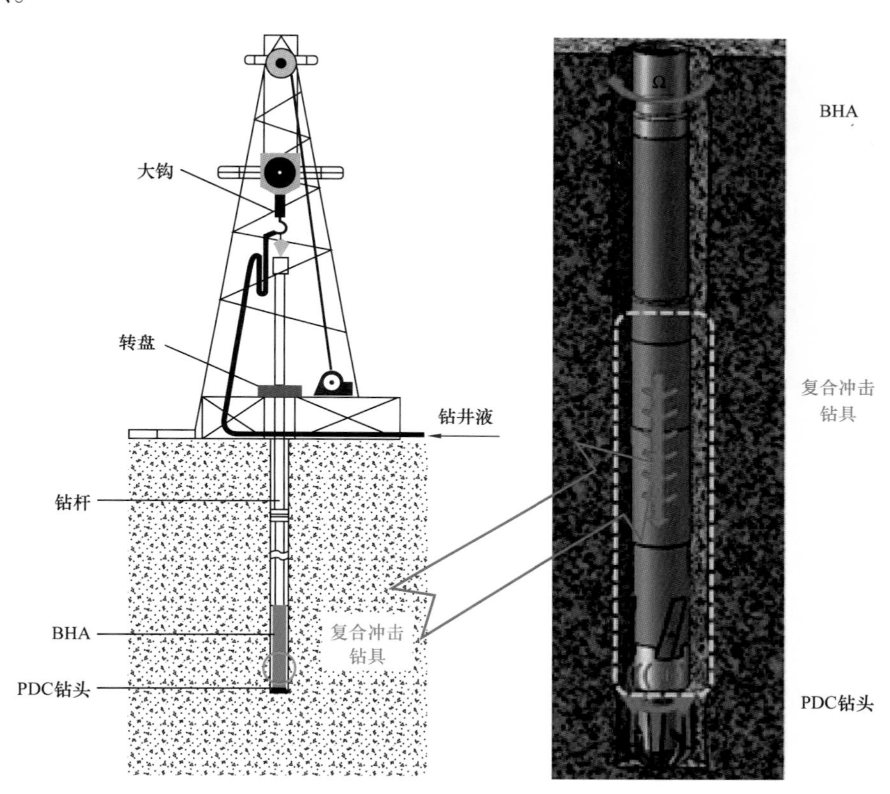

图 4-3-21 复合冲击钻井技术示意图

复合冲击钻具的主要技术特点如下：

（1）复合冲击钻具的钻井方式不会对现有的钻井方式产生改变，只是在 PDC 钻头和 BHA 之间增加一个复合冲击钻具，不需要对现有设备进行改变和调整。

（2）能同时给钻头提供高频单向轴向冲击和往复扭转冲击，提高破岩效率。

（3）保护切削齿，提高钻头的使用寿命。

（4）所产生的冲击载荷均为机械方式，不产生脉冲的钻井液，不影响钻井液脉冲发生器的工作，对测井数据的传输不产生影响。

（5）工具的工作参数可以进行调节，调节的方式较为简单，只需要更换不同直径的喷嘴。

（6）该钻具能与井下动力钻具配合使用。

（7）工具内没有橡胶部件，耐温性较好。

五、施工工艺

现场试验之前，为了保证安全性，对工具的螺纹部分进行了探伤。采用的是磁记忆检测方法，主要是检测螺纹应力状况、检测工具外壳内的应力状况。图 4-3-22 为复合冲击钻具探伤图及探伤报告。

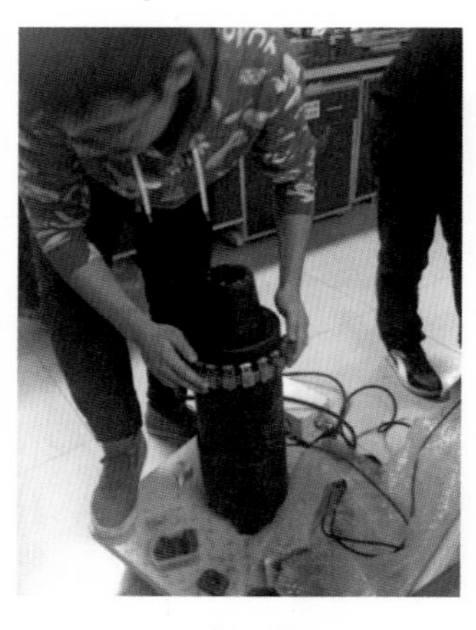

(a) 现场

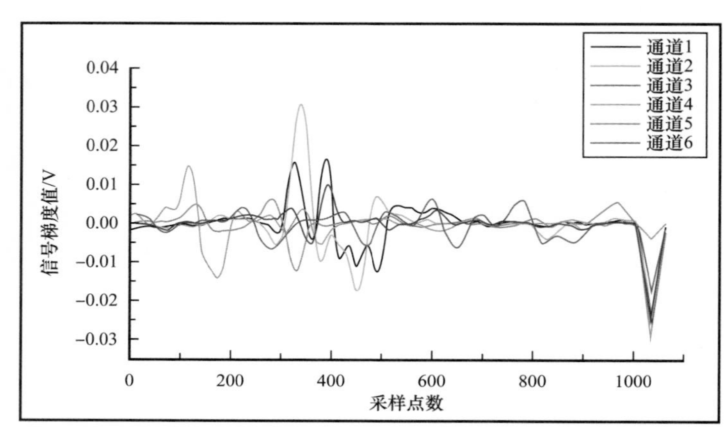

(b) 管体检测信号图

图 4-3-22 复合冲击钻具探伤

现场施工工艺为：

（1）井口测试。为了测试工具的可靠性，为后续的井下作业做好准备，需要将工具在井口处进行测试。井口试验的步骤为：

① 将复合冲击钻具吊至钻井平台；

② 将复合冲击钻具连接至方杆下端，螺纹处涂上螺纹脂，采用液压大钳进行上扣，上扣扭矩为 20～25kN·m；

③ 复合冲击钻具下端放空，将工具逐渐下放至井口位置，并用卡瓦固定；

④ 开泵循环，记录工具的压降及立管压力，循环 10min；

⑤ 停泵，卸下卡瓦，上提钻柱至井口，卸下工具。

若测试过程中工具运行正常，则符合下井要求，准备进行钻进试验。

（2）工具下钻。接常规钻具组合，按下钻操作规程下放钻具。在下钻过程中，注意控制下钻速度，下钻动作要平稳，禁止猛刹猛放；注意观察摩阻变化，防止井下事故。钻具到底前放慢速度，密切注意指重表变化。确定到底后提离井底，下钻完成。

（3）试钻。接方钻杆，锁紧转盘，采取由小至大的开泵原则，开泵循环 10min，随时观察和记录泵压变化。确认正常后可将排量调整至 20～25L/s，钻压 20～30kN 进行试钻进。

（4）正常钻进。试钻完成后，将排量调整至 30～40L/s，钻压 60～80kN 进行工具试验。

（5）工具起钻。工具试验完成后，按起钻操作规程提起钻具。

（6）清理、拆卸工具，检查试验后工具状态，结构部件冲蚀状态，并做好记录。

六、应用案例

井号：葡 4–32 井。

该井是位于吐哈油田的一口直井，设计井深为 3335m，试验井段为 2798～3337m，所钻地层为致密灰紫色泥岩与灰色泥岩互层，地层岩石的特性见表 4–3–3。

表 4–3–3 葡 4–32 井所钻地层岩石性能表

地质分层			底界深度 /m	岩性描述
中生界	白垩系	下统	2776	上部以厚层紫红色泥岩与灰色泥岩为主，下部为厚层紫红色泥岩及灰白色砾状砂岩
	侏罗系	上统	3058	上、中部以棕红色、紫红色泥岩为主，下部为灰紫色泥岩与灰色泥岩互层
		中统	3335	上部为灰色泥岩，下部为灰色泥质粉砂岩、砂砾岩与灰色泥岩交互层

现场试验钻进参数为：转盘转速为 90r/min；钻压为 60～80kN；钻井液排量为 35L/s；钻井液密度为 1.35g/cm^3，漏斗黏度 58s，含砂 0.2%，失水 4.8mL。

所使用的钻头为五刀翼 PDC 钻头，5 个直径为 22mm 的喷嘴；

钻具组合为：ϕ215.9mm PDC 钻头 + 复合冲击钻具 +2 根无磁钻铤 +14 根加重钻杆。

为了保证现场操作过程中所需要的大排量，要求试验的复合冲击钻具的压降不超过 4MPa，因此复合冲击钻具选择直径为 20mm 的喷嘴。

现场试验过程中，复合冲击钻具的入井总时间为 92h，其中纯钻进时间为 64h，累计总进尺为 539m，平均机械钻速为 8.42m/h。如图 4–3–23 所示，为使用复合冲击钻进前后钻时对比。从图 4–3–23 可以看出，在使用复合冲击钻具后，钻时有了明显的下降，平均钻时为 7.1min/m。

此外，在实际钻进过程中，指重表所显示的波动幅值较小，未出现较大扭矩波动，由此证明该工具的使用没有产生严重扭矩波动。图 4–3–24 为使用复合冲击钻具后起出的钻头照片，从图中可以看出，该钻头的切削齿中只有 1 个主切削齿出现了正常磨损，钻头中没有出现崩齿现象，钻头的刀翼较为完整，没有出现磨损。经现场工作人员鉴定，起出后的钻头新度达 90% 以上，符合再次下钻的标准。

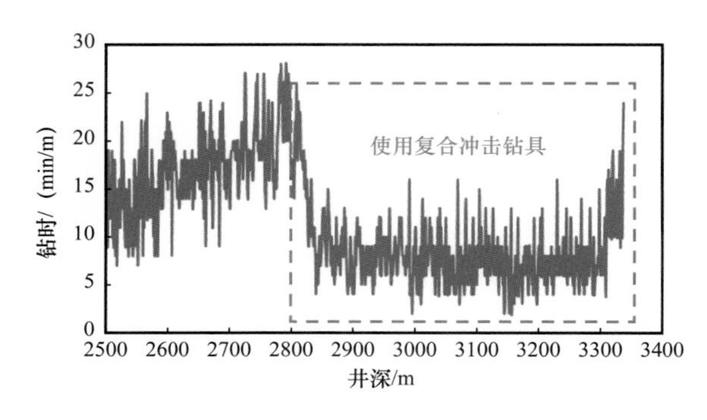

图 4-3-23　葡 4-32 井使用复合冲击钻进前后钻时对比

图 4-3-24　葡 4-32 井使用复合冲击钻具后起出的钻头

第四节　井筒工程环境随钻监测技术

随着勘探开发的不断深入，深井、高温、高压井以及大斜度水平井等低渗透特殊复杂井越来越多，事故及复杂情况的发生率越来越高。传统综合录井手段由于仅依据地面参数对工程事故复杂进行判断和预警，其时效性和准确性越来越难以满足现代钻井技术的需求，而通过钻具的钻压、扭矩、弯矩、振动以及钻井液温度、压力等工程参数的井下随钻测量，则能够了解井下真实动态，更加及时和准确地发现井下异常，切实提高钻井时效和井眼质量。

针对低渗透油气藏复杂地层钻井特点及现有井筒环境监测能力不足问题，以理论分析、模拟试验及现场应用为手段，研制了一种新型井下工程参数测量仪器，并开发了井筒复杂环境监测与工况分析软件，形成了井筒工程环境随钻监测技术，实现了复杂地层钻井工况实时分析与参数实时优化，进一步提升了低渗透油气藏复杂地层的钻井工艺优化能力。

一、井下工程参数测量仪组成与测量原理

井下工程参数测量仪的研制目标是通过在一个钻铤短节内集成钻压、扭矩、压力、温度和振动等多个参数的传感器，完成传感器信号的调理、采样和数据存储。仪器需要具备大容量存储能力，支持对各参数的高速采样以获得更加精细的数据用于离线分析。同时，仪器具备挂接 MWD 设备的接口，可以在井下实时计算各参数特征量并上传至地面。

1. 仪器组成

井下工程参数测量系统整机包括地面设备和井下总成。

地面设备包括压力传感器、无线收发主机、无线传感器主机、司钻显示器和数据处理仪，如图 4-4-1 所示。

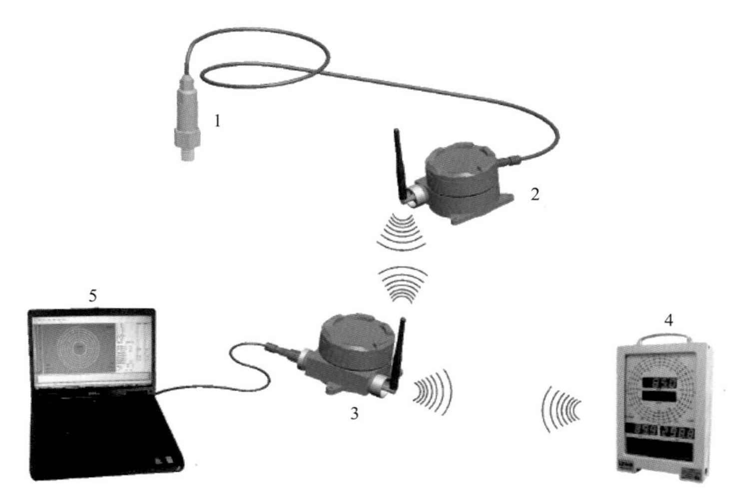

图 4-4-1 井下工程参数测量系统地面设备组成示意图

1—压力传感器；2—无线收发主机；3—无线传感器主机；4—司钻显示器；5—数据处理仪

井下总成包括脉冲器短节（组装接收短节）、探管短节、伽马探管（可选）、电池短节、定向接头、井下工程参数测量仪器组成。

井下工程参数测量仪器可以测量扭矩、钻压、外环空压力、内环空压力、转速、温度以及振动参数，并通过无线方式将信号传递到 MWD 系统中，从而将 MWD 全部参数无线传输到地面进行解码显示。采取在钻铤壁上开槽的方式，安装多种传感器和电路板，并使用盖板和密封圈实现密封。在仪器顶部设置包含电源总线和 RS 485 总线的 7 芯滑环，使仪器可以接驳电池探管独立工作或挂接 MWD 系统工作。7 芯滑环的设计旨在方便仪器在井口实现对接。测量仪具备 USB 2.0 高速数据接口，以便快速读取存储的大量数据。

2. 测量原理

（1）钻压和扭矩的测量主要是通过对仪器钻铤所承受的力和力矩进行的。钻铤作为一种质地均匀的金属材料，在受到外力或力矩作用时将发生弹性应变，该应变量值的大小和钻铤所受外力和力矩的大小呈线性关系。利用这一原理，将一种特殊制作的箔式电阻应变传感器牢固粘贴在应变测量仓的侧壁和底面上，钻铤受力所产生的应变将使其阻值随应变量的改变发生线性变化。在钻铤圆周均匀分布的 3 个应变测量仓内粘贴多片电阻应变传感器，并将其按照一定规律组成 3 个惠斯通电桥，便可分别测量钻压、扭矩和弯矩，同时消除它们之间的互相干扰。

（2）在仪器钻铤壁上固定一个三轴向加速度计即可同时测量钻具在轴向、旋转法向和旋转切向的振动和冲击情况。为了保证可靠传递钻具振动，提高加速度计的共振频率，加速度计需采用螺栓固定方式，并保证螺栓安装扭矩达到要求。此外，振动的测量：

① 振动芯片根据仪器的振动量，采用振动芯片模块和仪器刚性连接，可以正确接收

仪器的振动量。

② 专门的单片机处理振动芯片采集到的振动量，通过前期的校准进行比对、排序、无效去除、平均等程序优化处理，振动模块输出振动数值，最终传输至主控单元。

③ 主控单元会再次对振动进行温漂、系数修正等优化处理，最终输出横向和纵向的振动数值。

（3）钻井液温度和压力的测量采用一体化设计的溅射膜压力传感器和铂电阻传感器实现。一体化设计有助于对压力数据进行精确的温度补偿，同时减小空间占用。在钻铤外壁和内壁开孔将钻井液引流至温度压力传感器进行测量，在测量孔内设计有耐磨块，以保护传感器不受钻井液冲蚀。

（4）钻柱转速的测量主要是利用的是 ADXRS453 角速率传感器，它采用先进的差分四传感器设计，可抑制线性加速度的影响，能够在恶劣的冲击和振动环境中提供高精度速率检测。

当检测结构旋转时，产生的科氏力耦合至外部检测框架，该框架包含置于固定捡拾器指之间的可动指。这样便形成一个容性捡拾结构来检测科氏运动。检测到的信号被馈送至一系列增益和解调级，产生电速率信号输出。

ADXRS453 安装在与偏转轴一定角度的情况下，可检测高达 255r/min 的转速，达到客户的要求，角速率数据以 16 位字的形式提供，通过单片机 SPI 接口在 ADXRS453 SPI 协议框架内进行数据的实时读取。

二、关键技术

井下工程参数测量仪器是获取井筒内信息最有效的手段之一，通过开展随钻井下钻压扭矩测量、井下压力测量、振动与转速测量等研究，成功研制了井下工程参数测量仪器，能够进行钻压、扭矩、转速、振动、温度、环空压力、钻柱内压力等 7 个参数的测量。通过室内测试及现场试验应用，井下仪器通信、工程参数存储及数据处理等功能工作正常，测量结果可靠且精度较高，达到仪器性能指标要求。

1. 随钻井下钻压扭矩测量技术

在随钻井下钻压、扭矩测量研究中，提出了“补偿式”钻压、扭矩测量方法，通过不同应变片的组合连接，消除了弯矩作用对钻压扭矩测量结果的影响，使测量更准确。通过对测量短节的受力分析并建立测量短节的力学模型，确定了传感器安装位置及方式，优化了整体结构。制作了仪器样机并通过大量的室内实验及现场试验进行验证，应用自主研发设计制作的国内首台随钻钻压、扭矩刻度标定装置对样机进行刻度标定表明随钻井下钻压、扭矩测量仪仪器输出钻压、扭矩数据正确、仪器稳定可靠、测量精度高。

在转盘钻井中，整个钻铤处于不停旋转的状态。作用在钻铤上的力，除拉力和压力外，还有由于旋转作用产生的离心力。离心力的作用有可能加剧下部钻铤的弯曲变形。钻铤上部的受拉伸部分，由于离心力作用，也可能呈现弯曲状态。在钻进过程中，通过钻铤将转盘扭矩传递给钻头。在扭矩的作用下，钻铤不可能成平面弯曲状态，而是成空间螺旋形弯曲状态。鲁宾斯基曾指出，在钻压、离心力和扭矩的联合作用下，钻铤轴线一般呈变节距的螺旋弯曲曲线形状，在井底螺距最小，往上逐渐增大，螺旋线的大小与钻压、扭矩、井壁摩擦力、离心力、自重等因素有关。

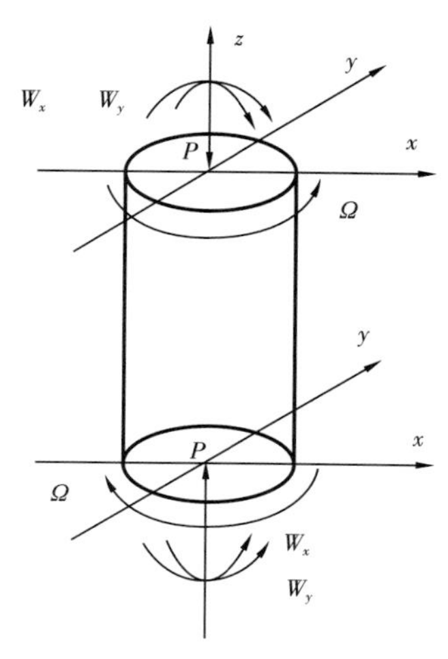

图 4-4-2　近钻头工程参数模型

钻铤在井下受到多种载荷（轴向拉力及压力、扭矩、弯曲力矩、离心力、外挤压等）的作用。在不同的工作状态下，不同部位的钻铤受力的情况是不同的。主要由钻铤受到 z 方向的钻压 P、围绕 z 方向的一对扭矩 Ω 以及 x 方向和 y 方向的弯矩 W_x、W_y 作用，如图 4-4-2 所示。

为了了解测量短节在井下工作时的受力情况及其运动特征，确定传感器安装位置及安放形式，同时对整体机械结构进行优化，通过建立测量短节的力学模型，进行了测量短节的受力分析。如图 4-4-3 和图 4-4-4 所示，通过仿真计算并分析不同受力情况下的测量短节应力与应变状态，确定了传感器测量范围和灵敏度等参数。

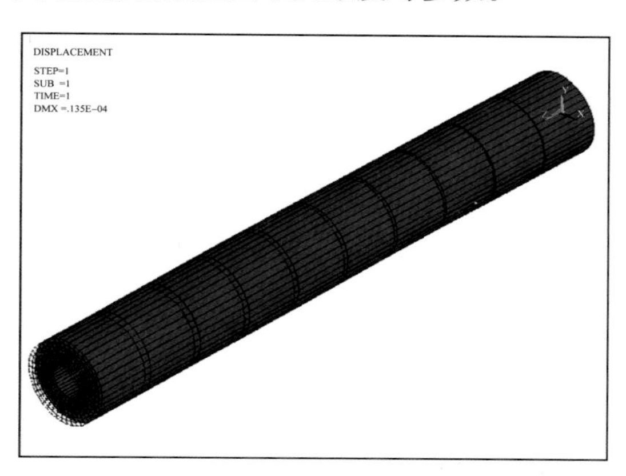

图 4-4-3　测量短节的轴向应变图

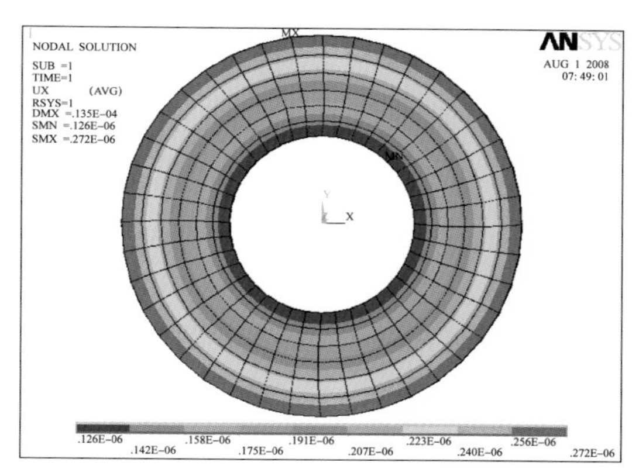

图 4-4-4　测量短节的径向应变图

如图 4-4-5 所示，给出了应变片的详细粘贴方式。上一排 16 个应变片按间隔 45° 均匀分布，且每组应变片与钻铤轴向成 ±45° 夹角。用来检测扭矩，并抵消钻压和弯矩的作用；下两排 16 个应变片也按间隔 45° 均匀分布，且纵向应变片与横向应变片一一对应。用来测量钻压，并抵消扭矩和弯矩的作用。

桥路的连接参如图 4-4-6 所示，由间隔 90º 的四个电阻串联组成一个桥臂，用十六个电阻应变片实现全桥测量，抵消温度变化对测量结果的影响。电阻 R0 用来调整桥路的零点，补偿应变电阻之间的不匹配。

在实际扭矩、钻压测量桥路中，由于应变片粘贴的角度不是完全一致、几何不对称等原因造成扭矩、钻压测量桥路输出相互耦合。

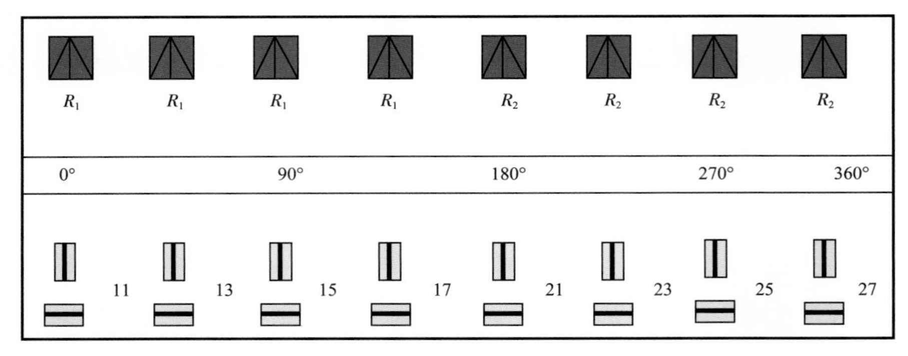

图 4-4-5 应变片粘贴方式

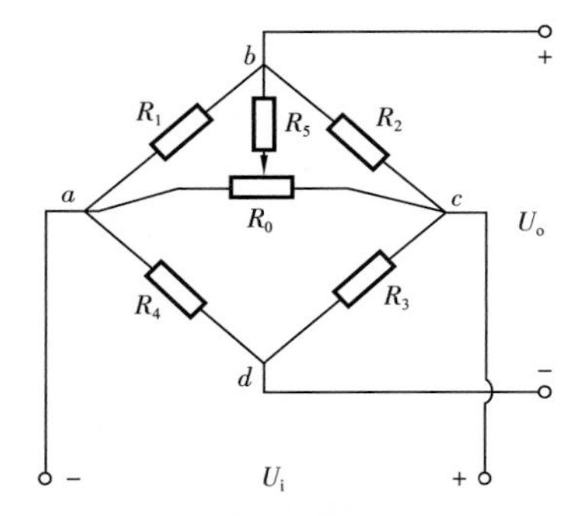

图 4-4-6 桥路连接与电阻布置图

$$\begin{bmatrix}T\\p\end{bmatrix}=\begin{bmatrix}K_1 & K_2\\K_3 & K_4\end{bmatrix}^{-1}\begin{bmatrix}U_{o1}\\U_{o2}\end{bmatrix}-\begin{bmatrix}K_1 & K_2\\K_3 & K_4\end{bmatrix}^{-1}\begin{bmatrix}B_1\\B_2\end{bmatrix} \tag{4-1-1}$$

式中 T 和 p——被测扭矩、钻压；

U_{o1} 和 U_{o2}——扭矩、钻压测量桥路输出（也可以是扭矩、钻压信号调理电路的输出）；

B_1 和 B_2——零点。

通过试验分别测量扭矩、钻压测量桥路输入（T、p）、输出信号（U_o）之间的关系，得到 K_1、K_2、K_3 和 K_4 四个参数。

井下工程参数测量短节的钻铤本体中，考虑补偿式钻压、扭矩应变片安装位置要求基础上，重点考虑测量敏感区的设计，测量敏感区的壁厚需要尽可能薄，以便更好地保证钻铤在受到钻压和扭矩作用时有较大的变形，同时测量敏感区的设计直径又要保证钻铤有足够的强度。

针对以上所述钻压扭矩测量短节钻铤本体的特点，在设计时运用仿真软件进行了大量的设计计算及校核，选定了合理的设计尺寸。测量短节的内芯部分，主要起到保护电池、内部处理电路以及实现电路和应变片联接的功能，在设计中重点需要考虑内芯部分的抗压、耐冲蚀以及与钻铤本体的联接可靠性。在经过严格的计算及校核后，出具了总体结构装配图及各部件机加工图纸。

考虑到随钻测量仪器在井下受力复杂、工作环境恶劣的因素，在电路保护盖板、导流套等多个重要部件的形状、尺寸的设计以及材料的选择上都进行了详细的讨论和论证，以期成品能满足密封性能、机械强度等多方面的工程要求。

在井下钻压、扭矩测量仪的结构设计中，采取如下措施，对测量短节机械结构和加工方式进行优化设计，既保证测量精度，又提高其使用寿命与密封性能。

（1）采用焊接方式密封应变片。

（2）采用橡胶硫化、玻璃钢充注技术密封应变片，实现了传感部分的多层密封，且不影响测量短节的测量性能，解决了现有专利技术中存在的由于密封不严、钻井液渗漏导致仪器失效的技术难题。

（3）利用硬质合金片解决了钻铤外部钻井液和井壁对测量短节测量敏感区的磨损，保证了测量短节特性的长期稳定性。

（4）利用内部保护套管减弱了钻铤内部钻井液对测量短节测量敏感区的冲刷与磨损。

（5）在保证钻井安全的前提下，尽可能增大测量短节对钻压、扭矩的机械放大倍数，减小其对放大电路的要求，提高测量参数的准确度和灵敏度。增加测量短节在相同输入参数条件下的应变量。

2. 随钻井下压力测量技术

在随钻井下压力测量仪研究中，充分考虑钻井过程中能引起井下钻柱压力和环空内压力变化的因素，应用“窄窗口”随钻压力测量方法，如图 4-4-7 所示，即利用高速压力传感器进行快速测量，实时上传钻柱压力和环空压力，地面压力曲线能对井下钻遇地层窄裂缝或发生井漏等异常情况做出及时响应。

图 4-4-7　压力传感器

随钻压力仪可实时将钻柱内压力和环空压力以及超过设定值上限的振动警报数据上传到 MWD 系统，同时将数据存储在井下芯片中以供起钻后下载分析。在室内应用压力测试仪进行压力测试，仪器达到设计要求指标，并通过 4 口井现场试验，仪器性能良好，数据准确，压力和振动数据能真实反映井底情况。

井下压力测控电路对钻柱内压力传感器、环空内压力传感器和井下振动传感器输出的电压信号进行滤波后采样，并将采样数据传递到 CPU 进行处理，CPU 根据传递来的采样数据计算得到钻柱内压力、环空压力和振动数据，并根据温度传感器输出的温度进行补偿后得到真实的钻柱内和环空压力数据，CPU 将钻柱内、环空压力和振动警报数据编码后通过总线方式传递到 MWD 系统进而传递到地面，同时 CPU 将钻柱内和环空环空数据存储在数据存储器中以便于下载分析数据。

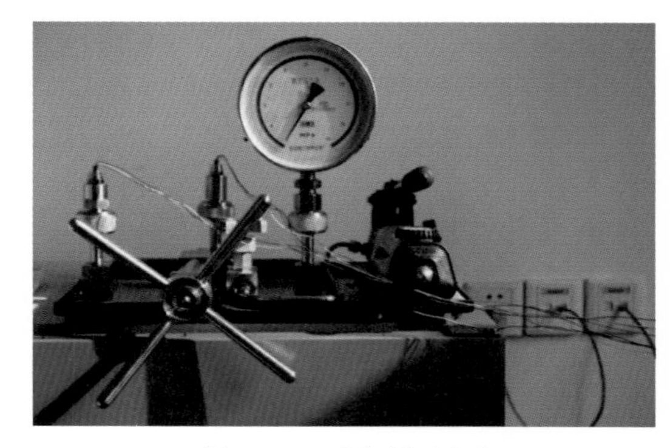

图 4-4-8　测试打压泵

为了保证内外环空压力的隔绝以便分别对此两种压力的绝对值进行精确测量，特进行了打压试验。如图 4-4-8 所示，对钻铤短节的两个引压孔，分别进行了完全密封和与打压泵的连接，模拟井下高温以及内外环空压力的差值进行了压力测试，结果显示压力可保持在一定数值不变，证明密封性能达到要求。

由于外界温度变化而造成的压力测量系统温度和非线性漂移对测压精度的影响很大，为了解决此问题，通过软件编程对系统的非线性和温度误差进行补偿修正，并在现场试验前，利用图4-4-9中的室内压力计和恒温箱进行了室内标定。

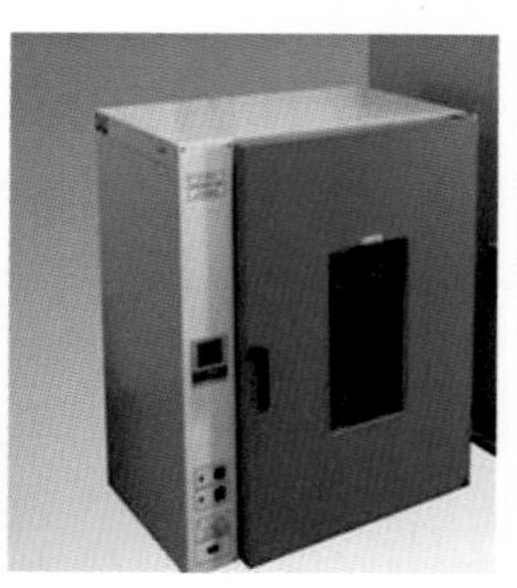

图4-4-9 室内压力计和恒温箱

3. 随钻井下振动转速测量技术

系统搭载ADIS16227型自治的频域振动监控器，ADIS16227提供嵌入式频域处理和512点实值FFT，片上存储器能够识别各种振动源并进行归类，监控其随时间的变化情况，并根据可编程的阈值做出反应。该器件提供可配置的报警频段和窗口选项，支持对全频谱进行分析，并配置6个频段、报警1（警告阈值）和报警2（故障阈值），从而更早、更精准地发现问题。其核心是一个三轴宽带宽（22 kHz响应）MEMS传感器，可配置的采样速率（最高100 kHz）和均值/抽取选项支持更精确地评估细微的振动剖面变化。

同时为解决振动传感器在系统谐振条件下引起的失调误差，引入ADIS16266数字陀螺实现将重力分量从加速度计输出中去除，同时检测钻具旋转角速率，从而换算钻具转速，该传感器采用先进的差分四传感器设计，可抑制线性加速度的影响，能够在恶劣的冲击和振动环境中执行速率检测。

单片机是本块电路板的关键所在，负责所有功能的实现。由于AduC848采用PLL电路可将32.768kHz倍频到所需要的频率。PLL的倍频系数是512，可得到16.78MHz的系统内核时钟，故本系统采用32.768kHz的晶振作为时钟晶振，然后通过设置PLLCON寄存器得到16.78MHz的时钟频率。

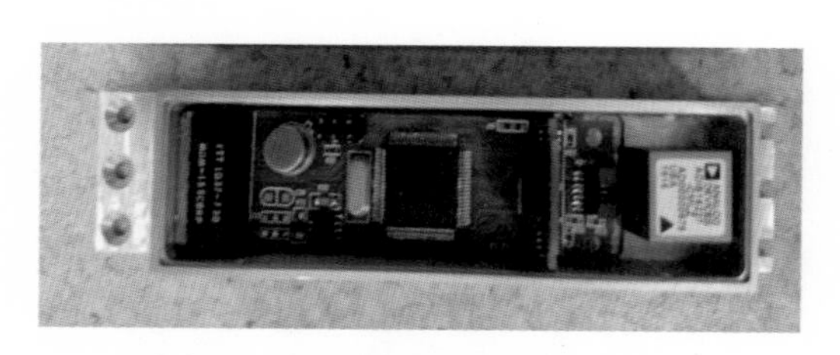

图4-4-10 振动角速度检测模块

使用振动冲击台对振动角速度检测模块（图4-4-10）进行功能测试及基本标定，设置振动台激励为1G～10G，开启传感器监控振动数据，10G激励振动信号施加于传感器上。如图4-4-11所示，当振动为1G rms（0～300样本之间）时，失调没有可观测的偏移，当振动为5Grms（300～600样本之间）时，失调没有可观测的偏移，当振动为10G rms（600～1000样本之间）时，失调偏移约为–0.1*g*，系统测量精度满足设计要求。

4. 与 MWD 测量系统对接技术

在分析井下工程参数测量系统的特点和钻井工艺研究院钻井液脉冲 MWD 的基础上，开展了对接可行性论证和研究，研究出了两套可行性对接方案：一是用电缆进行软连接，二是硬连接。两套对接方案的具体要求有：

如图 4-4-12 所示，要求对接简单方便，现场可操作性强；两套系统采用单独供电方式，可以使工作时间更长，减少起下钻趟数；当两套系统中任何一套系统出现故障时不影响另一套系统的正常工作；保证对接接口处的有效密封设计。

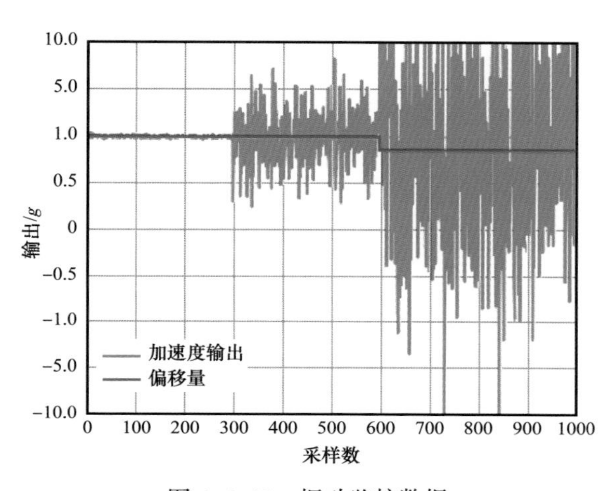

图 4-4-11　振动监控数据

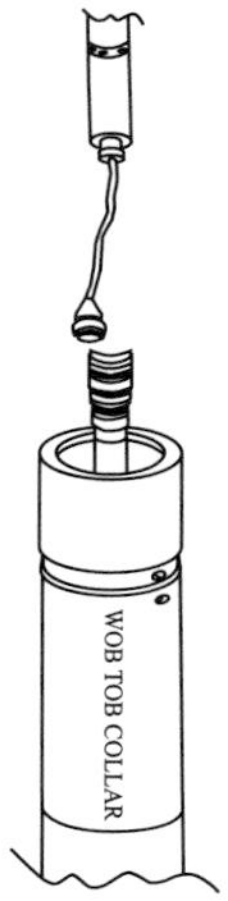

图 4-4-12　两套可行性对接方案

完成了地面信号采集处理方法优化。地面信号采集系统主要由井场传感器组、地面实时多任务数据处理系统、主控计算机、司钻显示器等硬件设备以及地面系统软件组成。其中以地面实时多任务数据处理系统最为关键。采用了基于 USB-DAQ 模块和专用 CAN 模块的系统设计结构，如图 4-4-13 所示。

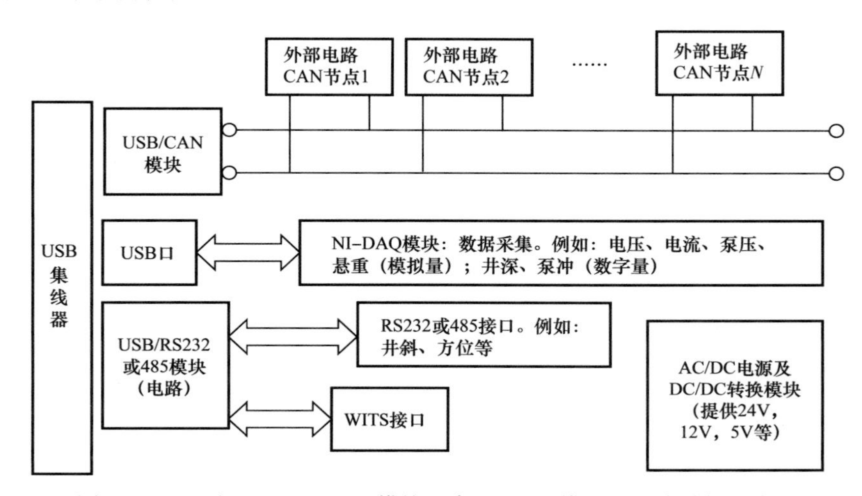

图 4-4-13　基于 USB-DAQ 模块和专用 CAN 模块的系统结构示意图

地面信号采集系统，如图 4-4-14 所示。该系统具有以下特点：采用标准机箱，电源、接插件符合随钻仪器通用要求；多路开关量 / 模拟量采集通道，满足不同信号处理要求；可挂接第三方模块，保护第三方仪器的内部私有性技术，兼容性好；符合测井资料处理标准，可挂接现有测井解释软件系统；满足 WITS 标准的远程通信，与地质录井系统挂接；同一个硬件平台，通过重新配置软件，可实现不同功能的测量仪器。

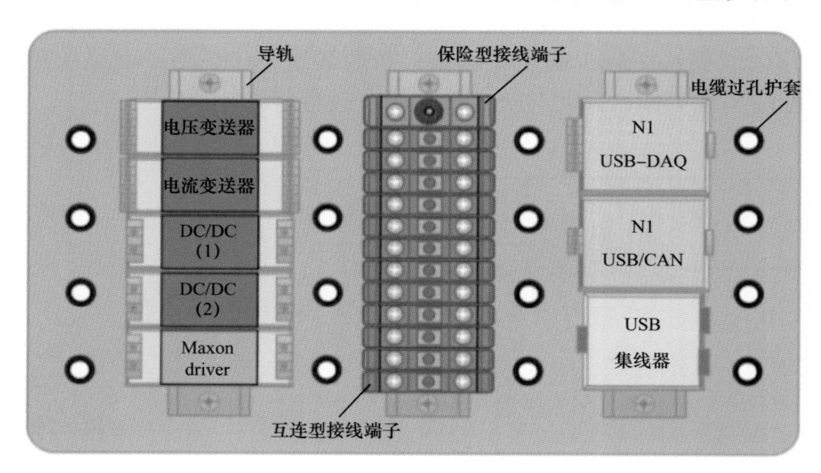

(a) 地面接口箱内部模块示意图

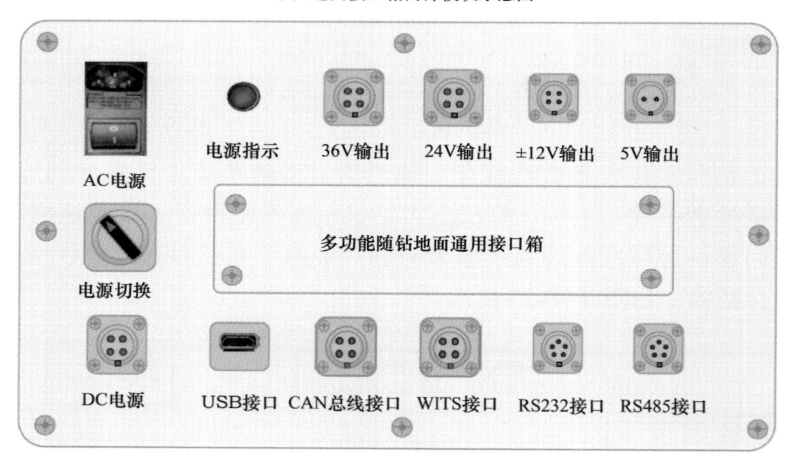

(b) 地面接口箱面板示意图

(c) 地面接口箱模拟和数字采集卡

图 4-4-14　地面实时多任务数据处理系统

系统分析了钻井液脉冲信号中的高频噪声和低频噪声，对高频噪声进行了 FIR 去噪算法、小波去噪算法、自适应去噪算法、FFT 去噪算法分析。针对泵冲等低频噪声的干扰，提出了相关滤波消除基值算法和移动窗口中值滑动泵冲基值算法。

针对脉冲宽度和组合编码，系统会自动选取最合适的滤波器，并提供滤波方法可选及滤波参数可选功能。

5. 井筒工程环境随钻评价技术

钻井过程中，获取井筒工程参数主要有两种方法：一种是录井数据，另一种是井下工程参数，工程参数合理的处理与分析可以准确判断井下工况和井筒环境。如表 4-4-1 所示，基于录井数据和井下工程测量参数，通过建立井筒随钻信息平台，开发了井筒工况随钻识别系统，实现了低渗透油气藏复杂地层（刺漏、井漏、溢流等）井下风险的实时监测。

表 4-4-1 井筒随钻信息平台数据需求

数据类别	数据清单
地质	区域地质情况、勘探部署图、工区地震（SGY 数据）、地质模型、单井 VSP 数据
钻井	钻井设计：井基本信息、井身结构、轨道设计、钻头及钻井参数、钻具组合、钻井液、套管柱、施工进度计划等。 钻井施工过程：井身结构、轨迹测斜、钻头及钻井参数、钻具组合、钻井液、复杂情况、钻井时效、套管柱等
录井	地层分层、录井仪实时传输米数据、时间数据
测井	测井曲线数据、随钻测量数据、VSP 数据

1）井筒随钻信息平台建立

为了达到准确判断井下工况和井筒环境的目的，井筒随钻信息平台需要融合钻井、地质、物探、测井、录井等井筒多源信息，并针对井下风险在一定准则下加以分析和综合。

根据钻井设计资料，进行决策平台运行需要设计数据的整理及录入，涉及信息包括：井基础数据、设计基础数据、预测钻遇地层数据、地层压力预测数据、定向井靶点及轨道数据、井身结构设计数据、钻具组合设计数据、钻井液性能设计数据、钻头使用计划及钻井参数设计数据、钻井工程进度计划数据等。

根据实钻资料，整理录入的施工数据包括：钻井基础数据、完成井钻井时效数据、井身结构数据、钻具组合使用情况数据、钻头及钻井参数数据、钻井液取样性能测试数据、地层压力检测基本数据、地层漏失压力实验数据、定向井基本数据、测斜及计算数据、井下复杂情况及故障处理数据、钻井施工进度分析数据、地层分层数据、随钻测井曲线数据。

大量的数据整理及录入工作为系统测试运行提供保障，系统的平稳运行使得专家们足不出户就能掌握井况，指导作业，提高决策效率。系统集数据管理、计算分析、诊断决策为一体，有机整合石油工程各专业流程及相关功能模块，变繁琐为直观，辅助钻井专家快速论证钻井方案，提高设计效率；实时跟踪工程进展，最大限度地消除井下复杂情况，从而可以解决专家资源稀缺、跨学科跨地域决策难度大等难题。

2）井筒工况随钻识别系统开发

基于井筒随钻信息平台数据，通过对井筒环境（摩阻、压力、振动等）特征进行快速分析评价，开发了具备实时监测和模拟分析功能的井筒复杂环境监测与工况分析系统，系统主界面如图 4-4-15 所示。该软件系统主要包括“基础数据”“实时监测”“模拟分析”等几个模块，其中主界面主要由菜单栏、工具栏组成，其中菜单栏功能可以方便用户实现各种操作，主要包括“基础数据”“实时监测”“模拟分析”等几个子菜单，同时菜单栏的各项操作亦可以通过工具栏上快捷功能图标来完成。

图 4-4-15 井筒工况随钻识别系统主界面

（1）实时监测模块。

单击主界面菜单栏中的“实时监测”菜单，可以进入“实时监测”模块，在“实时监测”模块中，主要包括振动水平、卡钻系数、管内压力、环空压力和压差显示等功能区域，选中井号，选择地面数据和随钻数据源，点击工具栏中的“开始”，运行实时数据检测，如图 4-4-16 所示，当测量参数满足相应风险的评价体系时，系统会自动提示井下工况，并记录，如图 4-4-17 所示。

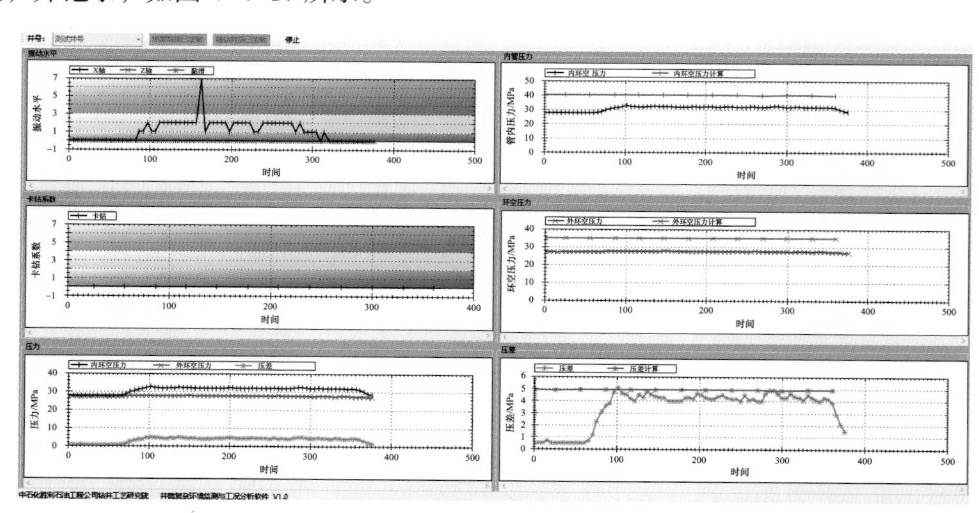

图 4-4-16 实时数据检测界面

（2）模拟分析模块。

单击主界面菜单栏中的“模拟分析”菜单，可以进入“模拟分析”模块，在“模拟分析”模块中，主要包括刺漏、井漏和溢流计算等功能区域，点击保存参数可将计算参数保存至数据库，方便下次调取，如图 4-4-18 所示。

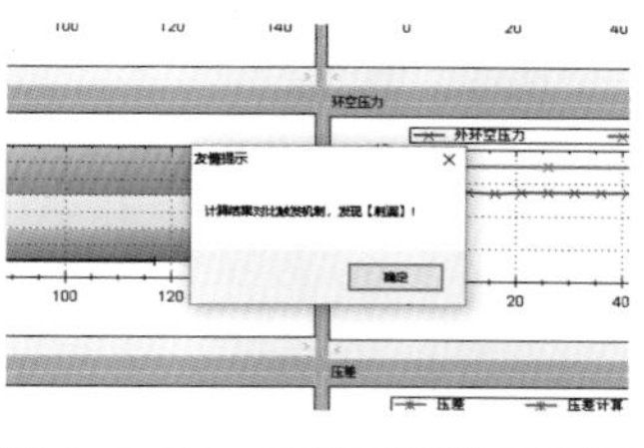

图 4-4-17 井下工况提示界面

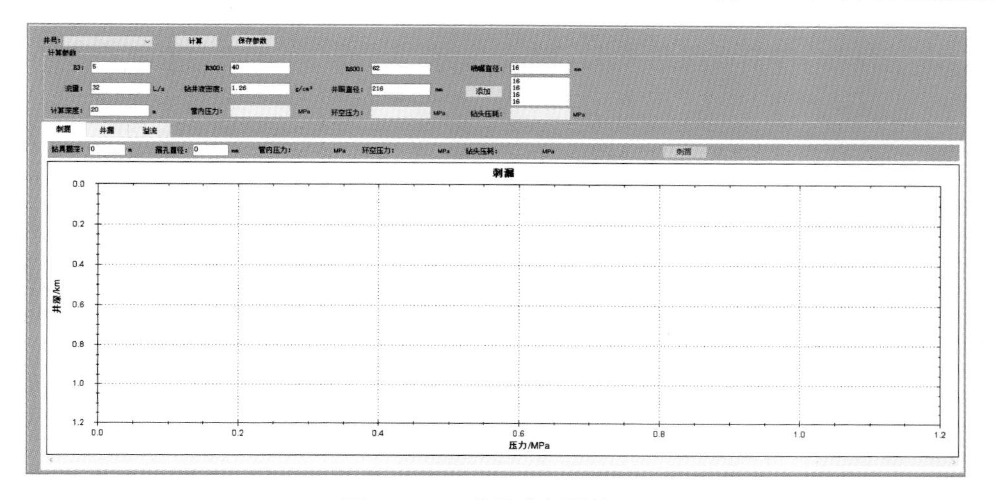

图 4-4-18 模拟分析模块界面

三、井下工程参数测量仪技术参数

井下工程参数测量仪的外形尺寸、机械性能和功能指标见表 4-4-2，测量参数的技术指标见表 4-4-3。

表 4-4-2 外形尺寸、机械性能和功能性指标

外径 /mm	内径 /mm	长度 /mm	螺纹类型	钻铤材料	连续工作时间 /h
172	72	1100	NC50	无磁	≥200

表 4-4-3 井下工程参数测量短节技术参数

技术参数	测量范围	测量精度
钻压 /kN	0～400	±2
扭矩 /（kN·m）	0～30	±0.3
内外环空压力 /MPa	0～140	±0.2
转速 /（r/min）	0～255	±1
三轴振动 /g	0～100	±1
温度 /℃	-40～150	±0.1

四、井下工程参数测量仪性能特点

通过开展随钻井下钻压、扭矩、压力和振动等测量原理方法研究，自主研制了能够测量 7 个参数的井下工程参数测量仪器，并对各个测量参数进行标定，确保了井下工程参数测量的准确性，实现了实时传输，为获取井下信息提供了手段。其主要性能特点为：

（1）具有随钻式和存储式两种工作方式，实现了钻压、扭矩、转速、振动和温度及内外环空压力 7 个参数的测量；

（2）可实现与 MWD 及地质录井系统挂接，传输速度 1～2bit/s，地面实时数据与内存测量数据一致性较好；

（3）井下工程参数测量仪器采用成熟的电阻式应变计传感器来检测钻压、扭矩，可以保证扭矩 / 钻压参数的稳定及准确；

（4）可实时监控井下的工程参数，配合自主开发的井筒复杂工况监测与分析软件，极大地保证了施工安全；

（5）整体长度短，可灵活地连接到钻具中，不影响井队钻进。

五、施工工艺

1. 仪器测试

在仪器进入井场正式工作前，需要对仪器的各个部分进行检查与测试，确保各部分能正常工作后再对其进行连接与安装。

（1）MWD 部分检测：将 MWD 各部分连接完成，依次确认各短节的工作状态，尤其确认无线接收短节的工作状态。

（2）将钻铤的发射短节和电池可靠地组装到测量钻铤上，并将盖板可靠组装。

（3）使用拆卸工装将通信口盖板拆卸，可靠连接仪器通信设置工装和测量钻铤，用仪器加密锁配合打开工作软件，确认钻铤的工作状态。

（4）井下工程参数测量仪器与通信设置工装连接，运行仪器数据处理软件，先通过【通信】菜单选择串口，之后打开【工程参数测量短节】。通信正常后，会正确显示仪器短节的系统信息、可读取实时采集数据、存储器检查、时钟读取等。整机工作前需自动校准，校准后读取实时采图集数据，其各参数数据应均为 0，后续直接读取所需数据即可。

（5）取下通信测试工装 30s 内将通信开关可靠的组装在通信接口上，并将通信接口盖板可靠组装。

（6）井下设备整机测试：各个短节在进行测试和设置后，还需要进行整机测试，保证井下设备能顺利工作，整机测试尤为关键。将探管短节，脉冲器短节等 MWD 短节可靠连接，然后将测量钻铤套在脉冲器接收短节部位（测量钻铤内螺纹端面距脉冲器端头 75mm），通过外螺纹通信工装（或者通信测试盒）读取各仪器工作状态，确认无误后即可进行其他 MWD 短节的设置和 MWD 工作模式的设置，进行一致化设置后，即可进行下井作业。

2. 现场使用期间注意事项

（1）钻井液的固相含量、塑性黏度过高。

钻井液固相含量高，会导致大量固体物在循环套内及限流环内堆积，最终容易导致主阀芯受阻。塑性黏度高，信号衰减厉害，在深井中难以工作。测斜仪施工过程中，为了保证测斜仪井下仪器有效的工作时间及性能，要求使用除砂器、除泥器和离心机，确保钻井液含砂量不高于 1%。

（2）钻井液 pH 值小于 7。

pH 值小于 7，钻井液呈酸性，会腐蚀井下仪器，对仪器的寿命会大打折扣。

（3）在有柴油性质钻井液中工作。

柴油会使脉冲信号发生器的油囊及波纹管橡胶鼓软化，最终导致橡胶鼓鼓起来，从而导致井下事故。

（4）钻头水眼特别小。

钻头水眼特别小，会导致立管压力很高，这种情况下如果泵上水又不好时，钻井泵上水时的瞬间会产生很高的压力信号，脉冲发生器发射脉冲需要的力大，造成憋泵，往往还会导致脉冲发生器损坏。

（5）钻井液存在气侵。

对于高压油气层，钻井液往往会受到气侵。受到气侵的钻井液，对信号的衰减特别厉害，这时需要在钻井液中加入除泡剂，充分循环钻井液，直到气侵排除。

在以上条件下施工，要么对仪器不利，要么井下仪器会不工作，应尽量避免。

六、应用案例

井号：坨斜 792 井。

坨斜 792 井是部署在济阳坳陷东营凹陷的一口 5 段制致密砂砾岩定向井，设计井深 4245.30m，垂深 3970.00m，目的层为沙四下亚段。该井的井身结构如图 4-4-19 所示。

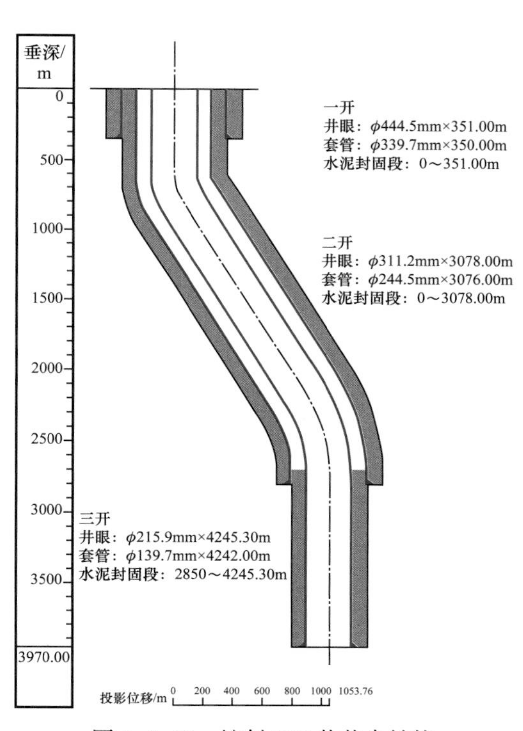

图 4-4-19 坨斜 792 井井身结构

为进一步验证井下工程参数测量系统实时传输能力的可靠性，监测三开上部井段施工过程中井下压力，保证井下安全，开展了坨斜 792 井井下工程参数仪器现场试验。

本次现场试验累计工作时间 103h，进尺 322m，时间刻度记录正常，数据完整。由于三开上部井段需要及时处理调整钻井液相对密度，因此选择内、外压力为实时参数，其余参数作为存储参数，同时考虑该井稳斜段长，后期需要降斜钻进，为了不影响轨迹控制，选择 14 组工具面 +1 组内压 + 1 组外压的实时传输序列，期间钻井液相对密度由 1.42 调整至 1.86，未发生复杂情况。

1. 内外环空压力测量

如图 4-4-20 所示，为试验期间测量得到的内、外环空压力曲线，从图中可以看出，随着钻进井深增加，内、外环空压力增加，井深减小，内、外环空压力减小。仪器入井未达井底且连续接单根过程中，外环空压力大于内环空压力，开泵时由于钻井液循环，内环空压力大于外环空压力，停泵时两者压力相等，此次入井正常钻进时内外环空压力差维持在 5～10MPa，与钻进状态保持一致。内、外环空压力数据根据钻进的状态变化规律，数据反馈正确。

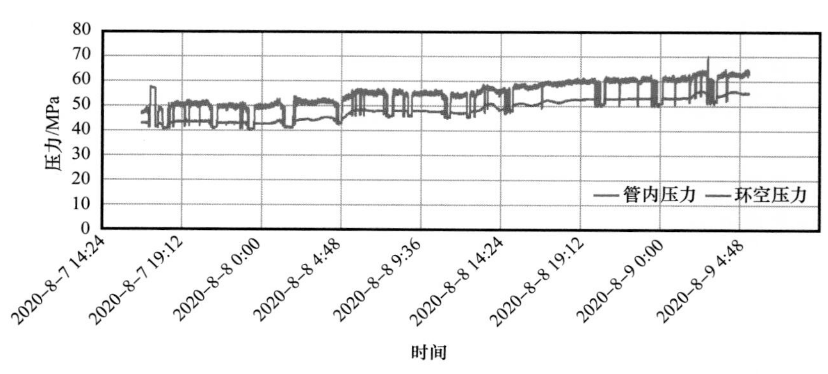

图 4-4-20　内外环空压力曲线

2. 横向与纵向振动测量

如图 4-4-21 所示，为试验期间测量得到的横向与纵向振动曲线。从图中可以看出，横向与纵向振动和井下仪器摆动和转动状态变化，开泵旋转钻进时振动大，停泵时振动小。与钻进状态保持一致，且在非水平井应用中横向振动比纵向振动数据大，此次入井横向振动总体看大部分在 0～10g 变化，较少部分会至 15g 上下，纵向振动总体看不超过 5g，大部分不超过 2g。横、纵向振动数据根据钻进的状态变化规律，数据反馈正确。

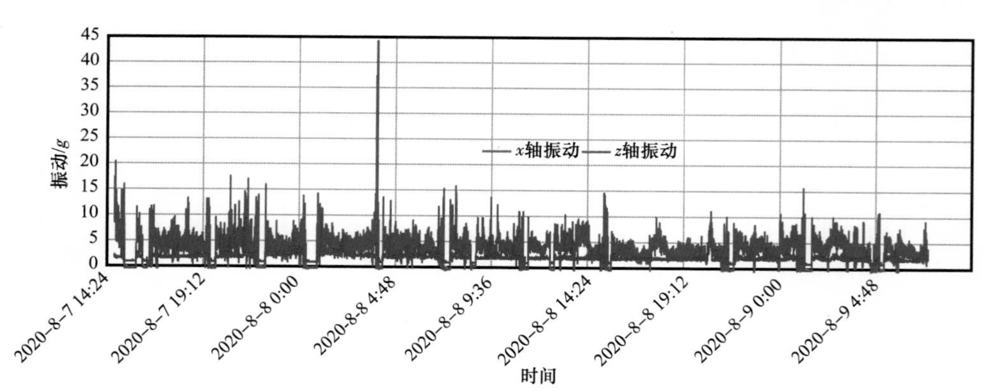

图 4-4-21　横向与纵向振动

3. 扭矩测量

如图 4-4-22 所示，为试验期间测量得到的扭矩测量结果，从图中可以看出，扭矩变化根据正常钻进时开泵—停泵—开泵变化规律，扭矩正常钻进时为 2～5kN·m，工程参数测得的数据信息能准确反映当前的工程情况，与钻进状态保持一致。扭矩数据根据钻进的状态变化规律，数据反馈正确。

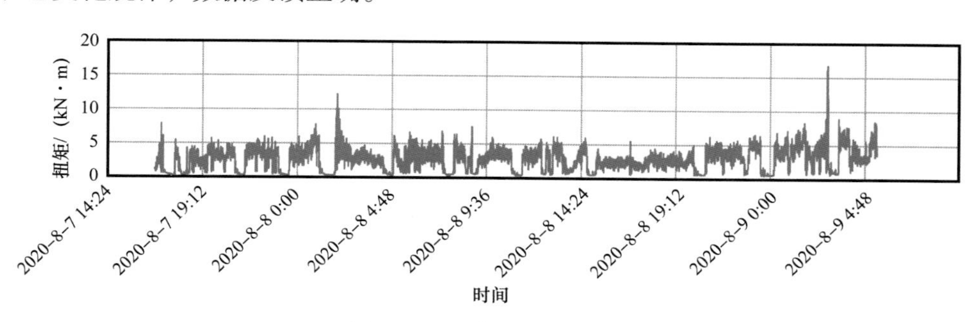

图 4-4-22 扭矩测量结果

4. 实时传输分析

如图 4-4-23 和图 4-4-24 所示，分别给出了内压、外压的实时传输数据与仪器内存数据的对比。从图中可以看出，内压、外压实时传输数据与内存测量数据一致，表明了井下工程测量仪器良好的可靠性。

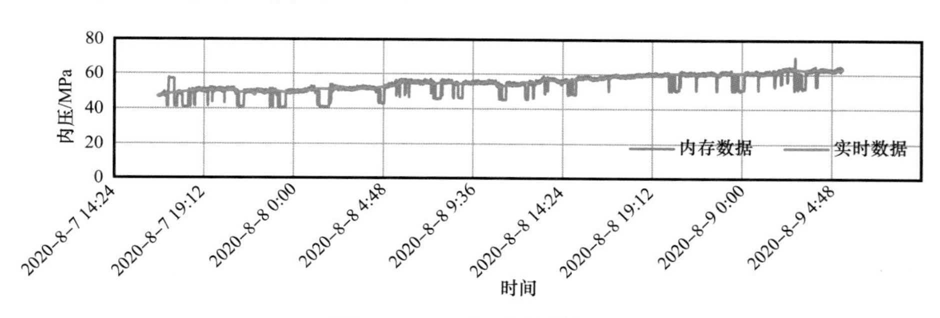

图 4-4-23 内压测量结果

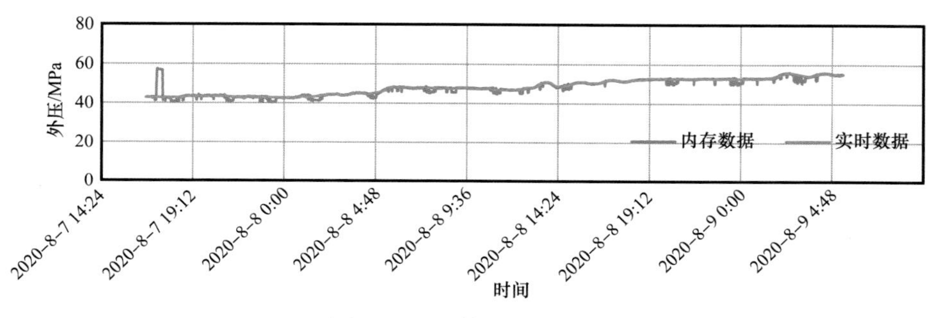

图 4-4-24 外压测量结果

第五节 恒定井底压力控制技术

国内大多数油气田进入开发中晚期后，越来越多地将勘探开发作业转移到难钻探的复杂地层，随之出现了很多钻井难题，使钻井作业越来越具有挑战性。控制压力钻井是对常规钻井技术的改进，可以解决不同的钻井难题。恒定井底压力钻井作为控制压力钻井技术的一种，是指在钻井过程中采用密闭承压循环系统，利用特殊的技术和装备精确地管理、约束、控制井筒压力的方法，通过对井口压力等一系列关键变量的自动控制，以解决与环空（井筒）压力有关的漏、喷、塌、卡等复杂问题，提高复杂条件下钻井施工安全。

针对川西中浅层、川西深层及济阳坳陷等低渗透油气藏储层埋藏深、压力体系复杂等难题，通过研制专用流体控制管汇、钻井泵导流装置、流量测量装置和自动控制硬件系统，结合井筒压力自适应控制方法研究，形成了恒定井底压力控制技术，为实现低渗透油气藏复杂地层井筒压力的精确控制提供了有效手段。

一、技术原理

依据从简到繁、控制精度由低到高、功能由少到多的原则，制订了压力控制系统的分级方案，实现了恒定井底压力控制系统的模块化研制与分级应用，增强了井底压力控制技术的应用范围和适应性，达到了根据密度窗口大小、控制精度高低、需要解决问题的类型以及客户要求的不同等选用相应级别的井底压力控制系统的目的。

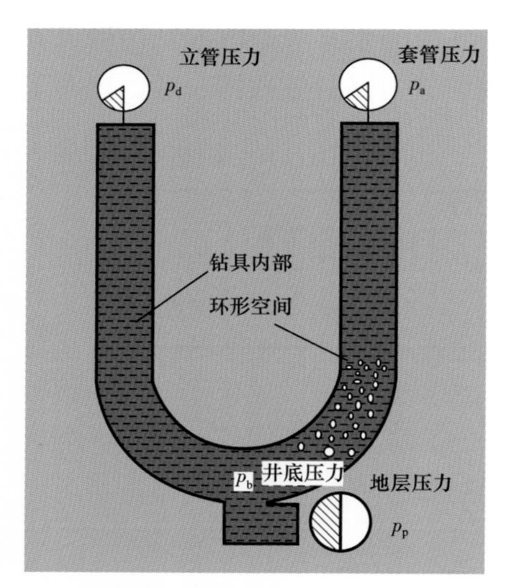

图 4-5-1 关井期间 U 形管原理图

1. 控压钻井原理

如图 4-5-1 所示，根据 U 形管原理可以采用两种方式进行压力控制。以钻柱一端考虑可以使用立压控制，以环空一端考虑可以使用套压控制。

1）立压控制

井底压力与立压关系式为：

$$p_{bm}=p_{cd}-p_{dl}-p_b+p_{ds}$$

式中 p_{bm}——井底压力，MPa；

p_{cd}——循环立管压力，MPa；

p_{dl}——钻柱内循环压耗，MPa；

p_b——钻头压降，MPa；

p_{ds}——钻柱内静液压力，MPa。

控制压力钻井时，环空内受岩屑浓度、钻具偏心、井眼尺寸不规则以及气侵等因素的影响，环空的循环压耗难以计算准确，因此通过环空难以准确计算井底压力。但是钻柱内则不受这些因素影响，钻柱内循环压耗和钻头压降相对较容易计算准确，因此用实时立管压力计算井底压力比较准确，因此可以通过循环立管压力控制井底压力，而循环立压是通过调节节流阀，也就是控制回压（即井口压力）加以控制的。

正常钻进时，根据实测立管压力、排量（泵冲）、钻井液密度和流变性能以及预告的地层压力（目标井底压力）能够计算出目标立压，通过自动调节节流阀，使实测立压值等于目标立压，就保证了对井底压力的控制，使井底压力与地层压力保持恒定的关系。

立压控制适用于井深改变、排量改变等情况下保持恒定 ECD 的钻进或循环。优点在于不受气侵、携砂等问题的影响，钻具内压降容易计算准确。缺点是调节节流阀维持实测立压等于目标立压过程中存在压力传递的迟滞现象。液体压力传递速度大约为 1500m/s，气体大约为 300m/s。并且出现掉喷嘴、钻具刺漏时，由于此时立压不能反映井底实际压力情况，不能使用立压控制。

2）套压控制

井底压力与套压关系式为：

$$p_{bm}=p_{al}+p_{as}+p_{a}$$

式中 p_{bm}——井底压力，MPa；

p_{al}——环空压耗，MPa；

p_{as}——环空静液压力，MPa；

p_{a}——关井套管力，在循环状态下也指井口回压，MPa。

井底循环压力 = 静液柱压力 + 环空摩阻 + 地面回压

正常钻进时，根据实测套压、排量（泵冲）、钻井液密度和流变性能以及预告的地层压力（目标井底压力）能够计算出目标套压，通过自动调节节流阀，使实测套压值等于目标套压，就保证了对井底压力的控制，使井底压力与地层压力保持恒定的关系。

使用套压控制的优点在于不存在压力传递的迟滞现象，可以迅速反应井底压力的变化情况。缺点在于环空压耗不易计算准确。气侵时静液压力降低，携砂不好时岩屑浓度增大，井底压力增加。

接单根和起下钻（停止循环）时，采用控制套压（回压）的方法控制井底压力。此时，井底压力 = 静液柱压力 + 地面回压，循环时产生的环空压耗消失，在井口施加与环空压耗值相等的回压，维持接单根和起下钻时的井底压力与钻进时井底压力一致，从而保持井底压力恒定。

2. 压力控制技术分级方案

为了提高恒定井底压力控制技术的应用范围和适应性，表 4–5–1 给出了压力控制技术的分级方案。

表 4-5-1 压力控制技术分级方案

序号	控压名称	控制方式	推荐密度窗口 / g/cm^3	地层压力	控制目标	设备配置要求
1	1 级控压	人工	不小于环空压耗当量钻井液密度	已知	套压	旋转防喷器、控压节流管汇①
2	2 级控压	人工	不小于环空压耗当量钻井液密度	预测精度较高	套压	旋转防喷器、流量监测装置、控压节流管汇①
3	3 级控压	自动	可小于环空压耗当量钻井液密度	预测精度较高	套压	旋转防喷器、控压节流管汇、自动控制系统、水力实时计算、流量监测装置、回压泵①、随钻环空压力测量①
4	4 级控压	自动	可小于环空压耗当量钻井液密度	预测精度低	套压、立压、流量	旋转防喷器、控压节流管汇、自动控制系统、水力实时计算、高精度流量监测装置、回压泵①、随钻环空压力测量①

① 可选。

分级方案中确定了压力控制技术分级方案每一级系统的控制方式、控制目标、推荐密度窗口和设备配置要求，同时对不同分级方案中井筒压力控制系统模块和工艺的要求和技术措施进行了明确，以确保各级控压系统满足现场施工要求和施工安全。

1）控压节流管汇

1 级和 2 级控压钻井系统宜使用专用的控压节流管汇，应至少保证有一路是液控节流阀。3 级和 4 级控压钻井系统应使用专用的自动控压节流管汇，至少应设置三通道节流通道，每通道均应设置液控节流阀。1 级和 2 级控压钻井系统配置的节流管汇除配备相同级别的抗震压力表，另配备读数精度为 0.1MPa 的小量程抗震压力表。3 级和 4 级控压钻井系统配置的节流管汇除配备相同级别的抗震压力表，另配备相同压力级别准确度为 0.2% 的抗震压力传感器。节流管汇的公称通径不小于 65mm，节流管汇的压力等级不低于 21MPa，节流阀及前端的平板阀的压力等级不低于 21MPa。节流阀的节流通径以不产生自节流压力为原则，同时应满足回压泵小排量时的压力控制要求。

2）实时数据采集系统

所有控压钻井系统均应配备总池体积监测装置，2 级和 3 级控压钻井系统应配备专用流量监测装置，4 级控压系统应配备高精度的流量监测装置。3 级和 4 级控压钻井系统应配备实时数据采集系统，包括钻井泵泵冲、回压泵泵冲、立压、套压、流量和节流阀开度等传感器以及液控系统的相关数据。3 级和 4 级控压钻井系统配置的实时数据采集系统应能与录井系统通信，以便于采集井深、循环罐液量和总烃等参数。

3）液控系统

节流阀的控制应采用电液、气液控制：1 级和 2 级控压钻井系统应配备气动液控节控箱，采取人工操作节控箱进行节流控制；3 级和 4 级控压钻井系统应配备电液、气液控制系统，采用计算机自动控制系统进行节流控制；3 级和 4 级控压钻井系统配备的电液、气液控制系统应满足节流阀单程开关时间不大于15s；3级和4级控压钻井系统配备的电液、气液控制系统应配备蓄能器，蓄能器储蓄的能量满足3只节流阀开启或关闭一次的需要。

4）实时水力计算和随钻环空压力测量

3级和4级控压钻井系统应使用实时水力计算或随钻环空压力测量，二者可选其一。若随钻环空压力测量数据可用，可用对实时水力计算进行校正。

5）压力控制要求

1级和2级控压钻井系统压力控制精度参照井控要求执行。3级和4级控压钻井系统压力控制精度应在±0.35MPa以内。正常钻进时，套压不宜超过5MPa，应注意监测立压、套压和流量等参数的变化情况。无溢流时，宜按设计的目标套压进行压力控制。发现溢流时，若采用1级和2级控压钻井系统，宜进行控压关井，确定地层压力，并按照现场实际情况确定是否需要调整钻井液密度或提高套压；若采用3级和4级控压钻井系统，应进行套压或流量控制恢复动态平衡，并按压力控制要求项下的溢流控制措施执行。

二、关键技术

恒定井底压力控制钻井的关键技术主要包括准确的实时水力计算模型、自适应的自动控制器和专用节流管汇。

1. 井筒压力实时计算模型

如果使用了PWD，由于测压短节靠近井底，测压短节处的ECD完全可以代替井底的ECD，因此单从压力控制来看，无需进行水力计算就可实现压力控制。对于套压控制：

$$p_{ao}=p_{mbo}-p_{bmr}+p_{ar} \quad (4\text{-}5\text{-}1)$$

式中 p_{ao}——控制目标套压，MPa；

p_{mbo}——预期井底压力，MPa；

p_{bmr}——实测井底压力，MPa；

p_{ar}——实测套压，MPa。

对于立压控制：

$$p_{cdo}=p_{bmo}-p_{bmr}+p_{cdr} \quad (4\text{-}5\text{-}2)$$

式中 p_{cdo}——控制目标循环立压，MPa；

p_{cdr}——实测循环立压，MPa。

但是，如果需要控制某个裸眼井段的环空压力，尤其是水平段较长的水平井，水平段头部和根部ECD相差较大，水力计算就显得更加重要。就控压钻井的英文名称MPD来说，采用了压力管理一词，顾名思义，就是要从多个方面进行压力管理，影响井筒环空压力的各种影响因素都应当考虑，由此来看，水力计算还是非常重要的。尤其在设计阶段，必须进行水力设计。水力计算可以采用离线和在线两种方式，精细控压钻井采用了在线计算的方式。

影响井底压力实时计算的因素包括：排量、钻井液流道的有效面积、循环系统长度、钻井液密度和流变性能、套压和循环立压。

根据井身结构、钻具结构和井深可以确定钻井液流道的有效面积和循环系统长度，而实时井深数据从实时录井数据中导入。

在精细控压钻井自控系统中实时采集泵冲、排量、套压和立压数据。在实时水力计算中，排量并不直接采用实测排量，而是通过实测排量校正泵的上水效率，然后根据泵冲计算排量，避免溢流时实测排量不准。

目前钻井液密度和流变性能尚不能做到实时采集。根据六速黏度计的6组数据通过回归能够获得合适流变模式的流变参数，钻井液密度仍然采用比重称获得，这些钻井液数据只能通过人机交互的方式输入。尽管钻井液在线检测设备已经研发成功，但未普遍使用，而且关于黏度的检测仍满足不了复杂流变模式流变参数的获取。

通过实时数据可以实现钻进过程ECD实时计算。ECD实时计算模块具有多种流变模式可以选择，包括幂率模式、赫巴模式，以及一种新的流变模式——四参数流变模式，本模块可以计算输出井底ECD。通过两种算法：其一为根据环空水力模型直接计算环空附加压降、岩屑附加压力，同时根据实测套压计算井底附加压力，从而得出井底ECD，钻头位置ECD；其二为根据实际排量计算钻井循环过程中管内压力损失及钻头压降，再根据实测立管压力计算出井底附加压力，从而得到反算井底ECD，反算钻头位置ECD。图4-5-2为钻进过程中实时计算ECD流程图。

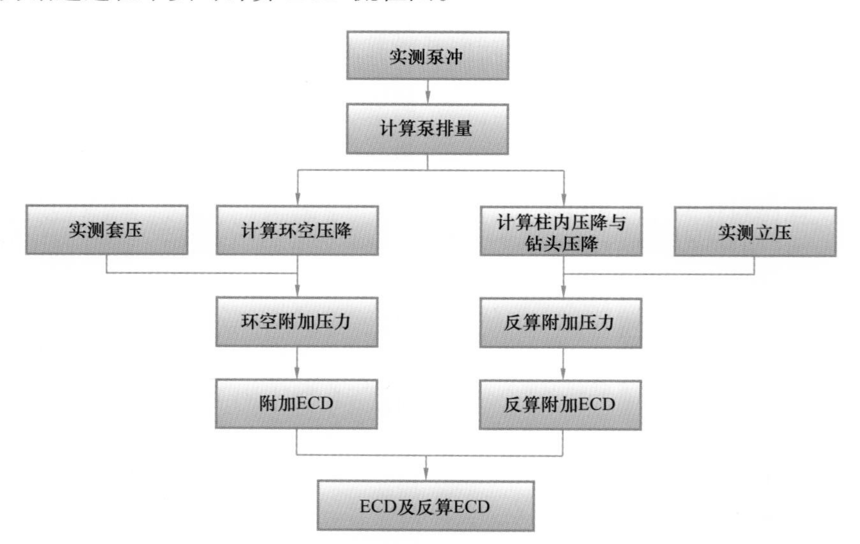

图4-5-2 钻进过程中实时计算ECD流程图

2. 专用流体控制管汇

专用流体控制管汇是恒定井底压力控制系统的关键部件之一。专用流体控制管汇配套精细压力调节专用节流阀，能够实现对钻井流体的精确和迅速控制。

1）专用流体控制管汇设计

在常规钻井中，节流管汇是井控工作中实施压井作业、控制井涌、实施油气井压力控制的必要设备，其主要功能是：

（1）通过节流阀的节流作用实施井口返出流体的压力和流量控制；

（2）通过节流阀的泄压作用，实现“软关井”；

（3）通过放喷阀的大量泄流作用，降低井口套管压力；

（4）将溢流物引出井场以外，防止井场着火和人员中毒，确保钻井安全。

当钻井过程中产生溢流、井筒内的钻井液被地层流体污染时，需对井口返出流体进行控制，同时采取措施循环出被污染的钻井液。由于一级井控是利用钻井液的液柱压力来控制地层孔隙压力，即控制井涌量为 0，因此在常规钻井中节流管汇的利用率很小。

恒定井底压力控制技术要求节流管汇能够长时间带压工作，能够完成整个钻井过程中（包括钻进、接单根以及起下钻等）对井筒压力和流量的控制，能够配合各个钻井工序进行流程倒换，并具备压力和阀位检测功能。恒定井底压力控制技术相对常规钻井对专用流体控制管汇（节流管汇）提出了一下新的要求：

（1）长时带压工作，要求节流阀抗冲蚀能力强，可靠性、安全性更高；

（2）节流通经大，流量系数大于 100，降低大排量期间节流阀产生的自身背压；

（3）节流特性好，节流阀流量特性线性度高，降低节流阀压力控制的复杂程度；

（4）具备备用节流通道，实现节流通路的备用和甬余切换，增强系统安全性；

（5）高精度的压力和阀位测量装置，便于远程自动化控制；

（6）设计制造要求符合 API 及 GB 节流管汇技术标准和防腐要求。

如图 4-5-3 所示，为根据上述恒定井底压力控制技术要求设计的专用流体控制管汇设计方案示意图。

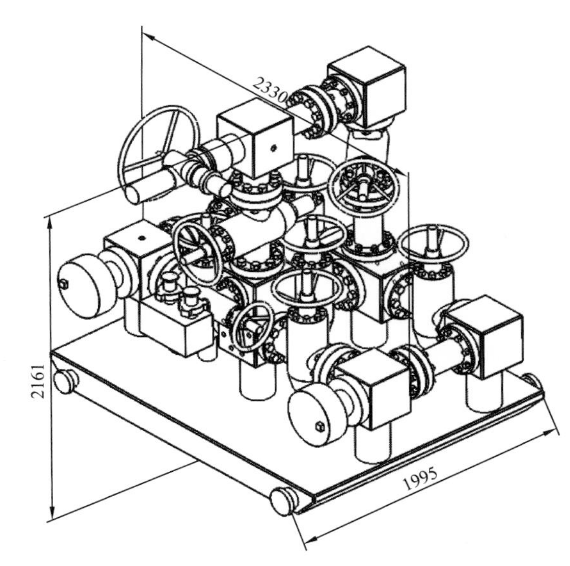

图 4-5-3　专用流体控制管汇设计方案

2）节流阀选型和流体力学特性分析

节流阀的主要特性取决于阀芯与阀座，所以按照阀芯与阀座的结构分类，主要有针形、筒形、筛孔结构（笼式）、太极图（孔板式）结构以及楔形结构。节流阀的执行机构主要有手轮驱动、液缸、液压马达（配套蜗轮蜗杆）以及电动缸 4 种形式。节流阀的操作特性主要区别于其执行机构以及阀芯阀座的结构形式，节流阀的流体力学特性主要取决于阀芯阀座机构形式以及结构尺寸形成的流量系数和阀位的关系。

国内对于井控节流阀的特性分析和失效分析不少，但是由于对控压钻井的研究起步较晚，还没有专门针对控制压力钻井用节流阀的设计研究和生产。

节流阀流量系数（CV）反映节流阀对流体的流通能力。流量系数是指阀两端压差为 1lb/in^2（0.0069MPa）条件下，60°F（15.6℃）的清水每分钟通过阀的流量数，以 gal/min

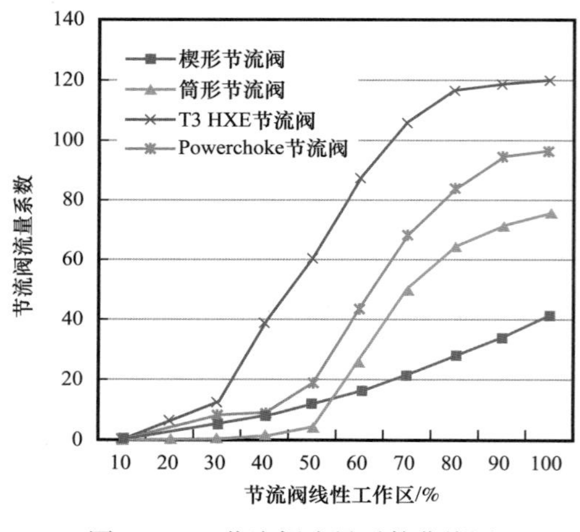

图 4-5-4 节流阀流量系数曲线图

（$3.785\times10^{-3}m^3/min$）计。通过对楔形、筒形以及国外 T3 HXE 和 Powerchoke 节流阀进行建模和流体力学分析，得到了节流阀的流量系数图，如图 4-5-4 所示。

通过分析可以得出：

（1）常规的筒形节流阀和楔形节流阀，特别是楔形节流阀在全开度时的流量系数较小，从而使得同等流量下，节流阀造成的背压更大，一方面会使得节流阀的工作条件更加恶劣，降低节流阀的寿命；另一方面，当控制压力钻井需要井口背压为零时，同样节流通径的常规筒形节流阀和楔形节流阀的所能适应的流量范围就变小，从而降低了节流阀适应性。

（2）常规楔形节流阀相对于常规筒形节流阀和进口节流阀具有更好的线性（即流量不变时改变阀位，节流阀所形成的背压的变化情况）；常规楔形节流阀线性工作区为 20%～100%，而常规筒形节流阀为 50%～80%。

（3）常规筒形节流阀阀芯是一悬臂梁的结构，在高压流体冲蚀过程中容易出现振动疲劳导致阀杆断裂或者固定阀芯的螺栓脱落，造成憋压，具有很大的安全隐患。

（4）常规的筒形节流阀和楔形节流阀都是采用液缸驱动，液缸内油压的大小和方向的不断改变使得节流阀的液缸密封提前损坏，容易导致液压油的跑、冒、滴、漏等环境污染问题；而且液压系统一旦失效缺少可以应急操作的手动机构。而国外控制压力钻井用节流阀的执行器都是液压马达驱动蜗轮蜗杆和手动蜗轮蜗杆的组合结构，一方面如果液压系统失效，可以利用手动蜗轮蜗杆进行应急操作；另一方面，由于液压马达的转速调节范围非常宽，从而细分了节流阀的行程，可以更加精确地进行阀位控制。

（5）优选液动蜗轮蜗杆型线性节流阀作为恒定井底压力控制技术用节流阀，该种节流阀具有流通能力大、线性度高的特点，有助于自动压力控制的稳定性。

（6）模拟计算的流量系数曲线，有助于恒定井底压力控制技术的工艺分析、操作规程指定和压力自动控制系统设计。

3）专用流体控制管汇加工

通过开展专用流体控制管汇的设计与加工，如图 4-5-5 所示，其技术参数和工作特性为：

（1）3 路节流 +1 路放喷结构（节流阀流量系数大于 115）。

（2）管汇压力等级：35MPa。

图 4-5-5 专用流体控制管汇

（3）符合 API 6A、API 16C 和 NACE MR 0175 要求。

（4）专用节流管汇具备自动节流、冗余节流切换的功能。当主节流阀失效时，具有备用节流通道，可迅速启用备用节流阀，从而提高了节流管汇的工作可靠性及应急能力，适应节流管汇工作时间长的特点；配备了辅助节流阀，增加了节流管汇对流量和工艺控制的适应性；具备流通通径大、节流阻力小、精度高的特点；配套安装高精度压力和位移传感器。

4）专用流体控制管汇加工

专用流体控制管汇液控箱是专用流体控制管汇的控制装置，主要实现对节流阀的开关控制和工程参数显示。压力控制技术分级及模块化设计对专用流体控制管汇液控箱提出了新的要求。

（1）不同级别压力控制技术下液动节流阀操作。

1 级和 2 级控压采用人工手动操作换向阀实现节流阀开关即可，但 3 级和 4 级控压要求液控箱具备伺服控制功能，实现对节流阀的开关。因此，液控箱要求具备人工手动控制和伺服自动控制两种功能，并配套当地显示仪表，实现立压、套压、泵冲和阀位显示，不仅可以用于不同级别压力控制技术，而且可以提高节流阀控制的安装性和可靠性。

（2）不同区域环境下的液动节流阀操作。

液控箱的配套要同时适用于陆地石油勘探和海上石油钻井平台勘探要求。因此，电器防爆要符合一级一类危险区域要求；电源输入要适合海上无零线设计；采用气动液控系统降低设备的占地面积和用电负荷。

（3）不同执行机构的液动节流阀操作。

常规液动筒形节流阀和液动蜗轮蜗杆筒形节流阀操作需要不同的工作压力、排量和开关速度，因此液控系统要具备流量、压力可调的特点。

（4）断电、断气等特殊情况下的节流阀操作。

对节流阀进行开关控制，并具备断电、断气等紧急情况下的手动打压功能。

为了满足恒定井底压力控制技术的要求，研制了专用流体控制管汇液控箱，如图 4-5-6 所示，其结构特点与技术参数：

① 气源压力为 1.0～1.2MPa；

② 液压系统额定承压为 31.5MPa；

③ 液压系统工作压力调节范围为 3.5MPa/9.5MPa；

④ 蓄能器充氮气压力 7～8MPa；

⑤ 液压油选用 L-HM46 抗磨液压油；

⑥ 符合 GB/T 3766—2015《液压传动系统及其元

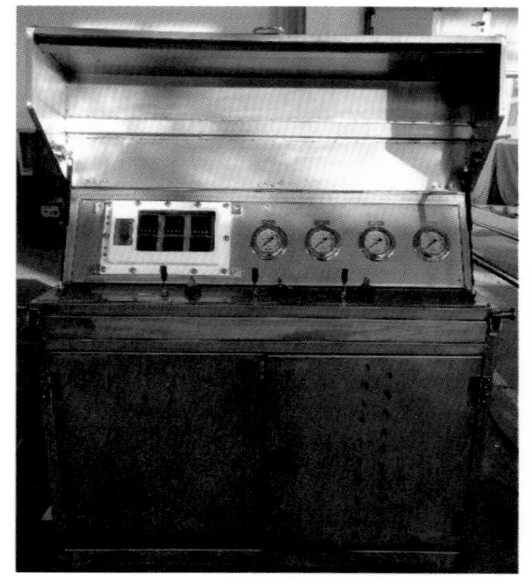

图 4-5-6　专用流体控制管汇液控箱

件的通用规则和安全要求》；

⑦ 适用于陆地石油勘探和海上石油钻井平台勘探等的一级一类危险区域；

⑧ 可调节流阀以及比例伺服阀都可以调节液动节流阀阀芯运行速度的快慢，从而提高液动节流阀节流的速度和准确性；

⑨ 采用了气动液控形式，取消了液压系统对强电的需求，增加了系统安全性，减小了电控系统和液压系统体积；

⑩ 具备自动和手动两种控制模式，并且液压系统压力和流量可调，系统适应性强。

3. 专用控制器研发

1）MFA 无模型自适应控制技术

美国通控集团博软公司于 1997 年推出了无模型自适应（Model-Free Adaptive Control，MFA）控制技术及其产品 CyboCon，CyboCon 是世界上首套“即插即用”式先进调节控制（ARC）软件。

MFA 无模型自适应控制是一种无需为过程对象建立数学模型，通过充分利用过程对象 I/O 数据中包含的信息实现自适应调节控制的技术。

MFA 控制器由一个非线性动态负反馈控制模块组成。该模块具有若干输入和输出，模块的控制目标是通过产生合理的输出使设定值与过程变量（PV）之间的偏差变得越来越小，一个单输入—单输出 MFA 控制器的内部结构，采用了一个多层感知器（MLP）人工神经元网络。该神经元网络含有一个输入层、一个由 N 个神经元组成的隐含层和一个单神经元的输出层。

2）控制压力钻井专用控制器研发

根据对 MPD 被控对象的特征分析，对立压、套压和流量调节控制的设计需要从控制器结构和控制器类型两个方面加以解决。对 MPD 控制中的立压、套压、流量调节控制应采取 MISO 多入单出型多变量控制方式。为此采用 CyboSoft 的标准 MISO 控制器结构，如图 4-5-7 所示，建立 MFA 3×1 复合控制器结构。

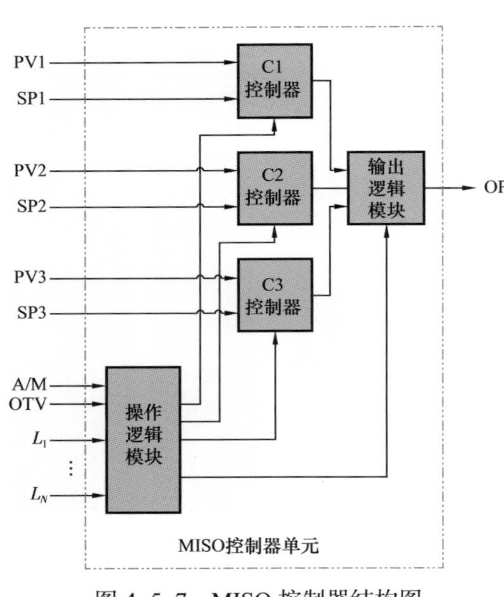

图 4-5-7 MISO 控制器结构图

MFA 控制器选型，配置 Nonlinear MFA 控制器，简称 NL MFA。

在 NL MFA 控制器中，除通常 MFA 控制器共有的参数以外，针对非线性过程配置了非线性因子“Linearity Factor”，设定范围为 0～10。0 对应线性，10 对应极端非线性，用于指定非线性程度变化范围的边界。

在 MFA 3×1 复合控制器中嵌入的 3 个 NL

MFA 控制器分别配置了不同的非线性因子参数，较好地适应了各自过程闭环调节的需要，取得了令人满意的效果。

专用控制器控制效果模拟测试：开展了动态自适应智能控制技术试验应用研究，模拟了在钻进过程中实现立压、套压、回压和流量等对象的自动控制及方式间的随机自动切换，在切换过程中能够有效保持操作的实时性、平滑性和被控对象的稳定性。

立压控制效果：如图 4-5-8 所示，根据立压控制模式下控制曲线可以看出，利用该专用控制器，对立压过程具有良好的控制稳定性和设定值跟随能力。

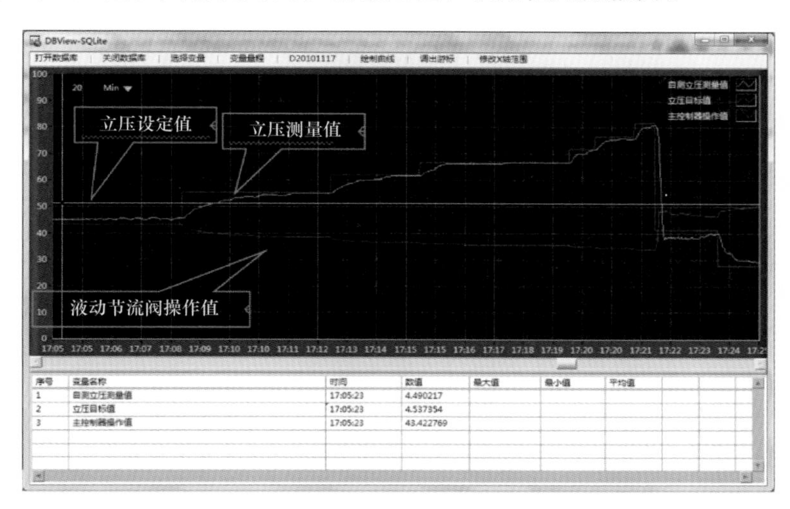

图 4-5-8 立压控制模式下控制曲线

回压控制效果：如图 4-5-9 所示，从回压控制模式下控制曲线可以看出，根据套压当前值建立相同的回压值，可以保证在中止循环时维持环空压力稳定，便于接单根、替换钻井液等操作。

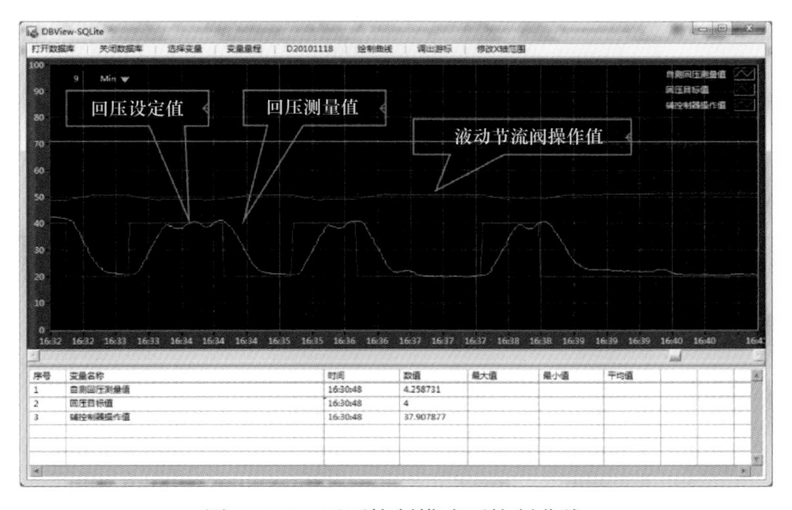

图 4-5-9 回压控制模式下控制曲线

三、技术参数

1. 旋转控制头

旋转控制头技术参数见表 4-5-2。

表 4-5-2 旋转控制头技术参数

额定静态工作压力 / MPa	额定动态工作压力 / MPa	公称通径 / mm	最大工作转速 / r/min	密封钻杆尺寸 / in
35	17.5	210	150	$3^1/_2$～$5^1/_2$

2. 专用节流管汇

专用节流管汇技术参数见表 4-5-3。

表 4-5-3 专用节流管汇技术参数

额定工作压力 / MPa	公称通径 / mm	节流通径 / mm	测量流量 / L/s	备注
35/14（节流阀前 / 后）	103/65（主通径 / 旁通径）	50.8	50	API 16C，SY/T 5323，Q/SH 0650

3. 液压控制系统

液压控制系统技术参数见表 4-5-4。

表 4-5-4 液压控制系统技术参数

压力调节范围 / MPa	系统最大流量 /（L/min）		电机额定功率 / kW	储能器预充氮气压力 / MPa	液压油	防爆等级
	节流阀系统	平板阀系统				
2.5～4	30	5.1	3	1.3	L-HM32	EXd Ⅱ BT4

4. 回压泵

回压泵系统参数见表 4-5-5。

表 4-5-5 回压泵系统参数

参数	数据	参数	数据
型式	卧式三缸单作用活塞泵	冲程长度 /mm	146
额定功率 /kW	100	吸入管径 /mm	152
额定冲次 /（次 /min）	100	排出管径 /mm	64
齿轮传动比	4.24	质量 /kg	5348
最大理论排量 /（m^3/h）	24.9	最大工作压力 /MPa	32
外形尺寸（长 × 宽 × 高）/ m×m×m	2.31×2.0×1.22		

四、性能特点

（1）能够根据密度窗口大小、控制精度高低、问题类型以及客户要求的不同等选用相应级别的井底压力控制系统，解决了现场应用时部分设备占地面积大（不适合海上钻井需求）、操作复杂等问题，加大了井底压力控制技术的应用范围。

（2）基于人工神经网络的控压钻井专用 MISO 复合控制器和根据 MPD 钻井工艺需求设计的智能控制算法（无模型自适应控制算法），适应性更好，能够较好满足钻井施工复杂多变的控制要求，无需每口井进行控制参数整定。

（3）采用立压、套压和流量的综合控制方法，可根据钻井方式与工况的不同，选择最合适的参数进行控制，使得复杂情况下及地层不确定条件下的压力控制成为可能。

（4）自主研制了基于 PAC 系统构架的高性价比、高可靠性和高可维护性的控压钻井自动控制系统硬件系统，具有自动控制和手动控制功能，能够实现数据的采集存储及与控制系统的交互功能。

（5）压力控制精度高（±0.2MPa），能够有效解决作业窗口小、地层孔隙压力和破裂压力接近等地质问题。

（6）允许使用较低密度的钻井液，节约钻井液材料的同时，减少对储层的伤害，并且有利于提高机械钻速。

（7）能够有效避免井底压力波动，提高井眼稳定性，以及更灵活、快速地控制不可预见的井涌等复杂情况。

五、施工工艺

控制压力钻进过程中，钻井泵泵送钻井液进入立管，从环空返出的钻井液在旋转防喷导流系统、专用节流管汇的控制下进入振动筛；当井筒内发生气侵后，钻井液经过专用节流管汇后，再经过钻井液 / 气体分离器，进行钻井液气体分离；钻井泵停止循环时，利用回压泵泵入钻井液经过专用节流管汇，产生所需回压，回压通过旋转控制头处环空处作用于井筒环空；数据检测及电气控制软硬件系统不断地采集立压、套压、环空进出口流量、钻井泵和回压泵的泵冲以及井深等参数，根据控制对象（井筒压力和流量）的偏差值，给出相应的电信号，通过专用节流管汇的液压控制系统即电液伺服系统控制节流阀开度，实现对井筒压力和流量的精确控制。

1. 控压钻井各工况循环流程

1）正常钻井流程

正常钻井流程：钻井泵→立管→ 钻具内→环空→旋转控制头→旁通阀→高架槽→振动筛→循环池→钻井泵。

2）控压钻井流程

控压钻井流程：钻井泵→立管→钻具内→环空→旋转控制头→控压专用节流管汇→高架槽→振动筛→循环池→钻井泵，如图 4-5-10 所示。

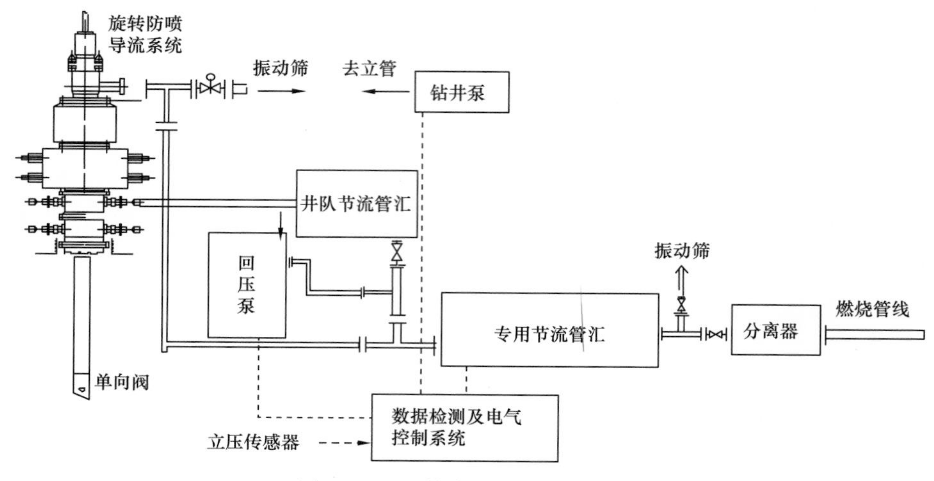

图 4-5-10 控制压力钻井流程图

3）溢流排气循环流程

溢流排气循环流程：钻井泵→立管→ 钻具内→环空→钻井四通（旋转控制头）→平台节流管汇→液气分离器→循环池→钻井泵。

4）静止加压流程

静止加压流程：固井泵→井队压井管汇→旋转控制头→控压专用节流管汇→高架槽→振动筛→循环池。

2. 钻进

1）钻进准备

（1）配制好钻井液体系，循环均匀后停泵检查：

① 循环罐中的钻井液量；

② 液气分离器是否正常工作；

③ 检查旋转控制头的泄漏情况，确定是否需要换新胶芯。

（2）做低泵冲试验并记录当时的立压和对应的排量，便于回压控制和为后期作业提供依据。

2）控压钻进

（1）下钻到底，常规钻井流程试运转。缓慢开泵，逐渐达到钻井排量。按照初始钻井液密度钻进，走常规钻井流程（钻进时无明显油气显示）。

（2）钻进中，油气显示较活跃时，将流程倒至控压专用节流管汇一路，检查节流管汇，调试节流阀。按设计的钻井液密度和当量循环钻井液密度（ECD）进行井底恒压钻进。密切监测循环罐液面变化。

（3）发生溢流时，立即关井。录取关井立压、套压，求取地层压力。

① 关井立压 700psi 以内，则在井口施加套压，继续钻进。

② 关井立压大于 700psi，则根据地层压力，重新调整钻井液密度。

③ 重新建立循环时，应先通过钻井平台节流管汇—液气分离器循环排出溢流，再倒至控压钻井流程。

④ 先按原钻井液密度确定需控制的套压大小，若套压（接立柱时施加的回压）小于700psi，则控压钻进；否则调整钻井液密度。

（4）如果发生井漏，则降低井口套压，每次降低 70psi。若套压降至 0，井漏仍未停止，则需逐渐降低钻井液密度。

（5）接立柱时，在井口施加所需回压，保持与钻进时井底压力恒定（钻遇较活跃油气显示时）。

3. 接单根

（1）按初始钻井液密度，钻进中无显示，无溢流，则正常接立柱。

（2）钻进中有油气显示或发现溢流后井口施加套压钻进，则在接立柱时在井口施加所需回压，保持与钻进时井底压力恒定。

正常接立柱程序：

① 充分循环，待到返出的岩屑明显减少。

② 停钻井泵。

③ 提起顶驱，并坐放吊卡。

④ 缓慢松扣，将钻具中的流体泄放掉。

⑤ 正常接单根，液压大钳应使用无锐利咬痕的钳牙，否则应打磨钻具接头的钳牙咬痕。

⑥ 打开环空，开泵，恢复循环。

⑦ 在返出口观察到流体正常返出后，恢复钻进。

4. 起下钻

进行起下钻作业前，必须根据实际地层压力，调整好钻井液密度，充分循环钻井液，其密度性能稳定、均匀，用短程起下钻方法观察井底油、气显示情况。

短程起下钻具体做法：

（1）正常情况下的常规起下钻，一般试起 10～15 柱钻具，再下入井底循环一周，若井下情况正常，则可正式起钻，否则，再循环排气、调整钻井液密度。

（2）特殊情况时（需长时间停止循环或处理井下复杂情况），应将钻具起至套管鞋内或安全井段，观察一次起下钻或需停止循环的时间，然后下钻到井底循环一周观察井下油、气显示情况。

① 钻进中，若无油气显示，则常规起下钻。

② 全井打重浆起下钻，调整钻井液密度比地层压力当量钻井液密度高 0.02g/cm^3（或根据实钻情况进行计算），然后正常起下钻。

③ 打重钻井液帽起下钻，带压起钻（过胶芯）至重钻井液帽深度（一般选择技术套管鞋位置），打重钻井液帽，然后正常起下钻。

六、应用案例

井号：BZ28-1 S1S1 井。

BZ28-1 S1S1 井是部署在渤海湾中部古潜山油气藏的重点评价井，地质要求钻穿古潜山灰岩后完钻。因古潜山灰岩压力不确定性较强且裂缝发育，预测存在恶性漏失、先漏后涌、超压溢流等多种风险，因此该井采用恒定井底压力控制钻井的目的主要是解决奥陶系和寒武系碳酸盐岩裂缝性地层的漏溢并存的问题。

根据地质设计和钻井工程设计，首先完成了 BZ28–1 S1S1 井的控压钻井设计，然后根据平台设备要求完成了控压设备（包括旋转控制头、专用节流管汇、正压控制室、分离器及其排气燃烧设备）的安装。

在 BZ28–1 S1S1 中，钻进至 3682.18m，EKD 系统发现出口流量（17.41L/s↑）缓慢增加，同时立管压力也在缓慢增加。立即转为立压控制模式，并通知司钻与监督停止钻进循环观察，累计增量达到溢流报警后，判断为疑似小溢流，下达流量控制指令（流量控制目标为 17.50L/s），2min 以内控制出入口流量平衡，累计控制溢流量为 0.46m³，后转为立压控制，控制立压目标 11.55MPa，控速钻进边排溢流。

井深 3682.83m（钻井液密度 0.91g/cm³、ECD1.00g/cm³、排量 19.03L/s），井底当量循环钻井液密度 1.01 g/cm³。

钻进至 3687.52m（钻井液密度 0.63g/cm³、ECD1.02 g/cm³、入口流量 17.49L/s、出口流量 28.47L/s），控制立压目标 11.70MPa，井底当量循环钻井液密度 1.02g/cm³。

钻进至井深 3688.37m，排溢流结束，流量、钻井液密度恢复正常（井深 3688.37m、钻井液密度 0.94g/cm³、ECD1.02 g/cm³、入口流量 17.75L/s、立压目标 11.70MPa）。

排溢流过程中立压控制范围（11.58～11.81MPa），控制精度 ±0.12MPa。流量稳定 10min，解除立压控制，恢复套压控制。然后维持套压控制模式钻进至井深 3798.94m，结束控压钻井施工。最终该井采用恒定井底压力控制技术施工井段 3573.31～3798.94m，进尺 225.63m。

图 4–5–11 所示为 BZ28–1 S1S1 井恒压自动排溢流曲线。

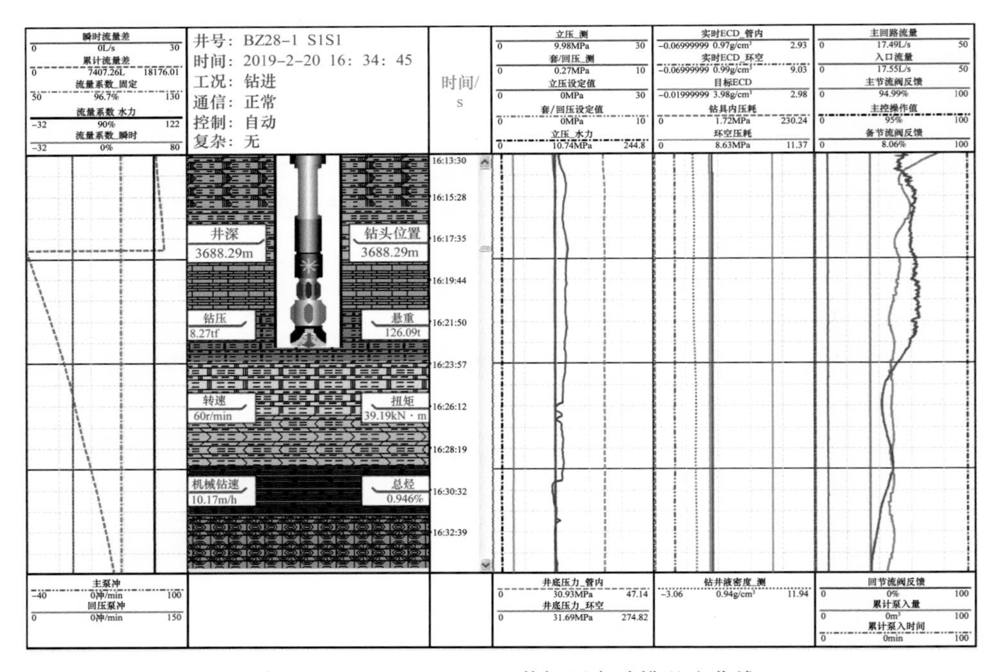

图 4–5–11 BZ28–1 S1S1 井恒压自动排溢流曲线

综上分析，在 BZ28–1 S1S1 井恒定井底压力钻井施工中，实现了高精度早期溢流漏失检测报警、自动恒定井底压力排溢流、随钻循环排溢流及控压实时提高 ECD 避免井壁失稳掉块的目的，大幅降低了复杂时效，保障了井下安全，得到甲方高度评价与认可，并且验证了恒定井底压力控制系统在海上平台的适用性，以及验证了数据采集系统的适用性和恒定井底压力控制系统的控制精度。

第六节 旋转导向钻井技术

旋转导向钻井技术是在钻柱旋转钻进时实时完成井眼轨迹调整的一种导向式钻井系统。自 20 世纪 90 年代问世以来，已在高难度条件下的钻井作业特别是在海上大位移钻井中获得了广泛应用，成为了一种必不可少的导向钻井工具。旋转导向钻井技术解决了传统滑动导向钻井中所面临的定向困难、机械钻速低、难以有效传递钻压、压差卡钻、井眼清洁等难题，具有减少钻井风险、提高机械钻速、光滑井眼轨迹、更好井眼清洁等优势；再通过与地质导向技术相结合，可保证水平位移在低渗透油气藏中的有效延伸。

在“十二五”旋转导向钻井系统（RSS）研制基础上，针对其可靠性不足、测试系统不完善等技术难题，结合低渗透油气藏复杂地质环境条件，通过深入开展旋转导向钻具导向能力分析、导向机构设计、高可靠性液压动力系统研发，研制了具有自主知识产权的旋转导向系统，实现了工程化应用的目的。

一、技术原理

旋转导向钻井系统主要由地面系统和井下系统组成，如图 4–6–1 所示，具体可分为地面监控系统、双向通信系统、随钻测量系统和井下导向工具系统四大部分。其中，井下导向工具是钻头钻进轨迹控制的执行机构，是一个集机、电、液于一体的闭环自动控制系统，是旋转导向系统的难点和核心。

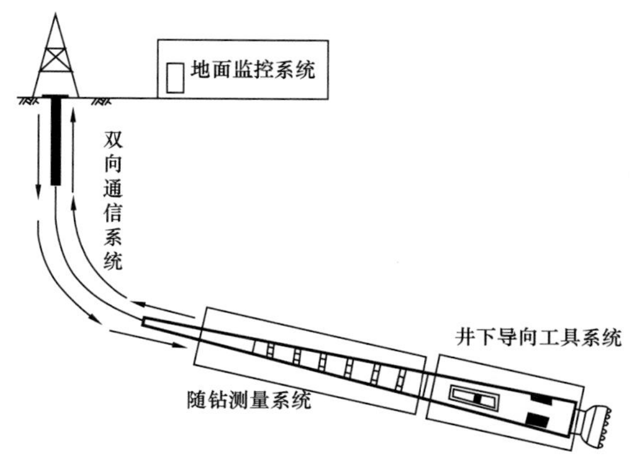

图 4–6–1 旋转导向系统组成原理示意图

RSS 的主要功能特征是：旋转导向、实时监测、双向通信、连续导向。高端 RSS 还具备地质导向、实时可视化、闭环控制和耐温能力强等特点。

目前国际上的旋转导向钻井系统，根据其导向方式可以划分为推靠式（Push the Bit）和指向式（Point the Bit）两种。相比而言，指向式旋转导向系统则具有摩阻和扭矩较小、水平极限位移大、钻出的井眼质量高等优势，能适应各种复杂地层和工况。在钻井应用统计中，指向式系统也占有越来越大的比例。有关技术资料显示，各大公司最新开发的旋转导向系统有朝着指向式或者推靠指向复合形式发展的趋势。

国际上的RSS普遍分为“静止套+驱动轴”与“全旋转”两种结构形式。前者具有结构简单、强度好的特点，而“全旋转”结构由于钻柱对井壁没有静止点，使这种系统更能适合各种复杂的地层环境，钻井极限井深更深，速度更快，在大位移井、三维多目标井及其他高难度特殊工艺井中更具竞争力。

SINOMACS ATS Ⅰ型旋转导向系统是中国石化胜利石油工程有限公司测控技术研究院自主研发的一种静态推靠式旋转导向系统。通过在不旋转外套上集成高精度姿态测量传感器、大推力液压控制单元，形成系统闭环控制，实现旋转钻进过程中的实时导向和精确井眼轨迹控制。该系统采用300W钻井液发电机供电，通过电源载波总线实现仪器节点间的互联互通，双向通信单元实现井下测量信息实时上传和地面控制指令下传，可提供近钻头井斜、方位伽马、电磁波电阻率等参数，具有造斜、稳斜和居中等工作模式，最大造斜率可达6.5°/30m。

二、关键技术

SINOMACS ATS Ⅰ型旋转导向系统研发的关键技术主要包括旋转导向钻具导向能力分析、导向机构设计、高可靠性液压动力系统的研发。

1. 旋转导向造斜能力分析

1）基本假设

为了简化和建立井底钻具组合的纵横弯曲连续梁的力学模型，假设：

（1）井底钻具组合仅产生小弹性变形；

（2）不考虑转动和振动的影响；

（3）每段的钻柱截面保持不变，且不存在原始初弯曲；

（4）钻头底面中心与井眼中心线重合，钻头和地层间为铰支撑，无力偶作用；

（5）将三维空间曲线等效为空间斜面上的一条圆弧；

（6）钻压设为常量，方向沿井眼的轴线方向作用；

（7）井壁设为刚性体；

（8）稳定器与井壁之间的接触为点接触。

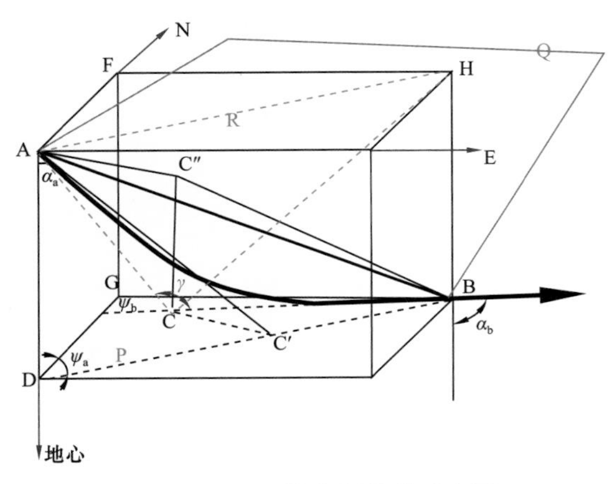

图4-6-2　三维井眼轨道示意图

2）三维力学问题的分析

三维井眼轨道示意图如图4-6-2所示，点A和点B为井眼轨迹上的两测点，井眼中心线所在斜平面为R，P和Q分别为井斜平面和方位平面。钻柱上的受力可以分解到变井斜平面和变方位平面，分别记为变井斜力F_p和变方位力F_q。

所以，空间三维力学分析问题可以转化为P平面和Q平面上两个二维问题来处理，这就将三维问题分解成两个二维问题进行处理。

3）井眼曲率的分解

假设旋转导向系统底部钻具组合轴向未加载条件下与井眼中心线重合，则井眼的井斜角和方位角一般可取为这两端的平均值，即：

$$\cos\theta=\frac{\boldsymbol{n}_{\mathrm{R}}\cdot\boldsymbol{n}_{\mathrm{P}}}{\left|\boldsymbol{n}_{\mathrm{R}}\right|\cdot\left|\boldsymbol{n}_{\mathrm{P}}\right|} \tag{4-6-1}$$

式中 θ——井斜平面 P 与井身平面 R 之间的夹角，(°)；

$\boldsymbol{n}_{\mathrm{P}}$ 和 $\boldsymbol{n}_{\mathrm{R}}$——方位平面和井斜方向向量。

井斜、方位与井身平面上的井眼曲率 K_{P}、K_{Q} 和 K 可分别表示为：

$$K=\frac{\varepsilon}{L} \tag{4-6-2}$$

$$K_{\mathrm{P}}=K\cos\theta \tag{4-6-3}$$

$$K_{\mathrm{Q}}=K\sin\theta \tag{4-6-4}$$

4）导向力的合成与分解

推靠式旋转导向系统通过上下盘阀控制导向力的大小和方向，从而调整施加到钻头上侧向力的大小和方向，进而影响变井斜力和变方位力。如图 4-6-3 所示，将巴掌产生的导向力记为 Q，导向力的方向则用装置角表示。参考常规马达导向装置角概念，旋转导向钻井系统中，井眼高边方向顺时针旋转，转到推靠力方向，所转过的角度即为装置角 ω。

三维定向钻井过程中，可以将导向力分解到井斜平面 P 和方位平面 Q，得到两个分量：

巴掌产生的导向力为 Q，则巴掌产生横向冲击力在井斜平面 P 上的分量 Q_{P} 为：

$$Q_{\mathrm{P}}=Q\cos\omega \tag{4-6-5}$$

巴掌产生横向导向力在方位平面 Q 上的分量 Q_{Q} 为：

$$Q_{\mathrm{Q}}=Q\sin\omega \tag{4-6-6}$$

为简化造斜率的计算过程，忽略方位角方向的变化，现仅计算井斜平面的造斜率。

5）造斜率预测方法

钻头的侧向切削量是机械钻速、岩石强度、钻头转角和侧向切削力等因素的函数，且侧向切削量与轴向进尺有关。如图 4-6-4 所示，钻头从 S_1 位置钻至 S_2，假设两点之间圆弧的曲率半径为 ρ，沿钻头轴向长度为 ΔH，沿钻头侧向进尺为 ΔS_{12}。当 ΔH 越大，则 ΔS_{12} 也越大，其相互之间的关系可表示为：

$$\Delta S_{12}=\frac{\Delta H^2}{2\rho} \tag{4-6-7}$$

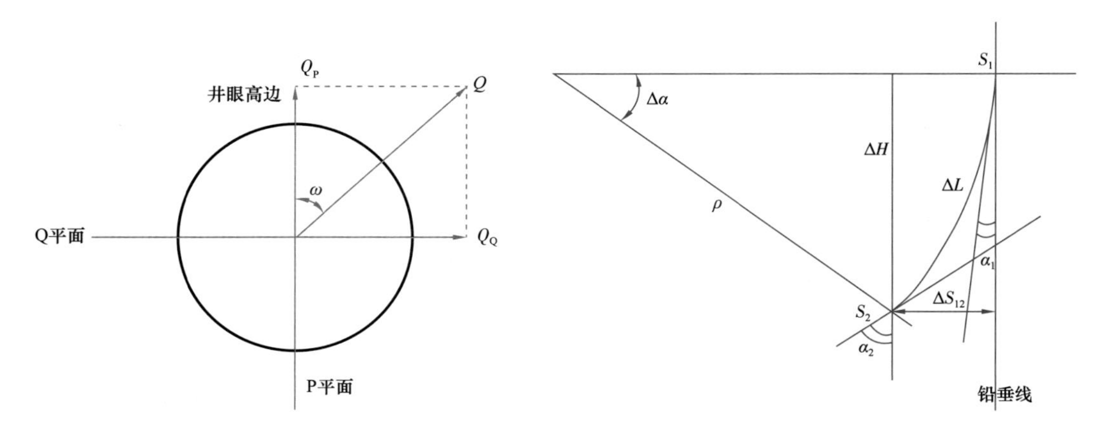

图 4-6-3 导向参数示意图　　图 4-6-4 实钻过程中侧向切削量与进尺、井斜角的关系

在钻井过程中，两测点间的轴向进尺（ΔH）和进尺（ΔL）远远小于圆弧轨道的曲率半径（ρ），井斜角变化量 $\Delta\alpha$ 是一个小量，且 $\Delta H \approx \Delta L$，故式（4-6-7）又可写为：

$$\Delta S = \frac{1}{2}\Delta\alpha \cdot \Delta H \tag{4-6-8}$$

总之，侧向切削量随轴向进尺 ΔH 的增加而增加。

设以 α_i 表示井身轨道上第 i 个测点（已知点）处的井斜角的预测值，以$\Delta\hat{\alpha}_{i,i+1}$表示这两点间井斜角增量的预测值，则：

$$\hat{\alpha}_{i+1} = \alpha_i + \Delta\hat{\alpha}_{i,i+1} \tag{4-6-9}$$

$$\Delta\hat{\alpha}_{i,i+1} = \frac{2\left(\hat{S}_{\mathrm{P}}\right)_{i,i+1}}{H_{i,i+1}} \quad (\mathrm{rad}) \tag{4-6-10}$$

式中 $\left(\hat{S}_{\mathrm{P}}\right)_{i,i+1}$——井斜平面内已知测点 i 和预测测点 $i+1$ 间的侧向切削量；

$H_{i,i+1}$——已知测点 i 和预测点 $i+1$ 间的轴向进尺，可用这两点间的预测井段长代替。

下一测段内每 10m 的造斜率为：

$$(\Delta\hat{\alpha}_{10})_{i,i+1} = 1146\frac{\left(\hat{S}_{\mathrm{P}}\right)_{i,i+1}}{H_{i,i+1}^2} \quad [(°)/10\mathrm{m}] \tag{4-6-11}$$

美国 Amoco 公司的研究人员根据室内试验研究，提出了钻头侧向切削量的计算模型：

$$\left(\hat{S}_{\mathrm{P}}\right)_{i,i+1} = \frac{C_{\mathrm{s}}}{\dfrac{AS^2D^3}{N^BP_{\mathrm{a}}^2} + \dfrac{C}{ND}} \cdot \Delta t_{i-1,i} \tag{4-6-12}$$

式中　C_s——侧向切削效率；

S——岩石硬度，MPa；

D——钻头直径，mm；

N——转速，r/min；

P_a——钻头侧向切削力，kN；

A，B 和 C——试验得出的钻头系数（A=0.03，B=0.6，C=2.8）。

因此，每 30m 井段的导向工具造斜率计算公式为：

$$K_{\mathrm{T}}=1146\times 30\frac{\left(\hat{S}_{\mathrm{P}}\right)_{i,i+1}}{H_{i,i+1}^{2}} \tag{4-6-13}$$

6）推靠式旋转导向钻具导向能力预测软件开发

以导向力大小、稳定性、作用时间为导向主要影响因素，集成上述分析模型，利用 VB 和 Matlab 混合编程方法，开发出了推靠式旋转导向钻井系统导向力分析软件，如图 4-6-5 所示。该软件主要包括推靠式旋转导向钻井系统 BHA 静力学分析、BHA 造斜能力预测、BHA 影响力影响因素分析三个模块。其中：静力学分析模块主要针对不同转速及翼肋支出时间情况计算推靠力变化，分析导向力波动变化；造斜能力预测模块包含了造斜率预测及其优化计算的功能；导向力影响因素分析模块可以分析钻具结构及其他因素对旋转导向造斜率的影响。如表 4-6-1 和图 4-6-6 所示，分别给出了不同导向力时旋转导向工具造斜率的预测结果，据此可以指导旋转导向钻井系统的结构优化设计。

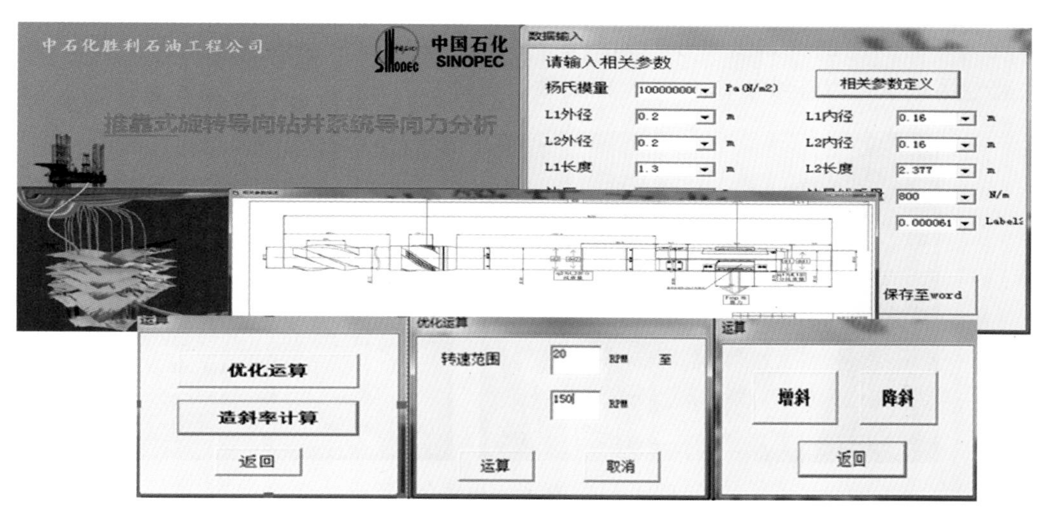

图 4-6-5　旋转导向钻具导向力分析软件界面

表 4-6-1　旋转导向工具造斜率预测数据

导向力 /kN	3.5	5.5	7.0	8.0	10.0	11.0	13.0	15.00
造斜率 /［(°) /30m］	0.33	0.78	1.21	1.56	2.11	2.34	2.81	3.27

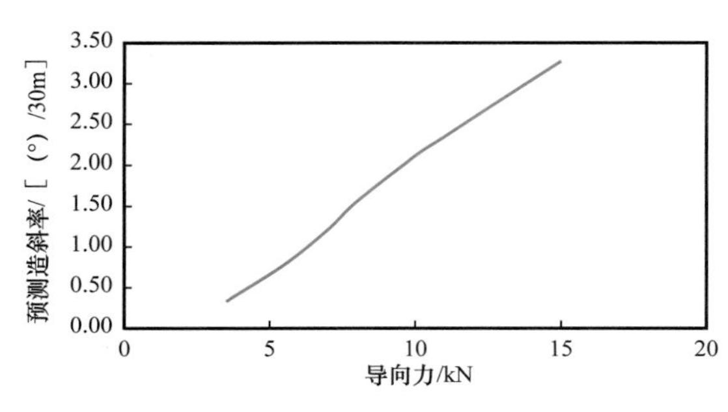

图 4-6-6 旋转导向工具造斜率预测图

2. 旋转导向机构设计技术

1）低速大推力 PDC 组合轴承设计

上密封轴承组主要由旋转密封、系统压力补偿活塞以及腔体组成。旋转导向马达工具的液压系统主要由三个油腔组成，分别为上旋转密封轴承补偿、下旋转密封轴承和主油腔体。上密封轴承将井下钻具内的高压和工具主油腔分开，利用系统补偿平衡井下高压，使旋转密封，主油腔内的各道密封效果更佳。系统补偿通过补偿导压孔直接与环空压力相连，同时通过系统压力补偿活塞的自由活动，平衡井底钻具内外压力。上密封轴承油腔内需要冲入 25psi 的初始油压，使旋转密封正常工作。在上密封轴承及系统补偿外筒上有工具自带的一个反扣扶正器。上密封轴承及系统补偿上端与流量分配器连接，下端连接转换接头。

下旋转密封轴承组由旋转密封、系统压力补偿活塞以及下止推轴承等组成。如前述，旋转导向马达工具的液压系统主要由三个油腔组成，分别为上旋转密封轴系统补偿、下旋转密封轴承和主油腔体。下密封轴承组在工具抽真空注油时，也需注入 25psi 的初始油压。下止推轴承防止钻具加压过大对工具内轴的损伤。在工具上部的上转换接头内装有上止推轴承，主要使防止工具起钻时拉力太大而损伤工具。

在工具关键的推力轴承设计中，通过比较多种 PDC 和焊接类型，进行了多次室内磨损和现场寿命的测试。如图 4-6-7 和图 4-6-8 所示，经室内测试和现场试验表明，这种钻井液专用轴承可以连续工作 900h，密封效果良好。

图 4-6-7 轴承室内磨合实验

2）高强度多功能旋转导向主轴设计

对旋转导向系统的主轴材料进行了热处理工艺优选，提高了主轴的安全可靠性；同时，对主轴进行基于动态受力的结构优化，有效地提高了系统的造斜率和可靠性。如图 4-6-9 所示，通过对主轴的受力分析进行合理的优化设计，使支撑点与长度大大缩短，提高抗弯和抗扭能力。

图 4-6-8 现场试验后的轴承

优化前主轴设计

优化后主轴设计

图 4-6-9 旋转导向系统高强度主轴

此外，建立了考虑柔性短节的旋转导向造斜能力评价方法，同时结合有限元模拟仿真，如图 4-6-10 所示，优化了柔性短节长度、外径、刚度和材质等关键参数。如图 4-6-11 所示，结构及位置优化后的柔性短节能够提高旋转导向造斜能力 30% 以上，增斜效果显著。加工的柔性短节实物如图 4-6-12 所示。

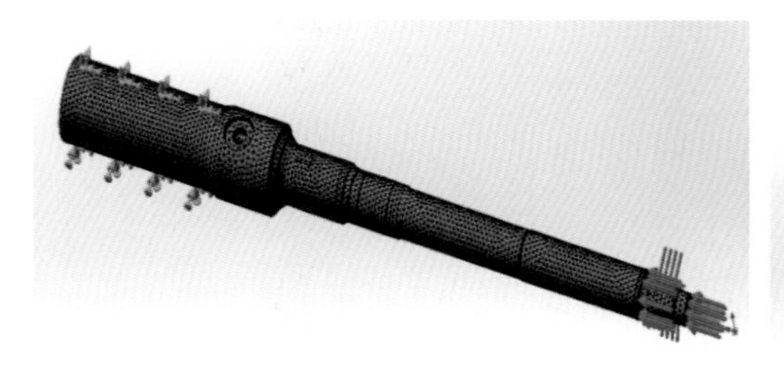
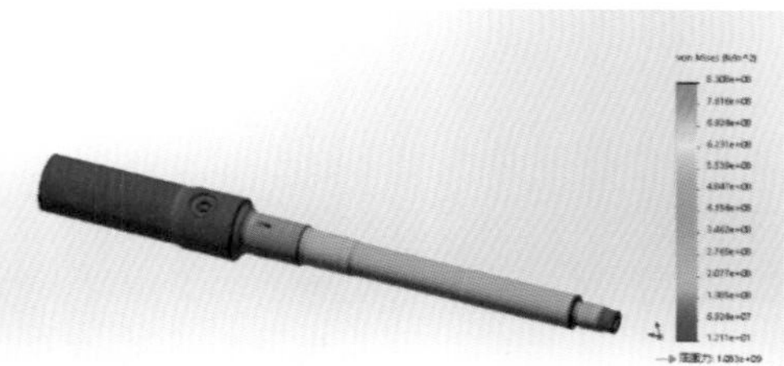

图 4-6-10 高强度主轴模拟仿真示意图

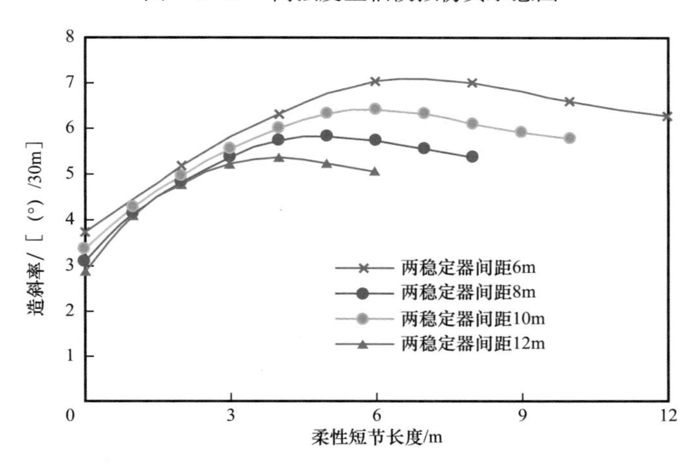

图 4-6-11 柔性短节长度与造斜率关系图

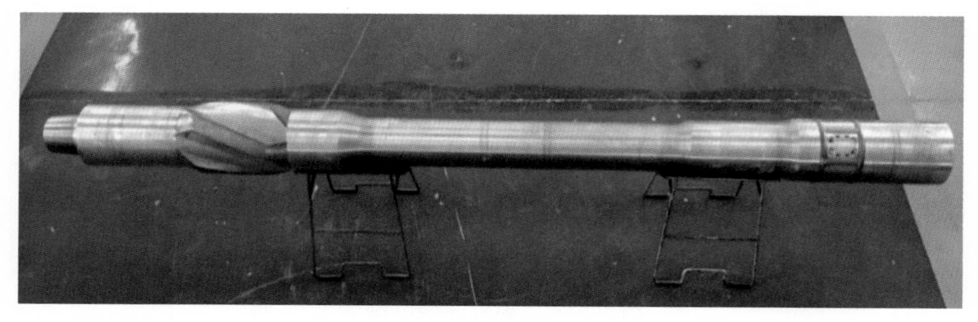

图 4–6–12 设计加工的柔性短节

利用广义胡可定律，对复杂应力状态，在弹性力学假设条件下，应用叠加原理，考虑 x 方向的正应变：

σ_x 产生的 x 方向应变：

$$\varepsilon_{x1}=\frac{\sigma_x}{E}$$

σ_y 产生的 y 方向应变：

$$\varepsilon_{x2}=-\nu\frac{\sigma_y}{E}$$

σ_z 产生的 z 方向应变：

$$\varepsilon_{x3}=-\nu\frac{\sigma_z}{E}$$

叠加：

$$\varepsilon_x=\varepsilon_{x1}+\varepsilon_{x2}+\varepsilon_{x3}=\frac{1}{E}\left[\sigma_x-\nu\left(\sigma_y+\sigma_z\right)\right]$$

同理：

$$\varepsilon_y=\frac{1}{E}\left[\sigma_y-\nu\left(\sigma_x+\sigma_z\right)\right]$$

$$\varepsilon_z=\frac{1}{E}\left[\sigma_z-\nu\left(\sigma_x+\sigma_y\right)\right]$$

3. 高可靠性液压动力系统

旋转导向工具在钻井过程中导向能力的实现，最终体现在偏置执行机构短节，其主要功能是，通过稳定平台控制轴调整偏置执行机构的上盘阀，使其调整上盘阀的高压孔方位处在钻井过程中所需的控制方位。高压钻井液通过上盘阀、下盘阀、偏置执行机构本体流道，到达执行机构。在执行机构中，高压钻井液作用在活塞上，活塞在钻井液钻铤内外压差的作用下，推动活塞运动，活塞及将力传递给翼肋，推动翼肋绕销轴转动，推靠到井壁上，给钻头以反力，完成造斜功能。

当执行机构工作时，大部分钻井液经过通钻头流道流向钻头，然后经钻头喷嘴进入钻具与井眼之间的环空。一小部分钻井液在经过滤网过滤后，经过通活塞流道流向活塞机构，然后经过活塞上的喷嘴进入钻具与井眼之间的环空。稳定平台控制系统中的控制单元根据测量单元获得的井斜数据后向扭矩发生器单元发出控制指令，控制扭矩发生器的输出轴按照控制系统的控制指令以一定的转速相对钻具（钻具相对于大地是顺时针转动）反向转动。

盘阀机构中的上盘阀与扭矩发生器的输出轴通过联轴器连接，随输出轴一起相对钻柱反向转动，使上盘阀的过流孔相对于大地保持在一定的位置。盘阀机构的下盘阀安装在执行机构本体内部，随着执行机构本体及钻具一起相对于大地顺指针转动。下盘阀有三个沿圆周均布的过流孔，分别与三个活塞机构的流道相通。当下盘阀的三个过流孔中的一个过流孔转到上盘阀过流孔的位置时，就能够导通与这个下盘阀过流孔相连的活塞的流道，钻井液经过这个流道就可以流经活塞装喷嘴直至钻具与井眼的环空。

如图 4–6–13 所示，当钻井液流经活塞机构喷嘴时，产生一定的压力降，在压降的作用下活塞向外运动产生一定的推力，并推动巴掌推靠机构向外伸出，推靠井壁，产生一定大小、方向的增斜力，从而使钻头产生增斜切削力。执行机构装配图中的挡块能够限制巴掌推靠机构的行程，以确保活塞不会由缸套内被推出。当下盘阀的过流孔转过上盘阀过流孔的位置后，与这个过流孔连通的活塞流道也就随之关闭，由于活塞喷嘴与环空连通，因此流道与环空的压差迅速降为零，活塞的推力随之降为零，巴掌在井壁的作用下能够迅速收回，如图 4–6–14 所示。

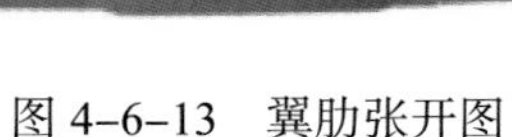

图 4–6–13 翼肋张开图

图 4–6–14 翼肋收拢

当下盘阀的每一个过流孔转到上盘阀过流孔的位置时都会重复上述过程。这样上盘阀在扭矩发生器的驱动下，可以保持其过流孔在某一固定位置（相对于大地），并能够控制下盘阀三个过流孔的导通和关闭，以此控制钻井液的流量分配，从而实现旋转导向钻井系统对侧向力的方向控制。

通过对多种液压动力系统的分析对比，优化现有的液压动力、密封及相关配件，严格装配与加工工艺，形成可靠性保障体系（图 4–6–15 和图 4–6–16）。

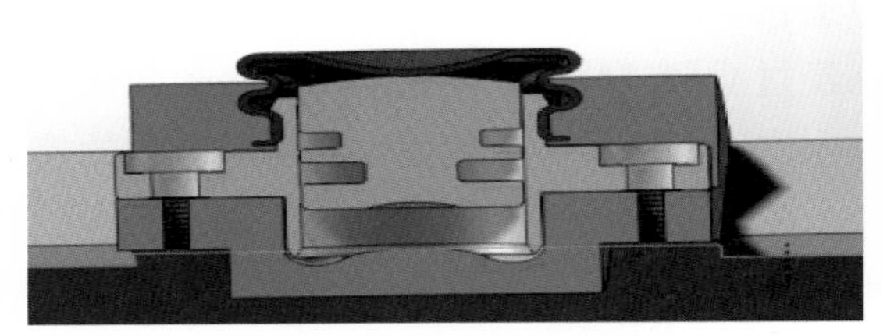

(a) 液压单元单活塞结构剖面图

(b) 单活塞液压单元

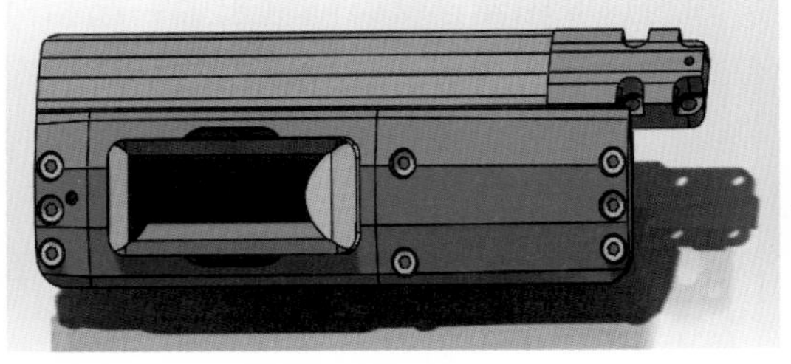

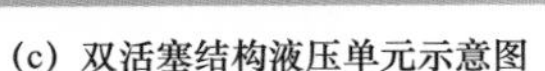

(c) 双活塞结构液压单元示意图

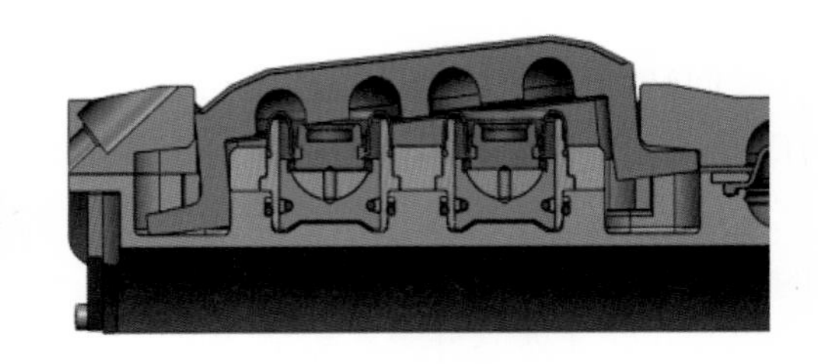

(d) 液压单元双活塞结构剖面图

图 4–6–15　液压动力系统设计图

图 4–6–16　双活塞液压动力系统

三、ATS Ⅰ型旋转导向钻井系统技术参数

ATS Ⅰ型旋转导向钻井系统的尺寸规格、现场技术参数及相关测量参数分别见表 4–6–2 至表 4–6–5。

表 4–6–2　ATS Ⅰ型旋转导向工具技术参数

技术参数	参数指标	技术参数	参数指标
工具尺寸 /mm	171.45	BHA 长度 /m	13.2
适应井眼尺寸 /mm	212.8～250.8	供电方式	钻井液驱动交流发电机
设计狗腿度 /（°）/30m	0～6.5	顶部螺纹	NC 50 Box
旋转向外筒外径 /mm	196.8	底部螺纹类型	$4^1/_2$ in API Reg. Box

表 4-6-3 ATS Ⅰ型旋转导向钻井系统现场工作技术参数

技术参数	参数指标	技术参数	参数指标
工作排量范围 /（L/s）	25～40	最大通过狗腿—旋转状态 /（°）/30m	8
最大钻压 /kN	200	最大通过狗腿—滑动状态 /（°）/30m	15
最大钻进扭矩（钻头位置）/（kN·m）	21	最大转速 /（r/min）	200
最大超载扭矩（钻头位置）/（kN·m）	32	最大含砂量 /%	最大 1(＜0.5 推荐）
最大超载拉力 /kN	3400	堵漏材料要求	不可进行随钻堵漏

表 4-6-4 传感器参数指标

传感器规格	参数	传感器规格	参数
近钻头井斜传感器类型	三轴加速度计	方位伽马测量垂直分辨率	6in（153.0mm）
近钻头井斜测量范围 /（°）	0～180	MWD 传感器类型	三轴加速度计和磁强计
近钻头井斜测量精度 /（°）	±0.2	MWD 井斜角测量范围 /（°）	0～180
方位伽马测量传感器类型	碘化钠	MWD 方位角测量范围 /（°）	0～360
方位伽马测量范围 /API	0～500	MWD 井斜测量精度 /（°）	±0.1
方位伽马测量精度	±5API @ 100 API 及 60ft/h	MWD 方位角测量精度 /（°）	±1.0
方位伽马测量测量扇区	2 扇区		

表 4-6-5 传感器零长

传感器种类	传感器零长 /m	传感器种类	传感器零长 /m
近钻头井斜传感器	1.03	MWD 井斜传感器	6.56
方位伽马传感器	5.24	MWD 方位传感器	6.56

四、性能特点

（1）ATS Ⅰ型旋转导向钻井系统实现了机械、电气接口和通信协议的标准化，增强了系统扩展性与兼容性，使得井下系统的可靠性大大提升。

（2）最大承受钻压（由 180kN 上升至 255kN）、导向推力（由 18kN 上升至 22kN）、测量与控制精度（井斜 ±0.1°、工具面 ±0.5°）等技术指标得到了显著提升，使得工具的稳定性和使用寿命得到明显提高。

（3）采用组合编解码技术，实时改变上传信号脉冲宽度参数，使得旋转导向钻井系统的上传速度得到明显提高，由 0.3bit/s 提高到 1bit/s。

（4）通过优化井下脉冲识别算法与指令编码，在焦页70-S1HF井下传井深超过5417m，下传成功率达到90%以上，实现了不停钻指令下传。

（5）现场试验结果成功验证了ATS I型旋转导向钻井系统功能、测量和控制精度，最高造斜率22.6°/100m，连续工作时间230h。

（6）以旋转导向钻井方式代替传统的滑动导向钻井方式，具有不必起下钻自动调整钻具导向性能的能力，可使机械钻速和钻井效率大大提高，从而有利于降低钻井成本。

（7）可以解决滑动导向方式带来的诸如井身质量差、井眼净化效果差等缺点，有利于提高钻井的安全性和钻井效率。

（8）具有井下闭环自动导向的能力，井眼轨迹控制的灵活性大；配合地质导向技术能够大大提高井眼轨迹控制精度，使井眼轨迹按设计要求或地质情况一直保持在目的油气层中运行，或钻穿多套油层，从而可以提高油气开采效率。

五、施工工艺

1. 施工前的设备安装

1）地面设备安装

如图4-6-17所示为旋转导向钻井系统地面设备的连接图。按照地面数据采集系统连接要求，连接立压传感器，井深传感器等，并将电缆根据井场要求规范布置；将下传装置摆放在泵出口高压管汇活接头接口附近，连接高压管汇，气源管汇，控制电缆以及放喷管汇等，将放喷管汇出口接入钻井液池。

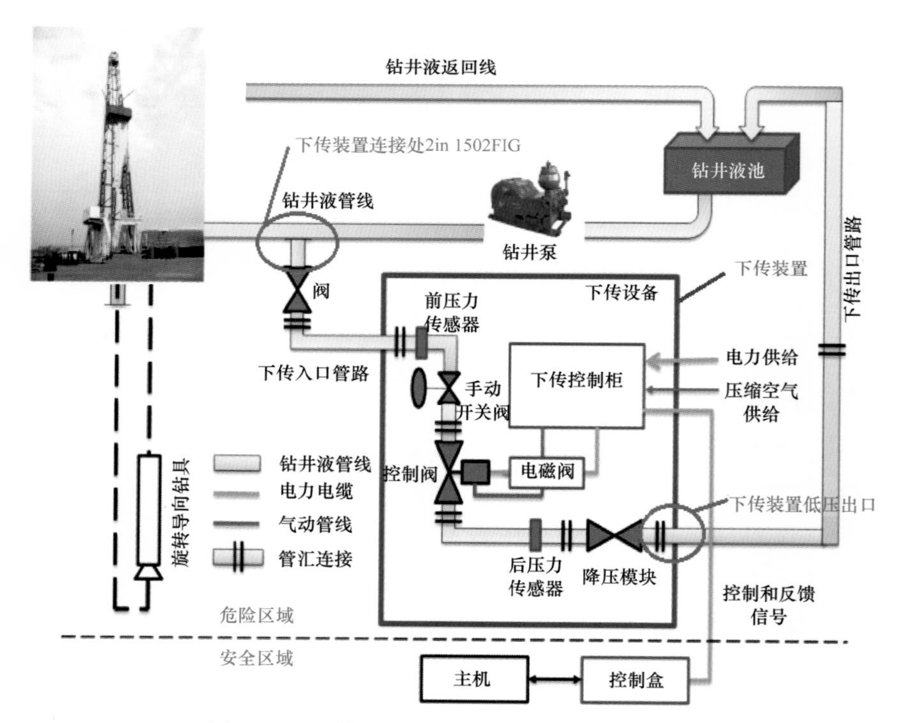

图4-6-17 旋转导向钻井系统地面设备连接图

2）旋转导向工具井口安装

用绷绳将旋转导向工具提升至井口，按钻具组合要求配接钻具，期间注意不要将旋转导向工具直接在跑道上拖动或与其他物品产生碰撞，防止摩擦损坏下端面或撞击损伤工具。

2. 现场系统施工测试

1）地面测试

（1）对工具进行地面通电测试，确保仪器下井前各功能模块正常。

（2）对地面压力传感器、编码器、悬重传感器进行供电采集，确保各传感器数据采集准确。

（3）对下传装置进行地面连接控制测试，确保下传装置动作正常、气源动力充足。

2）浅测试

旋转导向工具配接钻头、无磁承压，放入钻杆滤子后，开泵进行浅测试。顶驱静止，排量开到 28～30L/s，出完全测量参数后，出一组正常钻进参数序列，确保各功能模块通信正常，发电机参数、MWD 参数、方位伽马参数和导向头参数符合当前工作状态。各参数正常后，方可下钻。

3）中途测试

在 2000m 和 3000m 左右（根据实际井深情况而定），对仪器进行开泵循环测试。顶驱静止，排量开到 28～32L/s，出完全测量参数后，出一组正常钻进参数序列，确保各功能模块通信正常，发电机参数、MWD 参数、方位伽马参数和导向头参数符合当前工作状态。各参数正常后，下传发一组调脉宽（0.8s）指令测试下传功能，对上传参数中返回的下传指令进行核实，确保参数正确。上述各参数确认正确后，方可继续下钻。

六、应用案例

井号：营 6- 更斜 51 井。

营 6- 更斜 51 井位于济阳坳陷东营凹陷中央断裂背斜带营 6 断块，主要目的层为营 6 断块沙三 2 亚段—沙三 6 亚段，钻探目的是完善注采井网。该井设计井深 3328.89m，垂深 3052.00m，井斜角 43.80°，方位 259.99°。如图 4-6-18 所示为营 6- 更斜 51 井的井身结构示意图。

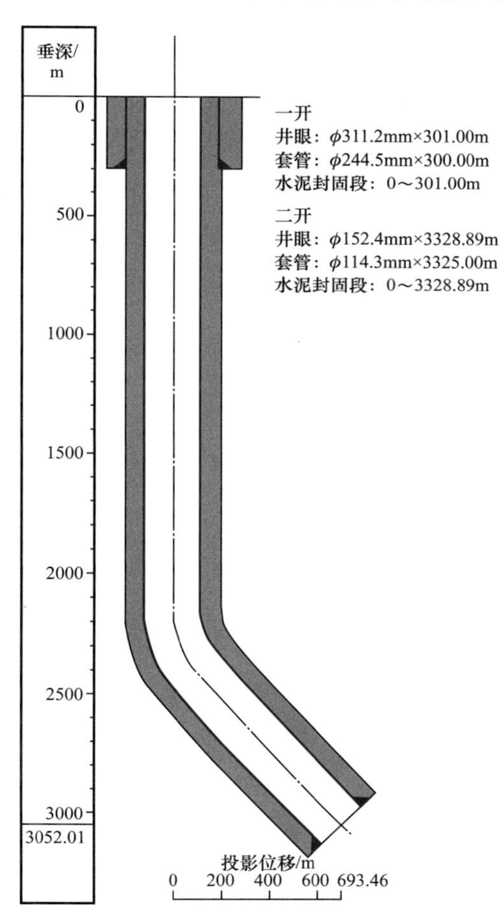

图 4-6-18　营 6- 更斜 51 井井身结构图

1. 试验过程描述

现场试验期间，营 6- 更斜 51 井共计使用旋转导向钻井系统两趟钻，连续工作时间 114h，累计进尺 926m，见表 4–6–6。

表 4–6–6　旋转导向钻井系统两趟钻工作统计

钻次	井深 /m	进尺 /m	工作时间 /h
1	2294～2539	245	28
2	2645～3326	681	86
合计		926	114

1）第一趟钻

首先在地面进行旋转导向工具浅测试，正常后下钻；下钻到底，开始根据设计轨迹要求钻进；钻至 2539m，因邻井显示有沥青层，为规避预测可能存在的风险，保证工具安全，起钻、更换常规钻具钻至井深 2645m。

2）第二趟钻

确认无沥青层后，继续下入第 2 趟旋转导向钻井系统：浅测试正常后下钻；下钻到底，稳斜模式正常钻进，钻时约 11m/h。

该趟钻自 2645m 钻至完钻井深 3326m，入井时间 86h，平均机械钻速为 11.2m/h，试验期间，旋转导向工具的稳斜、方位调整能力均满足设计要求。

2. 试验效果分析

如图 4–6–19 和图 4–6–20 所示，分别为旋转导向钻井系统试验过程中使用的地面信号检测软件和下传控制软件。通过整个现场试验过程可知，旋转导向钻井系统的整体结构及机电连接可靠，测量控制准确，双向通信实时高效，上传数据解码成功率 98%，下传指令成功率 90%，地面监控处理软件系统工作稳定。

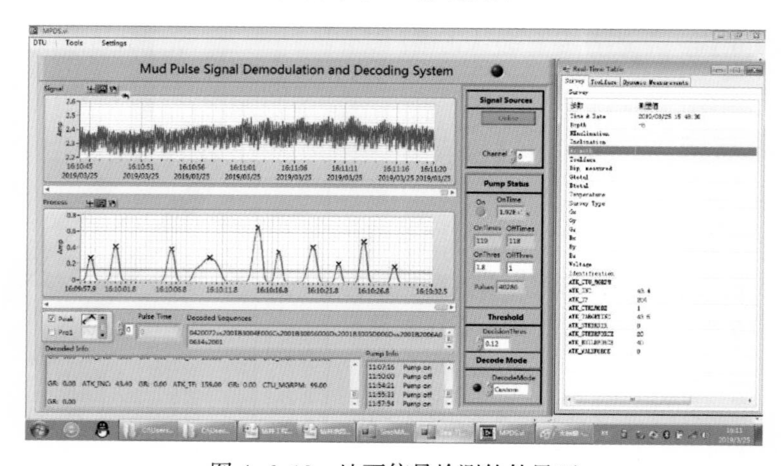

图 4–6–19　地面信号检测软件界面

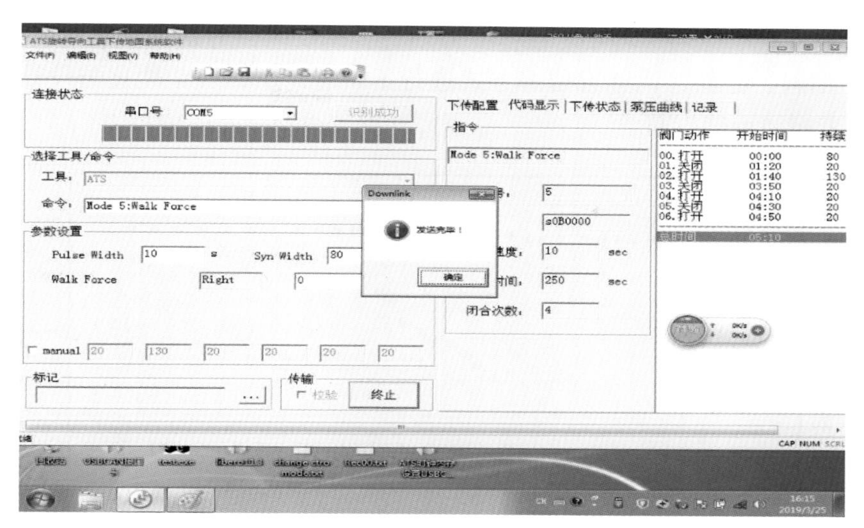

图 4-6-20　下传控制软件界面

如图 4-6-21 所示为第一趟钻的井眼轨迹控制效果示意图。从图中可以看出，在第一趟钻中，2294.44～2491.02m 井段采用 Steer 模式进行增斜钻进，井斜由 25.1° 增至 32.2°。其中，在 2294.44～2346.36m 井段，采用 90% 的造斜力，井斜由 23.7° 增至 32.3°，造斜率 5.61°/30m。在 2355.97～2491.02m 井段造斜力减小进行增斜调方位，2500.67～2539.25m 井段采用 Hold 模式进行稳斜钻进。

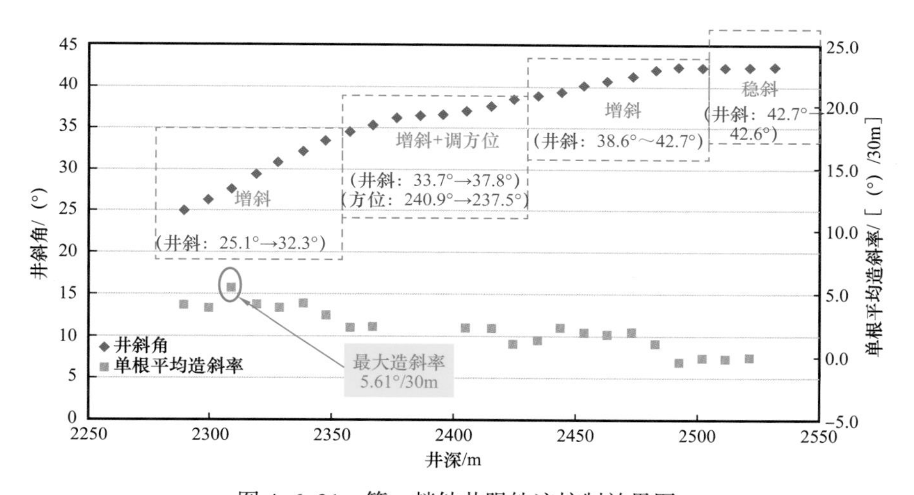

图 4-6-21　第一趟钻井眼轨迹控制效果图

图 4-6-22 所示为第二趟钻的井眼轨迹控制效果示意图，从图中可以看出，2645.16～2664.43m 井段为增斜钻进，井斜由 41.4° 增至 42.8°；2664.43～3175.52m 井段为稳斜增方位钻进，方位由 236.6° 增至 258.8°，期间对井斜进行了微调，整段变化为 42.8°～42.3°；3175.52～3223.73m 为稳斜降方位钻进，方位由 262.4° 降至 259.8°；自 3223.73m 开始直至完钻，稳斜微调方位，最终井底井斜 43.5°，方位 261.9°。

图 4-6-23 和图 4-6-24 分别为设计轨迹与实际轨迹的垂直投影和水平投影对比，从

图中可以看出，整个试验过程中，根据井眼轨迹控制要求，分别采用导向模式、稳斜模式，进行了增斜、稳斜、调整方位等方式进行了轨迹调整，实钻轨迹与设计轨迹吻合，成功实现了井眼轨迹的控制。

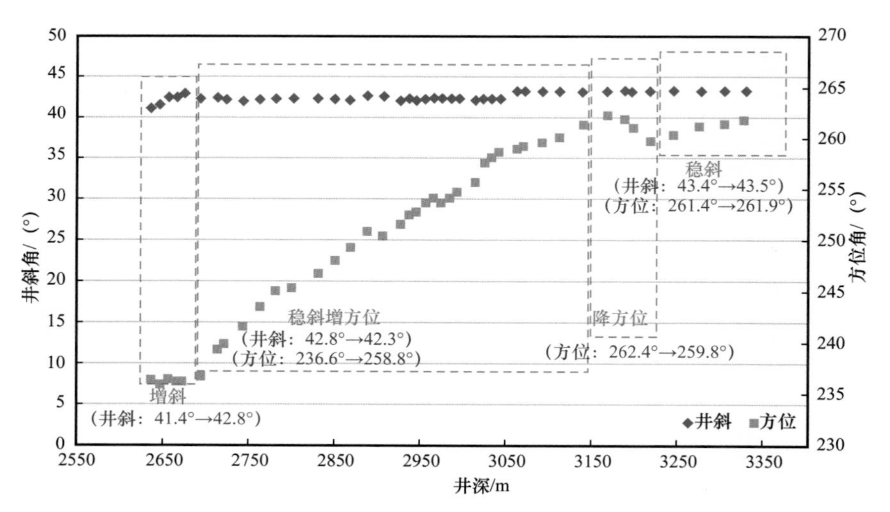

图 4-6-22 第二趟钻井眼轨迹控制效果（增斜、增方位、微降方位、稳斜）

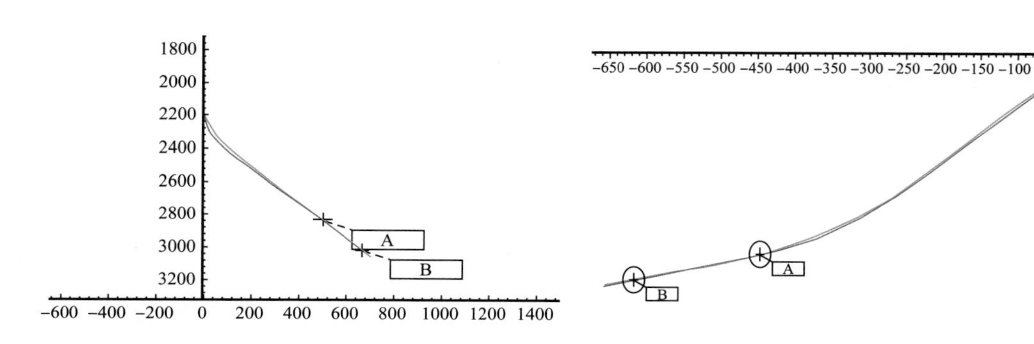

图 4-6-23 实钻轨迹与设计轨迹垂直投影对比

图 4-6-24 实钻轨迹与设计轨迹水平投影对比

第五章　低渗透油气藏钻井液完井液及储层保护技术

针对低渗透气藏面临的钻井、完井和改造过程中存在易伤害、难解除特征，目前已有的研究主要采用定性评价的方法，无法准确评估钻完井作业过程对单井产能造成的影响，储层伤害与保护效果的评价主要是建立在室内实验和定性评价基础上，合理的、最优化的钻完井方案决策缺乏定量的、可对比的数据支撑，从低渗透气藏综合伤害机理、综合伤害定量评价、低伤害液技术、低伤害工作液技术等方面开展研究，建立一套覆盖钻井、完井和改造环境的科学的、定量的评价方法和优化决策技术，指导具有不同地质特征、不同类型的油气藏合理选择最优化的钻完井方案和工艺，形成具有针对性、有效性和全面性的储层保护技术体系。

本章主要介绍低渗透气藏储层伤害定量评价技术、川西低渗透气藏低伤害钻井液技术、东部低渗透油藏低伤害钻完井液技术以及低渗透储层低伤害改造工作液的研发和现场应用。

第一节　国内外现状及发展趋势

一、国外现状

目前，国外油气层保护主要开展以下几方面的研究：（1）模拟地层条件下的储层伤害程度和机理研究；（2）非常规油气的储层保护研究；（3）水平井和大位移井等特殊井的储层保护研究；（4）保护油气效果好、适用范围广、负面影响小的钻井液、完井液及相应的添加剂；（5）射孔、储层改造和测试联作技术的进一步完善和提高；（6）计算机在保护油气层技术中的应用研究。

1. 低渗透油气藏钻完井液及储层保护技术

低渗透油气藏储层保护技术主要包括欠平衡钻井技术、保护储层的钻井液与完井液技术以及屏蔽暂堵技术等。欠平衡钻井是指在钻井过程中控制钻井液液柱压力低于地层压力，允许地层流体有控制地流入井筒并循环到地面的一种钻井方式。与常规钻井方式相比，欠平衡钻井技术具有减少循环漏失和压差卡钻等优点。20 世纪 90 年代以来，保护油气层的欠平衡钻井技术在开发边际油藏、衰竭油藏、低压和多裂缝油藏时受到重视。随着低渗透油气藏开采的增多，欠平衡钻井与配套技术通过全新的理念为低渗透油气藏勘探开发保护注入了新的活力。国外把欠平衡钻井技术与水平井、多分支水平井以及超长水平井等其他钻井技术相结合，在提高低渗透油气藏勘探成功率、低渗透和强水敏油气藏增产改造方面都取得了显著效果（Joshi S D et al，1986）。然而，大量欠平衡钻井实践表明并不是每口井都能得到良好的勘探开发效果。相比过平衡钻井，欠平衡钻井对设备、工艺和地质条件的要求更高，并非所有的地质对象均适合欠平衡钻井。采用水基钻井液欠平衡钻开低渗透储层时，欠平衡压差往往并不能完全抵消岩石的自吸毛细管力，从而产生逆流自吸效应。如果采用不合理的参数设计和钻井流体选择，即使在欠平衡条件下，仍然可能得不到满意的储层保护效果，盲目实施欠平衡钻井可能导致巨大的投资浪费。气体钻井作为一种特殊的欠平衡钻井技术，在低渗透油气藏的开发、克服井漏和钻井提速等诸多领域也得到了较广泛的应用。

钻井液作为接触储层的第一层流体，对于低渗透油气藏的储层保护方面起着至关重要的作用。在保护储层的钻井完井液体系方面，国外研究了多种钻井液与完井液技术。主要包括无侵入钻井完井液体系及处理剂、正电胶（MMH）、硅酸盐、甲酸盐、聚合醇、甲基葡萄糖苷（MEG）、全油基钻井液与完井液、合成基完井液、微泡沫钻井液、强抑制性水基钻井液与完井液、无固相钻井液与完井液以及无黏土相钻井液和生物完井液技术等。这些钻井液体系在低渗透油气藏起到了一定的储层保护效果，但都具有相应的适用条件。

钻井液中的各种固相颗粒接触储层时不可避免会侵入储层。尤其是对于处于开发中后期的油气田，地层能量不足引起的工作液漏失频繁发生。屏蔽暂堵技术是一种有效的储层保护技术，该技术在井壁附近快速形成堵塞，用于阻止或削弱工作液 / 固液相侵入油气层。对于低渗透油气藏，裂缝对产能的贡献起着至关重要的作用，裂缝既是地层流体的主要渗流通道，同时又为钻井液、完井液、压裂液和修井液等工作液提供了漏失通道。裂缝性漏失降低了储层裂缝的渗流能力，严重影响低渗透油气藏的准确评价与高效开发。国外学者对漏失机理、堵漏材料和堵漏技术方面开展了大量研究，包括不同孔径分布漏层的自适应堵漏技术、随钻刚性颗粒堵漏、绒囊工作液防漏堵漏、广谱“油膜”暂堵技术、缝洞性储层暂堵性堵漏、承压堵漏等。通过在工作液中加入酸溶性材料封堵裂缝的漏失通道，能够有效控制工作液漏失，避免或减少固液相侵入，在裂缝性低渗透油气藏储层保护方面效果显著（Barbala T et al，2011）。

2. 低渗透储层低伤害改造工作液技术

国外学者对羟丙基瓜尔胶在多孔介质中吸附滞留导致油气渗流孔道堵塞的关注较少，对羟丙基瓜尔胶在孔道中的吸附滞留机理及其影响因素缺乏系统性研究（Mo S Y et al，2016），主要表现为以下几点：

（1）高分子聚合物在多孔介质中的吸附滞留机理国外开展了大量的研究，对象主要是聚丙烯酰胺等高分子化合物，且侧重点在聚合物驱油方面，目的是增加高分子化合物在岩石表面的吸附从而提高油气采收率，而并非是降低储层伤害；瓜尔胶及其衍生物虽然属于高分子聚合物，但与驱油剂相比在化学组成、分子结构和分子量等方面都有差异，使得羟丙基瓜尔胶在多孔介质表面的吸附机理与驱油剂不同，且羟丙基瓜尔胶在不同类型矿物表面吸附时的作用机理也不同。目前，国外缺少羟丙基瓜尔胶在岩石矿物表面吸附机理的研究。

（2）压裂液储层伤害评价大多从工程适用性角度出发，通常以某一油气区块的小岩心柱和高分子滤液为实验材料，采用岩心流动实验较为笼统的测量压裂液滤液驱替前后岩心渗透率的变化，以此来评价压裂液对岩心的伤害程度。然而不同岩心矿物类型和含量均不相同，且稠化剂与不同矿物的相互作用也各有差异，仅仅从渗透率的变化来精确认识稠化剂对储层孔喉的伤害较为困难。

（3）羟丙基瓜尔胶对多孔介质的堵塞伤害是个复杂的科学难题，储层孔隙结构、岩石矿物类型和黏土成分、压裂液液体性能参数和实验参数等均是影响稠化剂对油气流动孔道堵塞伤害的重要因素。目前，国外学者对羟丙基瓜尔胶在单矿物表面的吸附机理认识不清，对羟丙基瓜尔胶在多孔介质中的滞留伤害缺乏定量描述，没有针对性地提出解除羟丙基瓜尔胶对多孔介质堵塞伤害的措施。

二、国内现状

目前，国内已经形成了较多储层保护技术，主要包括欠平衡钻完井、保护储层钻井液、屏蔽暂堵技术等。但上述技术还都存在一定的欠缺，如欠平衡钻井的压力控制问题、保护储层钻井液体系只能在一定程度对储层进行保护，等。因此还需要进一步深入的研究，发展更新型的低渗透储层钻完井保护技术，才能更好地促进低渗透油气资源的高效快速开发（罗平亚，1997；刘想平等，1999；李志勇等，2011；李秀灵等，2013；陈金霞等，2015；蓝强，2016a；蓝强，2016b；孙强等，2020）。

1. 低渗透油气藏钻完井液及储层保护技术

国内在低伤害钻井液技术研究方面，先后研制成功了有机盐钻井液、强抑制性水基钻井液等多种体系，并在现场进行了成功应用（李秀灵等，2013）。有机盐钻井液体系在国内克拉玛依油田、塔里木油田和华北油田等的钻探中得到应用，效果良好。使用有机盐钻井液钻井时不需要钻井工艺采取特殊施工措施，现场施工简便。应用实例表明，有机盐钻井液具有低固相含量、强抑制性、低静切力、维护处理简单等优点，但因自身单位成本较高，未能得到大面积推广应用。同时，有机盐钻井液的微观作用机理及其重复利用研究明显滞后，成为限制其应用的“瓶颈”问题。强抑制性水基钻井液体系方面，国内近年来陆续开发出了 KCl/ 聚合物钻井液、正电胶钻井液、阳离子钻井液、聚合醇钻井液和硅酸盐钻井液等各种强抑制性水基钻井液，并在现场取得了一定的应用效果。但整体上来看，现有的抑制性水基钻井液体系仅针对黏土颗粒的层间渗透水化进行研究，未考虑黏土颗粒的表面水化，难以达到油基钻井液的抑制效果。

“十二五”期间，中国石化西南油气分公司针对川西地区须家河组储层特征及伤害机理进行了系统分析，认识到应力敏感及水锁伤害问题不容忽视，配伍并优选出了抑制剂和暂堵剂，确定了水平井钻井完井液配方，室内实验表明该体系具有良好的储层保护效果。水平井分段压裂技术的应用提高了低渗透油气藏的单井产能，但该地区低渗透气藏井壁稳定及产能不稳定问题还需继续开展攻关研究，川西低渗透储层的开发难度及产量控制难度日益加大，如何有效地开发低渗透储层是亟待解决的问题。因此川西地区低渗透气藏的钻井液体系，不仅需要有利于保持井壁稳定，同时还需要具有很好的储层保护作用（石秉忠等，2011）。

在东部老油田的低渗储层钻井开发中，主要存在以下问题：（1）在低渗透油层钻进过程中经常钻遇砂泥岩互层，泥岩夹层易水化膨胀，易造成井壁失稳；（2）开发方式多以大斜度井或水平井为主，钻井过程中扭矩和摩阻较大，目前常用的矿物油基润滑剂降低摩阻存在环保问题；（3）胜利油田开发后期，低渗透油藏衰竭严重，在较大压差下，污染较严重。因此，需要针对上述难题开展东部低渗透油藏低伤害钻井液技术攻关。

2. 低渗透储层低伤害改造工作液技术

酸化与压裂技术在为油田带来产量的同时，也可能出现储层伤害等一些负面效果。储层伤害以前是指油气藏的初始渗透率下降，而如今是指油气完井、生产等过程中注入能力下降或者发生流体产出的现象。当酸液及压裂液体体系和储层或者储层流体不配伍、二次沉淀等，不仅不会提升油井产能，同时还会造成储层的伤害。也就是说，酸化与压裂措施具有伤害储层和改善储层的双重作用，当产生改善储层作用时，改造后将会实现增产效果；当产生伤害储层负面效果时，就会对储层造成较大伤害，严重影响油气藏的开发利用。即便是在酸化与压裂成功的井例，该措施也可能会造成储层伤害，而不能发挥该措施的较好效益（刘大伟，2006）。

压裂过程中存在较严重的吸附滞留伤害。吸附滞留伤害主要指压裂液中的高分子物质进入储层后，与储层岩石矿物接触并通过物理或化学作用吸附在矿物表面，造成孔喉半径的减小，或者是通过微小孔隙时流动受限，聚合物分子团聚缠绕，滞留在孔隙介质中导致孔喉的堵塞，最终造成储层渗透率的降低。

在改造过程中，油气层会受到酸化等改造工作造成的影响，而且应力发生变化后，很多的流体会渗入地层，造成储层伤害很难避免。由于孔喉比较细小，渗透率不高，容易造成乳状的矿物发生堵塞，这时必须加入一些破乳剂才能使乳状液稳定性发生变化，从而增强堵塞后油层的返排能力。此外，在油气层压裂过程中，做好预防和保护措施主要包括以下几点：（1）在选择压裂液的时候保证其低残渣、小滤失量；（2）加入黏土破胶剂、稳定剂等；（3）优化施工方案；（4）及时返排压裂液。

四川盆地海相储层温度高（150～160℃），常规胶凝酸体系高温条件下腐蚀性强、黏度低，初期酸岩反应速度仍然偏高，储层内局部酸化严重，长分子链高聚物在地层中吸附性强，在生产过程中容易堵塞孔喉和裂缝，需要针对性研制低分子低伤害高温酸液。

三、发展趋势与展望

目前，我国在储层伤害的预测、诊断、防治、模拟以及处理控制等方面，已形成了一系列配套理论认识与技术，根据油气藏实际情况建立了多种物理模型、数学模型、动态模型等，同时相应的预测软件也相继被研制出来，形成了相应的油气层保护理论体系与保护技术。特别是近年来在中低渗透砂岩油气层、致密砂岩气层、高渗透疏松砂岩油层保护和欠平衡钻井技术方面已形成了自己的特色和优势。但主要是单项技术突破，多项技术综合应用仍需要进一步研究与试验。此外，这些技术有各自的适用范围，需要定量的、可对比的数据支撑来实现钻完井方案优化。目前的室内评价和矿场评价基本是相对独立的，很少有研究将两者结合起来。矿场评价只能够总体反映储层伤害程度，不能够具体量化各项作业措施带来的伤害比例，室内评价仅仅局限于实验所得数据，不能反映地下真实情况。如何将两者有机结合，提供低渗透油气藏储层伤害定量评价技术，实现低渗透气藏储层伤害与单井产能定量评价，为钻井完井方式以及钻井完井工作液体系优选提供科学依据。

第二节　低渗透油气藏伤害定量评价与单井产能评价技术

低渗油气藏具有低孔隙度、低渗透率、孔隙结构复杂、孔隙连通性差等特点。在钻完井和储层改造过程中，工作液侵入伤害降低了油（气）相的有效渗透率，造成油气井产能降低，严重影响低渗透油气藏的有效勘探与开发。目前对低渗透油气藏的产能方面的研究重点是分析启动压力梯度、紊流效应、应力敏感等对产量的影响，其伤害程度主要是通过试井解释等方法来评价表皮因子，这种后评价方法并不能提前预测潜在的储层伤害程度及其范围对油气井产能的影响。定量评价低渗透油气藏钻完井过程的储层伤害范围及其程度是制定有效避免或缓解储层伤害措施的关键所在，对及时发现、准确评价油气层具有重要意义。因此，本节研究了低渗透油气藏储层伤害定量评价，在此基础上分析了考虑储层伤害的低渗透油气藏单井产量评价。

一、低渗透油气藏储层伤害定量评价

低渗透油气藏储层伤害定量评价主要包括钻井、完井及储层改造过程工作液侵入储层的伤害范围以及伤害区的伤害程度。低渗透油气藏储层伤害类型与钻完井方式组合有关，下面重点分析主要伤害类型定量评价模型，并分析模拟地层条件的低渗透油气藏钻井、完井、改造综合伤害程度室内实验评价，为后续考虑储层伤害的单井产能预测提供支撑。

1. 负压差液相自吸侵入评价

低渗透油气藏孔隙介质内的液相侵入主要发生在孔隙流道中，将孔隙网络简化为毛细管束模型，设等效毛细管束半径为 R，不考虑孔道壁面的摩擦系数，液相侵入过程为等温单相层流流动。孔隙介质内水相受到的力主要有毛细管力、孔道壁面黏滞阻力、重力以及惯性力。按照主要作用力的变化，一般将水相侵入划分为初始阶段和平稳阶段，其中初始阶段又包括惯性作用阶段和惯性力—黏性阻力作用阶段。

水相侵入的最初阶段，即纯惯性力侵入阶段。该阶段液相开始进入毛细管，且侵入量和侵入距离极小，主要作用力为毛细管力和惯性力，描述液相接触毛细管瞬时的液相侵入深度为：

$$l_1 = t\sqrt{\frac{2\sigma\cos\theta}{\rho R} + \frac{F_p}{\rho\pi R^2}} \tag{5-2-1}$$

式中　l_1——惯性作用阶段水相侵入深度，m；

t——时间，s；
σ——表面张力，N/m；
θ——接触角，(°)；
ρ——流体密度，kg/m^3；
R——孔隙喉道半径，m；
F_p——压差作用力，N。

惯性作用阶段持续的时间（t_1）为：

$$t_1 = \frac{0.0232 \rho R^2}{\mu} \tag{5-2-2}$$

式中 μ——流体黏度，mPa·s。

惯性力—黏性阻力作用阶段为水相侵入的中间阶段，此时黏性阻力不能忽略，同时该阶段受力也最多，该阶段水相侵入深度（l_2）可以表示为：

$$l_2 = \sqrt{\frac{2b}{a}\left[t - \frac{1}{a}(1 - e^{-at})\right]} \tag{5-2-3}$$

其中

$$a = \frac{8\mu}{\rho R^2}, \quad b = \frac{2\sigma \cos\theta}{\rho R}$$

惯性力—黏性阻力作用阶段持续的时间（t_2）为：

$$t_2 = \frac{2.1151 \rho R^2}{\mu} \tag{5-2-4}$$

水相侵入进入黏性阻力阶段时，惯性效应可以忽略。动力平衡条件为：

$$\left(\frac{2\sigma\cos\theta}{R} - \frac{F_p}{\pi R^2}\right) \cdot \pi R^2 = 8\pi\mu l_3 \cdot v_3' + \rho g l_3 \sin\alpha \cdot \pi R^2 \tag{5-2-5}$$

式中 α——自吸方向与水侵方向的夹角，(°)；
l_3——黏性阻力作用阶段水相侵入深度，m；
v_3'——黏性阻力作用阶段水相侵入速度，m/s。

根据式（5-2-5）得到水相的侵入速度为：

$$v_3' = \frac{dl_3}{dt} = \frac{R\sigma\cos\theta}{4\mu l_3} - \frac{F_p}{8\pi\mu l_3} - \frac{\rho g R^2 \sin\alpha}{8\mu} \tag{5-2-6}$$

一维线性流动，水相侵入过程压力分布（p）为：

$$p = p_{in} - (p_{in} - p_{ou}) l_3 / L \tag{5-2-7}$$

式中 L——水侵压力波及长度，m；
p_{in}——入口处的流体压力，Pa；

p_{ou}——出口处的流体压力，Pa。

则压差作用力为：

$$F_p = (p_{ou} - p_{in}) l_3 \cdot \pi R^2 / L \tag{5-2-8}$$

类似地，采用径向压力分布公式可求得径向流压差作用力。式（5-2-6）通常无法用解析方法求解，一般采用数值求解方法来求取一种近似解。数值求解方法主要有迭代法和 Runge-Kutta 法，采用四阶 Runge-Kutta 差分格式求解有：

$$\begin{cases} v_3' = \dfrac{c}{l_3} - d \\ c = \dfrac{R\sigma\cos\theta}{4\mu} \\ d = \dfrac{\rho g R^2 \sin\alpha}{8\mu} + \dfrac{(p_{ou} - p_{in}) R^2}{8\mu L} \end{cases} \tag{5-2-9}$$

l_3 的初始值取 t_2 时刻的 l_2。对于负压差条件，当水相侵入达到动力学平衡时，侵入深度可以认为是临界侵入深度。该条件下随着侵入深度的增加，受负压差作用与黏性阻力共同作用的影响，毛细管驱动力逐渐被抵消，侵入速度逐渐减小，直至平衡状态，即得到负压差条件下的水相临界侵入深度。

$$l_{3\max} = \frac{2\sigma\cos\theta}{\rho g R \sin\alpha} + \frac{2\sigma\cos\theta L}{R(p_{ou} - p_{in})} \tag{5-2-10}$$

负压差条件下，水平方向侵入的临界深度可由式（5-2-10）求解。理论上而言，水平向自吸会无限进行。对于垂向自吸，其垂向临界高度是式（5-2-10）的一种特殊情况。

对于孔隙介质，水相侵入平稳阶段仍可采用黏性阻力阶段的数学模型。设水相侵入岩心的距离为 l，则岩心吸水量为：

$$N_{wt} = A l_3 \phi (S_{wf} - S_{wi}) \tag{5-2-11}$$

式中　N_{wt}——吸水量，m^3；

A——横截面积，m^2；

ϕ——孔隙度；

S_{wf}——吸水前缘以后的水相饱和度；

S_{wi}——初始水相饱和度。

此时岩心的等效毛细管半径（R）可以采用 Kozeny-Carman 公式计算：

$$R = \sqrt{\frac{8K}{\phi}} \tag{5-2-12}$$

式中　K——渗透率，m^2。

因此负压差水相自吸平稳阶段的侵入距离为：

$$l = l_3 \phi (S_{wf} - S_{wi}) \tag{5-2-13}$$

采用西南石油大学研制的“岩心自吸水测量仪”测试致密砂岩垂向自吸侵入深度。将侵入质量换算成水相的侵入深度，实验岩心取自 HC 地区须家河组致密砂岩，岩心渗透率 0.24mD，孔隙度 0.093，岩心长度 50mm。从图 5–2–1 可知，初始阶段侵入速度较快，随着侵入过程的进行，水相侵入深度趋于平缓，实验数据与模型计算结果拟合度较高，可证实模型的有效性。

通过式（5–2–13）可以计算负压差条件下临界水相侵入深度，此处采用负压差水相自吸实验数据进行验证。实验岩样取至川西蓬莱镇组和川中须家河组，其中岩样编号 L54 的渗透率为 0.17mD，孔隙度为 6.2%；岩样编号 HE6 渗透率为 1.88mD，孔隙度为 11.8%。水平自吸实验 α 取 0°，欠压值为 1MPa。实验表明负压差条件下，实验初期仍有水相侵入岩心，随着时间的进行，水相侵入深度未明显增加。实验值与理论值如图 5–2–2 所示。实验测试 L54 和 HE6 的临界侵入深度分别约 3.1mm 和 1.8mm。通过式（5–2–13）计算的 L54 和 HE6 临界侵入深度为 2.9mm 和 2.3mm。可知，相同情况下，岩石越致密，渗透率低，水相临界侵入深度越大。这是因为岩石的孔喉直径有大有小，孔喉直径越小，毛细管压力越大，如果毛细管力大于负压差，在毛细管力作用下水相仍能够侵入岩心内部。总体上来看，欠压值为 1MPa，两组实验水相侵入深度小于 5mm。

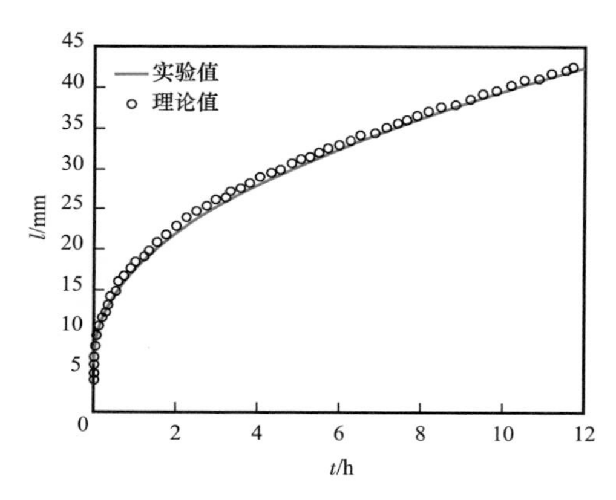

图 5–2–1 水相自吸侵入模型预测与实验数据对比

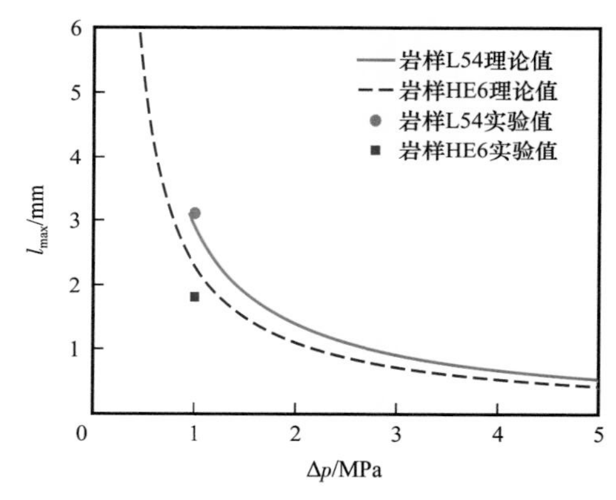

图 5–2–2 负压差水相临界侵入深度实验值与理论值曲线

2. 正压差固液相侵入评价

过平衡钻井条件下，钻井液中的固相颗粒和液相流体正压差作用下会侵入储层。假设钻井液滤液为牛顿流体，渗流过程服从达西定律，滤液与储层流体不发生化学反应。滤饼的形成与钻井液中固体颗粒沉积和冲蚀作用有关，当两者达成动态平衡时，形成稳定厚度的滤饼，滤饼厚度变化率为：

$$\frac{\mathrm{d}x_{\mathrm{c}}}{\mathrm{d}t}=\frac{u_{\mathrm{in}}C_{\mathrm{solid}}-k_{\tau}\tau_{\mathrm{s}}}{\left(1-\phi_{\mathrm{c}}\right)\rho_{\mathrm{c}}} \tag{5-2-14}$$

式中 x_{c}——滤饼厚度，m；

u_{in}——滤液侵入速度，m/s；

C_{solid}——钻井液固相质量浓度，kg/m^3；

k_τ——冲蚀系数，s^{-1}；

τ_s——滤饼表面钻井液切应力，Pa；

ϕ_c——滤饼孔隙度，%；

t——时间，s；

ρ_c——滤饼密度，kg/m^3。

滤液侵入速度为：

$$u_{in}=\frac{q(t)}{2\pi(r_w-x_c)h} \tag{5-2-15}$$

$$q(t)=\frac{2\pi Kh(p_w-p_e)}{\mu_f\gamma} \tag{5-2-16}$$

$$\gamma=\frac{K}{K_c}\ln\left(\frac{r_w}{r_w-x_c}\right)+\ln\left(\frac{r_{in}}{r_w}\right)+\frac{\mu_w}{\mu_f}\ln\left(\frac{r_e}{r_{in}}\right) \tag{5-2-17}$$

式中 γ——系数；

q——滤液侵入体积流量，m^3/s；

h——地层厚度，m；

K——地层渗透率，m^2；

K_c——滤饼渗透率，m^2；

p_w——钻井液液柱压力，MPa；

p_e——地层压力，MPa；

μ_f——钻井液滤液黏度，mPa·s；

μ_w——地层流体黏度，mPa·s；

r_w——井眼半径，m；

r_{in}——滤液侵入半径，m；

r_e——泄流半径，m。

由式（5-2-14）和式（5-2-15）得到滤饼厚度变化率：

$$\frac{\partial x_c}{\partial t}=\frac{K(p_w-p_e)C_{solid}}{\mu_f(r_w-x_c)(1-\phi_c)\rho_c\gamma}-\frac{k_\tau\tau_s}{(1-\phi_c)\rho_c} \tag{5-2-18}$$

滤液侵入后将侵入带的流体全部驱走，则侵入的滤液体积为：

$$V=(1-S_{wi})\left[\pi\left(r_w^2-r_c^2\right)h\phi_c+\pi\left(r_{in}^2-r_w^2\right)h\phi\right] \tag{5-2-19}$$

式中 V——滤失量，m^3；

ϕ——地层孔隙度，%；

r_c——滤饼半径，m；

S_{wi}——初始水相饱和度。

式（5-2-19）对时间求导整理后得到滤液侵入深度：

$$\frac{\partial r_{in}}{\partial t}=\frac{K\left(p_w-p_e\right)}{\mu_f\phi\left(1-S_{wi}\right)r_{in}\gamma}-\frac{\partial x_c}{\partial t}\frac{\phi_c}{\phi r_{in}} \tag{5-2-20}$$

采用牛顿迭代法通过式（5-2-18）和式（5-2-20）迭代求解滤饼厚度和钻井液滤液侵入深度。式（5-2-18）中的滤饼表面钻井液切应力可以通过经验公式计算得到：

$$\tau_s=k_\tau\left(\frac{4v_f}{r_w-x_c}\right)^{n_f} \tag{5-2-21}$$

式中 v_f——井筒钻井液流速，m/s；

n_f——冲蚀经验系数。

图5-2-3为滤饼厚度与滤液侵入深度随时间变化。算例条件，钻井液液柱压力为48MPa，地层压力40MPa，泄流半径25m，井眼半径0.1m，滤液黏度1mPa·s，渗透率0.1mD，冲蚀系数$0.25\times10^{-4}s^{-1}$，冲蚀经验系数0.4，滤饼表面钻井液切应力系数10Pa，钻井液固相质量浓度1090kg/m^3，滤饼渗透率0.001mD，初始水相饱和度0.35，地层孔隙度0.08，滤饼孔隙度0.003，侵入时间20天。可知，滤饼厚度约为2.4mm，侵入20天时，滤液侵入深度约为2.56m。

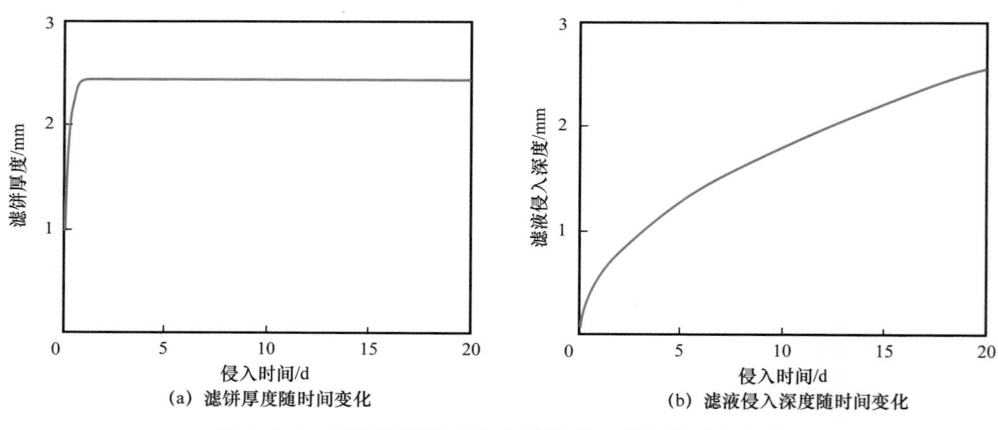

(a) 滤饼厚度随时间变化

(b) 滤液侵入深度随时间变化

图5-2-3 正压差滤饼厚度与滤液侵入深度随时间变化

3. 压裂缝与压裂液侵入伤害评价

假设压裂液滤液侵入带为矩形，等效侵入深度 b_s，则侵入的压裂液滤液总体积为：

$$V=4b_sx_fh_f\phi\left(1-S_{wi}\right) \tag{5-2-22}$$

式中 V——压裂液滤液侵入体积，m；

b_s——压裂液滤液等效侵入深度，m；

x_f——压裂缝半长，m；

h_f——压裂缝高度，m；

ϕ——地层孔隙度，%；

S_{wi}——初始水相饱和度。

压裂液滤液侵入体积可以通过压裂液滤失系数计算：

$$V = 4C_t x_f h_f \sqrt{t} \quad (5\text{-}2\text{-}23)$$

式中　C_t——壁面综合滤失系数，m/min$^{0.5}$；

t——作业时间，min。

从而根据式（5-2-22）和式（5-2-23）得到压裂液等效侵入深度：

$$b_s = \frac{C_t\sqrt{t}}{(1-S_{wi})\phi} \quad (5\text{-}2\text{-}24)$$

滤饼厚度为：

$$h_c = 2\alpha_d C_t \sqrt{t} \quad (5\text{-}2\text{-}25)$$

式中　h_c——滤饼厚度，m；

α_d——表征滤失体积与滤饼厚度的经验系数。

假设支撑剂颗粒圆球度好，为标准球形；支撑剂在岩石表面的嵌入为弹性形变；支撑剂颗粒强度足够大，在对岩石发生嵌入作用时，支撑剂不破碎；支撑剂嵌入深度不超过其粒径；支撑剂质量忽略不记。

支撑裂缝闭合过程支撑剂形变量为：

$$\alpha_p = 1.3104D\left(K^2 pC_E\right)^{\frac{2}{3}} \quad (5\text{-}2\text{-}26)$$

$$C_E = \frac{1-\nu_1^2}{E_1} + \frac{1-\nu_2^2}{E_2} \quad (5\text{-}2\text{-}27)$$

式中　α_p——支撑剂形变量；

D——支撑剂直径，mm；

K——支撑剂距离系数；

p——闭合压力，MPa；

ν_1——支撑剂泊松比；

ν_2——地层泊松比；

E_1——支撑剂杨氏模量，MPa；

E_2——地层杨氏模量，MPa。

支撑剂层的孔隙度为：

$$\phi_f = \frac{w_{f0}\phi_{f0} - \alpha_p}{w_{f0} - \alpha_p} \quad (5\text{-}2\text{-}28)$$

$$r=\left(\frac{w_{f0}-\alpha_p}{w_{f0}}\right)r_0 \tag{5-2-29}$$

$$\tau=\sqrt{\left(\frac{w_{f0}-\alpha_p}{w_{f0}}\right)^2\left(\tau_0^2-1\right)+1} \tag{5-2-30}$$

式中 ϕ_f——支撑裂缝的孔隙度，%；

ϕ_{f0}——支撑裂缝的初始孔隙度，%；

w_{f0}——支撑裂缝的初始开度，m；

α_p——支撑剂变形量；

r——孔喉半径，m；

r_0——初始孔喉半径，m；

τ——支撑剂层的迂曲度；

τ_0——支撑剂层初始迂曲度。

考虑滤饼的影响，裂缝的开度为 $w_f=w_{f0}-2h_c$。裂缝的渗透率与孔隙度、孔喉半径和孔隙迂曲度有关：

$$K=\frac{\phi_f r^2}{8\tau^2} \tag{5-2-31}$$

式中 K——渗透率，m^2。

因此，支撑裂缝的渗透率为：

$$K=\frac{\left(w_{f0}\phi_{f0}-\alpha_p\right)\left(w_{f0}-\alpha_p\right)r_0^2}{8\left[\left(w_{f0}-\alpha_p\right)^2\left(\tau_0^2-1\right)+w_{f0}^2\right]} \tag{5-2-32}$$

聚合物残渣伤害机理表现在降低孔隙度并导致比表面积增大，因此考虑聚合物残渣时渗透率可以采用以下公式计算：

$$\frac{K}{K_0}=\left(\frac{\phi_{f0}-\phi_r}{\phi_{f0}}\right)^3 \tag{5-2-33}$$

式中 K_0 和 K——无残渣和有残渣时的支撑裂缝渗透率，m^2；

ϕ_0——无残渣时的支撑裂缝孔隙度，%；

ϕ_r——残渣含量，%。

因此得到综合考虑支撑剂层压实、嵌入和残渣伤害的支撑裂缝渗透率：

$$K_f=\frac{\left(w_{f0}\phi_{f0}-\alpha_p\right)\left(w_{f0}-\alpha_p\right)r_0^2}{8\left[\left(w_{f0}-\alpha_p\right)^2\left(\tau_0^2-1\right)+w_{f0}^2\right]}\cdot\left(\frac{\phi_{f0}-\phi_r}{\phi_{f0}}\right)^3 \tag{5-2-34}$$

进而可以计算支撑裂缝的导流能力 $K_f w_f$。

将支撑剂放在 API 标准导流室内测量支撑剂受应力作用状态下裂缝内的导流能力随闭合压力的变化情况，室温 24℃，流体为排气后的蒸馏水，支撑剂弹性模量 1500MPa，粒径 20～40mm，岩板为砂岩，闭合压力以 10MPa 的梯度加载，加载范围 0～80MPa。由图 5-2-4 知，当闭合压力较小时，曲线吻合度较高，随着实验闭合压力升高，导流能力下降速度大于理论值，说明支撑剂发生了较强的压缩嵌入损害，且支撑剂先发生了形变量较大的弹性变形，致使裂缝宽度减小导流能力下降，总体上，理论值与实验值偏差小于 15%。

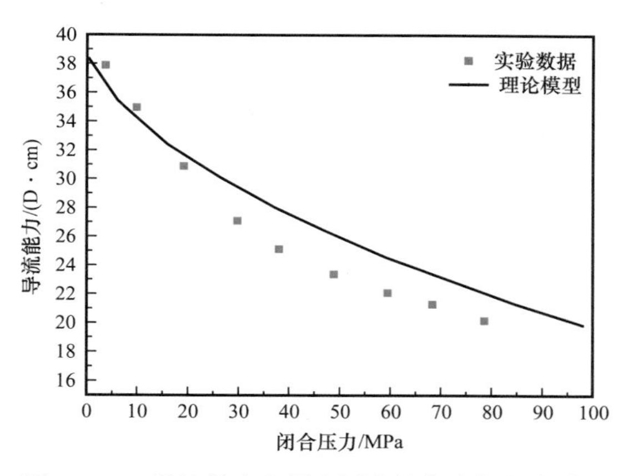

图 5-2-4 导流能力和闭合压力的实验与理论对比关系图

4. 水锁伤害评价

水锁伤害是低渗油气藏的主要伤害类型之一。岩心流动实验显示，对于干岩心，低压力梯度气体就能够流动，而对于一定含水饱和度的岩心，只有当压力梯度超过一定值后，气体才开始流动，即表现出启动压力梯度。对于低渗透气藏，侵入液相能够返排的临界条件为：

$$\frac{\mathrm{d}p}{\mathrm{d}x}=\lambda_{\mathrm{p}} \tag{5-2-35}$$

式中 p——压力，Pa；

x——距离，m；

λ_{p}——启动压力梯度，Pa/m。

流体启动压力梯度与岩心的渗透率、流体性质、水相饱和度以及孔隙结构特征等有关。众多学者提出了一系列评价模型，采用 Prada 提出的模型：

$$\lambda_{\mathrm{p}}=m\left(\frac{K}{\mu}\right)^{-n} \tag{5-2-36}$$

式中 K——渗透率，m^2；

μ——流体黏度，Pa · s；

m 和 n——拟合系数。

水相渗透率采用 Brook-Corey 模型计算：

$$K_{\mathrm{rw}}=\left(\frac{S_{\mathrm{w}}-S_{\mathrm{wcw}}}{1-S_{\mathrm{wcw}}}\right)^{\frac{2+3\lambda}{\lambda}} \tag{5-2-37}$$

式中 K_{rw}——水相相对渗透率，m^2；

λ——表征孔隙特征的常数；

S_w——水相饱和度；

S_{wcw}——水相流动的临界水饱和度。

根据式（5–2–36）和式（5–2–37）求得水相饱和度 S_w 即为一定返排压力下的圈闭水饱和度：

$$S_{wt}=S_{wcw}+\left(1-S_{wcw}\right)\left[\frac{\mu_w}{K_w}\left(\frac{1}{m}\frac{\Delta p}{\Delta x}\right)^{-1/n}\right]^{\frac{\lambda}{2+3\lambda}} \tag{5-2-38}$$

式中 K_w——水相饱和度为 100% 时的水相渗透率。

求得一定返排压力下的圈闭水饱和度后，可以根据气相相对渗透率曲线计算圈闭水饱和度下的气相相对渗透率。众多学者提出了一系列气相相对渗透率计算模型，低渗透气藏采用 Dacy 提出的模型：

$$K_{rg}=\left(1-\frac{S_w-S_{wcg}}{1-S_{gc}-S_{wcg}}\right)^{n_g} \tag{5-2-39}$$

式中 K_{rg}——气相相对渗透率，m^2；

S_{gc}——临界气相饱和度；

S_{wcg}——气相流动的临界水饱和度；

n_g——气相相对渗透率拟合系数。

致密砂岩气藏通常表现出亚束缚水饱和度特征，采用式（5–2–39）可以估算初始水相饱和度（S_{wi}）的气相相对渗透率 $K_{rg@Swi}$。因此根据式（5–2–38）计算一定返排压力下的圈闭水饱和度（S_{wt}），然后将 S_{wt} 代入式（5–2–39）计算圈闭水饱和度下的气相相对渗透率 $K_{rg@Swt}$，进而可以求得水锁引起的渗透率伤害率：

$$D_{pt}=1-\frac{K_{g@S_{wt}}}{K_{g@S_{wi}}}=1-\frac{K_{rg@S_{wt}}}{K_{rg@S_{wi}}} \tag{5-2-40}$$

式中 D_{pt}——水锁引起的渗透率伤害率；

$K_{g@Swt}$——圈闭水饱和度对应的气相渗透率，m^2；

$K_{g@Swi}$——初始水相饱和度下的气相渗透率，m^2。

考虑返排压力下渗透率应力敏感时，渗透率表示为：

$$K=K_i e^{-\alpha(p_i-p)} \tag{5-2-41}$$

因此根据式（5–2–40）和式（5–2–41），考虑应力敏感伤害时，水锁引起的渗透率伤害率可以表示为：

$$D_{pt}=1-\frac{K_{g@S_{wt}}}{K_{g@S_{wi}}}=1-\frac{KK_{rg@S_{wt}}}{K_i K_{rg@S_{wi}}}=1-\frac{K_{rg@S_{wt}}}{K_{rg@S_{wi}}}e^{-\alpha(p_i-p)} \tag{5-2-42}$$

采用式（5–2–42）对实验数据进行拟合，得到不同流体的启动压力梯度拟合系数。实验数据拟合结果如图 5–2–5 所示，拟合系数见表 5–2–1。可知，不同流体的启动压力梯度拟合系数不同。对于实验注入水，拟合的 m 和 n 值分别为 0.24MPa/m 和 1.141，此时决定系数（R^2）和均方根误差（RMSE）分别为 0.913 和 0.17。注入水拟合的系数远大于地层水与表面活性剂溶液，添加表面活性剂降低了流体的启动压力梯度，在一定程度上能够增强侵入流体的返排。

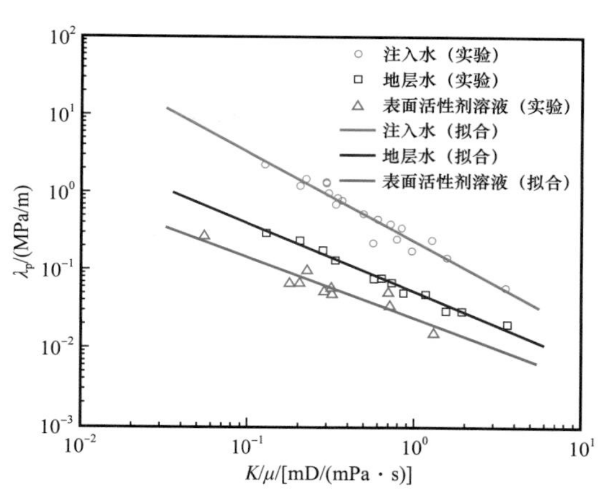

图 5-2-5　启动压力梯度与流度拟合结果

采用式（5-2-38）计算圈闭水饱和度，并与致密砂岩岩样水锁伤害实验测试结果对比（图 5-2-6）。包括游利军等（2004）和 Mo 等（2016）测试的致密砂岩岩样在不同压差下的气驱水实验结果，以及李海波采用核磁共振测试的可动流体实验结果。随着驱替压差的增加，圈闭水饱和度逐渐降低，低压差下变化更为明显。压差增加时，曲线逐渐变得平缓，说明降低圈闭水饱和度更为困难。相同情况下，渗透率越小，圈闭水饱和度越大。以 Mo 等测试的三组致密砂岩岩样为例，Z16-5、S240-8 和 T39-5 三组岩心实验值与计算值的 R^2 分别为 0.9806、0.9812 和 0.8186，RMSE 分别为 0.0061、0.0034 和 0.01。

表 5-2-1　参数拟合结果

流体类型	μ/mPa · s	m/（MPa/m）	n	R^2	RMSE
注入水	0.85	0.24	1.141	0.9130	0.17
地层水	0.91	0.053	0.872	0.9753	0.013
表面活性剂流体	0.93	0.025	0.779	0.9258	0.02

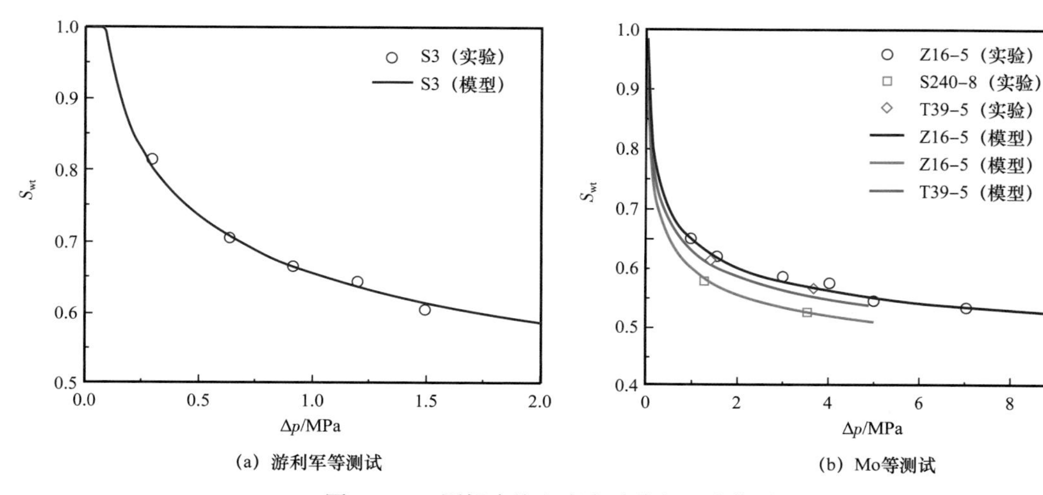

图 5-2-6　圈闭水饱和度实验值与理论值对比

5. 模拟地层条件的储层伤害实验评价

低渗透油气藏在钻完井及改造过程的伤害程度与钻完井作业工况和油气藏环境有关。常规岩心伤害评价实验虽然能够评价工作液对岩心伤害的程度，但由于没有模拟地层条件（包括井筒流动、地应力和地层温度等），评价结果与地层条件的伤害程度相差甚远。西南石油大学研发的“钻井—完井—储层改造综合伤害实验评价装置”旨在最大程度地模拟地应力、温度和井筒流动等地层—井筒耦合条件，开展模拟地层条件的储层伤害评价。相对于常规岩心实验评价结果，可靠性更高。

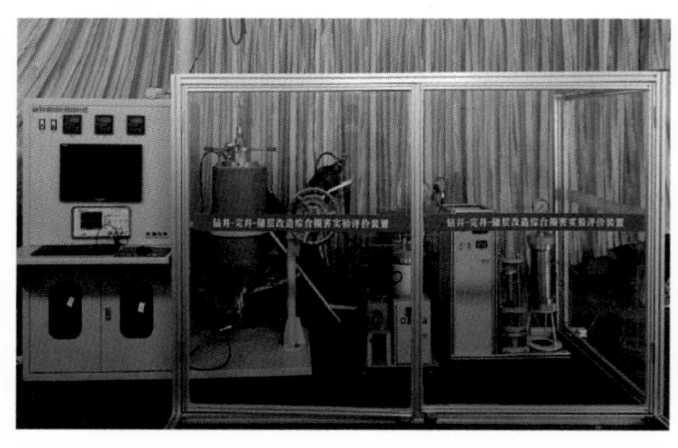

图 5-2-7 钻井—完井—储层改造综合伤害实验评价装置

实验装置如图 5-2-7 所示，该装置由高温高压全直径岩心夹持器系统、围压 / 轴压系统、控温系统、气相驱替系统、渗透率测量系统、声波测量系统、天平测量系统、工作液循环系统、形变采集系统、数据采集和控制系统组成。通过模拟地层温度（室温至 150 ℃）、地应力（0～120MPa）、井筒流动（0～60MPa）以及地层压力（0～90MPa），开展直井 / 水平井钻完井与改造过程单项流体或系列工作液对全直径岩样的伤害评价实验。能够模拟工作液伤害过程、流体返排过程和生产过程，通过测量伤害前后的产气 / 液量变化实现应力敏感、水锁伤害和系列工作液伤害评价，同时结合射孔模拟仿真和压裂伤害仿真实现钻井—完井—储层改造综合伤害评价。图 5-2-8 为采用该实验装置开展的模拟地层条件的钻井液伤害评价结果。实验岩样为川西致密砂岩岩样，钻井液为 PZ103 井钻井液。分别模拟了伤害前产气过程、钻井液伤害过程、钻井液返排过程和生产过程。通过比较稳定后的产气量变化可知伤害率约为 70%。

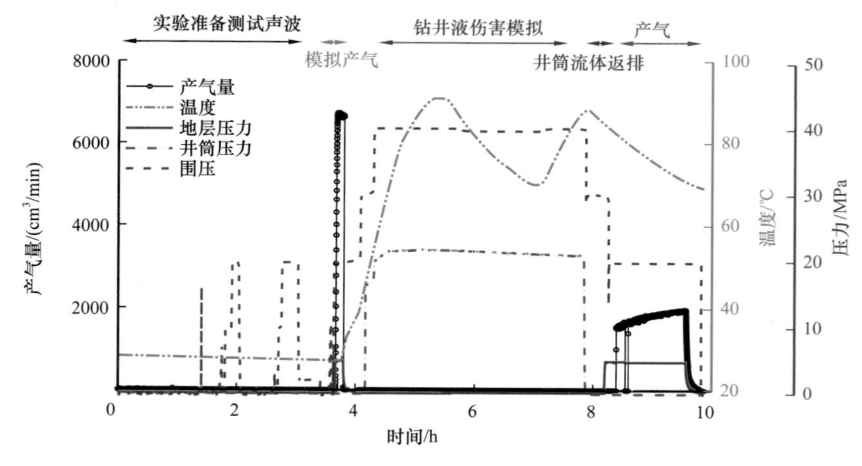

图 5-2-8 模拟地层条件的钻井液伤害评价

二、低渗透油气藏单井产能评价

低渗透油气藏产能预测需考虑钻完井与改造过程的储层伤害以及生产过程影响产能的主要因素。储层伤害定量评价的目的是分析潜在的储层伤害对单井产能的影响。

1. 直井钻完井产能评价

直井钻完井产能评价需考虑钻井过程的储层伤害以及生产过程影响产能的主要因素。通常采用表皮系数或有效井眼半径考虑储层伤害。假设水平、等厚、均质的低渗透油藏，考虑地层低速非达西（启动压力梯度）的直井稳态产能方程为：

$$q_o = \frac{2\pi K_o h\left[p_e - p_{wf} - \lambda_o\left(r_e - r_w\right)\right]}{\mu_o B_o\left[\ln\left(\frac{r_e}{r_w}\right) + S_t\right]} \tag{5-2-43}$$

式中　q_o——产油量，m^3/s；

K_o——油相有效渗透率，m^2；

h——地层厚度，m；

p_e——地层压力，Pa；

p_{wf}——井底流压，Pa；

r_e——泄流半径，m；

r_w——井筒半径，m；

μ_o——油的黏度，Pa·s；

B_o——原油体积系数，m^3/m^3；

λ_o——油相启动压力梯度，Pa/m；

S_t——综合表皮系数。

对于低渗透气藏，井周可能存在高速非达西现象，因此综合考虑储层伤害、井周高速非达西以及地层流动的启动压力梯度的稳态产能模型为：

$$q_{sc} = \frac{K_g \pi h T_{sc} Z_{sc}}{\bar{\mu}_g \bar{Z}_g p_{sc} T} \frac{p_e^2 - p_{wf}^2 - 2\bar{p}\lambda_g\left(r_e - r_w\right)}{\ln\left(\frac{r_e}{r_w}\right) + S_t + Dq_{sc}} \tag{5-2-44}$$

式中　q_{sc}——标况下的产气量，m^3/s；

K_g——气相有效渗透率，m^2；

T_{sc}——标况温度，K；

Z_{sc}——标况下的偏差因子；

p_{sc}——标况压力，Pa；

$\bar{\mu}_g$——平均压力下的气体黏度，Pa·s；

$\bar{Z}_g$——平均压力下的气体偏差因子；

D——紊流系数；

$\bar{p}$——平均压力，Pa；

λ_g——气相启动压力梯度，Pa/m。

考虑渗透率应力敏感时，式（5-2-43）中的油相有效渗透率 K_o 和式（5-2-44）中的气相有效渗透率 K_g 随压力变化，采用指数式经验公式计算如下：

$$K = K_i e^{-\alpha(p_e - p)} \tag{5-2-45}$$

式中 K_i——油（气）相初始有效渗透率，m^2；

p——压力，Pa；

α——渗透率应力敏感系数，Pa^{-1}。

式（5-2-43）和式（5-2-44）中的综合表皮系数 S_t 取决于对应的钻完井方式：

$$S_t = \begin{cases} S_d + \dfrac{K_i}{K_d} S_p + S_c & \left(l_p + r_w < r_d\right) \\ S_p + S_c & \left(l_p + r_w \geqslant r_d\right) \end{cases} \tag{5-2-46}$$

式中 S_d——钻井拟表皮系数；

S_p——射孔拟表皮系数；

S_c——射孔压实带拟表皮系数；

l_p——射孔孔眼长度；

r_d——伤害半径，m；

K_i——油（气）相的初始有效渗透率，m^2；

K_d——钻井伤害区的油（气）相有效渗透率。

射孔拟表皮系数和射孔压实带拟表皮系数采用传统模型评价。这里主要讨论不同钻井方式的拟表皮系数计算。钻井拟表皮系数可以表示为：

$$S_d = \left(\frac{K_i}{K_d} - 1\right) \ln\left(\frac{r_d}{r_w}\right) \tag{5-2-47}$$

由式（5-2-47）可知，为了计算钻井拟表皮系数，需要知道伤害半径与伤害区的油（气）相有效渗透率。采用气体钻井时，由于没有固液相伤害，钻井拟表皮系数为0；采用欠平衡钻井时，伤害半径通过负压差液相自吸侵入评价得到，此时的伤害半径为 $r_d=r_w+l$，其中 l 为根据式（5-2-13）计算的负压差条件液相自吸平稳阶段侵入深度；对于过平衡钻井，伤害半径通过正压差固液相侵入评价得到，此时的伤害半径为 $r_d=r_{in}$，其中 r_{in} 为根据式（5-2-20）计算的正压差滤液侵入深度。伤害区的油（气）相有效渗透率可以通过室内实验确定，如前面所述采用西南石油大学研发的“钻井—完井—储层改造综合伤害实验评价装置”评价，该装置能够模拟地应力、温度和井筒流动等地层—井筒耦合条件，开展模拟地层条件的储层伤害评价；与常规小岩心伤害实验评价相比，实验结果更接近地层条件下的伤害程度。对于低渗透致密砂岩气藏，固相侵入伤害影响较水锁伤害小，此时可采用水锁伤害评价模型［式（5-2-42）］评价伤害程度。

2. 水平井钻完井产能评价

与直井类似，水平井钻完井产能评价需考虑钻井过程的储层伤害以及生产过程影响产能的主要因素。对于水平、等厚、低渗透油藏，考虑地层低速非达西（启动压力梯度）的水平井稳态产能方程为：

$$q_o=\frac{2\pi K_{oh}h\left[p_e-p_{wf}-\lambda_o\left(0.5h-r_w\right)-\lambda_o\left(r_e-0.5L\right)\right]}{\mu_o B_o\left[\ln\left(\frac{a+b}{0.5L}\right)+\frac{I_{ani}h}{L}\ln\left(\frac{I_{ani}h}{2\pi r_w}\right)+S_t\right]} \tag{5-2-48}$$

式中 q_o——产油量，m^3/s；

K_{oh}——水平方向的油相有效渗透率，m^2；

h——地层厚度，m；

p_e——地层压力，Pa；

p_{wf}——井底流压，Pa；

r_w——井筒半径，m；

a——泄流面积长半轴，m；

b——泄流面积短半轴，m；

I_{ani}（$=\sqrt{\frac{K_{oh}}{K_{ov}}}$）——渗透率各向异性系数；

K_{ov}——垂直方向的油相有效渗透率，m^2。

对于低渗透气藏，考虑井周可能存在的高速非达西现象，水平井稳态产能模型为：

$$q_{sc}=\frac{\pi K_{gh}hT_{sc}Z_{sc}}{\bar{\mu}_g\bar{Z}_g p_{sc}T}\cdot\frac{p_e^2-p_{wf}^2-2\bar{p}\lambda_g\left(0.5h-r_w\right)-2\bar{p}\lambda_g\left(r_e-0.5L\right)}{\ln\left(\frac{a+b}{0.5L}\right)+\frac{I_{ani}h}{L}\ln\left(\frac{I_{ani}h}{2\pi r_w}\right)+S_t+Dq_{sc}} \tag{5-2-49}$$

式中 q_{sc}——标况下的产气量，m^3/s；

K_{gh}——水平方向的气相有效渗透率，m^2；

I_{ani}（$=\sqrt{\frac{K_{gh}}{K_{gv}}}$）——渗透率各向异性系数；

K_{ov}——垂直方向的气相有效渗透率，m^2。

类似地，可采用式（5-2-45）考虑渗透率应力敏感性。

式（5-2-48）和式（5-2-49）中的综合表皮系数 S_t 取决于对应的钻完井方式：

$$S_t=\begin{cases}S_d+\frac{K_i}{K_d}S_p+S_c & \left(l_p+r_w<r_d\right)\\ S_p+S_c & \left(l_p+r_w\geqslant r_d\right)\end{cases} \tag{5-2-50}$$

射孔拟表皮系数和射孔压实带拟表皮系数采用传统模型评价。这里主要讨论不同钻井方式对应的钻井拟表皮系数计算：

$$S_d = \frac{L}{\int_0^L \left\{ \ln\left[\frac{I_{ani} h}{\pi(I_{ani}+1) r_w} \right] + S(x) \right\}^{-1} dx} - \ln\left[\frac{I_{ani} h}{\pi(I_{ani}+1) r_w} \right] \tag{5-2-51}$$

$$S(x) = \left[\frac{K_i}{K_d(x)} - 1 \right] \ln\left[\frac{r_{deq}(x)}{r_{weq}} \right] \tag{5-2-52}$$

其中

$$r_{deq}(x) = \frac{0.5 r_w \left[r_{Dsh}(x) + \sqrt{r_{Dsh}^2(x) + I_{ani}^2 - 1} \right]}{\sqrt{I_{ani}}}$$

$$r_{weq} = \frac{0.5 r_w (I_{ani}+1)}{\sqrt{I_{ani}}}$$

$$r_{Dsh}(x) = \frac{r_{sh}(x)}{r_w}$$

$$r_{sh}(x) = \frac{r_{shmax} - r_{shmin}}{L}(L - x) + r_{shmin}$$

式中 x——水平井水平段跟端的距离，m；

r_{shmax}——水平井跟端的伤害范围，m；

r_{shmin}——水平井趾端的伤害范围，m；

$K_d(x)$——水平段伤害区的油（气）相有效渗透率，m^2。

由式（5-2-52）可知，为了计算水平井钻井拟表皮，需要知道伤害半径与伤害区的油（气）相有效渗透率。采用气体钻井时，钻井拟表皮系数为0；采用欠平衡钻井时，水平井趾端和跟端的伤害半径均通过负压差液相自吸侵入评价公式（5-2-13）计算；对于过平衡钻井，伤害半径通过正压差固液相侵入评价得到，此时的水平井趾端和跟端的伤害半径均通过式（5-2-20）计算得到。水平井伤害区的伤害程度与直井评价方法类似。

3. 压裂直井产能评价

假设均质、各向同性、水平板状低渗透油气藏；两翼对称垂直裂缝、裂缝完全贯穿储层，流体经裂缝流入井筒；裂缝有限导流能力；考虑裂缝面伤害和压裂缝伤害。压裂直井产能与直井产能模型类似，但考虑压裂缝采用压裂井有效井眼半径的形式。因此低渗透油藏压裂直井稳态产能模型为：

$$q_o = \frac{2\pi K_o h_f \left[p_e - p_{wf} - \lambda_o (r_e - r_{wef}) \right]}{\mu_o B_o \ln\left(\frac{r_e}{r_{wef}} \right)} \tag{5-2-53}$$

式中　r_{wef}——压裂直井等效井眼半径，m；

　　　h_f——压裂缝高，m。

$$r_{wef}=2x_f\exp\left[-\left(1.5+f\left(C_{fD}\right)+S_f\right)\right] \tag{5-2-54}$$

$$f\left(C_{fD}\right)=\frac{0.95-0.56u+0.16u^2-0.028u^3+0.0028u^4-0.00011u^5}{1+0.094u+0.093u^2+0.0084u^3+0.001u^4+0.00036u^5} \tag{5-2-55}$$

其中

$$u=\ln\left(C_{fD}\right)$$

$$C_{fD}=\frac{K_f w_f}{K_o x_f}$$

式中　S_f——压裂缝表皮系数；

　　　C_{fD}——无量纲裂缝导流能力；

　　　K_f——裂缝的渗透率，m^2；

　　　w_f——压裂缝开度，m；

　　　x_f——裂缝半长，m。

压裂缝表皮系数为：

$$S_f=\frac{\pi}{2}\left[\frac{b_2K_i}{b_1K_3+\left(x_f-b_1\right)K_2}+\frac{\left(b_1-b_2\right)K_i}{b_1K_1+\left(x_f-b_1\right)K_i}-\frac{b_1}{x_f}\right] \tag{5-2-56}$$

式中　b_1——钻井液滤液伤害区深度，m；

　　　b_2——压裂液滤液伤害区深度，m；

　　　K_1——钻井液伤害区的油相有效渗透率，m^2；

　　　K_2——压裂液伤害区的油相有效渗透率，m^2；

　　　K_3——钻井液—压裂液综合伤害区的油相有效渗透率，m^2。

钻井液滤液伤害区 $b_1=0.5\sqrt{\pi}r_d$，其中 r_d 为钻井液滤液伤害半径，与前面直井钻完井评价求取方法一致；压裂液滤液伤害区通过伤害评价式（5-2-24）求取；类似地，伤害程度通过“钻井—完井—储层改造综合伤害实验评价装置”等评价得到；压裂缝的渗透率、开度以及导流能力通过压裂缝与压裂液侵入伤害评价得到，见式（5-2-22）至式（5-2-34）。当钻井伤害可以忽略时，$b_1=b_2$ 且 $K_1=K_2=K_3$，此时只需考虑压裂过程的伤害评价，则压裂缝表皮系数为：

$$S_f=\frac{\pi b_{ss}}{2x_f}\left(\frac{K_i}{K_d}-1\right)$$

对于低渗透气藏压裂直井，气体在压裂缝中的速度远大于油相的速度，因此需考虑气体在压裂缝中流动时可能引发的高速非达西流，因此低渗透气藏压裂直井稳态产能模型为：

$$q_{sc}=\frac{\pi K_g h_f Z_{sc} T_{sc}}{p_{sc} T \bar{\mu}_g \bar{Z}}\cdot\frac{p_e^2-p_w^2-\lambda(p_e+p_w)(r_e-r_{wef})}{\ln\left(\frac{r_e}{r_{wef}}\right)} \tag{5-2-57}$$

此时的压裂直井等效井眼半径为式（5–2–54）中 r_{wef}，但裂缝的渗透率需采用等效渗透率 $K_{feff}=K_f/(1+N_{Re})$；其中 N_{Re} 为裂缝中的雷诺数，该参数通过裂缝中的气体流速反算得到；K_{feff} 为压裂缝等效渗透率，m^2；λ 为气体启动压力梯度，Pa/m。

4. 压裂水平井产能评价

低渗油气藏压裂水平井单条裂缝的产量模型见式（5–2–53）和式（5–2–57）。对于 N 条压裂缝的压裂水平井，根据压降叠加原理有：

$$p_e-p_{wf}-\sum_{i=1}^{N}\lambda_o(r_e-r_{ij})=\sum_{i=1}^{N}\frac{q_{oi}\mu_o}{\pi K_o h_f}\left[\ln\left(\frac{r_e}{r_{ij}}\right)\right] \tag{5-2-58}$$

式中 N——水平井压裂缝数，条；

q_{oi}——第 i 条裂缝的产量，m^3/s；

r_{ij}——第 j 条裂缝到第 i 条裂缝中心的距离（该距离通过等效井眼半径与泄流边界的距离计算得到），m。

因此低渗透油藏压裂水平井稳态产量为 $Q_o=\sum_{i=1}^{N}q_{oi}$。

对于压裂水平井井，地层流体流入裂缝后再流入井筒，会产生径向流汇聚效应，因此压裂水平井等效井眼半径为：

$$r_{wef}=2x_f\exp\left[-\left(1.5+f(C_{fD})+S_f+S_c\right)\right] \tag{5-2-59}$$

式中 S_c——裂缝内径向流汇聚表皮系数。

$$S_c=\frac{1}{C_{fD}}\frac{h}{x_f}\left[\ln\left(\frac{h}{2r_w}\right)-\frac{\pi}{2}\right] \tag{5-2-60}$$

低渗透气藏压裂水平井需考虑气体在裂缝中流动可能参数的高速非达西现象，根据压降叠加原理有：

$$p_e^2-p_{wf}^2-\sum_{i=1}^{N}\lambda_g(p_e+p_{wf})(r_e-r_{ij})=\sum_{i=1}^{N}\frac{q_{sci}p_{sc}T\bar{\mu}_g\bar{Z}}{\pi K_g h_f Z_{sc} T_{sc}}\left[\ln\left(\frac{r_e}{r_{ij}}\right)\right] \tag{5-2-61}$$

式中 q_{sci}——第 i 条裂缝的产量，m^3/s。

与压裂直井类似，求解等效井筒半径计算需采用裂缝的等效渗透率。求解式（5–2–61）即可求得低渗透气藏压裂水平井稳态产量为：

$$Q_g=\sum_{i=1}^{N}q_{sci}$$

三、定量伤害实例评价

1. 孔隙型储层及裂缝型储层定量伤害实验评价

1）孔隙型储层伤害实验评价

实验样品：（1）雷口坡组露头大尺寸岩心30块；（2）彭州103井雷口坡组钻井液；（3）邑深1井压裂液、酸液。

结合钻井、完井、改造施工实际工矿，利用钻井—完井—储层改造综合伤害实验评价装置，以尽量模拟原地层物理环境为原则，制订了实验参数：（1）温度为150℃；（2）围压为60MPa；（3）循环压差为5MPa；（4）反应时间为2～4h；（5）返排压力为0～10MPa；（6）气测渗透率压力为2MPa。

表5-2-2为孔隙型储层伤害实验评价条件，采用前文所述的低渗透气藏储层伤害定量评价方法，评价结果如图5-2-9所示。

表5-2-2 孔隙型储层伤害实验评价条件

岩性	编号	尺寸/mm（长/外径/内径/孔深）	工作液	测试操作	测试条件			
					围压/MPa	温度/℃	入口压力/MPa	出口压力/MPa
石灰岩	HY2	200/105/38/170	邑深1井胶凝酸	声波测试	30	139.8	0	0
				伤害前气测	29.8	140	10	0
				工作液伤害	59.8	139.7	0	37
				伤害后气测	30.1	140.2	0.2	0
	HY3	200/105/38/170	邑深1井压裂液	声波测量	30	140	0	0
				伤害前气测	30	140	10	0
				工作液伤害	60	140	0	35
				伤害后气测	30	140	10	0
	HY4	200/105/38/170	邑深1井降破酸	声波测量	30	140	0	0
				伤害前气测	30	140	10	0
				工作液伤害	60	140	0	35
				伤害后气测	30	140	10	0
	HY5	200/105/38/170	彭州103井钻井液	声波测量	30	140	0	0
				伤害前气测	30	140	10	0
				工作液伤害	60	140	0	35
				伤害后气测	30	140	10	0

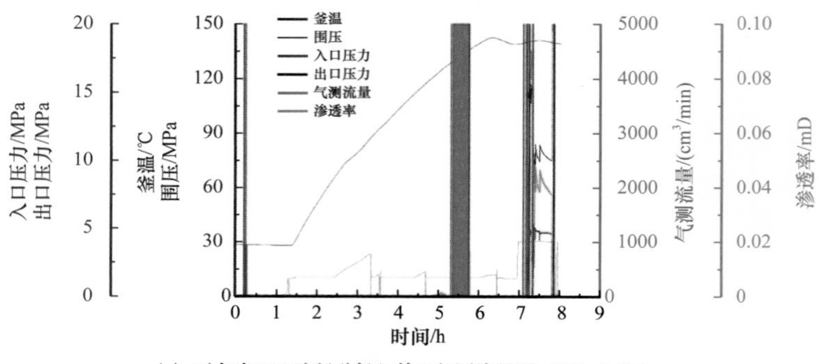

(a) 石灰岩HY2胶凝酸侵入前后气测流量图（7.2～7.4h）

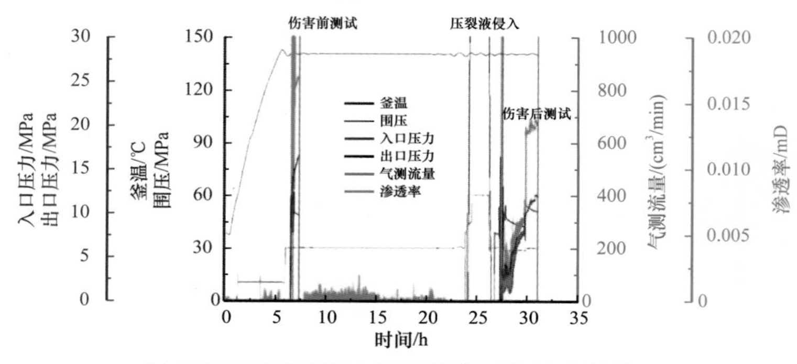

(b) 石灰岩HY3压裂液侵入前后气测流量对比图（全过程）

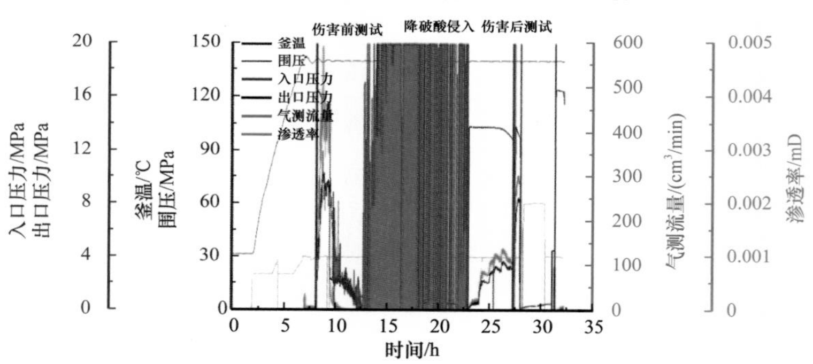

(c) 石灰岩HY4降破酸侵入前后气测流量图（全过程）

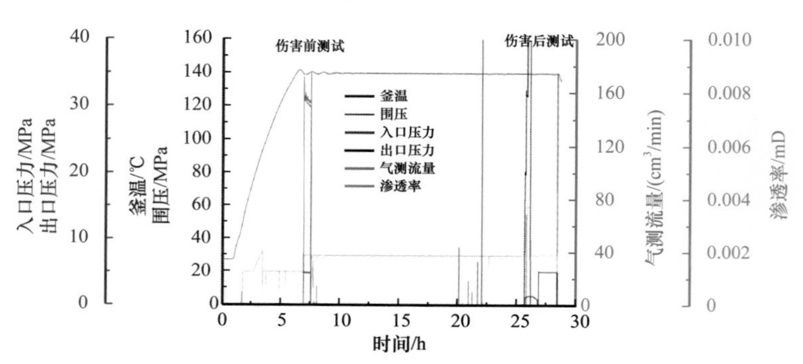

(d) 石灰岩HY5钻井液循环伤害前后气测流量图（全过程）

图 5-2-9 孔隙型储层伤害实验评价统计结果

2）裂缝型储层伤害评价

针对实验要求，完成了实验岩心与工作液的初步取样与处理（图 5-2-10）包括：（1）雷口坡组露头大尺寸岩心 30 块；（2）彭州 103 井雷口坡组钻井液；（3）邑深 1 井压裂液、酸液。

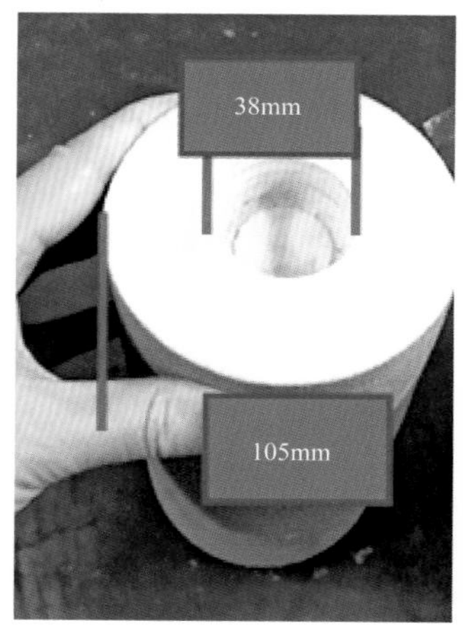

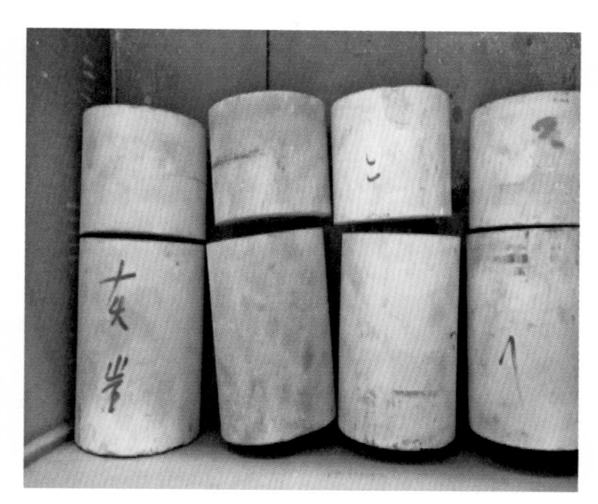

图 5-2-10　裂缝型储层伤害评价大尺寸岩心

结合钻井、完井、改造施工实际工矿，利用低渗透气藏储层伤害定量评价装置，以尽量模拟原地物理环境为原则，制订了实验参数：（1）温度 150℃；（2）围压 20MPa；（3）循环压差 4MPa；（4）反应时间 2～4h；（5）返排压力 0～10MPa；（6）气测渗透率压力 1MPa。采用前文所述的低渗透气藏储层伤害定量评价方法，评价结果如表 5-2-3 和图 5-2-11 所示。

表 5-2-3　裂缝型储层伤害实验统计结果

岩性	编号	工作液	气测流量 / cm^3/min		气测渗透率 / mD		启动压力 / MPa	返排前伤害率 / %	返排后伤害率 / %	恢复率 / %
			伤害前	伤害后	伤害前	伤害后				
石灰岩	3	彭州 103 井钻井液	9000	770	2.66	0.28	1	97.7	89.5	8.2
	7	邑深 1 井压裂液	50000	1050	3.65	0.07	2.3	98.9	98.1	0.8
	6	彭州 103 井钻井液加暂堵剂（10%）	6500	400	1.4	0.09	1	95	93.6	1.4
	4	邑深 1 井胶凝酸	17600	13000	3.6	3	0.3	16.7	16.7	0

注：暂堵剂是 SQD-98，分量是 10%。

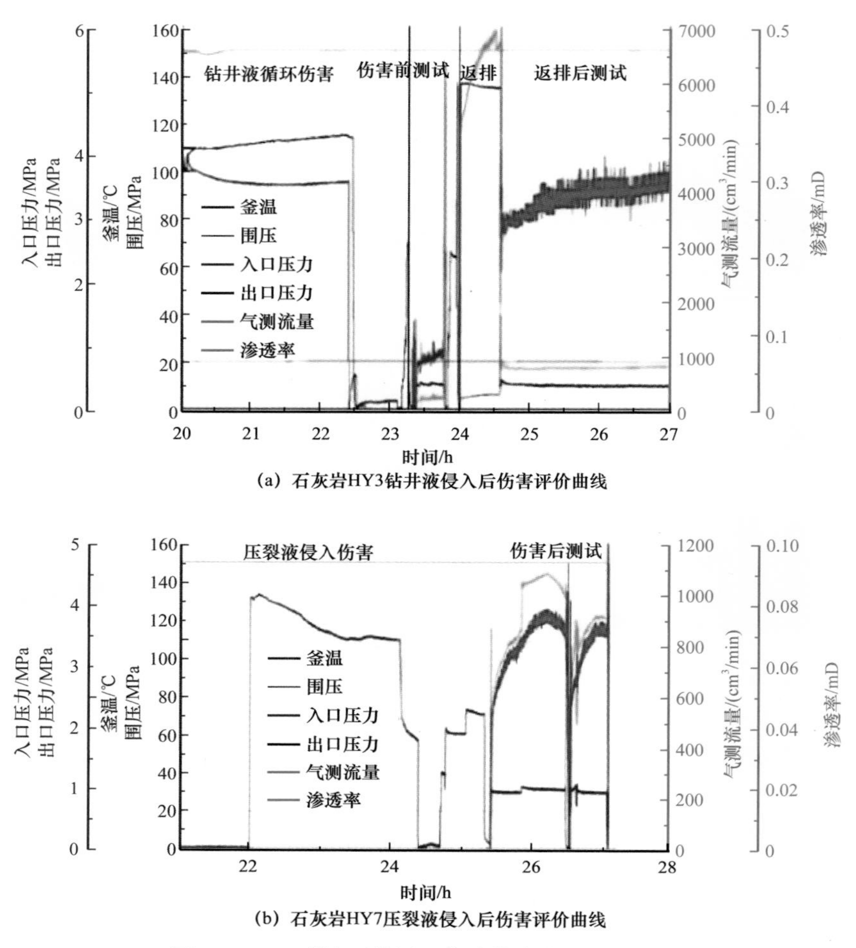

(a) 石灰岩HY3钻井液侵入后伤害评价曲线

(b) 石灰岩HY7压裂液侵入后伤害评价曲线

图 5-2-11 裂缝型储层工作液伤害实验评价曲线

3）裂缝型储层暂堵循环伤害实验评价

对大尺寸岩心HY6裂缝进行了封堵实验，石灰岩HY6实验参数见表5-2-4，图5-2-12为实验结果、图5-2-13为实验前后岩心对比结果。

表 5-2-4 岩心 HY6 钻井液加暂堵剂循环伤害实验参数

岩性	编号	尺寸/mm（长/外径/内径/孔深）	工作液	测试操作	测试条件			
					围压/MPa	温度/℃	入口压力/MPa	出口压力/MPa
石灰岩	HY6	191/99/38/145	彭州103井钻井液加暂堵剂（10%）	伤害前气测	20	30	0.5	0
				工作液伤害	20	100	0	4
				伤害后气测	20	100	0.5	0

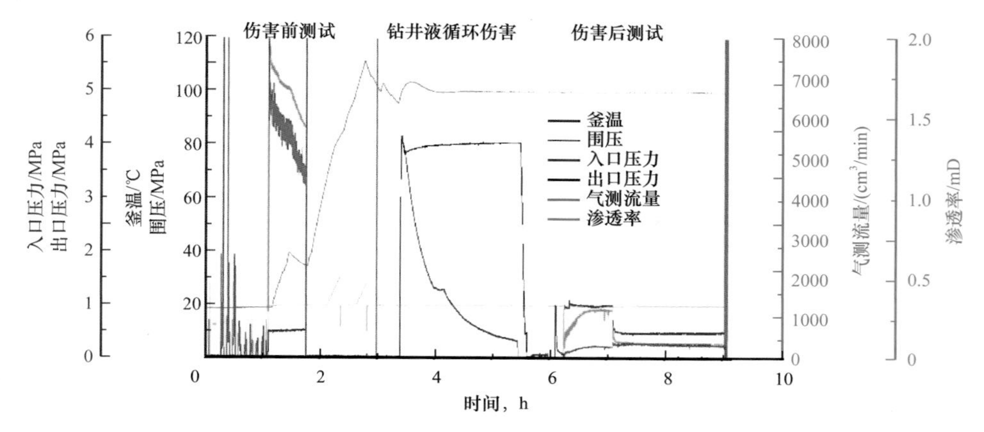

图 5-2-12　岩心 HY6 钻井液加暂堵剂侵入前后气测流量对比图（全过程）

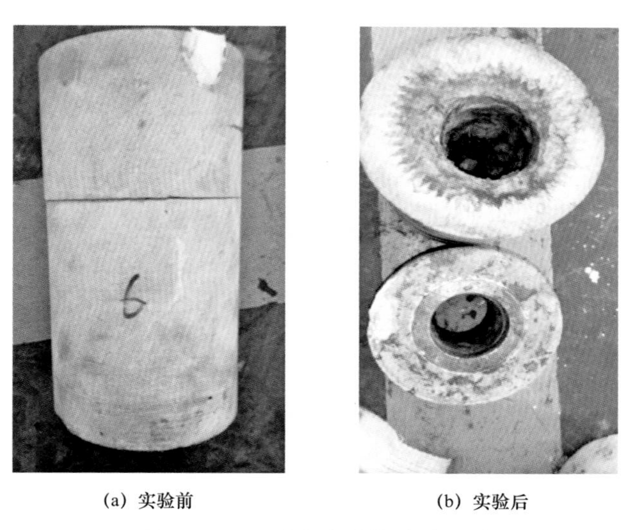

(a) 实验前　(b) 实验后

图 5-2-13　岩心实验前后对比图

从图 5-2-12 可以看出：在工作液循环伤害之前，以驱替压力 0.5MPa 进行测试得到的渗透率约为 1.4mD。之后以 4MPa 的压力将工作液循环伤害 2h 后；再以驱替压力 1MPa 进行测试得到的渗透率约为 0.07mD，较工作液伤害前渗透率伤害率高达 95%。之后以 0～10MPa 的压力返排 0.5h 后，再以同一驱替压力（1MPa）进行测试得到的渗透率约为 0.09mD，较工作液伤害前渗透率伤害率为 93.6%；其恢复率为 1.4%，恢复程度极低，其伤害后难以恢复。通过实验后的岩心可以看出，钻井液侵入较浅，说明在较短的时间内形成封堵层，能有效降低钻井液的侵入深度。

2. 现场实例评价

JS211-3HF 井是部署在四川盆地川西坳陷东部斜坡福兴构造的一口开发井，目的层 Js_2^1 砂组。该井于 2018 年 12 月 14 日开钻，二开采用 ϕ215.9mm 钻头钻达井深 3243m。2019 年 1 月 14 日完钻，采用 ϕ139.7mm 套管固井。该井最大垂深 2099.98m，二开水平段

Js_2^1 砂组测井解释视深为 2243.0～3188.0m，视厚 945.0m。该井在 Js_2^1 储层实施 14 段分段加砂压裂。采用前面所述低渗透气藏储层伤害评价方法，计算的钻井液滤液侵入半径和压裂液滤液侵入深度如图 5-2-14 所示，伤害率参考钻井—完井—储层改造综合伤害实验评价装置评价结果。压裂水平井产量如图 5-2-15 所示，其中图 5-2-15（a）为井底流压 22.64MPa 时的每条压裂缝产气量，图 5-2-15（b）为压裂水平井产气量随井底流压变化。可知，当井底流压约为 22.64MPa 时，产气量约为 $6.3\times10^4m^3/d$，现场测试产气量约为 $7.1\times10^4m^3/d$。

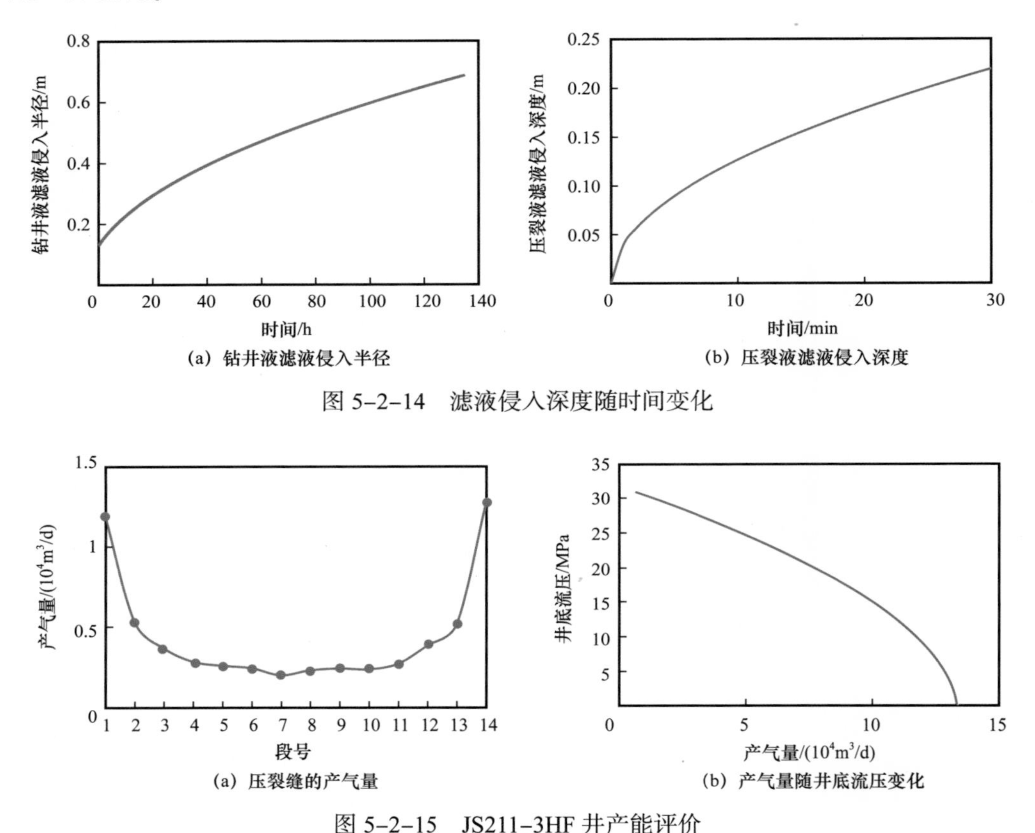

(a) 钻井液滤液侵入半径　(b) 压裂液滤液侵入深度

图 5-2-14　滤液侵入深度随时间变化

(a) 压裂缝的产气量　(b) 产气量随井底流压变化

图 5-2-15　JS211-3HF 井产能评价

第三节　川西低渗透气藏低伤害钻井液技术

四川盆地西部川西地区为我国低渗透油气资源的主要产区，该盆地位于扬子地台西缘，北靠米仓山—大巴山构造带，西连龙门山冲断带。其中，川西地区北起绵竹—绵阳低褶带，南至大邑—龙泉驿，东起知新场—龙宝梁断褶带，西至汉旺—都江堰。从川西地区前期勘探开发情况看，储层裂缝发育程度是影响气井产能的主要因素，因此有效的利用储层保护技术对储层原始裂缝实施有效保护，保持地层渗流通道原始特性，最终提高川西地区致密砂岩岩储层产气量，促进油气层的及时发现和准确评价。结合川西低渗透油气藏的具体需求，研究形成了低渗透气藏低伤害钻井液技术。

针对川西低渗透气藏渗透率低、孔喉形状复杂和气体流动阻力较高的特征，开展了低伤害钻井液体系技术研究，以期在钻探揭开储层时，尽可能保护地层的原始状态，提高后期的储层改造效率。实践表明，储层伤害程度与钻井周期密切相关，因此，研发的钻井液体系不但应具备储层保护功能，同时也要具有较强的井眼稳定能力，以便尽可能减少工作液与储层的接触时间。以此技术需求为准则，在提高钻井液体系储层保护能力基础上，也充分考虑了提高钻井液稳定地层能力，主要技术思路是以“高阻渗低残留”为准则，研发新型储层保护剂，同时开展井壁强化研究，协同构建并形成安全钻进低渗透气藏低伤害钻井液体系。

一、高阻渗透低残留处理剂研制

针对川西致密砂岩气藏已经明确或可能存在的伤害因素，提出了研发一种具备较高阻渗能力、返排过程尽可能彻底的储层保护剂，简称为“高阻渗低残留”储保剂。

1. 需求分析

地层流体通道是几何形状复杂、大小不等、彼此曲折相通小孔道的组合体，亦即通常所说的毛细管效应。由于流体流动的基本空间是毛细管状态，因此必须要对毛细管阻力状态及其变化情况进行研究。通常，人们把液滴通过孔道狭窄处时，液滴变形产生附加阻力的现象称为液阻效应。液阻效应是非润湿的流动相在储层狭窄的孔喉处遇阻变形而产生附加阻力的现象。比如常规完井作业时，于水基压裂液中添加的柴油或轻质原油作为降滤失剂，柴油是以非润湿相分散于压裂液中的，此时当油珠运移至孔喉处因遇阻变形而产生附加阻力，从而产生了很好的降滤失效应，从而降低压裂液对储层的伤害。又如目前研究并较广泛应用的聚合醇钻井液体系，聚合醇除在浊点以上会析出的油相吸附于岩石表面外，还能产生一种液阻效应，使得析出的油相进入孔隙后在孔喉处遇阻变形而产生封堵降滤失作用，从而稳定地层，同时也对储层起到了有效的保护作用。油层改造中的堵水技术，其堵水机理也是应用了液阻效应，主要过程是，通过表面活性剂（一般为阳离子型表面活性剂）使岩石表面由亲水变为憎水，改变岩石表面的润湿状态，从而增大了水的流动阻力，起到了堵水作用。

川西地区低渗透气藏基本地质特征决定了钻井液体系的组成，在钻开目标层位时，钻井液的处理方式往往采用控制无用固相的同时加入一种或几种保护储层处理剂的方式。这种处理方式可以具有以下三方面的效果：其一，体系的配伍性、流变性、滤失量和滤饼质量能够得到改善，有助于在井壁形成较低渗透性的高质量滤饼，减少外来物质向井筒冲洗带、过渡带和原状地层持续不断地侵入。其二，通过加入适量级配合理的固相材料，使钻井液体系中的颗粒分布与储层孔喉尺寸相配伍。其三，以乳液形式分布于钻井液体系中的储层保护剂，其液滴分散后能够进一步改善固相颗粒分布状态，具有液—固两相按照均匀分散堆积原理紧密堆积的效果，这种效果极大地增加了孔喉部位的阻力，从而产生极好的降低渗透性效果，其渗透性降低率可达到 90% 以上，体现出所谓的“高阻渗”功能，这种效应不但有利于稳定地层，同时对储层也具有很好的保护作用。考虑到“高阻渗”功能的最终目标是提高产能，因此，在储保剂的研发过程中，对在孔喉、裂缝处的“高阻渗”过程中做出贡献的固相颗粒和液相处理剂的排出返排方式进行了重点研究，如通过酸溶、油溶或生物降解等手段达到解堵的目的，以增加伤害的可解除程度，在不高于正向渗透压力的反向驱替力作用下，阻渗介质的排除率不低于 85%，此即所谓的“低残留”功能。

从宏观角度分析，钻井液侵入储层后，会在储层形成侵入带，其中侵入带又包括冲洗带和过渡带，之后是原状地层。冲洗带最靠近井筒，是受到钻井液滤液冲刷最强烈的区域，侵入深度的变化通常较小，一般在 0.1～0.5m 范围内；过渡带是指位于冲洗带外侧的区域，受到的液流影响作用由内向外逐渐减弱，深度变化范围通常较大，具体数值取决于储层物性条件和钻井条件；原状地层是指未受到外来物质侵染的层位，其物理化学状态保持初始状态。在井壁方向上，冲洗带、过渡带和原状地层由浅到深呈径向排列，钻井液影响程度依次减弱。

2. 合成机理及研发路线

在功能型储保剂研发过程中，通过对阻渗机理研究分析，结合对地层特点的分析，确定了三个基本思路：（1）提高孔隙弥合效应，对外来物质实现高效屏蔽；（2）提高微孔隙的液阻效应，使封堵层同时具备很好的“降滤失”效应；（3）合成中采用可解堵或酸溶基料。主要技术手段是在刚性粒子表面接枝部分交联的聚合物，聚合反应后，外部聚合物则以“网状”结构包覆在颗粒表面，使颗粒在保持强度的同时有可变形性，提高其可封堵尺寸的范围；储保剂刚性粒子能够提供架桥的强度，网状的聚合物能够适应裂缝中的非规则孔径，并形成封堵膜，可以快速在井壁岩石表面形成屏蔽层，以阻止钻井液内组分侵入地层；进入缝隙中的储保剂通过酸化可被清除，并能与当下的水基钻井液体系具有良好的配伍性，且维护容易。储保剂颗粒结构如图 5-3-1 所示。考虑到川西地区完井工艺特点，该剂的解封功能以酸溶解堵为主。

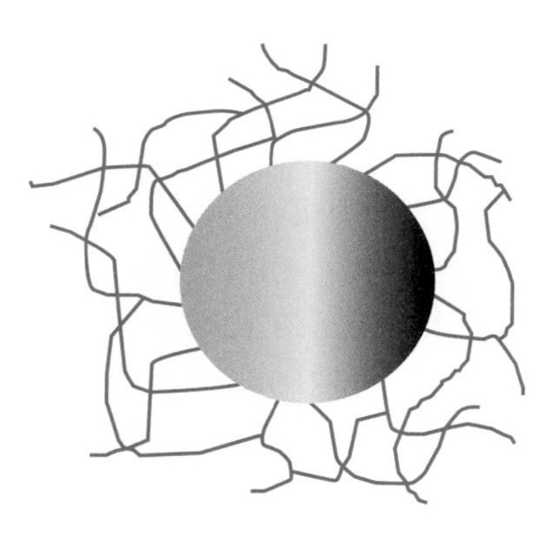

图 5-3-1 储保剂颗粒结构示意图

3. 合成工艺简介

分别选用粒径 30～100μm 刚性粉体材料做内刚性粒子，于氧化还原引发剂溶液中搅拌分散一段时间后，分别按比例加入表面活性剂、聚合单体 1、聚合单体 2 发生聚合反应，反应结束后将所得产物离心、真空干燥，得到储保剂产品（SMRP-1）。

4. 组成表征

取合成出的“高阻渗低残留”储保剂，图 5-3-2 所示为“高阻渗低残留”储保剂的 FT-IR 图。其中，2851.91cm^{-1} 和 2928.77cm^{-1} 分别是亚甲基的 C—H 对称和不对称伸缩振动峰，1476.12cm^{-1} 是亚甲基的 C—H 弯曲振动峰；865.01cm^{-1} 和 1101.24cm^{-1} 分别是 Si—O—Si 的对称和不对称伸缩振动吸收峰，499.50cm^{-1} 为 Si—O—Si 的弯曲振动吸收峰；3348.45cm^{-1} 是仲胺的 N—H 的伸缩振动峰，1249.72cm^{-1} 是 C—N 的伸缩振动峰；687.22cm^{-1} 是苯环的 C—H 面外弯曲振动峰，1016.00cm^{-1} 是苯环的 C—H 面内弯曲振动峰，3096.46cm^{-1} 是苯环的 C—H 伸缩振动峰，1586.93cm^{-1} 和 1400.03cm^{-1} 是苯环的 C—C 伸缩振动峰。通过 FT-IR 分析，说明目标聚合物已经包被到粉体材料颗粒表面，表明所制备的产物为目标产物。

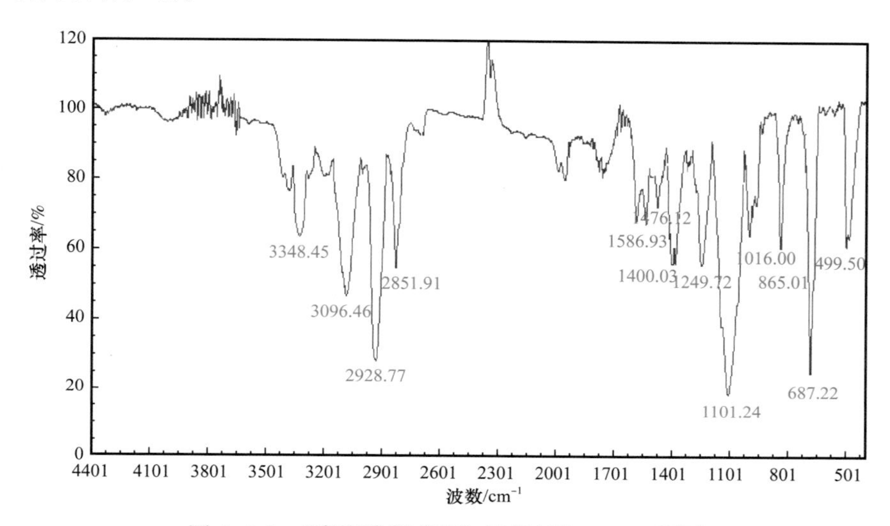

图 5-3-2 “高阻渗低残留”储保剂的 FT-IR 谱图

通过对“高阻渗低残留”储保剂的 DSC-TG 分析，结果如图 5-3-3 所示，可以看出，温度达到 407.44℃时，该材料的质量保留率约为 50%，且各类基团在温度达到 346.56℃以前，均未发生明显热降解。这都说明，该材料在高温条件下具有良好的热稳定性，160℃的条件下，其功能性基团不会因为热降解而失效。这与该材料具有无机材料的稳定性密切相关。

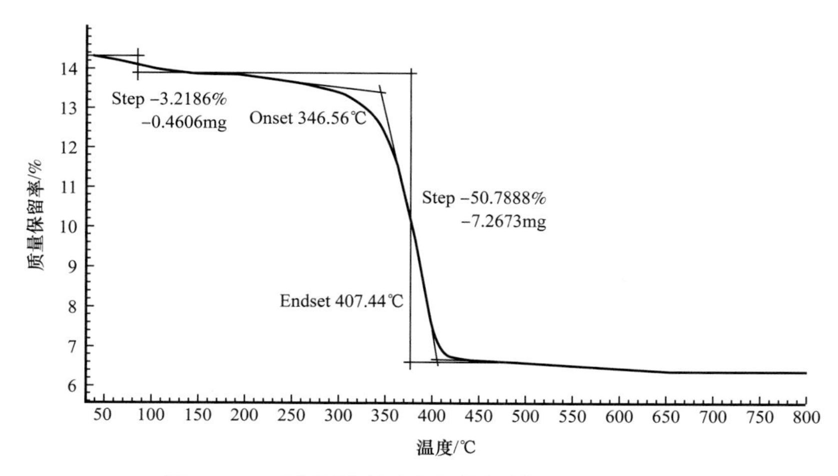

图 5-3-3 “高阻渗低残留”储保剂的 DSC-TG 图

由图 5-3-4 和图 5-3-5 可以看出“高阻渗低残留”储保剂在滤液中呈球形，粒径较均一，分散性良好，粒径小于 100nm；150℃下老化 16h 后，“高阻渗低残留”储保剂在滤液中相互粘连，这可能是由于高温老化作用使得颗粒本体具有的不饱和残键和不同键合状态的羟基更多地裸露在颗粒表面，颗粒之间通过残键之间的缩合反应和羟基产生的共价氢键作用而粘连，发生团聚，造成实测粒径变大。

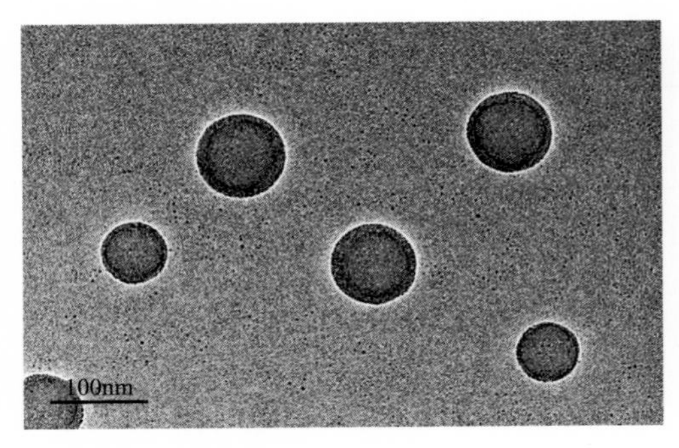

图 5-3-4 “高阻渗低残留”储保剂在滤液中的 TEM 照片

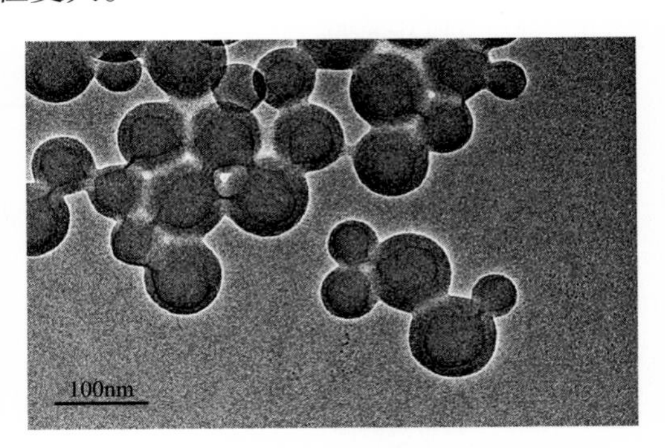

图 5-3-5 “高阻渗低残留”储保剂在滤液中的 TEM 照片（150℃ ×16h）

5.“高阻渗低残留”机理分析

“高阻渗低残留”机理可概括为以下几个方面：

（1）在低渗透气藏储层中，如果孔隙中含水饱和度过高，而地层压力不足以克服完井后仍滞留在岩石中的液体的毛细管压力，就不会有产能，部分液相圈闭引发的“水锁”现象也会使产能降低，只有当孔隙中的液体被完全驱出，才能获得理想产能。因此，新型储层保护材料设计与研发的关键是使钻井液具备地层“封隔”能力，其技术特征是既可对液相的渗透起到阻渗作用，还可以阻拦固相颗粒于岩层表层，降低外来物质进入储层的机会，对储层的液相圈闭伤害、固相颗粒伤害、敏感性伤害等程度就会越低，如此可以高效地阻止侵入储层的液相和遗留在储层中的固相也就越少，最终可以减少对储层本身的伤害，实现钻进过程中的“高阻渗”效果。

（2）在异常低的原始水饱和度下，液相圈闭是低渗透气藏的一个重要伤害机理。由于储层的毛细管压力高，虽然已在钻井过程中初步实现了“高阻渗”，但是任何方法都无法完全保证外来流体不渗入储层，那么低渗透储层就会或多或少地吸取外来液相，则毛细管力升高，易在储层中形成液相圈闭，降低或堵塞气相的相对渗透率。液相圈闭伤害既与储层的绝对渗透率有关，又与原始水饱和度有关，原始水饱和度越小，液相在毛细管、缝中被捕集的趋势越大，被捕集的量也越多；储层渗透率越低，表明孔喉尺寸越小且连通性越差，因而水滴两侧曲界面的压差（即毛细管力）越大，液相圈闭伤害也越严重。我们旨在建立室内实验的评价方法和评价标准，以及预测在“高阻渗”之后仍可能产生少量液相侵入储层并残留在岩层中形成水相伤害的方法，并根据伤害机理和程度提出保护措施和建议。

（3）由于低渗透气藏具有强烈的潜在水锁伤害趋势，所以必须尽可能地减少水基工作液的滤失。钻井完井中，通过调整钻井液性能，加入一定数量和适当级配的固相颗粒，即形成渗透率近乎为零的滤饼来控制滤液侵入深度，达到减小水锁伤害的目的。因为渗透率为零的滤饼，其毛管压力趋于无穷大，完全能够补偿任何致密储层的自吸毛细管压力。钻井液中加入增黏功能的储层保护聚合物，也可以控制滤失，减小滤失量。通过不同的钻井液体系中的储层保护材料相互复配使用，形成薄而韧的滤饼，有效阻止液相侵入储层，从而强化“高阻渗”保护储层的效果。

（4）如若一旦钻井液液相不可避免地进入储层，另一种减少储层伤害的重要方式是确保侵入的液相和固相能够顺利返排，尽可能地使侵入储层的液体和固体颗粒达到“低残留”状态，解放气体流通通道。一方面，通过降低气—液界面张力，实现侵入滤液最大程度返排，减少单位孔隙体积内滤液的滞留量，削弱液相伤害的不利影响；另一方面，研发及研选的储层保护剂能够借助完井时的有效手段将之有效清除，做到自身的“低残留”程度。虽然常用的表面活性剂也可以降低界面张力，但由于气—水分子结构差异大，表面活性剂难于跨越气—水界面，界面张力下降幅度不足使气体顺利返排。另外，表面活性剂通常会吸附在黏土矿物上，可能与地层水中的金属离子反应生成沉淀，反而形成堵塞伤害储层。因此要研选的储层保护材料能够返排、酸溶、油溶或生物降解，确保在完井中可以较高效的清除钻井过程中形成的钻井液体系滤饼，使之前在储层表层上形成的“屏障”大面积消失，降低滤饼残留率，以增加储层伤害的可解除程度。为了便于数据的统一，主要考虑地层的盐敏伤害，目的储层基本上没有酸敏伤害，因此可以考虑选用多一些的酸溶性材料作为“低残留”储保剂的首选材料。

6.“高阻渗低残留”储保剂评价

1）储保剂阻渗能力评价

采用 FA 型非渗透滤失仪在 20～50 目石英砂床评价储保剂阻渗能力，方法是在 4% 的膨润土基浆中加入不同浓度的“高阻渗低残留”储保剂，测试 30min 液流浸入砂床的深度，实验结果见表 5-3-1。

表 5-3-1 储保剂浓度对砂床侵入性能的影响

浓度 /%	API 滤失量 /mL	侵入深度 /cm	渗漏量 /mL
0	19.8	35	全部漏失
0.5	17.2	35	全部漏失
1.0	13.4	35	全部漏失
1.5	10.5	35	全部漏失
2.0	9.3	28	0
2.5	9.1	17	0
3.0	8.3	4	0

注：实验压力 0.7MPa。

实验结果表明，研发的储保剂除具有显著的砂床裂隙封堵能力外，还具有较好的降滤失效果，这主要是因为该剂在设计中引入了部分疏水性基团，滤饼形成过程中，封堵层微孔隙自发的具有了疏水液阻效应，参与形成滤饼后表现为滤失量的降低。

进一步采用不同目数石英砂（20～50 目、80～100 目、200～300 目、400～600 目、800～1000 目）组成的砂床，仍以采用 FA 型非渗透仪分别对 4% 的膨润土基浆以及加入 2% “高阻渗低残留”储保剂的膨润土浆测试 30min 渗透情况，实验结果见表 5-3-2。

表 5-3-2 液流在不同砂床形成孔隙中的渗漏情况

构成砂床的石英砂粒径 / 目	侵入深度 /cm		渗漏量 /mL	
	4% 膨润土浆	4% 膨润土浆 +2% 储保剂	4% 膨润土浆	4% 膨润土浆 +2% 储保剂
25～50	全部漏失	28	全漏失	0
80～100	8	5.6	0	0
200～300	6.4	4	0	0
400～600	3.2	3	0	0
800～1000	1.7	2	0	0

实验结果表明，孔隙度对液流的渗滤性影响很大，相同条件下，孔隙度越小，对液流表现出的抗渗滤能力也越强。80～100 目砂床近似于 0.05～0.12mm 孔隙，对未经处理的膨润土原浆即具有明显的阻渗能力，随着组成砂床砂粒粒径的变小，阻渗能力大幅度提高，当砂床粒径高于 150 目时，含有一定数量固相物质的液流基本上无法穿透砂床，此时砂床对液流表现出完全阻渗。从实验数据可以看出，关于储保剂对钻井液阻渗功能改进和提高程度的评价以较粗颗粒组成的砂床，评价结果更客观。

2）储保剂酸溶性评价

配制 15% 的盐酸溶液 200mL，置于磁力搅拌器上，分别称取 1g 烘干后的储保剂样品，于搅拌状态下缓慢加入到盐酸溶液中，分别溶解 1h、2h 和 4h，然后将所得溶液在离心机中离心，充分烘干后称重，得到经酸溶后的储保剂残余质量，实验结果见表 5-3-3。

表 5-3-3 储保剂酸溶率实验评价

酸溶时间 /h	原始质量 /g	残余质量 /g	酸溶率 /%
1h	0.3957	0.2835	71.65
2h	0.1967	0.1644	83.56
4h	0.1477	0.1287	87.13

实验结果表明，储保剂小样经过充分酸溶后，其残留量一般不高于 15%，例如经 4h 酸溶的样品酸溶率可达到 87%。此外，常规的滤失量评价实验表明，储保剂亦可改善滤

饼质量，使滤饼结构更加致密。

加入储保剂后滤饼前后形成的滤饼外观如图 5-3-6 所示。

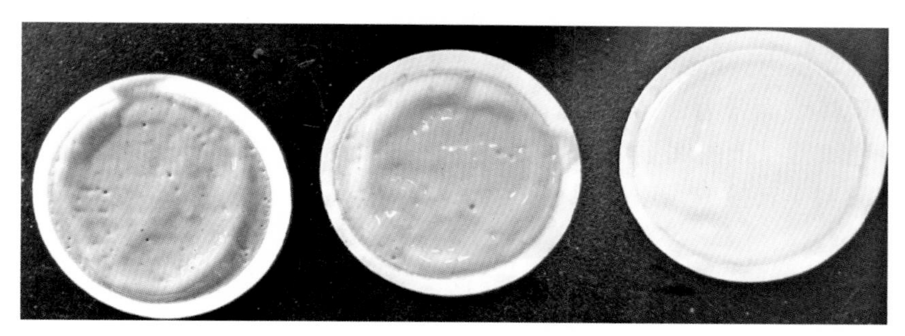

图 5-3-6　加入储保剂前后的滤饼对比

3）储保剂与聚磺钻井液配伍性评价

从储保剂与钻井液配伍性实验结果看，研发的储保剂对钻井液黏度影响较小，添加量不高于 30g/L 时，室温下的表观黏度提高率一般不高于 20%，经高温陈化后的黏度升高率基本可以忽略（表 5-3-4）。这表明，研发的储保剂可以安全地用于现有水基钻井液提高储层保护效果的改进工艺中。

表 5-3-4　储保剂对钻井液黏度及滤失量影响评价

配方	测试条件	表观黏度 /mPa·s	API 滤失量 /mL	表观黏度变化率 /%
聚磺体系 +0g/L 储保剂	室温	41	4.6	—
	130℃ /16h	43	5	—
聚磺体系 +10g/L 储保剂	室温	45	4.6	+9.8
	130℃ /16h	44.5	5.2	+3.5
聚磺体系 +20g/L 储保剂	室温	48.5	4.2	+18.3
	130℃ /16h	46.5	4.5	+8.2
聚磺体系 +30g/L 储保剂	室温	54	4	+31.7
	130℃ /16h	47	4	+9.3

二、低伤害钻井液体系构建

在成功研制井壁修补强化剂 SCH 和储保剂 SMRP-1 的基础上，通过优选防水锁剂、高效润滑剂，构建了适用于川西低渗透气藏的低伤害钻井液体系。

1. 体系构建依据

根据 Poiseuille 定律，毛细管中排出液的体积应为：

$$Q=\frac{\pi r^4}{8\mu L}\left(p-\frac{2\sigma\cos\theta}{r}\right) \tag{5-3-1}$$

式中 r——毛细管半径，m；

μ——流体黏度，Pa·s；

L——近井地层反渗吸水侵入深度，m；

p——驱动压力，Pa；

σ——流体表面张力，10^{-3}N/m；

θ——毛细管壁上的润湿角，(°)。

由式（5-3-1）转换成线速度则有：

$$\frac{\mathrm{d}L}{\mathrm{d}t}=\frac{r^2}{8\mu L}\left(p-\frac{2\sigma\cos\theta}{r}\right) \tag{5-3-2}$$

式中 t——排出流体所需要的时间，s。

对式（5-3-2）进行积分，可得到微毛细管孔道中滞留水侵入深度的预测公式：

$$L=\sqrt{\frac{t\left(r^2 p-2\sigma\cos\theta\right)}{4\mu}} \tag{5-3-3}$$

根据高才尼—卡尔曼公式：

$$r^2=\frac{8\tau^2 K}{\phi} \tag{5-3-4}$$

将式（5-3-4）代入式（5-3-3），可得到在 p 作用下近井地层水锁侵入深度的计算公式：

$$L=\left(\frac{t}{\mu\phi}\right)^{\frac{1}{2}}\left(2\tau^2 Kp-\sigma\tau\sqrt{2K\phi}\cos\theta\right)^{\frac{1}{2}} \tag{5-3-5}$$

由此可以看出，流体黏度、流体的黏附张力和孔隙度越小，水锁侵入深度越深，而且随着 K 值的增加而增大。一般来说，侵入深度越深，排出滞留水越困难。由于孔隙度较低，更易产生水锁现象，将对气藏的渗透能力造成严重的伤害。

对于低渗透致密气藏储层，需要在现有钻井液体系着重提高钻井液的阻渗功能，提高钻井液封堵能力，减少滤液侵入。此外，完井作业也是提高和恢复产能的重要环节之一，完井测试过程中需将钻井过程中在近井壁地带的暂堵层或是内滤饼有效清除，达到低残留的目的，从而解放气藏通道，这也对储层保护剂的研发提出了更高的要求，也是解决低渗透气藏钻井过程中储层保护效果的重要手段之一。应用低伤害钻井液体系在达到钻井过程中储层保护的同时，又兼顾了有效实现封堵层中物质的低残留效应，为完井施工提供有利更加有利的条件。实践证明，现有钻井液体系中形成的有效封堵层，即内滤饼解堵效率有限，需要通过功能性储层保护剂的加入来改善其滤饼清除率，提高封堵层的解堵效果，有效降低返排压力，提高气藏产能。

2. 防水锁剂优选

通过测试不同防水锁剂在水中的表面张力和起泡程度，优选出了应用于低伤害钻井液体系的防水锁剂，实验结果见表 5-3-5。

表 5-3-5　防水锁剂实验评价

序号	配方	表面张力 / (mN/m)	起泡程度
1	水	72.3	—
2	水 +0.5%SP-80	31.2	强
3	水 +0.5%OP-10	30.3	强
4	水 +0.5%XY-W	25.2	强
5	水 +0.5%JZP-3	27.9	强
6	水 +0.5%PFWD	30.8	弱
7	水 +0.5%FS-1	23.6	弱
8	水 +1%FS-1	22.9	弱

实验结果表明，防水锁剂 FS-1 的表面张力最低，并且加入后的起泡程度较弱，具有较好的降低表面张力效果，防“水锁”效应较显著，可以用作低伤害钻井液体系的配伍剂。

3. 高效润滑剂优选

优选国内外应用效果较好的润滑剂，在室温下评价极压润滑系数，结果见表 5-3-6。

表 5-3-6　不同润滑剂润滑能力实验评价

配方	润滑系数	配方	润滑系数
5% 膨润土浆	0.47	5% 膨润土浆 +1% 国内 4（现场）	0.04
5% 膨润土浆 +1%SMLUB-E	0.04	5% 膨润土浆 +1% 国内 5（环保型）	0.07
5% 膨润土浆 +1% 国内 1	0.12	5% 膨润土浆 +1% 国外 6	0.07
5% 膨润土浆 +1% 国内 2	0.14	5% 膨润土浆 +1% 国外 7	0.05
5% 膨润土浆 +1% 国内 3	0.05	—	

四川地区生态环境复杂，植被组成多样，环境敏感性较强，为此专门研发了环保型润滑剂，从实验评价数据看，研制品与国内外 4 种较优秀润滑剂润滑的能力相当，适合作为低伤害钻井液体系的性能改进剂。

4. 低伤害钻井液体系配方

所谓低伤害，即最大限度地保护好储层原始状态，以“高阻渗低残留”储保剂为基础，结合防水锁剂、井壁修补强化剂及配伍性较好的关键处理剂的研选，同时综合考虑安全钻井技术需要，构建形成了低伤害钻井液体系推荐配方。

低伤害钻井液体系推荐配方为：2% 膨润土浆 +0.3%～0.5%KPAM+0.3%～0.5%LV-PAC+0.8%SMART+0.2%KOH+3%SMP-2+3%SPNH+2%SMLUB-E+2%～3%SMRP-

1+1%～2%SCH+3%～5%KCl+0.5%～1%FS−1+0.1%～0.2%XC+0.5% 石灰 + 重晶石。

5. 低伤害钻井液体系评价

1）低伤害钻井液体系性能评价

对于油气藏勘探开发工程而言，任何体系都要首先满足安全钻井工作需要，低伤害体系作为低渗透气藏保护用体系，在技术上具有较强的方向性，为此有必要对这类专用体系综合进行性能评价实验，以便明确体系的适用性。

（1）体系综合性能评价。

在不同密度条件下，对构建形成的低伤害钻井液基础配方进行综合性能评价，实验结果见表 5-3-7。

表 5-3-7 基础配方综合性能评价

密度 / g/cm^3	实验条件	Φ_{600}～Φ_3	API 滤失量 / mL	高温高压滤失量 / mL	润滑系数	滚动回收率（150℃ /16h）/ %
1.30	室温	60/48/36/28/10/9	4.8	11.2	0.1032	90.35
	120℃ /16h	48/32/24/16/5/4	4.4		0.1051	
1.50	室温	64/47/34/21/8/7	4.4	10.8	0.1154	91.28
	120℃ /16h	56/38/25/16/6/5	3.8		0.1187	
1.90	室温	78/48/34/25/11/9	4.2	11.4	0.1304	90.45
	120℃ /16h	72/46/32/20/7/6	3.8		0.1297	

注：所用岩样为川西高庙 33−21HF 井下沙溪庙组泥岩，清水回收率为 44.5%。

实验评价数据显示，基础配方的流变性和滤失性均较好，润滑性优良，有较强的抑制性。且钻井液流变性能和润滑性能受钻井液密度变化（升高）的影响较小，表明该体系具有比较稳定的综合性能。

（2）低伤害体系抗温能力评价。

研究中，对低伤害钻井液体系在 120℃、150℃和 160℃下老化后滤失量和润滑性变化进行了评价测试，考察了体系的抗温性能，实验结果见表 5-3-8。

表 5-3-8 基础配方抗温性能评价

密度 / g/cm^3	实验条件	Φ_{600}～Φ_3	API 滤失量 / mL	高温高压滤失量 / mL	极压润滑系数
1.90	基础配方	78/48/34/25/11/9	4.2	11.2	0.1032
1.90	120℃ /16h	72/46/32/20/7/6	4.0	10.8	0.1051
1.90	150℃ /16h	64/48/36/24/10/8	4.4	11.6	0.1264
1.90	160℃ /16h	62/46/34/25/7/5	4.8	12.4	0.1246

由实验结果可以看出，密度 1.90g/cm^3 钻井液经过低伤害功能改造后，于 150℃热滚 16h 后，其流变性和滤失量均较稳定，表明体系抗温能力良好。

（3）体系抗钙污染能力评价。

考虑到低伤害钻井液体系是以钾基聚磺体系为主构建，其本身的 Cl^- 含量即可达到 30000mg/L 以上，因此室内重点考查了氯化钙对体系性能的影响，以便提高该体系对各种盐污染的适应性。评价实验结果见表 5–3–9。

表 5–3–9 基础配方抗污染性能评价

编号	实验条件	Φ_{600}～Φ_3	API 滤失量 /mL	高温高压滤失量 /mL
1	基础配方	78/48/34/25/11/9	4.2	11.2
2	1#+1%$CaCl_2$	66/50/34/26/9/8	4.0	10.8
3	1#+1.5%$CaCl_2$	71/50/36/28/10/9	4.2	11.6
4	1#+2%$CaCl_2$	92/59/45/34/16/14	5.6	14.4

注：评价用钻井液密度 1.90kg/L，参数为 120℃滚动 16h 后测定。

通过抗污染性能评价可以看出，在 $CaCl_2$ 加量 1.5% 时，钻井液的流变性能无明显的变化，当 $CaCl_2$ 加量增加到 2% 时，体系流变性能、滤失量开始升高。

2）低伤害钻井液功能评价

（1）阻渗功能评价。

① 不同体系形成滤饼的阻渗效果评价。采用 API 滤失量仪对不同钻井液体系形成滤饼的阻渗效果进行对比评价。首先测定不同钻井液体系的 API 滤失量，将形成的滤饼作为渗滤层测定清水的渗滤量，以此评价不同体系滤饼致密性差异。从实验结果可以看出，当滤失介质换成清水后，低伤害钻井液体系滤饼的滤失量最低，说明低伤害钻井液体系有较好的阻渗效果（表 5–3–10）。

表 5–3–10 低伤害钻井液体系阻渗效果评价

钻井液体系	滤饼厚度 /cm	钻井液滤失量 /mL	清水滤失量 /mL
聚磺钻井液	0.30	4.4	9.0
封堵钻井液	0.25	3.8	8.2
低伤害钻井液	0.25	3.8	7.6

注：测试条件为 120℃下热滚 /16h。

② 不同体系渗透性封堵仪（PPA）滤失实验封堵能力评价。针对聚磺钻井液体系、封堵钻井液体系、低伤害钻井液体系进行了 PPA 滤失实验评价，实验时使用 5μm 孔板，于 120℃条件下对比不同体系滤失量随时间的变化情况。实验结果（图 5–3–7）表明，随着实验时间的增加，三种钻井液体系的 PPA 滤失量也随之缓慢增加，但低伤害钻井液体系的增长趋势最缓慢，表明低伤害钻井液体系的封堵能力相对较好。

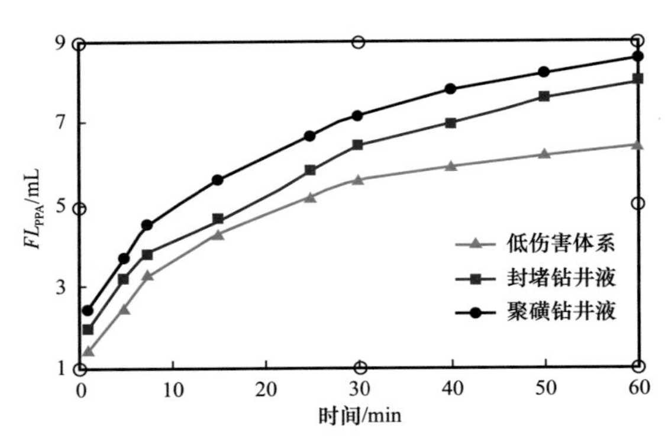

图 5-3-7 不同钻井液体系 PPA 滤失量实验对比

（2）滤饼清除效果评价。

主要方法是以滤纸—称重法评价酸液的滤饼清除效果。采用 API 滤失量仪对低伤害钻井液体系进行滤失量实验操作，将形成的滤饼经酸液浸泡作用不同时间后进行清除率实验评价。首先记录滤纸的质量，保留 API 滤失量操作形成的滤饼，准确称量滤饼质量 W_1（即滤饼与酸液反应前的质量）；将称重的滤饼置于酸液（15%HCl）中静置一定时间，取出酸化后的残余滤饼烘干至恒重，准确称量残余滤饼的质量 W_2，按下式计算滤饼清除率 R：

$$R=(W_1-W_2)/W_1\times100\%$$

分别设定酸溶时间为 1h，2h 和 4h，通过称量酸溶前后的滤饼质量，计算滤饼清除率。实验结果见表 5-3-11。

表 5-3-11 经酸液浸泡后不同时间后的滤饼清除率

酸溶时间 /h	原始质量 /g	酸溶后质量 /g	滤纸质量 /g	滤饼清除率 /%
1	2.3593	1.8197	0.5716	22.87
2	2.1037	1.5729	0.5825	25.23
4	2.3269	1.6819	0.5673	27.72

实验结果表明，添加 3%“低残留高阻渗”储保剂膨润土浆的滤饼在酸液中酸化 4h 后，清除率可达 27% 以上，而相同条件下膨润土原浆形成的滤饼酸化率不高于 8%；且随着浸泡时间的延长，低伤害钻井液体系的滤饼清除率也随之升高，不同酸浸时间的滤饼外观如图 5-3-8 所示。

(a) 1h

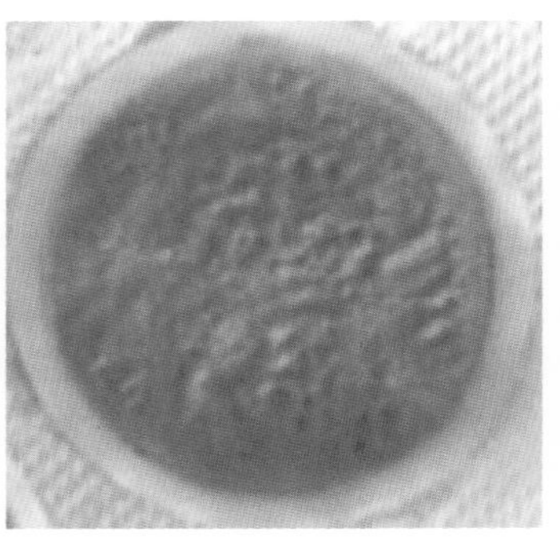
(b) 2h

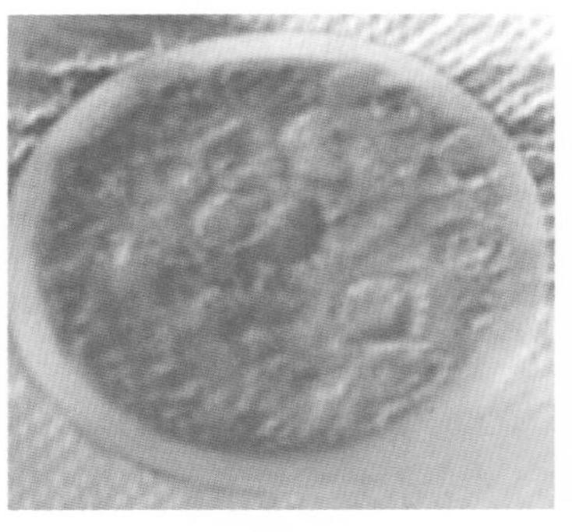
(c) 4h

图 5-3-8 低伤害钻井液滤饼经酸液浸泡后不同时间后清除情况对比

3）低伤害钻井液体系储层保护效果实验评价

（1）岩心渗透率恢复值实验评价。

将取自川西地区的天然岩心经低伤害钻井液体系污染，利用动态污染评价仪测定污染前后的渗透率变化情况，以考察低伤害体系的储层保护效果。实验结果见表 5-3-12。

表 5-3-12　低伤害钻井液储层保护效果评价

岩心编号	岩心长度 / cm	岩心直径 / cm	渗透率 /mD		渗透率恢复值 / %	浸酸后渗透率恢复值 / %
			伤害前	伤害后		
69	7.67	2.52	0.004	0.0025	62.22	90.14
76	7.51	2.51	0.0069	0.0048	69.44	91.72
81	7.83	2.50	0.0022	0.0013	60.75	86.89

注：岩心取自高沙 304 井下沙溪庙组，浸泡用酸液为 15%HCl。

实验结果表明，经低伤害钻井液伤害的岩心，其渗透率恢复值为 69.44%；伤害端以酸液浸泡后，渗透率恢复值可以达到 91.72%；而采用常规的钾基聚磺防塌体系伤害岩心后，其渗透率恢复值为 58.26%，酸液浸泡后的渗透率恢复值只有 64.73%。由此说明，低伤害钻井液体系储层保护效果更好，具有更高的完井工艺效率。

（2）反向驱替压力实验评价。

在渗透率恢复值评价实验中，岩心伤害及浸泡前后的返排突破压力见表 5-3-13。

表 5-3-13　低伤害钻井液返排突破压力效果评价

岩心编号	岩心长度 / cm	岩心直径 / cm	返排突破压力 /MPa		酸浸泡后返排突破压力 / MPa	突破压力降低率 / %
			伤害前	伤害后		
69	7.67	2.52	2.22	3.36	2.32	30.95
76	7.51	2.51	1.18	1.96	1.06	45.92
81	7.83	2.50	2.06	3.18	1.86	41.51

从反向驱替压力实验评价结果可以看出，采用低伤害钻井液伤害的岩心经酸液浸泡后，岩心的返排突破压力降低率可以达到 30% 以上，体现出低伤害钻井液体系形成的封堵层经酸液处理后具有较好的“低残留”效果。

三、低伤害钻井液应用实例

1. 江沙 209HF 井现场试验

低伤害钻井液体系在江沙 209HF 井进行了现场试应用。该井施工方为西南工程公司四川钻井分公司，井身结构是两段制水平井，目的层为上沙溪庙组。

低伤害钻井液体系在 2653～3016m 井段进行了现场应用（地层为 J_2s），使用过程中钻井液性能稳定。低伤害体系入井循环一周后，漏斗黏度 *FV* 由加入前的 52～55s 变化为 53～57s，表观黏度 *AV* 由 39.5mPa·s 升高至 41mPa·s；中压滤失量 FL_{API} 不变，120℃高温高压滤失量 FL_{HTHP} 由 12.2mL 降低至 10.3mL。钻井液性能变化情况表明，低伤害钻井液（试验用剂入井时的井浆密度为 1.86g/cm^3）体系流变性能经高温剪切后无较大变化，体系性能稳定，现场试验浆的渗透率恢复值达到 85.22%。

江沙 209HF 井于 2017 年 10 月 6 日正式投产，日产气量 $2.43\times10^4m^3$，与中江区块单井平均日产 $1.43\times10^4m^3$ 相比，日产气量提高 69.93%，表明该低伤害体系对于低渗透气藏具有良好的储层保护效果。

2. 高庙 33-21HF 井现场试验

低伤害钻井液体系在高庙 33-21HF 井进行了现场试应用。该井施工方为西南工程公司四川钻井分公司，井身结构是两段制水平井，目的层为下沙溪庙组。

低伤害钻井液体系在高庙 33-21HF 井 3217～3892m 井段（J_2x）入井试验，使用过程中体系性能稳定，无复杂情况。低伤害钻井液入井 2～3 个循环周后，钻井液漏斗黏度 *FV* 始终保持在 54～58s，*FV* 值稳定于 56s，表观黏度 *AV* 保持在 39～41mPa·s，中压滤失量 FL_{API} 由 2.8mL 降低至 2.2mL，钻井液性能变化情况表明，低伤害钻井液体系流变性能经高温剪切后无较大变化，体系性能稳定，现场试验浆的渗透率恢复值达到 90.92%。

高庙 33-21HF 井于 2017 年 7 月 10 日钻至设计深度 4095m 完钻，10 月投产，日产气量 $5\times10^4m^3$，高庙区块单井平均日产 $2.21\times10^4m^3$，表明该低伤害体系对于低渗透气藏具有良好的储层保护效果。

第四节　东部低渗透油藏低伤害钻完井液技术

目前开发的东部低渗透储层主要为东营组和沙河街组，在该储层中存在孔隙小、容易发生水锁伤害，同时也存在一定的聚合物伤害和固相伤害，主要存在于东营组和沙河街组，在这两个地层开发过程中，主要采用定向井或水平井技术开发，在钻井过程中，经常钻遇砂泥岩互层，这会导致井眼复杂，导致低渗透储层浸泡时间过长。因此，为了最大程度降低这两个地层的伤害，主要形成了水基钻井液活度控制技术，减少储层钻井时出现的井壁失稳问题；研制微乳润滑剂，减少钻井时的摩阻，提高钻速。通过上述两种技术，减少储层在钻井液中的浸泡时间。

一、活度调节剂

物理化学中，水的活度指实际溶液中某组分的逸度与纯水的逸度比，也可表示为溶液中水的蒸气分压与纯水蒸气压的比值。根据拉乌尔定律（Raoult’s law）计算了分子量、浓度对活度的影响：

$$\mu_A(l) = \mu_A^*(l) + RT\ln x_A \tag{5-4-1}$$

式中　$\mu_A(l)$——体系活度；

$\mu_A^*(l)$——0℃/标准大气压条件下的体系活度；

R——阿佛加德罗常数，取 6.02×10^{23}；

T——绝对温度，K；

x_A——体系浓度。

由拉乌尔公式可知，分子量越小，降低活度能力越强。室内测定了不同分子量的活度调节剂在不同浓度下溶液的活度值，实验结果也表明，在相同浓度下分子量越小活度越低（图 5-4-1）。

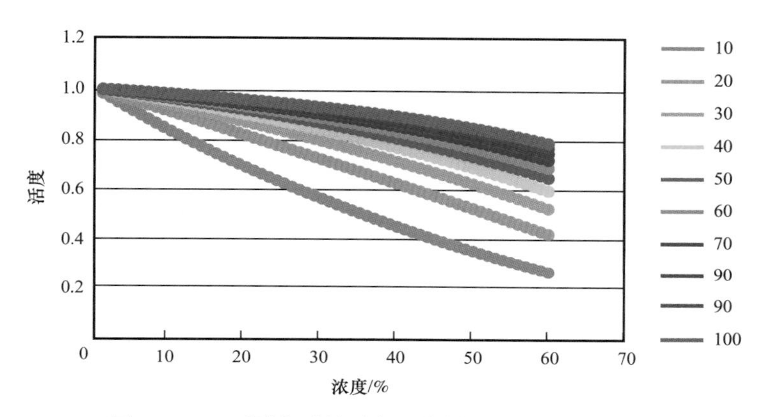

图 5-4-1　不同分子量活度调节剂不同浓度下的活度

1. 活度调节剂的优选

水活度调节剂的研选应兼顾钻井液的流变性、滤失性和页岩抑制性，而单一的水活度调节剂往往难以满足要求。水活度调节剂 A 对钻井液流变性影响较小，但是其页岩抑制性能及降低水活度的能力均不及盐类的水活度调节剂；水活度调节剂 B 是降低水活度能力最强的水活度调节剂，但其加量较大时，会对钻井液的流变性产生较大影响，并且单一的水活度调节剂 B 溶液的页岩抑制能力也不足；水活度调节剂 C 的页岩抑制能力较强，但是其加量大也会对钻井液的流变性产生不良影响，成本增加，并且单一的水活度调节剂 C 溶液也难以将水活度降得很低。因此，需要综合水活度调节剂 A，B 和 C 的优点，研选水活度调节剂协同降低水活度优化配方，尽可能充分发挥高效水活度调节剂的作用。表 5-4-1 为水活度调节剂优化正交实验表，考察了它们复配下的水活度和页岩滚动回收率。

从表 5-4-1 可见，满足水活度低于 0.85 且滚动回收率高于 95% 的只有 6 组，它们是 S-3，S-4，S-9，S-10，S-11 和 S-16。为兼顾钻井液的流变性、滤失性要求，进一步考察了这几组配方对钻井液流变性和滤失性的影响，结果见表 5-4-2。

实验浆 1（基浆）配方：4.0% 基浆 +1%PAC-LV+0.3%XC；实验浆 2 配方：4.0% 基浆 +1%PAC-LV+0.3%XC+S-3；实验浆 3 配方：4.0% 基浆 +1%PAC-LV+0.3%XC+S-4；实验浆 4 配方：4.0% 基浆 +1%PAC-LV+0.3%XC+S-9；实验浆 5 配方：4.0% 基浆 +

1%PAC-LV+0.3%XC+S-10；实验浆6配方：4.0%基浆+1%PAC-LV+0.3%XC+S-11；实验浆7配方：4.0%基浆+1%PAC-LV+0.3%XC+S-16。

表5-4-1 水活度调节剂优化正交表

组号	加量/%			水活度	回收率/%
	活度剂A	活度剂B	活度剂C		
S-1	0	0	30	0.865	95.71
S-2	0	5	25	0.852	95.82
S-3	**0**	**10**	**20**	**0.826**	**95.89**
S-4	**0**	**15**	**15**	**0.812**	**95.15**
S-5	0	20	10	0.790	94.96
S-6	0	25	5	0.789	93.21
S-7	0	30	0	0.808	94.50
S-8	5	0	25	0.862	95.62
S-9	**5**	**5**	**20**	**0.843**	**95.84**
S-10	**5**	**10**	**15**	**0.834**	**95.22**
S-11	**5**	**15**	**10**	**0.821**	**95.06**
S-12	5	20	5	0.808	91.02
S-13	5	25	0	0.772	92.31
S-14	10	0	20	0.860	95.35
S-15	10	5	15	0.856	95.10
S-16	**10**	**10**	**10**	**0.832**	**95.05**
S-17	10	15	5	0.822	91.85
S-18	10	20	0	0.806	89.56
S-19	15	0	15	0.876	94.32
S-20	15	5	10	0.864	94.01
S-21	15	10	5	0.846	90.89
S-22	15	15	0	0.828	88.54
S-23	20	0	10	0.874	94.32
S-24	20	5	5	0.860	90.62
S-25	20	10	0	0.886	89.96
S-26	25	0	5	0.878	90.81
S-27	25	5	0	0.915	80.64
S-28	30	0	0	0.877	53.98

表 5-4-2 钻井液的流变性及滤失性测试结果

实验配方	实验条件 150℃ /16h	*AV*/ mPa·s	*PV*/ mPa·s	*YP*/ Pa	*Gel*/ Pa/Pa	FL_{API}/ mL
实验浆 1	老化前	43	25	18	5.0/13.0	6.0
	老化后	40	26	14	2.0/3.0	9.6
实验浆 2	老化前	73	40	33	8.0/15.0	4.6
	老化后	23	20	3	0.5/1.0	7.6
实验浆 3	老化前	69	34	35	7.0/13.5	4.8
	老化后	22	19	3	0.5/1.0	7.6
实验浆 4	老化前	51	34	17	2.5/5.5	6.0
	老化后	24	20	4	0.5/1.0	8.0
实验浆 5	老化前	54	36	18	3.0/6.0	5.0
	老化后	21	17	4	0/0.5	6.6
实验浆 6	老化前	52	34	18	3.0/5.0	5.0
	老化后	18	15	3	0/0	6.8
实验浆 7	老化前	43	28	15	2.5/5.5	4.4
	老化后	19	15	4	1.0/1.5	6.2

从表 5-4-2 结果可见，在基浆中加入复合配方后，老化后的表观黏度、塑性黏度及动切力均有不同程度的降低，初切力和终切力相比基浆也有所降低，但滤失量均有不同程度的改善。相比较，实验浆 4 的滤失量较高，实验浆 5 和实验浆 6 的初切力及终切力过低，而实验浆 7 的综合性能优于实验浆浆 6，因此选择 S-16 配方为水活度控制的优化配方。

2. 活度调节剂的性能评价

1）活度调节性能评价

利用 AquaLabLITE 活度测试仪测定了活度调节剂调节活度的能力，结果见表 5-4-3。

表 5-4-3 活度随活度调节剂浓度的变化

浓度 /%		0	10	20	30	50	70
活度	水溶液	0.9998	0.9746	0.8918	0.8321	0.8018	0.6521
	钻井液中	0.9951	0.9633	0.8879	0.8289	0.7864	0.6328

2）流变性与滤失性能评价

研究了活度调节剂对钻井液流变性及滤失量的影响，结果见表 5-4-4。实验浆 1（基浆）配方：4.0% 基浆 +1%PAC-LV+0.3%XC；实验浆 7 配方：4.0% 基浆 +1%PAC-LV+0.3%XC+S-16。

表 5-4-4　钻井液的流变性及滤失性测试结果

实验配方	实验条件（150℃ /16h）	*AV*/（mPa·s）	*PV*/（mPa·s）	*YP*/Pa	*Gel*/（Pa/Pa）	FL_{API}/mL
实验浆 1	老化前	43	25	18	5.0/13.0	6.0
	老化后	40	26	14	2.0/3.0	9.6
实验浆 7	老化前	43	28	15	2.5/5.5	4.4
	老化后	19	15	4	1.0/1.5	6.2

从表 5-4-4 可见，加入活度调节剂后的钻井液老化前表观黏度、塑性黏度及动切力变化不大，初切力与终切力降低较多，钻井液滤失量也有所降低。老化后，加入活度调节剂后的钻井液的表观黏度、塑性黏度、动切力、初切力与终切力均降低，但滤失量相比基浆有所改善，从基浆的 9.6mL 降低至 6.2mL。

3）抑制性能评价

通过泥页岩线性膨胀实验和滚动分散实验进一步研究了活度调节剂对钻井液抑制性的影响，结果如图 5-4-2 所示。

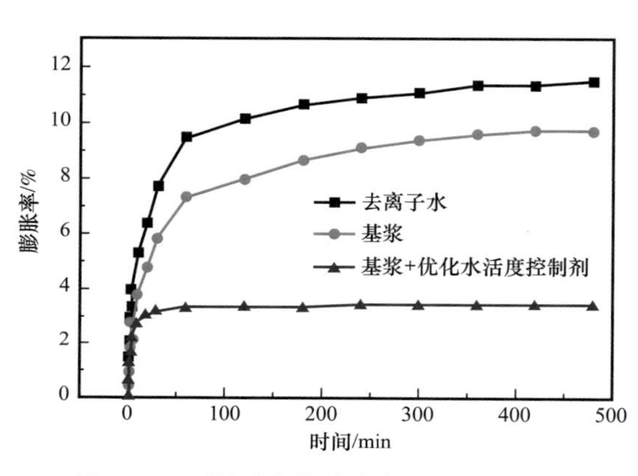

图 5-4-2　泥页岩线性膨胀实验测试结果

从图 5-4-2 可见，泥页岩在去离子水和钻井液基浆中的线性膨胀率分别为 11.47% 与 9.73%，在基浆中加入活度调节剂后，泥页岩的线性膨胀率降低至 3.47%，相比钻井液基浆泥页岩线性膨胀率降低了 64.34.0%，可见研制的活度调节剂具有较强的页岩抑制性。

从图 5-4-3 可知，泥页岩在去离子水和钻井液基浆中的滚动回收率分别为 42.50% 与 46.64%，在基浆中加入优化水活度控制剂后，泥页岩的滚动回收率升高至 96.20%，相比钻井液基浆泥页岩滚动回收率升高了 106.26%，进一步说明研制的活度调节剂具有较强的页岩抑制性。

4）活度调节剂对渗透水化的影响规律研究

首先，按照前述方法将调取的夏子街组膨润土样品提纯。在 350mL 去离子水中加入 7g 钠膨润土，搅拌 30min 后静置养护 24h，然后加入活度调节剂，高速搅拌 30min 后静置 24h，然后在 8000r/min 的转速下离心 20min，取下部沉淀，直接采用 X 线衍射仪测湿态层间距。实验结果如图 5-4-4 所示。

钠蒙脱土充分水化后，由于钠离子在晶层间以尺寸较大的水合离子形式存在，层间距增加至 19.09Å。有机盐甲酸钾与钠膨润土充分作用后，黏土层间距降低至 14.18Å，无机盐氯化钠与钠膨润土充分作用后，黏土层间距降低至 15.83Å。乙二醇与钠膨润土充分作用后，黏土层间距降低至 19.06Å。活度调节剂与钠膨润土充分作用后，黏土层间距大幅降低，降低至 13.60Å，说明活度调节剂中三种单剂表现出一定的协同作用，复配后抑制黏土水化的效果更佳。

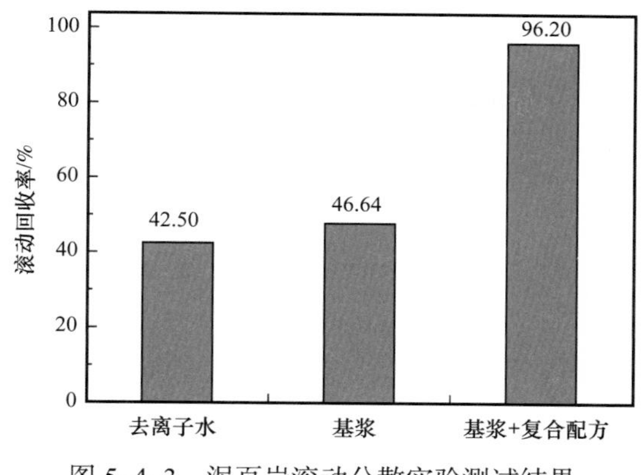

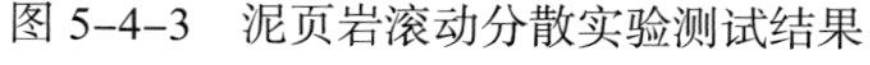
图 5-4-3　泥页岩滚动分散实验测试结果

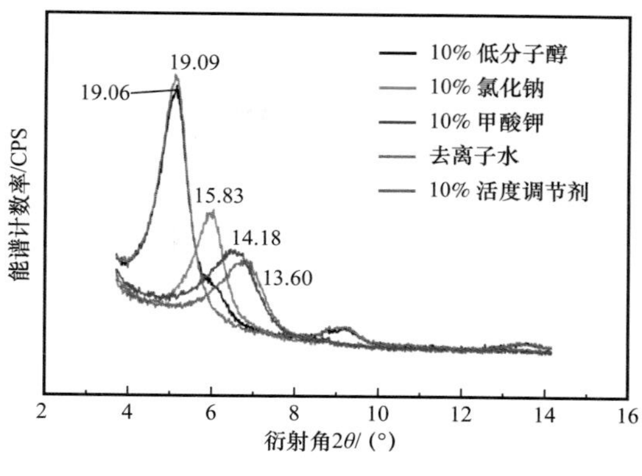

图 5-4-4　不同水活度调节剂对蒙脱土层间距的影响

3. 活度调节剂的中试生产

确定了三种物质降低水溶液活度的能力后，将三种物质进行了复配优化，加工为一种便于使用和运输的钻井液处理剂。复配优化工艺为：按质量分，向容器中依次加入 32 份的活度调节剂 A，32 份的活度调节剂 B，32 份的活度调节剂 C，充分搅拌，然后继续加入 3 份的混溶剂，继续搅拌 10min。最后加入 1 份的稳定剂，充分混合搅拌即得稳定的活度调节剂。

二、微乳润滑剂

在钻井过程中，钻具与钻井液、钻具与井壁都存在较为复杂的摩擦，为了减小这种摩擦，增加钻压的传递和钻井速度和提高井壁稳定性，需要在钻井液中加入润滑剂，但当前的润滑剂都存在一定的时效性差、环境适应性差的特点，为此，研制新型的长效、环保微乳润滑剂。

植物油类是作为钻井液润滑剂较理想的材料，植物油本身具有无毒性、无荧光、易降解、来源广等优点。目前通常选用棉籽油和蓖麻油等植物油作为润滑剂。植物油中含有大量的脂肪酸，可作为表面活性剂，且经过化学改性后其表面活性可进一步提高。如对棉子油进行磺化，磺化后的棉子油抗温抗压能力提升。并且，磺化后的棉子油还可增加矿物油的活性，进一步提高润滑效果。但磺化后，棉籽油的水分散性增强，但其本身的润滑效果降低。所以，采用棉籽油作为内相，采用微乳方法，将其分散成为纳米级液滴，从而增强其在液体中的分散性和渗透性，使其能够快速在井壁和钻具上吸附，从而到高效和持效的目的。

1. 制备方法

具体配制步骤如下：（1）在反应釜中按一定比例依次加入表面活性剂、助表面活性剂、棉籽油和 NaCl；（2）将上述反应釜加热至 50℃；（3）搅拌过程中，用滴管小心滴加蒸馏水，同时观察体系状态变化（形成微乳液时呈透明状），记录相变过程中水的加量，直至不再发生变化为止；（4）调整表面活性剂和助表面活性剂比例，继续上面的过程，考察其相变规律，制备出最稳定的微乳液体系。

2. 微乳润滑剂的性能表征

1）微乳润滑剂的相行为

根据前面的研究，研制 TR–1/ 正丁醇 / 棉籽油 / 盐水（2.5%NaCl）四组分非离子微乳润滑剂，通过小角 X 射线、偏光显微镜以及冷冻刻蚀等手段，考察微乳液的相态，并研究在 60℃下，通过改变表面活性剂和助表面活性剂制备不同类型的微乳液，绘制出了 ε—β“鱼状”相图，结果如图 5–4–5 所示。

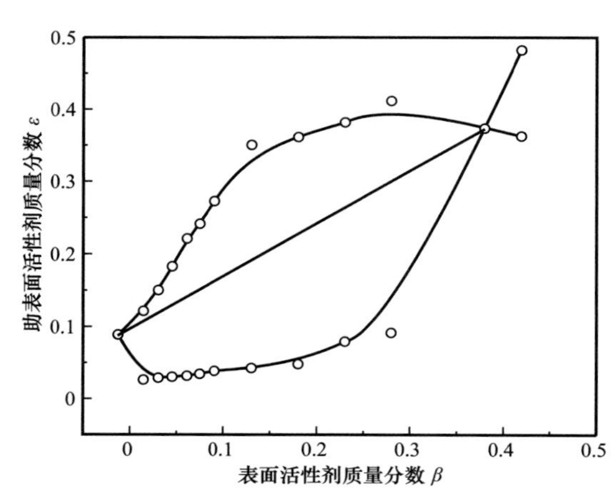

图 5–4–5　TR–1/ 棉籽油 / 正丁醇 /2.5%NaCl 水溶液体系的 ε—β“鱼状”相图

从图 5–4–5 可知，该水溶液由下相到中相再到上相微乳液的相变点。若改变 β 和 ε 数值，微乳液体系会产生一系列的相变：下相水包油微乳液与过剩的油相共存，而后转为中相水—油—水型、油—水—油型微乳液与过剩的水相和油相三相共存，再转为上相油包水微乳液与过剩的水相共存。该过程则为下相微乳液到中相微乳液再到上相微乳液的转变。微乳液体系在“鱼头”（$\beta_{头}$，$\varepsilon_{头}$）时开始形成中相微乳液，到达“鱼尾”（$\beta_{尾}$，$\varepsilon_{尾}$）时中相微乳液消失，为单相微乳液。

2）微乳润滑剂的中相微乳液性质

如前所述，本文基于最佳中间相的特殊性，主要研究了在该体系的最佳中间相性质，拟定配比见表 5–4–5。

表 5–4–5　微乳液体系在 60℃所用溶液配比

配比编号	①	②	③	④
β	0.016	0.12	0.178	0.29
ε	0.111	0.21	0.228	0.296

采用比重瓶法测量微乳液各层液体在 60℃条件下的密度，结果见表 5–4–6。

由表 5–4–7 数据可知，随着表面活性剂和助剂的加量增多，微乳液 / 水相界面张力 $\gamma_{ME/W}$ 逐渐减小，微乳液 / 油相界面张力 $\gamma_{ME/O}$ 先增加后减小，但数值均在 10^{-1}mN/m 左右，属于低界面张力。

采用动态光散射粒度分布仪 LB–550 测定了 4 个配比微乳液体系的粒度分布，发现 D_{90} 均小于 100nm，D_{50} 均小于 80nm。其中配比 2 情况下 D_{90} 值为 55.3nm，D_{50} 值为 38.4nm（图 5–4–6）。

表 5-4-6　微乳液体系在 60℃条件下的密度

配比编号	过剩油相密度 /（g/mL）	微乳相密度 /（g/mL）	过剩水相密度 /（g/mL）
①	0.8021	0.8882	0.9861
②	0.7947	0.8612	0.9823
③	0.7991	0.8686	0.9831
④	0.8012	0.8757	0.8877
⑤	单相		

表 5-4-7　不同配比下微乳液 60℃条件下的界面张力

配比编号	微乳液 / 油相界面张力 $\gamma_{ME/O}$/（mN/m）	微乳液 / 水相界面张力 $\gamma_{ME/W}$/（mN/m）
①	0.1109	1.3898
②	0.2017	0.9323
③	0.3523	0.7202
④	0.0756	0.373
⑤	单相	

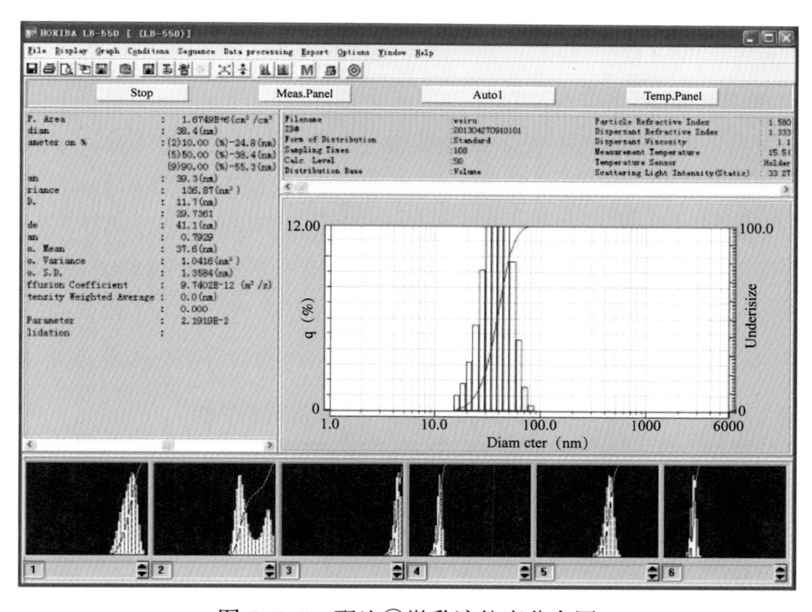

图 5-4-6　配比②微乳液粒度分布图

综合以上实验结果，并结合各种表面活性剂和助表面活性剂的单价，确定 $\beta=0.13$，$\varepsilon=0.2$ 为 60℃条件下所形成的微乳液为最佳配比。

3）微乳润滑剂对水基钻井液性能的影响

首先考察了微乳液对钻井液滤失性和流变性的影响，结果见表 5-4-8。

表 5-4-8 微乳液对钻井液流变性、滤失性的影响

配方	实验条件	PV/（mPa·s）	YP/Pa	FL/mL
基浆	老化前	6	4	21
基浆 +2%WR-Ⅰ	老化前	7	6	11.2
	老化后	9	4	16.4

实验发现，120℃老化前后，微乳液对钻井液流变性影响均较小，可直接添加到钻井液中而不会影响体系原有的流变性，同时非离子型微乳润滑剂 WR-Ⅰ可显著降低钻井液的滤失量，展示了良好的封堵性能。

同时还针对现场浆，室内评价了微乳润滑剂 WR-Ⅰ对现场钻井液流变性和滤失性的影响，结果见表 5-4-9。

表 5-4-9 微乳液对现场钻井液流变性、滤失性的影响

配方	PV/（mPa·s）	YP/Pa	Gel/（Pa/Pa）	FL/mL
Y556-2-3-斜 11 井浆	17	9	2/18	4.8
Y556-2-3-斜 11 井浆 +2% WR-Ⅰ	16	8	2/17	4.2

结果发现，微乳液对现场钻井液流变性影响均较小，可直接添加到钻井液中而不会影响其流变性能。

4）微乳润滑剂的润滑作用研究

大位移井和水平井等各种复杂井钻井作业中，摩阻过大是主要技术难题之一，降低井下摩阻的一个重要手段是改善钻井液的润滑性。采用 LEM4100 型高温高压润滑评价仪模拟钻具与井壁滤饼、钻具与套管之间的相对运动，评价钻井液的润滑效果时综合考虑了摩擦副接触面积、钻井液润滑性、钻速和温度等因素的影响。LEM 仪器测定的钻井液润滑性是通过扭矩的变化来反映。

首先研究了常温条件下微乳润滑剂 WR-Ⅰ的润滑性能，结果见表 5-4-10。

表 5-4-10 常温下 WR-Ⅰ润滑剂的性能

项目	极压润滑系数	极压润滑系数降低率 /%	黏附系数	黏附系数降低率 /%
基浆	0.69	—	0.15	—
基浆 +1.0%WR-Ⅰ	0.10	85.6	0.03	80.0
4.0% 盐水基浆	0.70	—	0.15	—
基浆 +1.0%WR-Ⅰ	0.08	88.7	0.02	86.6

注：淡水基浆配制成 4.0% 钠膨润土浆，10000r/min 高速搅拌 20min 后，室温密闭静置养护 24h，即得，以下同；4.0% 盐水基浆：淡水基浆 +4.0% 氯化钠，10000r/min 高速搅拌 20min，室温密闭静置养护 24h，即得，以下同。

微乳润滑剂 WR-Ⅰ在常温下的黏附系数降低率为 80.1%～86.6%，极压润滑系数降低率为 85.6% 至 88.7%。随后，考察了高温条件下，润滑剂的润滑性能，结果见表 5-4-11。

表 5-4-11 130℃ /16h 高温下微乳润滑剂 WR-Ⅰ的性能

项目	极压润滑系数	极压润滑系数降低率 /%	黏附系数	黏附系数降低率 /%
基浆	0.42	—	0.14	—
基浆 +1.0%WR-Ⅰ	0.02	95.3	0.01	92.8
4.0% 盐水基浆	0.24	—	0.13	—
基浆 +1.0%WR-Ⅰ	0.02	91.6	0.01	92.2

发现微乳润滑剂 WR-Ⅰ在 130℃ /16h 后黏附系数降低率为 92.2%～92.8%，极压润滑系数降低率为 91.6%～95.3%。用 4.0% 膨润土基浆，分别评价了微乳润滑剂 WR-Ⅰ在不同温度下的极压润滑系数和黏附系数，结果见表 5-4-12。

表 5-4-12 微乳润滑剂 WR-Ⅰ的抗温性能

项目	实验条件	极压润滑系数	极压润滑系数降低率 /%	黏附系数	黏附系数降低率 /%
基浆	常温	0.68	—	0.14	—
基浆 +1.0%WR-Ⅰ	常温	0.08	88.23	0.02	85.71
	120℃ /16h	0.09	86.76	0.03	78.57
	130℃ /16h	0.11	83.82	0.03	78.57
	140℃ /16h	0.16	76.47	0.05	64.28
	150℃ /16h	0.32	52.94	0.08	42.58

从表 5-4-12 可知，随温度升高微乳润滑剂 WR-Ⅰ的润滑效果降低。但完全满足《钻井液用油基润滑剂通用技术条件》（Q/SH1020 1878—2012，中国石化胜利石油管理局企业标准），且该润滑剂抗温可达到 140℃。

随后测定了微乳润滑剂的抗盐性能，用 4.0% 基浆，分别评价了微乳润滑剂 WR-Ⅰ在不同盐浓度下的极压润滑系数和黏附系数，结果见表 5-4-13。

从表 5-4-13 可知，微乳润滑剂 WR-Ⅰ的润滑效果随着盐含量的增加而降低。但是根据《钻井液用油基润滑剂通用技术条件》（Q/SH1020 1878-2012，中国石化胜利石油管理局企业标准）可知，无机盐含量在 10.0% 时，仍能满足现场需求。

对比了微乳润滑剂与其他润滑剂的润滑效果，用 4.0% 膨润土基浆，在常温下评比了不同润滑剂，结果见表 5-4-14。

表 5-4-13 微乳润滑剂 WR-Ⅰ的抗盐污染能力

项目	实验条件	极压润滑系数	极压润滑系数降低率 /%	黏附系数	黏附系数降低率 /%
4.0% 盐水基浆	常温	0.68	—	0.14	—
4.0% 盐水基浆 +1.0% 微乳润滑剂 WR-Ⅰ	常温	0.08	88.23	0.02	85.71
	130℃ /16h	0.11	83.82	0.03	78.57
10.0% 盐水基浆	常温	0.69	—	0.14	—
10.0% 盐水基浆 +1.0% 微乳润滑剂 WR-Ⅰ	常温	0.11	83.82	0.02	85.71
	130℃ /16h	0.16	76.47	0.05	64.28
15.0% 盐水基浆	常温	0.69	—	0.14	—
15.0% 盐水基浆 +1.0% 微乳润滑剂 WR-Ⅰ	常温	0.11	76.47	0.04	71.42
	130℃ /16h	0.32	52.94	0.09	35.71

表 5-4-14 不同润滑剂润滑效果对比

项目	极压润滑系数	极压润滑系数降低率 /%	黏附系数	黏附系数降低率 /%
基浆	0.58	—	0.13	—
基浆 +2% 润滑剂 TC-1	0.08	86.21	0.07	46.15
基浆 +2% 润滑剂 BH-1	0.15	74.14	0.08	38.46
基浆 +1% 润滑剂 WR-Ⅰ	0.09	84.48	0.02	84.62
4.0% 盐水基浆	0.59	—	0.15	—
4.0% 盐水基浆 +2% 润滑剂 TC-1	0.08	86.44	0.08	46.67
4.0% 盐水基浆 +2% 润滑剂 BH-1	0.20	66.10	0.09	40.00
4.0% 盐水基浆 +1% 润滑剂 WR-Ⅰ	0.09	84.75	0.03	80.00

从表 5-4-14 可知，黏附系数降低率与常用的钻井液油基润滑剂相比差异大，极压润滑系数降低率差别不大。说明 WR-Ⅰ（微乳润滑剂）润滑效果更好，既可降低极压润滑系数，还能降低黏附系数。此外，微乳润滑剂 WR-Ⅰ具有良好的润滑效果，可以显著降低基浆的极压润滑系数和滤饼的黏滞系数，极压润滑效果与极压润滑剂相当，对提高钻井液的润滑性十分有利。主要因为这种微乳液粒径很小，可以快速吸附在井壁上，使井壁表面润湿性发生变化。而且，这种吸附要比单纯的液态润滑剂有效得多，而且也均匀得多，其可使钻具表面转化为亲水性（因有氧化膜），也可通过吸附表面活性剂后反转为亲油，从而在井壁—钻柱表面形成薄而致密、均匀的油膜，增强润滑效果。

考察了与其他钻井液处理剂的配伍性，将 WR-Ⅰ微乳润滑剂加入到不同的实验浆中，测试黏度、切力、滤失量和润滑系数，结果见表 5-4-15。

表 5-4-15 微乳润滑剂 WR-Ⅰ的配伍性评价结果

项目	密度 / g/cm^3	*PV*/ mPa·s	*YP*/ Pa	*Gel*/ Pa/Pa	FL_{API}/ mL	Cl^- 含量 / mg/L	润滑系数
聚合物钻井液井浆	1.34	14.5	6.5	2.5/10.5	7.4	13764	0.22
聚合物钻井液井浆 +1.0% 润滑剂 WR-Ⅰ	1.34	14.5	6.5	3/11.5	7.0		0.05
聚磺钻井液井浆	1.42	23.5	9.5	2.0/12.5	4.8	28674	0.23
聚磺钻井液井浆 +1.0% 润滑剂 WR-Ⅰ	1.42	23.5	9.5	2.5/13.5	4.6		0.04

从表 5-4-15 可知，WR-Ⅰ微乳润滑剂对钻井液的流变性能影响不大，与钻井液中的其他处理剂配伍性良好，润滑系数均小于 0.10。

3. 微乳润滑剂的中试及产品性能

1）主要生产过程

原料：TR-1（聚乙二醇苯基醚，工业纯），NaCl（工业纯），乙醇（工业纯），正丁醇（工业纯），自来水，棉籽油（食品级，亚油酸含量超过 50%）。

合成工艺条件：棉籽油与自来水体积配比：1∶3，2.0%～4.0% NaCl，10%～15% 正丁醇，8%～12%TR-1。

反应条件：温度 40～60℃，1.5～2.0h。

工业化生产步骤：（1）原料预处理步骤——除去棉籽油中的杂质；（2）产物精制步骤——产物经沉降、分离；（3）粗乳液制备步骤——加入自来水搅拌形成粗乳；（4）微乳液制备步骤——加入表面活性剂和正丁醇。

2）产品达到的技术指标

该微乳润滑剂的密度为 0.92～0.94g/mL，油水界面张力 $\gamma_{o/w}$ 为 0.001～0.005mN/m，粒径中值 D_{50}=30～80nm，基浆润滑系数降低率为 60%～95%。

三、低活度微乳润滑钻井液技术

1. 配套处理剂的优选

1）低水活度钻井液降滤失剂优选

以 4.0% 膨润土浆为基浆（基浆 1），进行降滤失剂及增黏剂优选，测试实验浆 150℃ / 16h 老化前后的流变性（含切力）、滤失性，以 150℃ /16h 老化后的 API 滤失量（大分子聚合物降滤失剂兼顾增黏、提切）为主要考核指标进行评选，结果见表 5-4-16。

表 5-4-16 降滤失剂及增黏提切剂优选结果

体系	条件	*AV*/ mPa·s	*PV*/ mPa·s	*YP*/ Pa	*Gel*/ Pa/Pa	FL_{API}/ mL
基浆 1	老化前	4	3	1	0/0	24.0
	老化后	7	4	3	0/0	31.2
实验浆 1-1	老化前	34	19	15	4.5/9.5	8.4
	老化后	7	6	1	0/0	11.2
实验浆 1-2	老化前	28	14	14	0/0	22.0
	老化后	6	2	4	0/0	30.0
实验浆 1-3	老化前	53	36	17	2.0/6.0	5.6
	老化后	8	7	1	0/0	26.0
实验浆 1-4	老化前	28	12	16	5.5/10	8.8
	老化后	16	12	4	1.5/4	26.0
实验浆 1-5	老化前	9	6	3	2.0/5.0	10.6
	老化后	18	14	4	0.5/2.0	24.0
实验浆 1-6	老化前	11	7	4	2.0/7.0	11.4
	老化后	9	5	4	0/0.5	18.0
实验浆 1-7	老化前	7	4	3	2.0/3.5	12.6
	老化后	9	6	3	1.5/2.0	30.0
实验浆 1-8	老化前	7	5	2	1.5/2.5	8.0
	老化后	8	4	4	1.0/3.5	28.0
实验浆 1-9	老化前	7	5	2	1.5/3.5	18.0
	老化后	8	5	3	1.0/1.5	30.0
实验浆 1-10	老化前	6	3	3	0/0	9.2
	老化后	6	5	1	0/0	8.4
实验浆 1-11	老化前	5	4	1	0/0	6.8
	老化后	19	12	7	0/0	8.0
实验浆 1-12	老化前	6	4	2	0/0	11.2
	老化后	10	9	1	0/0	18.4

实验浆配方如下：实验浆 1–1 为 4.0% 膨润土浆 +0.5% 高分子聚合物 PLUS；实验浆 1–2 为 4.0% 膨润土浆 +0.2% 高黏聚阴离子纤维素 PAC–HV；实验浆 1–3 为 4.0% 膨润土浆 +1.0% 低黏聚阴离子纤维素 PAC–LV；实验浆 1–4 为 4.0% 膨润土浆 +0.5% 生物聚合物 XC；实验浆 1–5 为 4.0% 膨润土浆 +0.5% 提切降滤失剂 VIF；实验浆 1–6 为 4.0% 膨润土浆 +1.0% 高温降滤失剂 SDT–109；实验浆 1–7 为 4.0% 膨润土浆 +4.0% 改性树脂 SD–101；实验浆 1–8 为 4.0% 膨润土浆 +4.0% 改性树脂 SD–102；实验浆 1–9 为 4.0% 膨润土浆 +4.0% 磺化树脂 SMP–2；实验浆 1–10 为 4.0% 膨润土浆 +4.0% 改性褐煤 SD–202；实验浆 1–11 为 4.0% 膨润土浆 +4.0% 改性褐煤 SD–201；实验浆 1–12 为 4.0% 膨润土浆 +4.0% 磺化褐煤树脂 SPNH。

从表 5–4–16 可知，各实验浆老化前后的滤失量都比基浆小，但是各降滤失剂的效果不同。进一步对比分析看出，高分子增黏降滤失剂中 PLUS 的降滤失效果最优，褐煤类降滤失剂中 SD–202 的降滤失效果最优，树脂类降滤失剂中 SD–102 的降滤失效果最优。此外，老化前后提切效果最优的是生物聚合物 XC。

2）低水活度钻井液封堵剂优选

以“4.0% 膨润土浆 +0.2% 性能较优的增黏降滤失剂 +1% 性能较优的褐煤类降滤失剂”为基浆（基浆 2），进行封堵类防塌剂优选，测试各实验浆 150℃ /16h 老化前后的流变性、滤失性，并以 150℃ /16h 老化后实验浆在 150℃ /3.5MPa 下的高温高压滤失量为主要考核指标进行评选（表 5–4–17）。

表 5–4–17 封堵类防塌剂优选结果

体系	条件	*AV*/ mPa·s	*PV*/ mPa·s	*YP*/ Pa	*Gel*/ Pa/Pa	FL_{API}/ mL	FL_{HTHP}（150℃）/ mL
基浆 2	老化前	18	10	8	0/0	14.0	230
	老化后	9	6	3	0/0	20.6	
实验浆 2–1	老化前	20	13	7	0/2.0	7.6	110
	老化后	11	6	5	0/0	6.8	
实验浆 2–2	老化前	20	16	4	0.5/2.0	6.8	66
	老化后	29	22	7	1.0/1.5	6.0	
实验浆 2–3	老化前	16	12	4	0/1.5	6.4	58
	老化后	33	26	7	0.5/2.5	7.0	
实验浆 2–4	老化前	18	11	7	0.5/2.5	6.4	70
	老化后	40	29	11	0.5/1.5	5.2	
实验浆 2–5	老化前	19	14	4	0.5/3.0	6.0	86
	老化后	23	21	2	0/0	8.0	
实验浆 2–6	老化前	13	9	4	0/0	6.0	80
	老化后	18	15	3	0/0	7.8	

实验浆配方如下：实验浆2-1为基浆2+3.0% GRA；实验浆2-2为基浆2+3.0% LPF；实验浆2-3为基浆2+3.0% LSF；实验浆2-4为基浆2+3.0% DYFT；实验浆2-5为基浆2+3.0% SZDL；实验浆2-6为基浆2+3.0% FT-1。

从表5-4-17可知，加有封堵类防塌剂的各实验浆的高温高压滤失性都优于基浆；实验浆2-1老化后150℃/3.5MPa下的高温高压滤失量特别大，实验浆2-2、实验浆2-3、实验浆2-4、实验浆2-5和实验浆2-6老化后的常温中压滤失量均较小，分别为6.0mL、7.0mL、5.2mL、8.0mL和7.8mL，但是150℃/3.5MPa下的高温高压滤失量较大，为66mL、58mL、70mL、86mL和80mL。相对地，封堵防塌剂LSF和LPF的封堵降滤失效果较好。

3）低水活度钻井液润滑剂优选

以“4.0%膨润土浆+0.2%性能较优的增黏降滤失剂+3.0%性能较优的褐煤类降滤失剂+120g重晶石”为基浆（基浆3），进行润滑剂优选，测试各实验浆150℃/16h老化前后的流变性、滤失性及润滑性（润滑系数），并以150℃/16h老化后实验浆的润滑系数为主要考核指标进行评选（表5-4-18）。

表5-4-18 润滑剂优选结果

体系	条件	*AV*/ mPa·s	*PV*/ mPa·s	*YP*/ Pa	*Gel*/ Pa/Pa	FL_{API}/ mL	润滑系数
基浆3	老化前	20	14	6	0/0	3.6	0.164
	老化后	32	24	8	0/0	4.8	
实验浆3-1	老化前	18	11	7	0.5/1.0	3.2	0.132
	老化后	38	29	9	0/1.5	4.4	
实验浆3-2	老化前	28	21	7	0/1.5	4.4	0.126
	老化后	36	29	7	0.5/2.5	4.8	
实验浆3-3	老化前	16	12	4	0/0.5	3.8	0.144
	老化后	29	21	8	0/0.5	5.2	
实验浆3-4	老化前	48	35	13	3.0/14.0	4.4	0.158
	老化后	13	11	2	0/0	4.6	

实验浆配方如下：实验浆3-1为基浆3+2.0% SD505；实验浆3-2为基浆3+2.0%微乳润滑剂；实验浆3-3为基浆3+2.0% JXR-1；实验浆3-4为基浆3+2.0% WEP。

从表5-4-18可知，加有润滑剂的各实验浆150℃/16h老化后比基浆的极压润滑系数略有降低，但降低幅度很小，相对地，微乳润滑剂的润滑降摩阻效果较好。

在单剂优选基础上，通过配伍性优化研制出低水活度水基钻井液体系，其抗温能力达到150℃，密度为1.5g/cm^3。测试各实验浆150℃/16h老化前后的流变性（含初终切）、滤失性（含150℃/3.5MPa下的高温高压滤失量），综合对比各项指标，优选出综合性能较好的配方。

拟定实验浆如下：

HD–1 配方为 4.0% 膨润土浆 +0.05% Na_2CO_3+0.1% NaOH+0.1%PLUS+0.15%VIF+3.5%SD–102+2.5%SD–202+2.5%LSF+3.0% 微乳润滑剂 + 活度调节剂（重晶石加重到 1.5g/cm^3）；

HD–2 配方为 4.0% 膨润土浆 +0.05% N Na_2CO_3+0.1% NaOH+0.15%PLUS+2.5%SD–102+3.5%SD–202+2.5%LSF+3.0% 微乳润滑剂 + 活度调节剂（重晶石加重到 1.5g/cm^3）；

HD–3 配方为 4.0% 膨润土浆 +0.05% N Na_2CO_3+0.1% NaOH+0.1%PLUS+0.15%VIF+3.5%SD–102+2.5%SD–202+2.5%DYFT+3.0% 微乳润滑剂 + 活度调节剂（重晶石加重到 1.5g/cm^3）；

HD–4 配方为 4.0% 膨润土浆 +0.05% Na_2CO_3+0.1% NaOH+0.15%PLUS+4.0%SD–102+3.0%SD–202+2.5%LSF+3.0% 微乳润滑剂 +0.3%Span–80+ 活度调节剂（重晶石加重到 1.5g/cm^3）；

HD–5 配方为 4.0% 膨润土浆 +0.05% Na_2CO_3+0.1% NaOH+0.2%PLUS+0.3%VIF+4.0%SD–102+4.0%SD–202+3%LSF+3.0% 微乳润滑剂 +0.3%Span–80+ 活度调节剂（重晶石加重到 1.5g/cm^3）；

HD–6 配方为 4.0% 膨润土浆 +0.05% Na_2CO_3+0.1% NaOH+0.5%PLUS+0.4.0%XC+2.0%SD–102+3.0%SD–202+3.0%LSF+3.0% 微乳润滑剂 +0.3%Span–80+ 活度调节剂（重晶石加重到 1.5g/cm^3）；

HD–7 配方为 4.0% 膨润土浆 +0.05% Na_2CO_3+0.1% NaOH+0.25%PLUS+0.4.0%XC+3.0%SD–102+4.0%SD–202+3.0%LSF+3.0% 微乳润滑剂 +0.3%Span–80+ 活度调节剂（重晶石加重到 1.5g/cm^3）；

HD–8 配方为 4.0% 膨润土浆 +0.05% Na_2CO_3+0.1% NaOH+0.3%PLUS+0.3%XC+1.0%SD–102+4.0%SD–202+3.0%LSF+3.0% 微乳润滑剂 + 活度调节剂（重晶石加重到 1.5g/cm^3）。实验结果见表 5–4–19。

表 5–4–19　体系优化实验结果

体系	条件	*AV*/ mPa·s	*PV*/ mPa·s	*YP*/ Pa	*Gel*/ Pa/Pa	FL_{API}/ mL	FL_{HTHP}/ mL
HD–1	老化前	21	18	3	0.5/11	19.2	24.6
	老化后	25	21	4	0.5/2.0	3.6	
HD–2	老化前	25	22	3	0.5/13	20.4	28.0
	老化后	21	19	2	0.5/1.0	4.8	
HD–3	老化前	21	18	3	1.5/12.5	13.6	25.2
	老化后	20	19	1	0/1.5	5.8	

续表

体系	条件	*AV*/mPa·s	*PV*/mPa·s	*YP*/Pa	*Gel*/Pa/Pa	FL_{API}/mL	FL_{HTHP}/mL
HD-4	老化前	22	20	2	0.5/12	11.0	24.2
	老化后	25	22	3	2.5/7.0	3.4	
HD-5	老化前	30	28	2	1.5/22	6.2	18.6
	老化后	26	24	2	0.5/7.5	2.8	
HD-6	老化前	58	40	18	2.5/15	4.8	15.2
	老化后	50	34	16	1.5/10	4.8	
HD-7	老化前	46	32	14	3/13	2.8	10.8
	老化后	39	28	11	2.0/10	2.4	
HD-8	老化前	48	34	14	4.5/7.5	6.2	25.4
	老化后	32	24	8	1.0/3.0	5.2	

2. 低活度钻井液体系性能评价

1）低活度钻井液流变性及滤失性评价

测试优化的低活度钻井液 HD-7 体系 150℃ /16h 老化前后的流变性（含初终切）、滤失性（含 150℃ /3.5MPa 下的高温高压滤失量），水活度以及老化后的润滑系数，实验结果见表 5-4-20。

表 5-4-20 钻井液基本性能评价结果

体系	条件	*AV*/mPa·s	*PV*/mPa·s	*YP*/Pa	*Gel*/Pa/Pa	FL_{API}/mL	滤饼厚度 /mm	pH 值	FL_{HTHP}/mL	水活度	润滑系数
HD-7 体系	老化前	46	32	14	3/13	2.8	0.5	9.0	—	0.887	—
	老化后	39	28	11	2.0/10	2.4	0.5	9.0	10.8	0.891	0.128

2）低活度钻井液抗污染性能评价

测试优化的 HD-7 体系受氯化钠、氯化钙和劣土污染后，150℃ /16h 老化前后的流变性（含初终切）、滤失性。实验结果见表 5-4-21 至表 5-4-23。

从表 5-4-21 可知，随着氯化钠含量逐渐增加，HD-7 体系经 150℃ /16h 老化前后的黏度和切力均降低，但变化幅度不大，仍能满足现场对钻井液性能的要求，当氯化钠加量≤10% 时体系的滤失量≤4mL，抗盐达 10.0%。

表 5-4-21 钻井液体系的抗盐性能

体系	条件	*AV*/(mPa·s)	*PV*/(mPa·s)	*YP*/Pa	*Gel*/(Pa/Pa)	FL_{API}/mL
低活度 HD-7 体系	老化前	46	32	14	3/13	2.8
	老化后	39	28	11	2.0/10	2.4
低活度 HD-7 体系 + 3.0%NaCl	老化前	43	31	13	2.5/12	3.0
	老化后	38	27	11	2.0/8.0	2.8
低活度 HD-7 体系 + 5.0%NaCl	老化前	42	30	12	2.0/10	3.4
	老化后	35	25	10	1.5/4.0	3.2
低活度 HD-7 体系 + 10%NaCl	老化前	41	29	12	2.0/11	3.4
	老化后	33	24	9	1.5/6.0	3.0

表 5-4-22 钻井液体系的抗钙性能

体系	条件	*AV*/(mPa·s)	*PV*/(mPa·s)	*YP*/Pa	*Gel*/(Pa/Pa)	FL_{API}/mL
低活度 HD-7 体系	老化前	46	32	14	3/13	2.8
	老化后	39	28	11	2.0/10	2.4
低活度 HD-7 体系 + 0.3%CaCl2	老化前	43	31	13	2.0/12.5	2.8
	老化后	35	26	9	2.0/6.0	2.8
低活度 HD-7 体系 + 0.5%CaCl2	老化前	41	29	12	2.5/11	3.2
	老化后	32	25	7	1.5/9.0	3.4
低活度 HD-7 体系 + 1.0%CaCl2	老化前	38	28	10	2.0/10	3.2
	老化后	27	23	4	1.0/2.0	3.8

表 5-4-23 钻井液体系的抗劣土性能

体系	条件	*AV*/(mPa·s)	*PV*/(mPa·s)	*YP*/Pa	*Gel*/(Pa/Pa)	FL_{API}/mL
低活度 HD-7 体系	老化前	46	32	14	3/13	2.8
	老化后	39	28	11	2.0/10	2.4
低活度 HD-7 体系 + 3.0% 劣土	老化前	48	33	15	5.0/21	3.0
	老化后	46	32	14	2.0/10	3.4
低活度 HD-7 体系 + 5.0% 劣土	老化前	51	35	16	5.0/22	2.8
	老化后	48	33	15	2.0/12	3.0
低活度 HD-7 体系 + 8.0% 劣土	老化前	56	38	18	7.0/24	3.2
	老化后	51	35	16	2.0/10	3.4

从表 5-4-22 可知，随着氯化钙含量逐渐增加，HD-7 体系经 150℃ /16h 老化后的黏度和切力逐渐降低，滤失量逐渐增加，但滤失量的增加幅度较小，氯化钙加量 1.0% 时，

滤失量仅为 3.8mL。当氯化钙加量小于等于 0.5% 时，老化后钻井液的黏度和切力变化幅度较小，仍能满足现场对钻井液性能的要求。当氯化钙含量达 1.0% 时，老化后钻井液的黏度和切力大幅下降。因此 HD–7 体系抗钙达 0.5%。

从表 5–4–23 可知，随着劣土含量逐渐增加，HD–7 体系经 150℃ /16h 老化后的黏度和切力变化幅度不大，仍能满足现场对钻井液性能的要求。滤失量的增加幅度较小，劣土加量 8.0% 时，滤失量仅为 3.4mL。因此，HD–7 体系可抗劣土达 8.0%。

3）低活度钻井液抑制性能评价

通过滚动分散实验（77℃ /16h）和页岩膨胀实验，评价了低活度 HD–7 体系的抑制水化分散性能。实验结果如图 5–4–7 所示。

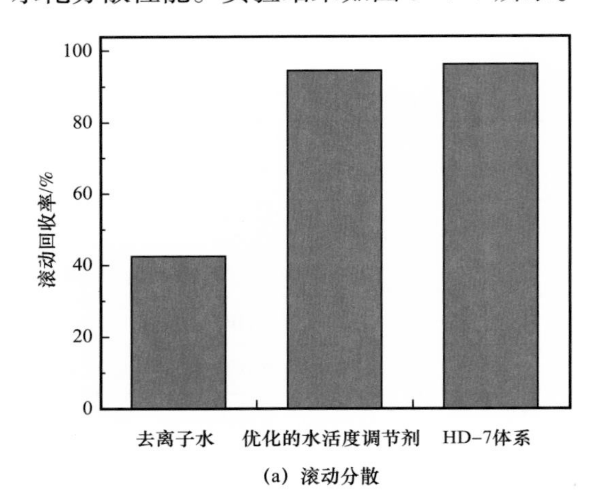

(a) 滚动分散

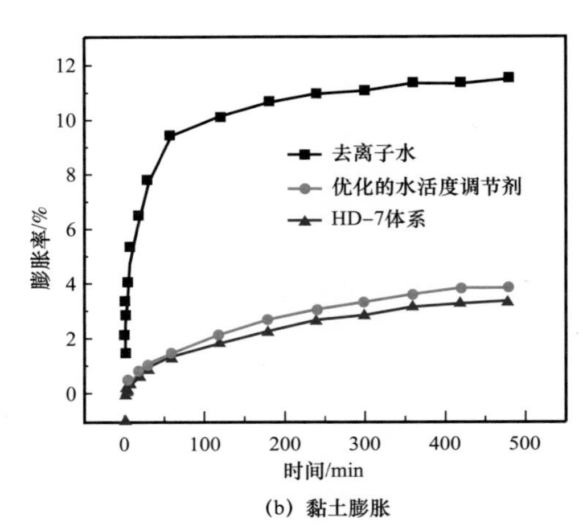

(b) 黏土膨胀

图 5–4–7　钻井液体系的滚动分散和黏土膨胀测试结果

从图 5–4–7 可知，泥页岩岩样在去离子水中的滚动回收率较低，仅为 42.5%，线性膨胀率较高，为 11.47%。将优化的水活度调节剂加入去离子水后，泥页岩岩样的滚动回收率显著增加，线性膨胀率也显著降低。特别是，泥页岩岩样在优化体系 HD–7 中的滚动回收率高达 97.27%，线性回收率低至 3.33%。说明优化的低活度水基钻井液体系 HD–7 具有优异的页岩水化抑制性能。

4）低活度钻井液膜效率评价

本研究采用自制的 SHM–3 型高温高压井壁稳定性模拟实验装置进行渗透压测定实验，优选低水活度水基钻井液体系成膜剂。SHM–3 仪主要由 5 部分组成，包括高温高压釜体、液压控制系统、流体循环系统、温度传递与控制系统和数据采集及处理系统。其主要技术指标：轴压为 0～50MPa，围压为 0～50MPa，试液压力为 0～35MPa，传感器压力为 0～10MPa，差压传感器压力为 0～3.5MPa，温度区间为室温至 150℃。数据采集与处理系统可同时自动连续记录压力、差压信号，并具有数据记录、实时显示、存盘、回放与处理等功能。将试验岩心放入岩心夹持器中，经上游试液入口泵入测试液体与岩心上端面接触，其中上游试液为 10% 氯化钠溶液，下游试液为 20% 氯化钠溶液。维持岩心顶端压力 1MPa，底端初始压力 1MPa，通过监测底压变化来获得测试液产生的渗透压，根据膜效率公式，计算与测试液体作用后的泥页岩的膜效率。膜效率的计算公式为：

$$\sigma \frac{RT}{\overline{V}} \ln\left(\frac{a_s}{a_m}\right) = p - p_0 \tag{5-4-2}$$

式中 σ——膜效率；

R——气体常数；

T——热力学温度；

$\overline{V}$——水的偏摩尔体积；

a_s——泥页岩水活度；

a_m——钻井液水活度；

p_0——地层孔隙压力；

p——有化学势差作用下的等效孔隙压力。

实验中测定了空白泥页岩以及常用聚磺钻井液、硅酸盐钻井液、聚合醇钻井液和低活度井壁稳定钻井液与泥页岩作用后的渗透压，如图 5-4-8 所示。

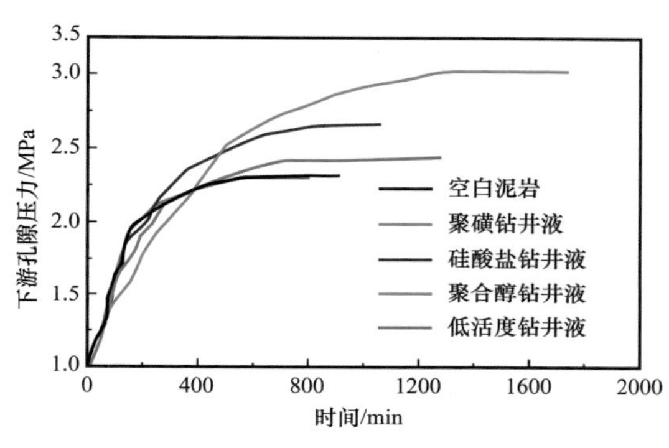

图 5-4-8 实际渗透压测试

由于泥页岩样品具有半透膜性质，9.8h 后两侧渗透压差恒定为 1.32MPa；硅酸盐钻井液、聚合醇钻井液和低活度井壁稳定钻井液与其作用后，上、下游试液由于渗透产生的压差分别在 21.3h，13.8h 和 11.5h 后趋于稳定，压差分别为 2.03MPa，1.66MPa 和 1.42MPa，都较空白泥页岩有一定幅度的提高。而沥青溶液作用后，上、下游试液由于渗透作用产生的压差与空白泥页岩样品相比，无明显变化。这说明硅酸盐钻井液、聚合醇钻井液和低活度井壁稳定钻井液均能有效地改善泥页岩的半透膜性质。实验泥页岩样品的膜效率为 12.5%。而硅酸盐钻井液、聚合醇钻井液和低活度井壁稳定钻井液与其作用后，泥页岩膜效率分别为 19.2%，15.7% 和 13.4.0%。由于聚合醇钻井液的膜效率最高，一些情况下可选聚合醇为低活度水基钻井液体系的成膜剂。此外，低活度稳定井壁钻井液也能在一定程度上改善泥页岩的半透膜性质。这可能是因为低活度钻井液中的活度调节剂中含有低分子醇。低分子醇水化单体的尺寸较小，能够进入渗透率极低的泥页岩孔隙，通过在孔隙的表面吸附固定，减少了孔隙空间，孔隙空间的减少增加了较大尺寸的溶质分子通过泥页岩的难度，而尺寸较小的水分子仍可以自由通过，这样加大了溶质分子与水分子通过泥页岩的速度差异，导致泥页岩的膜效率在一定程度上有所提高。

5）低活度钻井液封堵性能评价

通过砂床滤失仪，常温条件下，评价低活度 HD-7 体系对 40～60 目砂床的封堵效果，实验结果见表 5-4-24 和图 5-4-9 所示。

表 5-4-24 钻井液体系砂床封堵实验结果

体系	侵入深度 /cm	滤失量 /mL
低活度 HD-7 体系	0.75	0

从上述结果看出，低活度 HD-7 体系在砂床中的侵入深度仅为 0.75cm（<1cm），具有优异的渗透性漏失封堵能力。

6）低水活度钻井液对渗透压的影响研究

本研究采用自制的 SHM-3 型高温高压井壁稳定性模拟实验装置进行渗透压测定实验，评价低水活度钻井液体系改善渗透压的作用。将试验岩心放入岩心夹持器中，经上游试液入口泵入测试液体与岩心上端面接触，其中上游试液分别为 4.0% 基浆和低水活度钻井液体系，下游试液为 20% 氯化钠溶液。维持岩心顶端压力 1MPa，底端初始压力 1MPa，通过监测底压变化来获得测试液产生的渗透压（图 5-4-10）。

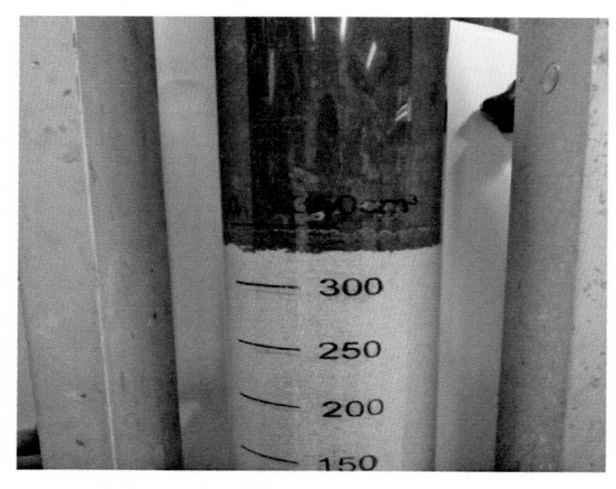

图 5-4-9　钻井液体系的砂床封堵效果图

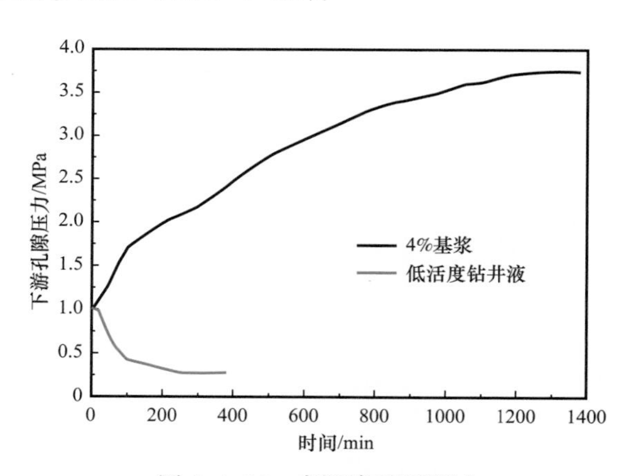

图 5-4-10　实际渗透压测试

4.0% 基浆与泥页岩作用后，由于泥页岩样品具有半透膜性质，21.0h 后两侧渗透压差恒定为 2.75MPa；由于 4.0% 基浆的水活度高于泥页岩地层孔隙流体水活度，故 4.0% 基浆作用后产生的压差为钻井正压差，不利于井壁稳定。而优化的低活度井壁稳定钻井液与泥页岩作用后，可产生反向渗透作用，上、下游试液由于渗透产生的压差在 5.7h 后趋于稳定，压差为 0.74MPa。该压差为化学渗透负压差，由于低活度井壁稳定钻井液体系的水活度低于泥页岩地层孔隙流体的水活度，因此地层中的孔隙流体反向流动进入井筒，在大多数情况下该反向渗透作用均有利于井壁稳定。且该反向渗透压差的大小受多个因素影响，包括钻井液的水活度和泥页岩地层孔隙流体水活度差值、泥页岩的半透膜效率大小等。因此，低活度水基钻井液体系具有优异的化学反渗透防塌能力。

四、低活度微乳润滑钻井液技术的应用

低活度微乳润滑水基钻井液体系在中国海油 BZ25-1 平台 BZ251-C37H 井、BZ251-C38H 井、CB6FB-P1 井、CB246A-P2 井、CB248A-P2 井和 CB22H-P1 井等 6 口井进行了现场试验。取得显著的维护井壁稳定、保护储层的效果（表 5-4-25）。

下面以胜利渤中为例说明低活度水基钻井液的现场试验情况。

BZ25-1 油田属于低渗透、异常高温高压油田。其油田构造位于渤海湾盆地、渤南低凸起西端渤中凹陷与黄河口凹陷的分界处，是油气聚集的有利场所。主要开发目的

层为古近系沙河街组沙二段和沙三段，储层埋藏较深（海拔 -3800～-3300m），沙二段储层沉积相为辫状河三角洲沉积，其储层孔隙度 8.7%～21.0%，平均 14.5%，渗透率 0.02～148.5mD，平均 33.29mD；沙三段储层沉积相为扇三角洲沉积，其储层孔隙 10.1%～15.7%，平均 13.9%，渗透率 0.17～3.9mD，平均 1.29mD。

表 5-4-25　低活度钻井液现场试验情况

井号	井段 / m	地层渗透率 / mD	预测地层活度	推荐钻井液活度	钻井液实际活度	井径扩大率 / %
BZ25-1-C37H	3550～4636	0.17～3.92	0.84～0.87	≤0.93	0.88～0.90	2.07
BZ25-1-C38H	3475～4705	0.28～4.63	0.84～0.87	≤0.93	0.88～0.90	未电测
CB246A-P2	1864～2156	1396～2732	0.95～0.96	无要求	0.96～0.95	3.69
CB248A-P2	1764～1920	1423～1536	0.95～0.96	无要求	0.96～0.95	2.33
CB22H-P1	2000～4475	273～5606	0.97～0.98	无要求	0.96～0.95	3.55
CB6FB-P1	2288～2518	568～2397	0.95～0.97	无要求	0.96～0.95	2.97

BZ25-1 油田 C37H/C38H 两口井均设计为四开次井身结构，三开使用常规定向钻具组合 +ϕ311.15mm 钻头钻至沙一段底部，井斜 26°～29°，四开用旋转导向 +ϕ215.9mm 钻头钻至设计井深。四开井段主要钻遇沙一段、沙二段及沙三段（未穿）。该井段对钻井液的润滑性能要求较高，要满足定向安全钻进需要。同时，钻井液必须具备优良的油气层保护效果，减少钻井液对油气层的伤害。主要技术难点：

（1）沙一段底部及沙三段中上部岩性为褐灰色油泥岩，脆性大，强度低，微裂缝发育，常见掉块，施工过程中极易发生掉块坍塌，造成井下复杂；

（2）沙二段地层压力衰竭，且处于断层位置，易发生井漏；

（3）沙二段地层岩性为沙泥互层，沙三段上部地层岩性为灰色泥岩夹薄层泥质粉砂岩，钻屑易水化分散，造成劣质固相伤害，导致钻井液中低密度固相含量迅速增大，黏切迅速上升，同时由于井底温度高，钻井液老化增稠现象突出，从而使流变性调控难度增大；

（4）裸眼井段长，井斜位移较大，尽管使用旋转导向工具定向调整轨迹，但钻井液密度高，固相含量大，沙二段和沙三段地层压力系数差异较大，易黏附卡钻；

（5）沙三段地层油气显示活跃，伴生有 CO_2 气体，对钻井液污染较严重。

为实现该低渗油气田的高效开发，确定了采用水平井水力压裂的方式对该区块进行开发。针对储层埋藏深，地层压力系数差异大，沙河街组含大段易水化分散、崩塌油泥岩的地质特点，使用了低活度强抑制钻井液体系，基本配方为：3%～5% 膨润土浆 +1%～1.5% 有机胺 +10%～15% 活度调节剂 +2%～3% 聚合醇 +1%～2% 抗高温防塌降粘降滤失剂 +2%～3% 磺化酚醛树脂 +0.5%～1% 磺酸盐共聚物 +2%～3% 胶乳沥青 +1%～2% 微乳润滑剂 +0.5%～1% 铝基聚合物 +2%～3% 超细碳酸钙 +2%～4% 极压润滑剂。对体系进行了性能评价，结果见表 5-4-26。

表 5-4-26 低活度井壁稳定钻井液体系性能评价

配方	实验条件	ρ/ g/cm³	AV/ mPa·s	PV/ mPa·s	YP/ Pa	Gel/ Pa/Pa	FL_{API}/ mL	FL_{HTHP}/ mL	润滑系数 K_f
1	老化前	1.45	50	39	11	2.5/10	2.2	10.4	0.0524
	老化后	1.45	54	41	13	3/11	2.4	10.8	0.0612
2	老化前	1.60	61	47	14	3.5/11	1.6	9.2	0.0524
	老化后	1.60	65	49	16	4.5/13	1.8	9.6	0.0612

由结果可知，低活度井壁稳定钻井液体系抗温性能好，流变性好，随着密度的提高，体系性能稳定，润滑性能优良。

在钻进期间，强化抑制性能，保证活度调节剂含量不低于 10%，有机胺含量不低于 1%，使钻井液滤液一直保持在较低的活度，两口井钻进期间钻井液滤液活度一直保持在 0.90～0.92，其中油泥岩段滤液活度保持在 0.85～0.91，进一步增强了钻井液对泥岩的抑制能力。

合理的钻井液密度，提高钻井液封堵防塌能力。根据地层压力和邻井实钻情况，确定合理的钻井液密度，这是井壁稳定和井下安全最基础的手段。在不发生漏失的情况下，钻井液密度控制在 1.58～1.60g/cm³。在此基础上，通过微乳液、超细碳酸钙、磺化沥青、胶乳沥青、铝基聚合物等封堵材料的配合使用，封固泥页岩、油泥岩微裂缝，提高钻井液的封堵造壁能力，降低滤液和固相对地层的侵入，削弱压力传递。

最终成功在斜井段钻穿大段油泥岩。BZ25-C37H/BZ25-C38H 两口井钻进过程中漏斗黏度、API 滤失量及密度随井深的变化如图 5-4-11 所示。

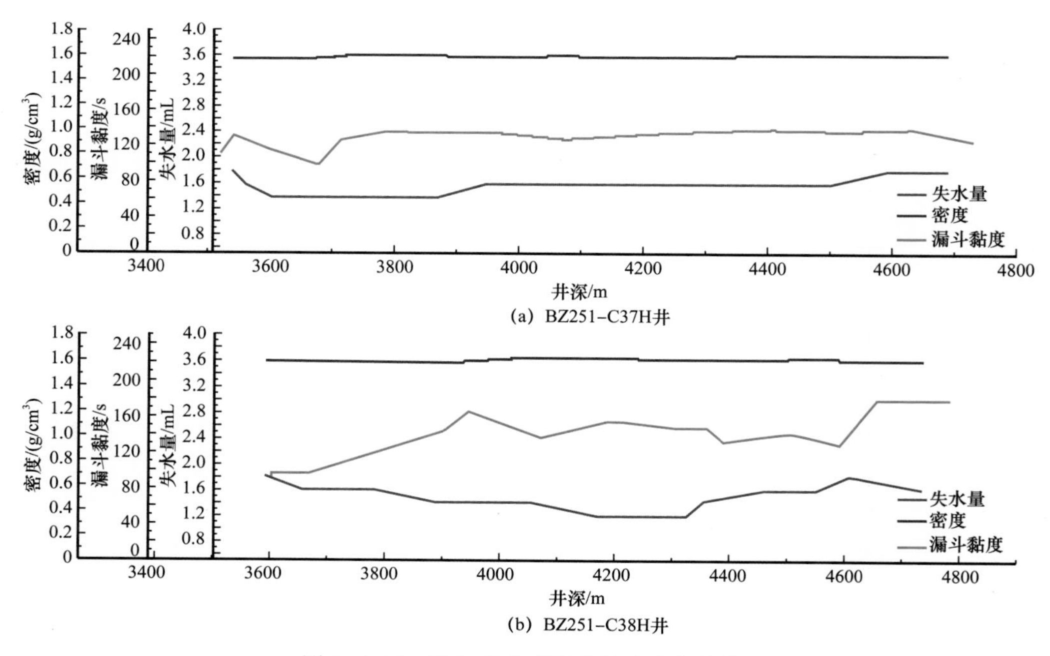

图 5-4-11 钻井液性能随井深的变化曲线

除 BZ25-C38H 井因 CO_2 污染引起黏度有所变化外，各项性能均变化不大。两口井钻进过程中密度 1.58～1.60g/cm^3，API 滤失量 1.6～2.4mL，高温高压滤失量 9.6～10.4mL，漏斗黏度 120～150s，塑性黏度 50～70mPa·s，动切力 13～20Pa，初切 3～5Pa，终切 3～20Pa。整个施工过程中钻井液各项性能稳定，流变性好，携岩性能优良，润滑性好，为该井的安全快速钻进提供了保障。随后，考察了从井底返出的岩屑情况，照片如图 5-4-12 所示。

图 5-4-12　BZ251-C38H 井油泥岩钻屑

长水平段钻进过程中钻屑返出及时，保持较低的摩阻及扭矩，通过工程短起下施工观察，井底无大段岩屑床，井底清洁。

五、低伤害低活度微乳润滑暂堵钻井液技术的应用

配合“十二五”期间形成的疏水暂堵钻井液，形成了低伤害低活度微乳润滑暂堵钻井液技术，该技术在胜利油田 BNB425 区块推广应用了 15 口井，取得了显著的储层保护效果，具体结果见表 5-4-27。

表 5-4-27　低伤害暂堵解堵钻井液现场推广情况

区块	井号	井段 /m	层位	渗透率 /mD	应用技术
胜利滨南425区块	BNB425-X120	3095～3197	沙四段	6.54～18.98	疏水暂堵 + 微乳润滑剂 + 活度调节剂
	BNB425-X121	2792～2996	沙四段	7.31～15.39	疏水暂堵 + 微乳润滑剂 + 活度调节剂
	BNB425-X126	2968～3072	沙四段	3.82～12.65	疏水暂堵 + 微乳润滑剂 + 活度调节剂
	BNB425-X127	2989～3170	沙四段	1.91～16.87	疏水暂堵 + 微乳润滑剂 + 活度调节剂
胜利滨南425区块	BNB425-X128	3093～3163	沙四段	5.63～16.11	疏水暂堵 + 微乳润滑剂 + 活度调节剂
	BNB425-X129	3099～3159	沙四段	3.13～32.78	疏水暂堵 + 微乳润滑剂 + 活度调节剂
	BNB425-X133	2987～3047	沙四段	9.21～21.41	疏水暂堵 + 微乳润滑剂 + 活度调节剂
	BNB425-X136	2698～2747	沙四段	1.79～15.39	疏水暂堵 + 微乳润滑剂 + 活度调节剂
	BNB425-X137	2709～2821	沙四段	0.37～21.98	疏水暂堵 + 微乳润滑剂 + 活度调节剂
	BNB425-X138	2687～2714	沙四段	0.85～17.74	疏水暂堵 + 微乳润滑剂 + 活度调节剂
	BNB425-X139	2593～2705	沙四段	3.19～15.37	疏水暂堵 + 微乳润滑剂 + 活度调节剂
	BNB425-X140	2645～2731	沙四段	5.09～18.27	疏水暂堵 + 微乳润滑剂 + 活度调节剂
	BNB425-X141	2717～2773	沙四段	2.01～31.78	疏水暂堵 + 微乳润滑剂 + 活度调节剂
	BNB425-X142	3019～3067	沙四段	3.97～20.06	疏水暂堵 + 微乳润滑剂 + 活度调节剂
	BNB425-X146	3098～3110	沙四段	3.87～21.78	疏水暂堵 + 微乳润滑剂 + 活度调节剂

从表 5-4-27 可知，低伤害暂堵解堵钻井液主要应用区块为胜利油田砂岩低渗储层，主要为沙河街组，其渗透率为 0.2～42.5mD，由于存在砂泥岩混层，在这些储层钻井期间，需要钻井液具有很强抑制作用、井壁稳定作用及储层保护作用，因此，采用了疏水暂堵、生物完井液和防水锁剂等技术，顺利完成了上述井的钻井和保护工作。下面以 BNB425 区块为例对该技术进行详细介绍。

BNB425 区块沙四段为低渗透储层，且属于砂泥岩互层，可能存在较严重的储层伤害。在开发过程中主要采用全过程储层保护技术，在钻井过程中采用低伤害暂堵解堵钻井液技术，在测试过程中采用测压解堵一体化射孔技术和改性泡沫酸化混排解堵技术，在采油过程中采用空心杆热洗清蜡油层保护技术，在注水过程中采用精细注水开发技术，全面降低储层伤害。

下面以 BNB425 区块典型井进行介绍。BNB425-X121 井是石油勘探开发部的一口生产定向井。滨南油田 BNB425-X121 井井口方位 137°，距离 106m，主要目的层为 BNB425 断块沙四上亚段。钻探目的主要是完善注采井网。设计井深 2996.94m，完钻井深 3003m，NB425-X121 井的地层情况表见表 5-4-28。

表 5-4-28 BNB425-X121 井情况简表

地层	底深 /m	厚度 /m	主要岩性	复杂情况提示
沙二段	2440.00	125.00	灰色泥岩	造浆
沙三上亚段	2565.00	125.00	灰色泥岩	造浆
沙三中亚段	2655.00	90.00	灰绿色砂泥岩	不造浆
沙三下亚段	2720.00	65.00	灰色砂泥岩	不造浆
沙四上亚段	2996.00	230.00	砂岩，泥岩	有指甲盖大小掉块

该区沙四段岩心显示，岩性组合为砂泥互层，储层为灰色或浅灰色粉砂岩、泥质粉砂岩和灰质粉砂岩、泥岩呈灰质或砂质，以灰色为主。油层上部使用聚合物润滑防塌钻井液体系，进入油层前 200～300m 转化为复合盐强抑制低伤害钻井液体系。钻井液应具有较强的抑制性、封堵能力和油层保护效果。封堵以疏水暂堵剂和超细碳酸钙为主，并配合防水锁剂等低伤害处理剂使用。斜井段加入 2.0% 润滑剂提高证钻井液的润滑性，确保斜井段的安全、快速钻进。进入油层前调整钻井液性能符合设计要求，保持中压失水小于 4.0mL，各加入油层保护剂，防水锁剂，补充保持有效含量至完钻。保持钻井液漏斗黏度保持在 40～45s，API 滤失量控制在 5mL 以内，界面张力≤20mN/m。后期，采用生物完井液完井，大幅度降低储层伤害。

具体的维护过程：（1）BNB425-X121 井作为一口采油井，在施工过程中实施近平衡压力钻进，钻井液密度控制在设计范围内；（2）在进入油层前，加入疏水暂堵剂、防水锁剂等，保护油气层；（3）进入目的层前，控制 API 滤失量小于 4mL ；控制钻井液中的低密度固相含量小于 10%，防止固相迁移伤害油气层。

在长裸眼钻进过程中，该钻井液良好流变性和悬浮携带能力，能保证井眼清洁，减少岩屑床的形成，维护井壁稳定，较强的润滑效果，能有效地降低摩阻和扭矩，提高钻进速度，BNB425-X121 井钻井液性能见表 5-4-29。

表 5-4-29 BNB425-X121 井钻井液性能

井深 / m	密度 / g/cm³	*FV*/ s	失水 / mL	切力 /Pa		pH 值	*PV*/ mPa·s	*YP*/ Pa
				初切	终切			
2443	1.16	45	3.8	2.5	18	8	14	7.5
2486	1.17	42	4	1.5	16	8	13	6
2741	1.18	46	4	2	15	8	17	8
3003	1.20	45	3.6	2.5	19.5	9	17	8

从现场施工来看，低伤害钻井液体系完全能满足施工要求，施工过程中钻井液性能稳定，易于维护，15 口井施工过程中没有出现任何复杂情况。15 口井在确保井壁稳定的前提下均提前完钻，最大程度上减少了钻井液对储层的浸泡时间，部分井的储层保护效果见表 5-4-30。

表 5-4-30 BNB425 区块部分井的地层表皮系数

序号	井号	地层表皮系数	序号	井号	地层表皮系数
1	BNB425-X121	−1.32	8	BNB425-X138	−0.61
2	BNB425-X126	−0.314	9	BNB425-X139	−0.33
3	BNB425-X127	−0.19	10	BNB425-X140	−0.563
4	BNB425-X128	−0.56	11	BNB425-X141	−0.82
5	BNB425-X133	−0.38	12	BNB425-X142	−1.53
6	BNB425-X136	−0.35	平均		−0.74
7	BNB425-X137	−1.93			

从表 5-4-30 可知，统计的 12 口井的钻井表皮系数为 −0.74，这充分表明，该暂堵解堵钻井液体系可有效降低钻井伤害，而且，通过全过程储层保护技术，真正解放了油层，表皮系数为负值，表明该地层的渗透率得到进一步提高，油气通道畅通性得到进一步保证，部分井的初期产液量和产油量见表 5-4-31。

从表 5-4-31 可知，通过全过程储层保护技术措施后，实现常规射孔自喷，平均日产油量为 5.27t，比之前同区块同层位单井产量（3.52t/d）提高了 33.23%，取得了明显的经济效益。

该区块日产油由 28.6t 上升至 63.1t，自然递减由 15.7% 降至 7.8%。从部分井的表皮系数看出，该区块的储层伤害得到了有效控制。第一口应用的生产井获得突破，不压裂直接射孔投产日产达到 5.8t，与同区块的压裂投产井产量相当，从而打破了因为初产太低不得已进行压裂的魔咒。

表 5-4-31　BNB425 区块部分井的初期生产情况

井别	投产方式	序号	井号	初期生产情况		
				工作制度	日产液量 /t	日产油量 /t
油井	常规射孔	1	BNB425-X120	ϕ44mm×6m×0.8 次 /min	3.2	2.6
		2	BNB425-X126	ϕ8mm 自喷	6.0	4.0
		3	BNB425-X128	ϕ5mm 自喷	4.0	3.0
		4	BNB425-X129	ϕ44mm×6m×1.1 次 /min	7.0	5.0
		5	BNB425-X132	ϕ44mm×6m×1.1 次 /min	5.0	4.0
		6	BNB425-X133	ϕ5mm 自喷	18.0	13.3
		7	BNB425-X136	ϕ44mm×6m×1.0 次 /min	3.2	2.4
		8	BNB425-X137	ϕ44mm×6m×1.0 次 /min	4.7	3.8
		9	BNB425-X138	ϕ44mm×6m×1.0 次 /min	4.4	4.0
		10	BNB425-X139	ϕ5mm 自喷	8.0	7.0
		11	BNB425-X140	ϕ44mm×6m×1.0 次 /min	4.5	3.2
		12	BNB425-X141	ϕ5mm 自喷	12.1	10.7
		13	BNB425-X142	ϕ3mm 自喷	7.4	5.5
平均单井					6.73	5.27

综上，低活度钻井液与暂堵钻井液相配合可以有效降低储层伤害，在钻井、完井、采油和注水等过程中实施全过程储层保护，可以将表皮系数降低至 0 以下，实现了对储层无伤害，保障了低渗透油藏的高效开发。

第五节　低渗透储层低伤害改造工作液技术

水力压裂是开发致密砂岩气藏的关键技术，其中瓜尔胶压裂液的使用率超过 75%。但是瓜尔胶进入储层会与岩石发生物理化学作用，导致油气渗流通道变窄甚至完全堵塞，进而表现为储层的渗透率伤害。目前，针对瓜尔胶压裂液在砂岩储层中伤害机理的研究主要包括水敏性、水锁伤害和压裂液残渣伤害等。常用的储层保护技术主要有加入黏土稳定剂、破胶剂、助排剂等添加剂，减小压裂液浓度，缩短施工时间以及降低稠化剂分子量等。但是由于瓜尔胶分子链上大量的羟基基团会与岩石表面产生吸附作用，导致岩石多孔介质的有效孔喉半径减小，严重影响了水力压裂改造的效果。

四川盆地海相储层温度超过 150℃，酸化改造是碳酸盐岩储层增产的主要方式，如果在这种高温条件下采用胶凝酸等常规体系，在施工中会导致酸化管柱腐蚀严重，且活性酸穿透深度低，有效酸化半径小，储层改造效果不明显。因此有必要研究一种对管柱腐蚀性低、具有酸岩反应缓速效应的深穿透酸液体系。

一、低渗透气藏改造中工作液伤害解除措施分析

工作液进入储层后，由于长时间与地层岩石和流体接触，在储层高温高压的环境下通过物理和化学作用，引起储层孔隙结构的变化或地层渗透率的降低，从而导致油气在渗透通道中的流动能力变差，产生储层伤害问题。

1. 伤害机理

工作液对储层的液相伤害机理主要包括地层黏土膨胀、分散运移造成水敏性伤害，压裂液滤液进入孔喉后由于毛细管力作用造成的水锁伤害，工作液高分子在储层中的吸附滞留伤害以及工作液与地层流体配伍性差产生化学沉淀；工作液固相伤害主要指破胶液中植物胶稠化剂的不溶物及其他对储层及支撑裂缝的堵塞，造成基质渗透率及裂缝导流能力的降低。

工作液对储层伤害的众多因素中，水敏性伤害、水锁伤害、聚合物滞留伤害以及工作液固相伤害是导致流体渗透通道堵塞、储层渗透率损失的主要伤害类型，因此针对以上几种伤害类型的机理开展了大量的文献调研。

1）储层水敏性伤害

水敏性伤害主要指入井流体与地层岩石配伍性差导致储层中的黏土矿物吸水，增加其束缚水饱和度，引起吸水性矿物膨胀，甚至脱落运移，从而诱发油气渗流通道堵塞，流体流动受阻，最终导致储层渗透率下降，产生储层伤害。

2）储层水锁伤害

水锁伤害主要指外来流体入侵储层后，在毛细管力的作用下地层压力不能完全将外来流体驱替排出地层，致使储层的含水饱和度上升，油气相对渗透率降低。

3）工作液残渣及滤饼伤害

压裂液残渣主要来源于压裂液稠化剂中的不溶物以及其他添加剂中的杂质，残渣对地层的伤害可以分为两种情况：一是粒径大于孔喉的残渣直接堵塞流体的流动通道；二是粒径较小的残渣随流体流动通过孔喉时由于孔喉表面不规则、流速发生变化等原因，通过水动力捕集作用滞留在孔喉中，随着滞留物的聚集增多，最终导致孔喉桥堵。

4）吸附滞留伤害

吸附滞留伤害主要指压裂液中的高分子物质进入储层后，与储层岩石矿物接触并通过物理或化学作用吸附在矿物表面，造成孔喉半径的减小，或者是通过微小孔隙时流动受限，聚合物分子团聚缠绕，滞留在孔隙介质中导致孔喉的堵塞，最终造成储层渗透率的降低。

2. 工作液低伤害解除措施研究

针对水基压裂液储层低伤害的控制措施，在认清储层伤害机理的基础之上，国内外学者开展了大量的理论和实验研究，形成了与储层改造工艺配套的低伤害控制技术。

1）工作液水敏性伤害解除措施

水敏性伤害主要是由于黏土水化膨胀结构破坏后失稳导致黏土颗粒脱落，诱发微小颗粒分散运移堵塞孔喉，使流体流动受阻。因此，控制水敏性伤害的关键在于抑制黏土的水化和微粒分散、运移。

2）工作液水锁伤害解除措施

分析压裂液对低渗透储层水锁伤害机理可知，引起水锁伤害的根源是毛细管效应和贾敏效应，因此减小毛细管力和消除贾敏效应可以有效地降低水锁伤害，根据毛细管力公式和贾敏效应附加阻力公式可知，降低水锁伤害有三条途径：一是降低压裂液的表面张力；二是增大压裂液在岩石固体表面的接触角；三是增大多孔介质的孔喉半径。

3）工作液残渣及滤饼伤害解除措施

根据压裂液残渣伤害机理可知，压裂液残渣含量与稠化剂性质、地层温度、破胶时间和压裂液返排等因素有关，且残渣对支撑裂缝的伤害程度与破胶液中不溶物的粒径大小及分布规律有关。因此，控制压裂液残渣伤害：一是要选用残渣含量小的稠化剂和易于破胶的交联剂；二是优选破胶体系，实现压裂液的高效破胶和快速返排。

4）工作液吸附滞留伤害解除措施

压裂液对储层的水敏性伤害研究起步较早，20 世纪 60 年代国外学者发现水敏伤害现象并开展了相应研究，60 年代底就基本确立了微粒分散与运移机理，70 年代开始探讨水敏性伤害的防治措施。目前，压裂液水敏性伤害的机理研究和控制技术较为成熟，且随着表面活性剂的研发以及无残渣压裂液体系的应用，压裂液对储层的水敏性伤害、水锁伤害以及固相残渣伤害基本得到有效的控制。然而，压裂施工作业中羟丙基瓜尔胶随压裂液从裂缝壁面渗滤到储层基质时，由于在多孔介质壁面的吸附以及在微小孔道中的滞留，会严重阻碍油气从储层基质到人工裂缝的流动，致使压裂液侵入区的渗透率大幅下降，诱发严重的储层伤害问题。

3. 工作液伤害分析总结

高分子聚合物在多孔介质中的吸附滞留机理国内外虽然开展了大量的研究，对象主要是聚丙烯酰胺等高分子化合物，且侧重于聚合物驱油方面，目的是增加高分子化合物在岩石表面的吸附从而提高油气采收率，而并非是降低储层伤害；瓜尔胶及其衍生物虽然属于高分子聚合物，但与驱油剂相比在化学组成、分子结构和分子量等方面都有差异，使得羟丙基瓜尔胶在多孔介质表面的吸附机理与驱油剂不同，且羟丙基瓜尔胶在不同类型矿物表面吸附时的作用机理也不同。目前，国内外缺少羟丙基瓜尔胶在岩石矿物表面吸附机理的研究。

压裂液储层伤害评价大多从工程适用性角度出发，通常以某一油气区块的小岩心柱和高分子滤液为实验材料，采用岩心流动实验较为笼统的测量压裂液滤液驱替前后岩心渗透率的变化，以此来评价压裂液对岩心的伤害程度。然而不同岩心矿物类型和含量均不相同，且稠化剂与不同矿物的相互作用也各有差异，仅仅从渗透率的变化来精确认识稠化剂对储层孔喉的伤害较为困难。

羟丙基瓜尔胶对多孔介质的堵塞伤害是个复杂的科学难题，储层孔隙结构、岩石矿物类型和黏土成分、压裂液液体性能参数和实验参数等均是影响稠化剂对油气流动孔道堵塞伤害的重要因素。目前，国内外学者对羟丙基瓜尔胶在单矿物表面的吸附机理认识不清，对羟丙基瓜尔胶在多孔介质中的滞留伤害缺乏定量描述，没有针对性地提出解除羟丙基瓜尔胶对多孔介质堵塞伤害的措施。

二、高分子化合物储层伤害关键控制技术研究

瓜尔胶是一种具有长链结构的高分子聚合物，当其在矿物表面发生吸附后容易引起岩石孔喉空间变小，甚至发生桥堵，造成多孔介质渗透率的伤害。

1. 羟丙基瓜尔胶吸附机理及静态吸附规律研究

本章主要开展静态吸附实验，揭示羟丙基瓜尔胶在岩石矿物表面的吸附机理，并以吸附量为评价指标分析羟丙基瓜尔胶浓度、pH 值以及温度对吸附的影响规律。

1）羟丙基瓜尔胶在砂岩表面的吸附机理

吸附羟丙基瓜尔胶的砂岩红外光谱在 3800～3000cm^{-1} 出现明显的羟基吸收带，而在 800cm^{-1} 以下没有新的波峰出现，说明羟丙基瓜尔胶在砂岩表面的吸附是物理吸附。砂岩矿物的 Zeta 电位随着 pH 值的增加依然呈现减小的趋势，在高 pH 值下逐渐得到稳定；与去离子水体系相比，砂岩矿物 Zeta 电位曲线出现明显上移，电负性减弱但未发生电性的改变；砂岩矿物等电点出现右移，处于 pH 值为 3～4.04 的范围内；表明羟丙基瓜尔胶与砂岩矿物之间不存在静电力作用。羟丙基瓜尔胶在砂岩矿物表面的吸附速率较快，在 45min 左右基本达到吸附平衡；1000mg/L 的羟丙基瓜尔胶溶液中，平衡时的吸附量为 415μg/g，而当加入氢键破坏剂后，羟丙基瓜尔胶的平衡吸附量只有 97μg/g，吸附量降低了 76.6% 左右；可见氢键作用力是控制羟丙基瓜尔胶在砂岩表面吸附的主要作用力。

2）羟丙基瓜尔胶在砂岩表面的吸附规律

吸附量随着浓度的增加逐步增大，在溶液初始浓度从 200mg/L 增加到 700mg/L 过程中，吸附平衡浓度由 183.39mg/L 增加到 638.16mg/L，吸附量由 79μg/g 迅速增加到 352μg/g，此阶段吸附量增加明显，主要是由于砂岩矿物表面存在许多羟基化的吸附点位，而氢键是羟丙基瓜尔胶在砂岩表面吸附的主要作用力，因此当溶液浓度增加时，吸附点位被迅速占据，吸附量增加明显；而当溶液初始浓度增大到 700mg/L 以后，随着吸附点位逐渐被占据，吸附量随浓度的增加变缓，最终达到吸附饱和。

从羟丙基瓜尔胶平衡吸附量与溶液 pH 值的关系曲线可以看出，羟丙基瓜尔胶在砂岩表面的吸附量随溶液 pH 值的增加而增大，其变化趋势可以分为三个阶段：当溶液 pH 值

从4.85增加到8.12时，吸附量的增幅较大，此阶段吸附量从254μg/g增加到359μg/g，主要是由于酸性条件下羟丙基瓜尔胶的结构被破坏且氢离子影响了羟丙基瓜尔胶与砂岩矿物表面氢键的形成；当溶液pH值从8.12增加到10.06时，羟丙基瓜尔胶吸附量增加缓慢；当溶液pH值从10.06增加到13.12时，羟丙基瓜尔胶吸附量增加了63μg/g。强碱性条件下，SiO_2表面被刻蚀，表面积增加，同时刻蚀点有大量的氧原子裸露，增加了羟丙基瓜尔胶分子链上的羟基与砂岩形成氢键的概率，使此阶段吸附量的增幅较大。

2. 羟丙基瓜尔胶动态滞留伤害及吸附作用力实验研究

1）砂岩孔径分布对动态滞留伤害的影响

根据砂岩充填层孔径分布情况计算结果可知，羟丙基瓜尔胶对砂岩充填层的伤害程度与孔径大小的分布呈现负相关关系，即砂岩充填层的孔径越小，羟丙基瓜尔胶对其渗透率的伤害越大。

2）液体性能参数对砂岩动态滞留伤害的影响

当浓度从1500mg/L增加到2500mg/L时，实验返排的过程中羟丙基瓜尔胶容易被气体从砂岩多孔介质中携出，所以其滞留量较小，对砂岩充填层的堵塞伤害较小；浓度从2500mg/L增加到5500mg/L时，所有随着浓度的增加，羟丙基瓜尔胶在砂岩孔隙中的滞留量从13mg增加到了26mg左右，因此对砂岩孔隙的堵塞伤害较大。当溶液温度从30℃增加到70℃时，砂岩充填层的渗透率损失程度基本保持在38%左右；溶液温度从70℃增加到120℃时，砂岩充填层的渗透率损失程度从38%降低到30%左右。

3）实验参数对砂岩动态滞留伤害的影响

羟丙基瓜尔胶在砂岩充填层中的滞留量随溶液驱替速率的变化趋势与渗透率伤害程度随驱替速率的变化趋势相同；驱替速率在5～12mL/min的范围内，羟丙基瓜尔胶的滞留量保持在19mg左右；驱替速率12～18mL/min的范围内，随着驱替速率的增大，羟丙基瓜尔胶的滞留量从19mg增加到22mg左右；结合渗透率伤害程度的实验结果可知，正是由于羟丙基瓜尔胶在砂岩孔隙中滞留量的增加，使得砂岩充填层的渗透率伤害程度增大。砂岩充填层渗透率的伤害程度随返排时气体速率的增加而降低；返排时的气体速率从500mL/min增加到1500mL/min时，砂岩充填层的渗透率伤害程度从53%降低到36%。羟丙基瓜尔胶在砂岩孔隙中的滞留量随返排时气体速率的增加而减小；当气体速率从500mL/min增加到1500mL/min时，羟丙基瓜尔胶的滞留量从24mg降低到17mg；结合渗透率伤害程度的实验结果可知，返排时气体速率增加，羟丙基瓜尔胶在砂岩孔隙中的滞留量减小，砂岩充填层的渗透率伤害程度减小。返排时间越短，羟丙基瓜尔胶对砂岩充填层渗透率的伤害越大；当返排时间从20min增加到80min时，渗透率损失率从75%减小到44%，当返排时间超过80min时，渗透率伤害程度变化不大。

3. 聚丙烯酰胺静态吸附机理研究

1）吸附作用力组成研究

在吸附有聚丙烯酰胺的方解石样品中检测到了方解石和聚丙烯酰胺所含结构的特

征峰，但并没有发现除方解石和聚丙烯酰胺所含结构之外的特征峰，这说明聚丙烯酰胺在方解石表面吸附后没有产生新的化学键，该实验所得结果排除了化学键作为聚丙烯酰胺—方解石体系吸附作用力的可能。分析 Zeta 电位测试结果发现，随 pH 值增大，方解石表面结构能与氢氧根离子结合，发生多级作用，造成测得 Zeta 电位逐渐降低。而聚丙烯酰胺吸附层并不能造成剧烈的 Zeta 电位变化，更不能使 Zeta 电位反转，说明静电力不是聚丙烯酰胺—方解石体系的主要吸附作用力。尿素的加入可以使聚丙烯酰胺在方解石表面的吸附量减小 60% 以上，这是尿素所形成氢键与聚丙烯酰胺所形成氢键发生相互干扰，在竞争吸附过程中尿素占据优势地位，该实验结果证实了氢键是该体系吸附作用力的主要组成部分。

2）吸附影响因素及规律

观察聚丙烯酰胺静态吸附量随吸附时间的变化曲线，可以发现到明显的吸附平衡过程，吸附在短时间内迅速进行，60min 后随时间变化变小，吸附平衡时间为 120min。在低浓度下，聚丙烯酰胺静态吸附量随浓度增大迅速增加，在 0.06% 后吸附量增加幅度放缓，在 0.1% 左右过后聚丙烯酰胺静态吸附量不再随浓度增大继续增加，此时吸附已经达到饱和。不同液固比下的吸附等温线趋势基本一致，各浓度下的吸附量随液固比不同存在差异。随液固比增大，初期吸附量增加较快，在 25∶4 到 25∶3 间吸附量增加幅度减小，随着聚丙烯酰胺水溶液的增加，聚丙烯酰胺在方解石的吸附逐渐增多，最终达到饱和，吸附量不再随液相量的增加而变化。但是，当液固比继续增大，达到 25∶1 时，由于方解石量过少，聚丙烯酰胺的吸附界面变窄，吸附量开始略微减小。聚丙烯酰胺在方解石表面的吸附量随液固比的变化规律说明该吸附体系内部各部分间的吸附也存在竞争关系，当浓度一定时吸附质和吸附剂的相对质量对吸附平衡有重要影响。

随着颗粒大小减小，单位质量方解石上的吸附量迅速增大。颗粒尺寸的变化从两个方面影响了单位质量方解石上的聚丙烯酰胺静态吸附量：一方面，随着颗粒减小，单位质量方解石的表面积急剧增大，致使吸附界面拓宽，吸附位点的数量增多，吸附量增大；另一方面，吸附位点在晶层断面的分布更多，小颗粒的晶层断面更多，单位表面积上的吸附位点也更多，使吸附量增大。

温度对聚合物在固液界面的吸附影响鲜有报道，但是就实验结果来看，其规律十分明显。随着温度升高，聚丙烯酰胺在方解石表面的吸附量减少，该现象可以用吸附焓热理论解释。由于聚丙烯酰胺在方解石表面吸附是一个放热过程，温度升高必然使吸附平衡向反方向移动，造成吸附量减小。然而，在温度升高的初期，可以发现吸附量随温度升高有略微增加的趋势，这可能是由于温度升高使聚丙烯酰胺絮团和方解石表面极性基团更加活跃，更易分散暴露从而易于吸附的发生。

4. 聚丙烯酰胺动态滞留机理研究

1）基于聚丙烯酰胺浓度的滞留机理分析

当聚丙烯酰胺浓度未达到静态吸附饱和浓度（0.1%）时，滞留量很小，滞留伤害随聚丙烯酰胺浓度增加的增大幅度较小。此浓度范围内，聚丙烯酰胺絮团数量少，尺寸小，质量差，因此无法在方解石介质中形成有效的堵塞。而吸附层随浓度的增大是该浓度范围内滞留伤害发生的主要原因，由于吸附层增厚，流动通道半径减小，造成方解石介质渗透率降低。

随着浓度增大，约在0.1%～0.5%范围内，此时聚丙烯酰胺浓度已经超过静态吸附饱和浓度，可以认为吸附量已经达到稳定不再增加，滞留量和滞留增大的原因是高质量的聚丙烯酰胺絮团数量增多、尺寸增大，因此随着浓度增大，方解石介质中各级孔道从小到大依次发生有效堵塞。体现为返排量显著减少而滞留量显著增大，滞留量与返排量呈现负相关关系，方解石介质渗透率伤害迅速加剧。

当聚丙烯酰胺浓度继续增大（超过0.5%），由于较大的孔道基本被堵塞，聚丙烯酰胺的絮团在方解石介质中的堵塞程度基本稳定，体现为返排量和滞留量基本不再变化，伤害率稳定在较大数值。

2）基于方解石骨架粒径的滞留机理分析

在粒径较小方解石颗粒作为骨架的介质中，聚丙烯酰胺滞留伤害极大，此时由于颗粒较小，孔径相应地较小，聚丙烯酰胺絮团的堵塞严重。不仅如此，由于小粒径的骨架组成的方解石比面更大，吸附界面也更大，吸附量大，吸附造成的孔径缩窄较明显地影响了流体在小孔道中的流动能力。总的来看，严重的吸附和滞留的共同作用造成了该情况下聚丙烯酰胺滞留伤害。随着骨架粒径增大，介质孔径整体大于聚丙烯酰胺表观粒径，使得聚丙烯酰胺絮团不能在方解石介质中形成有效堵塞，介质渗透率伤害主要由吸附造成。同时由于粒径增大，比面减小，使得吸附界面面积减小，造成在浓度一定的情况下聚丙烯酰胺对方解石介质的伤害持续减小。总的来看，在较大粒径的方解石作为介质骨架时，聚丙烯酰胺对介质的渗透率伤害主要是由吸附作用导致。

5. 高分子化合物储层伤害关键控制技术总结

红外光谱分析表明，羟丙基瓜尔胶在砂岩矿物表面的吸附为物理吸附；Zeta电位测试表明在羟丙基瓜尔胶的作用下，砂岩矿物表面电动电位出现正移但没有发生电性反转，只是对砂岩矿物的电位有屏蔽作用，两者之间无静电力作用；而对比破坏羟丙基瓜尔胶与砂岩矿物两者间氢键作用前后的吸附量表明，氢键破坏后羟丙基瓜尔胶的吸附量降低了近80%，表明羟丙基瓜尔胶与砂岩矿物主要是氢键作用。

羟丙基瓜尔胶对砂岩多孔介质渗透率的伤害不是由水敏和水锁现象引起的，主要是由于羟丙基瓜尔胶在砂岩孔隙中的滞留导致部分流体流动孔道半径的减小甚至堵塞，从而造成砂岩多孔介质渗透率的降低。通过核磁共振实验可知，虽然在小粒径范围陶粒组成的支撑剂铺置带内羟丙基瓜尔胶占据的孔道体积小于大粒径范围陶粒所组成的，但由于主要滞留堵塞在狭小孔喉中且占相应总孔隙体积比例增大，小孔径支撑剂铺置带所受到羟丙基瓜尔胶溶液的伤害更为严重。

聚丙烯酰胺在方解石表面的吸附作用力组成是以氢键为主，同时有部分静电力作用。使用尿素对原有氢键进行干扰可以使吸附量降低60%以上。时间、聚丙烯酰胺浓度、液固比、吸附剂尺寸、温度、背景离子的种类和浓度等均对吸附量有显著影响，吸附平衡的移动影响了体系吸附量的变化趋势，氢键吸附位点的存在和吸附界面聚丙烯酰胺的分子形态共同决定了吸附的基本规律，因此 Langmuir 单分子层吸附的模型可以较好地与实验结果拟合。

相较于吸附，聚丙烯酰胺絮团堵塞造成的渗透率伤害更为严重，且不同大小孔道的堵塞对应一定的堵塞强度。较快的返排速度（500mL/min 以上）可以将堵塞在介质中的聚丙烯酰胺冲出，从而在显著降低伤害率。而同一返排速率下长时间返排将使伤害率稳定在某一数值。浓度增大使聚丙烯酰胺疏水缔合形态趋于复杂，絮团增大且絮团质量提高，仅在 0.5% 以下范围内，浓度变化将使聚丙烯酰胺网状结构迅速建立和强化。堵塞的发生和加剧由聚丙烯酰胺絮团形态和多孔介质中的孔径大小分布共同决定。随着浓度增大，滞留过程主要分为三个阶段：低浓度下，聚合物不会堵塞，吸附层增厚孔道半径减小，伤害以吸附为主；当聚丙烯酰胺浓度超过吸附饱和浓度，聚合物以絮团形式残留在孔道中，伤害以堵塞为主；随浓度升高继续增大，滞留量和返排量不再增加，此时可堵塞空间已经基本被完全占据。

三、低吸附伤害改造压裂液体系研究

羟丙基瓜尔胶在砂岩表面的吸附主要依靠氢键作用，因此在羟丙基瓜尔胶溶液中加入适量破坏氢键作用的脱附剂，解除羟丙基瓜尔胶在砂岩多孔介质中狭小孔喉表面的吸附，消除吸附现象对减小孔道半径的不利影响，降低羟丙基瓜尔胶通过孔喉时被捕集的概率，从而减小羟丙基瓜尔胶在砂岩孔隙中的滞留，降低堵塞伤害。

1. 降低高分子化合物滞留伤害关键处理剂研制

1）降低羟丙基瓜尔胶滞留伤害关键处理剂研制

脱附剂加入后对堵塞伤害的解除起到了一定的效果，当脱附剂的浓度从 100mg/L 增加到 500mg/L 时，砂岩充填层渗透率的损失率从 46% 降低到 41%；当脱附剂的浓度超过 500mg/L 后，砂岩充填层渗透率的伤害程度随脱附剂用量的增加保持不变。

2）表面活性剂优选及解堵效果评价

SDBS 加入到羟丙基瓜尔胶溶液中对降低砂岩充填层渗透率伤害没有效果，在 SDBS 浓度从 100mg/L 增加到 900mg/L 的过程中，砂岩充填层渗透率伤害程度从 45% 上升到 69%，主要是由于随着 SDBS 浓度的增加，羟丙基瓜尔胶溶液在驱替过程中气泡现象严重，不易返排。

3）破胶剂解堵效果评价

石英充填层的渗透率损失率随破胶剂用量和反应时间的增加有不同程度的降低；当破胶剂加量为 100mg/L 时，随着反应时间的增加，羟丙基瓜尔胶分子链逐渐断裂，粒径和溶液黏度逐渐降低，当反应时间为 100min 时渗透率损失率从 43% 降低到 33%；当反应时间为 60min 且破胶剂用量从 100mg/L 增加到 500mg/L 时，石英充填层渗透率损失率从 36% 降低到 28%；当破胶剂的用量达到 500mg/L 以及反应时间为 60min 时，在此实验条件下羟丙基瓜尔胶与破胶剂反应较为充分，渗透率损失率随破胶剂加量和反应时间的增加变化很小。

4）解吸附剂研究

抑制剂 A，呈弱碱性，分子结构式为 RO（NH_2）$_2$，白色针状结晶体，无臭无味，不同抑制剂 A 的加量下进行吸附滞留驱替实验。

抑制剂 B，分子结构式为 R（NH_2）（COOH），常温下呈白色固体状，同时具有酸性和碱性官能团，具有较强的亲水性。

抑制剂 C，结构式为 R（OH）（NH_2）（COOH），呈白色结晶粉末状，易溶于水，可以由抑制剂 B 合成，水溶液呈弱酸性。

抑制剂 D，分子结构式为 R（NH_2）（COOH）$_2$，白色结晶性粉末，微溶于水，溶于水呈弱酸性。

抑制剂 E，外观为无定形白色粉末，微结构为球形，呈絮状和网状的准颗粒结构，尺寸范围为 1～10nm，在多孔介质中吸附能力极强，可以利用竞争吸附机理优先占据岩石表面的吸附位点降低瓜尔胶在砂岩表面的吸附，进而减小瓜尔胶在砂岩多孔介质中的滞留。

针对两大类五小类解吸附剂加入到羟丙基瓜尔胶压裂液驱替实验、核磁共振实验、X 光电子能谱实验的测试结果，首先可以对不同种类的解吸附剂的解吸附效果进行评价，解吸附剂在各自最优加量下解吸附效果汇总见表 5-5-1。

表 5-5-1　解吸附剂解吸附效果汇总表

解吸附剂种类	抑制剂 A	抑制剂 B	抑制剂 C	抑制剂 D	抑制剂 E
吸附量降低 /（mg/g）	1.88	1.56	1.41	1.27	2.19
渗透率恢复 /%	32.90	28.37	27.68	24.01	40.62

2. 压裂液配方确定及体系性能评价

但当加入抑制剂 E 或抑制剂 A 后是否会影响压裂液综合性能，还需要从压裂液体系的流变性、携砂性、破胶性以及压裂液对岩心的伤害程度开展综合性能评价，验证加入解吸附剂后的压裂液能否满足现场施工需求。

体系 0：清水 +0.5% 羟丙基瓜尔胶 +0.5% 助排剂 +1.0% 黏土稳定剂 +1% 防水锁剂 +0.3% 杀菌剂 +pH 调节剂 +0.5% 交联剂。

低吸附低伤害压裂液体系，体系 1：清水 +0.5% 羟丙基瓜尔胶 +0.5% 助排剂 +1.0% 黏土稳定剂 +1% 防水锁剂 +0.3% 杀菌剂 +pH 调节剂 +0.12% 解吸附剂 A+0.5% 交联剂。

体系 2：清水 +0.5% 羟丙基瓜尔胶 +0.5% 助排剂 +1.0% 黏土稳定剂 +1% 防水锁剂 +0.3% 杀菌剂 +pH 调节剂 +0.1% 解吸附剂 E+0.5% 交联剂。

1）流变性能

利用 Hakke Mars III 流变仪在 170s^{-1} 剪切速率测试低吸附低伤害压裂液基液的表观黏度，同时在 120℃条件下测试其冻胶压裂液表观黏度。

从图 5-5-1 和图 5-5-2 可知，随着温度升高，羟丙基瓜尔冻胶黏度下降，当温度为 120℃时，体系 0 冻胶平均黏度为 135mPa·s，体系 1 冻胶平均黏度为 122mPa·s，体系

2 冻胶平均黏度为 164mPa·s，虽然体系 1 相比常规压裂液体系冻胶黏度略有下降，但在 120℃下始终能保持 120mPa·s 以上，有较好的耐温抗剪切性能，满足现场要求。其中体系 2 压裂液耐温抗剪切效果最好。

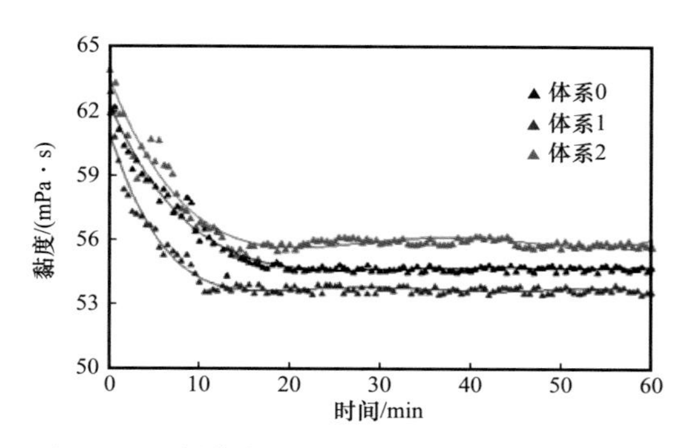

图 5-5-1　低伤害压裂液与常规压裂液基液黏度对比曲线

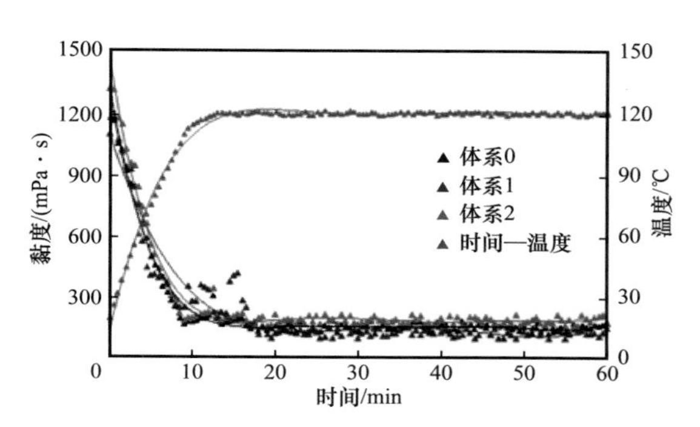

图 5-5-2　低伤害压裂液与常规压裂液冻胶黏度对比曲线

2）携砂性能

将三种压裂液基液均至于 500mL 量筒中，利用 20/40 目 Carbo 陶粒静止放入量筒中部，观察其沉降规律，计算沉降速度，实验结果见表 5-5-2。

表 5-5-2　低吸附低伤害压裂液与常规压裂液携砂性能对比

压裂液类型	沉降时间 /s	液柱高度 /cm	平均沉降速度 /（cm/s）
体系 0	31.323	24.5	0.714
体系 1	32.635	21.4	0.748
体系 2	39.471	24.5	0.621

陶粒在体系 0 中的沉降速度为 0.714cm/s，在体系 1 中的沉降速度为 0.748cm/s，在体系 2 中的沉降速度为 0.621cm/s，可以看出体系 1 沉降速度比常规压裂液体系略有上升，体系 2 沉降速度变慢，但是相比常规体系而言变化不大，可满足现场需求。

3）破胶及伤害性能

压裂施工结束后，需要对冻胶压裂液进行破胶，降低压裂液分子量，降低压裂液黏度，加快压裂液返排，减小对储层的伤害。将三种压裂液体系交联后在 90℃条件下进行破胶实验，待压裂液完全破胶后测试破胶液的表面张力和残渣含量，见表 5-5-3。

表 5-5-3　低吸附低伤害压裂液与常规压裂液破胶性能对比

类型	温度 /℃	破胶剂 /（mg/L）	破胶时间 /min	黏度 /（mPa·s）	表面张力 /（mN/m）	残渣含量 /mg
体系 0	90	4000	240	2.8	25.14	471.52
体系 1	90	4000	180	2.2	22.15	431.65
体系 2	90	4000	240	3.9	26.82	537.28

三种压裂液体系均能完全破胶。体系 1 的破胶时间最短为 180min；破胶液黏度均小于 5mPa·s；三种压裂液破胶后表面张力均小于 28mN/m；体系 2 残渣含量为 537.28mg，相比常规压裂液略有升高，但仍低于 600mg。综上所述，低吸附低伤害压裂液体系 1 和体系 2 满足 SY/T 5107—2016《水基压裂液性能评价方法》及现场施工要求。

四、非聚合物型低伤害酸化工作液技术

1. 高温微乳酸研究

1）微乳酸组成与作用机理

微乳酸与乳化酸的作用机理相似，在微乳酸进入地层之初，油外相将酸液与岩石表面隔开，从而延缓了酸液与岩石的反应。随着微乳酸进入地层深度的增加，酸液温度随其升高，同时微乳酸被地层流体稀释以及乳化剂不断被地层岩石所吸附，致使酸液的稳定性不断减弱，使得酸液逐渐破乳而释放出酸液与岩石反应，从而实现深部酸化的目的。

2）高温微乳酸研制

高温乳化剂合成：微乳酸的乳化剂除了具有一般表面活性剂的性能外，结合现场施工要求还需要满足以下几点：（1）疏水链长且含耐温基团以提高耐温性高；（2）水溶性好；（3）亲水亲油平衡值（HLB）适当。采用以十八烷基酸为原料，经由烷基化、酰胺化、霍夫曼降解、还原甲基化等反应，最终得到含苯基的十七烷基表面活性剂 RHJ–1。

采用红外光谱仪对 RHJ–1 样品进行了红外光谱测定，检测其分子链上是否接枝上相关基团，结果如图 5–5–3 所示。在试样的红外谱图中，3448.9cm^{-1} 处为苯环 C—H 键的伸缩振动吸收峰；1640.8cm^{-1} 处为苯环 C══C 双键的特征吸收峰；1508.4cm^{-1} 处也为苯环的伸缩振动吸收峰；1454cm^{-1} 处为与季铵盐正离子相连的亚甲基的弯曲振动吸收峰；952cm^{-1} 处为季铵盐的特征吸收峰；2905.2cm^{-1} 处为—CH_3 和—CH_2 伸缩振动吸收峰，1474.7cm^{-1} 为—CH_3 和—CH_2 反对称弯曲振动峰，715cm^{-1} 处是—（CH_2）$_n$ 长链特征吸收峰。试验结果验证了产品中存在苯基、铵根离子及长碳氢链，达到了设计目的。

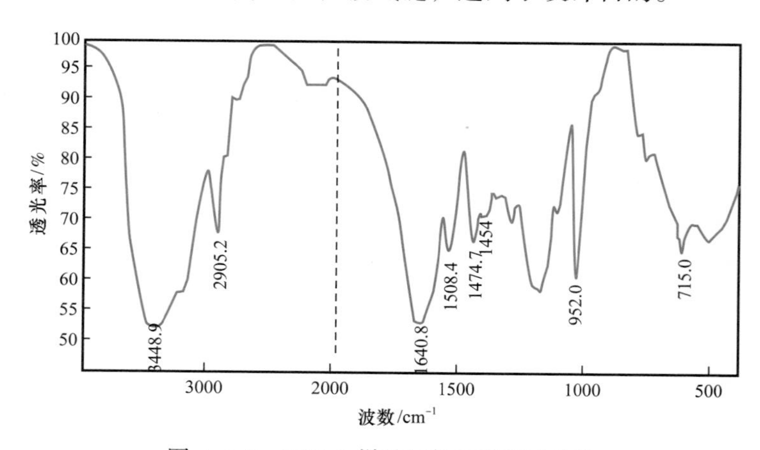

图 5–5–3 RHJ–1 样品红外光谱测试曲线

考察邻苯二甲酸氢钾含量对微乳酸的耐温性影响：将 149g RHJ-1、3g 正丁醇、60mL 柴油和 140mL 酸溶液混合均匀，滴加 A 活性醇至澄清。分别取 11.26g 配制好的微乳酸，加入不同量的邻苯二甲酸氢钾，搅拌均匀，然后置于 150℃温度下，考察其耐温性。

考察 RHJ-1 含量对微乳酸耐高温性影响：将 0.06g 邻苯二甲酸氢钾、0.15g 正丁醇、3mL 柴油、7mL 盐酸溶液与不同量的 RHJ-1 混合搅拌均匀，滴加 A 活性醇至澄清，而后将微乳酸置于 150℃油浴中，考察其耐温性。

分析影响因素，选取合适正交表，做正交优化实验，考察各配方下最大溶酸量及该微乳酸的耐高温性。

考察含邻苯二甲酸氢钾微乳酸体系的三元相图：按质量比（RHJ-1：邻苯二甲酸氢钾 =10：1，助表面活性剂 A 活性醇：主表面活性剂 RHJ-1=1：2）称取一定量的主表面活性剂和助表面活性剂，搅拌均匀作 surfactant 相。然后分别以 10：0，9：1，8：2，7：3，6：4，5：5，4：6，3：7，2：8，1：9 和 0：10 的比例称取 surfactant 相和油相放入烧杯中，搅拌均匀，滴加盐酸溶液，记录溶液浑浊时所加盐酸溶液质量，做拟三元相图。

实验分析后最终确定微乳酸基础配方，经换算质量比为：65g 工业盐酸 +12.8g 柴油 +6.4g RHJ-1+3.2g A 活性醇 +0.6g 邻苯二甲酸氢钾 +12g 水。

3）高温微乳酸性能评价

在酸液量≤70% 情况下，由于体系形成 W/O 结构，连续油相非极性分子间的电导率低。但酸量超过 70% 以上，液量超过体系最大溶酸量，W/O 结构被破坏，体系破乳变浑浊导致电导率急剧上升。

耐温实验是将微乳酸在高温高压可视反应釜中，将酸液置入釜体内，加压升温到指定温度，通过可视窗观察酸液澄清或破乳状态，进而确定破乳温度。经过多次测试，微乳酸在 150℃时能够不破乳不分层，保持室温下均匀透明稳定的形态，而当温度超过 150℃时，逐渐开始出现浑浊分层，说明微乳结构已经开始破坏，开始向更大尺寸聚集体转变。因此，微乳酸体系的高温稳定性良好，耐温能力达到 150℃。

将配制好的微乳酸置入耐酸流变仪中，在 150℃，$170s^{-1}$ 条件下剪切 120min。在实验时间内，微乳酸样品黏度基本保持稳定，说明在连续高温剪切过程中体系没有发生相变。

全配方微乳酸对钢片腐蚀速率仅为 72.77g/（m^2·h），腐蚀程度不大，而胶凝酸相同条件下对钢片腐蚀速率为 259.40g/（m^2·h）。结果对比充分说明了微乳酸的对管柱的低腐蚀性。

胶凝酸酸化后岩心内表面平整，孔隙结构暴露少，微乳酸酸化后岩心内表面凸凹不平，孔喉结构大量暴露，35MPa 闭合压力下微乳酸岩心裂缝伤害率比常规胶凝酸低 21.08%。

2. 高温清洁酸研究

酸液在地层中会优先进入渗透率大的地层裂缝，而渗透率较低的层段得不到处理。储层进行酸化改造面临以下难点：（1）储层高温，酸岩反应速度快、酸作用距离有限；（2）储层超深、致密，酸化改造施工难度大；（3）储层超深、高温、高含硫，水平井酸化施工工艺选择难度大，水平井段均匀布酸困难；（4）储层低孔隙度、低渗透率、地层压力较低，液体返排困难，易形成二次伤害。针对上述难点，在储层增产改造中可采用高温清洁酸，以改善吸酸剖面，同时具有良好的缓速和降阻、深穿透性能，且伤害低。

1）甜菜碱表面活性剂分子特点

甜菜碱属于两性表面活性剂，分子链上特殊亲水基团结构决定了其特殊的胶束性质，存在等电点（pI）[1]。除了正、负中心的强度是决定两性表面活性剂的等电点的主要因素外，两性表面活性剂中疏水链长度对其等电点值也有影响。一般随着碳链长度延长，两性表面活性剂的等电点值呈下降趋势。

2）甜菜碱清洁酸微观作用机理

设计表面活性剂分子结构具体如下：（1）亲水基团为带一个永久性正电荷的碱性原子和一个负载负电荷的酸性官能团的亲水结构组成；（2）疏水碳氢链必须足够长；（3）亲水基团与疏水基团通过酰胺键连接。因此，清洁酸活性主剂化学结构示意如图5-5-4所示。

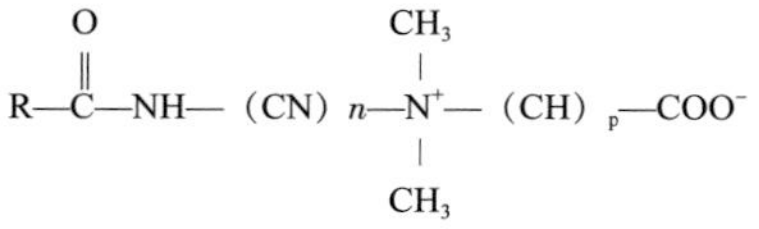

$$R—\overset{\overset{\displaystyle O}{\|}}{C}—NH—(CN)\,n—\overset{\overset{\displaystyle CH_3}{|}}{\underset{\underset{\displaystyle CH_3}{|}}{N^+}}—(CH)_p—COO^-$$

图5-5-4 清洁酸活性主剂化学结构式示意图

3）芥酸酰胺丙基甜菜碱合成与评价

甜菜碱的合成分两步进行：第一步是以烷基酸和*N*，*N*–二甲氨基丙胺在KOH存在下，经缩合反应制得叔胺；第二步是叔胺产物与氯乙酸钠反应得到季铵化产物。

（1）将芥酸和*N*，*N*–二甲氨基丙胺按一定比例投放到反应装置中，进行缩合反应，反应温度140～180℃，反应一定时间，生成*N*，*N*–二甲基–*N′*–二十二烷基酰基丙胺和水。

（2）将上述缩合反应产物保持温度在140～180℃，抽真空减压至真空度650～700mmHg，进行减压蒸馏5～20min，蒸馏出未反应的*N*，*N*–二甲氨基丙胺与水，得到中间产物*N*，*N*–二甲基–*N′*–二十二烷基酰基丙胺。

（3）向得到的中间产物*N*，*N*–二甲基–*N′*–二十二烷基酰基丙胺中加入一定比例的氯乙酸钠及适量溶剂，搅拌升温进行季铵化反应，反应温度60～90℃，反应时间6～9h，生成芥酸酰胺丙基甜菜碱和盐类。

4）芥酸酰胺丙甜菜碱剪切流变性

配制pH值为4的芥酸酰胺丙甜菜碱残酸，采用M5500流变仪对样品进行流变性测量。高温流变试验结果表明，在$170s^{-1}$条件下，升温过程中残酸最高黏度约为550mPa·s，当温度升高到120℃时，残酸黏度仅约为25mPa·s，较芥酸酰胺丙甜菜碱残酸初始、高温黏度均有所提高，这是由于芥酸分子链比芥酸分子链更长导致的结果。但是，在高温下芥酸酰胺丙甜菜碱清洁酸与金属离子形成的结构仍会发生解体，体系黏度下降较快。说明仅采用芥酸酰胺丙甜菜碱作为清洁酸转向剂，但仍不能满足高温储层酸化改造需要。

[1] 本书中表面活性剂在外界电场中既不会向阳极迁移，也不会向阴极迁移。此种无迁移状态相应溶液的pH值就被称为表面活性剂的等电点。

3. 活性协同剂研究

1）活性协同剂的分子结构设计

协同剂能够与主活性剂之间形成氢键，强阴性离子能够屏蔽主剂之间静电斥力，并且能够与活性主剂分子长链相互缠绕（图 5–5–5），即使在高温下也能够维持缔合强度，达到在高温储层中酸液变黏转向目的。

2）协同剂制备

将试剂 D 与中间体按 1∶1.05 比例投料，以少许酚酞指示剂指示，滴加碱性催化剂使体系维持碱性，在 90℃以上反应，反应时间为 6～8h，控制反应终点，使转化率＞90%，得到粗产品为浅黄色黏稠液体，洗涤过滤后加入溶剂配制成一定浓度的活性协同剂 ZVES。

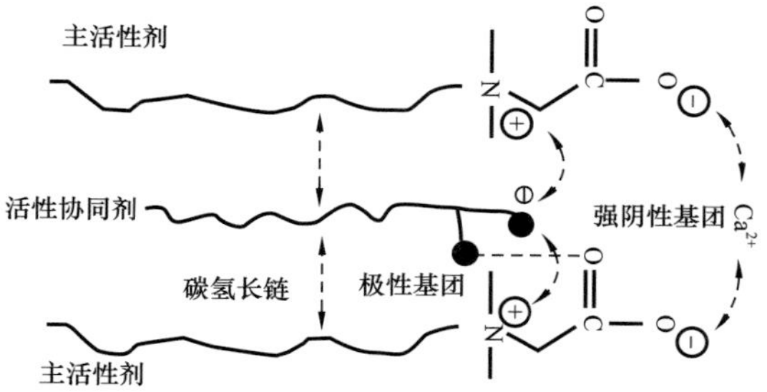

主活性剂　活性协同剂　碳氢长链　极性基团　强阴性基团　主活性剂

图 5–5–5　设计的 ZVES 协同剂与主剂的相互作用示意

3）活性协同剂与主剂相互作用

实验结果表明，如果比例适当，活性协同剂 ZVES 对清洁酸耐温性有明显的影响，能够明显提高清洁酸的耐温性。在活性剂总量控制在 4% 且 ZVES∶JVES＝1∶1 情况下，一定 pH 值的清洁酸黏度能够在 $170s^{-1}$，120℃条件下保持 120mPa·s 左右，远远超过仅有 JVES 酸液的 25mPa·s，这充分证明的活性协同剂分子结构设计的正确性。

随着活性剂含量的增加，在 $170s^{-1}$，120℃条件下清洁酸残酸黏度逐渐增加，即其耐高温性能越好，在活性剂含量为 7% 时体系高温黏度达到约 230mPa.s。在分子头基保持缔合结构强度同时，疏水长链之间的缠绕程度越复杂，从而导致整个体系的表观黏度增加。

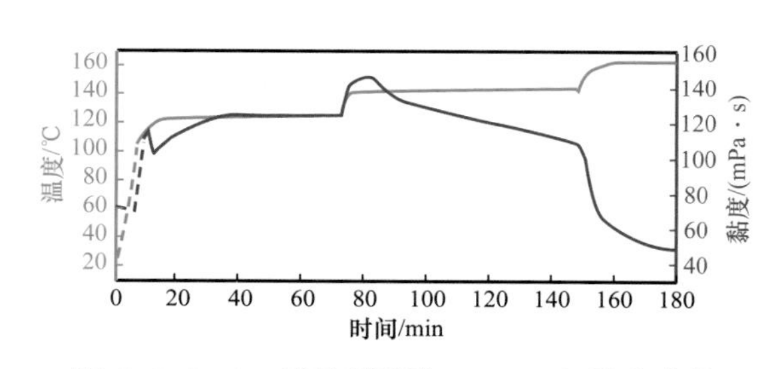

图 5–5–6　4% 活性剂酸液 25～160℃流变曲线

将 4%VES（JVES∶ZVES＝1∶1）配制成 pH 值为 4 的清洁酸残酸，从 25℃开始升温至 160℃，并在 120℃，140℃及 160℃保持较长时间，测定体系在 $170s^{-1}$ 剪切速率下的黏度，结果如图 5–5–6 所示。在 $170s^{-1}$ 恒定剪切速率下，25～120℃范围内随着温度升高，残酸体系黏度不断增加。当温度维持在 120℃时，随着剪切时间的增加，体系黏度几乎维持在 120mPa·s 不变；当温度升高并维持在 140℃时，在剪应力作用下，体系黏度逐渐下降，150min 时黏度仍然保持在 100mPa·s；当温度再升高并维持在 160℃时，在剪应力作用下，体系黏度逐渐下降，180min 时黏度仍然保持在 50mPa·s。上述结果充分说明了主体清洁酸的耐温性能良好，其根本原因在于 ZVES 的高温协同作用。

4. 清洁酸配方体系及评价

1）缓蚀剂优选

在体系（20%HCl+4%VES）中加入 1% 不同种类缓蚀剂，并与碳酸钙反应，配制成

pH 值为 4 的残酸，在流变仪上考察其高温流变性。缓蚀剂对酸液黏度有一定影响，其中高温缓蚀剂 KMS-6 效果最好。因此，确定采用 KMS-6 为高温清洁酸缓蚀剂。

2）铁离子稳定剂优选

在体系（20%HCl+4%VES）中加入 1.5% 不同种类铁离子稳定剂并开展实验评价。结果表明，只有 WD-8 稳定铁离子能力超过 100mg/mL，其余铁离子稳定剂稳定铁离子能力均较差，因此优选 WD-8 作为铁离子稳定剂。

最终确定配伍清洁酸配方为：20%HCl+5.0%VES+1.0%KMS-6+1.5%WD-8。

3）清洁酸性能评价

pH 值从 0.5 上升到 1.0 的过程中溶液表观黏度显著上升。pH 值超过 1.0 后，酸液表观黏度略有下降，之后在 pH 值 4 处黏度又升到最大值，pH 值大于 4 后残酸体系基本上维持一常数，说明活性剂分子呈棒状或蠕虫状胶束，体系呈高黏度。

配伍清洁酸残酸黏度随温度升高，150℃，$170s^{-1}$ 条件下仍维持 40mPa·s 以上，具有优异的高温分流转向能力，说明产品具有优异的高温变黏性能。

在注入清洁酸的过程中提高注入压力和增加了岩心渗透率，其与一般酸液只能降低注入压力的作用是完全不同的，充分体现了研制的高温清洁酸变黏转向性能。

普通酸与碳酸盐反应迅速，并沿着存在的孔隙大量渗入岩心，造成酸液大量漏失，并易导致局部酸化严重，原有孔隙孔径进一步增大，形成滤失主通道。而 N 清洁酸与碳酸盐反应时，岩心表面酸浓度降低，pH 值增大，而产生的钙离子与活性剂分子结合，表面形成黏性物质，防止酸液渗漏，降低了酸液滤失量。清洁酸具有良好的降滤失性能，能够增大酸化半径，产生更好的流通通路，达到深度酸化的目的，还可以封堵微裂缝。

20% 浓度下胶凝酸、清洁酸酸蚀岩板后的导流能力对比结果表明，在一定闭合压力下清洁酸酸蚀岩心比胶凝酸酸蚀岩心导流能力高，35MPa 闭合压力下清洁酸岩心裂缝伤害率比常规胶凝酸低 13.30%。

清洁酸残酸的破胶程度直接决定了酸液的返排性能。将高温流变后的残酸与阜康公司的互溶剂混合，从试验结果可以看到，残酸的破胶速度与互溶剂加量有关，互溶剂含量越高，残酸破胶速度越快，破胶越彻底。当互溶剂含量提高到 5% 时，残酸黏度在 5min 之内就从初始的 90mPa·s 降至 7mPa·s，表明了互溶剂对清洁酸的良好破胶性能。

5. 高温缓释酸研究

缓释酸又称潜在酸，是注入地层的流体，利用离解或离子交换作用在地层深处持续产生的酸。缓释酸应用于高温井具有其他酸液体系不可比拟的优点。由于是在地层内通过与其他物质发生反应而产生，因此可使酸处理的深度大为增加。

1）反应体系优选

氯代烃及衍生物体系：饱和烷基氯 A、不饱和烷基氯 B、芳香氯 C 在 90℃及催化剂条件下，生酸浓度很低；在 150℃及催化剂条件下，各体系生酸浓度也较低。同时考虑到氯代烃及衍生物成本高，且在水中溶解度低而难于满足施工工艺，因此它们不适用于高温高压碳酸盐岩储层缓释酸体系。

酰氯化合物体系：酰氯如果连接的是饱和碳，那酰氯性质就比较活泼，用水可以使酰氯水解，芳香酰氯性质比较稳，常温下水解十分缓慢。综合结果来看，酰氯化合物能够在水中迅速水解，特别是在高温下生酸浓度也较高。但由于材料价格较高，导致整个缓释酸体系成本偏高，投入产出比低，因此暂不考虑酰氯化合物。

羰基化合物—铵盐体系：羰合物 A 与铵盐体系能够自生产生盐酸，且产率较高，接近 20%，具有实际应用的可行性。因此从羰基化合物—铵盐体系首先选择羰合物 A/ 铵盐展开相关反应特性研究。

2）羰合物 A/ 铵盐体系反应特性

当羰合物 A：铵盐 =1.7（物质的量之比）时，体系生酸浓度最高，能够达到 20% 生酸浓度。因此，确定反应体系中羰合物 A 与铵盐比例为 1.7：1。

在同一温度下，羰合物 A/ 铵盐反应体系随时间增加，生酸浓度逐渐升高，最后趋近于某一饱和值。另外，随着体系温度增加，饱和值发生变化，说明反应向正方向进行的程度更高，生成的有效酸浓度更高。

在常温下可达到相同生酸浓度情况下，常规盐酸与碳酸岩必反应剧烈，反应速度快，岩心 1.9h 基本上就达到 70% 有效溶蚀率；相对于常规盐酸来说，胶凝酸与岩心反应具有明显缓速效应，岩心 9h 才达到 70% 有效溶蚀率；羰合物 A/ 铵盐体系缓速效应更明显，岩心 45h 达到 70% 溶蚀率。

在 100℃温度下，常规盐酸体系 0.8h 左右就溶蚀掉 70% 岩心；胶凝酸仍然具有缓速作用，2.1h 时才使岩心溶蚀率达到 70%；羰合物 A/ 铵盐体系在高温下缓速效应最明显，10.7h 时岩心有效溶蚀率达到 70%。上述结果充分表明羰合物 A/ 铵盐体系是逐渐产生酸，且产酸是逐步进行的。在高温条件下，羰合物 A/ 铵盐体系酸岩反应缓速率远低于常规盐酸，且优于胶凝酸，能够提高酸液深穿透能力。

3）缓释酸配方优化

羰合物 A 与铵盐混合后，组分之间发生反应，体系中有效生酸浓度迅速增加。当反应时间足够长时，当体系中有效酸浓度约为 14% 时趋近饱和值，说明羰合物 A/ 铵盐体系已经处于一种动态平衡状态。

100℃条件下盐酸溶蚀岩心 70% 时间约为 0.6h，胶凝酸约为 2.2h，而缓释酸达到相同溶蚀率为 8.4h，缓速效应明显。

缓释酸、盐酸和胶凝酸在 150℃条件下溶蚀 70% 岩心时间分别为 3.7h，0.23h 和 0.85h，表明缓释酸液在 150℃高温下反应速度已经超过胶凝酸，仍具有明显缓速优势。缓释酸、盐酸和胶凝酸在 150℃条件下溶蚀 70% 岩心时间分别为 0.49h，0.23h 和 0.85h，表明缓释酸液在 150℃高温下反应速度已经超过胶凝酸，不再具有缓速优势。

在维持当量酸液总浓度不变的情况下，当酸液体系中工业盐酸含量减少，自生反应体系羰合物 A/ 铵盐含量提高情况下，酸岩反应速度降低。在 150℃条件下盐酸和胶凝酸溶蚀 70% 岩心时间分别为 0.23h 和 0.85h，而 15%HCl（羰合物 A/ 铵盐）+5% HCl（工业盐酸）相应需要时间则为 2.7h，所需时长是盐酸的 11.7 倍，缓速效果优于胶凝酸。因此，最终确定 15%HCl（羰合物 A/ 铵盐）+5% HCl（工业盐酸）作为基础配方。

4）缓释酸性能评价

缓释酸与纯羰合物—铵盐体系规律相同，在同一温度下缓释酸反应体系开始生酸速率很快，最后趋近于某一饱和值。另外随着体系温度增加，饱和值增大，说明反应向正方向进行的程度更高，有效酸浓度更高。

在盐酸、胶凝酸及缓释酸均不加入缓蚀剂条件下，100℃盐酸对钢片腐蚀速率高达 1993.25g/（m^2·h），相同条件下胶凝酸腐蚀速率为 1503.26g/（m^2·h），缓释酸 150℃对钢片腐蚀速率为 318.82g/（m^2·h）。在缓蚀剂加入形成全配方酸液体系后，缓释酸在 150℃对钢片腐蚀速率仅为 31.25g/（m^2·h），完全满足在实际应用中对酸液腐蚀性要求。

酸液环形管道流变仪测定的胶凝酸在这个剪切速率范围内降阻率约为 50%，而混有降阻剂的缓释酸降阻率接近 50%，也就是说缓释酸摩阻略大于胶凝酸，但两者降阻效果差别不大，缓释酸仍能够有效降低施工泵压，提高施工排量。

胶凝酸刻蚀岩板表面较均匀，沟槽较浅，而缓释酸刻蚀岩板表面存在桥墩式支撑，沟槽明显，有蚓孔。采用酸蚀导流仪对刻蚀好的岩心进行不同闭合压力下的导流能力实验，从结果可以看出，酸液类型对酸蚀裂缝导流能力有明显影响。对比相同岩心在不同类型酸液体系下的导流能力结果，缓释酸体系形成的导流能力高，而胶凝酸体系形成的导流能力低，35MPa 闭合压力下缓释酸岩心裂缝伤害率比常规胶凝酸低 25.69%。

酸液体系表面张力值仅为 26.86N/m，能够降低残酸在碳酸岩表面铺展程度和层内渗流阻力，增加液体在储层储集空间内运移能力，提高残酸的返排效率。

6. 非聚合物型低伤害酸化工作液技术总结

抗温主表面活性剂分子设计合理，合成的 RHJ–1 表面活性剂性能优异，其表面张力、临界胶束浓度、克拉夫点、亲水亲油平衡值低，耐温性好，适宜作为高温微乳酸的乳化剂使用。通过正交方案优化得到的微乳酸配方为：65g 工业盐酸 +12.8g 柴油 +6.4g RHJ–1+3.2g A 活性醇 +0.6g 邻苯二甲酸氢钾 +1.0mL 缓蚀剂 +1.0mL 铁离子稳定剂 +10g 水。研发的 W/O 结构微乳酸产品性能优良。微乳酸耐温达到 140℃，高温条件下腐蚀速率低且酸岩反应缓速效应明显，降阻率超过 70%，酸蚀导流与岩心酸化效果比胶凝酸好，对岩心伤害低。

优选得到的配伍清洁酸在酸岩反应进程中具有理想的 pH 值变黏特性。在 150℃，170s^{-1} 条件下，鲜酸剪切黏度不超过 17mPa·s，具有良好的可泵性；残酸剪切 120min 仍保持黏度 40mPa·s 左右，具有良好的高温变黏能力。另外，产品转向、缓速、降滤性能良好，破胶彻底。

通过生酸组分比例优化及添加剂优选，能够形成对管柱腐蚀性低、酸岩反应速度可调的深穿透缓释酸产品，满足不同温度碳酸盐岩储层酸化缓速的需要。配方为 5%HCl（工业盐酸）+15% HCl（羰合物 A/ 铵盐）+2.0%WD–11+1.0%WD–8+0.5% BA1–9+0.5%WD–12+ 清水的缓释酸 150℃溶蚀 70% 岩心需要时长是常规盐酸的 11.7 倍，缓速效果明显优于相同浓度的胶凝酸，且该体系腐蚀性小，流变性稳定，摩阻与表面张力低，形成的岩心酸蚀导流能力理想。

第六章　高压低渗透油气藏固井技术

川西中浅层及川西海相气藏地层压力高，且储层具有致密低渗透、裂缝发育、非均质性强等特点。随着川西中浅层钻井技术水平的进步，开发井型从直井、定向井发展为水平井。但在川西高压低渗透、复杂地质条件下，因水平井井眼轨迹特殊性，增大了水平井固井施工难度，难以保障水平井固井质量。存在环空带压、固井质量不理想、固井配套工具不能满足要求等问题，直接影响气井长期密封完整性及安全高效生产，进而影响了低渗油气藏科学、高效勘探和开发（万仁等，2003；王晓冬等，2004；王志伟等，2004；谢晓永，2010；杨旭等，2017；万小勇等，2019；杨旭等，2019）。

本章从水泥环密封机理、水泥浆体系、固井工具和固井工艺等方面，对如何提高高压低渗透油气藏固井质量，改善水泥环长期密封完整性进行了科学的分析和阐述。

第一节　国内外现状及发展趋势

一、国外现状

1. 水泥环密封完整性技术

水泥环密封完整性是实现井下层间封隔、油气资源安全高效开发的重要保障。在井下复杂工况如页岩油气井大型分段水力压裂、酸性气藏的热—力—化耦合作用等，水泥环的密封完整性面临了巨大的挑战，密封完整性技术也随之得到快速发展。国外研发了各种规格、尺寸的水泥环密封评价装置，模拟评价交变应力和温压循环等条件下水泥环的密封完整性；研究密封劣化演变规律，形成了密封完整性的失效模式。建立了套管—水泥环—地层组合体模型，并综合考虑了水泥环所受的初始应力、水泥石的收缩变形等，计算了井下复杂应力下水泥环的应力状态，分析了影响密封完整性的主控因素，形成了水泥环密封完整性破坏规律，揭示了水泥环密封完整性失效机理。认为水泥石的性能包括弹性模量、强度和体积变形以及岩石的特性是影响水泥环完整性的主要因素。研发了FlexSTONE水泥浆体系、FlexSet水泥浆体系，具有低弹性模量、高强度的性能，有效提高了气井水泥环的密封完整性。

2. 固井工具

（1）井口旋转下套管装置。国外多家公司对大位移井高摩阻条件下的下套管技术进行了研究，并取得了相应成果。TESCO公司的套管驱动系统（Casing Drive System™–

CDS™）源于该公司的套管钻井系统（CASING DRILLING™），适用于配备了顶驱的钻机，在套管柱下入过程中，可随时随地同时实现套管柱的旋转、循环和上下活动，极大地提高了下套管作业的安全可靠性。加拿大 Volant 公司研发了完全由机械驱动的顶驱下套管装置，主要通过顶驱的旋转、上提及下放，实现心轴相对于卡瓦的轴向位移，进而实现卡瓦的径向位移，完成下套管装置与套管的夹持作业。

（2）新型尾管悬挂器及配套工具。从国外首次成功研制和应用尾管悬挂器至今已有 40 多年的历史。随着一些特殊井和复杂井的勘探开发，单一功能的尾管悬挂器早已不能适应固井需要。威德福公司的内嵌卡瓦旋转悬挂器尾管除了具有旋转和顶部封隔功能外，还具有针对高相对密度钻井液专门设计的浮式塞帽，该装置具有密封功能，保证丢手装置在相对干净的环境下工作。威德福公司产品主要技术参数为：传递最大扭矩为 57kN·m；最大承受的尾管载荷为 910kN；封隔装置的最大密封能力为 70MPa。TWL 公司的 HDRLH 型旋转尾管悬挂器的特点是具有长条状的高承载内嵌式卡瓦，且允许快速下入，不会提前坐封；最大的密封压力达到 55MPa。为了适应高钢级套管，卡瓦的铬氏硬度达到 HRC55～HRC60。贝克休斯公司研制了 Control-Set 尾管悬挂器，可实现尾管下入过程中大排量高泵压循环，同时可以克服上提下放产生的激动压力对悬挂器的影响，可应用于钻井液密度高、需中途开泵的情况。针对深井井壁稳定性差、易坍塌缩颈问题，Deepcasing Tool 公司研发了 Shalerunner 液力驱动旋转引鞋，通过液力驱动引鞋旋转，无须旋转整个管串即可修整井壁，一定程度上解决了井壁缩颈及坍塌造成的尾管下入困难。贝克休斯公司的尾管悬挂封隔器采用具有金属骨架的胶筒，保证入井过程中的安全性，整个尾管悬挂器采用气密封螺纹设计，最高的密封能力达到 70MPa；其顶部封隔装置分为高压和低压两种，其中高压封隔装置最高密封压力可以达到 70MPa，耐温达 204℃。

3. 防气窜固井技术

聚合物胶乳（polymer latex）是直径 200～500nm 的聚合物球形颗粒分散在黏稠的胶体体系中，再加入一定量的防止聚合物颗粒聚结的表面活性剂而形成。可用于配制固井水泥浆，具有防气窜的功能。斯伦贝谢公司的系列胶乳产品已有 1000 个以上应用实例，成功率达 90%。该系列已发展了低温、中温和高温产品，如 D600 适用于水泥浆密度 1.70～2.10g/cm^3 和温度 49～149℃，D700 可应用密度范围在 1.20～2.40g/cm^3 的水泥浆和 27～204℃的井底温度。近年来，国外公司发明了一种新型的以无机材料作为主要成分的防气窜剂 MicroBlock，加入水泥浆后，可有效控制游离液、降低滤失量、提高水泥浆稳定性和耐腐蚀性；并较好地填充在固化后的水泥石中，降低其渗透率。与胶乳相比，其主要成分是无机材料，对水泥浆密度、配浆水质、温度变化和配浆搅拌速率等敏感性低，配方易于调节，使用难度小、风险低。在北海、墨西哥湾等地区，MicroBlock 的用量已经超过了胶乳。对于高压气层，需要高密度甚至超高密度防气窜水泥浆，而密度 2.60g/cm^3 以上的水泥浆，由于较大的加重剂加量，使得水泥浆的稳定性和流动性之间的矛盾难以调和，导致混配困难。为此，挪威的 EIKEM 公司开发了新的加重剂 MicroMAX。该产品是球形化的 Mn_3O_4 颗粒，可悬浮在水中，具有极高的加重效率，水泥浆的流变性和稳定性也非常好。该产品在官深1井超高密度水泥浆固井中进行了应用，提升了水泥浆的流动性和综合性能，实现了使用常规注水泥流程混配和泵注超高密度水泥浆（王孝刚等，2010）。

二、国内现状

1. 水泥环密封完整性技术

为了准确地评价井下实际工况水泥环密封完整性，国内研制了大型的水泥环密封完整性评价装置，采用现场常用的全尺寸套管，模拟井下复杂工况，并建立了密封性评价方法，形成了水泥环密封失效规律。构建了水泥环长效密封的控制方法，开发了具有低弹性模型高强度的弹韧性水泥浆体系；研究了套管居中度和水泥浆流变性等对顶替效率的影响规律，形成了提高顶替效率和固井质量的工艺措施，有效保障了水泥环的长期密封性。研发的弹韧性水泥浆体系和配套固井工艺，在涪陵页岩气田推广应用，满足了大型水力压裂后水泥环的密封性，显著降低了环空带压率。对于含酸性气体气藏，研究了单一和混合酸性气体对水泥石的腐蚀规律，揭示了酸性气体腐蚀机理。研发了防酸性气体腐蚀的关键功能材料胶乳等，利用胶乳中的胶粒成膜和填充作用，增加水泥石的致密性，降低渗透率，有效减缓了酸性气体在水泥石中的渗透和扩散。形成的耐腐蚀水泥浆体系，在元坝酸性气田现场推广应用，达到控制酸性气体腐蚀的功能，提高了水泥环的长期密封完整性，取得了较好的应用效果（李明等，2014）。

2. 固井工具

国内先后研制了井口旋转下套管装置、内嵌旋转尾管悬挂器、高压尾管顶部封隔器、压力平衡式尾管悬挂器及泡沫发生装置，在减小套管 / 尾管下入阻力、消除环空气窜、解决漏失井水泥浆低返、提高固井质量方面发挥了巨大作用（杨利，2013）。

3. 防气窜固井技术

对于防气窜剂，主要研究和使用非渗透和胶乳防气窜材料。自2006年胶乳水泥浆体系在普光气田第一口井P302–1井生产套管固井的成功应用，确立了胶乳水泥浆体系为普光气田开发井生产套管固井中首选水泥浆体系，但胶乳体系主要依赖进口产品。近些年相关企业如燕山石化公司、齐鲁石化公司、兰州石化公司等对丁苯胶乳进行了改性，应用到混凝土中，提高混凝土的抗折性能。油田企业将胶乳引入油井水泥浆中，但普遍存在适应性和相容性问题，尤其是抗高温能力一直是难以解决的瓶颈问题（牛新明等，2008）。同时胶乳水泥浆体系在应用过程中需要精细控制，水泥浆大样性能调整非常困难。

对于加重剂，国内主要使用通过研磨形成的铁矿粉，粒径在50μm左右，密度约5.0g/cm^3。铁矿粉颗粒的微观形貌呈片状、块状，有多个边角，颗粒间的摩擦力大。在加量较大的情况下，容易引起浆体增稠，流动性差；还会造成对外加剂的不均匀吸附，导致水泥浆性能下降，甚至产生敏感性问题。使用铁矿粉调配的水泥浆最高密度在2.50g/cm^3 左右。

三、发展趋势与展望

结合国家能源发展战略，中国石化将持续围绕超高温、高压、超深井以及高压低渗透等非常规油气井固井技术开展攻关研究，为提高固井质量和井筒长效密封，深化基础理论研究，着力研发耐高温防气窜水泥浆新体系、新工艺、新工具，提升技术载体对工程技术发展的推动力，保障油气井全生命周期的安全、高效开发。对于各种固井工具，国外公司开展研究起步较早，产品种类和规格齐全、性能稳定且工艺成熟，技术应用范围广。国内研究虽然起步较晚，但是针对国内各区块的特殊需求，先后研发了系列具有特殊功能的固井工具及配套装置，并取得成功应用。特别是针对国内低渗透油气藏的特殊需求，进一步提升了产品的性能指标如耐高温、高压能力，拓展了产品的功能，实现了产品性能提升。未来，需要结合现场需求，尽快将智能技术、新材料应用到固井工具的研发中，如低成本智能型尾管悬挂器、免钻型套管漂浮装置、大扭矩旋转清障引鞋以及封隔型双级注水泥装置，为低渗透油气藏钻完井技术进步提供支撑。

第二节　提高高压气井水泥环长期密封技术

针对高压低渗透油气藏压裂后及生产过程中普遍存在的环空带压现象，研制了大型水泥环密封能力评价装置，建立了模拟井下复杂工况水泥环密封评价方法，形成了水泥环密封完整性破坏规律，揭示了水泥环密封完整性失效机理，提出了全寿命周期的密封控制方法，成果应用后，提高了高压低渗透气井水泥环长效密封能力。

一、全尺寸水泥环密封完整性评价装置

1. 评价装置性能要求

1）技术要求

影响高压低渗透气井水泥环密封的因素较多，且通常各因素耦合发生，导致对水泥环密封影响因素分析和评价难以有效地开展。为了准确模拟高压低渗透气井井下复杂工况条件，满足水泥环长期密封评价要求，设计了水泥环密封完整性评价装置。装置主要的技术参数需求如下：

（1）温度控制范围为室温至 180℃，温度控制精度 ±1℃；

（2）内压控制范围为 0～120MPa，压力控制精度 ±0.1MPa；

（3）应变检测：实时连续测量 8 路动静态应变，应变精度 10^{-9}；

（4）模型水泥环规格尺寸：套管外径≥139.7mm；

（5）气窜测试控制压力范围为 0～35MPa。

2）功能要求

针对高压低渗透气井水泥环密封不同影响因素，开展评价试验，装置需要具备的功能如下：

（1）压力变化下水泥环密封完整性；
（2）温度变化下水泥环密封完整性；
（3）温压耦合下水泥环密封完整性；
（4）界面胶结性能下水泥环密封完整性；
（5）非应力体积变形下水泥环密封完整性；
（6）渗透性对水泥环密封完整性影响评价。

2. 评价装置方案设计

为了实现装置的功能要求，采用模块化设计方法，主要包括井筒模块、温控模块、压控模块、密封检测模块、应变检测模块、声波检测模块、监测采集和控制模块、脱模系统等。试验平台对独立测量模块进行控制，实现水泥环密封性评价功能。装置结构图如图 6-2-1 所示。

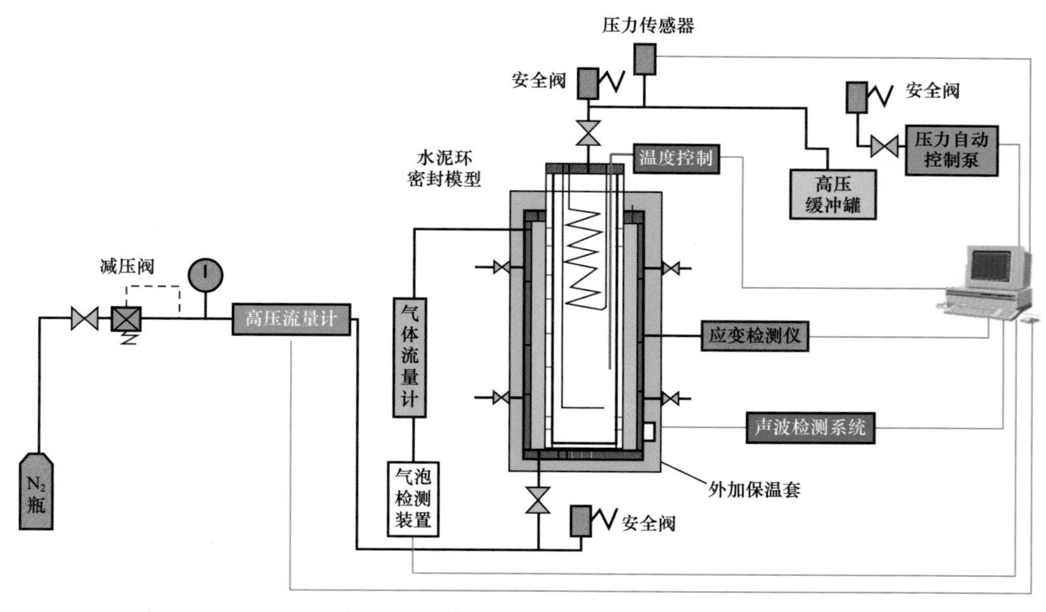

图 6-2-1 水泥环密封评价装置结构图

1）温控模块

温控模块包括加热系统和冷却系统。加热系统用于加热养护水泥浆，加热和冷却系统配合，模拟温度变化对水泥环密封的影响。加热系统内置于模型井筒，利用控温仪数显自动控温，温度控制范围：室温至 180℃，精度 ±1℃。

2）压控模块

压控模块主要由压力传感器和压力自动跟踪泵组成，用于环空加压养护水泥浆，以及测试评价高压及压力变化下水泥环密封性。压力传感器和压力自动跟踪泵最大量程 120MPa，压力传感器的精度为 0.25%（F.S），压力自动跟踪泵流速为 0.01～30mL/min，采用 2 套恒速恒压泵。

3）密封检测模块

密封检测模块主要由气体注入系统、气窜检测和气窜流量测试装置等部分组成。从下密封端进气孔注入一定压力的氮气，上密封端的出气孔连接气窜检测和流量装置，检测气窜发生和气窜流量。

4）应力应变测试模块

利用光纤光栅传感技术实时测试温度和压力变化下水泥环、套管和外筒的各向应力应变，包括轴向、径向和周向。主要由光纤、光栅传感器、解调仪数据采集卡及传感器支架等组成。

5）声波测试模块

用于水泥环界面微环隙检测，主要包括被动声波检测装置、示波器、声波探头和处理软件等。

6）井筒模块

主要由井筒系统和电动加载装置组成。井筒系统包括套管、外筒和上下密封端等。

7）监测采集和控制系统

监测采集和控制系统是整个系统的关键，保证整个系统的精度测试，并实现各个系统的智能化控制和监测。设计了两套软件系统：一套用于控制和采集压力、温度数据，实时监测气窜和采集气窜流量；另一套用于采集应变和声波信号。

水泥环密封评价装置实物图如图 6-2-2 所示。

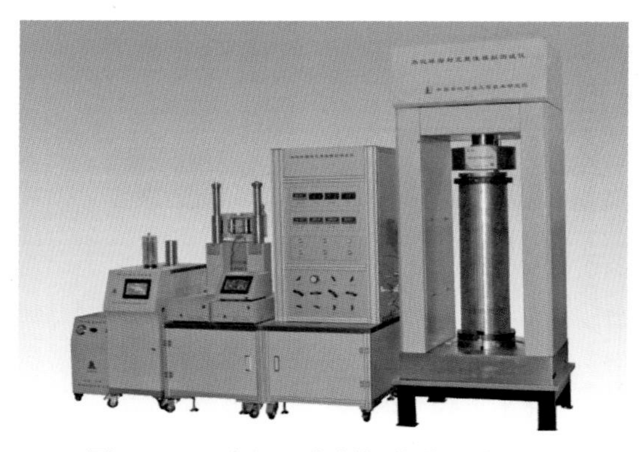

图 6-2-2　水泥环密封评价装置实物图

二、复杂工况下水泥环密封失效机理分析

1. 内压下水泥环密封失效分析

1）强度破坏

套管试压、分段压裂以及调产等作业引起井筒内压变化，造成水泥环中应力改变。当产生的应力超过水泥环的极限强度时，发生强度破坏，出现微裂缝，导致水泥环密封完整性失效。

（1）拉伸破坏。水泥环候凝结束后，在地应力等作用下，水泥环的径向和周向通常均产生压应力。在试压和压裂等施工作业时，套管受压膨胀挤压水泥环，水泥环在径向的压应力增加，周向的压应力逐渐减小；当内压较大时，周向的压应力转变为拉应力。水泥石材料力学特征是抗压强度高、抗拉强度弱，抗拉强度仅为其抗压强度的 1/10 左右。当水泥环所受的拉应力超过其抗拉强度时，发生拉伸破坏，产生辐射状的径向裂纹，导致水泥环结构密封完整性破坏。

（2）剪压破坏。在高内压和地应力作用下，水泥环径向和轴向为压应力，周向为压应力或拉应力。在三向应力作用下，水泥环表现出较强的塑性。在多向应力下水泥环可能发生剪压破坏，出现剪压裂缝。

2）界面胶结破坏

为了便于分析胶结破坏的机理，首先了解交变应力下水泥石的力学变形性能，交变荷载下水泥石的应力—应变曲线如图 6-2-3 所示。在交变荷载试验卸载阶段，曲线不再回到原点，而是有一个显著滞后，表明试样内部形成了不可恢复的残余变形。随着循环次数的不断增长，加载曲线与卸载曲线围成的“滞回环”不断向右移动，残余变形持续增大。在加载阶段水泥石产生了塑性变形，卸载时塑性变形不可完全恢复，存在残余应变；随着加载次数的增加，残余应变逐渐累积。残余应力与加载上限应力及循环次数有关，上限越高，卸载后产生的残余应变越大；循环次数越多，累积的残余应变越大。

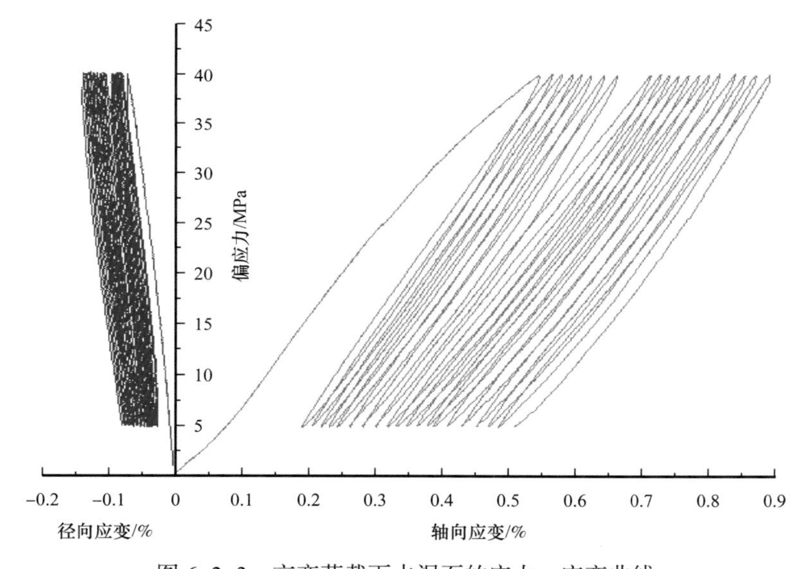

图 6-2-3 交变荷载下水泥石的应力—应变曲线

利用密封性评价装置测试套管交变应力 70MPa 下普通水泥环的密封性如图 6-2-4 所示。1 次加载压循环后，水泥环即发生了密封失效，出现气窜现象，但气窜流量较小，仅 20mL/min。第 2 次循环后，气窜流量增大，为 75mL/min；第 5 次循环后，达到最大流量 1500mL/min。普通水泥石的弹性模量较大，在套管内压作用下，水泥环径向产生较大的压应力，超过水泥石的屈服强度，水泥环进入塑性受力阶段；卸压时塑性变形不可完全恢复，而套管仍处于弹性受力状态，其弹性变形可完全恢复，导致界面处出现变形不协调，抗气窜能力降低。如一次加卸载没有产生微环隙，在多次加卸载循环作用下，水泥环产生的塑性变形逐渐累积，卸压后的残余应变也随之增大，出现微环隙，水泥环发生界面胶结破坏。

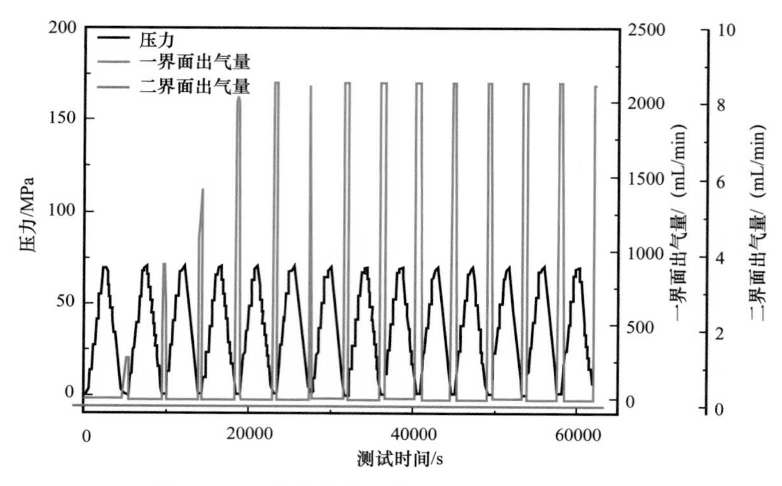

图 6-2-4　交变应力下水泥环密封性测试曲线

2. 大温差下水泥环密封失效分析

在压裂施工过程中，大量压裂液的注入，降低了井下水泥环的温度；气井开发生产过程中，由于调产或维修等也会引起井下温度的变化，发生较大的温差，影响水泥环的密封完整性。利用水泥环密封评价装置测试的温差 50℃循环下水泥环的密封如图 6-2-5 所示。在 50℃温差下，经过 7 次升降温循环后，水泥环发生气窜，导致密封失效。在温度升高时，由于材料的热胀冷缩现象，套管和水泥环发生膨胀变形，产生热应力。水泥环在径向受到压应力作用，产生塑性变形。降温后套管弹性回缩，水泥环的变形不可完成恢复，存在残余应变，界面变形不协调。多次升降温后，残余应变逐渐累积，产生界面微环隙，水泥环发生界面胶结破坏。

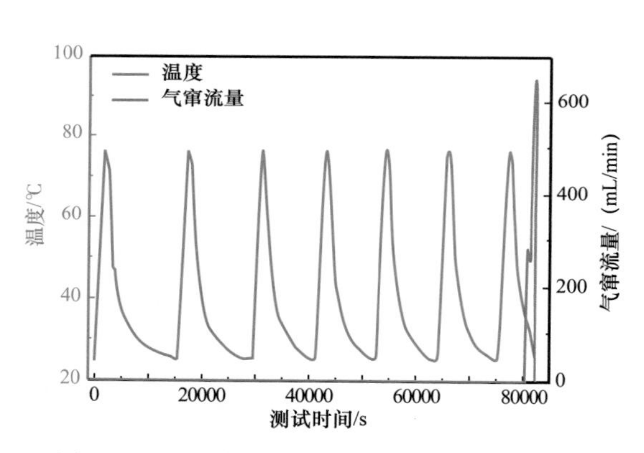

图 6-2-5　温度变化下水泥环密封性测试曲线

3. 温压耦合下水泥环密封失效分析

气井目的层温度和压力较高，在生产过程中井筒温度增加，导致完井液热膨胀引起油套环空内压力增加，为了有效评价温度压力对水泥环密封能力的影响，开展温度和压力耦合下密封性评价试验。利用水泥环密封评价装置测试了温差 50℃和 35MPa 耦合作用下水泥环的密封情况，如图 6-2-6 所示。在温差和压力共同作用下，经过 5 次升降温和压力变化循环后，在降温和降压后水泥环发生气窜，密封失效。在热应力和内压共同作用下，水泥环中产生较大的应力，发生塑性变形；降温卸压后产生较大的残余应变，从而导致水泥环发生密封破坏。

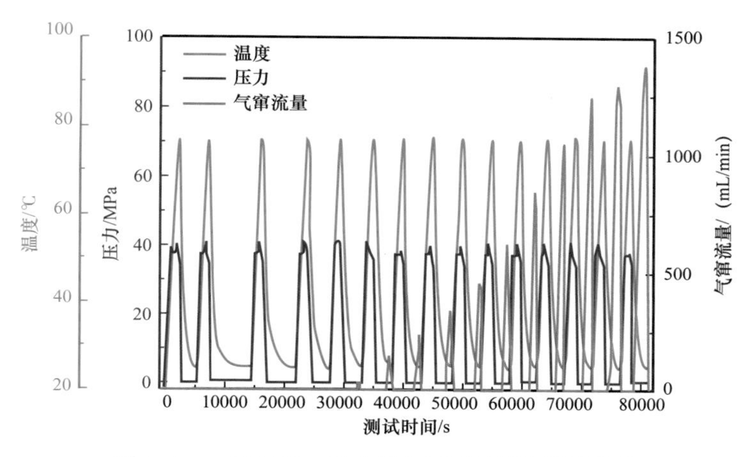

图 6-2-6 温差压力耦合下水泥环密封性测试曲线

4. 体积变形下密封失效分析

水泥在水化凝固过程中发生体积变形，主要是各种收缩，属于是水泥的固有特性。随着养护时间的延长，水泥不断水化，收缩也会不断增加。利用尺寸40mm×40mm×160mm膨胀收缩测量模具，在相对湿度50%、20℃恒温环境养护室内开展了多种水泥石干缩测试，测试结果如图 6-2-7 所示。在100天龄期内，水泥石干缩量上升趋势明显，之后更长龄期内，水泥石干缩量增长幅度降低。其中普通水泥石在240天龄期时干缩量为0.13%，二界面环隙达到0.014mm，一界面达到0.01mm，如图 6-2-8所示，对界面密封能力具有显著影响，即存在较大气窜风险。

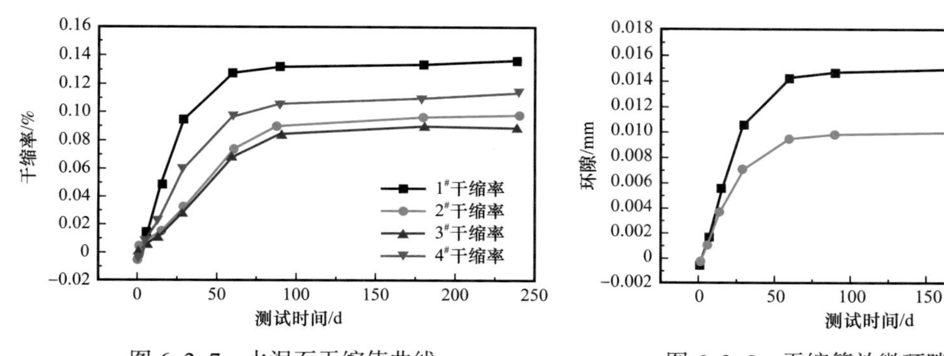

图 6-2-7 水泥石干缩值曲线

图 6-2-8 干缩等效微环隙曲线

5. 界面胶结质量对密封影响

界面胶结质量是影响水泥环密封能力的关键因素之一。导致界面胶结质量降低的主要原因是固井顶替效率低，产生界面污染。为了分析胶结质量对水泥环密封影响，开展了界面污染下水泥环的密封能力评价，如图 6-2-9 所示。试验表明：在注气时即发生气窜现象，且进气量较大，超过2000mL/min。在界面胶结良好注入验窜试验时，没有发生气窜现象，说明界面污染对密封影响较大。虚滤饼形成的弱界面，是气体流窜的直接通道，在加压过程中，无法弥合形成的微间隙，导致水泥环顶部连续带压。

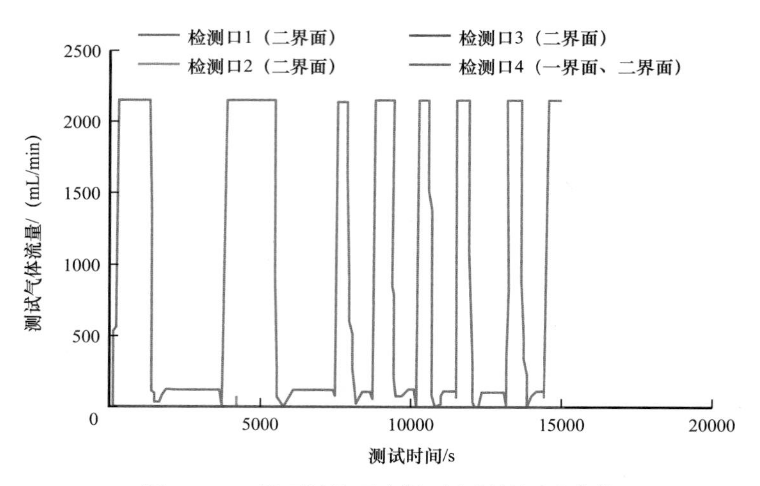

图 6-2-9　界面污染下水泥环密封性测试曲线

三、提高水泥环长期密封性控制技术

1. 水泥石脆性改善技术

普通水泥石为脆性材料，变形能力弱，在施工动载和温压变化下水泥环易发生密封失效。通常情况下，为了改善水泥石的脆性，在水泥浆中掺入有机弹性材料。但有机弹性材料的耐温性较差，不能满足高温固井要求。因此，为了提高弹性材料的耐温性，研发了耐高温核壳结构的弹性粒子。优选弹性材料作为母颗粒，进行球形化处理，确定合理粒径。采用微纳米包覆技术，把耐高温无机微颗粒包覆在弹性粒子表面，形成耐高温的弹性材料，包覆技术流程如图 6-2-10 所示。弹性粒子的掺入减少了荷载作用前水泥石内部的缺陷，减小了荷载作用下因应力集中而导致水泥石中裂缝扩展的源头。当裂缝扩展到弹性粒子时，依靠自身的拉伸强度和较大的变形能力，阻碍裂缝的继续扩展；即使裂缝通过弹性粒子，其较大的伸长率，仍可以起到桥链作用。弹性粒子在冲击荷载如射孔作用下，可以增加水泥石韧性，降低应力集中，吸收较大的冲击功。

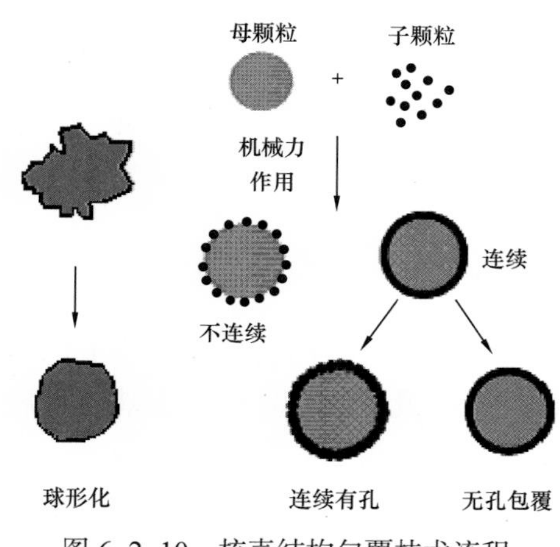

图 6-2-10　核壳结构包覆技术流程

除了掺入弹性材料降低水泥石弹性模量，同时掺入纳米活性材料，与水泥水化产物 $Ca(OH)_2$ 发生二次反应，生产更多的水化硅酸钙凝胶，填充孔隙；也减少了应力下易滑移的叠片状的 $Ca(OH)_2$ 含量，增加水泥石的强度和变形能力。配制的高强度弹韧性水泥浆，弹性模量＜6GPa，抗压强度＞24MPa。利于水泥环密封评价装置测试评价，可满足 110MPa 交变应力下密封，如图 6-2-11 所示。

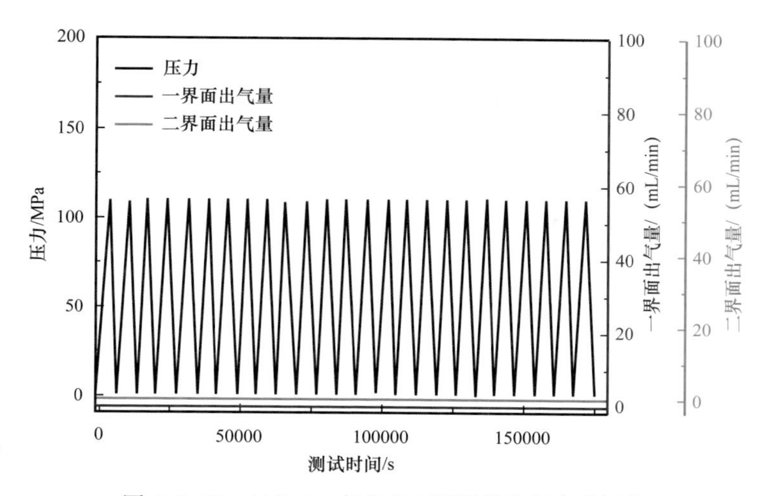

图 6-2-11 110MPa 交变应力下保持密封完整评价

2. 提高界面胶结性能技术

水泥水化产物中，AFt 晶体微观形貌粗大，Ca（OH）$_2$ 晶体易在界面聚集且具有一定的方向性，两者胶结性差从而影响水泥环的界面胶结性能。在顶替效率较高的情况下，根据界面过渡区微环境生成条件与属性，在水泥水化反应早期，通过干扰界面颗粒表面性能，抑制大晶体优先生长和晶体发育，使水化反应有利于水化硅酸钙凝胶的生成。首先，可以通过改变“水泥石—岩心”界面间键能的方式，如引入硅氧键 Si—O，来增强 C–S–H 凝胶与岩心之间的结合键能；其次，可以通过改善“水泥石—岩心”表面能的方式，如引入烷烃类非极性非有机基团，来抑制大晶体的生长发育与着床效应，使 CH 和 AFt 晶体减少、变小，同时促使晶体的取向性消失，使其均匀地分散与 C–S–H 凝胶之中，形成良好的网络结构，如图 6-2-12 优化处理前后第二界面微环境示意图。

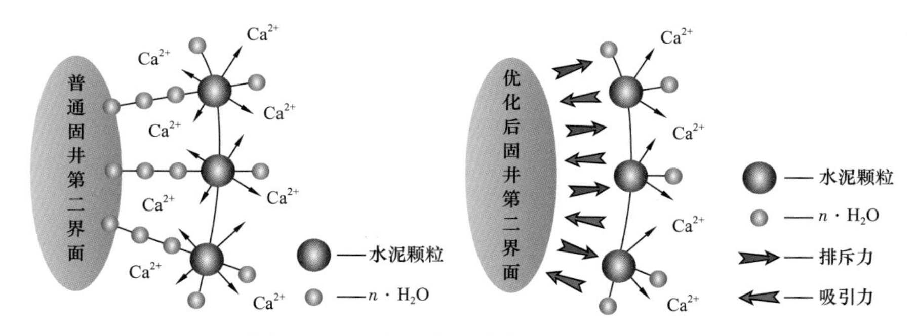

图 6-2-12 界面微环境优化前后示意图

可以在纳米液硅水泥浆体系，利用纳米二氧化硅大量消耗界面氢氧化钙晶体，减少界面高压水冲蚀程度，有效补偿水泥浆稠化、水泥石收缩过程中的体积损失，增强水泥石—岩石界面的压实能力，增加冲蚀阻力，降低晶体溶蚀程度。进一步地，在水泥浆顶替到位后，可采用预应力固井技术，利用环空加压增强水泥浆—岩心界面密封能力，减少高压水窜气窜风险。通过上述措施，提高界面胶结性能。

四、深井超深井酸性气藏水泥石腐蚀控制方法

1.H_2S 对水泥石腐蚀机理

1）腐蚀下水泥石物理性能变化

测试不同温度下 H_2S 腐蚀前后，多种水泥石的强度和渗透率变化，腐蚀产物，研究形成 H_2S 腐蚀水泥石的规律。

95℃下 H_2S 腐蚀试验所使用的水泥浆体系见表 6–2–1。

表 6–2–1　95℃水泥浆配方

配方编号	水泥浆配方组成
配方 1	G 级油井水泥 +46% 水
配方 2	G 级水泥 +6.0% 降失水剂 +1.5% 分散剂 +46% 水
配方 3	G 级水泥 +6.0% 降失水剂 +2.0% 分散剂 +20% 微硅 +46% 水

150℃下 H_2S 腐蚀试验所使用的水泥浆体系见表 6–2–2。

表 6–2–2　150℃水泥浆配方

编号	水泥浆配方组成
配方 1	G 级水泥 +35% 硅粉 +46% 水
配方 2	G 级水泥 +35% 硅粉 +6.0% 降失水剂 +1.5% 分散剂 +46% 水
配方 3	G 级水泥 +35% 硅粉 G+6.0% 降失水剂 +1.5% 分散剂 +12%SBR +46% 水

腐蚀前后水泥石的物理性能变化数据见表 6–2–3，可以看出在 95℃和 150℃腐蚀 21 天后，抗压强度损失为 20%～40%，渗透率增加更为明显，甚至超过 10 倍。

表 6–2–3　H_2S 腐蚀水泥石物理性能变化

编号	抗压强度			渗透率			温度 /℃
	腐蚀前 /MPa	腐蚀后 /MPa	变化率 /%	腐蚀前 /mD	腐蚀后 /mD	变化率 /%	
配方 1	12.25	9.75	–20.39	0.34	9.0	2547	95
配方 2	21.89	19.96	–8.82	0.31	3.95	1174	
配方 3	29.48	17.35	–41.15	0.27	3.81	1311	
配方 1	37.87	24.49	–35.35	0.25	0.35	40	150
配方 2	29.94	18.48	–27.82	0.20	0.51	155	
配方 3	29.26	26.31	–10.08	0.20	0.38	90	

2）水泥石腐蚀产物

（1）95 ℃下腐蚀后的 XRD 图谱如图 6-2-13 所示。图 6-2-13 表明，试样中的 Ca（OH）$_2$ 完全消失，内外层的主要矿物均是 $CaSO_4 \cdot 2H_2O$，及少量的 C_2SH，同时外层的 C-S-H 凝胶也逐渐减少。说明 H_2S 腐蚀形成的外层结构松散，导致 H_2S 不断向内部扩散，致使试样产生更严重的腐蚀。

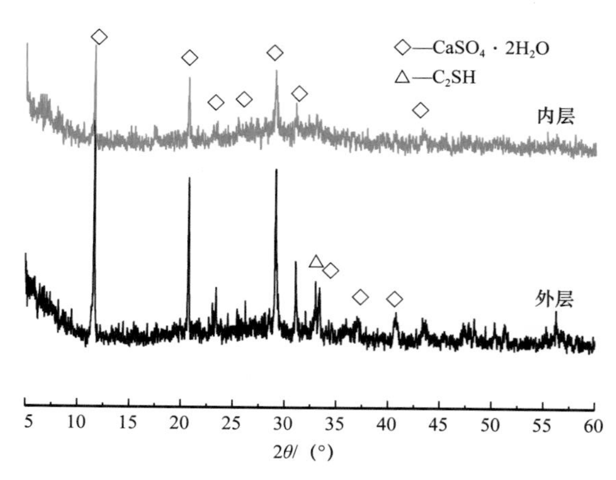

图 6-2-13　95℃下试样高蚀后的 XRD 谱图

（2）150 ℃下腐蚀后的 XRD 图谱如图 6-2-14 所示。试样图谱表明，试样各层的主要矿物组分基本相同，均为 C-S-H，C_2SH，$CaSO_4$ 和 SiO_2 以及托勃莫莱石，外部 $CaSO_4$ 的生成量也高于内部，$CaSO_4$ 膨胀会导致微裂纹生成，加剧了腐蚀。

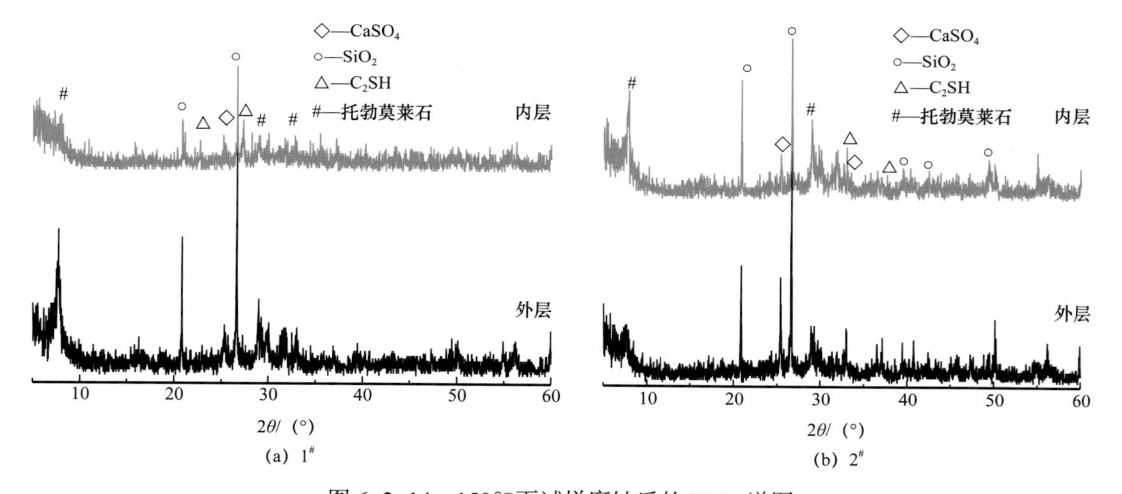

图 6-2-14　150℃下试样腐蚀后的 XRD 谱图

3）H_2S 腐蚀水泥石机理

根据上述对各试样组成与结构的分析研究，H_2S 对油井水泥石的腐蚀机理如下。H_2S 与水泥石接触后，与水泥石中的 Ca（OH）$_2$ 反应：

$$Ca(OH)_{2(s)}+H_2S_{(g)}+H_2O_{(l)} \longrightarrow CaSO_4 \cdot 2H_2O_{(s)} \qquad (6\text{-}2\text{-}1)$$

（1）膨胀作用：H_2S 溶于水后通过扩散作用渗入水泥石，H_2S 首先与 Ca（OH）$_2$ 反应生成 $CaSO_4 \cdot 2H_2O$，体积显著膨胀，水泥石产生裂缝，促使腐蚀反应向水泥石内部推进，直至水泥石全部腐蚀。

（2）淋滤作用：反应生成 $CaSO_4 \cdot 2H_2O$ 在地层流动水作用下不断地溶解，在流水下这种反应反复进行。

（3）溶蚀作用：C_2SH 和托勃莫莱石在 H_2S 存在条件下不稳定，生成非胶结性的无定形 SiO_2，使水泥石的整体胶结性破坏，从而使腐蚀加剧，如下式所示：

$$C_2SH_{(s)}+H_2S_{(g)}+H_2O \longrightarrow CaSO_4 \cdot 2H_2O_{(s)}+SiO_2 \cdot nH_2O_{(s)} \qquad (6-2-2)$$

2. CO_2 对水泥石腐蚀机理

1）腐蚀下水泥石物理性能变化

采用的水泥浆配方如下：

配方 1：JHG 水泥 +44% 水（95℃）；

配方 2：JHG 水泥 +6% 降失水剂（FSAM）+1.5% 分散剂（DZS）+38.5% 水（95℃）；

配方 3：JHG 水泥 +35% 硅粉 +44% 水（150℃）；

配方 4：JHG 水泥 +6% 降失水剂（FSAM）+1.5% 分散剂 DZS+35% 硅粉 +0.1% 缓凝剂 DZH−2+38.5% 水（150℃）。

腐蚀前后水泥石强度与渗透率的变化见表 6−2−4。

表 6−2−4 水泥石碳化前后强度与渗透率的变化

编号	腐蚀龄期 / d	抗压强度			渗透率 /mD		测试温度 / ℃
		碳化前 / MPa	碳化后 / MPa	变化率 / %	碳化前	碳化后	
配方 1	21	35.2	24.7	29.8↓	2.46	3.38	95
配方 2	21	32.9	15.2	53.8↓	2.53	2.90	
配方 3	21	36.0	34.4	4.4↓	0.15	0.18	150
配方 4	21	24.6	24.5	0.4↓	0.13	0.15	

由实验结果可以得出结论：

（1）在 95℃腐蚀环境下，油井水泥石试样腐蚀后 21 天后的强度衰退严重，渗透率增加。

（2）在 150℃条件下，由于硅粉的加入，水泥石力学性能损失趋势减弱，渗透率增加趋势减弱，但是整体还是呈现劣化趋势。

2）水泥石腐蚀产物

（1）95℃水泥石腐蚀产物分析。图 6−2−15 为油井水泥石碳化样品表层和内层未碳化部的 XRD 谱图。

图 6−2−15 表明，在试样未碳化部分水化产物主要为 C_3ASH_4，C_2SH，Ca（OH）$_2$ 和 C−S−H 以及少量的 $CaAl_2SiO_2O_8 \cdot 4H_2O$；试样碳化部分产物主要为 $CaAl_2SiO_2O_8 \cdot 4H_2O$，$CaCO_3$ 和 C_2SH，C_3ASH_4 明显减少，$CaCO_3$ 几乎完全取代了 Ca（OH）$_2$。说明在样品外部，水泥水化产物 Ca（OH）$_2$ 已与 CO_2 发生反应，换成 $CaCO_3$，而 C_3ASH_4 的抗碳化能力较差。

（2）150℃水泥石腐蚀产物分析。图 6-2-16 为油井水泥石 150℃条件下腐蚀 21 天表层碳化部、内层未碳化部和未腐蚀的 XRD 谱图。

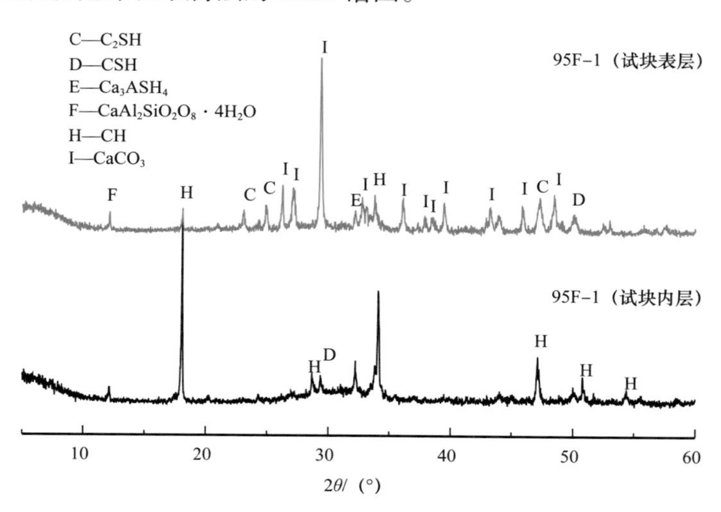

图 6-2-15　95℃试样 XRD 图

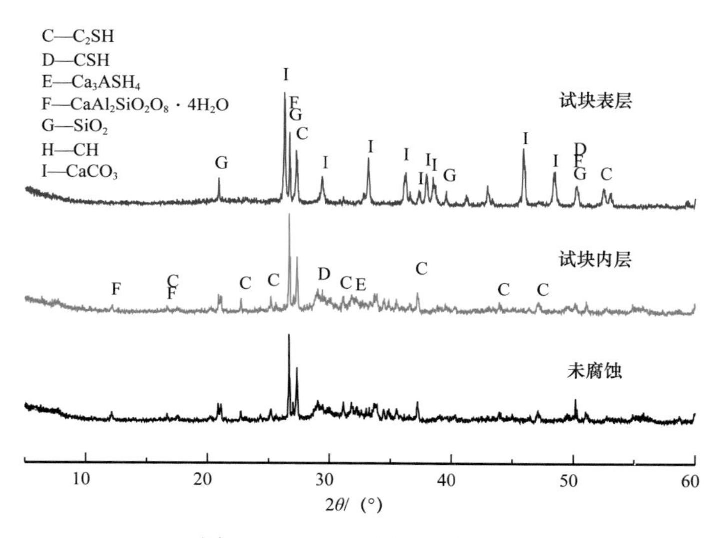

图 6-2-16　150℃试样 XRD 图

图 6-2-16 中未腐蚀样品及腐蚀表层及内层样品产物对比分析，结果表明：在三个样品的水化产物中均未发现 $Ca(OH)_2$。表层碳化部水化产物主要为 C_2SH、$CaCO_3$ 和 SiO_2，凝胶物质全部参与反应。腐蚀试件内部水化产物与未腐蚀试件水化产物基本相同，表明内部未被腐蚀。

3）CO_2 腐蚀水泥石机理

在实际工况下，由于水是流动的，CO_2 对油井水泥石腐蚀的作用机理包括以下 4 个方面：

（1）淋滤作用。CO_2 在湿环境下渗入水泥石，首先与 $Ca(OH)_2$ 反应生成 $CaCO_3$，

$CaCO_3$ 又在富含 CO_2 的地层水作用下生成 $Ca(HCO_3)_2$，而水不断地溶解 $Ca(HCO_3)_2$，反应反复进行，被称之为淋滤作用。

（2）溶蚀作用。当 $Ca(OH)_2$ 被消耗完后，CO_2 与水化硅酸钙凝胶反应生成非胶结性的无定形 SiO_2，使水泥石基体的胶凝结构破坏。

（3）碳化膨胀作用。基体中的 $Ca(OH)_2$ 与 CO_2 发生反应后，产物 $CaCO_3$ 体积增加，产生膨胀应力破坏水泥石基体结构。

（4）高矿化度地层水的协同作用。地层水的矿化度越高，$CaCO_3$ 的溶解越大，因此高矿化度地层水使淋滤作用加剧。

主要反应有：

$$CSH_{(s)}+CO_{2(g)} \longrightarrow CaCO_{3(s)}+SiO_2 \cdot nH_2O_{(s)} \tag{6-2-3}$$

$$Ca(OH)_{2(s)}+CO_{2(g)} \longrightarrow CaCO_{3(s)}+H_2O_{(l)} \tag{6-2-4}$$

由上述反应式可以看出，水泥石被 CO_2 腐蚀后产物均为无胶结性的产物，使水泥石物理性能下降。

3. H_2S/CO_2 混合气体腐蚀水泥石

1）95℃腐蚀产物

95℃ H_2S/CO_2 共同腐蚀产物分析如图 6-2-17 所示。可以看出外层 $CaCO_3$ 的含量比较多，主要被碳化腐蚀，内层含有较多 $Ca(OH)_2$，未被腐蚀。

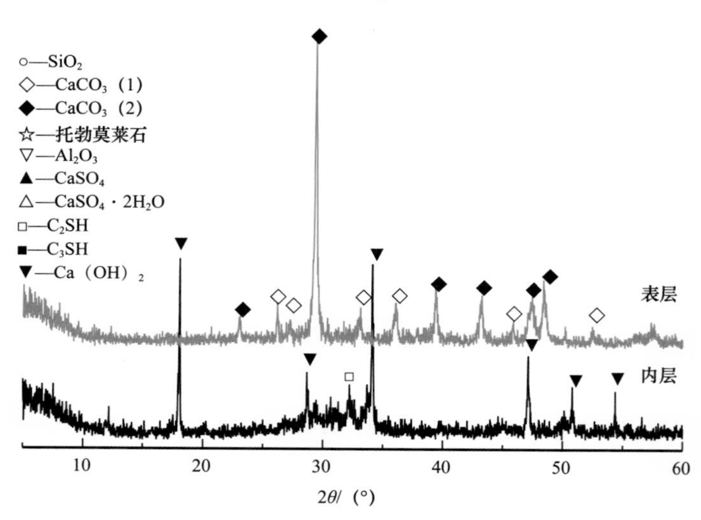

图 6-2-17　95℃ H_2S/CO_2 共同腐蚀后水泥石的 X 衍射图

2）130℃腐蚀产物

采用的水泥浆配方如下：

配方 1：JHG 水泥 +35% 硅粉 +46% 水；

配方 2：JHG 水泥 +12%DC200+35% 硅粉 +46% 水；

配方 3：JHG 水泥 +12%DC200+35% 硅粉 +15%DC206+10% 矿渣 +46% 水；

配方 4：JHG 水泥 +30% 硅粉 +30%DC206+46% 水；

配方 5：JHG 水泥 +12%DC200+35% 硅粉 +15%DC206+5% 沥青 +46% 水；

配方 6：JHG 水泥 +12%DC200+35% 硅粉 +15%DC206+5% 凹凸棒土 +46% 水。

130℃下 CO_2 和 H_2S 共同腐蚀下，水泥石的 XRD 分析如图 6-2-18 所示。可以看出试块外层 $CaCO_3$ 的含量比较多，含少量石膏，表明水化产物与 CO_2 和 H_2S 均发生腐蚀反应。

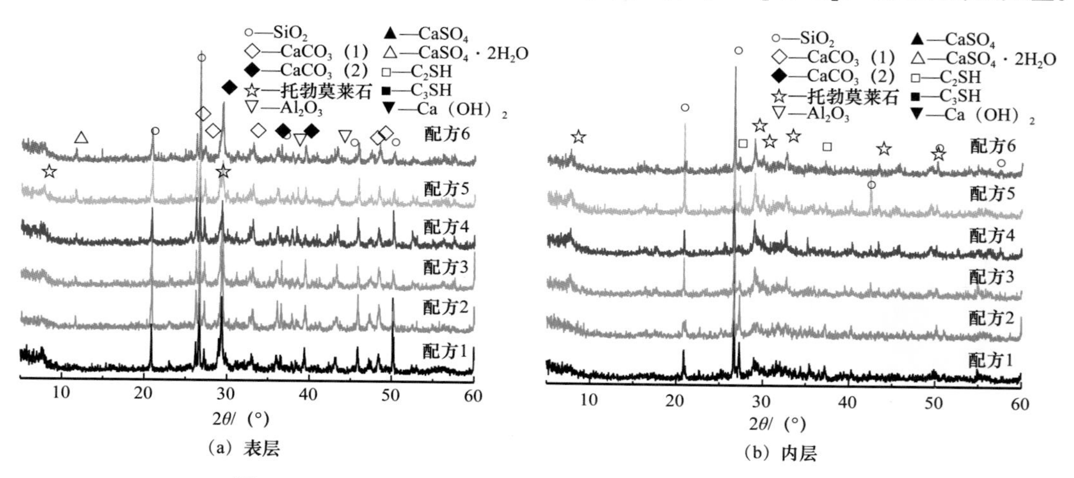

（a）表层　　（b）内层

图 6-2-18　130℃ H_2S/CO_2 共同腐蚀后水泥石的 X 衍射图

4. 深井超深井酸性气藏水泥石腐蚀控制方法

1）酸性气体腐蚀水泥石控制技术

酸性气体腐蚀油井水泥石是逐渐扩散和渗透的过程，因此降低水泥石的渗透性，增强水泥石的致密性，可减缓酸性气体的腐蚀进程。除了增加水泥石的密封性，减少水泥石中含有的易被腐蚀的产物的含量，也是控制酸性气体腐蚀的重要措施。

2）酸性气体腐蚀水泥石控制评价

（1）水泥浆体系。水泥浆的配比见表 6-2-5。采用了 5 种配比水泥浆，其中编号 C1，C2 和 C3 的配方为常规水泥浆，水灰比或液固比有所不同；编号 C4 为胶乳水泥浆，编号 C5 为纳米液硅水泥浆，C4 和 C5 的液固比与 C1 相同。其中水泥采用 G 级油井水泥。

表 6-2-5　油井水泥浆配比

编号	油井水泥 /%	水 /%	降失水剂 /%	胶乳 /%	纳米液硅 /%	液固比
C1	100	40	4	0	0	0.44
C2	100	34	4	0	0	0.38
C3	100	46	4	0	0	0.50
C4	100	28	4	12	0	0.44
C5	100	30	4	0	10	0.44

（2）腐蚀深度。CO_2 腐蚀前后水泥石试样的对比如图 6-2-19 所示。利用酚酞酒精溶液滴定的腐蚀前后水泥石颜色变化情况如图 6-2-20 所示，其中最左侧的为未腐蚀的试样，往右依次为编号 C2，C1，C3，C4 和 C5 试样。未被 CO_2 腐蚀的水泥石呈碱性环境，遇酚酞酒精溶液后变红色。因此，腐蚀前的水泥石试样截面完全呈红色，而腐蚀的各试样，呈现出不同的腐蚀深度。可以看出，编号 C2，C1 和 C3 试样的水灰比逐渐增大，腐蚀深度也随之增加；相同水灰比的情况下，掺入胶乳或纳米液硅大大降低了腐蚀深度。

图 6-2-19 腐蚀前后水泥石试样对比

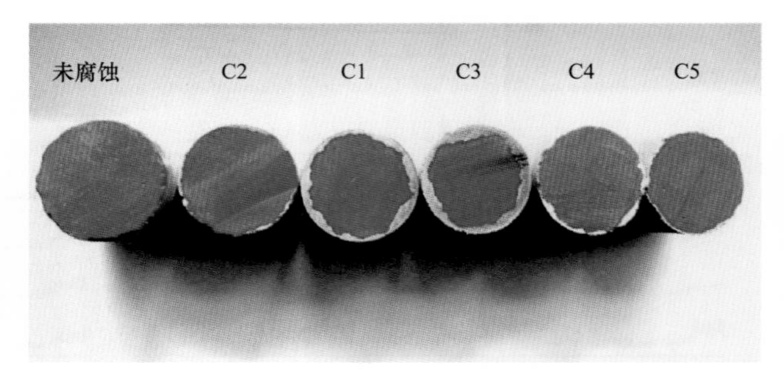

图 6-2-20 腐蚀前后水泥石试样滴定对比

（3）腐蚀前后水泥石性能。测试的腐蚀前后各水泥石试样的渗透率、孔隙度和抗压强度分别如图 6-2-21 至图 6-2-24 所示。从各图中可以看出，腐蚀前，常规水泥石水灰比越低，水泥石的渗透率较低，孔隙度越小，抗压强度越高；同水灰比，掺入胶乳和纳米液硅的水泥石，渗透率低，孔隙度小，抗压强度高。对于常规水泥石，水灰比低，水泥浆中含有的水少，水泥水化后形成的水泥石中含有的孔隙越少，孔径更小，且连通性差。

（4）微观性能。利用 X 射线衍射仪测试的腐蚀前后水泥石的衍射图谱如图 6-2-25 所示。从图 6-2-25（a）可以看出，未被腐蚀的常规水泥石试样 C1 的 $Ca(OH)_2$ 衍射峰非常强，表明含有大量的水化产物 $Ca(OH)_2$；而掺纳米微硅的 C5 试样，$Ca(OH)_2$ 衍射峰相对较弱，说明微硅与 $Ca(OH)_2$ 发生反应，消耗了一定量的 $Ca(OH)_2$，导致水泥石中 $Ca(OH)_2$ 的含量减少。图 6-2-25（b）显示表面腐蚀层和中间腐蚀层图谱中都没有 $Ca(OH)_2$ 的衍射峰，说明 $Ca(OH)_2$ 已被 CO_2 完全反应消耗。图 6-2-25（b）图谱中表面腐蚀层中已没有 C-S-H 凝胶的衍射峰，而中间腐蚀层仍有一定峰值的 C-S-H 凝胶衍射峰，表明表面腐蚀层中 C-S-H 凝胶已被腐蚀，中间腐蚀层还存在 C-S-H 凝胶。CO_2 腐蚀水泥石的过程是在水泥石的孔溶液中进行的，$Ca(OH)_2$ 的溶解度远大于 C-S-H 凝胶的溶解度。因此，CO_2 首先腐蚀水泥石中的 $Ca(OH)_2$；$Ca(OH)_2$ 被完全消耗掉后，再腐蚀 C-S-H 凝胶。表面腐蚀层变得非常疏松，产物间已没有胶结；中间腐蚀层还有一定的胶结性和强度，证实在表面腐蚀层。

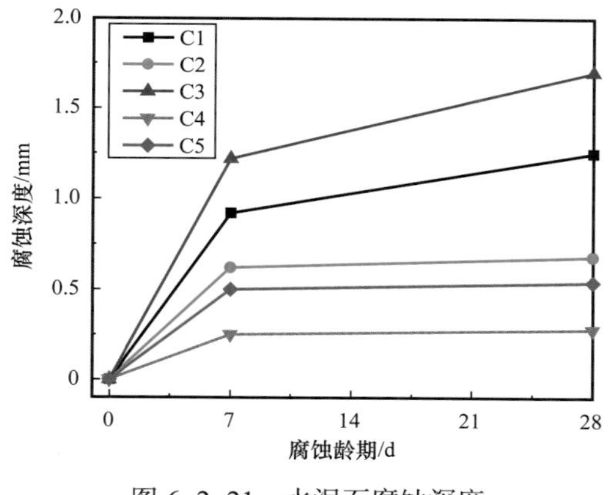

图 6-2-21　水泥石腐蚀深度

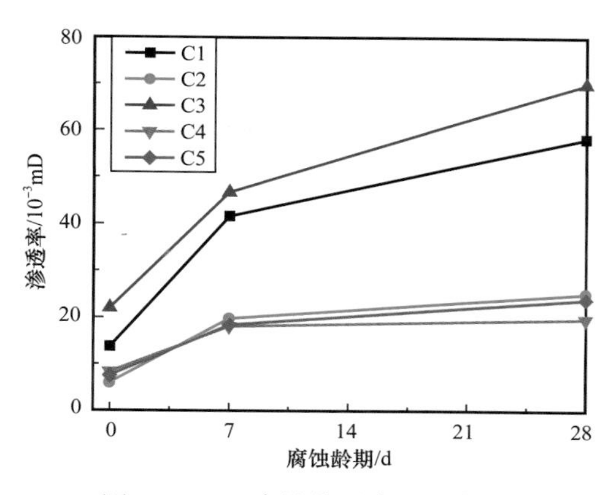

图 6-2-22　腐蚀前后水泥石渗透率

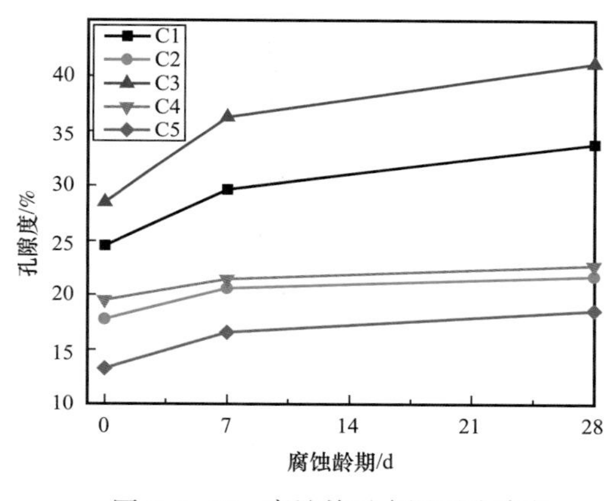

图 6-2-23　腐蚀前后水泥石孔隙度

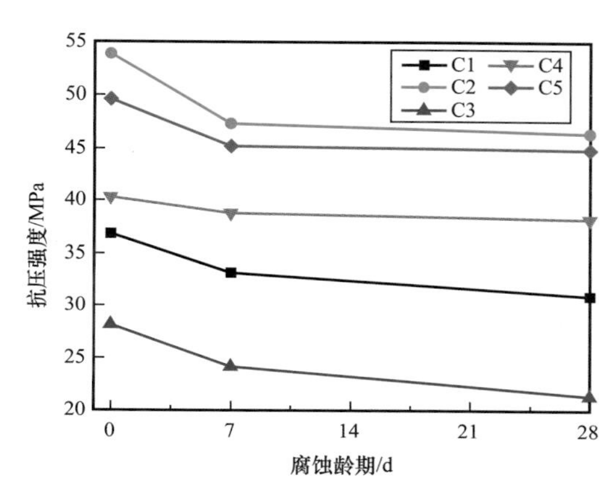

图 6-2-24　腐蚀前后水泥石抗压强度

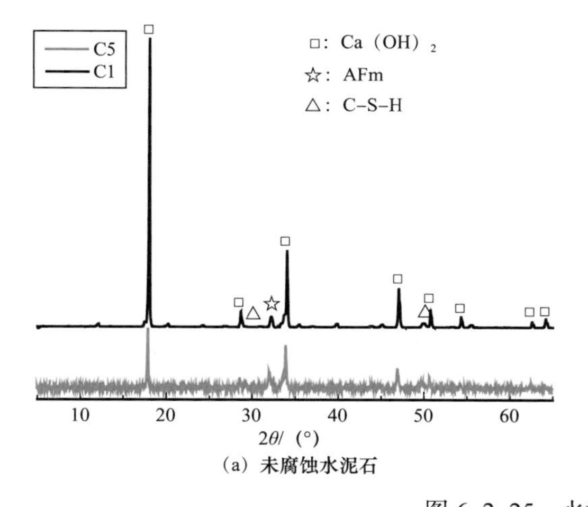

（a）未腐蚀水泥石

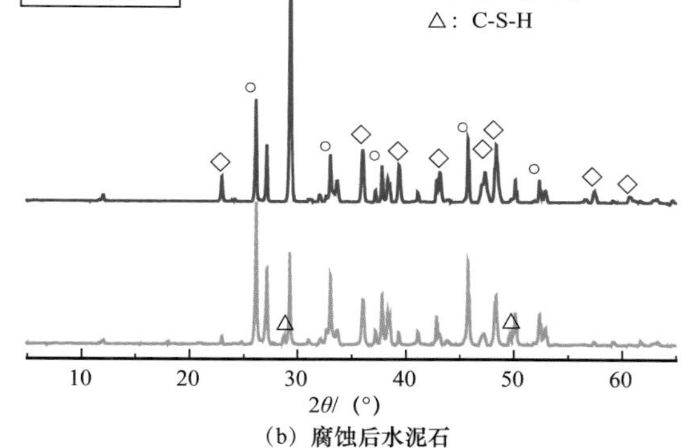

（b）腐蚀后水泥石

图 6-2-25　水泥石 X 衍射图谱

第三节 高压油气水平井固井关键工具研制与应用

随着油气藏勘探开发技术的进步和发展，大位移井和长水平段水平井越来越多，这类井的优势是可以大幅度提高单井产量，降低钻井综合成本，大幅度降低后续油井管理费用，不足之处在于井身建设过程中，常出现套管下入困难，遇阻频出情况，甚至有的井出现起套管现象，严重影响施工进度。另外，固井作业中的环空气窜、环空带压是高压气井及异常高压气井固井作业中所面临的难题，给后期开采作业带来安全隐患。针对上述固井难题，开展了高压油气水平井关键固井及配套技术研究，针对套管及尾管下入难度大的问题，研制了井口循环下套管装置及无限级尾管悬挂器等工具，可通过循环或旋转解决套管及尾管下入遇阻难题；针对环空气窜难题，研制了耐高温高压尾管顶部封隔器，它可以有效封堵尾管重叠段环空，避免油气水窜，可使高压油气井尾管重叠段固井质量差的难题迎刃而解。

一、井口连续循环及旋转下套管装置

随着油气藏勘探开发技术的进步和发展，大位移井和长水平段水平井越来越多，这类井的优势是可以大幅度提高单井产量，降低钻井综合成本，大幅度降低后续油井管理费用，不足之处在于井身建设过程中，常出现套管下入困难，遇阻频出情况，甚至有的井出现起套管现象，严重影响施工进度。近年来，国内外在大位移井、长水平段水平井下套管的实践过程中，提出的解决办法及技术主要有：（1）顶驱旋转、提放套管柱，降低摩阻；（2）循环钻井液，清洁井眼，清除岩屑床，降低摩阻；（3）利用旋转引鞋清除井壁微台阶、砂桥、缩径、掉块等；（4）管柱漂浮技术；（5）管柱牵引。这些技术措施可以部分解决下套管遇阻的问题，但都有优缺点和适用局限性，在综合研究分析现有技术的基础上，研究连续循环、振荡及旋转引鞋工具及技术，实现高摩阻井眼在下套管过程中，能够快速建立循环，套管柱振荡减阻，引鞋旋转清理井壁、清除障碍引导管柱下入，进而提高套管下入能力，对套管安全下入、缩短下入时间以及提高下套管速度等具有重要意义。

1. 结构原理

连续循环及安全下套管装置，用于高摩阻井眼辅助下套管，提高此类井套管下入能力，系统由井口工具和井下工具构成，井口工具主要是循环旋转工具，用于顶驱或方钻杆安全快速连接套管柱，建立循环并提拉旋转套管，井下工具包括振荡短节、涡轮短节及引导划眼工具，井下工具串接在套管底部，不改变常规套管管柱结构。如图 6-3-1 所示，系统由井口到井底管柱组合依次为：循环旋转工具 + 套管 + 固井单流阀 + 振荡短节 + 涡轮 + 引导划眼工具。下套管过程中，套管柱在常规下入方式下，遇阻或下入困难时，开泵循环，套管串在振动降阻与引鞋旋转清障辅助下，安全快速下入。

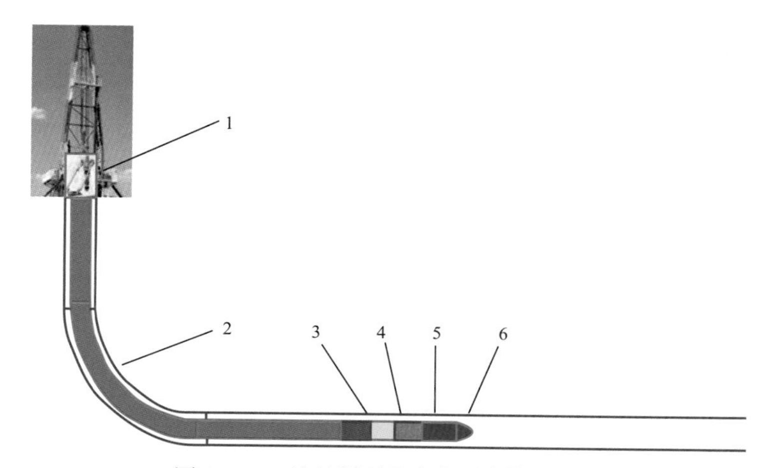

图 6-3-1 连续循环及安全下套管示意图

1—循环旋转工具；2—套管；3—碰压座；4—振荡工具；5—涡轮；6—引导划眼工具

1）循环旋转工具

循环旋转工具采用抓取套管接箍的方式，避免了对套管本体的伤害，下入过程能够随时旋转套管，为清洗井眼建立循环，实现套管快速可靠地下入。如图 6-3-2 所示，循环旋转工具主要包括上接头、上推环、滑块、卡瓦座、卡瓦、下推环、下旋转套、密封橡胶碗等部件。上接头上端能够通过螺纹与顶驱连接，指示盘与上接头、上接头与本体上端分别通过螺纹连接。上接头装在本体上接头内孔，上接头上、下各装有一个轴承，上轴承承受整个工具及下入套管的悬挂力，下轴承承受顶驱下压力。上接头能够相对本体和本体上接头转动，心轴与上接头通过螺纹连接，上推环套在心轴上端，安装在上接头与卡瓦座之间，能够相对心轴转动。上接头外圆设计成花键结构，与本体内孔的键槽相配合，能够沿本体轴线上下移动，同时能够带动本体旋转。弹性抓套在下接头下端，安装在下轴承和本体之间。卡瓦座安装在本体内孔的槽内，内孔槽与本体轴线平行，卡瓦座能够沿槽上下移动。卡瓦安装在卡瓦座的梯形槽内。滑块安装在本体侧面矩形槽内，卡瓦座的两个斜面与滑块的两个斜面相贴合。密封橡胶碗装套在心轴下端，由锥形引鞋与心轴下端螺纹连接后固定。

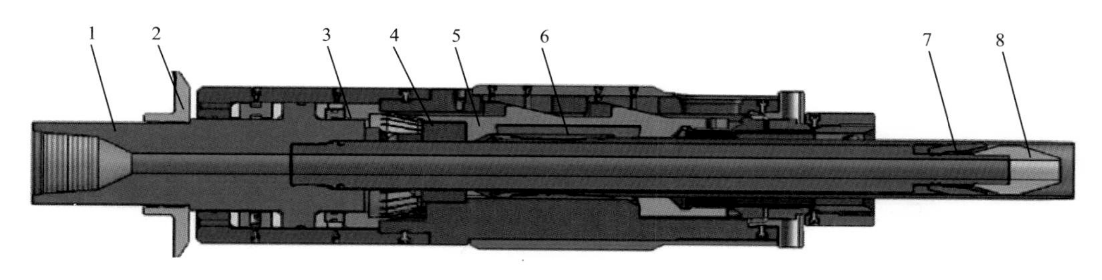

图 6-3-2 循环旋转工具结构示意图

1—上接头；2—位置指示盘；3—上推环；4—滑块；5—卡瓦座；6—套管接箍；7—密封机构；8—引导机构

循环旋转工具主要由三部分组成：锁紧 / 释放机构、套管抓取机构和密封机构。锁紧 / 释放机构采用机械驱动方式，顶驱与上部调整接头连接，通过顶驱正向旋转驱动调整接头下端的螺旋凸起能够推动套管抓取机构下行锁紧，实现套管的抓取。通过顶驱反向旋转，能够解除套管抓取机构的锁紧，实现套管释放功能。套管抓取机构通过卡瓦加持住套管来完成，由卡瓦座、卡瓦滑块和卡瓦组成，卡瓦与卡瓦座嵌入式装配，卡瓦座与卡瓦滑块设计为斜面接触，当卡瓦受到沿轴向向下摩擦力作用时，会带动卡瓦座下行，在斜面挤压的作用下，将轴向力转换成径向挤压力，径向力沿径向推动卡瓦抱紧套管，实现对套管的抓取。

循环旋转工具插入套管中建立循环，主要依靠装在中心管上的密封装置来封住钻井液，并保证在35MPa下钻井液不会向外窜出。密封装置是单向密封，工作时要求方便插入和取出套管，选用结构简单的皮碗密封，内部金属骨架起到承压作用，外部橡胶起到密封作用，性能稳定。

2）振荡短节与引导划眼工具

振荡短节与引导划眼工具（图6–3–3），主要包括引鞋、涡轮节、轴承组及引鞋，通过循环钻井液，涡轮节驱动引鞋转动，引鞋旋转切削清理井壁，同时涡轮节驱动动盘阀转动产生高低变换的振荡压力。工具固定连接在套管柱末端，通过循环钻井液，在工具内间歇产生高压，形成间断推力，使下端套管柱处于振动状态，可有效降低套管柱所受摩阻力，提高套管下入能力。

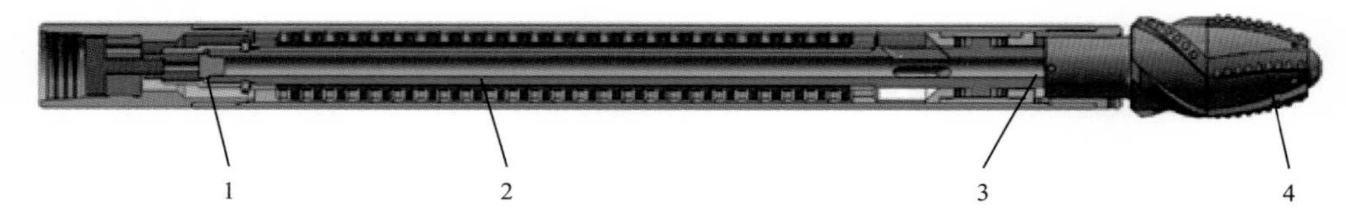

图6–3–3 振荡短节与引导划眼工具

1—振荡短节；2—动力短节；3—推力轴承；4—引鞋

盘阀结构如图6–3–4所示，动盘阀相对静盘阀转动，实现管柱流道过流面积在最大和最小状态之间连续变换，在最小状态，因节流效应，盘阀处水头压力升高，循环液在盘阀处产生冲击；在最大状态，盘阀处水头压力降低，循环液在盘阀处产生冲击变小，盘阀因上述冲击力的变化产生振荡。固定连接在套管柱末端，通过与分段工具协同实现套管柱分段推送下入，并使下端套管柱处于振动状态，可有效降低套管柱所受摩阻力，提高套管下入能力。ϕ139.7mm振荡短节推送最大压力为21MPa；最大推送力为286kN。

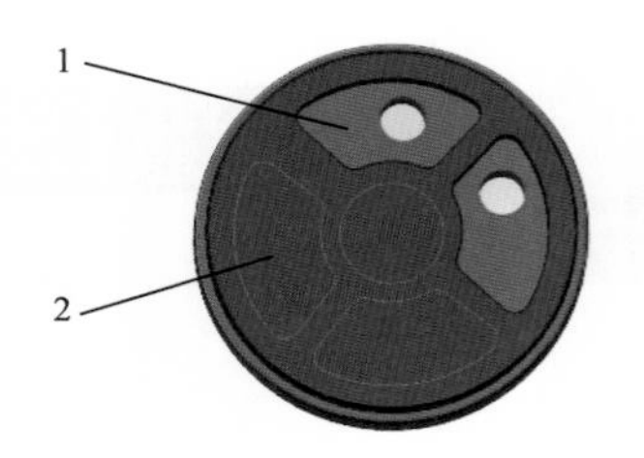

图6–3–4 盘阀结构示意图

1—静盘阀；2—动盘阀

2. 单级涡轮流场数值仿真

根据设计参数，模拟出单级涡轮在额定工作条件下的压力、流速的分布规律以及在额定工作条件下的输出转矩，得到涡轮压力场分布云图如图 6-3-5 和图 6-3-6 所示，速度场分布云图如图 6-3-7 和图 6-3-8 所示。

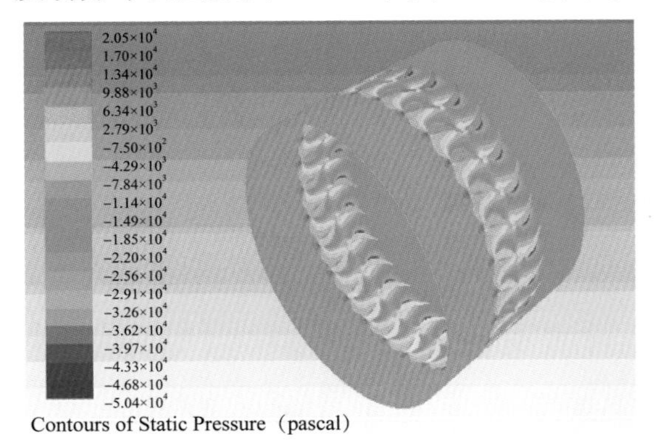

图 6-3-5　定子和转子流场沿轴向压力分布云图（单位：Pa）

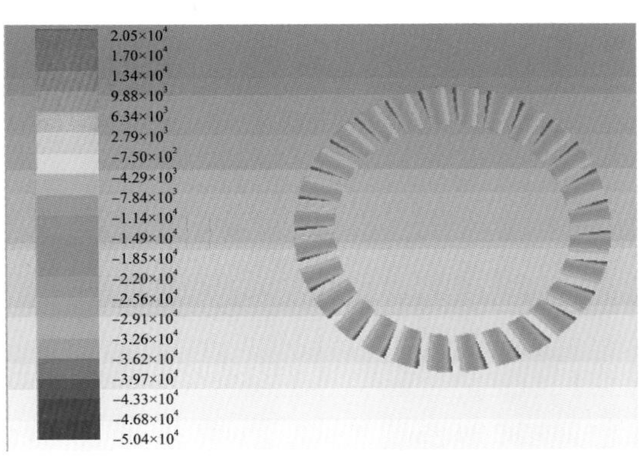

图 6-3-6　转子附近流体沿径向压力分布云图（单位：Pa）

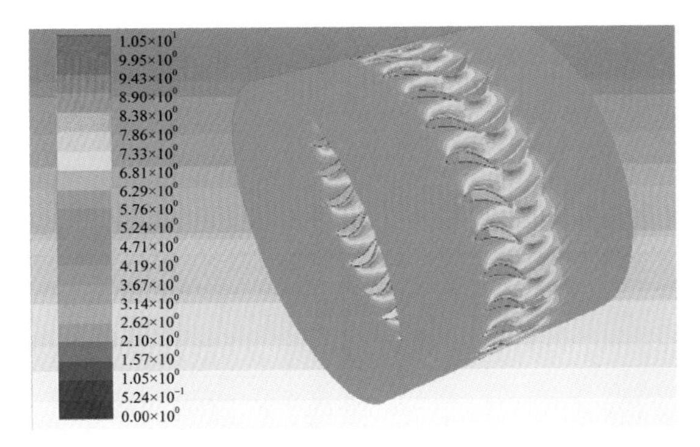

图 6-3-7　流体径向速度分布云图（单位：m/s）

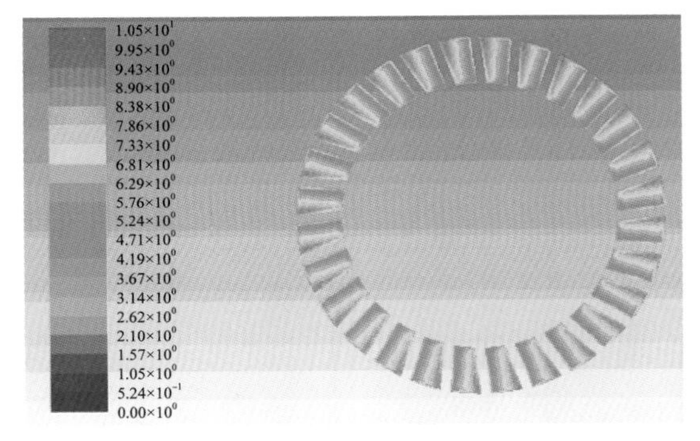

图 6-3-8　转子附近流体径向速度分布云图（单位：m/s）

分析图 6-3-5 和图 6-3-6，可以得到涡轮内部流体的压力变化情况。叶片压力面附近压力大于吸力面附近压力，最大压力区域位于定子前缘附近。随着转速的增大，定子和转子流场内最大压力值有增加的趋势，但其区域无明显变化，围绕着定子前缘分布。当转速较大时，定子和转子叶片吸力面出现轻微脱流现象，脱流区域的压力一般较低。因为工具定子和转子吸力面最大厚度位置处流体速度最大，故这里的压力最小，甚至出现了负压值。

分析图 6-3-7 和图 6-3-8，可以得到涡轮内部流体的速度变化情况。流体在定子前缘部位分离，一部分以较小的速度平稳地流过叶片压力面，另一部分以较快速度沿吸力面后部流过。流体流过转子前缘处时，吸力面上从前缘入口到叶片最大弯曲处流动速度逐渐增大，从最大弯曲处到离开叶片吸力面流动速度逐渐减小。

从叶片模拟的流体压力场和速度场分布来看，定子吸力面尾部有轻微脱流现象，转子未出现脱流现象，说明叶型设计较合理。

提取转速 610r/min 时单级涡轮单个叶片工作面和工作面压力，单个涡轮叶片转矩模拟值大小为 0.32N·m，计算出单级涡轮转矩为 8.99N·m。查阅国内外相关资料，要使高摩阻井眼套管下入井下工具正常工作，需要提供约 450N·m 的转矩，确定涡轮级数为 50 级。

为验证模拟结果的可靠性，针对不同转速下的运动情况进行数值模拟，提取出各转速所对应的输出力矩，见表 6-3-1。

表 6-3-1　涡轮转速转矩数值模拟

参数名称	参数值				
转速 n/（r/min）	0	100	300	610	1000
转矩 M/N·m	14.76	14.16	11.64	8.99	5.48

根据数值模拟输出转矩做出涡轮转矩—转速特性曲线，如图 6-3-9 所示。

从图 6-3-9 中可以看出，不同转速下的转矩模拟值随转速提高而降低，并且转矩值分布在理论转矩特性曲线附近，近似成线性关系（在 610r/min，扭矩数值模拟值与额定值误差为 0.2%）。

提取不同转速下 25 级涡轮压降见表 6-3-2。

表 6-3-2　25 级涡轮转速压降数值模拟值

参数名称	参数值				
转速 /（r/min）	0	100	300	610	1000
压降 /MPa	0.325	0.475	0.625	0.75	0.85

根据数值模拟结果做出 25 级涡轮压降特性曲线如图 6-3-10 所示。

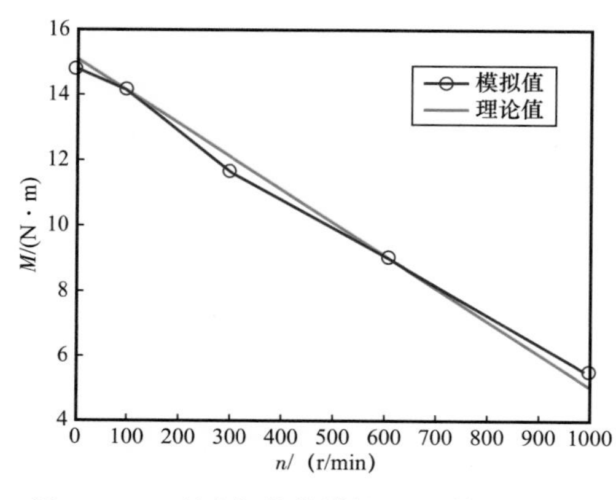

图 6-3-9　理论与数值模拟 n–M 特性曲线图

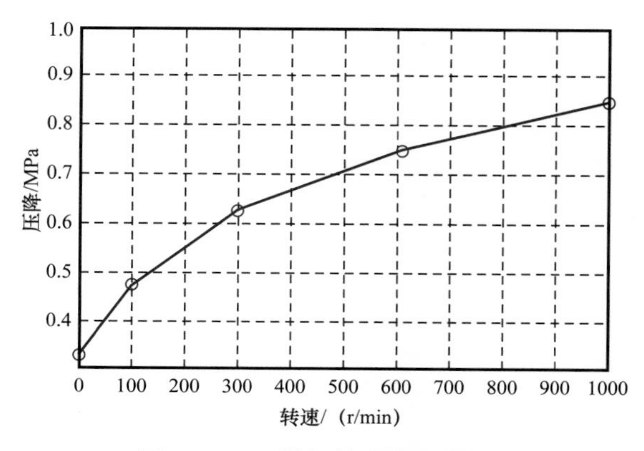

图 6-3-10　模拟转速特性曲线

从图 6–3–10 中可以看出随着转速增加单级涡轮压降逐渐升高，增长趋势逐渐减缓。

3. 技术参数

振荡及旋转划眼工具技术参数见表 6–3–3。

表 6–3–3　振荡及旋转划眼工具技术参数

序号	参数	参数值	序号	参数	参数值
1	适用套管直径 /mm	139.7	7	脉冲振荡力 /kN	＞45
2	引鞋外径 /mm	216	8	上部螺纹类型	ϕ139.7mm（$5^1/_2$in）LTC
3	本体外径 /mm	172	9	总长度 /m	2.5
4	适用流量 /L/s	10～30	10	脉冲压力变化 /MPa	0.5～5
5	额定扭矩 /（N·m）	≥225	11	推送最大压力 /MPa	21
6	振荡频率 /Hz	5–6	12	最大推送力 /kN	286

4. 应用案例

井号：纯 12– 斜 66 井。

该井为一口定向井，完钻井深 1894m，最大狗腿严重度为 4.70° /30m，位于井深 1386.96m；最大井斜 25.9°，位于井深 1731.67m，井底水平位移 508.18m。尽管该井井深不到 2000m，但穿越的地层 6 层，而且 1343m 以上的上部地层井径自然扩大率均在 10% 以上，但是，1343m 以下井段不足 5%，1343m 到井底只有 2.15%。鉴于上述情况，决定使用引导划眼工具和循环旋转工具，以确保 ϕ139.7mm 套管的顺利下入。

循环旋转工具与管串前端引导划眼工具连接后，进行了井口测试。正常后，使用循环旋转工具下套管。

套管下入过程顺利，期间在井深 1712m 出现遇阻显示（5tf），开泵建立循环，排量 20L/s，循环压耗 7.2MPa，2min 后顺利通过遇阻点，并顺利下到井底，建立循环。固井车到井场，摆车、试压，打前置液和水泥浆，碰压 20MPa，稳 3min，放压无回流。期间注入中昌 G 级水泥 120t，压塞液 2m^3，替浆 19.7m^3，候凝结束后电测显示，一界面固井质量优良率 86.5%，二界面固井质量良好率 65%。

现场应用表明，连续循环及安全下套管装置有助于高摩阻井眼安全顺利下入套管并提高固井质量，解决了因摩阻大、台阶、岩屑床等原因出现的下入套管困难、遇阻频出、甚至起套管问题，对套管的安全下入、套管下入时间的缩短、保证套管密封效果等具有重要意义。

二、无限级循环尾管快速装置

由于常规尾管悬挂器主要由液压力控制，因此在尾管下入过程中管内的压力要严格控制，这样就导致尾管下入过程中不能进行大排量、高泵压的循环。为解决以上问题，项目组开展了可大排量循环解阻的尾管悬挂器及配套工具研究，研制了无限级循环尾管快速下入装置，包括：无限级尾管悬挂器、球座式胶塞、钻式引鞋等部件，突破了常规尾管固井工具尾管下入速度慢和中途循环泵压受限等技术壁垒，能够实现尾管的快速下入及中途的大排量、高泵压的循环解阻。研发的 ϕ244.5mm×ϕ177.8mm 的尾管安全下入工具最大的允许循环排量达到 2.3m^3/min，最大允许循环泵压≥25MPa，承载能力达到 1800kN，内通径可达 157mm；球座式胶塞耐温 150℃，耐压可达 35MPa。在川西水平井、西南深井和西北塔河等油田得到推广应用。其中，在江沙 319HF 井国内首次在不摘卡瓦的前提下实现了大排量循环解阻，填补了国内技术空白；在江沙 109-2HF 井实现了尾管安全快速下入，下钻速度较常规工具提高近 1 倍，创造了川西水平井尾管下入最快纪录。

1. 结构原理

1）无限级尾管悬挂器总成

如图 6-3-11 所示，该尾管悬挂器要由上接头、锥体、卡瓦、上液缸、下液缸、连接套和剪钉等零部件组成。采用内嵌卡瓦设计，提高了承载能力和坐挂后的过流面积。同时，卡瓦藏于锥套内，下入过程中的旋转不会造成卡瓦的损伤或脱落，提高了坐挂的可靠性。

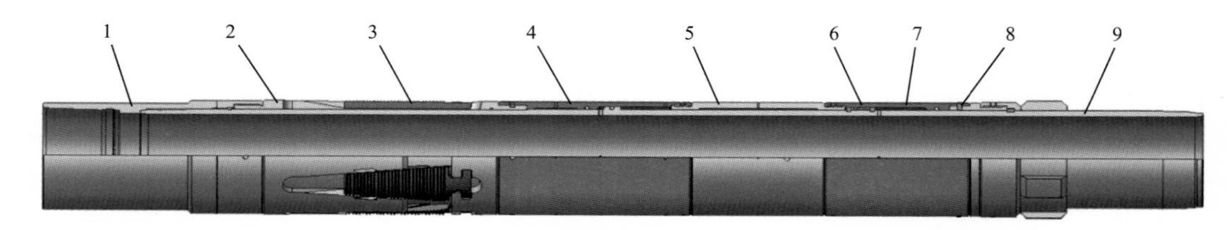

图 6-3-11 平衡液缸式尾管悬挂器示意图

1—上接头；2—锥体；3—卡瓦；4—上液缸；5—连接套；6—组合密封；7—下液缸；8—剪钉；9—本体

该尾管悬挂器最大的特点在于，设计了镜像对称的双向液缸驱动机构，球座胶塞安装在两液缸传压孔之间。在入井过程中、尚未投球时，两组液缸所产生的液压力大小相等，方向相反，因此无论管柱内的压力多大，都不会造成悬挂器提前坐挂。当球到达球座后憋压，压力通过悬挂器本体上的传压孔传到上液缸内，下液缸被投球及胶塞隔离，高压液体无法进入下液缸。当压力达到 8～9MPa 时上液缸剪钉剪断，液缸推动卡瓦支撑套并带动卡瓦沿锥套斜面上行，卡瓦涨开并楔入悬挂器锥体和上层套管之间的环状间隙里实现坐挂。

该尾管悬挂器的最大特点是在尾管下入过程中能够允许大排量高泵压的循环，帮助解决遇阻问题，在尾管到位后能够通过投球憋压实现尾管悬挂，并完成固井替浆作业。双向液缸驱动机构在中途循环解阻时需承受管内的循环高压和压力波动；坐挂时要满足高压密封要求；固井施工过程中还需要承受替浆压力，其密封和承压能力是该机构的关键。

设计了液缸高压滑动密封结构，采用多元组合密封方式，上部液缸采用耐高温橡胶材质的组合密封组件，密封圈保证密封效果，挡圈则在液缸滑动过程中保护密封圈，防止其变形后导致密封失效。下部液缸采用 OV 形组合密封方式，提高了密封间隙，从而使下液缸上行的阻力减小，保证坐挂的可靠性。V 形密封圈镜像对称安装，且采用耐高温橡胶和夹织物的材质，既实现了双向高压密封，又提高了其耐磨性和可靠性。

2）球座式胶塞

球座式胶塞集成了常规尾管胶塞与球座的功能于一体，如图 6-3-12 所示，安装于上下液缸两个传压孔之间。胶碗组件封隔胶塞与悬挂器本体的环空，形成了尾管坐挂驱动机构。当尾管下放至设计深度后，投憋压球至球座处，此时上液缸的压力不断上升，直至剪断坐挂剪钉实现尾管悬挂器的坐挂。同时，该装置还具备了尾管胶塞的功能，固井过程中，钻杆胶塞到达球座式胶塞处可以实现复合，剪脱后复合胶塞继续固井替浆直至碰压。

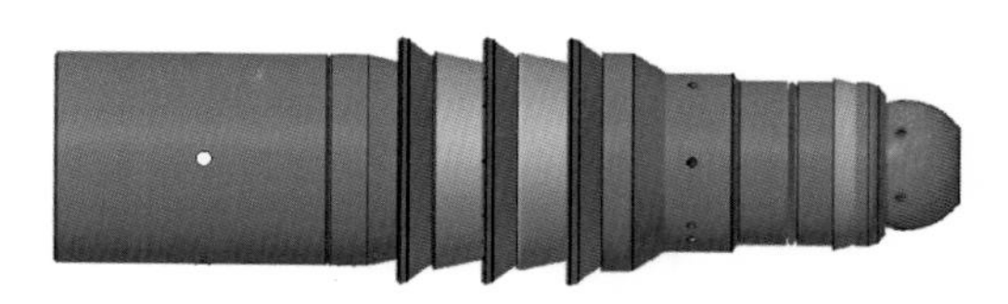

图 6-3-12　球座式胶塞的结构示意图

设计了胶碗组件及其肩部保护机构，确保其具有良好的密封效果，能够实现大间隙情况下的高压密封，密封间隙为 25mm 时，密封压力达到 25MPa。高压密封的胶碗组件具有良好的隔离能力，保证了固井过程中的水泥浆刮拭效果，实现了精准替浆。

3）旋转引鞋

井眼台阶或缩径是导致尾管下入困难的重要原因之一，为解决这一问题尾管安全快速下入工具管串采用特殊的偏心扩眼引鞋代替传统的引鞋，如图 6-3-13 所示。该引鞋本体外侧带有旋流状的侧肋，侧肋上镶嵌有硬质合金块，当旋转时具有扩眼功能。当遇到井眼缩颈时，通过旋转管串利用其侧肋边扩眼边下入。当下入遇到台阶井眼时，若台阶高于管柱的中心线，传统的圆头引鞋无法通过该台阶，而该钻式引鞋的帽头为偏心设计，通过旋转管柱调整偏心导向头位置帮助越过台阶，并可用侧肋修整。

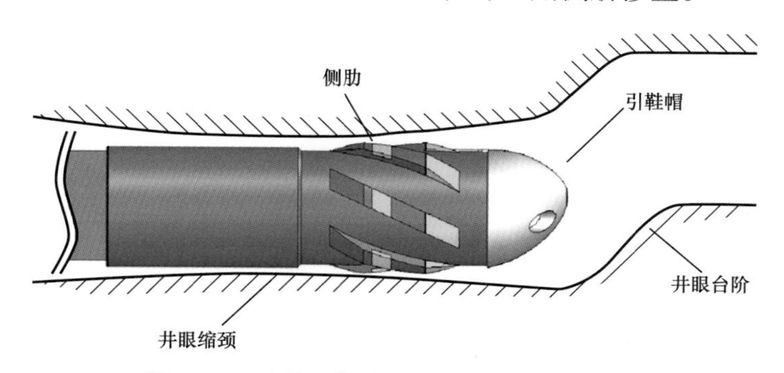

图 6-3-13　偏心钻式引鞋的结构及工作原理

针对现场水平井或定向井旋转尾管技术对尾管抗扭能力的要求较高的问题，开发了自带动力的旋转引鞋工具。与传统引鞋工具不同的是，该工具自带涡轮动力，在管串下入遇阻时，通过循环钻井液，钻井液通过旋转引鞋的内部涡轮，将液体动能转化涡轮的旋转动能，涡轮高速旋转，带动底部的引鞋旋转，从而达到修整井壁、扩大井眼、使井眼更加规整的目的，从而将套管或尾管串下至预定位置。

2. 球座式胶塞胶腕强度分析

球座式胶塞是影响压力平衡式尾管悬挂器性能的关键，因此采用有限元分析手段对球座式胶塞的胶碗强度进行分析，从而验证设计的合理性。

以 $5^1/_2$in 的球座胶塞胶腕为例，模型的主要分为三个部分：套管、橡胶胶腕及隔离环，如图 6–3–14 所示。套管及隔离环设置为刚体，分别为套管及隔离环模型建立参考点，设置套管与胶腕及隔离环与胶腕的接触，简化设置接触为无摩擦接触状态。橡胶采用为四边形高阶杂交缩减单元 CPE8RH。

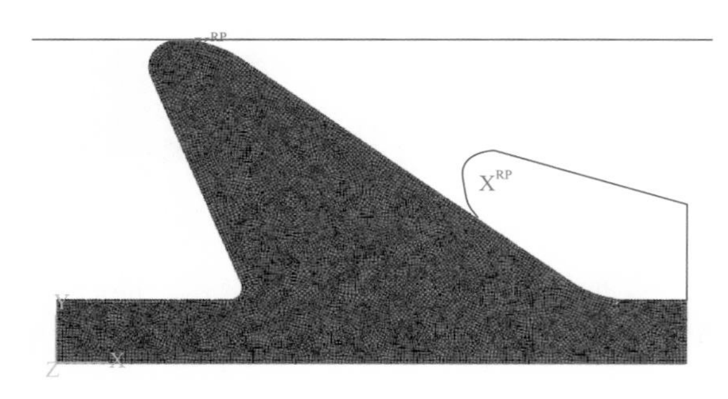

图 6–3–14 胶腕网格模型

计算分为两个步骤：第一步需要将胶腕压入套管内，通过移动套管，将胶腕压缩来模拟胶腕装入套管的过程；第二步，对胶腕施加压力，模拟在实际应用过程中胶腕所承受的压力。胶腕的外径为 130mm，套管内径为 124mm，因此需要设置套管下压 3mm。对胶腕的左侧施加 25MPa 的压力。

图 6–3–15 为计算后的胶腕的应力云图，最大应力出现在胶腕的上端，为 1.388MPa，远小于橡胶材质的撕裂强度（17～20MPa），胶腕完好。胶腕在压力的作用下，靠近隔离环处的产生的应力不大，应力主要向着套管的方向传递，这也有利于胶腕本身产生较大的密封。试验结果表明：球座胶塞的胶腕结构可靠，在 25MPa 的压力下胶腕完好，满足设计要求。

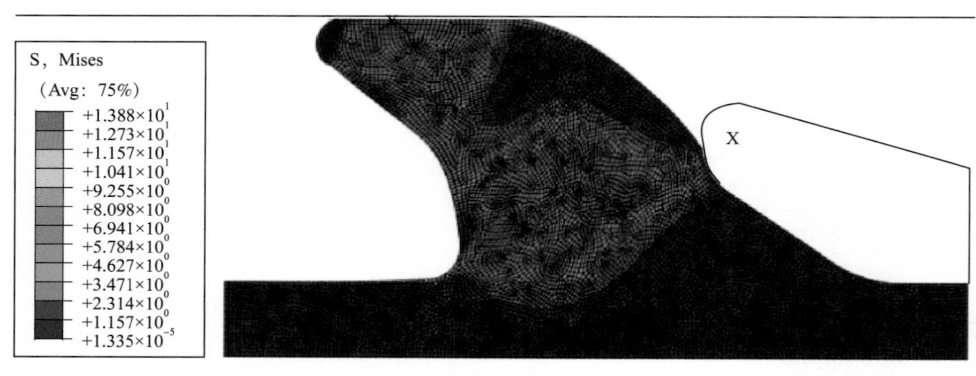

图 6–3–15 胶腕应力云图

3. 主要性能参数

实现了无限级尾管安全快速下入工具的系列化，形成了 7 种规格的产品，具体技术参数见表 6–3–4。

表 6-3-4　不同规格平衡式尾管悬挂器的适用范围参数表

<table>
<tr><th>序号</th><th>规格</th><th>上层套管壁厚 / mm</th><th>尾管壁厚 / mm</th><th>本体内径 / mm</th><th>承载能力 / kN</th><th>抗扭能力 / kN·m</th><th>允许循环排量 / 泵压</th></tr>
<tr><td rowspan="4">1</td><td rowspan="4">φ244.5mm×
φ177.8mm</td><td rowspan="4">11.99
11.05
10.03
13.84</td><td>9.19</td><td rowspan="3">157</td><td rowspan="4">1800</td><td rowspan="8">41</td><td rowspan="19">≥2m³/min/
≥25MPa</td></tr>
<tr><td>10.36</td></tr>
<tr><td>11.55</td></tr>
<tr><td>12.65</td><td>152.5</td></tr>
<tr><td rowspan="4">2</td><td rowspan="4">φ244.5mm×
φ139.7mm</td><td rowspan="4">11.99
11.05
10.03
13.84</td><td>7.72</td><td rowspan="2">124</td><td rowspan="4">1500</td></tr>
<tr><td>9.17</td></tr>
<tr><td>10.54</td><td>118.6</td></tr>
<tr><td>12.7</td><td>114.3</td></tr>
<tr><td rowspan="2">3</td><td rowspan="2">φ365.1mm×
φ273.1mm</td><td rowspan="2">13.88</td><td>12.57</td><td rowspan="2">245</td><td rowspan="2">3400</td><td rowspan="4">—</td></tr>
<tr><td>13.84</td></tr>
<tr><td rowspan="2">4</td><td rowspan="2">φ339.7mm×
φ273.1mm</td><td rowspan="2">10.92
12.19
9.65</td><td>12.57</td><td rowspan="2">245</td><td rowspan="2">3000</td></tr>
<tr><td>13.84</td></tr>
<tr><td rowspan="2">5</td><td rowspan="2">φ273.1mm×
φ193.7mm</td><td rowspan="2">12.57
13.84</td><td>12.7</td><td rowspan="2">168.3</td><td rowspan="2">2500</td><td rowspan="2">—</td></tr>
<tr><td>14.27</td></tr>
<tr><td rowspan="4">6</td><td rowspan="4">φ193.7mm×
φ139.7mm</td><td rowspan="4">10.92
12.7</td><td>7.72</td><td rowspan="2">124</td><td rowspan="4">1000</td><td rowspan="4">30</td></tr>
<tr><td>9.17</td></tr>
<tr><td>10.54</td><td>118.6</td></tr>
<tr><td>12.7</td><td>114.3</td></tr>
<tr><td>7</td><td>φ219.1mm×
φ168.3mm</td><td>12.7</td><td>10.59</td><td>145.7</td><td>900</td><td>—</td></tr>
</table>

4. 应用案例

自 2017 年底开始，在川西区块采用压力平衡式尾管悬挂器，结合中途循环解阻技术，取得了显著的效果。现场累计应用 60 余口井，尾管到位率达 100%，有效地解决了该区块的尾管下入难题。其中，多口井下尾管中途出现严重遇阻后采用大排量循环解阻技术成功实现解阻。江沙 203-6HF 井为压差粘卡遇阻，大排量循环后注入解卡剂实现解阻，累计循环达 24h；江沙 319HF 井为前端井眼坍塌遇阻，采用边循环边下放的方式将尾管下入到位；其他三口井均为套管中段井眼坍塌遇阻。

江沙 321HF 是尾管下入难度最大的井，井身结构如图 6-3-16 所示。该井完钻井深 3925m，尾管悬挂器坐挂位置 1890m，三开裸眼段长 1720m，尾管段长达 2031m，其中水平井段长达 1010m，且轨迹起伏。裸眼段砂泥岩交叉，在井深 3000m，3300m 和 3870m 处有三段泥岩，多次通井后 3400m 以下仍需要划眼才能通过，下套管摩阻大，泥岩段井壁坍塌风险大。采用的管串结构为：ϕ139.7mm 常规钻杆（693m）+ϕ139.7mm 加重钻杆（1196m）+ 压力平衡式尾管悬挂器 +ϕ139.7mm 尾管串（2000m）+ 碰压座 +1 根套管 + 弹浮式浮箍 +1 根套管 + 弹浮式浮箍 +1 根套管 +1 根短套管（2m）+ 浮鞋。扶正器为整体式弹性扶正器。

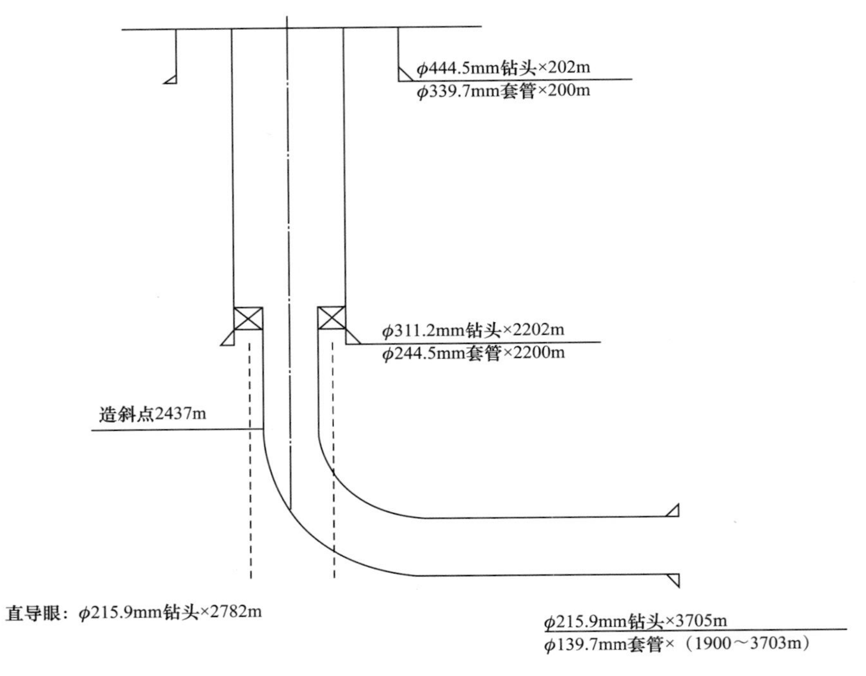

图 6-3-16　江沙 321HF 井井身结构图

当尾管下至 3100m 以后出现了明显的遇阻，只能通过猛提猛冲的方式缓慢下入，摩阻达到 500～600kN，如图 6-3-17（a）所示。当尾管下至 3300m 后，用猛提猛冲的方式也已经基本无法下入，最大下压 720kN，无法通过。下压 300kN 测得的回缩距为 0.95m（理论值为 1.1m），判断为套管中部井眼坍塌遇卡。随后开泵顶通后进行循环洗井，如图 6-3-17（b）所示。前期仅以 0.5m^3/min 的小排量循环时，泵压出现明显波动，待循环 15min 后，泵压趋于稳定。同时在循环过程中不断地上提下放管柱，防止套管黏卡。循环 50min 后停泵，上提悬重 1050kN，下放悬重 850kN，管柱缓慢通过该处遇阻点。当尾管下入到 3860m 处遇阻，判断还是套管中段遇阻。再次开泵循环，如图 6-3-17（c）所示，可以发现，在循环的初期，管内压力激烈波动，并出现了多次压力的异常升高，这可能是由于井内泥沙上返出现了憋堵，在地面也发现了明显的泥沙返出。当循环 1h 后，管内压力趋于稳定，说明井眼得到了很好的冲洗。循环 2h 后，上提悬重 1160kN，下放悬重 950kN，可缓慢通过遇阻点，最终顺利下至设计深度。

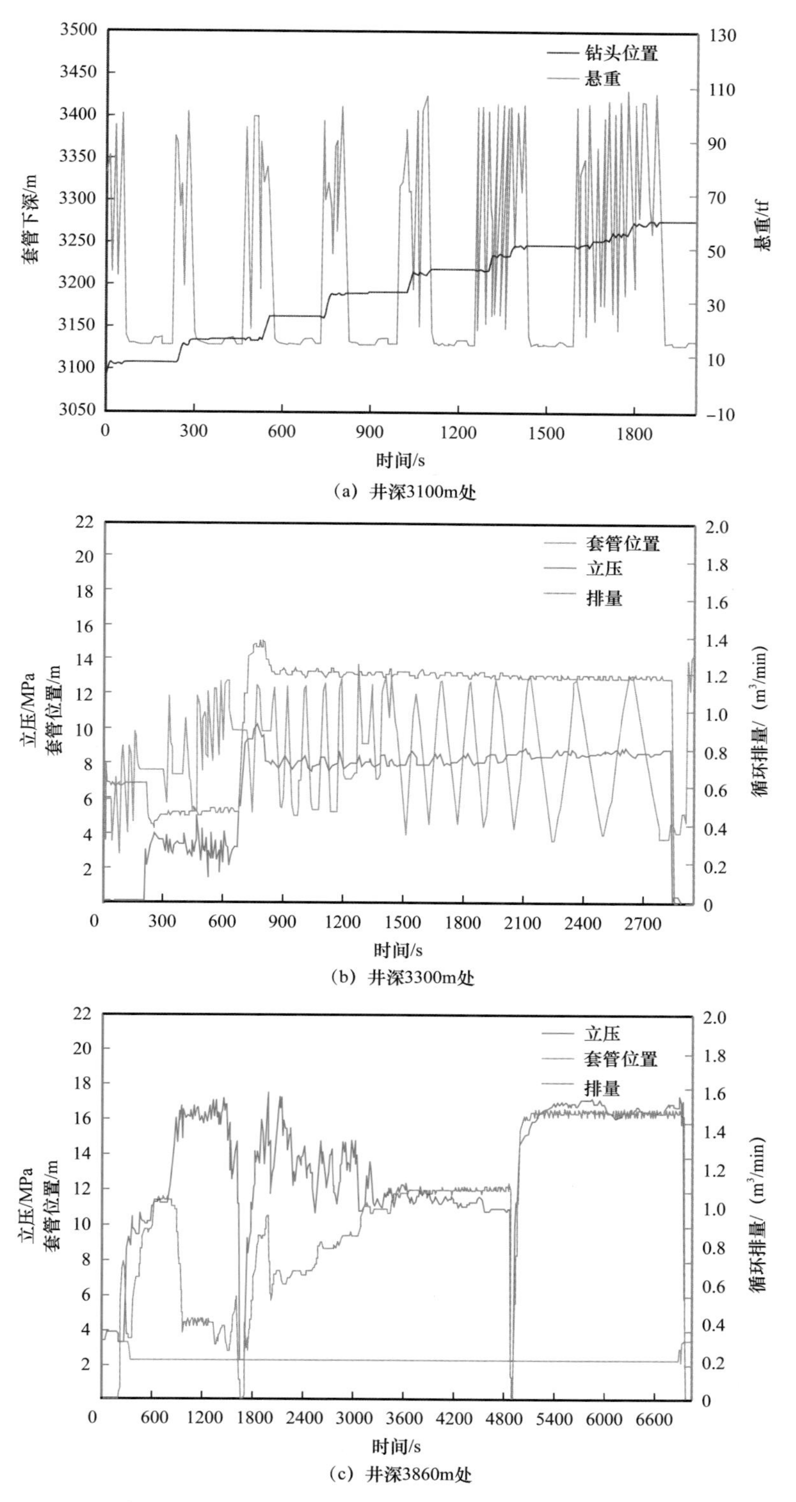

图 6-3-17　江沙 321HF 井尾管下入过程中的施工曲线

该井中途累计循环洗井6次，累计时长超过8h，最大循环排量1.6m^3/min，泵压18MPa，压力平衡式尾管悬挂器没有出现提前坐挂，且到位后顺利完成了坐挂及丢手作业。固井过程中观察到了明显的胶塞复合显示，并根据该显示及时校核了替浆量，最终实现到量碰压。实际替浆量与设计计算值仅相差0.5m^3，这说明球座式胶塞的确具有良好的水泥浆刮拭效果。

无限级尾管安全下入技术除了能够在中途遇阻时通过大排量循环解阻工艺保证尾管顺利下放到位以外，还能够允许快速下放尾管，从而缩短尾管下入时间。图6-3-18为2017年川西水平井采用常规技术和平衡式尾管安全下入技术时，尾管下钻速度的对比图。可以看出，在使用常规技术时的平均下钻速度为250m/h，最大下入速度仅为300m/h。而采用平衡式尾管安全下入技术的平均下钻速度达到了325m/h，部分井的下钻速度达到了400m/h以上，较常规技术提高了30%以上。其中，江沙109-2HF井达到了500m/h。该井在施工过程中，充分发挥压力平衡式尾管悬挂器不会提前坐挂的技术优势，在连接压力平衡式尾管悬挂器后，以20～25s/柱的速度快速下放套管，而常规尾管悬挂器允许的下放速度为90～120s/柱。最终仅用时2.5h，顺利下钻1250m，将尾管下至设计深度，后续的投球坐挂、丢手、固井等施工均顺利完成，固井质量优秀。因此，可以认为平衡式尾管下入技术能够有效防止激荡压力对尾管悬挂器的影响，效防止尾管下入过程中的提前坐挂，且可以实现尾管的安全快速下入，缩短施工周期。

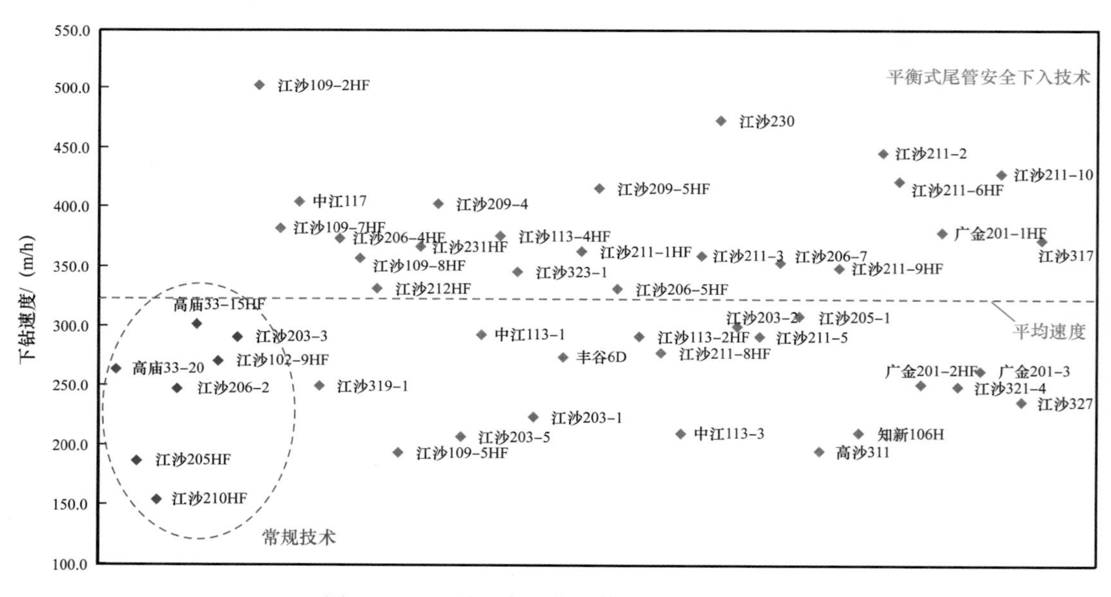

图6-3-18　川西水平井尾管下钻速度分布图

三、耐高温高压尾管顶部封隔器

随着石油钻井技术的不断发展，尾管固井因其成本低、能改善管柱轴向受力载荷条件及改善钻井水力条件等优势，在钻井业得到日益广泛的应用。但是，目前尾管固井尚有一个未解决的难题，即：重叠段固井质量差，容易发生油、气、水窜，如我国四川等地区一些高压气井，重叠段固井质量不好，往往容易发生环空气窜。而在一些有低压易漏地层的地区，容易发生水泥浆进入地层，造成油气层伤害。这些问题的发生，严重影响了钻井作业连续进行和油井正常投产，在重叠段补救挤水泥，不仅花费大，且成功率低。

为此，研制了新型尾管顶部封隔器，它具有高温高压封隔功能，在注水泥完毕，下压一定吨位即可坐封封隔器，从而封隔尾管顶部环空。与常规尾管悬挂器配套使用，可进一步提高尾管重叠段封固质量，并可有效防止油气水窜的发生。

1. 结构原理

尾管封隔悬挂器主要包括两大部分，分别为尾管悬挂器及尾管顶部封隔器。为了实现其耐高温高压能力，采用金属膨胀式封隔结构，即在封隔器胶筒内部植入金属骨架，这样，尾管顶部封隔器便具有了更高的环空封隔能力，可以实现尾管的快速安全下入，满足大排量循环要求。同时这种尾管顶部封隔器具有良好的适应性，可以与各种不同功能的尾管悬挂器配套连接使用，从而组成不同规格类型的尾管封隔悬挂器。

尾管顶部封隔器的结构如图 6-3-19 所示，主要由防退卡簧套、剪钉、卡簧、膨胀锥体、膨胀套筒、扶正环和本体等部件组成，其工作原理是基于金属实体膨胀技术进行封隔器坐封，封隔器通过膨胀锥体的下行，对膨胀套筒挤压使其膨胀，膨胀套筒的金属骨架与其外表面硫化的橡胶也随之膨胀，从而封堵封隔器与外层套管之间环空，膨胀锥体下行后，在内锁紧防退装置的作用下不产生回退，从而保证了尾管顶部封隔器的密封效果和封隔长久性。

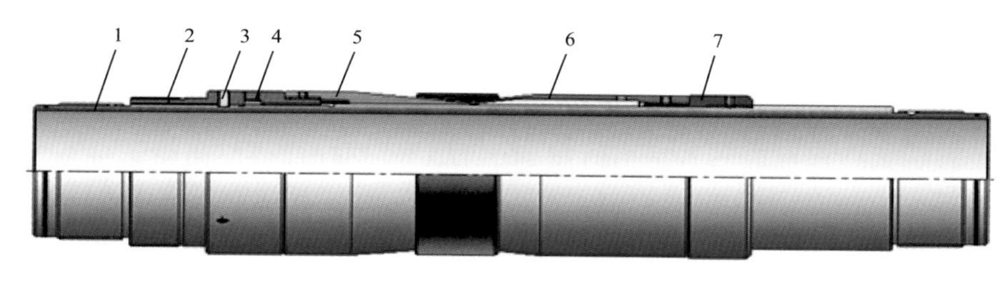

图 6-3-19 尾管顶部封隔器
1—本体；2—防退卡簧套；3—剪钉；4—卡簧；5—膨胀锥体；6—膨胀套筒；7—扶正环

尾管顶部封隔器的本体采用的是一体化设计，可以承受较高的扭矩。本体采用的是高强度合金材料，在设计的时候考虑了金属膨胀尾管顶部封隔器相对恶劣的工作环境，经过优化的本体具有高的抗内压和抗外挤能力，以保证封隔器在高压情况下本体不产生破坏变形。

尾管顶部封隔器坐封后，膨胀锥体在封隔器底部高压的作用下，有向原位置回退的趋势，而一旦膨胀锥体回退，则使得膨胀套筒的金属骨架失去内部支撑，直接影响到封隔器的密封效果，造成封隔器的封隔能力降低，甚至完全失效，因此，尾管顶部封隔器的锁紧防退效果至关重要。

膨胀套筒为封隔器的最关键部件，其采用的是金属—橡胶组合密封，这种方式使得封隔器的封隔能力和可允许循环排量能力得到进一步增大。膨胀套筒由金属支撑骨架和胶筒组成，金属支撑骨架选用的材料为可膨胀金属材料，在金属支撑骨架的外表面硫化了耐高温橡胶，在封隔器坐封后，可通过橡胶的压缩变形实现环空高压封隔。

2. 胶筒密封性能分析

为了准确得到尾管顶部封隔器坐封后的密封状态，需对封隔器胶筒和外层套管内壁之间的受力和变形情况进行分析，研究可靠密封时胶筒承受的压差范围。同时根据金属膨胀尾管顶部封隔器工作原理，运用有限元分析软件分析封隔器和套管内壁的受力状态，分析的主要目的是采用优选方案的方法优化封隔器的胶筒厚度，同时优选出膨胀锥体的最佳爬升角度，使之在较小坐封载荷的同时能够承受出更高的压差。

封隔器的主要密封元件是胶筒，胶筒的材料为一种泊松比接近于 0.5 的不可压缩的超弹性材料。要达到密封要求就是要求胶筒与套管之间的接触应力达到 70MPa 及以上，套管内壁的受力状态就是胶筒与套管的接触应力，以下分析内容是套管在不同坐封载荷时胶筒与套管之间的接触应力。

胶筒与套管之间的接触应力的大小，可以直接反映出密封压差能力的大小，即有多大的接触应力，就能够封堵多大的压差，所以分析中只给出接触应力的大小。

最小坐封载荷：当胶筒与套管在坐封载荷的作用下接触后，接触应力达到 70MPa 时所施加的坐封载荷即为最小坐封载荷。

最大坐封载荷：当胶筒与套管在坐封载荷的作用下接触挤压后，锥体径向会发生变形，当变形达到锥体与本体之间的间隙的时候，所施加的坐封载荷即为最大坐封载荷。

分析了适用于不同套管壁厚的封隔器坐封过程中胶筒的变形情况。当锥体向下移动时，膨胀套筒开始膨胀，膨胀套筒外表面硫化的胶筒也随着开始扩张，但还没有与套管内壁完全接触；当锥体继续下移时，胶筒外壁与套筒内壁接触并挤压，产生接触应力；锥体持续下移，当胶筒外壁与套筒内壁接触压力达到 70MPa 时，达到密封要求；当锥体继续下移到某一位置时，锥体径向变形达到锥体与本体之间的间隙，此时坐封载荷达到最大值。

图 6-3-20 为套管厚度为 13.84mm 时，根据 ANSYS 分析的结果绘制的在不同坐封载荷作用下接触应力的计算结果所拟合的曲线。

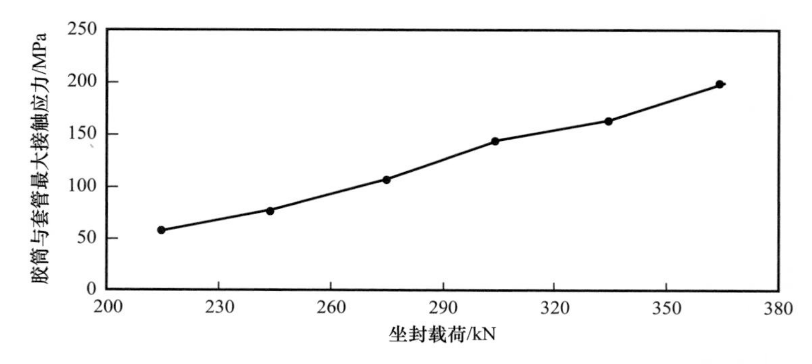

图 6-3-20　坐封载荷—胶筒与套管的最大接触应力变化曲线图

从图 6-3-20 可以看出，在坐封载荷增大时，胶筒与套管的接触应力逐渐增大，但随着坐封载荷的不断增大，锥体的径向变形就会达到锥体与本体之间的间隙。当坐封载荷为 355kN，锥体径向变形超过了间隙量，所以锥体不能继续变形，坐封载荷不能继续加大。因此可以得出封隔器的最小坐封载荷为 217kN，最大坐封载荷为 338kN，锥体的最大应力没有超过屈服极限，计算结果有效。

因此，为了保证封隔器密封能力达到 70MPa，坐封载荷设置为 260～300kN。

3. 技术参数

尾管顶部封隔器主要技术参数见表 6-3-5。

表 6-3-5 尾管顶部封隔器主要技术参数表

序号	参数名称	参数值
1	密封压差能力 /MPa	70
2	循环排量 /（m^3/min）	＞1.7
3	坐封载荷 /kN	260–300
4	耐温能力 /℃	150

4. 应用案例

井号：邑深 1 井。

该井为预探井 / 直井，完钻井深：5967，井底温度：153℃，钻井液密度：1.59g/cm^3，尾管悬挂封隔器位置：5513m，尾管规格：$5^1/_2$in，尾管长度：454m。井身结构如图 6-3-21 所示。

该井为区域性第一口以雷口坡组为主要目的层的预探井，目的层埋藏深，不可预见因素较多。井底温度高，为保证固井质量要求，固井后管内憋压候凝。这样的井况和工艺对尾管悬挂器坐挂、丢手和坐封操作提出了很高的要求。

当尾管送入到设计位置后，灌满钻井液，尾管称重，开泵，顶通压力 5.1MPa，排量 0.18m^3/min；逐渐提高排量至 0.5m^3/min，循环泵压 14MPa，岩屑返出正常；投球，憋压至 12MPa。下放钻具，悬重下降，判断坐挂成功；憋通球座后建立循环，在排量为 0.5m^3/min 时，循环压力仍为 14MPa，坐挂后泵压无明显升高。

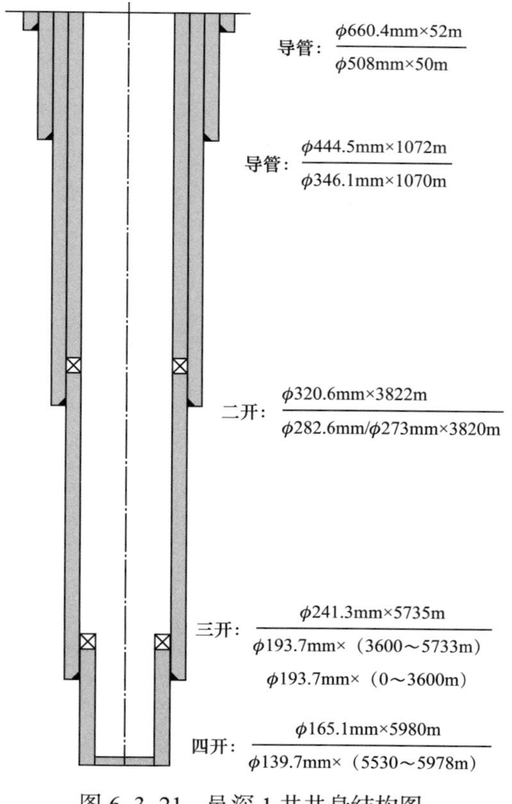

图 6-3-21 邑深 1 井井身结构图

继续开泵循环。当排量增加至0.66m^3/min，循环泵压16MPa，岩屑返出正常。循环3h后，停泵。调整悬重后倒扣，正转5圈，无回转；继续正转共计30圈，上提钻具1.2m，悬重上升至127tf后不变，下放钻具，悬重保持100tf不变，判断丢手成功；丢手后继续循环。

接水泥头，并试压30MPa，并开始固井作业。固井结束后，拆固井管线，准备坐封封隔器。上提钻具2.2m，悬重保持不变，下放钻具并下压15tf，封隔器剪钉剪断；继续下压至36tf，封隔器坐封。封隔器坐封后立即试压，管内憋压至5.1MPa，井口断流，说明封隔器密封良好。泄压后，管内无返出。起钻候凝。

本次施工中，工具经受住高温、高钻井液密度的考验，特别是封隔器胶筒经历了长达24h的循环冲蚀，仍能够满足坐封和密封要求，证明了该单胶筒封隔器具有良好的耐冲蚀性能和防提前坐封性能。

第四节　高压低渗透气井固井技术

随着我国钻井技术的发展和勘探开发的逐步深入，油气勘探开发逐渐向深部地层迈进，同时，为提高单井产量和加快油气田开发，多采用了长水平段水平井开发技术。例如，川西海相已完钻井多在6000m以深，部分井超过7000m，并且多为大斜度井或者水平井，井底静止温度最高达到了180℃，高温高压对水泥浆体系的要求更加严苛；钻遇气层数量多且压力高，高压气层水平段固井防气窜难度也随之增加。高压低渗透超深气井水平井固井中如何避免发生油、气、水窜，保证水平井固井质量，给固井施工带来很大挑战。

针对该地区高压低渗透气井的特点开发了抗高温防气窜水泥浆体系、提高水平段固井顶替效率技术、固井优化设计软件，解决了高压低渗透气井水平井固井中的高压低渗透油气上窜、水泥浆顶替效率不高及固井质量不理想等固井技术难题。

一、抗高温防气窜水泥浆体系

1. 新型防气窜材料

1）纳米硅乳液防气窜剂

纳米二氧化硅材料粒径范围为10～200nm，比表面积大，表面无定型程度高，具有大量的Si—OH，活性高，颗粒呈球形的特征，加入到固井水泥浆体系中，可以起到多种良好作用。由于纳米二氧化硅平均粒径只有0.15μm左右，远小于水泥颗粒尺寸，微细的二氧化硅颗粒堵塞水泥颗粒间孔隙，在固井二界面上形成致密滤饼，可以起到降低滤失量和防止气窜作用。另外，纳米二氧化硅材料还可以能起到控制水泥浆游离液、提高水泥石强度、提高胶结质量、提高水泥浆稳定性和耐腐蚀性能等作用。

将纳米二氧化硅颗粒均匀分散在水中，即是纳米硅乳液（SCLS），并可以保持一定时间的稳定性。纳米二氧化硅颗粒以离散形式分布在水相中，具有乳状液的一般性特征，加入水泥浆中可以起到很好的防窜作用。通过球磨分散技术，结合化学阻聚、稳定技术，开发出了纳米硅乳液，形成了纳米硅乳液加工工艺。纳米硅乳液性能见表 6-4-1。

表 6-4-1 纳米硅乳液（SCLS）与国外 Microblock 性能对比

项目	国外 Microblock	纳米硅乳液（SCLS）
颗粒是否具有反应活性	有	有
颗粒形貌	球形	球形
有效固含量 /%	45	45
粒径 /nm	150/330	162
室温下稳定期 /d	180	＞240
表观黏度 /mPa·s	14	15
60℃环境是否具有稳定性	有	有

表 6-4-1 中，开发的纳米硅乳液总体指标与国外 Microblock 产品性能相当，其中纳米硅乳液室温稳定期达到 240 天以上，远远超过了国外 Microblock 产品性能。

2）苯丙胶乳

胶乳是目前国内外公认的防窜性能优良的水泥浆外加剂之一，胶乳防气窜外加剂具有防油、气、水窜及降失水保护油气层的特点，能够有效地提高深井超深井固井质量。但目前常用的胶乳主要为丁苯胶乳，现有丁苯胶乳存在合成条件复杂、不易控制、敏感性强、现场调整困难等难题。

为此，开发了一种固井用苯丙胶乳，苯丙胶乳是一种乳白色均一悬浊液，主要合成原料为苯乙烯、丙烯酸酯类化合物、带有磺酸官能团的水溶性单体，在乳化剂、引发剂以及链转移剂和交联剂的作用下通过乳液聚合反应制得。苯丙胶乳粒径为 200nm，固含量为 40%。将苯丙胶乳加入固井水泥浆体系中，可有效降低水泥浆体系的失水量，在高温下 API 失水均可控制在 50mL 以下，并可以增加油井水泥石的致密性、降低水泥石渗透率、有效阻止固井封固段的油、气、水窜发生；还可以提高固井第一、第二界面胶结强度，增加水泥石的弹韧性，减少水泥石在射孔、压裂等固井后续作业的破裂程度，从而提高固井质量，保持水泥环长期密封完整性。

加入苯丙胶乳的水泥浆常压 90℃水浴养护流变测试，180℃条件下进行失水性能测试，测试结果见表 6-4-2。

表 6-4-2 苯丙胶乳水泥浆常规性能表

苯丙胶乳加量 /%	六速黏度计读数	API 失水量（6.9MPa×15min）/mL
15	300/205/141/75/12/9	38（180℃）

由实验可以看到，苯丙胶乳控制失水效果非常好，180℃下失水仅 38mL；但同时水泥浆浆体稠度稍有增加，主要由于胶乳粒子本身粒径较小，在一定加量下会填补水泥颗

粒之间缝隙造成水泥浆稠度有所加大，这也有利于提高水泥浆整体防窜能力。

2. 纳米硅乳液防气窜水泥浆体系

1）纳米硅乳液水泥浆体系常规性能

利用纳米硅乳液作为防气窜剂，其防气窜能力可与胶乳防气窜剂相当，但其性能不受温度的影响，可以显著提高水泥浆体系抗温能力，并可增加水泥浆体系的稳定性，纳米硅防气窜水泥浆体系综合性能见表 6–4–3。

表 6–4–3 纳米硅乳液防气窜水泥浆体系基本性能

序号	密度 / g/cm^3	加量 / %	六速黏度计读数（93℃ ×20min）	API 失水量 / mL		自由液 / mL	稠化（过渡）时间 / min	
				120℃	140℃		120℃	140℃
1	1.90	0	255/141/98/52/4/3	48	—	0	156（3）	—
2	1.90	10	276/162/118/73/5/4	32	—	0	160（4）	—
3	1.90	15	294/171/124/74/5/4	30	—	0	153（3）	—
4	1.90	0	280/156/109/60/4/3	—	66	0	—	144（5）
5	1.90	10	278/167/96/60/4/3	—	48	0	—	180（5）
6	1.90	15	267/145/102/73/4/3	—	40	0	—	190（6）

由表 6–4–3 可知，由于纳米硅乳液防气窜剂 SCLS 的颗粒同水泥颗粒相比具有表面积大的特征，能吸附水泥颗粒间的自由水，具有增黏的作用，加入 10% 和 15% 的 SCLS 在分散剂增加量 0.3% 和 0.5% 的条件下流变性能读数仍有小幅度上升，自由液为 0，水泥浆体系的稳定性良好。纳米硅乳液防气窜剂 SCLS 处于纳米级别，可充填水泥颗粒孔隙形成致密滤饼，有效有降低 API 失水；加入纳米硅乳液防气窜剂对水泥浆稠化时间和稠化过渡时间基本没有影响。

2）纳米硅乳液水泥浆体系防气窜性能

（1）水泥浆防气窜系数 SPN 值法。根据 SPN 值计算公式方法，分别计算出 SCLS 加量分别为 10% 和 15% 时，120℃和 140℃下的 SPN 值，结果见表 6–4–4。

表 6–4–4 不同 SCLS 加量下纳米硅乳液防气窜水泥浆 SPN 值

SCLS 加量 /%	SPN 值	
	120℃	140℃
0	1.1	2.5
10	0.9	1.6
15	0.6	1.5

由表 6-4-4 可知，加入纳米硅乳液 SCLS 后，增强水泥浆的黏性和气体运移阻力，提高水泥浆体系的防气窜性能，在 120℃和 140℃下，防气窜水泥浆体系防气窜系数 SPN 值均小于 2.0。

（2）水泥浆静胶凝强度法。室内分别评价了 SCLS 加量为 10% 时纳米硅防气窜水泥浆体系在 80℃和 140℃下静胶凝强度发展情况，评价结果如图 6-4-1 和图 6-4-2 所示。

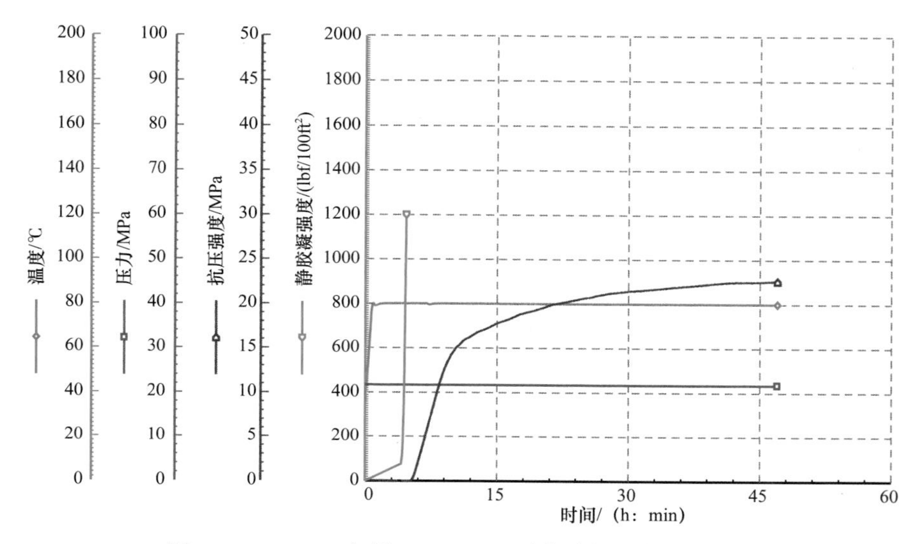

图 6-4-1　SCLS 加量 10%，80℃时静胶凝强度发展曲线

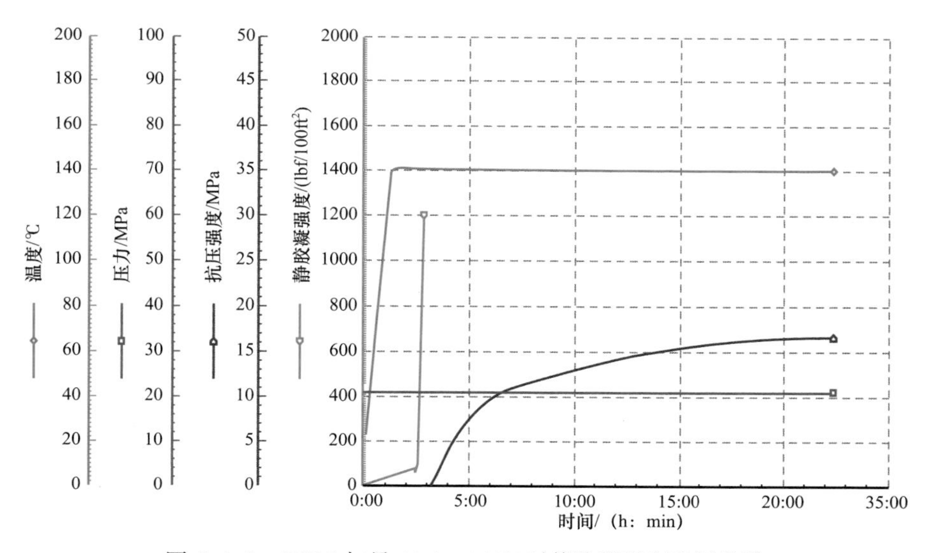

图 6-4-2　SCLS 加量 10%，140℃时静胶凝强度发展曲线

由图 6-4-1 和图 6-4-2 可知，80℃时水泥浆静胶凝强度由 48Pa 升至 240Pa 的时间为 20min，140℃时水泥浆静胶凝强度由 48Pa 升至 240Pa 的时间仅为 6min，表明纳米硅防气窜水泥浆体系具有较强的防气窜性能，且随着温度升高，纳米硅乳液中活性纳米二氧化硅颗粒活性也逐渐增强，因而高温下静胶凝强度发展更为迅速。

综合SPN值和静胶凝强度发展曲线可知，纳米硅防气窜水泥浆体系具有优异的防气窜性能，具有较好的高温防气窜效果。

3）水泥石力学性能

纳米硅乳液SCLS中具有较高活性的纳米级二氧化硅颗粒，不仅可充填于水泥颗粒间孔隙，增加水泥石致密性，而且可参与水泥水化反应，增强水泥石强度，改善水泥石力学性能。

（1）水泥石抗压强度。高温防气窜水泥浆体系中纳米硅乳液SCLS加量为0，10%和15%下，密度为1.90g/cm^{3}的水泥石120℃（140℃）×21MPa×24h强度测试结果见表6-4-5。

表6-4-5 纳米硅乳液SCLS加量对水泥石强度影响

温度/℃	不同SCLS液硅加量下水泥石强度/MPa		
	0	10%	15%
120	28	30	31
140	25	28	30

由表6-4-5可知，随着纳米硅乳液SCLS加量增加，120℃和140℃高温高压养护后水泥石抗压强度均增加，表明SCLS加入水泥浆后参与水泥水化反应可进一步增强水泥石强度。

（2）水泥石弹性模量。纳米硅乳液SCLS对水泥石弹性模量影响规律，测试结果见表6-4-6。

表6-4-6 SCLS加量对水泥石弹性模量影响

SCLS加量/%	0	5	10	15
弹性模量/GPa	14.1	11.6	9.6	8.6

注：养护条件为80℃ ×0.1MPa×72h。

由表6-4-6可知，加入SCLS后水泥石弹性模量显著降低，纳米硅乳液SCLS中纳米级粒子，通过化学键的形式与水泥颗粒相互连接，当受外力作用时，首先克服分子间之间的滑移，从而降低了水泥石弹性模量，改善了水泥石力学性能。

（3）水泥石渗透率。水泥石渗透率关系到气体在水泥石中运移的快慢与阻力，渗透率越小越不利气体运移，因而防气窜效果越好。纳米硅乳液SCLS不同加量下防气窜水泥石渗透率测试结果见表6-4-7。

表6-4-7 纳米硅乳液SCLS不同加量下水泥石的渗透率

SCLS加量/%	0	10	15
水泥石渗透率/mD	0.29	0.12	0.10

注：养护条件80℃ ×21MPa×1d。

由表 6-4-7 可知，水泥浆中加入纳米硅乳液 SCLS 后水泥石渗透率大幅度下降，由初始渗透率 0.29mD 下降至 0.12mD（10%SCLS），有效增强了水泥石防气窜能力。原因为：SCLS 纳米乳液粒径只有 100 多纳米，为水泥颗粒的数百分之一，能有效填充在水泥颗粒间的空隙，增加流体的渗流阻力，起到降低渗透率的作用。

3. 胶乳—纳米硅防气窜水泥浆体系

1）水泥浆体系常规性能

为防止或减小水泥浆气侵，充分利用液硅的触变性和阻滞性，阻止气体的侵蚀，将胶乳防气窜和纳米硅乳液防气窜剂配合使用，进一步提高了水泥浆体系的高温下的防窜性能、高温高压体系的稳定性，同时也提高了水泥浆体系的降失水能力和水泥石强度以及水泥石的致密性等，形成抗高温胶乳—纳米硅防窜水泥浆体系，水泥浆性能见表 6-4-8，典型的稠化曲线如图 6-4-3 所示。

表 6-4-8 胶乳—液硅增强型防气窜水泥浆体系基本性能

配方序号	密度 / g/cm³	六速黏度计读数（93℃ ×20min）	API 失水 /mL（30min）		自由液 / mL	流动度 / cm	SPN 值	稠化（过渡）时间 / min
1	1.88	212/121/88/48/5/3	150℃	32	0	20	0.49	318（3）
2	2.05	185/103/71/39/4/3	145℃	34	0	21	0.32	376（2）
3	2.08	240/155/125/70/7/5	155℃	30	0	20	0.39	199（2）
4	2.15	245/159/131/77/7/5	155℃	32	0	20	0.26	132（3）
5	2.41	289/205/135/75/13/12	160℃	38	0	19	0.72	376（4）

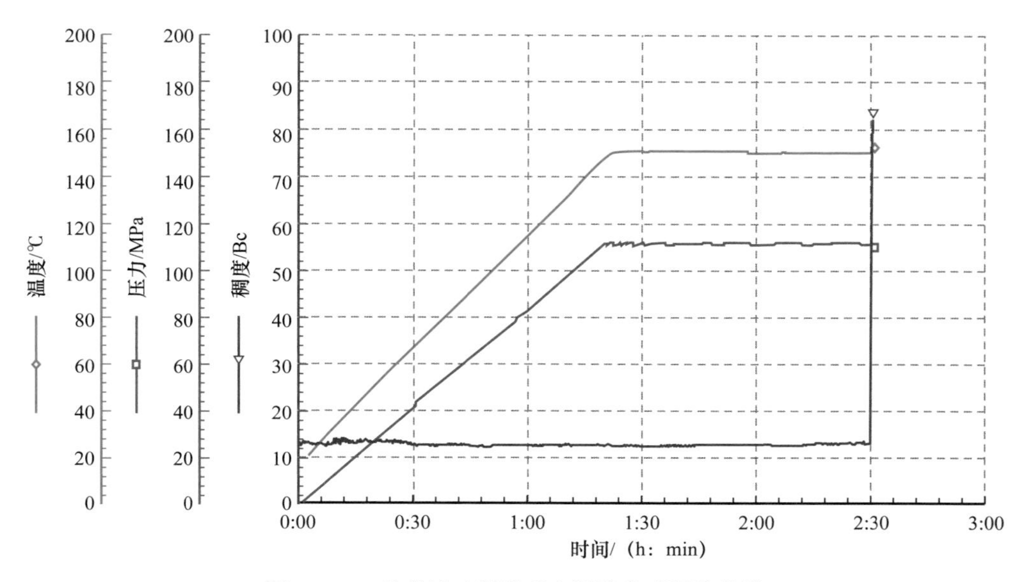

图 6-4-3 胶乳液硅增强型水泥浆典型稠化曲线

由表 6-4-8 和图 6-4-3 可知，胶乳液硅防气窜水泥浆密度 1.88～2.41g/cm³，具有良好的高温下控制失水能力，在 160℃高温下 API 失水小于 40mL；稠化时间可调，且过渡时间短，直角稠化；水泥浆防气窜系数 SPN 值小于 1，有利于防止环空气窜；具有较好的流动性能，有利于现场施工。

2）水泥浆与水泥石特殊性能

（1）防气窜性能。用 5265 型静胶凝强度分析仪测得水泥浆静胶凝强度随时间的变化曲线如图 6-4-4 所示。由图可知，水泥浆胶凝强度过渡时间非常短，水泥浆胶凝强度由 48Pa 至 240Pa 时间小于 15min，有利于防止环空气窜的发生，静胶凝强度发展的过渡时间越短，水泥在凝结过程中的失重时间越短，防止失重引起流体上窜的能力越强。

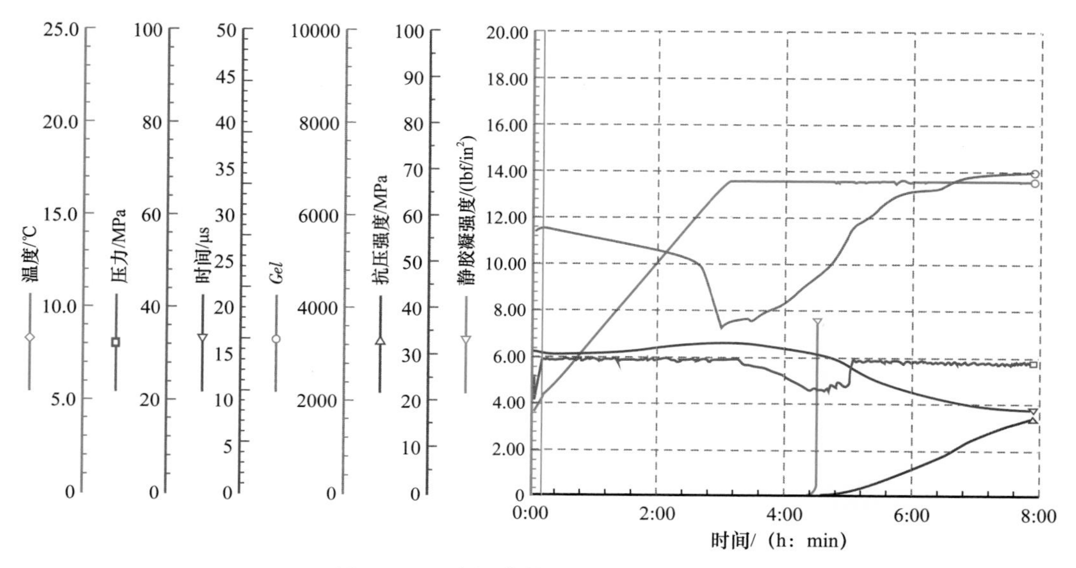

图 6-4-4 水泥浆静胶凝强度发展曲线

（2）高温水泥石强度。实验温度 200℃，养护时间 30 天和 60 天，水泥石力学性能见表 6-4-9。

表 6-4-9 200℃高温胶乳液硅水泥石力学性能

养护时间 /d	抗压强度 /MPa	杨氏模量 /GPa	泊松比
30	57.54	5.7	0.149
60	59.29	6.9	0.166

从表 6-4-9 可以看出，200℃高温养护 30 天和 60 天后，水泥石仍然具有良好的力学性能，在三轴压力条件下抗压强度大于 50MPa，且高温养护 60 天的水泥石力抗压强度较高温养护 30 天的水泥石强度有所提高。说明在 200℃高温条件下，随着二氧化硅与水泥深入反应，水泥石强度可继续提高；水泥石的杨氏模量比较小，低于 7GPa，说明体系中添加液硅、胶乳和矿物纤维，有利于提高水泥石的弹韧性，改善水泥石力学性能。

（3）水泥石渗透性。胶乳—纳米硅体系水泥石 200℃高温养护 30 天和 60 天后孔隙度和渗透率进行了评价，结果见表 6-4-10。

表 6-4-10 200℃高温液硅胶乳水泥石渗透性能

养护时间 /d	孔隙体积 /mL	孔隙度 /%	渗透率 /mD
30	7.4	31.5	0.017
60	5.2	20.5	0.0036

从表 6-4-10 可以看出，胶乳—纳米硅水泥石在高温高压条件下，随着养护时间由 30 天增加至 60 天时，水泥石孔隙度和渗透率均较明显降低，渗透率小于 0.02mD，说明二氧化硅加入后与水化产物反应生成的雪钙硅石和硬钙硅石可有效弥补水化硅酸钙凝胶本身脱水和晶型转变导致的孔隙度和渗透率的上升，从而保持水泥石致密性。

4. 热固树脂与骨架材料

热固型树脂是一种在加热、加压等条件下能交联固化为三维网状结构的有机高分子材料，依靠优良的耐热性能，良好的抗压强度和韧性，优良的附着力等特点，在化工、建材等各领域有着广泛的应用。热固树脂胶凝材料本体固结后虽然具有良好的力学性能，但是在油气井高温高压环境下，本体固结后密度低且不易控制，固结成型较差，因此需增添骨架材料，使得胶凝材料密度可通过配浆材料的不同配比进行调整，并且还能增强固结体强度。

通过优选热固树脂材料、骨架胶凝材料以及配套缓凝剂，开发出 MCR 热固树脂胶凝体系，根据体系流动性及密度需求加入适量水及骨架材料进行 MCR 热固树脂胶凝体系性能调整。

1）MCR 热固树脂体系基本性能

以密度为 1.55g/cm^3 的 MCR 热固树脂体系为例进行基本性能评价，该密度下体系的基本性能见表 6-4-11。

表 6-4-11 密度 1.55g/cm^3 的 MCR 热固树脂体系基本性能

密度 /（g/cm^3）	1.55	流动度 /cm	20			
六速黏度计读数（60℃ ×20min）	148/76/54/27/6/5	稠化实验条件	70℃ ×40MPa×20min			
API 失水 /(mL/30min)	36	稠度 /Bc	初始稠度	30	50	100
自由液 /mL	0.5	时间 /min	5	147	148	/

由表 6-4-11 可知，MCR 热固树脂体系具有流变性好，高温高压稠化时间可调的特点，其他性能也均能满足封固要求。

2）MCR 热固树脂体系抗压强度性能

将不同密度的 MCR 热固树脂体系进行 70℃ ×24h 养护，固结体抗压强度见表 6-4-12。

表 6-4-12　不同密度 MCR 热固树脂体系固结体抗压强度

密度 /（g/cm^3）	1.70	1.68	1.60	1.55	1.50	1.42	1.38	1.24
抗压强度 /MPa	16.4	15.5	15.2	14.3	9.5	6.8	5.9	4.0

由表 6-4-12 可知，当 MCR 热固树脂体系密度小于 1.70g/cm^3 时，MCR 热固树脂固结体的抗压强度显著增加，最大可至 16.4MPa，固结体较饱满地充满磨具，无收缩现象，且略有膨胀，整个固结体细腻致密，具有陶瓷的光洁度；当固结体从模具中取出后，模具内缘留有固结体粘接层，也从侧面说明，MCR 热固树脂固结体与金属壁面胶结能力强。

3）MCR 热固树脂体系力学性能

热固树脂玻璃化转变区的弹性模量与树脂和固化剂的交联密度密切相关，随着交联密度的提高，弹性模量增加。不同配方下的弹性模量见表 6-4-13。

表 6-4-13　不同密度 MCR 热固树脂体系固化体弹性模量

配方	固化时间 /min	弹性模量 /GPa
M-C+GE80+CU800	35min	—
M-C+GE80+CU800+1%NP3	180	2.8
M-C+GE80+CU800+2%NP3	200	2.7
M-C+GE80+CU800+3%NP3	230	3.0
M-C+GE80+CU800+4%NP3	260	3.3

由表 6-4-13 可知，MCR 热固树脂体系固化体具有较低的弹性模量，最低达到 2.7GPa，可以满足不同井况的封固需求。

二、提高水平井水泥浆顶替效率技术

1. 水平井水泥浆顶替效率分析

1）建立顶替模型

本书按照水平井井眼尺寸为 215.9mm，下入 ϕ139.7mm 套管的井身结构为例，按照井径扩大率 8%，水平井井眼直径为 233.2mm，进行水平井固井顶替效率研究。由于水平井套管不居中，无法使用轴对称条件，采用左右对称边界条件。

根据现场扶正器使用情况，设置不同的偏心度，建立水平段偏心环空流场的物理模型。水平段模型长度设计为 300m，以利于顶替界面的模拟与捕捉。水平段偏心环空顶替流动方向与重力方向垂直。图 6-4-5 为 300m 长度水平段偏心环空流场几何图，为方便观察模型特征，在长度方向上按 100：1 的比例进行了缩短。由于在左右方向上采用了对称边界条件，所以模型为水平井偏心环空的一半。

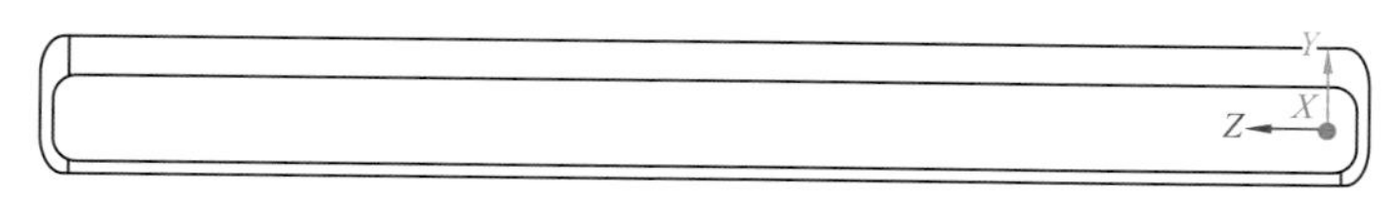

图 6-4-5 水平段偏心环空模型

水平井偏心环空两相顶替流体力学模型，首次采用湍流转捩方程实现了湍流与层流的耦合顶替，更真实的反映了水平井偏心环空两相流的顶替过程。

固井顶替两相流体间有掺混现象，需要选择组分模型、层流和紊流中的扩散方程来描述流体之间质量扩散。

质量组分方程：

$$\frac{\partial}{\partial t}\left(\rho Y_i\right)+\nabla\cdot\left(\rho\bar{v}Y_i\right)=-\nabla\overline{J}_i+R_i+S_i \quad (6\text{-}4\text{-}1)$$

式中 ρ——密度，kg/m^3；

t——时间，s；

v——速度，m/s；

Y_i——各组分体积分数，无量纲；

R_i——井眼半径，m；

S_i——各组分流动截面积，m^2。

层流中的质量扩散方程：

$$J_i=-\rho D_{i,m}\nabla Y_i \quad (6\text{-}4\text{-}2)$$

式中 ρ——密度，kg/m^3；

$D_{i,m}$——组分间的扩散系数；

Y_i——各组分体积分数，无量纲。

紊流中的质量扩散方程：

$$\overline{J}_i=-\left(\rho D_{i,m}+\frac{\mu_t}{S_{ct}}\right)\nabla Y_i \quad (6\text{-}4\text{-}3)$$

式中 ρ——密度，kg/m^3；

$D_{i,m}$——组分间的扩散系数；

μ_t——t 时刻运行速度，m/s；

Y_i——各组分体积分数，无量纲；

S_{ct}——t 时刻各组分截面积，m^2。

采用组分模型可以实现对两相质量扩散过程的描述。另外，湍流条件下质量扩散速率远远大于层流条件下质量扩散速率。流体力学基本方程组描述了流动必须要满足的流体力学规律，从数学角度上看，这些偏微分方程组还需要结合相应的定解条件来求解。

在水平井偏心环空顶替过程中边界条件包括如下几种：运动固壁边界条件、入口边界条件、出口边界条件、对称边界条件。其中，运动固壁边界条件：假设水平井偏心环空壁面以平均速度大小向相反方向运动，则水平井偏心环空中的流体则可视为横截面流量积分为零的运动。采用运动壁面边界条件，两相流体的界面可以一直停留流场中间，并向两侧发展，而不会很快到达出口边界。这样就可以用比较短的流场模型进行长时间的顶替界面模拟。而且可以捕捉到顶替界面随顶替时间的发展过程。入口边界条件：与运动固壁边界条件一致，在入口位置速度需要满足流量积分为零。一般有两种边界条件设置办法，计算两相流体各自单相条件下的水平井偏心环空速度分布，把速度分布减去速度平均值后，直接赋在入口边界上。另一种办法是边界条件速度值直接赋为零值。出口边界条件：出口边界采用质量出口条件，即在流出边界位置的物理量由区域内部的相邻位置上的物理量通过插值等办法推导出来，并经过质量守恒方程修正，对上游流动影响很小。对称边界条件：与物理模型一致，在水平井偏心环空左右两侧可以采用对称边界条件，这样模型求解半个流场即可，在对称面两侧，流场物理量相等。

2）顶替效率分析

（1）居中度与密度差耦合顶替规律。水平段隔离顶替过程中，分析居中度与密度差耦合顶替具有重要意义。基于顶替数值实验结果，读取不同时刻顶替界面前缘与顶替界面后缘的坐标，计算顶替界面长度，绘制 100% 居中度、不同密度差下的顶替界面长度随与顶替效率随顶替时间变化曲线。

观察图 6-4-6 顶替界面长度随时间变化曲线，可以发现大部分顶替界面长度随顶替时间增加而增加，顶替界面长度与顶替时间基本呈斜直线变化。密度差 $0kg/m^3$ 已经发展到了计算区域之外。进一步观察图 6-4-6 顶替界面长度变化曲线，可以发现 100% 居中度条件下顶替界面长度最短，顶替界面长度对密度差比较敏感，提高密度差可以降低顶替界面长度，顶替界面长度随密度差增加敏感性相对下降。观察图 6-4-7 顶替效率随时间发展曲线，可以发现顶替效率在 100s 以内受初场影响明显，100s 以后变化相对平缓，顶替效率随顶替时间基本呈直线变化。进一步观察图 6-4-7 顶替效率随密度差变化曲线，可以发现顶替效率对密度差敏感性进一步下降，提高密度差到一定程度无法提高顶替效率。

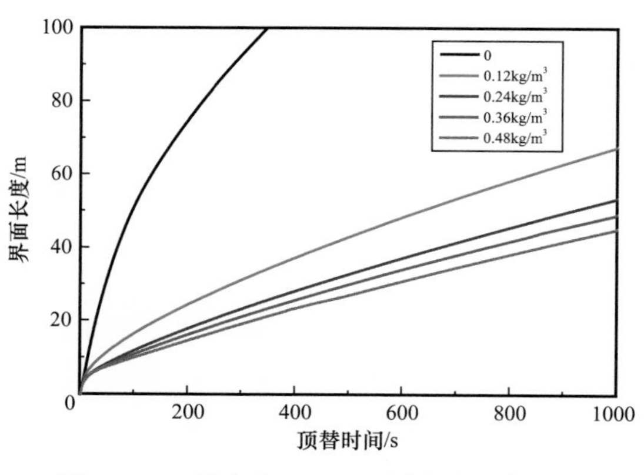

图 6-4-6　居中度 100% 不同密度差条件下顶替界面长度

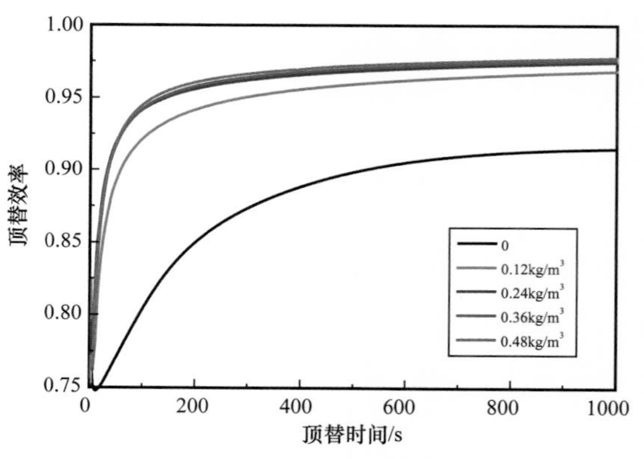

图 6-4-7　居中度 100% 不同密度差耦合条件下顶替效率

（2）居中度与水泥浆流型指数（n）耦合顶替规律。进行居中度100%时水泥浆n值下的水泥浆顶替分析，发现有以下规律：① 宽窄边速度差完全消失，水泥浆在重力作用下向下部流动，顶替前缘出现在环空下部位置。② 在n值为0.5与0.6时流动性非常好，水泥浆在重力作用下顶替界面前缘位于隔离液下部位置，快速向前运动，导致分层的顶替界面。③ 水泥浆n值在0.7以上时，水泥浆顶替前缘位于中部偏下，n值变化对顶替影响减小。随n值增加水泥浆流动性减弱，顶替界面差异越来越小。

图6-4-8为顶替界面长度随水泥浆n值变化规律，顶替界面长度随n值增加而减小。另外顶替界面长度在n值很小时顶替界面对n值变化敏感，顶替界面很长。随n值进一步增加，顶替界面长度对n值越来越不敏感。由图6-4-9可知，顶替效率随水泥浆n值增大而增大。在k值较小时顶替效率随n值变化敏感，在n值较大时，顶替效率随n值变化越来越小。

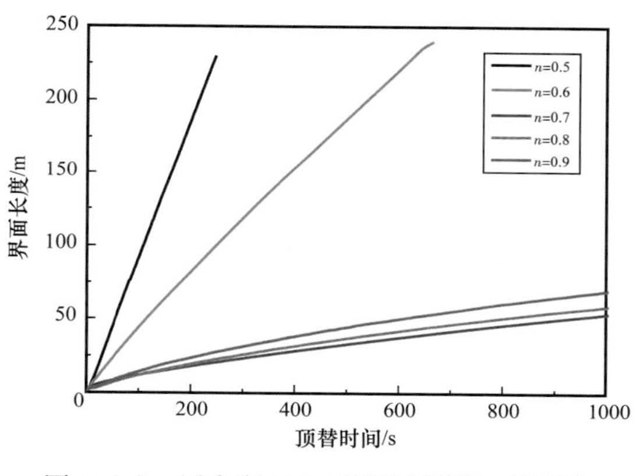

图6-4-8 居中度100%不同水泥浆n值耦合顶替界面长度

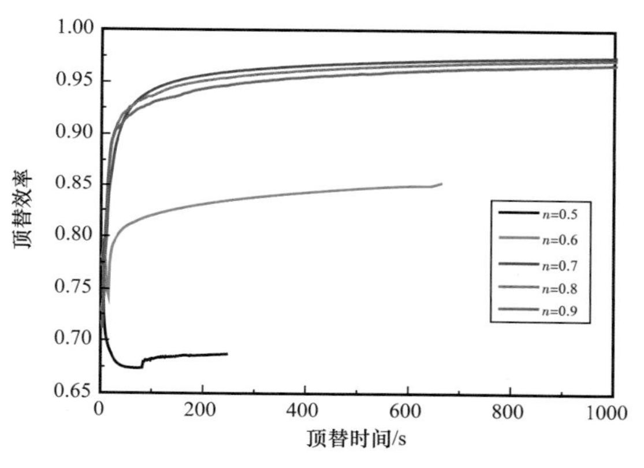

图6-4-9 居中度100%不同水泥浆n值耦合顶替界面效率

（3）居中度与水泥浆稠度系数（k）耦合顶替规律。选取居中度与水泥浆k值进行顶替效率分析，并得到以下顶替效率的规律。在居中度100%条件下，相对其他居中度宽窄边速度效应完全消失。对比分析有以下特征：① 宽窄边速度差完全消失，水泥浆在重力作用下向下部流动，顶替前缘出现在环空下部位置。② 在n值为0.7时流动性非常好，水泥浆在重力作用下顶替界面前缘位于隔离液下部位置，快速向前运动，导致出现很长的分层的顶替界面。③ 水泥浆n值在0.9以上时，水泥浆流动性变差，k值变化对顶替影响减小。随k值增加到1.1以上时，水泥浆流动性进一步减弱，顶替界面差异越来越小。

图6-4-10为顶替界面长度随水泥浆k值变化规律，顶替界面长度随k值增加而减小。另外顶替界面长度在k值较小时顶替界面长度对k值变化敏感，顶替界面很长。随k值进一步增加，顶替界面长度对k值越来越不敏感。图6-4-11为顶替效率随水泥浆k值变化规律。由图可知，100%居中度条件下顶替效率随水泥浆k值增大而增大。在k值较小时顶替效率随k值变化敏感，在k值较大时，顶替效率随k值变化越来越弱。

（4）居中度与隔离液n值耦合顶替规律。水平段隔离顶替过程中，分析居中度与隔

离液 n 值耦合顶替具有重要意义。对比分析 100% 理想居中度下不同隔离液 n 值在不同的顶替时间的顶替规律具有以下特征：① 理想居中度没有宽窄边速度效应，在重力作用下，当隔离液 n 值较小，水泥浆顶替前缘位于环空中下部，宽边顶部有严重的隔离液滞留，上部宽边顶部滞留隔离液在对流扩散作用下与水泥浆缓慢掺混。在 n 值为 0.5，0.6 和 0.7 时顶替云图差别很小。② 在隔离液 n 值较大时，隔离液 n 值影响明显。呈现上下分层流动的顶替特征，如 n 为 0.8 和 0.9 时。

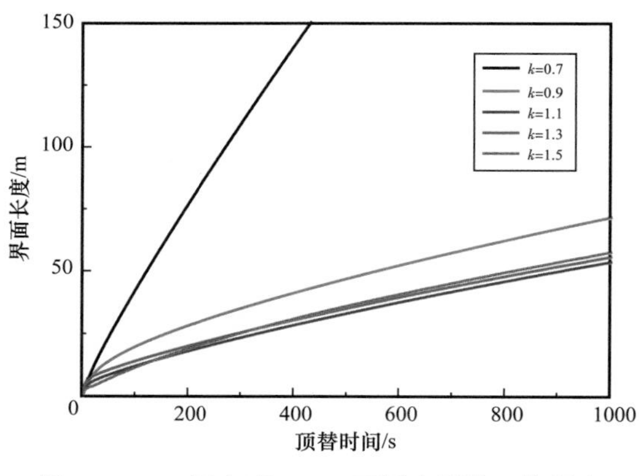

图 6-4-10　居中度 100% 不同水泥浆 k 值耦合顶替界面长度

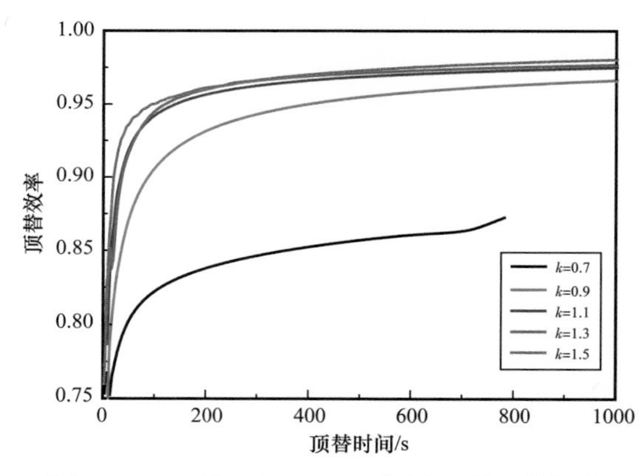

图 6-4-11　居中度 100% 不同水泥浆 k 值耦合顶替效率

图 6-4-12 为顶替界面长度随隔离液 n 值变化规律，由图可知，隔离液 n 值在 100% 居中度条件下对顶替界面长度有两个特征。在 n 值较小时顶替界面很短，顶替界面长度随 n 值变化不敏感。当 n 值较大时，顶替界面长度随隔离液 n 值变化非常敏感，顶替界面长度随 n 值增加大幅增加。图 6-4-13 为顶替效率随隔离液 n 值变化规律，由图可知，隔离液 n 值在 100% 居中度条件下对顶替效率也有两个特征：在 n 值较小时顶替效率较高，顶替效率随 n 值变化不敏感；当 n 值较大时，顶替界面长度随隔离液 n 值变化非常敏感，顶替效率随 n 值增加大幅下降。

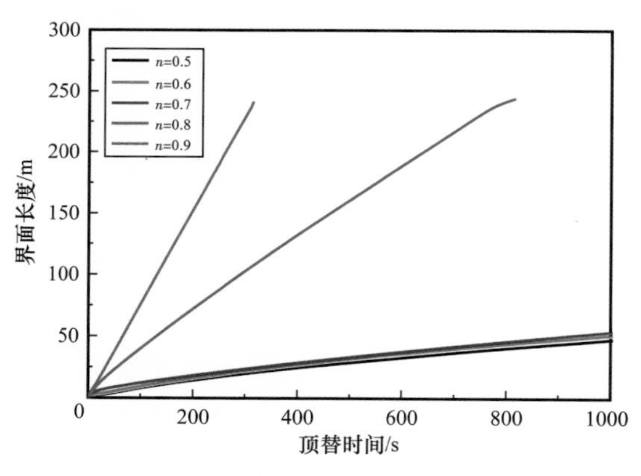

图 6-4-12　居中度 100% 隔离液 n 值耦合顶替界面长度

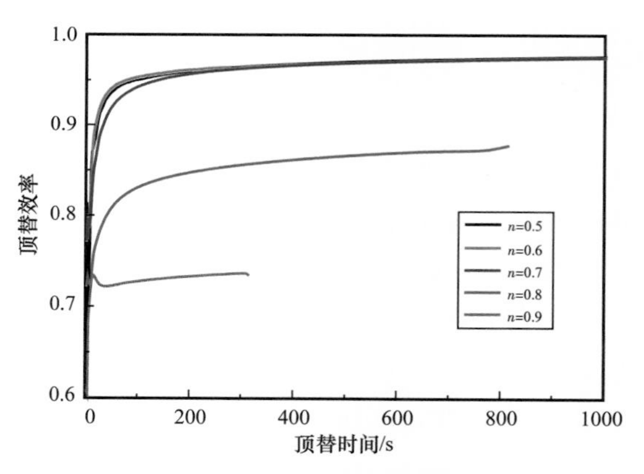

图 6-4-13　居中度 100% 隔离液 n 值耦合顶替效率

（5）居中度与隔离液 k 值耦合顶替规律。水平段隔离顶替过程中，分析居中度与隔离液 k 值耦合顶替具有重要意义。选取居中度与隔离液 k 值进行顶替规律分析。对比分析100% 理想居中度和不同隔离液 k 值在不同时刻的顶替过程，有以下特征：① 理想居中度没有宽窄边速度效应，在重力作用下，当隔离液 k 值较小，水泥浆顶替前缘位于环空中下部，宽边顶部有严重的隔离液滞留，上部宽边顶部滞留隔离液在对流扩散作用下与水泥浆缓慢掺混。② 在隔离液 k 值为 1.3 时，隔离液 k 值影响明显，顶替界面呈现上下分层流动的顶替特征。

图 6-4-14 为顶替界面长度随隔离液 k 值变化规律，由图可知，隔离液 k 值在 100% 居中度条件下顶替界面长度有两个特征：在 k 值较小时顶替界面很短，顶替界面长度随 k 值变化不敏感；当 k 值较大时，顶替界面长度随隔离液 k 值变化非常敏感，顶替界面长度随 k 值增加大幅增加。图 6-4-15 为顶替效率随隔离液 k 值变化规律，由图可知，隔离液 n 值在 100% 居中度条件下顶替效率也有两个特征：在 k 值较小时顶替效率较高，顶替效率随 k 值变化不敏感；当 n 值较大时，顶替界面长度随隔离液 k 值变化非常敏感，顶替效率随 k 值增加大幅下降。

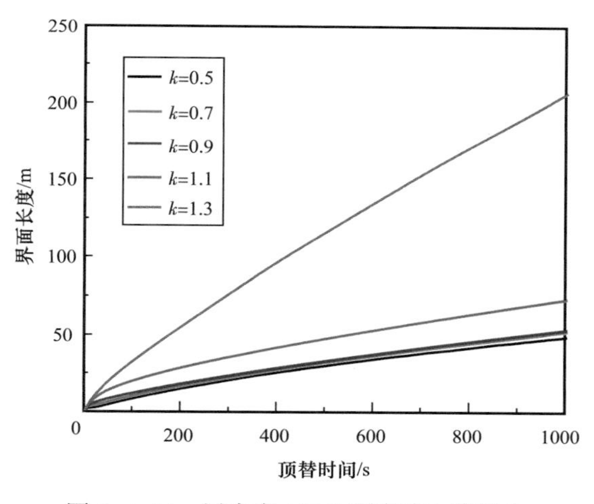

图 6-4-14　居中度 100% 隔离液 k 值耦合顶替界面长度

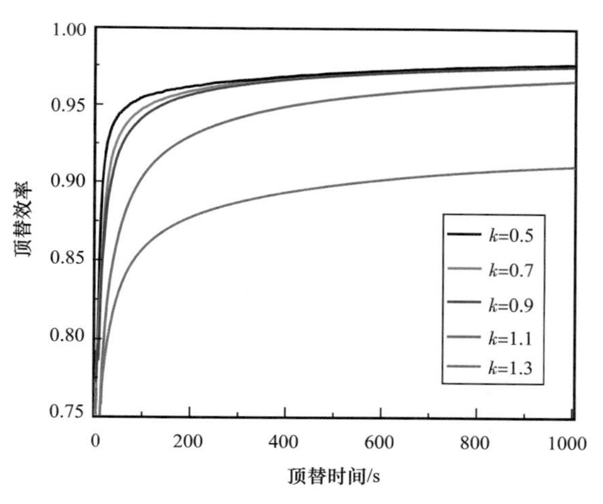

图 6-4-15　居中度 100% 隔离液 k 值耦合顶替效率

2. 固井优化设计软件

固井优化设计软件界面采用 Windows 标准界面模式，包含菜单栏、工具栏组、状态栏、导航栏构成。固井基本信息包括：开钻次序、套管类型、固井方式、完钻井深、套管下深、钻头尺寸、固井队伍以及对应于不同固井方式下的双凝界面、尾管悬挂器位置等信息及参数。该软件能够根据段长和底深自动计算浆体在环空段的体积，输入的浆体数据以后，能进行的固井施工动态模拟计算。

固井优化设计软件具体包含以下几个模块：

（1）注水泥温度优化设计模块。温度对水泥浆性能的影响很大，高温下，水泥浆的失水很难控制，温度对调节水泥浆性能所用水泥外加剂的使用性能的影响也很大，因此，准确掌握温度数据对正确进行注水泥设计是非常重要的。注水泥设计中，主要应考虑的温度数据为：水泥浆柱底部与顶部之间的温度差，井底循环温度和井底静止温度。

（2）水泥浆流变参数设计模块。流变参数的准确测量与计算，关系到水泥浆流变规律的正确描述与应用，国内水泥浆最常用的是六速黏度计，所以固井优化设计软件流变参数模块将针对六速黏度计进行流变参数优化设计。对于流变参数的计算给出两种方法：一种是 API 推荐的计算公式；另一种是 API 推荐的拟合计算方法，如图 6-4-16 所示。

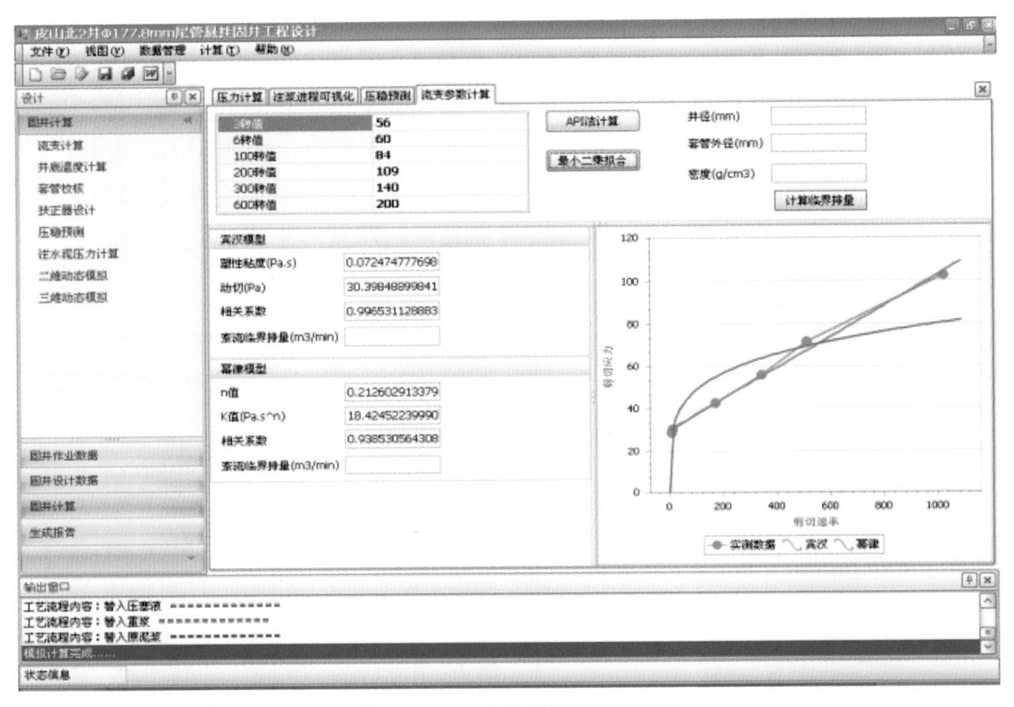

图 6-4-16　流变参数计算界面

（3）扶正器优化设计模块。为了保证套管居中，在套管下入过程中需安放扶正器，为此扶正器优化设计可以计算出最合适的扶正器个数及扶正器安放位置。同时扶正器优化设计模块还提供了对给定的扶正器安放数目和位置进行套管居中度校核的功能，如图 6-4-17 所示。

（4）套管强度校核模块。固井优化设计软件中采用的方法是按照 SY/T 5724 推荐的方法。可以选择性的使用单轴、双轴、三轴三种方式校核，同时考虑了蠕变地层对套管强度的影响，考虑了浮力及生产方式对管柱设计的影响，如图 6-4-18 所示。

（5）注水泥动态模拟模块。注水泥过程中井底、井口及关注点压力变化尤为重要，本软件能够动态模拟注水泥过程中井底压力和井口压力变化以及指定关注点压力变化。同时能够模拟注水泥过程中发生的 U 形管效应及注入和返出排量的变化，如图 6-4-19 所示。

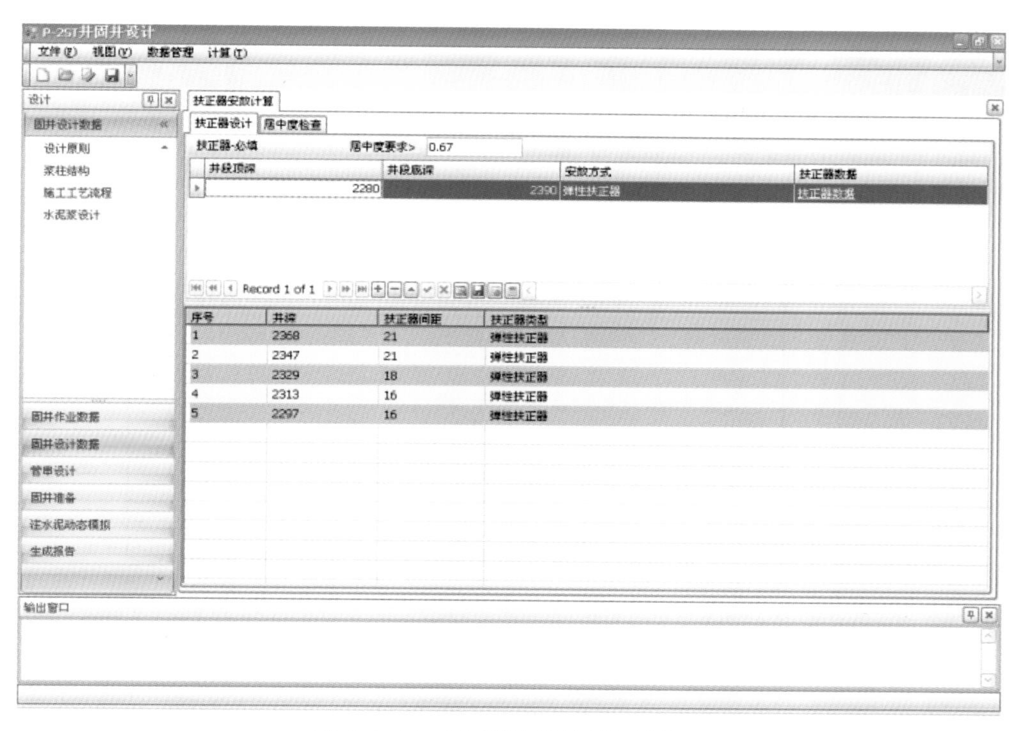

图 6-4-17　扶正器安放位置计算界面

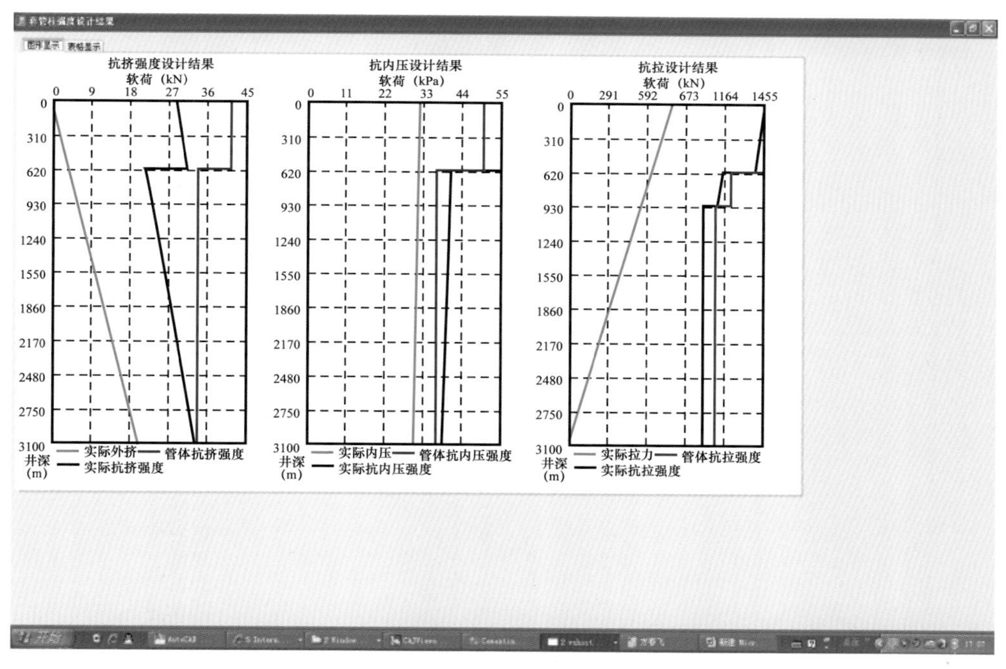

图 6-4-18　套管强度校核计算显示曲线界面

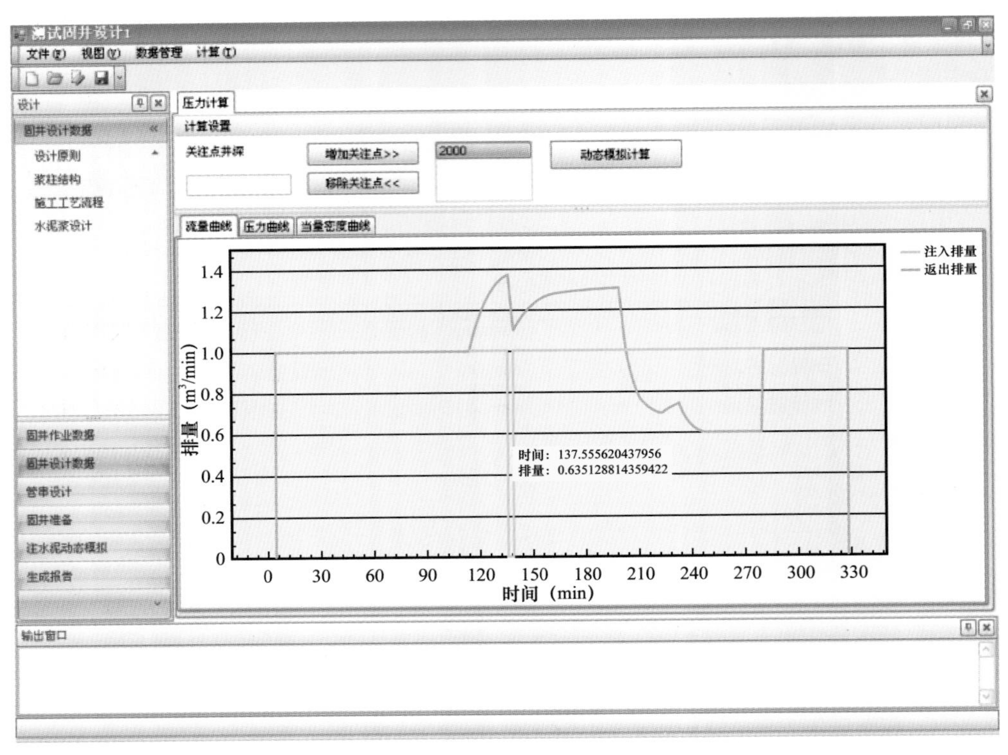

图 6-4-19 注水泥过程流入流出排量曲线图界面

第七章　高压低渗透油气藏完井技术

随着勘探开发程度的提高，低渗透油气藏成为我国石油战略接替资源的重要组成部分，由于渗透率低、物性差，低渗透油气藏通常单井产量较低，能量补充困难，采收率低，开发效益差。因此普遍采用水平井开发低渗透油气藏，采用水平井多级分段压裂，以大幅度提高泄油面积、油藏改造体积和单井产量，从而提高储量动用程度和采收率。实际开采中，低渗透储层的完井要综合考虑储层展布、储层物性、流体性质、钻井方式、储层改造方式、能量补充方式、提高采收率手段、地面条件等因素，确定最优的完井方式、完井工艺及完井参数（张琰等，2000；游利军等，2013；张虹等，2015；杨智光，2016；于雷等，2018；郑成胜等，2018）。根本目的是围绕着大幅度提高单井产量和降低开发成本，以保证低渗透油气藏的开发效益。

第一节　国内外现状和发展趋势

一、国外现状

水平井分段完井工艺和工具研制与应用主要集中在贝克休斯、威德福、哈里伯顿等几家实力雄厚的大公司，由于其研发工作起步较早，基础较好，市场化运作经验较成熟，水平井分段压裂工艺与相关工具已得到较好、较快的发展，应用规模不断扩大（Minette D C，et al，1992；Bennion D B，et al，1994；Penmatcha V R et al，1999；Prada A，et al，1999；Cai chunfang，et al，2003；Parn-anurak S et al，2005；Clemo T，2006；Fries N，et al，2008；Fulda C et al，2010；Dacy J，2010；Barbala，et al，2011；MO S Y，et al，2016；Maalouf C B，et al，2017）。

1. 水平井精细分段完井方法

随着水平井钻井技术和水力压裂技术的提升，20 世纪 90 年代以来，水平井逐步在低渗透油气藏开发中大规模使用。水平井压裂增产改造技术的进步使得低渗透油气藏能够获得较高的单井产能，改变了低渗透油气藏的开发方式，提高了开发经济效益。

1994 年，Hegre 等在总结大量水力压裂设计参数与对应油井产量的基础上，通过对比分析产量图表，给出了水力裂缝数条、裂缝间距、裂缝导流能力和水平井有效半径与之间的简单关系，对水平井压裂优化提出了方向性的指导。

1997 年，Elrafie 等认为，水平井的分段压裂优化不能只以产能最大化为优化目标，而且应该围绕经济评价作为优化指标，水平井分段压裂优化应综合考虑钻完井和裂缝改造的成本。

国外非常规油气井产量不断提升的关键就是对水平井压裂增产技术突破，获得了最大限度的缝网接触区域。2006 年，Mayerhofer 等在研究页岩气储层微地震监测压裂情况时首次提出改造油藏体积（Stimulated Reservoir Volume，SRV）这个概念，发现 SRV 越大累计产量越高，提出了增加改造体积进行增产的技术思路

2008 年，Cipolla 等从储层地质情况出发，研究了储层天然裂缝和人工裂缝之间相互作用的关系，认为应该针对储层地质情况，水力压裂产生人工裂缝时充分利用天然存在的裂缝来增大储层渗透率的方案，同时应调整不同压裂液标准，来达到相应的压裂优化设计方案。

2. 水平井精细分段完井工具

低渗透油藏目前存在的主要问题中产能较低，需要采用水平井多级分段改造以提高产能，同时在边底水油藏存在过早水淹的问题。针对低渗透油藏和边底水油藏国外开展了分段完井提高单井产能和采收率的研究。

针对低渗透油藏水平井自然产能低的问题，国外普遍开展多级分段压裂改造措施，特别是随着页岩气的开发，多级大规模分段压裂工艺得到迅猛发展，目前最高压裂级数已经达到 50 多级，成为页岩气开发的主体关键技术。目前主要的多级分段压裂技术有多级投球滑套分段压裂工艺技术、水力喷射分段压裂工艺技术、泵送复合电缆桥塞分段压裂工艺技术、斯伦贝谢公司的 TAP 分段压裂工艺技术、贝克休斯公司的 OptiPort 滑套压裂系统。

多级投球滑套分段压裂工艺采用裸眼封隔器对裸眼水平段进行分段，采用直径不同的低密度球控制各段滑套的开启，从而实现多级逐段分层压裂，具有施工方便的优点，已经在 $7\text{in}\times4^{1}/_{2}\text{in}$ 套管实现最大分压级数 25 级，在 $9^{5}/_{8}\text{in}\times5^{1}/_{2}\text{in}$ 套管实现最大分压级数 30 级，封堵球级差 0.125in，实现 1/16in 的级差。该工艺的缺点是裂缝起裂位置无法精确控制，而且分段数受到限制。

泵送复合电缆桥塞分段压裂工艺技术采用电缆快速下入非金属桥塞进行分段，并可一次完成桥塞下入、坐封、丢手、多级射孔，可以实现任意段的分段压裂，是页岩油气开发的主导完井技术。

斯伦贝谢公司的 TAP 分段压裂完井工艺在套管上安装预置压裂滑套，套管外用液压管线连接各滑套，通过投入飞镖逐级打开各级滑套，从而实现分段压裂。该工艺技术理论上可以实现任意级数的分段压裂，但工艺复杂，对钻井和下套管水平要求较高。

贝克休斯公司的全通径无限级 OptiPort 滑套压裂系统由核心配套工具 OptiPort 压裂滑套和带底部封隔器的连续油管井下工具组合（BHA）构成。在相同的井径条件下，可以进行无限级分段施工。

在智能滑套方面，国外威德福公司研制的智能滑套，可以实现利用 RFID 标签来控制滑套开关，从而实现分段压裂和分段堵水功能，但由于其每个智能滑套带智能控制系统、通信系统、机械执行系统、电源系统等，外径较大，而内通径较小，且单个滑套成本较高，每口井应用多个滑套成本过高，因此只是作为储备技术，并未进入现场应用。

针对边底水油藏问题，开展了延缓边底水锥进速度方面的理论研究，并配套了倾斜布井法、变密度射孔、变盲筛比筛管、中心管法、ICD调流控水筛管、智能完井技术等控水技术，但这些技术主要都是针对水平段变质量流动造成的生产压差差异，通过控制局部生产压差来达到水平段流入剖面均衡，从而防止局部锥进的目的，这些技术在一定程度上限制了油井产能，较适宜于高产油井。

针对低渗透油藏水平井局部水淹，国内外一般通过测试水平井产液剖面来判断水淹段，然后采用化学封堵或机械封堵措施来开采弱淹和未淹层段，从而延长水平井开采寿命，提高采收率。

3. 水平井测试技术

20世纪80年代随着计算机技术的应用，动态剖面测井仪的研制得到了长足的发展。不论是过环空产出剖面测井技术，还是过油管产出剖面测井技术都日趋成熟并逐步完善。

90年代，阵列技术开始应用于测井。21世纪初各大测井仪器研发公司相继推出了各自的可视化多相持率测井仪，包括斯仑贝谢公司的PS产出剖面测井系统、Sondex公司的多相持率成像仪。在测井技术不断发展的同时，产出剖面测井的理论体系也在不断发展。

针对光纤测试技术，90年代初期主要的油田技术服务公司，如斯伦贝谢公司、威德福公司、贝克休斯公司等都开展了DTS研究和应用，90年代中期，美国CiDRA公司进行光纤传感器井下应用开发，并取得成功。分布式温度传感光纤于1995年首次在美国加利福尼亚州投入大规模工业安装使用，在500℃以上的高温条件下光纤仍能正常工作，因而是监测蒸汽驱油井的理想工具。1999年，美国威德福公司购买CiDRA公司，威德福公司在法国西南部道达尔公司经营的Izaute贮气井中成功完成了世界上第一个多测点、多分量井下光纤光栅地震检波器组的安装。其中5个3C地震测点用于变井源距垂直地震剖面测量，并为规划的时延成像提供重复性VSP测量。2001年英国BP公司在其经营的伟琪法姆油田M-17井中安装了DTS正式投产，井下安装了光纤压力传感器，监测压力变化，结果表明光纤压力传感器具有足够的可靠性。2000年后，美国近20家公司：威德福公司、Sabeus公司、Aluma公司、FISO公司、Insensys公司、贝克休斯公司、Tubel公司、Ziebel公司、Luna Technologies公司、Prime Photonics公司、斯伦贝谢公司和Sensa公司等开展了光纤传感器方面的研究和应用。2002年，北海挪威区的奥斯堡安装了DTS，进行了井下温度和压力等参数的测量。

针对低渗透储层多级分段完井，常规测试仪器已经不能完全适应水平井井筒方位和井下流动状态的变化，非常规测试仪器，如斯伦贝谢公司研发的Flagship多参数产出剖面测井仪，可以实现复杂的水平井多相流流态下的产液剖面测试。FlowScanner可以测量混合式分层式等各种流型流体的流速和持率。其他公司如威德福公司、哈里伯顿公司也研发了相应的产品。

二、国内现状

随着国内可动用低渗透储层物性变差，动用难度增加，以及向深部地层、复杂地层的深入和国际油价的影响，对低渗透油气藏开发完井技术提出了更高的要求和更多的挑战：低渗透气藏非均质性强、水平井分段完井设计难度大；分段完井工艺相对单一，非全通径完井限制了分段级数，自主产权的完井工具有待研发攻关；井眼通径小、台阶级数多等造成的后期修井、堵水困难（万仁溥，2003）。

1. 水平井精细分段完井方法

2004 年，岳建伟等以带有多条垂直裂缝的水平气井为基础，通过对裂缝微元体的分析，将气体从地层流入到水平井底的过程进行流动阶段的划分，建立了含有多条垂直裂缝的水平井产能模型。并通过编程求解该模型，分析了影响压裂水平井产能的主要裂缝参数，为水平井压后产能评价及压裂裂缝的设计优化提供了理论基础。

2006 年，李延礼等认为压裂水平井的井筒对产能造成的影响不可忽略，通过将裂缝和水平井筒看作一个共同生产整体，即生产过程中会有一部分流体直接流入水平井筒的情况。从而认为，水平段长度与裂缝数量之间有一个最佳匹配值。

2012 年，田冷等在考虑到诸多因素对水平分段压裂产能之间的干扰情况，使用往常分析单一因素的方法难以定量描述各裂缝参数对水平井产能影响程度的大小。从而引入正交试验设计方法来综合考虑各项因素，分析得出影响水平井产能的主要因素依次为：水平段长度＞裂缝条数＞裂缝导流能力＞裂缝方位角＞裂缝半长。

2015 年，赵金洲等在分析各类水平井压裂优化方法的基础上，研究了水力裂缝的基本参数，同时研究了不同水力裂缝的布缝方式（常规布缝、哑铃型布缝、纺锤型布缝等）以及均匀型与交错型布缝对油井产能的影响。

2021 年，曾凡辉等从水平井分段压裂产能公式出发，通过模拟分段压裂水平井的产能，分析压裂裂缝数量对水平井产能的影响，推导出了压裂水平井压裂最优裂缝条数的优选公式。

2. 水平井精细分段完井工具

国内水平井分段完井工具研究开展的较晚，主要以引进国外技术，消化吸收后实现国产化为主。其中水平井桥塞射孔联作技术、多级投球滑套分段压裂技术已普遍应用，大幅度降低了分段完井工具成本，基本可以满足 30 级以内的水平井分段压裂需要。

在桥塞射孔联作分段压裂技术方面，国内也引进消化了国外最新的大通径桥塞、可溶金属桥塞，压裂后不需钻塞作业，降低了完井作业周期。

在滑压裂套方面，国内的安东石油集团公司以及中国石化都研制了全通径无限极压裂滑套，其中安东石油集团公司的 Step-Port 机械计数器式滑套是一种新型投球压裂滑套，中国石化的全通径压裂滑套是基于“钥匙”的滑套，通过投入内径相同、不同长度的内芯开启对应的滑套，达到一把钥匙开一把锁的目的，从而可以实现理论上的全通径、无限极分段压裂的目的。

在水平井减缓边底水锥进方面，国内也采取分段变密度射孔、变盲筛比筛管、双中心管完井的等措施来延缓底水锥进，提高采收率，但在低渗透油藏水平井中国内重点发展了水平井智能找堵水技术，通过一趟管柱实现找水和堵水功能，降低了作业成本，同时延长了油井寿命。

3. 水平井测试技术

我国产出剖面测井起步于20世纪60年代初。经过40年的发展，针对我国油田产量普遍较低，研究出了以集流型为主的测井仪器，闯出了一条具有中国特色的产出剖面测井道路。

我国产出剖面测井仪器的发展从研究角度大致可以分为3个阶段：

第一阶段，自喷井测井仪研究阶段。大庆油田于20世纪60年代初着手研究适合油水两相流的两参数测井仪，最早以找水为目的研制了69型找水仪，又于1973年推出了直径为48mm的73型找水仪，紧接着又研制了CY–751型油井综合测试仪。

第二阶段，由于20世纪70年代末全国自喷转抽油井逐年增多，解决抽油井分层测试问题已迫在眉睫，胜利油田、河南油田、江汉油田和大庆油田等先后研究了气举法和抽测法来解决抽油机井找水问题。胜利油田为抽测法工艺研制了大直径的78型找水仪。江汉油田经5年努力于1983年研制出了直径23mm的JCF型皮球集流式分测仪，实现了用过环空法在正常生产情况下测试抽油机井产出剖面。

第三阶段，1986年我国抽油机井数约占生产井总数的80%，为此原石油工业部狠抓了过环空测井产出剖面研究和推广工作。大庆油田研制了直径28mm的皮球集流式含水仪。与此同时，为引进技术及加快过环空产出剖面测井推广步伐，原石油工业部决定引进美国配有示踪流量计及电容法持水率计的多参数组合仪。1986年引进吉尔哈特公司的DDL–Ⅲ数控测井仪1990年又引进康普乐公司的AT+数控测井仪。针对原皮球集流式流量含水仪测试流量上限偏小、耐温指标较低的缺陷，1987年江汉油田研制出了伞式集流的LS–ϕ25分测仪。20世纪90年代初江汉油田研制了直径25mm和32mm的JS92多参数测井仪；大庆油田研制了直径28mm的过环空集流型三相流测井仪和过环空非集流型多参数测井仪；中船715所也研制了仿1in DDL–Ⅲ生产测井组合仪。到90年代中期，华北油田、辽河油田、中船715所和大港油田均研制了由电动机驱动的外径25mm金属伞集流型流量含水率仪。同时为解决低产液抽油机井的测试问题，大庆油田研制了小直径井下分离式生产测井仪，江汉油田研制了小流量分测仪。1996年9月国内推出了数控遥测生产测井系统SGX–2。

针对光纤技术，国内自2006年开展了DTS研究和应用尝试，但目前还处于零星先导性试验阶段。2006年，辽河油田实现了水平井ＳＡＧＤ、蒸汽驱油井下全井段分布式温度监测。2007年，中国海油开始研究将光纤井下数据温度压力监测系统应用于海上油田。2008年底，胜利油田建立了国内第一个固定式光纤高温高压在线实时监测示范工程，并进行了稠油热采高温温度剖面先导性试验。2009年，大庆油田进行单点光纤永久式压力温度动态监测试验。2016年，中国石化工程院承担国家重大专项项目，下设DST攻关内容。2018年，中国石化华东局采用哈里伯顿公司的仪器进行了DST在页岩气井应用。

国内还未开展阵列式测井仪器的研究。针对低渗透油气藏多级分段完井，主要还是采用常规仪器进行测量，定性的描述各段产出情况，或引进国外阵列式仪器进行测试。针对需求，目前国内如715所等单位正在开展阵列式产剖测试仪器的开发。

三、发展趋势与展望

现阶段的低渗透储层水平井完井参数优化主要是以产能为基础的，目前已经形成了许多成熟的水平井分段压裂产能预测方法，但各方法都有一定的限制条件，这是优化设计理论与现场实施之间存在的主要矛盾，如何解决这一矛盾成了当前研究的重点。同时，在水平井完井参数优化方面大多考虑单一因素分析，没有整体考虑各因素之间的影响。而且，水平井参数优化也应综合考虑成本和效率的问题。

水平井分段完井工具的发展趋势：（1）尽可能多地分段数或任意级分段，最大限度提高改造体积，提高单井产能；（2）多级分段压裂施工快速连续进行，大幅度降低完井周期和完井费用；（3）工艺简单可靠，施工风险低；（4）能够同时实现分段压裂、分段控水，延长油井生产寿命，提高单井采收率和累计产量；（5）分支水平井的多级分段完井，实现单井立体井网压裂，减少钻井费用和占地面积；（6）智能化、数字化、信息化，实时掌握井下完井信息，精准压裂，降低无效施工费用，提高完井针对性。

针对低渗透储层水平井分段完井测试，阵列式仪器是低启动排量、多相流测试仪器是阵列式仪器的发展趋势，随着光纤的普及及成本的降低，光纤应用越来越广，但其成本相较产剖测试仪器还是较高，低成本光纤测试技术也是完井测试的发展趋势。

第二节　低渗透油气藏水平井精细分段完井设计

适用于低渗透油气藏的水平井精细分段完井优化设计技术首先应该基于低渗透储层地质与工程基础和采油工程基础。地质与工程基础包括油气藏储层结构、岩性、流体性质、孔隙结构和渗流特征等，这是选择完井方式和防止储层伤害的理论依据。采油工程基础包括井类型（油井、气井、注水井、注气井等）、开采方式（多层合采、分采开采等）和油气田开发过程措施作业（如压裂、酸化、防砂、堵水、排水采气）对完井方式选择和完井参数优化十分重要。

一、精细分段完井设计基础

完井地质基础从油气藏地质工程基础、岩性及储层敏感性、地质力学及井壁稳定性、采油工程基础等方面描述完井的地质基础。

1. 低渗透油气藏地质工程基础

低渗透油藏类型和储层流体的特点，它们对完井方式有直接的影响，此外还必须综合考虑油层特性，开采方式等多方面条件。油层特性主要包括油层岩性、油层渗透率及层间渗透率的差异、油层压力及层间压力的差异、原油性质及层间原油性质的差异，以及有无气顶、底水等。

1）油气储藏的类型及物性参数

一般认为生油岩石是沉积岩，主要包括碎屑沉积岩、化学沉积岩和生物沉积三大类。其中泥岩和石灰岩是主要的生油岩。但在生油岩中形成的油气不一定存储在生油岩中，经裂缝或孔隙可能运移到附近具有储存条件的岩石中。目前，分布最广的储藏岩石类型是各类砂岩、砾岩、石灰岩、白云岩、礁灰岩，此外还有少量的火山岩、变质岩、泥岩。要经济高效地采出油气，必须研究油层性质，使钻井和完井能够最大限度地发挥油层的潜力。

2）油气层特性及层间差异

油气储层的物性参数主要包括孔隙度、渗透率、孔隙结构类型、含流体饱和度、泥质含量等。作为评价储集能力的基本参数，孔隙类型、喉道类型及孔隙—喉道的配合关系与储集性密切相关，它们是多孔介质岩石的重要组成部分。物性与孔隙结构研究对于钻井、完井液设计、完井方式的选择及开发方案的制订均有十分重要的意义。

（1）孔隙度。

孔隙度是岩石中孔隙的体积与岩石总体积的百分比，有绝对孔隙度和有效孔隙度之分。绝对孔隙度是指岩石中全部孔隙的体积与岩石总体积之比。有效孔隙度是指岩石中互相连通的孔隙的体积与岩石总体积之比。

（2）渗透率。

在一定压差条件下，岩石能使流体通过的性能叫岩石的渗透性。岩石渗透性的好坏以渗透率的大小来描述，常用 K 表示，单位是 D，岩石渗透性大小可由实验求得。由于大多沉积岩地层具有层状结构，并且在不同方向上所受的应力不同，表现出各向异性，因此，在不同方向上岩石的渗透性具有一定的差异。

（3）饱和度。

确定油气藏流体饱和度时使用油基钻井液密闭取心时岩心的水饱和度变化很小，可以代表油气层原始水饱和度。

根据表 7-2-1 碎屑岩开发分类标准，将储层划分为特高渗透率、高渗透率、中渗透率、低渗透率和特低渗透率 5 种类型。在选择完井方式中，对渗透率做出较粗略的划分，可以把 0.1D 作为孔隙型油层高渗透或低渗透的区分标准，把 0.01D 作为裂缝型油层高渗透或低渗透的区分标准。

表 7-2-1 碎屑岩类储层油田开发储层分类标准

储层类型	名称	孔隙度 /%	渗透率 /D
Ⅰ	特高孔隙度、特高渗透	＞30	＞2
Ⅱ	高孔隙度、高渗透	25～30	0.5～2
Ⅲ	中孔隙度、中渗透	15～25	0.1～0.5
Ⅳ	低孔隙度、低渗透	10～15	0.01～0.1
Ⅴ	特低孔隙度、特低渗透	＜10	＜0.01

2. 岩性分析及储层敏感性评价

岩心分析技术是指利用能揭示岩石本质的各种仪器设备来观测和分析油气层的特性。岩心代表了地下岩石，岩心分析是认识和评价油气层的重要手段之一，也是完井工程设计和油气田勘探开发必不可少的依据。如表 7-2-2 所示，完井工程中的岩心分析主要包括如下内容：常规物性分析、岩矿分析、孔隙结构分析、敏感性分析及配伍性评价。

表 7-2-2 完井工程中的岩心分析

主要分析项目	所获的主要资料	主要应用要点
常规物性分析（孔隙度、渗透率测定及筛析）	孔隙度、渗透率、地层砂粒度分布	① 油气层评价、储量计算、开发方案设计；② 完井方法的选择、完井液设计、完井设计
孔隙结构分析（铸体薄片及孔隙铸体分析、毛细管压力曲线测定）	孔隙类型、孔隙结构特征，孔隙直径、喉道直径大小及分布等	① 油气层评价、储量计算、开发动态分析；② 制订保护油气层技术方案；③ 屏蔽式暂堵技术的设计
薄片分析（普通偏光薄片，铸体薄片、荧光薄片和阴极发光薄片）	岩石结构及构造、骨架颗粒的成分、基质成分及分布、胶结物类型及分布、孔隙特征、敏感性矿物的类型、含量、产状等	① 油气层评价、岩石学特征；② 制订保护油气层技术方案；③ 完井液的设计
扫描电镜分析	孔喉特征分析、岩石结构分析和黏土矿物分析	① 油气层评价、岩石学特征；② 完井液的设计及保护油气层技术方案的设计
X 射线衍射分析	黏土矿物的基本性质、绝对含量、黏土矿物类型及相对含量	完井液的设计及保护油气层技术方案的设计

油气层敏感性评价主要是通过岩心流动实验，考察油气层岩心与各种外来流体接触后所发生的各种物理化学作用对岩石性质，主要是对渗透率的影响及其程度。此外，对于与油气层敏感性密切相关的岩石的某些物理化学性质，还必须通过化学方法进行测定，以便在全面、充分认识油气层性质的基础上，优选出与油气配伍的工作液，为完井工程设计和实施提供必要的参数和依据。

在完井过程中，各种外来流体侵入油气层后，最容易与其所含流体、矿物作用，其结果是降低油气天然生产能力或注入能力，即发生油气层伤害，其程度可用油气层渗透率的下降幅度来表示。通过油气层敏感性评价，找出油气层发生敏感的条件及伤害程度，为以保护油气层完井液设计及工程参数优化提供科学依据。评价试验的种类主要有以下几种：

（1）速敏评价实验。

对于特定的油气层，微粒运移造成的伤害主要与油气层中流体的流动速度有关，因此速敏评价实验主要是找出由于流速作用导致微粒运移从而发生伤害的临界流速，以及找出由速度敏感引起的油气层伤害程度，并为后续的水敏、盐敏、碱敏和酸敏等伤害评价实验确定合理实验流速，为确定合理的注采速度提供依据。

（2）水敏评价实验。

当淡水进入储层时，某些黏土矿物就会发生膨胀、分散、运移，从而减小或堵塞储层孔隙和喉道，造成渗透率降低，这种现象称为水敏。水敏实验的目的是找出水敏发生的条件及水敏引起的油气层伤害程度。

（3）盐敏评价实验。

盐敏评价实验的目的是找出盐敏发生的临界矿化度，以及由盐敏引起的油气层伤害程度，为各类工作液的设计提供依据。

（4）碱敏评价实验。

当高 pH 值流体进入油气层将造成黏土矿物和硅质胶结物的结构破坏，从而造成油气层的堵塞伤害，碱敏评价实验目的是找出碱敏发生的条件以及由碱敏引起的油气层伤害程度，为各类工作液设计提供依据。

（5）酸敏评价实验。

酸敏实验的目的是研究各种酸液对岩石渗透率的伤害程度，其本质是研究酸液与油气层的配伍性，为油气层基质酸化时确定合理的酸液配方提供依据。

此外其他伤害评价方法还有钻完井液伤害评价实验、体积流量评价实验、系列流体评价实验等，从钻开油气层开始到油田开发全过程中的每一个作业环节油气层保护技术方案的确定都要利用室内评价结果。

以川西须家河组储层为例，三角洲—湖沼相沉积体系，岩性以细—中粒砂岩为主；岩石类型多样，矿物组分以石英、岩屑、长石为主；胶结物以方解石、白云石和硅质为主。储层中普遍存在一定量黏土矿物，其成分以伊利石为主，绿泥石次之，多占 90% 以上，个别含高岭石。岩石类型的多样性、黏土矿物区域纵横向分布的差异性及其微观分布及产状的不同，须家河组纵向上储层敏感特征存在异同。

据储层敏感性评价实验及水锁实验结果表明，须家河组储层敏感性总体具有无—弱酸敏、中等应力敏、严重水锁共同特征，同时又具有一定差异性；须五储层还具强水敏、中等碱敏、弱—中等速敏特征；须四储层具有中—强水敏、速敏和盐敏，弱—中碱敏特征；须二储层具弱—中等偏弱速敏、无—弱水敏、弱—中等偏弱盐敏、弱—中等碱敏特征。

3. 地质力学基础与井壁稳定性

完井优化设计过程中井壁稳定性判断是进行完井方法优选和优化设计的基础。在井壁稳定性分析过程中，我们的目标就是寻找引起井壁失稳的最小和最大液柱压力。

便于后续分析，井壁有效应力的张量 $\boldsymbol{\sigma}'_{ij}$ 的矩阵形式可记作：

$$\boldsymbol{\sigma}'_{ij}=\begin{bmatrix}\sigma'_r & 0 & 0\\ 0 & \sigma'_\theta & \tau_{\theta z}\\ 0 & \tau_{\theta z} & \sigma'_{zz}\end{bmatrix} \tag{7-2-1}$$

式（7–2–1）的特征根即为任意斜井井眼井壁有效主应力，可表达为：

$$\det\left(\sigma_{ij}-\lambda I\right)=\left(\sigma_r'-\lambda\right)\left[\left(\sigma_\theta'-\lambda\right)\left(\sigma_{zz}'-\lambda\right)-\tau_{\theta z}^2\right] \quad (7-2-2)$$

式中 σ'_r——有效径向应力，MPa；

σ'_θ——有效切向应力，MPa；

σ'_{zz}——有效轴向应力，MPa；

$\sigma'_{\theta z}$——有效切应力，MPa。

1）完井生产过程中井壁坍塌压力计算方法

当前多种评价井壁稳定的剪切破坏强度准则可概括为拟三轴（不考虑中间主应力 σ_2）及真三轴（多轴）强度准则两大类。近来真三轴 Mohi–Coulomb 准则的线性形式，由于其合理的评估 σ_2 的强度效应被广泛应用于井壁稳定和防砂分析。

通常，实际钻进过程发生井眼坍塌的井壁围岩应力状态满足：有效径向应力 σ'_r 为最小有效主应力。例如，井壁坍塌的典型模式为 wide–breakout，其考虑有效应力概念的围岩受力状态对应 $\sigma'_\theta>\sigma'_{zz}>\sigma'_r$。因此，任意斜井眼井壁处 3 个有效主应力可记作：

$$\begin{cases}\sigma_1'=\dfrac{1}{2}(\sigma_\theta'+\sigma_{zz}')+\dfrac{1}{2}\sqrt{4\tau_{\theta z}^2+\left(\sigma_\theta'-\sigma_{zz}'\right)}\\ \sigma_2'=\dfrac{1}{2}(\sigma_\theta'+\sigma_{zz}')-\dfrac{1}{2}\sqrt{4\tau_{\theta z}^2+\left(\sigma_\theta'-\sigma_{zz}'\right)}\\ \sigma_3'=\sigma_r'\end{cases} \quad (7-2-3)$$

考虑有效最大主应力和有效最小主要的 Mohr–Coulomb 准则可记作：

$$\sigma_1'=\sigma_c+m\sigma_3' \quad (7-2-4)$$

其中

$$\sigma_c=2c\left[\cos\varphi/(1-\sin\varphi)\right] \quad (7-2-5)$$

$$m=(1+\sin\varphi)/(1-\sin\varphi) \quad (7-2-6)$$

将式（7–2–5）和式（7–2–6）代入式（7–2–4），可以获得任意斜井眼的坍塌压力当量密度计算表达式：

$$\rho_c=(-B+\sqrt{B^2-4AC})/(2A\times0.00981H) \quad (7-2-7)$$

其中

$$\begin{cases}A=4m(1+m)\\ B=2\left[(1+2M)(2c^*-\sigma_\theta^*-\sigma_{zz})+\sigma_\theta^*-\sigma_{zz}\right]\\ C=4\left[c^{*2}-c^*(\sigma_\theta^*+\sigma_{zz})+\sigma_\theta^*\sigma_{zz}-\tau_{\theta z}^2\right]\end{cases}$$

$$\sigma_{\theta}^{*}=\sigma_{x}+\sigma_{y}-2(\sigma_{x}-\sigma_{y})\cos 2\theta-4\tau_{xy}\sin 2\theta$$

$$c^{*}=\sigma_{c}-(m-1)\alpha p_{p}$$

从数值分析的计算角度出发，定义 $\alpha_i=i$（i=0°，1°，…，90°），$\beta=j$（j=0°，1°，…，360°）。由于对称性原因，井周角 θ 变化范围为［0°，180°］，并取 $\theta_k=k$（k=0°，0.1°，…，180°），当 θ_k 以间隔 0.1°由 0°增至 180°，结合式（7–2–7），可获取坍塌压力当量密度向量 $\rho_{c}^{i-j,k}$。为避免井坍塌现象发生的最保守情况是选取向量 $\rho_{c}^{i-j,k}$ 的最大值 $\rho_{c,max}^{i-j,k}$ 为维持井眼安全生产的坍塌压力当量密度，即：

$$\rho_{c,max}^{i-j,k}=\max(\rho_{c}^{i-j,k}) \tag{7-2-8}$$

与之对应的井周角 θ_k 即为井眼坍塌位置角。关于 α_i，β_j 及 θ_k 的间隔范围划分越小，$\rho_{c,max}^{i-j,k}$ 精度则越高。

2）压裂过程中井壁破裂压力计算方法

压裂过程中增加井壁压力，岩石应力由压缩状态向拉伸状态改变，最终达到岩石的拉伸强度而失效，井壁开始出现裂缝。

当最小有效主应力 σ_3' 达到岩石拉伸强度 σ_t 时，井壁发生破裂，即

$$\sigma_3'=\sigma_3-p_o\leqslant-\sigma_t \tag{7-2-9}$$

将上式代入（7–2–3），经过整理，临界周向应力可以表达为

$$\sigma_{\theta}=\frac{\tau_{\theta z}^{2}}{\sigma_{z}-p_{o}}+p_{o}+\sigma_{t} \tag{7-2-10}$$

将上式代入周向应力计算公式，重新对临界井壁破裂压力（p_{wf}）进行整理，可得到：

$$p_{wf}=\sigma_{x}+\sigma_{y}-2(\sigma_{x}-\sigma_{y})\cos 2\theta-4\tau_{xy}\sin 2\theta-\frac{\tau_{\theta z}^{2}}{\sigma_{z}-p_{o}}-p_{o}-\sigma_{t} \tag{7-2-11}$$

则破裂压力当量密度为：

$$\rho_{wf}=p_{wf}/0.00981H \tag{7-2-12}$$

和坍塌压力数值计算方法一样，定义 $\alpha_i=i$（i=0°，1°，…，90°），$\beta=j$（j=0°，1°，…，360°）由于对称性原因，井周角 θ 变化范围为［0°，180°］，并取 $\theta_k=k$（k=0°，0.1°，…，180°），当 θ_k 以间隔 0.1°由 0°增至 180°，结合式（7–2–7），可获取破裂压力当量密度向量 $\rho_{wf}^{i-j,k}$。为避免井破裂现象发生的最保守情况是选取向量 $\rho_{wf}^{i-j,k}$ 的最小值 $\rho_{wf,min}^{i-j,k}$ 为维持井眼井筒不被拉伸破坏的当量密度，即

$$\rho_{wf,min}^{i-j,k}=\min(\rho_{wf}^{i-j,k}) \tag{7-2-13}$$

同样，式（7–2–13）计算值即井筒破裂压力。

4. 采油工程基础

在采油生产中，通常要在储层中注水、注气，以保持油藏的压力和能量。对渗透性较差的生产层要采取压裂、酸化等措施增加产量。如果层系较多需要采取分层压裂，在注入压裂液时由于排量大摩阻高，造成施工压力高，有时需要设计油管尺寸来减少摩阻降低施工压力。

除此之外压裂和酸化使岩石的胶结物破坏，渗透性增加，但也破坏岩石的结构，有可能使岩石出砂。需要根据井壁岩石分析和试油资料来判断油层生产时是否出砂，如果出砂需要考虑防砂完井方式，可根据油层厚度、出砂程度和砂粒直径大小选择不同的防砂方法。

完井中考虑有最小的流体流动阻力是一个首要的问题。同时也要考虑在生产中各种条件的变化对完井的要求，使井底的结构要能适应生产条件的各种变化，比如需要考虑注气、注水、防腐防垢、边底水控制等采油工程技术问题。

二、精细分段完井设计方法

水平井水力压裂技术是开采低渗透油气藏的重要手段，近年来得到了广泛的应用。水平井压裂后的产能预测是水平井压裂技术的一大难题，水平井压裂后形成多条裂缝，在压裂过程中，由于地应力在水平井长度方向上的差异以及压裂工艺技术的限制，使得形成的多条裂缝在长度、导流能力等方面不尽相同，而且在生产过程中各条裂缝间要发生相互干扰，进一步增加了压裂后水平井产能计算的复杂性。压裂后水平井产能计算的准确程度不仅影响水平井水力压裂优化设计结果和压裂经济评价结果，而且对压裂施工成功率和有效率也有重要的影响，所以提高其计算准确度是非常重要的。

1. 基于缝网渗流的压后产能预测分析

水平井水力压裂技术是开采低渗透油气藏的重要手段，近年来得到了广泛的应用。水平井压裂后的产能预测是水平井压裂技术的一大难题，水平井压裂后形成多条裂缝，在压裂过程中，由于地应力在水平井长度方向上的差异以及压裂工艺技术的限制，使得形成的多条裂缝在长度、导流能力等方面不尽相同，而且在生产过程中各条裂缝间要发生相互干扰，进一步增加了压裂后水平井产能计算的复杂性。压裂后水平井产能计算的准确程度不仅影响水平井水力压裂优化设计结果和压裂经济评价结果，而且对压裂施工成功率和有效率也有重要的影响，所以提高其计算准确度是非常重要的。结合水平井压裂后裂缝形态和生产过程中油气在裂缝中的渗流机理，应用复位势理论和势叠加原理等基本渗流理论，得出压裂水平井多条裂缝相互干扰的产能预测新模型。

1）致密储层水平井缝网渗流压后产能预测物理模型

考虑无限大油藏中的一口水平井模型如图 7-2-1 所示（上顶下底封闭），水平井被分成若干段，油藏中流体首先流向裂缝再流向水平井筒。水平井半径为 r_w，长度为 L，井在油藏中心位置坐标为（x_0，y_1，z_0）～（x_0，y_2，z_0），且与 y 轴平行。油藏均质各向同性，

厚度为 h、孔隙度 ϕ、渗透率 K 为常数；在水平井段压裂出 N 条垂直裂缝，单翼裂缝半长为 x_f，裂缝入口端缝宽为 w_{max}，裂缝末端缝宽为 w_{min}，考虑水平井筒为无限导流，油藏初始压力为常数 p_i。

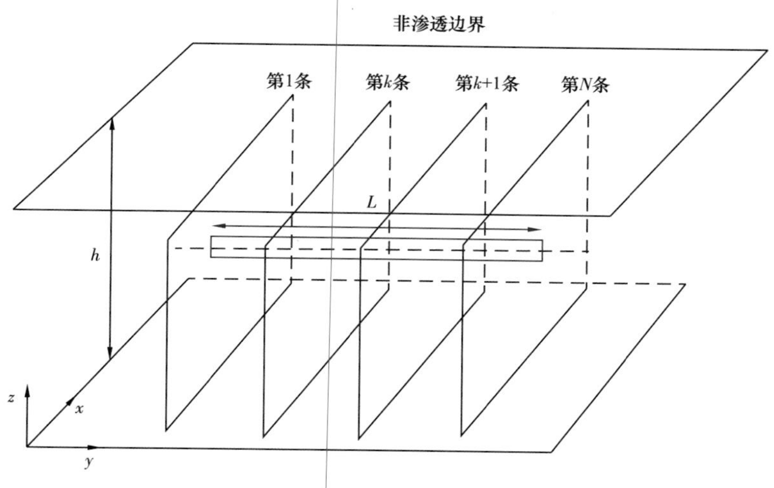

图 7-2-1 上顶下底封闭无限大油藏压裂水平井模型

2）致密储层水平井缝网渗流压后产能预测数学模型

（1）储层渗流模型。

从最基本的原理出发，应用数学和渗流力学的理论，得出了压裂水平井多条裂缝相互干扰的产能预测模型。由于压裂裂缝贯穿油层，因此无限大地层压裂水平井整个系统的流动可简化为平面油藏内的径向流动，裂缝可简化为一线；为了便于求解，将裂缝单翼均分成 n_s 段，这样就将裂缝离散成了 n_s 裂缝线汇单元（图 7-2-2），每段长为 Δx_f，每一个线汇均可以处理成一口直井生产来考虑。

① 地层中任意一点的压降模型。

压裂水平井在生产过程中，随着时间产量是不断变化的，但如果将时间间隔取得很小，可以近似地认为在该段时间内产量为定值。因此地层中任意一点的压降计算可以按照无限大均匀地层的点汇定产量压降公式进行计算：

$$p_i - p(x,y,t) = \frac{Qu}{4\pi Kh}\left[-\mathrm{Ei}\left(-\frac{r^2}{4\eta t}\right)\right] \tag{7-2-14}$$

在考虑体积系数情况下，将式（7-2-14）转换为平面直角坐标形式为：

$$p_i - p(x,y,t) = \frac{QuB}{4\pi Kh}\left\{-\mathrm{Ei}\left[-\frac{(x-x_0)^2+(y-y_0)^2}{4\eta t}\right]\right\} \tag{7-2-15}$$

式中 p_i——原始地层压力，Pa；

$p(x, y, t)$——平面上的点（x，y）处 t 时刻地层的压力，Pa；

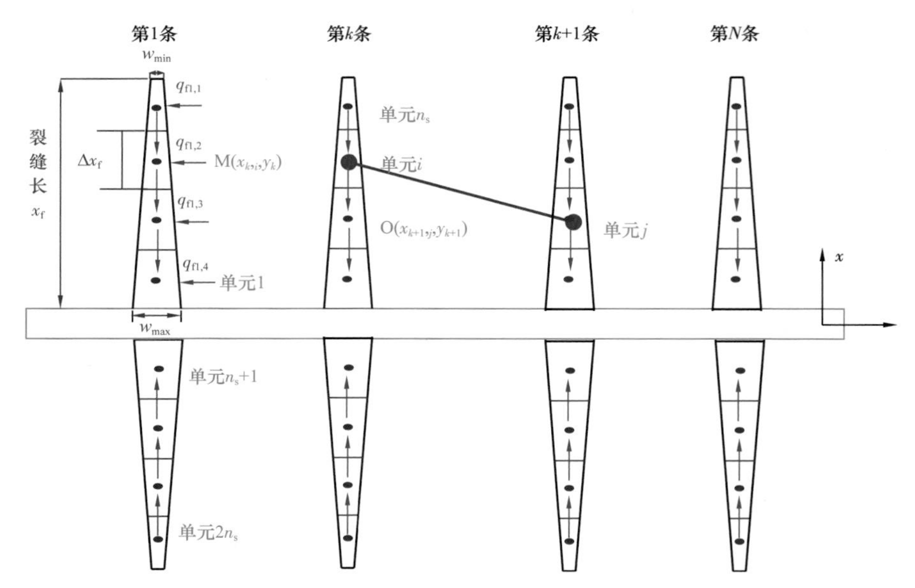

图 7-2-2　二维平面分段及离散化示意图

Q——点汇处的体积流量，m^3/s；

μ——地下原油的黏度，Pa·s；

B——地下原油的体积系数；

K——地层渗透率，m^2；

h——产层厚度，m；

x_0，y_0——点汇的坐标；

t——渗流时间，s；

η——地层导压系数，m^2·Pa/（Pa·s）；

$-Ei(-x)$——幂积分函数。

$$-\mathrm{Ei}(-x)=-\int_x^\infty \frac{\mathrm{e}^{-u}}{u}\mathrm{d}u \tag{7-2-16}$$

e^{-u} 用级数展开法展开得：

$$\mathrm{e}^{-u}=1-u+\frac{u^2}{2!}-\frac{u^3}{3!}+\cdots+(-1)^n\frac{u^n}{n!} \tag{7-2-17}$$

代入得：

$$-\mathrm{Ei}(-x)=\ln\frac{1}{x}-0.5772+x-\frac{x^2}{2\cdot 2!}+\frac{x^3}{3\cdot 3!}+\cdots(-1)^{(n+1)}\frac{x^n}{n\cdot n!} \tag{7-2-18}$$

② 多条裂缝地层中任意一点的压降模型。

推导的模型可以适用于裂缝平面与水平井井筒成任意角度的情况，为了便于叙述，就以裂缝平面与水平井井筒垂直时情况进行推导。

当多条平行裂缝的平面与水平井井轴垂直时，每条裂缝都可以看成是由无数多个点汇所构成的。按照图 7–2–3 所示，将裂缝两翼分别分成 n 等份，每一等份作为一个点汇来研究。

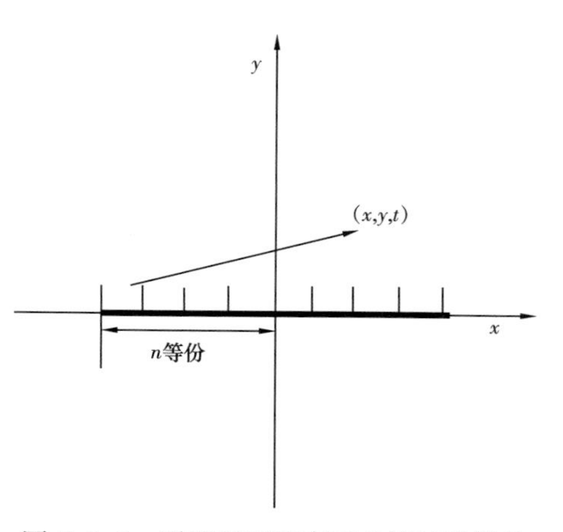

图 7–2–3　裂缝平面垂直于井筒时的等分示意图

左翼裂缝上第 j 个点汇的坐标为（x_{lj}，y_{lj}），用第 j 小段的中心坐标。

$$\left(x_{1j},y_{1j}\right)=\left[-\frac{1}{2}\left(\frac{2n-2j+1}{n}x_{\mathrm{f}1}\right),\ y_{\mathrm{f}}\right] \tag{7–2–19}$$

其中 j 从 1 到 n。将左翼裂缝上第 j 个点汇的坐标代入公式，可以得出该点汇在平面上任意一点（x，y）处 t 时刻产生的压降：

$$p_{\mathrm{i}}-p\left(x,y,t\right)=\frac{q_{\mathrm{f}1j}\mu B}{4\pi Kh}\left\{-\mathrm{Ei}\left[-\frac{\left(x+\frac{1}{2}\frac{2n-2j+1}{n}x_{\mathrm{f}1}\right)^{2}+\left(y-y_{\mathrm{f}}\right)^{2}}{4\eta t}\right]\right\} \tag{7–2–20}$$

式中　p_{i}，p（x，y，t）——地层原始压力和点（x，y）在 t 时刻的压力，Pa；

$q_{\mathrm{f}1j}$——左翼裂缝上第 j 段的产量，$\mathrm{m^3/s}$；

$x_{\mathrm{f}1}$——该裂缝左翼的长度，m；

y_{f}——裂缝的 y 方向坐标；

μ——地下原油的黏度，Pa·s；

B——地下原油的体积系数；

K——地层渗透率，$\mathrm{m^2}$；

h——产层厚度，m；

η——地层导压系数，$\mathrm{m^2 \cdot Pa/(Pa \cdot s)}$；

t——渗流时间，s。

根据势的叠加原理，左翼裂缝上 n 个点汇共同对地层中（x，y）点产生的总压降为：

$$\left[p_{\mathrm{i}}-p\left(x,y,t\right)\right]\Big|_{左}=\sum_{j=1}^{n}\frac{q_{\mathrm{f}1j}\mu B}{4\pi Kh}\left\{-\mathrm{Ei}\left[-\frac{\left(x+\frac{1}{2}\frac{2n-2j+1}{n}x_{\mathrm{f}1}\right)^{2}+\left(y-y_{\mathrm{f}}\right)^{2}}{4\eta t}\right]\right\} \tag{7–2–21}$$

可以得出右翼裂缝上 n 个点汇对地层中的任意一点（x，y），在 t 时刻产生的压降为：

$$\left[p_{\mathrm{i}}-p\left(x,y,t\right)\right]\Big|_{右}=\sum_{j=1}^{n}\frac{q_{\mathrm{f}lj}\mu B}{4\pi Kh}\left\{-\mathrm{Ei}\left[-\frac{\left(x-\frac{1}{2}\frac{2j-1}{n}x_{\mathrm{fr}}\right)^{2}+\left(y-y_{\mathrm{f}}\right)^{2}}{4\eta t}\right]\right\} \tag{7–2–22}$$

所以，整条裂缝对地层中的点（x，y），在 t 时刻产生的压降为：

$$\left[p_{\mathrm{i}}-p(x,y,t)\right]\Big|_{整}=\sum_{j=1}^{n}\frac{q_{\mathrm{fl}j}\mu B}{4\pi Kh}\left\{-\mathrm{Ei}\left[-\frac{\left(x+\frac{1}{2}\frac{2n-2j+1}{n}x_{\mathrm{fl}}\right)^{2}+\left(y-y_{\mathrm{f}}\right)^{2}}{4\eta t}\right]\right\}+\sum_{j=1}^{n}\frac{q_{\mathrm{fr}j}\mu B}{4\pi Kh}\left\{-\mathrm{Ei}\left[-\frac{\left(x-\frac{1}{2}\frac{2j-1}{n}x_{\mathrm{fr}}\right)^{2}+\left(y-y_{\mathrm{f}}\right)^{2}}{4\eta t}\right]\right\} \tag{7-2-23}$$

就可以得出第 i 条裂缝对地层中的任意一点（x，y），t 时刻产生的压降表达式为：

$$\left[p_{\mathrm{i}}-p(x,y,t)\right]\Big|_{i}=\sum_{j=1}^{n}\frac{q_{\mathrm{fl}ij}\mu B}{4\pi Kh}\left\{-\mathrm{Ei}\left[-\frac{\left(x+\frac{1}{2}\frac{2n-2j+1}{n}x_{\mathrm{fl}i}\right)^{2}+\left(y-y_{\mathrm{f}i}\right)^{2}}{4\eta t}\right]\right\}+\sum_{j=1}^{n}\frac{q_{\mathrm{fr}ij}\mu B}{4\pi Kh}\left\{-\mathrm{Ei}\left[-\frac{\left(x-\frac{1}{2}\frac{2j-1}{n}x_{\mathrm{fr}i}\right)^{2}+\left(y-y_{\mathrm{f}i}\right)^{2}}{4\eta t}\right]\right\} \tag{7-2-24}$$

式中 $q_{\mathrm{fl}ij}$，$q_{\mathrm{fr}ij}$——分别为第 i 条裂缝左翼、右翼上第 j 段的产量，$\mathrm{m^3/s}$；

$x_{\mathrm{fl}i}$，$x_{\mathrm{fr}i}$——第 i 条裂缝左翼和右翼的长度，m；

$y_{\mathrm{f}i}$——第 i 条裂缝的纵坐标。

根据势的叠加原理，将每条裂缝对地层中的点（x，y）在 t 时刻产生的压降相加，就可得出 N 条裂缝同时生产时，地层中任意一点（x，y）在 t 时刻产生的总压降：

$$\left[p_{\mathrm{i}}-p(x,y,t)\right]\Big|_{N}=\sum_{i=1}^{N}\sum_{j=1}^{n}\frac{q_{\mathrm{fl}ij}\mu B}{4\pi Kh}\left\{-\mathrm{Ei}\left[-\frac{\left(x+\frac{1}{2}\frac{2n-2j+1}{n}x_{\mathrm{fl}i}\right)^{2}+\left(y-y_{\mathrm{f}i}\right)^{2}}{4\eta t}\right]\right\}+\sum_{i=1}^{N}\sum_{j=1}^{n}\frac{q_{\mathrm{fr}ij}\mu B}{4\pi Kh}\left\{-\mathrm{Ei}\left[-\frac{\left(x-\frac{1}{2}\frac{2j-1}{n}x_{\mathrm{fr}i}\right)^{2}+\left(y-y_{\mathrm{f}i}\right)^{2}}{4\eta t}\right]\right\} \tag{7-2-25}$$

（2）裂缝渗流模型。

考虑裂缝距离水平井筒越近裂缝越宽的事实，将裂缝剖面处理成梯形，如图 7-2-4 所示。以第 $k+1$ 条裂缝的离散单元 j 流动到水平井筒计算为例：缝口处宽度为 $w_{k+1,\max}$，

裂缝端部宽度为 $w_{k+1,\min}$，由于单翼裂缝被离散为 n_s 个等长度微元段，单元裂缝长度为 $\Delta x_{fk+1,j}=x_{fk+1}/n_s$。由于裂缝宽度沿着缝长方向是逐渐减小，为了便于计算，将每一个线汇处理成矩形进行计算，取点汇中心点宽度为线汇宽度，以裂缝与水平井筒的交点为原点，距离水平井筒 x_j 处的 O_j 微元段裂缝宽度为：

$$w_{k+1,j}=\left[\left(w_{k+1,\max}-w_{k+1,\min}\right)\times\left(w_{fk+1}-x_{k+1,j}\right)\right]/x_{fk+1}+w_{k+1,\min} \tag{7-2-26}$$

式中 $w_{k+1,j}$——$k+1$ 条裂缝第 j 微元段中心的裂缝宽度，m；

$w_{k+1,\max}$——$k+1$ 条裂缝缝口宽度，m；

$w_{k+1,\min}$——$k+1$ 条裂缝尖端宽度，m；

w_{fk+1}——$k+1$ 条裂缝单翼缝长，m；

$w_{k+1,j}$——$k+1$ 条裂缝 j 微元段中心的 x 方向位置，m。

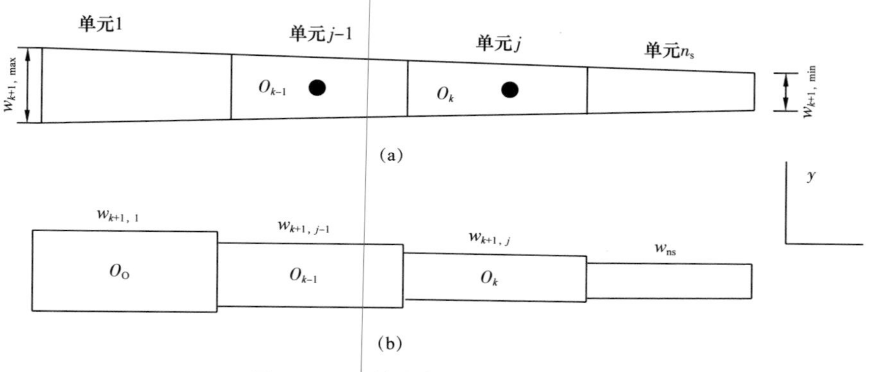

图 7-2-4 裂缝内流动单元示意图

由达西定律可以计算得到裂缝中任意一点 $O_{k+1,j}$ 点与水平井筒 O_O 点之间的压差为：

$$\begin{aligned}\Delta p_f &= p_{k+1,j}-p_{k+1,O}\\ &=\frac{\mu q_{k+1,j}}{K_{fk+1}W_{k+1,j}h}\cdot\frac{\Delta x_{fk+1,j}}{2}+\frac{\mu q_{k+1,j}}{K_{fk+1}W_{k+1,j-1}h}\cdot\frac{\Delta x_{fk+1,j-1}}{2}+\frac{\mu\left(q_{k+1,j}+q_{k+1,j-1}\right)}{K_{fk+1}W_{k+1,j-1}h}\cdot\frac{\Delta x_{fk+1,j-1}}{2}+\\ &\quad\cdots+\frac{\mu\left(q_{k+1,j}+q_{k+1,j-1}+\cdots+q_{k+1,1}\right)}{K_{fk+1,1}w_{k+1,1}h}\cdot\frac{\Delta x_{fk+1,1}}{2}\\ &=\frac{\mu\Delta x_{fk+1}}{2K_{fk+1}h}\left(\frac{q_{k+1,i}}{w_{k+1,i}}+\frac{q_{k+1,i}+2q_{k+1,i-1}}{w_{k+1,i-1}}+\cdots+\frac{q_{k+1,i}+q_{k+1,i-1}+\cdots+q_{k+1,1}}{w_{k+1,1}}\right)\end{aligned} \tag{7-2-27}$$

式中 K_{fk+1}——$k+1$ 条裂缝渗透率，mD；

h——储层厚度，m。

（3）耦合流动模型。

油藏流体在储层内流动时在裂缝壁面处的压力与流体在裂缝内流动时在裂缝壁面处的压力相等，即可以由观察点 $O_{k+1,j}$ 点压力 $p_{k+1,j}$ 相等建立压力连续性方程；由于假设井筒无限导流，可知井筒压力为常数，各裂缝在与水平井筒相交节点处 O_O 的压力相等，定井底流压（p_{wf}）生产时边界条件为：

$$p_{k+1,O}=p_{wf} \tag{7-2-28}$$

式中 p_{wf}——水平井筒井底流压，MPa。

联立式（7-2-12）和式（7-2-15）整理得到第 $k+1$ 裂缝第 j 微元的油藏裂缝耦合的流动方程：

$$p_i-p_{wf}=\sum_{k=1}^{N}\sum_{i=1}^{2n_s}\frac{q_{ki}\mu B}{4\pi Kh}\left\{-\mathrm{Ei}\left[-\frac{\left(x_{k,i}-x_{k+1,j}\right)^2+\left(y_k-y_{k+1}\right)^2}{4\eta t}\right]\right\}+ \\ \frac{\mu\Delta x_{fk+1}}{2K_{fk+1}h}\left(\frac{q_{k+1,i}}{w_{k+1,i}}+\frac{q_{k+1,j}+2q_{k+1,i-1}}{w_{k+1,i-1}}+\cdots+\frac{q_{k+1,i}+q_{k+1,i-1}+\cdots+q_{k+1,1}}{w_{k+1,1}}\right) \tag{7-2-29}$$

当油藏流体为气藏时，根据压力函数的定义和真实气体的状态方程，并将裂缝产量换算为地面标准情况下的气体产量，则式（7-2-16）可写为：

$$p_i^2-p_{wf}^2=\sum_{k=1}^{N}\sum_{i=1}^{2n_s}\frac{q_{ki}\mu_g p_{sc}ZT}{4\pi KhT_{sc}}\left\{-\mathrm{Ei}\left[-\frac{\left(x_{k,i}-x_{k+1,j}\right)^2+\left(y_k-y_{k+1}\right)^2}{4\eta t}\right]\right\}+ \\ \frac{\mu\Delta x_{fk+1}\mu_g p_{sc}ZT}{K_{fk+1}hT_{sc}}\left(\frac{q_{k+1,i}}{w_{k+1,i}}+\frac{q_{k+1,j}+2q_{k+1,i-1}}{w_{k+1,i-1}}+\cdots+\frac{q_{k+1,i}+q_{k+1,i-1}+\cdots+q_{k+1,1}}{w_{k+1,1}}\right) \tag{7-2-30}$$

式中变量为每一个线汇的产量 q_{ki}。这样就通过利用时间和空间的离散和叠加建立起了压裂水平井裂缝与油藏耦合的瞬态渗流数学模型。

水平井压裂出 N 条裂缝共有 $N\times 2n_s$ 个未知量 $q_{k,i}$，为了使方程组有唯一解，需要有 $N\times 2n_s$ 个方程。针对每一个线汇在地层中渗流和裂缝中渗流均能建立一个式（7-2-17）这样的方程，因此方程组可以封闭求解。通过求解上面由 $N\times 2n_s$ 个方程组成的方程组，第一个时间步每个线汇的 $q_{k,i}$ 值就可以计算出来。运用时间叠加，就可以得到任意时刻的值，这样通过不断循环就可得到所有时间步的结果。

（4）模型的解。

该模型的求解包括流体在油藏和裂缝内的两个流动过程。首先根据压裂水平井基本参数，将裂缝离散成微元段并计算各微元段对观测点的压力响应；计算观测点在裂缝内流动到水平井筒段的压力损失，见式（7-2-14）；将计算流体在油藏渗流和裂缝内的流动相联立，由于没有引入新的变量，对于每一个微元段均能建立一个独立的方程，式（7-2-16）；对于每一个微元段均能建立一个这样的方程，这样就会形成一个含有 $N\times 2n_s$ 个未知数 $q_{k,i}$（$1\leqslant i\leqslant N\times 2n_s$），$N\times 2n_s$ 个线性方程的方程组，此方程组可以封闭求解。由于未知数间满足线性变化关系，为了提高计算效率，采用 Gauss 全主元消去法求解该方程组。具体求解方法及过程如下：

① 多条裂缝和水平井井筒坐标的建立。

要解这个数学模型，首先要建立相应的坐标，这里按照裂缝条数奇偶性和裂缝平面与水平井井筒夹角来建立坐标系的：

当裂缝条数为奇数时：以中间一条裂缝与水平井井筒相交的点为原点，沿 y 轴，从上到下依次对裂缝进行编号（1，2，…，N）。

x 轴上方的第 j 条裂缝的起裂点坐标为（0，$\sum_{k=j}^{(n-1)/2} d_{k,k+1}$）。

x 轴上的裂缝的起裂点坐标为（0，0）。

x 轴下方的第 j 条裂缝的起裂点坐标为（0，$-\sum_{k=(n+1)/2}^{j} d_{k-1,k}$）。

当裂缝条数为偶数时：以中间两条裂缝间距得平分线与水平井井筒的交点为原点，沿 y 轴，从上到下依次对裂缝进行编号（1，2，…，N）。

x 轴上面的第 j 条裂缝的起裂点坐标为（0，$\frac{d_{n/2,n/2+1}}{2}+\sum_{k=j}^{\frac{n}{2}j} d_{k,k+1}$）。

x 轴下面的第 j 条裂缝的起裂点坐标为：

当 $j=\frac{n}{2}+1$ 时，为（0，$-\frac{d_{n/2,n/2+1}}{2}$）；

当 $j>\frac{n}{2}+1$ 时，为（0，$-\frac{d_{n/2,n/2+1}}{2}-\sum_{k=n/2+1}^{j} d_{k-1,k}$）。

② 数学模型的求解过程及流程图。

根据前面建立的坐标和数学模型的解法，可以按照下面的流程图进行编制程序。若求解该模型，必须清楚数学模型的基本原理。在这个产能计算的模型里，实际上包括两方面的内容：一个是流体在油藏里的流动，用解析法求解；另一个就是裂缝里流体的流动，用网格划分求解，网格划分的越密计算精度越高。具体计算过程（图 7-2-5）如下：

a. 输入基本参数，包括油藏几何尺寸、裂缝条数、裂缝位置、裂缝几何尺寸、时间步长、油藏物性参数（如渗透率、黏度、密度、初始压力等）；

b. 根据裂缝方式，求解 N 条裂缝的各微元段的系数累加求和；

c. 计算出方程组的系数矩阵；

d. 利用 LU 分解法对方程组进行求解，算出每条裂缝的各微元段的产量，如果需要，此时还可以算出油藏及裂缝中任意一点的压力；

e. 将每条裂缝的产量求和得出井的产量；

f. 根据时间步长，可以求出任一时间段内每条裂缝和水平井的平均产量和累计产量并将其记录下来；

g. 如果计算时间小于生产时间，返回，继续下一时刻模拟计算，直至算到生产时间为止，并输出每条裂缝和水平井的平均产量和累计产量。

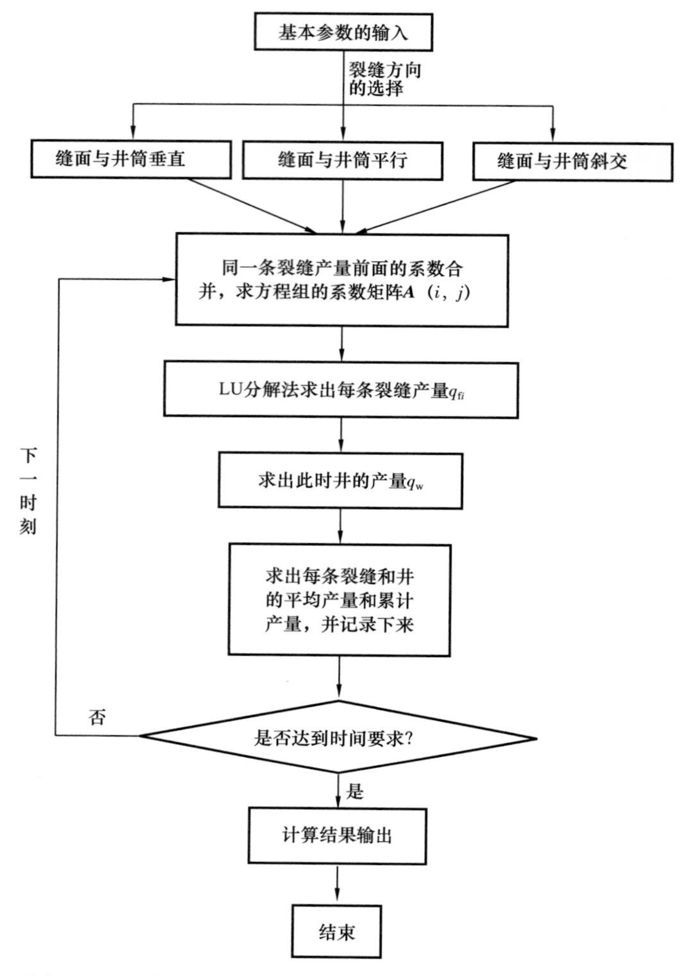

图 7-2-5 致密储层水平井缝网渗流压后产能计算流程图

2. 常用井筒压降计算方法

从 20 世纪 80 年代水平井技术被广泛采用和大规模应用以来，石油工程师们开始对具有井壁质量交换的井筒压力降研究感兴趣。很长时间里，人们在研究水平井有关问题时都没有考虑水平井筒的压力降，都是把水平井筒假设为无限导流能力。Dikken 首次在理论上研究了水平井筒内的压力降对水平井生产特性的影响后，研究者们开始水平井井筒压力降的研究，特别是考虑井壁径向流入或流出的实验研究。由于水平井筒中的流动不同于常规管流，影响井筒中流动阻力的因素很多，大量研究者提出的计算模型多都是针对各自的实验目的、实验装置采集相应的实验数据，得到相应的经验公式。

很多学者对井筒压降模型进行了研究，但并没有一致的计算模型。大多认为压降是由管壁摩擦损失、加速损失、重力损失以及流体混合损失造成，即：

$$\Delta p_t = \Delta p_{fric} + \Delta p_{acc} + \Delta p_h + \Delta p_{mix} \tag{7-2-31}$$

式中 Δp_{fric}——管壁摩擦压力损失；

Δp_{acc}——加速压力损失；

Δp_{h}——重力损失；

Δp_{mix}——流体混合压力损失。

以下分析将考虑径向流入效应的影响，即混合压降，引入修正摩阻系数来考虑对于径向流入效应影响，同时主要考虑射孔完井情况。

假设水平井生产段上任意取一长度为 Δx 的微元段，设射孔密度为 ρ，孔眼直径为 D_{p}。

该段孔眼个数为 $n=\rho/\Delta x$，孔眼横截面积为 $A_{\mathrm{p}}=\pi D^2_{\mathrm{p}}/4$，则该微元段径向入流面积为：

$$A_{\mathrm{r}}=\pi D\Delta x \tag{7-2-32}$$

设该微元段有 n 个孔眼，对于单相不可压缩的流体来说，根据动量守恒和质量守恒原理有：

$$\overline{v}_2=\overline{v}_1+\frac{A_{\mathrm{p}}}{A_{\mathrm{r}}}\Delta x \tag{7-2-33}$$

$$\Delta p_{\mathrm{w}}=\frac{4\tau_{\mathrm{w}}\Delta x}{D}+\rho\left(\overline{v}_2^2-\overline{v}_1^2\right) \tag{7-2-34}$$

其中

$$\overline{v}_{\mathrm{pt}}=\overline{v}_{\mathrm{p1}}+\overline{v}_{\mathrm{p2}}+\cdots+\overline{v}_{\mathrm{p}n} \tag{7-2-35}$$

式中 $\overline{v}_{\mathrm{p}i}$——流体从油层流入第 i 个孔眼的平均速度。

由于布孔方式的不同，在井筒任意横截面的圆周上都只有一个孔眼，所以在该圆周上流入井筒的流体就来自这个孔眼。如图 7-2-6 所示，由于径向入流干扰井筒主流边界层，因此为非对称干扰，在此引入一个壁面修正摩擦系数 f_{hw}。

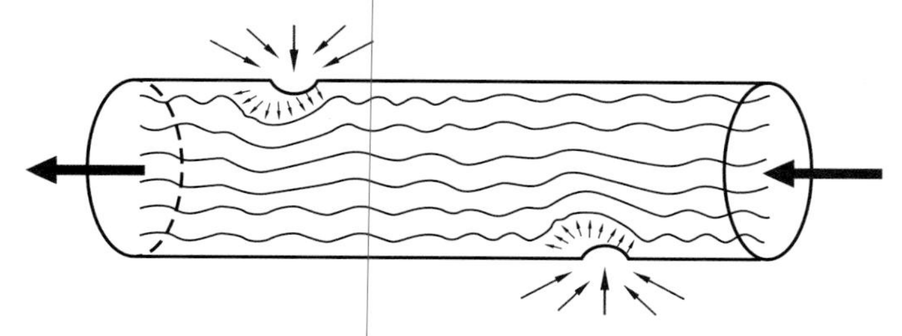

图 7-2-6 底水油藏水平井分段完井物理模型

对于层流：

$$f_{\mathrm{hw}}=f\left(1+0.04303Re_{\mathrm{w}}^{0.6142}\right) \tag{7-2-36}$$

对于紊流：

$$f_{\mathrm{hw}}=f\left(1-0.0153Re_{\mathrm{w}}^{0.3978}\right) \tag{7-2-37}$$

式中 f——普通管流壁面摩擦系数。

对于f的处理要分层流和紊流两种情况，其中对紊流的处理由 Colebrook–white 摩擦因子关系可得，具体见表 7–2–3。

表 7–2–3　井筒段沿程水力摩阻系数计算方法

流态类别	Re 范围（$\varepsilon=\Delta/r_0,\varepsilon=2\Delta/D$）	计算公式
层流	$Re\leqslant 2000$	$f=\dfrac{64}{Re}$
紊流	$Re>2000$	$\dfrac{1}{\sqrt{f}}=-4.01\ln\left(\dfrac{\varepsilon}{3.7D}+\dfrac{1.255}{\sqrt{f}Re}\right)$

对于表 7–2–3 中绝对粗糙度Δ的选取可根据不同完井方法，查找表 7–2–4 得出。

表 7–2–4　某些管壁表面的平均绝对粗糙度值

管壁表面特征	Δ/mm	管壁表面特征	Δ/mm
清洁无缝钢管，铝管	0.0015～0.01	新铸铁管	0.25～0.42
新精制无缝钢管	0.04～0.15	普通铸铁管	0.50～0.85
通用输油钢管	0.14～0.15	生锈铸铁管	1.00～1.50
普通钢管	0.19	结水垢铸铁管	1.50～3.00
涂沥青钢管	0.12～0.21	光滑水泥管	0.30～0.80
普通镀锌钢管	0.39	粗糙水泥管	1.00～2.00

在实际情况中，微元段的各孔眼入流流量会由于势分布不均衡和油层渗透率的非均质性而各不相等。在工程计算中为了便于数据处理，假定微元段的各射孔孔眼径向入流流量相等：

$$\overline{v}_{p1}=\overline{v}_{p2}=\cdots=\overline{v}_{pn} \tag{7-2-38}$$

且记：

$$R_A=\frac{A_p}{A_r} \tag{7-2-39}$$

则有：

$$\Delta p_f=\frac{f_{hw}\rho}{2D}\left\{\overline{v}_1^2\frac{\Delta x}{2n}+\left(\overline{v}_1+R_A\overline{v}_{p1}\right)^2\frac{\Delta x}{n}+\left(\overline{v}_1+2R_A\overline{v}_{p1}\right)^2\frac{\Delta x}{n}+\cdots+\left[\overline{v}_1+(n-1)R_A\overline{v}_{p1}\right]^2\frac{\Delta x}{n}+\left(\overline{v}_1+nR_A\overline{v}_{p1}\right)^2\frac{\Delta x}{n}\right\} \tag{7-2-40}$$

整理式（7–2–40），有：

$$\Delta p_{\mathrm{f}}=\frac{f_{\mathrm{hw}}\rho\overline{v}_{1}^{2}\Delta x}{2D}\left[1+\frac{R_{\mathrm{A}}n\overline{v}_{\mathrm{p1}}}{\overline{v}_{1}}+\left(\frac{1}{3}+\frac{1}{6n^{2}}\right)\left(\frac{R_{\mathrm{A}}n\overline{v}_{\mathrm{p1}}}{\overline{v}_{1}}\right)^{2}\right] \tag{7-2-41}$$

又有：

$$\frac{R_{\mathrm{A}}n\overline{v}_{\mathrm{p1}}}{\overline{v}_{1}}=\frac{Ap\overline{v}_{\mathrm{p1}}}{A_{\mathrm{r}}\overline{v}_{1}}=\frac{q}{Q} \tag{7-2-42}$$

所以

$$\Delta p_{\mathrm{f}}=\frac{f_{\mathrm{hw}}\rho\overline{v}_{1}^{2}\Delta x}{2D}\left[1+\frac{q}{Q}+\left(\frac{1}{3}+\frac{1}{6n^{2}}\right)\left(\frac{q}{Q}\right)^{2}\right] \tag{7-2-43}$$

式中 Q——井筒主流上游端的平均流量；

q——所有孔眼从油层中流入该微元段的总流量；

f_{hw}——射孔孔眼的壁面摩擦系数。

进一步整理得：

$$\Delta p_{\mathrm{w}}=\frac{8f_{\mathrm{hw}}\rho Q^{2}\Delta x}{\pi^{2}D^{5}}\left[1+\frac{q}{Q}+\left(\frac{1}{3}+\frac{1}{6n^{2}}\right)\left(\frac{q}{Q}\right)^{2}\right]+\frac{32\rho Qq}{\pi^{2}D^{4}}\left(1+\frac{q}{2Q}\right) \tag{7-2-44}$$

3. 基于产能预测模型的裂缝参数优选

利用上述建立的致密气藏水平井多裂缝渗流裂缝参数优化设计理论，基于现场获取的基础数据（表 7-2-5），就能进行裂缝参数优化。

表 7-2-5 现场获取的水平井基础数据

参数	数据	参数	数据
水平段长度 /m	600	气体偏差因子	0.95
储层厚度 /m	15	天然气黏度 /mPa·s	0.017
地层渗透率 /mD	0.125	气层温度 /℃	64
孔隙度 /%	0.12	地层压力 /MPa	36.5
气井半径 /m	0.107	井底流压 /MPa	32
模拟时间 /d	360		

1）裂缝条数优选

从图 7-2-7 可以看出，随着裂缝条数（N_{f}）的增加，压裂水平井生产 1 年的累计产气量总体上逐渐增加，随着裂缝条数的增加，累计产量增幅随着裂缝条数的进一步增加逐渐减小。这是因为随着裂缝条数的增加，裂缝间的距离变得更近，相

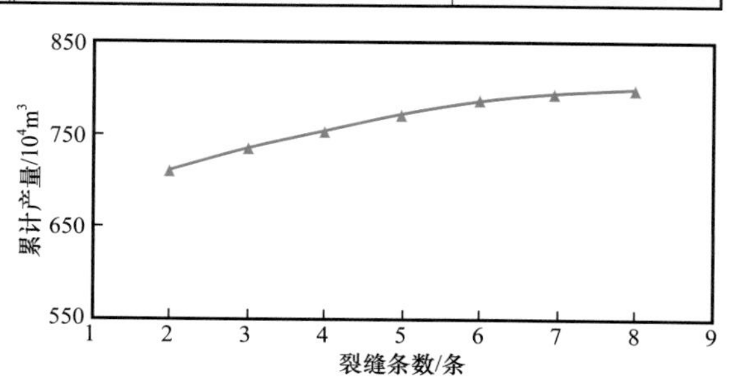

图 7-2-7 裂缝条数对压裂水平井累计产量的影响

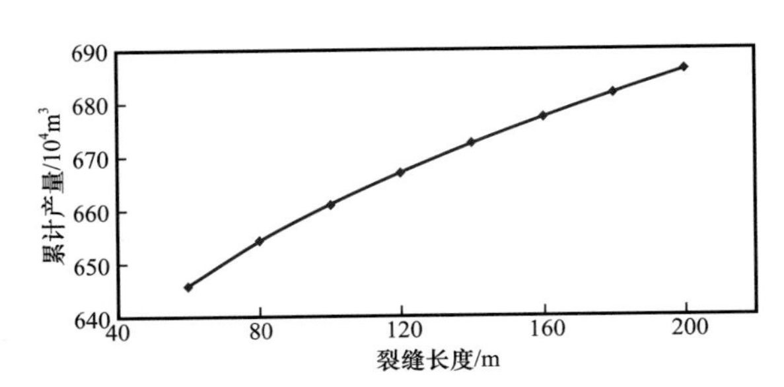

图 7-2-8 裂缝长度对压裂水平井累计产量的影响

互间的干扰加重，使每条裂缝的产量减小，因而使得压裂水平井的累计产量增量减少。

2）裂缝长度优选

从图 7-2-8 可以看出，随着裂缝长度（L_f）的增加，压裂水平井的累计产气量逐渐增加，随着裂缝长度的进一步增加，累计产量的增幅变小。

3）裂缝导流能力优选

由图 7-2-9 可见，随着裂缝导流能力（D_f）的增加，压裂水平井累计日产气量增加，但是随着裂缝导流能力的进一步增加，累计产量增幅逐渐变小，这与裂缝长度对产量的影响结果很相似。

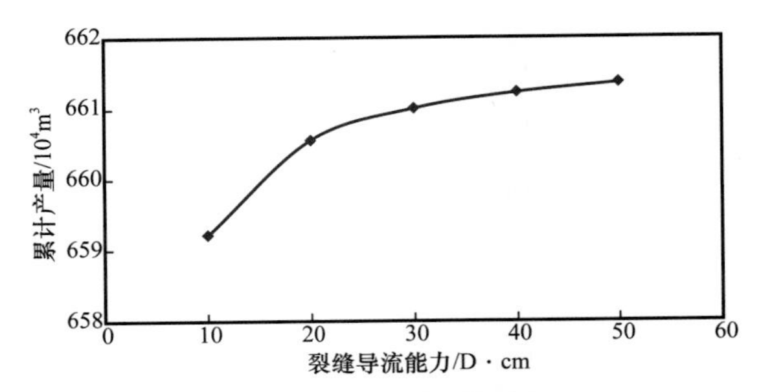

图 7-2-9 裂缝导流能力对压裂水平井累计产量的影响

4）裂缝间距优选

为了研究不同裂缝位置布局（图 7-2-10）对压裂水平井产量的影响，取等间距（情形 1）、两端大中间小（情形 2）、两端小中间大（情形 3）3 种情况对产量进行模拟（表 7-2-6）。图 7-2-11 是不同位置组合压裂水平井在生产 360 天的累计产量变化情况，不同的裂缝间距组合对水平井的累计产量有较大影响。模拟结果表明，当外部的裂缝间距小内部的缝间距大时产量最高（情形 3），均匀分布裂缝产量居中（情形 1）。

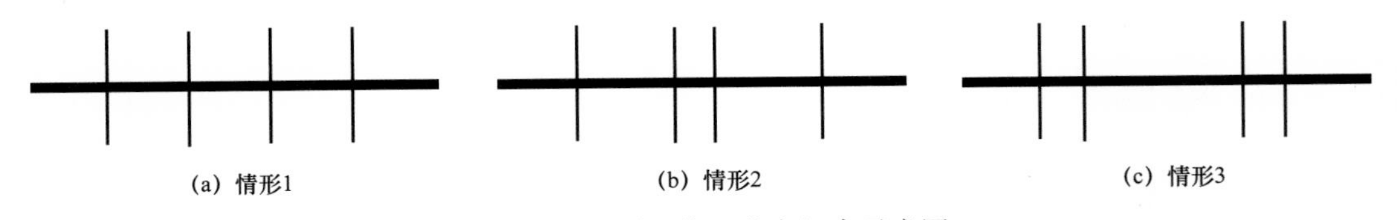

图 7-2-10 裂缝位置分布组合示意图

表 7-2-6 不同裂缝位置分布组合 单位：m

情形 1			情形 2			情形 3		
d_{1-2}	d_{2-3}	d_{3-4}	d_{1-2}	d_{2-3}	d_{3-4}	d_{1-2}	d_{2-3}	d_{3-4}
126	126	126	156	66	156	93	186	93

注：d_{1-2} 表示第 1 条和第 2 条裂缝之间的距离；d_{2-3} 表示第 2 条和第 3 条裂缝之间的距离；d_{3-4} 表示第 3 条和第 4 条裂缝之间的距离。

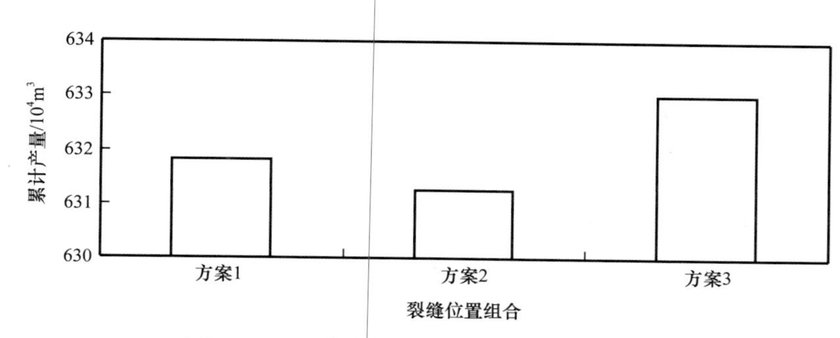

图 7-2-11 裂缝位置组合对累计产量的影响

三、精细分段完井技术特点

致密低渗透气藏储层非均质性较强，常规水平井压裂储量动用程度低，为了实现致密气藏的有效开发和储量的充分动用，需要解决"如何经济有效地构建水平井天然气流动需要的地下裂缝通道""如何有效地分段建造地下裂缝网络"等难题。常规方法设计的压裂裂缝，当设计的人工裂缝位置、尺寸和实际储层匹配较好时，压裂效果就较好；当设计与实际匹配较差时，压裂既不能充分释放高效储层的产能，又增加了施工成本，甚至施工规模过大，返排时间过长造成附加伤害增加，那么水平井压裂改造效果就差，水平井改造效果具有随机性。

精细分段完井设计方法以砂体展布的精细刻画为基础，以产量和低施工风险为目标，这种基于砂体展布的非均质储层水平井分段压裂设计技术最大的特点是实现轴向裂缝组合优化，多级多缝，控制非均质的复杂储层，以及横向优化缝长控制砂体。轴向布缝优化以优质储层实施充分改造，兼顾可动用储层为原则，基于砂体精细刻画，利用储层品质、完井品质"双甜点"来划分初分段单元。然后降低施工风险（最低破裂压力）为目标划分最小分段单元，确定起裂点位置，即射孔位置。最后基于产能、经济评价优选致密储层水平井精细分段压裂裂缝参数（缝长、缝高、导流能力）。

四、应用案例

1. 分段数优化设计

以川西马蓬 23-15H 井为例，该井完钻井深 2551m，完钻垂深 1413.77m，水平段长 997m。该井在 A 靶点钻遇砂体率高、含气性好，水平段中段至 B 靶点出现打断泥岩阻隔段，且含气性较差，测井综合解释如图 7-2-12 所示。根据马蓬 23-15H 的测井成果，将测井成果数据处理成 21 段基础物性模型，建立地质模型，各物性单元数据见表 7-2-7，建立地质模型如图 7-2-13 所示。

2. 布缝方案设计优化

首先利用阻隔带把储层划分为 4 个单独渗流区域。利用不同储层类型连续砂体的压力传播规律确定布缝原则。

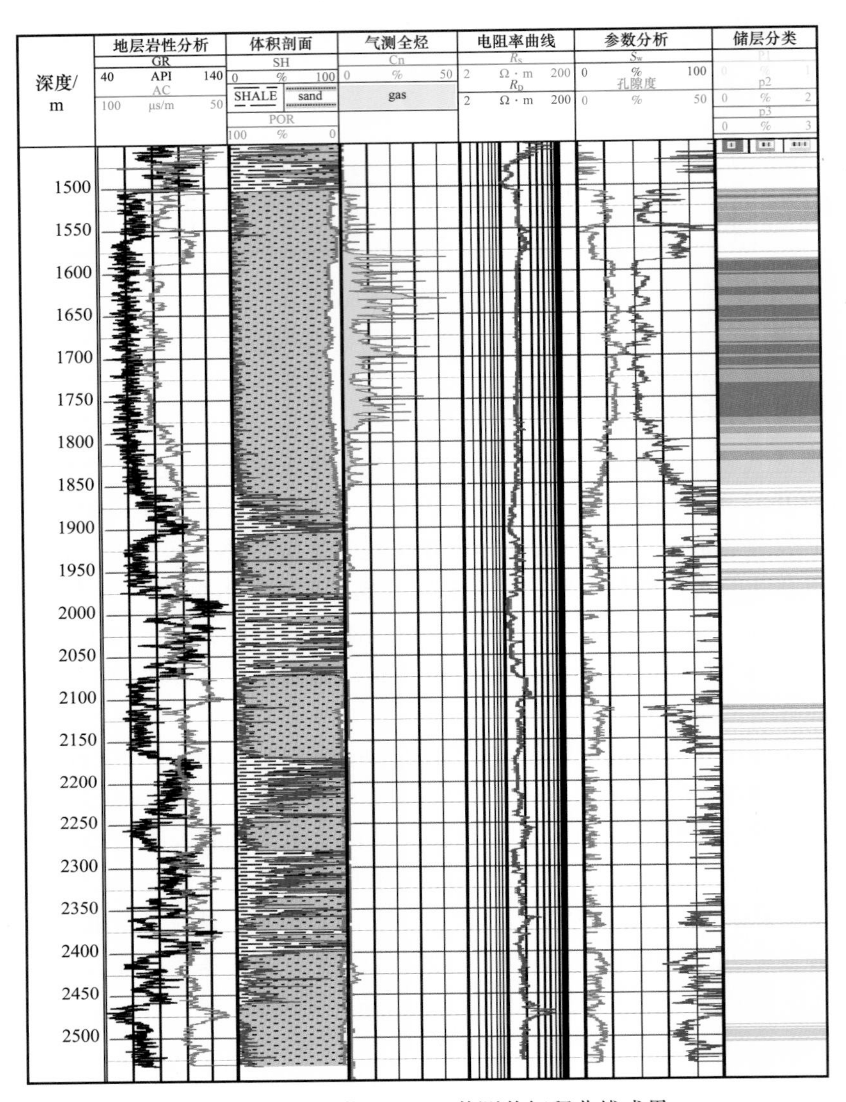

图 7-2-12 马蓬 23-15H 井测井解释曲线成果

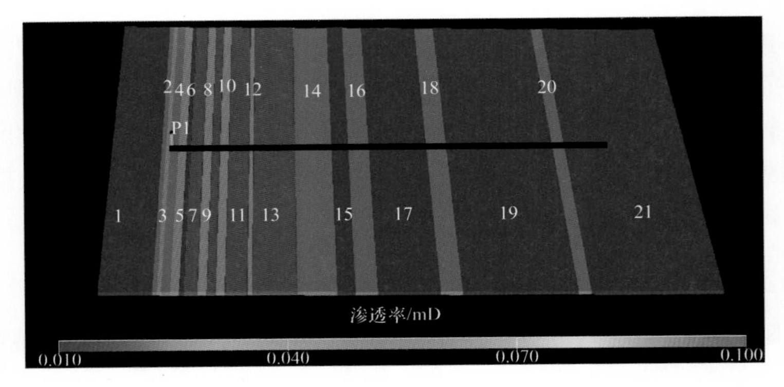

图 7-2-13 马蓬 23-15H 从测井数据建立物理模型

表 7-2-7 马蓬 23-25H 处理物性单元表

单元分区	孔隙度 /%	渗透率 /mD	含水饱和度 /%
1	7	0.06	80
2	9	0.08	55
3	11	0.14	45
4	9	0.09	53
5	11	0.10	52
6	8	0.07	61
7	13	0.20	34
8	11	0.11	48
9	14	0.21	30
10	11	0.13	46
11	15	0.30	29
12	11	0.12	48
13	14	0.21	36
14	10	0.12	47
15	8	0.07	73
16	9	0.11	51
17	7	0.06	72
18	10	0.12	77
19	5	0.04	85
20	10	0.11	51
21	7	0.06	73

7 缝布缝原则：考虑压力波传播有效控制，同时射孔段考虑优先射孔Ⅰ类，带动Ⅱ类储层。

8 缝布缝原则：考虑压力波传播有效控制，从水平段跟部向趾部严格按照单缝控制面积布缝，局部出现射孔段在Ⅱ类储层。

9 缝布缝原则：优先射孔Ⅰ类，在含气层段内再布一条缝。

在以上不同的布置方案下，根据建立的川西某井非均质地质模型，模拟 3 年的生产情况，9 缝的累计产量最低，7 缝的累计产量最高。说明充分考虑阻隔层划分渗流单元，进而根据压力传播控制范围的布缝方式，效果好于原井的布缝方式（7 缝方案、8 缝方案优于9缝方案）。同时在考虑根据压力传播控制范围的布缝方式下，优选射孔位置，优先动用优质储层，带动相应次优质储层的效果更好（7缝方案优于8缝方案优）。

1）以施工风险最低为目标的裂缝参数优化

表7-2-8为川西某井破裂点优化基本参数表。

表7-2-8 川西某井破裂点优化基本参数表

参数	数据	参数	数据
垂向应力/MPa	34.5	最大水平主应力/MPa	31.5
水平井方位角/（°）	90	最小水平主应力/MPa	26.6
岩石抗张强度/MPa	4	Biot多孔弹性参数	0.9
孔隙压力/MPa	13.6	渗透性系数	0.9
热膨胀系数/℃$^{-1}$	0.000025	岩石温差/℃	3
孔隙度	0.08	泊松比	0.18
裂缝半长/m	180	裂缝净压力/MPa	8

为了获得单因素分析的压裂水平井最佳裂缝参数，这里按照川西某井井地应力参数、储层参数等基本参数，将裂缝设置成均匀裂缝分布和等裂缝长度进行了分析，优选了从施工风险最低角度出发的压裂水平井初始裂缝参数，确定优化范围。

裂缝条数分别设置为7条、8条和9条，分析裂缝周围应力场分布以及各条裂缝对应的破裂压力值大小，相应的裂缝破裂压力值结果见表7-2-9至表7-2-11。从表中结果可知不同裂缝组合破裂压力相差不大。

表7-2-9 7条裂缝破裂压力计算结果

裂缝编号	裂缝1	裂缝2	裂缝3	裂缝4	裂缝5	裂缝6	裂缝7
破裂压力/MPa	35.4	35.9	36.1	36.2	36.2	36.1	36.0

表7-2-10 8条裂缝破裂压力计算结果

裂缝编号	裂缝1	裂缝2	裂缝3	裂缝4	裂缝5	裂缝6	裂缝7	裂缝8
破裂压力/MPa	35.4	36.0	35.8	35.6	35.4	35.3	35.3	35.2

表7-2-11 9条裂缝破裂压力计算结果

裂缝编号	裂缝1	裂缝2	裂缝3	裂缝4	裂缝5	裂缝6	裂缝7	裂缝8	裂缝9
破裂压力/MPa	35.2	35.9	36.2	36.1	34.9	35.1	35.7	35.0	34.9

利用建立的破裂点优化模型，最终优选该井的裂缝位置见表7-2-12。

表 7-2-12 基于施工风险的川西马蓬 23-15H 井 7 段分段方案及设计数据表

分段	井段 /m	裂缝位置 /m
第 1 段	2400.0～2575.0	2500
第 2 段	2100.0～2175.0	2120
第 3 段	1925.0～1975.0	1960
第 4 段	1800.0～1875.0	1850
第 5 段	1675.0～1800.0	1770
第 6 段	1580.0～1675.0	1650
第 7 段	1500.0～1550.0	1523

综合产量最优和施工风险最低两个目标，优选出川西马蓬 23-15H 井的裂缝位置参数见表 7-2-13。

表 7-2-13 基于施工风险的马蓬 23-15H 井 7 段分段方案及设计数据表

分段	井段 /m	裂缝位置 /m
第 1 段	2400.0～2575.0	2500
第 2 段	2100.0～2175.0	2120
第 3 段	1925.0～1975.0	1960
第 4 段	1800.0～1875.0	1850
第 5 段	1675.0～1800.0	1770
第 6 段	1580.0～1675.0	1650
第 7 段	1500.0～1550.0	1523

2）裂缝长度、导流能力优化

根据裂缝条数优化结果，采用正交试验方案，以压后 3 年累计产量为评价指标，分别对不同类型储层裂缝长度及裂缝导流能力进行优化。

（1）正交试验方案设计。

在进行裂缝长度和导流能力优化时，一般都采用固定一个或几个变量来优化其他参数，这样优化结果不可避免具有一定的局限性。为了从整体上分析各因素的影响，采用正交试验设计了模拟方案。

仍然以川西某井为例，设计方案的因子数量为 6 个，分别为Ⅰ类储层裂缝半长、Ⅰ类储层裂缝导流能力、Ⅱ类储层裂缝半长、Ⅱ类储层裂缝导流能力、Ⅲ类储层裂缝半长、Ⅲ类储层裂缝导流能力；设计方案的水平数量为 5 个，分别对应裂缝半长及导流能力的不同取值范围，依据区块油藏特征及前期压裂情况，选取裂缝半长为 140m，160m，

180m，200m 和 220m 等 5 个级别进行优化；依据区块选择的支撑剂导流能力特征及前期压裂情况，选取裂缝导流能力为 10D·cm，15D·cm，20D·cm，25D·cm 和 30D·cm5 个级别进行优化。基于此，采用六因子五水平的正交试验，试验组数为 25 组，见表 7-2-14。

表 7-2-14 马蓬 23-15H 井裂缝参数优化正交试验方案设计表

实验方案	Ⅰ类储层		Ⅱ类储层		Ⅲ类储层	
	裂缝半长 / m	导流能力 / D·cm	裂缝半长 / m	导流能力 / D·cm	裂缝半长 / m	导流能力 / D·cm
1	140	10	140	10	140	10
2	140	15	160	15	160	15
3	140	20	180	20	180	20
4	140	25	200	25	200	25
5	140	30	220	30	220	30
6	160	10	160	20	200	30
7	160	15	180	25	220	10
8	160	20	200	30	140	15
9	160	25	220	10	160	20
10	160	30	140	15	180	25
11	180	10	180	30	160	25
12	180	15	200	10	180	30
13	180	20	220	15	200	10
14	180	25	140	20	220	15
15	180	30	160	25	140	20
16	200	10	200	15	220	20
17	200	15	220	20	140	25
18	200	20	140	25	160	30
19	200	25	160	30	180	10
20	200	30	180	10	200	15
21	220	10	220	25	180	15
22	220	15	140	30	200	20
23	220	20	160	10	220	25
24	220	25	180	15	140	30
25	220	30	200	20	160	10

（2）试验结果分析。

如图 7-2-14 所示，25 组试验结果表明，压后初期产量为 $3\times10^4m^3/d$，压后 11 个月开始出现产量下降，25 组方案压后稳产期存在明显差异。压后 3 年产量基本稳定，25 组方案压后稳产期存在明显差异，表明裂缝长度及导流能力的不同会显著影响压后稳产期。

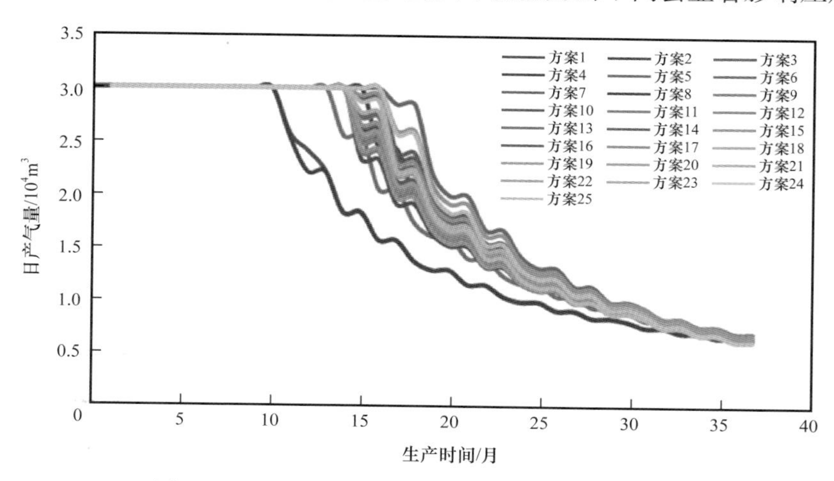

图 7-2-14　25 组方案压后日产量随生产时间变化

如图 7-2-15 所示，25 组试验结果表明，压后初期累计产量上升较快，压后 3 年累计产量基本稳定，25 组方案压后累计产量存在明显差异，表明裂缝长度及导流能力的不同会显著影响压后累计产量。

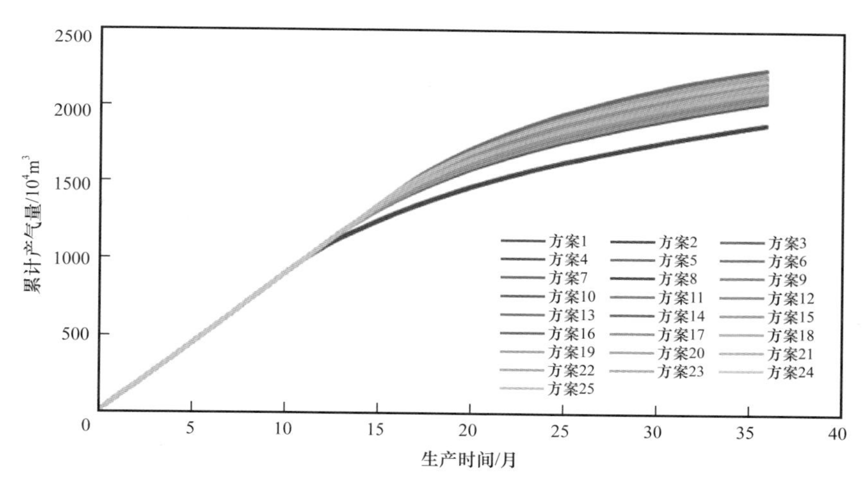

图 7-2-15　25 组方案压后累计产量随生产时间变化

根据压后累计产量随裂缝半长及导流能力变化曲线优选不同类型储层缝长及导流能力，如图 7-2-16 和图 7-2-17 所示。

选择曲线拐点对应的裂缝半长为最优裂缝半长，Ⅰ类储层裂缝最优裂缝半长为 160～180m，Ⅱ类储层裂缝最优裂缝半长为 180m，Ⅲ类储层裂缝最优裂缝半长为 200m。

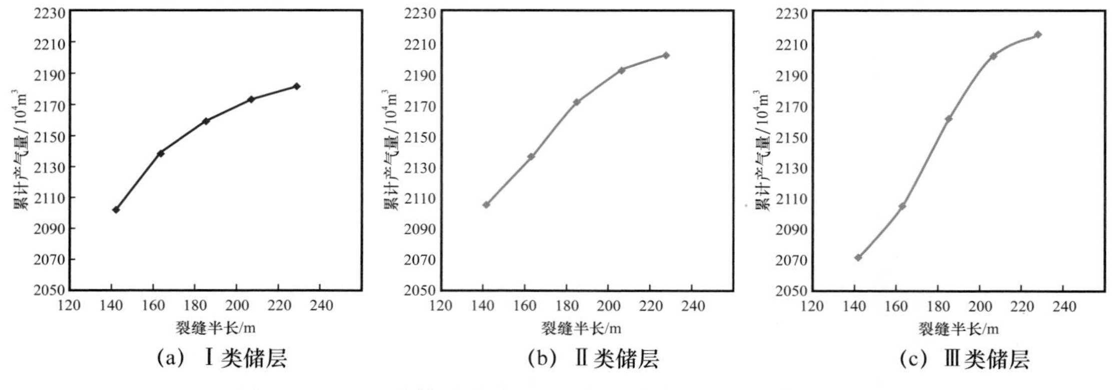

图 7-2-16 三类储层裂缝压后 3 年累计产量随裂缝半长变化

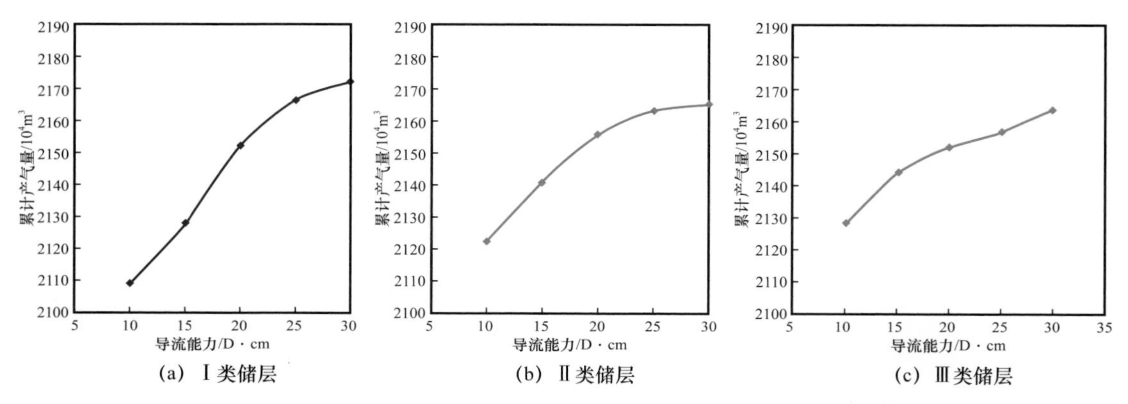

图 7-2-17 三类储层裂缝压后 3 年累计产量随裂缝导流能力变化

选择曲线拐点对应的裂缝导流能力为最优导流能力，Ⅰ类储层裂缝最优导流能力为 25D·cm，Ⅱ类储层裂缝最优导流能力为 20D·cm，Ⅲ类储层裂缝最优导流能力为 15D·cm，见表 7-2-15。

表 7-2-15 裂缝长度及导流能力优化结果

参数	Ⅰ类储层	Ⅱ类储层	Ⅲ类储层
最优裂缝半长 /m	160	180	200
最优裂缝导流能力 /（D·cm）	25	20	15

由于Ⅰ类储层物性最好，对裂缝导流能力的要求要高于裂缝长度，而Ⅲ类储层物性最差，因此对裂缝长度的要求要高于裂缝导流能力，这与优化结果相符，表明优化结果较为可靠。

对川西已生产的 2 口压裂井进行重新优化设计，分段位置和裂缝长度较设计长度发生大幅变化；优化后破裂压力分别较实际破裂压力降低 3.6MPa 和 2.7MPa。

第三节 低渗透油气藏水平井多级分段完井技术

低渗油气藏开发普遍采用水平井多级分段压裂技术，以最大限度提高泄油面积、增加储层改造体积，最终实现大幅提高单井产量。同时围绕着多级分段压裂的连续化、规模化、工厂化开展研究，大幅度降低了压裂完井成本，保证了低渗透油气藏的开发效益。其中水平井多级分段压裂完井工具是核心关键技术，对效益开发低渗透油气藏至关重要。

一、全通径无限级水平井分段压裂完井技术

无限级水平井分段压裂完井技术分为套管固井全通径滑套分段压裂完井技术和油管全通径多级滑套压裂完井技术两种，其中套管固井全通径滑套分段压裂完井技术主要用于固井完井后的压裂投产完井，滑套内径与套管内径相同，施工排量高，摩阻小；油管全通径多级滑套压裂完井技术用于后期在套管内重复压裂，滑套内径和油管内径相同，施工排量相对较小。两种工艺都采用与滑套相匹配的滑套开关工具逐级打开，从而实现逐级压裂。

1. 技术原理

套管固井全通径滑套分段压裂完井技术是将多级全通径滑套按照顺序随套管柱下入水平井预定位置，固井后通过管内憋压打开趾端滑套进行压裂，随后投入与各级滑套对应的滑套开关工具，通过泵送到预定位置与对应滑套相啮合，封堵住下部已压裂层段，并打开本级滑套进行压裂，由于各个滑套开关工具和各级滑套是一一对应的，但通径都和套管内径相同，因此可以实现无限级自下而上逐级压裂。

油管全通径多级滑套压裂完井技术是将各级滑套随油管柱下入水平井预定位置，各级滑套和封隔器、水力喷射工具相集成，施工时从井口投入喷嘴滑套开启工具，泵送推动喷嘴滑套开启工具下行。喷嘴滑套开启工具顺利通过目标层位之上的所有喷封压工具本体，直到配对的目标喷封压工具喷嘴滑套，弹片弹开，喷嘴滑套开启工具与喷封压工具喷嘴滑套本体内筒实现有效啮合，憋压剪断销钉打开喷嘴滑套、露出喷嘴，同时压力传入喷封压工具封隔器液缸，提高压力直至封隔器完全坐封，随后喷射作业，最后通过套压注入依靠油套管压差剪断销钉开启喷封压工具压裂滑套，露出压裂孔。最终实现不动管柱、不拆装井口、不压井完成所有层段的喷射、压裂改造作业。

2. 关键技术

1）套管全通径分段完井工具

全通径固井滑套技术具有施工压裂级数不受限制、管柱内全通径、无需钻除作业、利于后期液体返排及后续工具下入、施工可靠性高等优点。

（1）全通径固井滑套。

全通径固井滑套工作原理如下：滑套随管柱下入井底，施工时从井口投入滑套开启

工具，泵送推动滑套开启工具下行。滑套开启工具顺利通过目标层段之上的所有滑套本体，直到配对的目标滑套，弹片弹开，滑套开启工具与滑套本体内筒实现有效啮合，憋压剪断销钉开启滑套、露出喷砂孔。由于滑套开启工具从井口投入，靠泵送至目标滑套，可实现不动管柱完成所有层段的改造作业。

为实现目标层段的针对性改造，需有效保证滑套开启工具与滑套内筒间的密封。考虑工程作业可靠性需要，若将滑套与开启工具之间密封设计在开启工具上，会使得开启工具结构相对复杂、作业风险偏高。开启工具需在井筒内泵送数百或数千米才能抵达目标滑套，泵送过程中存在密封件刮伤或失效的风险，且这种方案对工具径向空间要求相对较高，在给定内筒尺寸的前提下，可能导致滑套开启工具内径较小，不利于后期返排等作业。因此，对于这种设计空间受限的情况，考虑将滑套与开启工具之间的密封设置在滑套上。如图 7-3-1 所示，滑套为筒状，包括上接头、下接头、外筒、内筒、胶筒、挡环以及剪切销钉等组件。

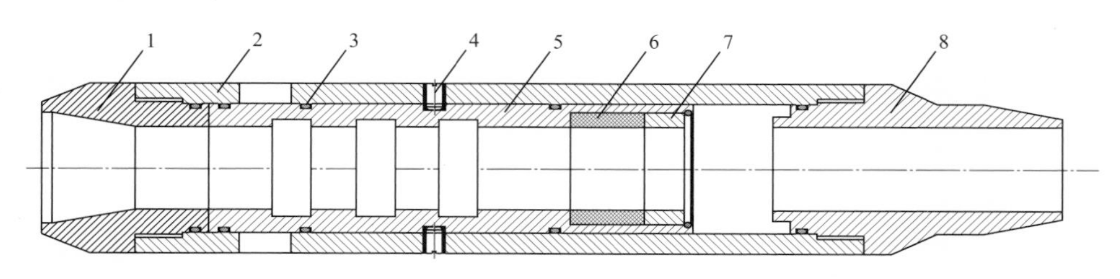

图 7-3-1　固井滑套结构示意图

1—上接头；2—外筒；3—密封圈；4—剪切销钉；5—内筒；6—密封胶筒；7—挡环；8—下接头

（2）趾端滑套设计。

趾端滑套作为全通径固井滑套技术的第一级压裂滑套，需在完成固井替浆、全井筒试压等工艺环节后，再开启趾端滑套建立第一段压裂通道。

趾端滑套工作原理如下：趾端滑套随管柱下入井底，作业时从地面泵入高压液体，在管柱内部产生高压，由于趾端滑套中内筒上、下端面的面积不等，会形成压力差剪断销钉。内筒被推动向前运动，使外筒上压裂孔被开启，从而连通了压裂管柱与储层，为压裂液提供流动通道，实现不动管柱建立第一段压裂通道。若正常压力差无法开启趾端滑套时还可继续打压，让爆破片破裂产生通道。

如图 7-3-2 所示，趾端滑套为筒状，包括上接头、下接头、外筒、内筒、爆破片及剪切销钉等组件。

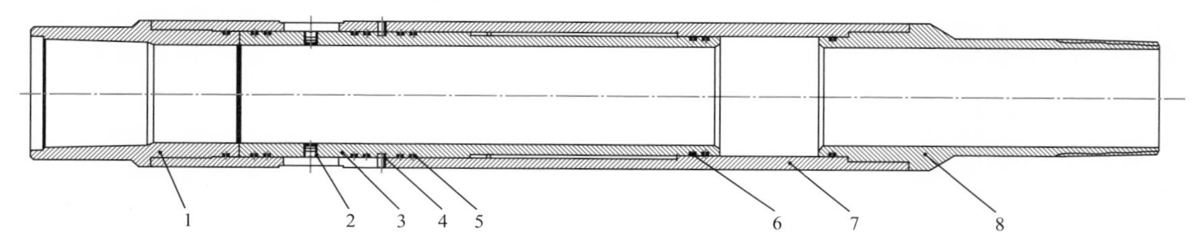

图 7-3-2　趾端滑套结构示意图

1—上接头；2—爆破片；3—内筒；4—剪切销钉；5，6—密封圈；7—外筒；8—下接头

2）油管全通径分段完井工具

（1）喷封压一体化工具。

油管全通径分段完井工具将滑套、封隔器和喷射工具相集成，喷封压工具工作原理如下：喷封压工具随油管管柱下入井底，施工时从井口投入喷嘴滑套开启工具，泵送推动喷嘴滑套开启工具下行。喷嘴滑套开启工具顺利通过目标层位之上的所有喷封压工具本体，直到配对的目标喷封压工具喷嘴滑套，弹片弹开，喷嘴滑套开启工具与喷封压工具喷嘴滑套本体内筒实现有效啮合，憋压剪断销钉打开喷嘴滑套、露出喷嘴，同时压力传入喷封压工具封隔器液缸，提高压力直至封隔器完全坐封，随后喷射作业，最后通过套压注入依靠油套管压差剪断销钉开启喷封压工具压裂滑套，露出压裂孔。最终实现不动管柱、不拆装井口、不压井完成所有层段的喷射、压裂改造作业。

如图 7–3–3 所示，喷封压工具为筒状，包括压差滑套、喷嘴、喷嘴滑套、内筒、胶筒、下接头等组件。

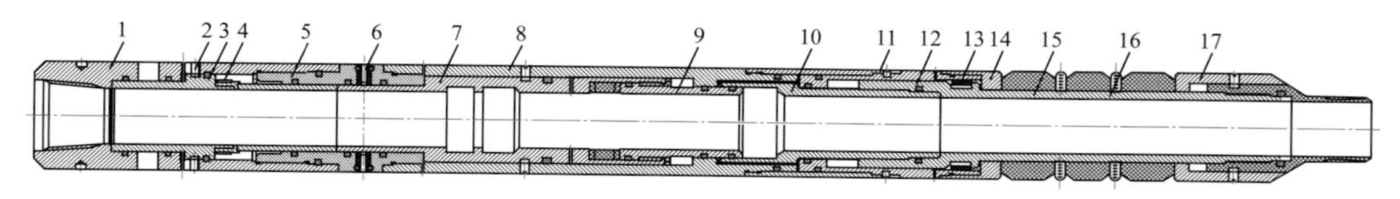

图 7–3–3 喷封压工具基本结构示意图

1—上接头；2—滑套销钉；3—压差滑套；4，13—棘齿；5、11—棘齿套；6—喷嘴；7—喷嘴滑套；8—外筒；9—挡环；10—内筒；12—中心杆；14—坐封座；15—胶筒；16—隔环；17—下接头

（2）压裂功能设计。

喷封压工具在喷砂射孔完成后，需要打开更大的泄流通道进行压裂施工。拟设计的压裂功能工作原理如下：压裂孔设置于喷封压工具的最顶端，封隔器坐封和喷砂射孔阶段压裂孔处于关闭状态，当施工套压高于油压时，压裂孔通过压差开启，实现压裂液进液通道。

压裂功能采用压差滑套设计，压差滑套通过压差开启实现压裂孔开启。压差滑套包括上接头、滑套销钉、压差滑套等组件，如图 7–3–4 所示。

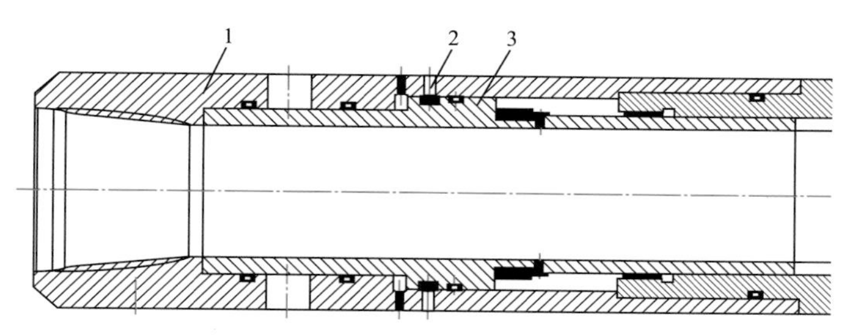

图 7–3–4 压差滑套结构示意图

1—上接头；2—滑套销钉；3—压差滑套

3. 技术参数

表 7–3–1 和表 7–3–2 分别为 89 型全通径固井滑套和 108 型喷封压一体化工具技术参数。

表 7-3-1 89 型全通径固井滑套技术参数

外径 / mm	内径 / mm	长度（含上下接头）/ mm	最大外径长度 / mm	抗内压强度 / MPa	耐温 / ℃	开启压力 / MPa
130	75	2000	1020	70	170	16–20

表 7-3-2 108 型喷封压一体化工具技术参数

适用套管 / mm	外径 / mm	内径 / mm	总长 / mm	耐温 / ℃	整体承压 / MPa	胶筒承压差 / MPa	抗拉强度 / kN	开启压力 / MPa	压差滑套开启压力 / MPa
139.7	108	61	1815	170	70	60	900	16–20	3–6

4. 性能特点

全通径喷封压一体化工具集喷射、封隔、压裂和生产于一体，整体耐压 70MPa，耐温 170℃。采用硬质合金锥直型喷嘴，满足井口限压下喷砂射孔要求，通过环空限流模拟和管柱力学计算，可提高单段压裂排量 $3m^3/min$ 以上，确保管柱安全可靠。

基于全通径滑套设计原理，满足不限级分段、密封可靠、防固井钻井液干扰的套管固井滑套及配套压差滑套，系列化产品在中浅层水平井已推广应用，现场试验表明：固井滑套工艺无分段级数限制，地层破裂压力较射孔工艺可平均降低 0.5～1MPa，单井平均增产倍比 1.9 以上。

5. 施工工艺

1）套管全通径分段完井工艺

滑套随管柱下入井底，施工时从井口投入滑套开启工具，泵送推动滑套开启工具下行。滑套开启工具顺利通过目标层段之上的所有滑套本体，直到配对的目标滑套，弹片弹开，滑套开启工具与滑套本体内筒实现有效啮合，憋压剪断销钉开启滑套、露出喷砂孔。由于滑套开启工具从井口投入，靠泵送至目标滑套，可实现不动管柱完成所有层段的改造作业。

2）油管全通径分段完井工艺

喷封压工具随油管管柱下入井底，施工时从井口投入喷嘴滑套开启工具，泵送推动喷嘴滑套开启工具下行。喷嘴滑套开启工具顺利通过目标层位之上的所有喷封压工具本体，直到配对的目标喷封压工具喷嘴滑套，弹片弹开，喷嘴滑套开启工具与喷封压工具喷嘴滑套本体内筒实现有效啮合，憋压剪断销钉打开喷嘴滑套、露出喷嘴，同时压力传入喷封压工具封隔器液缸，提高压力直至封隔器完全坐封，随后喷射作业，最后通过套压注入依靠油套管压差剪断销钉开启喷封压工具压裂滑套，露出压裂孔。最终实现不动管柱、不拆装井口、不压井完成所有层段的喷射、压裂改造作业。

6. 应用情况

1）全通径固井滑套应用情况

固井滑套在新蓬 22–1HF 井实现了 31 级分段，表 7–3–3 是部分井应用效果，滑套全部开启成功，首次在蓬莱镇组实现了大规模精细分段压裂。截至目前，全通径固井滑套已在中浅层推广应用，在生产井中成功实现了滑套有序开启及压裂施工作业，工具强度可靠、开启可靠性高。对比常规射孔 + 滑套工艺，全通径固井滑套工艺技术用于中浅层降破效果显著，其中 XP204–2 井蓬莱镇 JP_2^2 经滑套压裂后在稳定油压 9.35MPa 下测得天然气产量 $4.99 \times 10^4 m^3$，为同井组产量最高。

表 7–3–3 全通径固井滑套应用效果统计

井号	完井压裂工艺	井口破裂压力 / MPa	井口停泵压力 / MPa	破压梯度 / MPa/100m	停压梯度 / MPa/100m
JS206–6HF	固井滑套	38.36	32.17	2.83	2.54
JS206–4HF	射孔	44.5	32.8	3.04	2.5
JS206–11HF		41.7	34.5	2.86	2.54
JS206–8HF		48.5	37.1	3.18	2.67
XP204–2	固井滑套	11.82	12.62	2.05	2.12
XP204–4		15.6	12.5	2.39	2.12
XP204–3	射孔	26.68	13.25	3.24	2.13
XP24–3	固井滑套	19.5	20.3	2.46	2.52
XP24–1	射孔	20.2	20.4	2.56	2.57

2）喷封压一体化工具应用情况

2017—2018 年，喷封压一体化工具在川孝 456–1 等 4 口井中成功应用，表 7–3–4 是应用情况统计，实现了小尺寸井眼中逐层封隔、喷射及压裂施工，工具结构定型，推广应用井平均简化作业周期 3 天以上，单段可提高压裂施工排量 $3m^3/min$ 以上。

表 7–3–4 喷封压工具应用情况统计

序号	井号	施工时间	段数	应用效果（年累计产气量）
1	XP456–1	2017.12.8	3	$943.74 \times 10^4 m^3$
2	XS202HF	2018.2.9	4	$66.28 \times 10^4 m^3$
3	X714–4	2018.5.9	3	$4423.71 \times 10^4 m^3$
4	JS209–1	2018.7.29	4	$1994.23 \times 10^4 m^3$

“十三五”期间，油套管全通径分段工具及工艺在川西中浅层全面推广应用，蓬莱镇组和沙溪庙组平均测试产量分别提高 5.5 倍和 2.9 倍，新场蓬莱镇组和中江沙溪庙组较 2015 年立项前产能提高 30% 以上，通过自主工具研发，实现了一趟管柱大规模精细分段压裂，提升了单井开发效益，加快了低渗透致密气藏储量动用。

二、水平井井下机器人多级分段压裂完井技术

1. 技术原理

水平井井下机器人分段完井技术采用井下机器人控制预置滑套的开关，从而实现多级分段压裂和分段完井目的，要实现完井机器人对预置滑套的操作功能，需要在套管上预先下入特定的预置滑套，而且完井机器人需要具备传输系统、定位系统、机械操作系统以及通信与控制系统。传输系统实现井下机器人在水平段的前进和后退，保证井下机器人能够运动到水平段任意位置；定位系统保证完井机器人与预置滑套的准确定位和对接；机械操作系统实现操作开关滑套的功能。

如图 7-3-5 所示，井下机器人分段完井技术由预置管柱系统、井下机器人系统、地面控制系统组成。

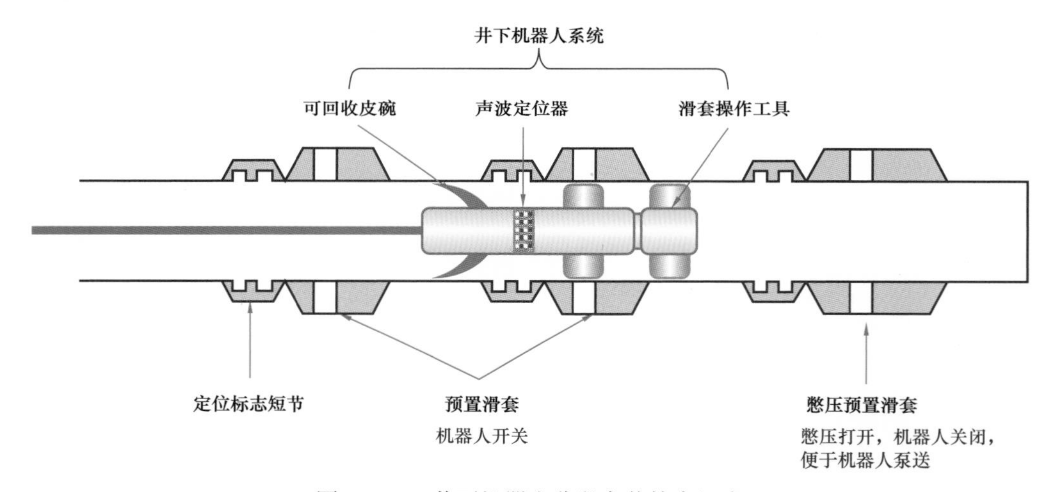

图 7-3-5 井下机器人分段完井技术组成

预置管柱系统由套管连接的多个预置滑套和定位标志短节组成。其中定位标志短节帮助井下机器人准确定位；预置滑套打开即可与地层连通，进行压裂，关闭即可与地层隔离，进行控水，预置滑套的开关由机器人进行操作控制，其中第一级滑套首次开启采用憋压方式，可以减少一次起下机器人作业，也方便后期的机器人进行泵送。

井下机器人系统由可回收皮碗、声波定位器、滑套操作工具和扶正器等组成。可回收皮碗在下井时张开贴紧套管，方便泵送快速下入机器人，到位后地面控制皮碗缩回，方便上提电缆提出机器人；声波定位器通过扫描套管内壁，发现定位短节后，即表示机器人已经准确定位；滑套操作工具控制滑套的打开与关闭，从而实现逐级压裂和控水功

能；扶正器保证机器人在套管内居中，避免机器人与套管磕碰，同时减小机器人起下阻力。

地面控制系统主要由高压直流电源系统、电缆绞车系统以及通信与控制系统组成。高压直流电源系统给井下机器人提供动力，电缆绞车系统提供电缆起下的动力，通信与控制系统采集井下机器人信号，同时控制机器人的动作。

2. 关键技术

水平井井下机器人分段压裂技术包括连接在套管上的多级预置滑套和操作滑套的井下机器人组成。

1）滑套

其中滑套分为两种：一种是开关全由完井机器人操作的预置滑套；另一种是压裂时采用憋压打开，后期关闭和打开采用机器人操作的憋压预置滑套，憋压预置滑套主要放置在第一级，通过憋压打开进行压裂，减少了一次机器人起下作业，同时也方便后期机器人泵送下入。

（1）预置滑套。

预置滑套由主体、上下接头和内套等组成，如图 7-3-6 所示。上下连接螺纹为 $5^1/_2$in 标准套管长圆螺纹，外径 175mm，可以下入 $8^1/_2$in 井眼内，内径为 118.6mm，与 $5^1/_2$in、23lbf/ft 标准套管内径一致。

预置滑套采用丝杠螺母机构，通过完井机器人旋转操作滑套内套，利用丝杠螺母机构将旋转运动转变为内套的轴向移动，从而实现滑套的打开和关闭。

预置滑套采用旋转开关方式主要是利用丝杠的自锁功能，避免在下胶塞、起下管柱时误操作滑套。

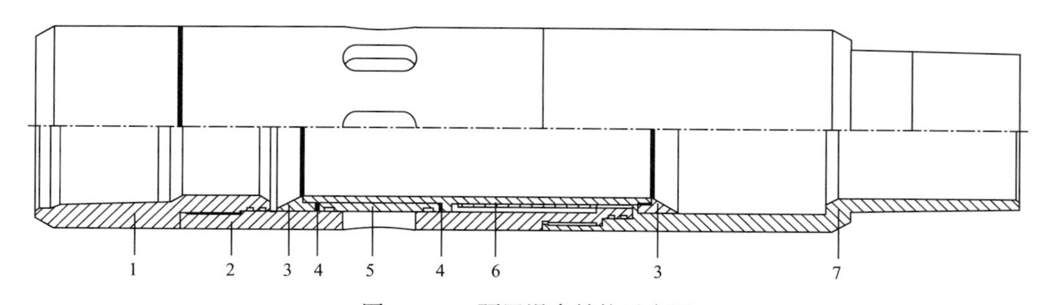

图 7-3-6 预置滑套结构示意图

1—上接头；2—外筒；3—刮砂环；4—滚珠轴承；5—密封套；6—内丝杠；7—下接头

（2）憋压预置滑套。

憋压预置滑套和预置滑套原理类似，区别在于增加了憋压打开功能，如图 7-3-7 所示，其在下井是处于关闭状态，打开时通过地面加压，将销钉剪断，活塞上行，打开滑套。滑套打开后在静压力的作用下，活塞不能下行，避免影响下部的丝杠螺母机构。后期的关闭和打开采用机器人操作，和预置滑套结构原理相同。

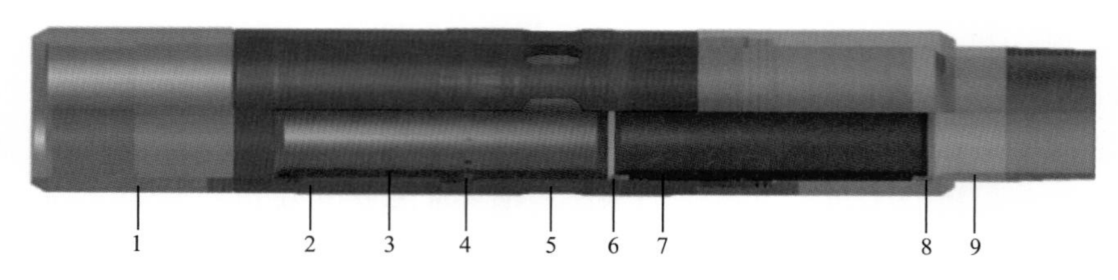

图 7-3-7 憋压预置滑套结构示意图

1—上接头；2—外筒；3—憋压套；4—销钉；5—压裂孔；6—刮砂环；7—内丝杠；8—刮砂环；9—下接头

2）井下机器人系统

井下机器人系统由可回收皮碗、定位系统、滑套操作工具以及控制系统组成，可回收皮碗通过泵送使机器人向前移动，定位系统确保机器人精确定位，滑套操作工具操作滑套打开和关闭，从而实现压裂和控水功能。

（1）可回收皮碗。

井下机器人采用可回收皮碗快速泵送下入，保证施工效率。可回收皮碗在下井时张开贴紧套管，方便泵送快速下入机器人，到位后地面控制皮碗缩回，方便上提电缆提出机器人。

可回收皮碗由电机、减速器、丝杠螺母机构和皮碗等组成，如图 7-3-8 所示。电动机接通后，通过减速器减速，同时将扭矩和推力增大，带动丝杠转动，通过丝杠螺母副带动螺母机构轴向移动，从而带动皮碗轴向运动，将皮碗强制拉进或推出套筒，当皮碗推出来时，皮碗外径可达 130mm，和套管内壁过盈配合，通过地面液压泵送，将机器人快速泵送到位；当机器人到位后，接通电动机，将皮碗强制拉回套筒内，整体外径只有 100mm，从而可以保证机器人通过电缆安全提出地面。

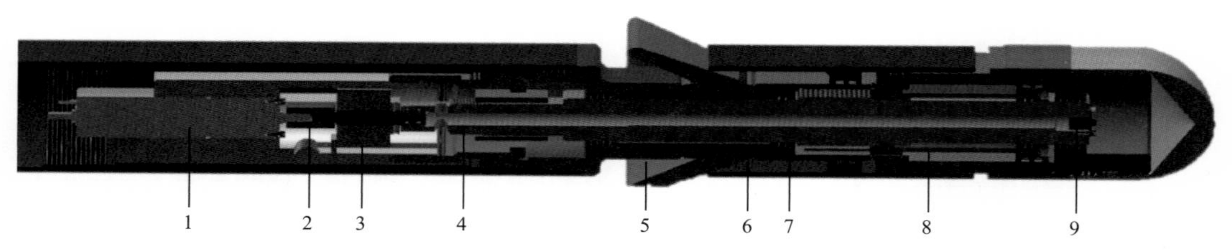

图 7-3-8 可回收皮碗结构原理图

1—电动机及加速器；2—联轴器；3—过孔滑环；4—中心管（丝杠）；5—皮碗；6—皮碗回收筒；7—皮碗连接套；8—螺母；9—端部滑环

（2）定位器。

通过在套管上人工设置“路标”，完井机器人通过传感器进行识别，从而确定“目的地”。对比多种定位方式，最后确定选用超声波传感器传感定位。在特定位置设置一定尺寸的金属槽，通过超声波传感器进行识别。

定位单元的机械结构主要是由定位标志槽、定位器组成，定位标志槽连接在套管上，和滑套距离等于完井机器人上面滑套操作工具操作爪和定位器之间的距离。

定位标志槽如图 7-3-9 所示，由两个标志槽组成，两标志槽距离等于定位器上两超声波传感器之间的距离，标志槽内径等于 $5^1/_2$in 套管内径，槽深 15～20mm，便于超声波传感器明显辨别。

定位器如图 7–3–10 所示，由主体、两个超声波传感器和压帽、密封圈组成，压帽起固定传感器位置作用，密封圈起隔离外界高压液体进入系统内部作用，主体下部槽起导线穿越、连接电路板作用。

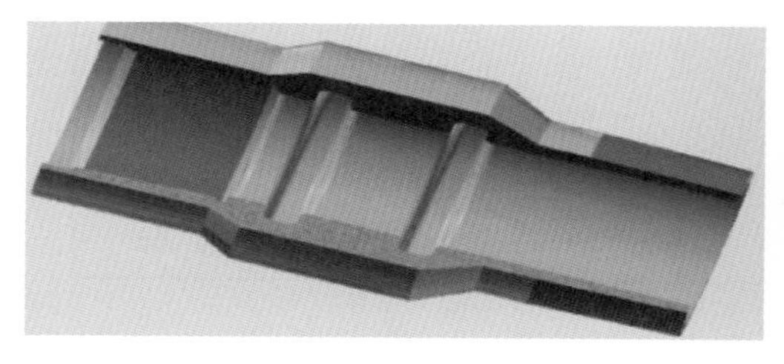

图 7–3–9 套管定位标志槽

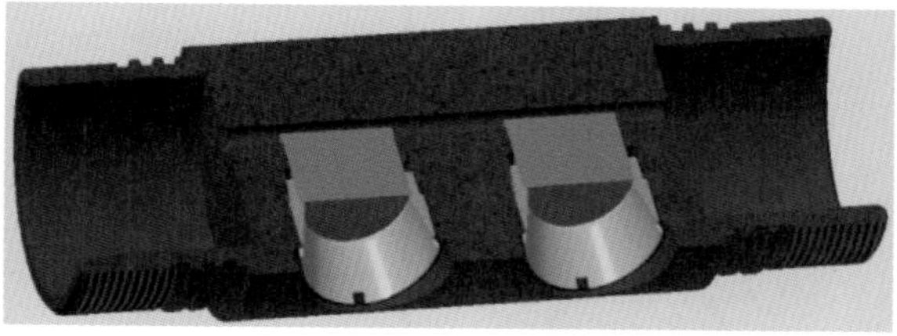

图 7–3–10 超声波定位器

（3）滑套操作工具。

滑套操作工具由两个操作爪和旋转机构组成，如图 7–3–11 所示，两个操作爪张开后分别咬住套管内壁和滑套内壁，然后旋转机构旋转带动滑套的丝杠螺母机构旋转，打开或关闭滑套。

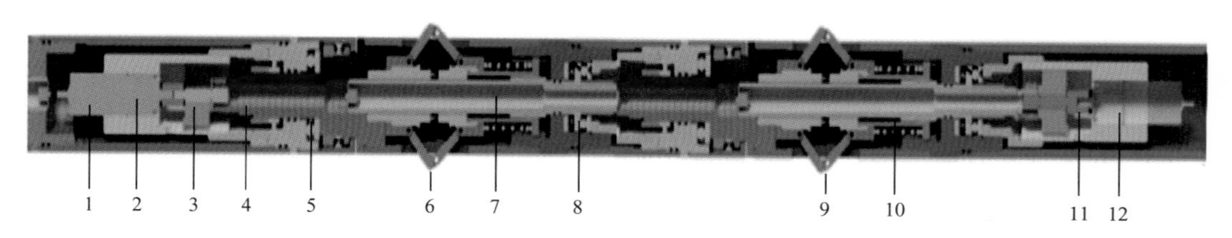

图 7–3–11 滑套操作工具结构图

1，12—电动机；2—减速器；3—过孔滑环；4—传动轴；5—止推轴承；6—支撑臂；7—中心管；8—扶正轴承；9—旋转臂；10—弹簧；11—联轴器

每个操作爪的动作由一个直流无刷电动机控制，电动机通电后，通过行星齿轮减速器减速，带动丝杠转动，通过丝杠螺母副转变为丝杠的轴向运动，操作爪为曲柄滑块机构，将轴向运动转变为操作爪的径向伸缩。

（4）通信与控制系统。

完井机器人通信与控制系统如图 7–3–12 所示，其集井上控制与监测和井下完井作业于一体的一套自动作业的机电一体化系统，能够对井下皮碗机构、流量控制阀和操作臂实现作业控制，同时采集井下状态参数并上传到终端。

完井机器人采用单芯电缆载波通信方式，给井下各个电动机提供动力电源，同时实现双向通信。

3. 技术参数

完井机器人技术参数见表 7–3–5。

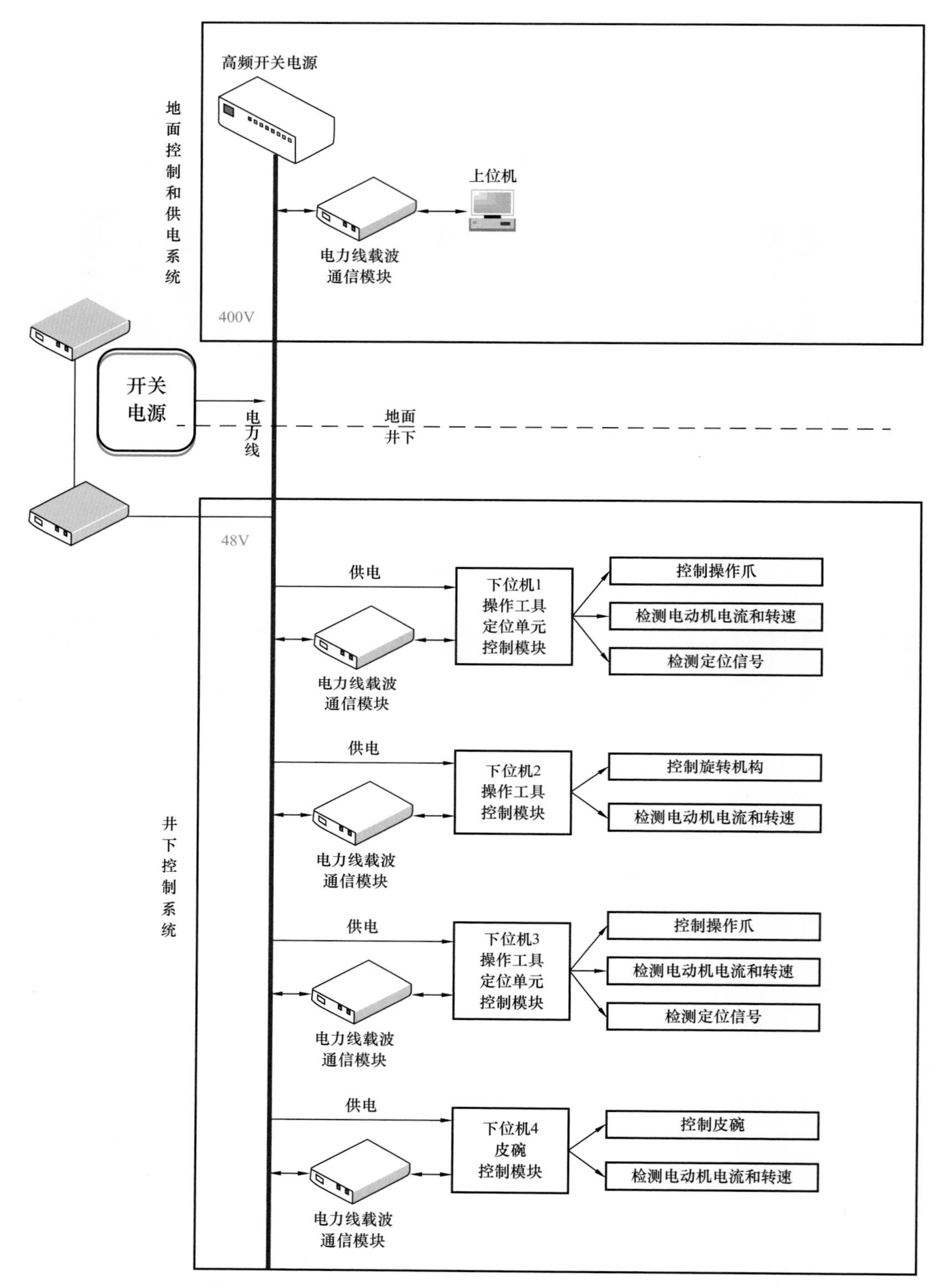

图 7–3–12　完井机器人通信与控制系统总体方案原理简图

表 7-3-5 完井机器人技术参数

适应套管	滑套通径 / mm	系统耐压 / MPa	系统耐温 / ℃	滑套开关扭矩 / N·m	机器人最大外径 / mm	旋转扭矩 / N·m
$5^1/_2$in	118～124	70	120	10	100	100

4. 性能特点

该工艺和现有分段压裂技术相比，具有以下特点：

（1）任意分段数，由于滑套采用全通径预置滑套，因此可以实现任意级分段数，满足页岩气大规模缝网压裂的需要。

（2）完井成本低，机器人可以多次使用，预置滑套结构简单，不需要射孔、钻塞等工序，大大降低了完井成本。

（3）滑套开关直观可靠，由于完井机器人由电缆下入，自身带有定位功能、电流检测、位移检测功能，可以直观看到滑套状态，因此可以保证滑套操作的可靠性。

（4）耐压性能高，滑套采用机械密封，不像复合桥塞或者投球滑套技术需要特种材料，因此密封可靠，承压能力高。

（5）可同时满足多级分段压裂和分段控水需要，滑套可以采用机器人多次操作，因此在局部水淹时可以单独关闭对应滑套，继续生产其余层段，从而实现控水功能。

5. 施工工艺

（1）如图 7-3-13 所示，首先下入预置管柱：完井时套管串安装好多个预置滑套，下入预定位置，固井或憋压坐封封隔器。其中第一级滑套采用首次憋压打开、后期机器人开关方式，其余各级采用机器人开关方式，各级滑套都分别配套有定位标志槽，方便后期机器人定位用。

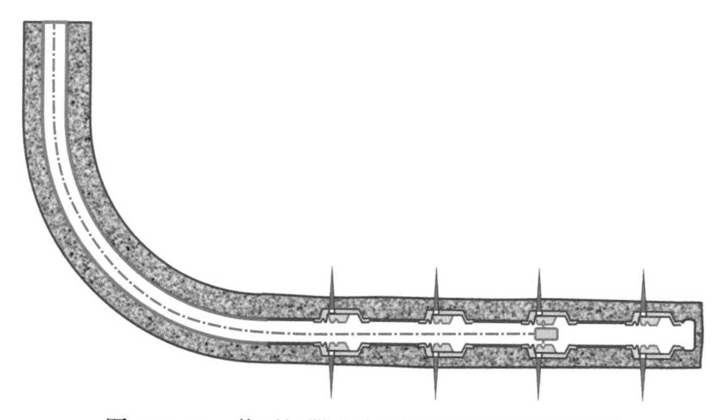

图 7-3-13 井下机器人分段完井工艺原理示意图

（2）第一级压裂：套管内憋压，打开第一级滑套（憋压滑套），进行压裂。压裂完毕后，憋压滑套活塞在静压力下保持开启状态。

（3）下入机器人，关闭前一级滑套，打开后一级滑套，压裂。

第一级压裂完成后，从套管内泵送下入机器人，通过电缆长度粗略判断机器人下过第一级滑套后，地面操作机器人将泵送皮碗缩回，然后即可缓慢上提机器人，利用机器人声波定位器判断机器人到位即停止上提，然后操作滑套操作工具，分别打开两个操作爪，分别咬住套管和滑套内壁，然后旋转操作爪，关闭第一级滑套。

之后收回操作爪，上提至下一级滑套处，定位后停止上提机器人，再操作两个操作爪张开，分别咬住套管和滑套内壁，然后旋转操作爪，打开下一级滑套。

滑套打开后，收回操作爪，上提电缆，将机器人起出地面，从套管内进行压裂。

（4）重复步骤（3），依次关闭前一级滑套，打开后一级滑套，对各级进行压裂。

（5）投产：压裂完毕后，下入完井机器人，全部打开各级预置滑套，进行投产。

（6）控水：当后期某个压裂段出水后，可下入机器人将对应滑套关闭，继续生产其余层段，从而实现分段完井功能。

6. 应用案例

完井机器人分段完井工艺在中国海油 JJSY–2 水平井上进行了试验，分别验证了完井机器人的泵送下入、定位、操作滑套功能，试验结果验证了水平井井下机器人分段完井工艺。

该井垂深 1100m，斜深 1808m，水平段长 400m 的模拟水平井。其表层套管为 $13^3/_8$in、K55、BTC、61#ppf 套管，下深 208.92m，生产套管为 $9^5/_8$in、P110、BTC、47#ppf 套管，下深 1799m。试验管柱如图 7–3–14 所示，憋压预置滑套下深 1634.38m，预置滑套下深 1537.86m。

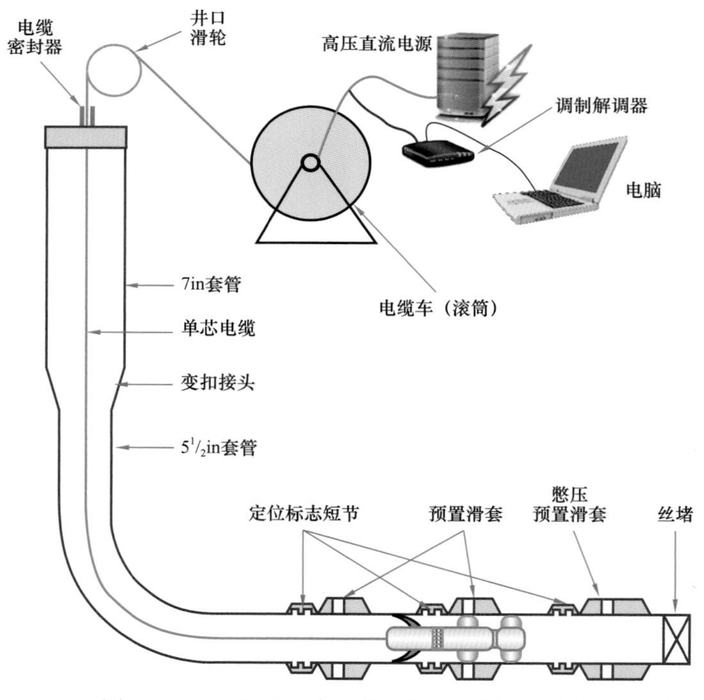

图 7–3–14　JJSY–2 水平井现场实验管柱示意图

套管内憋压 15MPa，验证滑套密封性，升压至 20MPa 打开憋压预置滑套。

实验泵送排量 150～300L/min，电缆张力不超过 1500lbf，速度 15～30m/min。

皮碗收回电机电流最大约 3.8A；操作爪和支撑爪电机电流最大为 7.6A，旋转电机最大电流 9.4A，套管正反洗井判断憋压预置滑套关闭、预置滑套打开动作正常。表明完井机器人泵送、定位、开关滑套功能正常。

三、水平井智能找堵水工艺技术

1. 技术原理

水平井智能找堵水工艺技术是用封隔器将井下各层位封隔，管柱上对应每一个目的层位安装一套智能开关器，通过智能开关器控制各层段单独生产，地面计量判断各层段产状，智能开关器可以提前设定程序进行定时开关，也可以地面憋压，通过压力码遥控井下开关器，对高含水层段进行封堵，生产弱淹和未淹层段。技术管柱如图 7-3-15 所示。

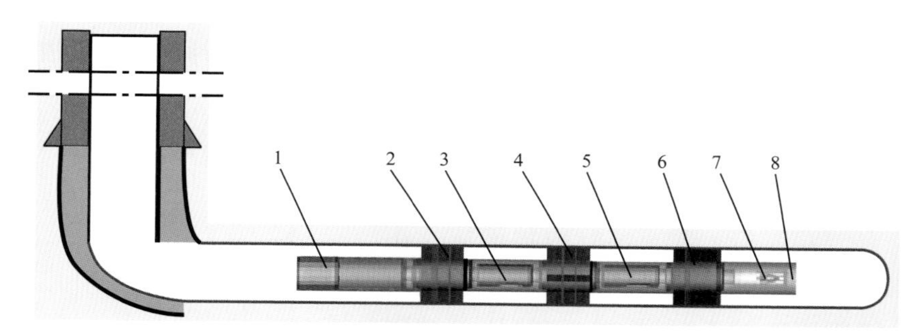

图 7-3-15　智能机械找堵水技术管柱组合示意图

1—丢手接头；2—封隔器；3—智能开关器；4 封隔器；5—智能开关器；6 封隔器；7—智能开关器；8—盲堵

2. 关键技术

1）智能开关器

智能开关器是本技术的核心关键，其采用高能电池供电，驱动电机控制开关器的开关状态，从而实现对对应层段的生产或封堵。其结构如图 7-3-16 所示。

智能开关器机械部分主要由单流阀（由阀体、钢球组成）、开关阀、平衡系统、传动机构（由电动机、滚珠丝杠组成）等组成。单流阀的目的是防止打压坐封封隔器以及液压调层时向下作用的液体倒灌入地层，而不影响正常生产。桥式通道保证不影响其他层段的正常生产。电机通过滚珠丝杠和减速器后，再通过丝杠螺母机构将旋转运动转换为轴向运动，带动滑套开关实现对本层段的开启和关闭。

电动机的运动一方面可以提前设定好程序定时自动启动，另一方面也可以通过地面打压，传递压力编码给智能开关器，智能开关器通过压力传感器接收压力编码，确定指令内容，进行等待、电动机正转或电动机反转等动作。压力编码如图 7-3-17 所示。

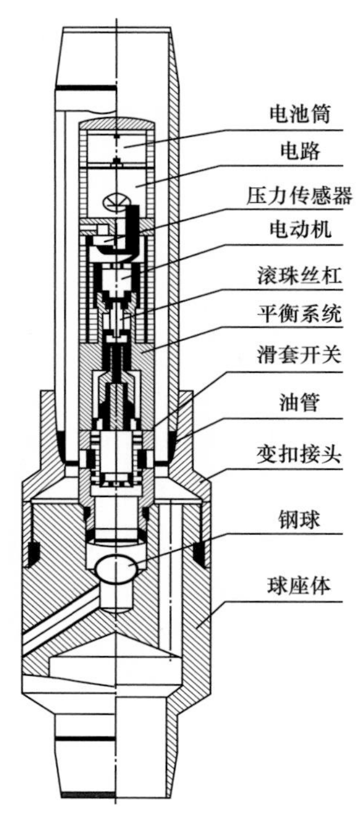

图 7-3-16 智能开关器结构示意图

压力编码是通过地面给井筒打压和放压来实现，一般通过压力保持时间和泄压保持时间的组合来实现数字编码，不同层位的开关器状态，有不同的工作控制指令（图 7-3-17）。当水灌满井筒后地面提升压力至 5MPa，根据开采方案，按指定的压控指令编码波形控制打开和关闭对应的层位开关，实现油井的措施堵水和按预定方案开采低含水层。上述过程可多次重复操作。

2）小直径封隔器

小直径管内可取式封隔器是重要工具。该工具随作业管柱一起下入到井中，将流体（清水或压裂液）充填到封隔器的胶筒内，使胶筒膨胀，达到封隔的目的。

该封隔器主要由上接头、中心管、膨胀阀系、胶筒总成及球座等组成，如图 7-3-18 所示。

该封隔器的胶筒采用连续钢片的设计，保证了封隔器胀封后的支撑力，提高了环空密封压力；封隔器胶筒进行了耐高温设计，设计温度达到 150℃。

当封隔器管柱下至设计位置后，向管柱内投入可降解密封球，使封隔器内外不连通，油管内加液压，在一定压差作用下，膨胀流体通过膨胀阀系的单流阀进入胶筒，随着流体的不断增加，胶筒逐渐被膨胀，在一定压力作用下胶筒变形与套管紧密接触形成密封。通过单流阀将进液孔堵死，实现可靠密封。当需要解封时，可上提管柱，让胶筒内流体流出，实现解封。

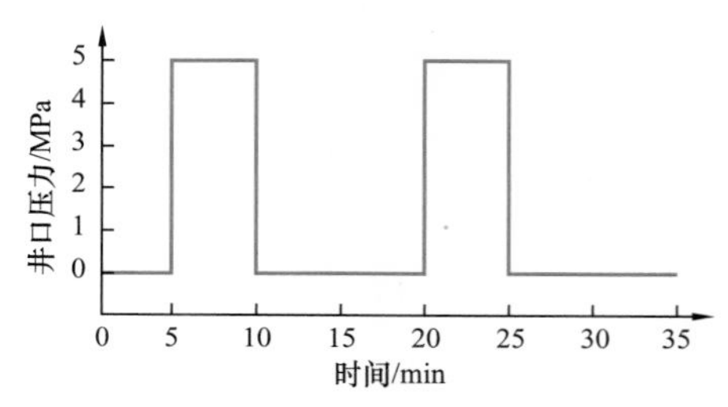

图 7-3-17 脉冲波形图

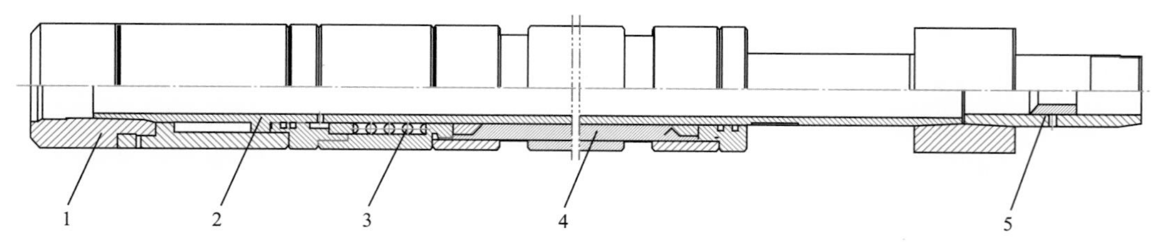

图 7-3-18 管内可取式封隔器示意图

1—上接头；2—中心管；3—膨胀阀系；4—胶筒总成；5—球座

3. 技术参数

表 7-3-6 和表 7-3-7 分别为智能开关器和管内可取式封隔器技术参数。

表 7-3-6 智能开关器主要参数

规格 /in	外径 /mm	耐压 /MPa	耐温 /℃
$4^1/_2$	80	70	150
$5^1/_2$	105	70	150

表 7-3-7 管内可取式封隔器技术参数

最大外径 /mm	内径 /mm	总长度 /mm	胶筒长度 /mm	密封压力 /MPa	耐温 /℃	连接螺纹
85	45	1900	900	70	≤150	$2^7/_8$TBG

4. 技术特点

该工艺和现有分段压裂技术相比，具有以下特点：

（1）一趟管柱完成多重任务：可实现一趟管柱找水、堵水、测试、生产等功能。

（2）自动完成找水过程：通过预先编程，管柱可实现自动换层生产。

（3）可实现任意选层开采：通过地面打压的方式，可实现任意层段的开关。

（4）井下数据获取全：通过预置温度计、压力计等井下仪器，并利用试井解释软件，可以获取各层的温度、流量、原始压力等参数。

（5）作业费用低：由于无需多趟管柱进行作业，节约了大量作业及人工费用。

5. 施工工艺

（1）管柱配接：每个层段对应一个智能开关器，通过封隔器进行卡封，可根据现场实际情况对封隔器卡点及智能开关器位置进行适当调整。

（2）管柱下入：配接分采管柱并依次下入井中。连接管柱时，要求打牢背钳，防止管柱反转。下钻过程中严禁溜钻、顿钻，平稳下放，控制管柱下放速度。

（3）坐封封隔器：连接地面正循环管线，打压坐封封隔器。

（4）验挂、验封：下放管柱，下压 20～30kN，无管柱明显移动为合格。然后从油套环空打压 5MPa，验封，稳压 5min，压力不降为合格。

（5）丢手：丢手后，试提管柱负荷为丢手以上油管自重并保持恒定，说明已丢手。然后起出送入管柱。

（6）下生产管柱：按采油厂工艺部门设计要求下采油泵生产。

（7）找水：井下各智能开关器按预设工作时序自动执行动作，逐一打开单层进行生产，通过地面人员计量得到各分层含水率、流量等数据，并测取氯离子含量值。

（8）堵水：确认水层后，将泵车和油套环空连接，打压关闭水层。

（9）起管柱：当需要起出管柱时，下入打捞工具，上提管柱，封隔器解封，起出管柱。

（10）数据录取及评价：回读智能开关器内存储的数据，分析应用效果。

6. 应用情况

中国石化在华北油田、长庆油田、中原油田和江汉油田低渗透水平井进行了 30 余口井的现场试验，取得了较好的应用效果。

JH17P22 井位于地堑区，A 靶点和 B 靶点分别钻遇南北断裂带，钻遇北部断裂带邻井均发生漏失、溢流现象，钻遇南部断裂带邻井未发生漏失、溢流现象，仅该井发生漏失。JH17P22 井井身结构如图 7-3-19 所示，该井垂深 1384m，斜深 2116m，水平段长 600m，生产套管为 ϕ139.7mm。前期通过泵送易钻桥塞，分 8 段实施了分段压裂施工。初期高产，能量充足，后期因含水上升而停产。

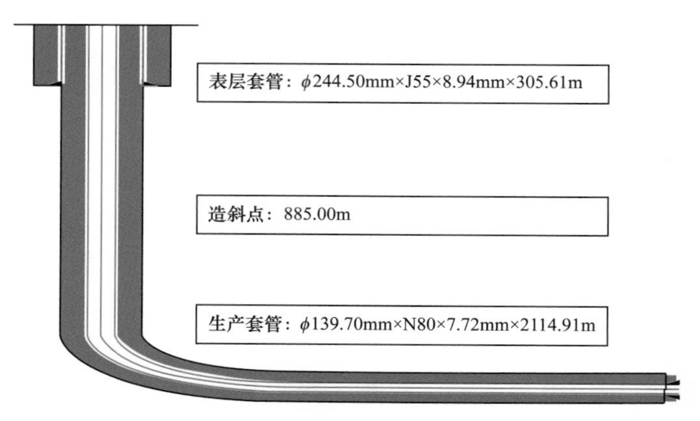

图 7-3-19　JH17P22 井井身结构示意图

为了评价各层段出液情况及贡献率，分析北部和南部断层破碎带含油性，并评价智能找堵水分采工艺技术在该区块的适应性，在该井实施了智能找堵水试验。分三段进行找堵水作业，如图 7-3-20 所示。

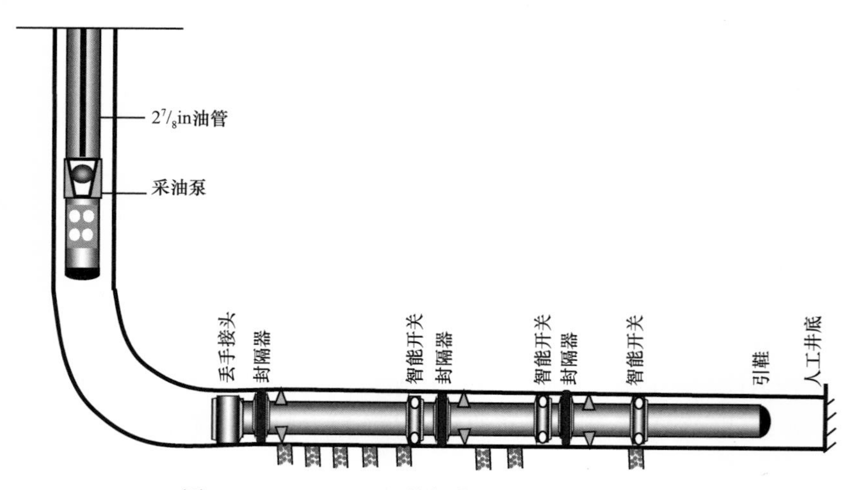

图 7-3-20　JH17P22 井智能找堵水管柱示意图

分层生产时序设计见表 7–3–8。

表 7–3–8 JH17P22 井智能找堵水分层生产时序表

层位＼时间	15d	7d	7d	7d	7d	*X*d
第一段	开	开	关	关	关	关
第二段	开	关	开	关	关	关
第三段	开	关	关	开	关	关
说明	下管柱 / 合采	单采	单采	单采	单采	等待调层堵水或起管柱

该井生产曲线如图 7–3–21 所示，开关器操作压力编码如图 7–3–22 所示，各层压力曲线如图 7–3–23 所示，经过逐层单独生产，地面测试计量，表明上层是高含水层，通过地面压力编码遥控，关闭上层智能开关器，生产中间层和下层的弱淹层段。

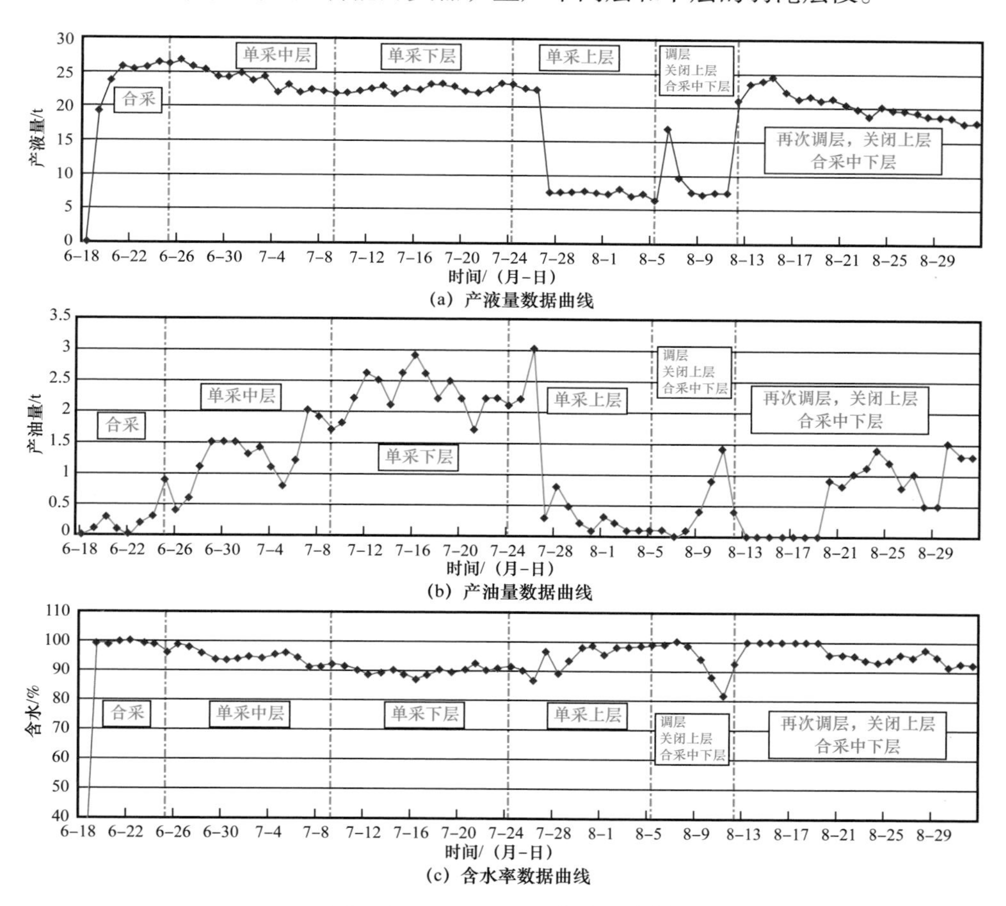

图 7–3–21 JH17P22 井生产曲线

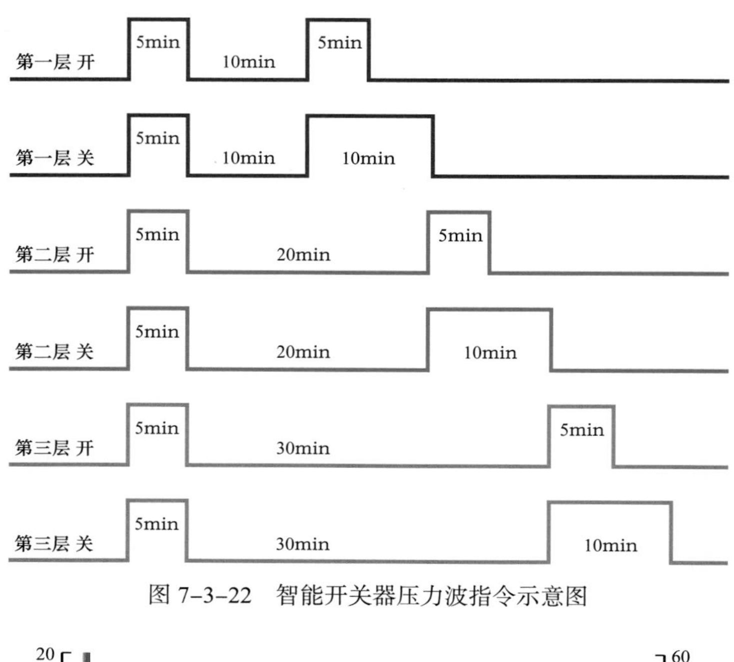

图 7-3-22　智能开关器压力波指令示意图

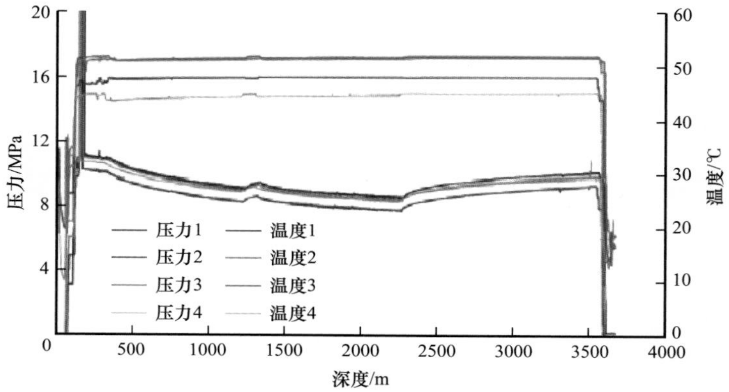

图 7-3-23　采集的井下各层的压力和温度

第四节　低渗透油气藏水平井测试仪器

一个含油气构造经过地质、地震、钻井和测井等一系列勘探发现工业油气流后，逐步投入开发。是在综合研究的基础上，对具有工业价值的油气田制订合理的开发方案，使其按照预定的生产能力和经济效果长期生产，直至开发结束。为更加详尽地认识地质情况，不可避免地在油田投产后需进行产剖测试，并根据测试结果，调整开发方案。

一、结构原理

低渗透油气藏水平井测试主要包括传统产剖测试技术及光纤测试技术。其中，传统产剖测试技术针对低渗透油气井，形成了常规与阵列产剖测井技术。同时采集温度、压力、流量、密度、自然伽马、持水率等参数，并相应形成了常规及阵列式仪器，通过对各个参数的解释分析，从而对各段的产出做出评价。光纤测试技术主要通过光信号受井下温、压等影响，对光信号进行调制解调，并对数据进行处理解释分析，从而实现对各段产出做出评价。

1. 石英压力磁定位测井仪结构原理

石英压力磁定位测井仪主要用于测量井筒液体的柱状梯度压力及校深使用，为流体性质分析提供信息。并能经计算机对梯度压力的处理获得差压力曲线。用于分析井筒液体性质和仪器所处位置的环境压力，是产液性质研究的重要参数。

石英压力定位测井仪总体结构如图 7-4-1 所示。

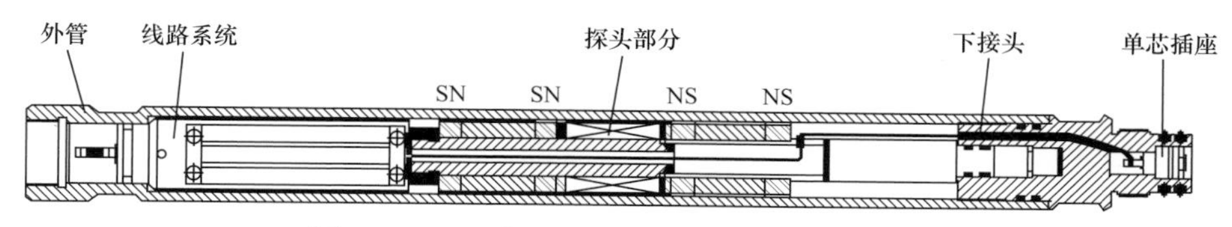

图 7-4-1 石英压力磁定位测井仪总体结构图

仪器主要由线路系统、探头部分和下接头等几部分组成。

1）磁定位工作原理

磁定位测井仪所使用的探头由 1 个线圈和 4 个磁钢组成，磁钢分两组分别装在线圈的上端和下端，使线圈处于一个恒定的磁场中，当仪器经过接箍时磁力线重新排布，此时线圈处于一个变化的磁场中，从而在其中感应出一个交流电信号，电信号经放大转换成频率，此频率量经仪器上单片机计数，在遥测短节寻址时送至遥测短节，然后经遥测短节编码通过电缆送至地面，从而完成了对套管接箍的测量。

2）石英压力测井原理

石英晶体压力计是测量精度较为精确的压力计，图 7-4-2 是石英晶体压力计原理示意图，主要由传感器总成、单片石英传感器、导热板和压力缓冲管等重要部分组成。单片石英传感器是压力传感器，呈圆筒状，通过缓冲管与井管相连，石英晶体的上端与下端用垫圈密封闭，晶体中间抽成真空形成谐振腔。温度恒定时，谐振腔的谐振频率与压力大小有关，井筒压力改变时，谐振腔的频率将发生变化，在大气压与室温下，其谐振频率大约为 4MHz，当压力改变 1psi 时，谐振频率改变 1.5Hz，在确定压力和频率的关系

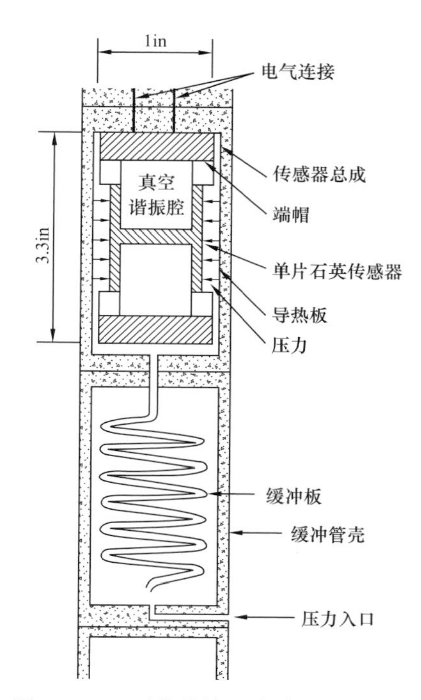

图 7-4-2 石英晶体压力计原理示意图

以后，就可以从测出的谐振频率换算出压力值。

该压力仪器用于测量井底压力，对压力的测算采用多周期计数法。当压力作用于压力探头时，压力探头输出的压力频率会随着外界的压力变化有相应的变化。单片机在采集该频率的同时，对参考基准频率也进行了采集，并在遥测短节寻址的时候，将这两个频率和探头的温度频率同时发送给遥测短节，遥测短节对该数据处理后发送给地面系统，送给计算机，由计算机进行计算处理，求得压力的原始值和工程值。

该仪器的压力探头能产生三个频率量：一个是压力频率，是随着外界的压力变化而变化的；另外一个是温度频率，是随探头内部的温度变化而变化的，该温度频率不能作为测井的温度，而是用来校正压力的；第三个是参考基准频率，其值为 7.2MHz。

仪器可以用做测量井筒液体的柱状梯度压力，并能经计算机对梯度压力的处理获得差压力曲线。用于分析井筒液体性质和仪器所处位置的环境压力，是产液性质研究的重要参数。

石英晶体压力计性能良好，适用于进行精确的压力测量。应变压力计每次测井都需进行对于其他类型压力计，而石英压力计每年只需刻度一次。压力参数的测井不受页水平井况与测井仪器的影响。

2. 自然伽马测井仪工作原理

测井仪器串通常采用自然伽马测井仪，其目的是确定岩层，通过与磁定位结合进行校深，确定产层的位置。自然伽马是在井内测量岩层中自然存在的放射性元素衰变过程中放射出来的自然 γ 射线强度，通过测量岩层的自然 γ 射线的强度来认识岩层的一种方法。

自然伽马测井仪总体结构如图 7-4-3 所示。

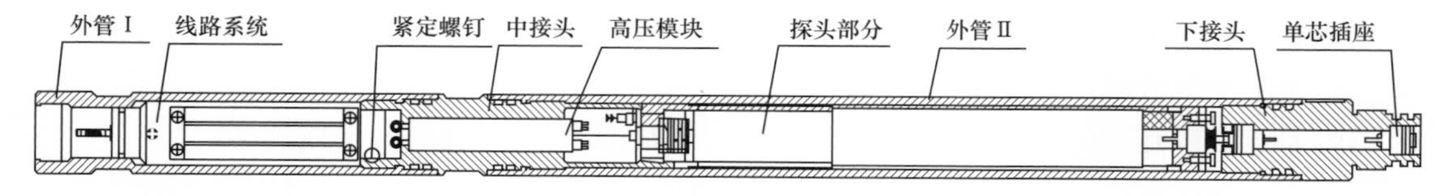

图 7-4-3 自然伽马测井仪总体结构示意图

该仪器主要由线路系统、高压模块、探头部分和下接头等几部分组成。

该仪器主要测量自然伽马射线强度，探头由光电倍增管和 NaI 晶体组成。测量过程中探头将射线能量转化成电脉冲，通过整形处理送单片机计数，当遥测寻址时，由单片机发送至 WTC06，经编码通过电缆送至地面系统。计数的大小体现了不同地层自然伽马射线的强度。

3. 涡轮流量仪工作原理

涡轮流量是表征油井动态变化和评价油层生产特性的一个必要参数，是识别射孔段产量大小的重要参数。利用流量资料可以确定井的动态，还可以检查增产措施处理的效果。常规流量计有在线流量计和全井眼中心流量计（图 7-4-4）。

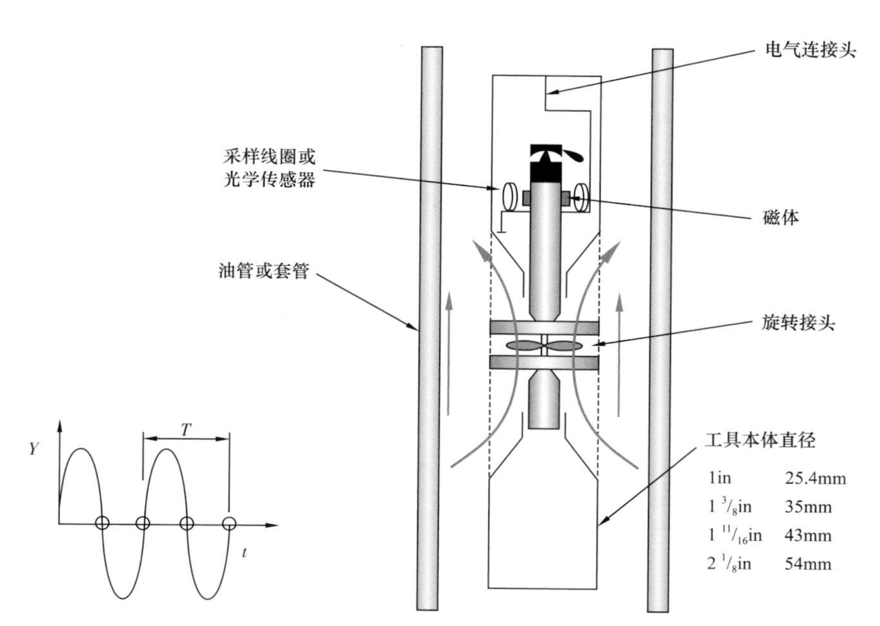

图 7-4-4 在线流量计及全井眼中心流量计原理图

采用涡轮流量计结构，是利用悬置于流体中的叶轮或带叶片的转子在流体的推动下转动，可以反映被测流体的瞬时流量和累计流量。涡轮流量计具有量程较宽、精度高、耐高温高压、耐酸碱腐蚀和重复性较好等优点，但是被测流体的黏度和密度对仪器的响应特性和测量精度影响较大。涡轮流量计的涡轮由两个低摩阻的轴承支撑，涡轮上装有磁铁，随着涡轮的转动，切割附近的耦合线圈中的磁力线产生交变电信号，经过转换，得到涡轮每秒钟的转速。涡轮流量计种类繁多，包括连续流量计、集流式流量计等。

4. 音叉密封测井仪工作原理

音叉密度测井仪是一种流体密度测井仪器。该仪器是一种非辐射类流体密度测量仪器，采用中心采样的测量方法，测量流经其周围的液体样本的密度，所测得的密度值为液体的平均密度，可用于静态或动态液体密度测量。密度参数是可以用来流体识别，可作为产剖测井的约束参数。

音叉密度测井仪总体结构如图 7-4-5 所示。

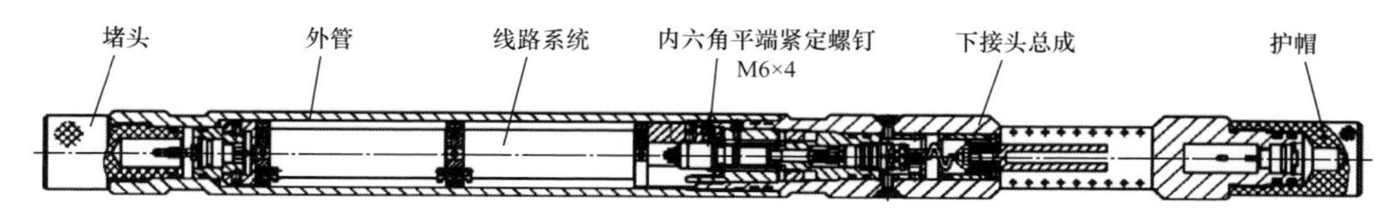

图 7-4-5 音叉密度测井仪结构示意图

该仪器主要由线路系统和下接头总成等部分组成。

音叉传感器作为主要测量元件，音叉部分通过内在的固定于叉体底部一端的压电设备感应振动。振荡频率由固定于叉体另一端的二次压电设备来检测，然后通过顶部的电路放大信号。流体密度和被测液体流动时的振动频率密切相关，当被测流体密度变化时，流体流动时的振动频率也随之改变。音叉密度计适用于液相或气液混合相流体。

5. 持水率温度流量测井仪工作原理

主要用于探测井内流体持水率、流体温度和流体流速，为流体性质分析提供信息。通过采样窗内介质的变化判断流体成分；通过温度变化确定漏失和产层位置；定量解释油（套）管内井液的流速；流量测量的机械体有多种直径的可供选择，适合不同的井况和流体。探测井内流体持水率、温度、流速和流向。

持水率温度测井仪总体结构如图 7-4-6 所示。

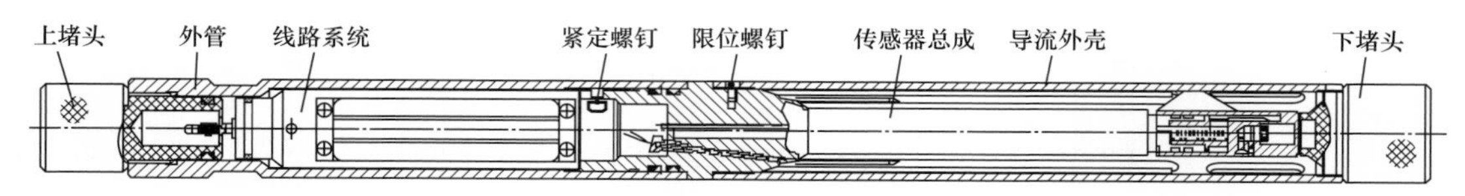

图 7-4-6 持水率温度流量测井仪结构示意图

该仪器主要由线路系统和传感器总成等部分组成。

1）含水率原理

由含水探头电容和三极管组成的高频振荡电路，分频后，送入单片机进行计数。含水率的变化引起探头电容的改变，将使振荡频率发生变化，最终引起输出频率的变化。所以通过输出频率，就可得出流体含水率。

2）井温原理

当井内温度发生变化时，井温探头的阻值能产生相对应的变化，该变化量会改变放大器组成的振荡器频率，从而使频率产生相应变化。用单片机对该频率进行计数，并在遥测短节寻址的时候，发送给遥测短节，经遥测短节编码后通过电缆送至地面系统。井温仪的温度传感探头采用铂金丝电阻，具有性能稳定、分辨率高、线性好、便于刻度、一致性好等特点。

3）流量原理

当流体轴向流过涡轮时，会使涡轮转动，涡轮上的磁体会使探头上的霍尔器件发生开关变化，该脉冲通过整形电路和判向电路处理后，送单片机计数并判向。当寻址到该仪器时，单片机会将已经处理过的数据发送至遥测短节，经遥测短节编码后通过电缆送至地面系统。

6. 阵列式涡轮流量仪的工作原理

阵列式涡轮流量仪环周分布 6 个微涡轮流量探头，可通过每个探头的位置及测得流量情况，分辨出水平井筒内流体截面各相流动情况，从而分辨出水平井筒流型、流态情况（图 7-4-7）。仪器内部具有角度仪，可通过测量仪器角度，校正每个探头的位置。每个探头均采用微涡轮，其工程原理见本单元涡轮流量仪工作原理。线路系统同步采集各涡轮转速情况，从而实现水平井流体剖面各相流动情况。

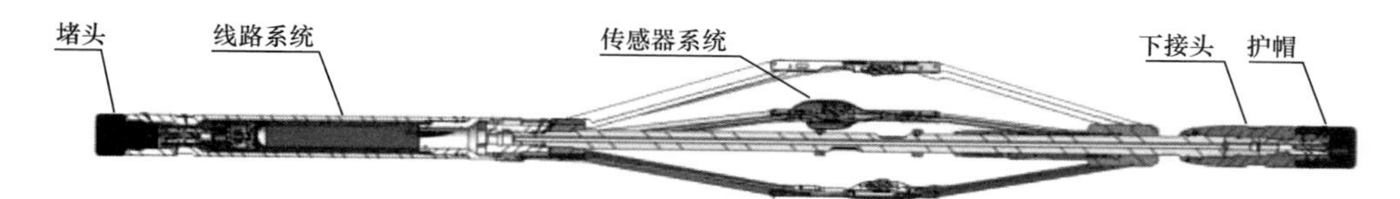

图 7-4-7 阵列式涡轮流量测量仪结构示意图

7. 阵列式电阻持水率仪工作原理

阵列式电阻持水率仪主要用于井内流体持水率的测量。其环周分布 12 个微型电阻式持水率探头，可通过每个探头的位置及测得含水情况，分辨出水平井筒内流体截面分布情况（图 7-4-8）。仪器内部具有角度仪，可通过测量仪器角度，校正每个探头的位置。

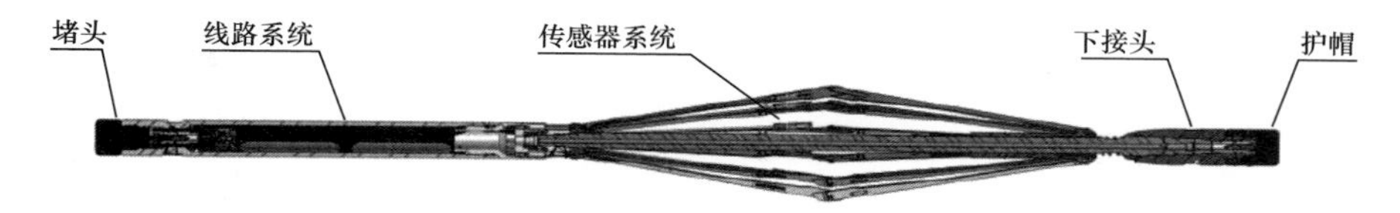

图 7-4-8 阵列式电阻持水率仪结构示意图

电阻式持水率仪是通过测量流体的电导率间接测量井下油水两相流的含水率，其原理为：它由安装在绝缘管壁上按一定距离排列的 4 个圆环不锈钢电极组成，外面一对作为激励电极，中间一对作为测量电板。给激励电极供一定频率的交变稳定电流，当流体从传感器内流过时，由于测量电极间阻抗的存在，根据电学原理可知，测量电极间产生电压，电压幅度与流过传感器流体的电导率成反比，电导率与频率成正比，从而通过图版求得含水率。该仪器适合于在水为连续相条件下工作。

8. 光纤传感器工作原理

光纤传感（Optical Fiber Sensors，OFS）技术是伴随着光纤技术和光纤通信技术的发展而出现的一种新型传感技术，在传感原理、传感器组成结构、信号处理方式等方面均与传统的电学传感器有着明显的不同。光纤传感技术利用外界被测信号引起光纤中传播的光波参数的变化，实现外界被测信号的量测，如图 7-4-9 所示。当光波在光纤中传播时，表征光波的特征参量（强度、相位、偏振态、波长等）因外界因素（如温度、压力、磁场、电场、位移、转动等）的作用会直接或间接地发生变化，通过测量光波的特征参量就可以得到作用在光纤外面的物理量的大小，从而可将光纤用作传感元件来探测各种物理量。

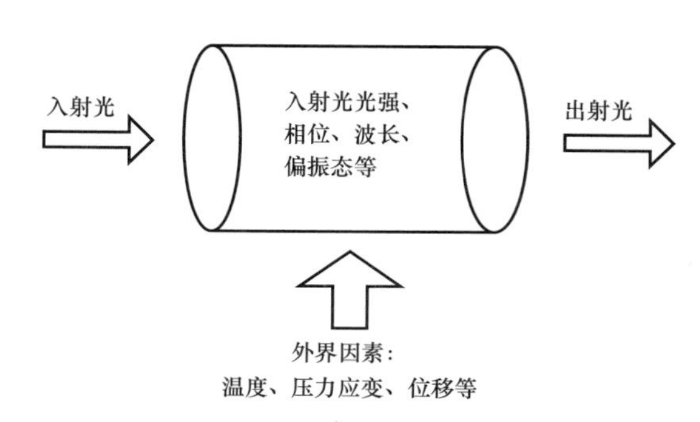

图 7-4-9 光纤传感技术基本原理

二、技术参数

相关仪器技术参数见表 7-4-1 至表 7-4-9。

表 7-4-1　石英压力磁定位测井仪技术指标

参数	数据	参数	数据
最高工作温度 /℃	175	压力灵敏度 /psi	0.008
最大工作压力 /MPa	100	压力精度 /%	0.02
直径 /mm	43	压力响应时间 /s	1
运输长度 /mm	570	温度精度 /℃	0.15
连接长度 /mm	475	温度灵敏度 /℃	0.005
工作电压 /V	18（WSTbus）	接箍信噪比	＞5
工作电流 /mA	35±3	质量 /kg	≈3

表 7-4-2　自然伽马测井仪技术指标

参数	数据	参数	数据
最大工作温度 /℃	175	工作电流 /mA	38±3
最大工作压力 /MPa	100	伽马测量范围 /CPS	0～10000
直径 /mm	43	探测器类型	碘化钠晶体
运输长度 /mm	774	测量下限 /keV	20
连接长度 /mm	679	统计起伏 /%	≤10
GR 零长 /mm	188	质量 /kg	≈4.7（10.4lb）
工作电压 /V	18（WSTbus）		

表 7-4-3　在线流量计技术指标

参数	数据	参数	数据
最高工作温度 /℃	175	连接长度 /mm	455
最大工作压力 /MPa	100	质量 /kg	3.2
工作电压 /V	18（WSTbus）	工作电流 /mA	＜30
外径 /mm	43	流量输出 /（脉冲 / 转）	10
最大流体速度 /（ft/min）	＞3000	启动门限 /（ft/min）	≈12
运输长度 /mm	555	最大工作拉力 /kgf	≥2500

表 7-4-4 全井眼中心流量计技术指标

参数	数据	参数	数据
最高工作温度 /℃	175	运输长度 /mm	276
最大工作压力 /MPa	100	连接长度 /mm	229
最大外径 /mm	43	测量最大流速 /（ft/min）	2000

表 7-4-5 音叉密封测井仪技术指标

参数	数据	参数	数据
最高工作温度 /℃	175	运输长度 /mm	633
最大工作压力 /MPa	100	连接长度 /mm	538
最大外径 /mm	43	质量 /kg	3.3
分辨率 /（g/cm^3）	0.01	精度 /（g/cm^3）	±0.03
响应时间 /s	＜1	测井范围（密度）/（g/cm^3）	0.0～1.25

表 7-4-6 持水率温度流量测井仪技术指标

参数	数据	参数	数据
最高工作温度 /℃	175	运输长度 /mm	515
最大工作压力 /MPa	100	连接长度 /mm	451
最大外径 /mm	43	质量 /kg	2
持水率测量范围 /%	0～45	持水率精度 /%	1
温度测量范围 /℃	0～175	温度分辨率 /℃	0.01
响应时间 /s	＜0.5	流量输出 /（脉冲 / 转）	10

表 7-4-7 阵列式涡轮流量仪技术指标

参数	数据	参数	数据
最高工作温度 /℃	177	连接长度 /mm	1265
最大工作压力 /MPa	103.4	质量 /kg	8
工作电压 /V	19/50	适用套管 /in	$5^1/_2$
工作电流 /mA	19/7	涡轮直径 /in	0.6
外径 /mm	43	相关倾角精度 /（°）	5
传感器数量（探头数）	6	相关倾角范围 /（°）	5～175

表 7-4-8 阵列式电阻持水率仪技术指标

参数	数据	参数	数据
最高工作温度 /℃	177	零长 /mm	674（26.5in）
最大工作压力 /MPa	103.4	质量 /kg	8.5
工作电压 /V	19/50	适用套管 /in	$5^1/_2$
工作电流 /mA	25/10	相关倾角精度 /（°）	5
外径 /mm	43（1.69in）	相关倾角范围 /（°）	5～175
连接长度 /mm	1250	传感器数量（探头数）	12

表 7-4-9 高精度温度分布式光纤测试系统技术指标

参数	数据	参数	数据
温度分辨率 /℃	0.01	测量精度 /℃	±0.5
采样分辨率 /m	0.4	最大测量距离 /km	8
耐温 /℃	150	耐压 /MPa	70

三、性能特点

1. 常规与阵列产剖测试技术

（1）通过不同测速上提下放，其涡轮转速为输送速度与产出速度累加所致，通过后期解释，有效解决单段产出低及涡轮启动排量高的矛盾问题，保证低产段的测试。

（2）多参数数据采集，有利于多角度对解释结果进行分析及评价，保证测试结果的准确及精度。

2. 高精度温度分布式光纤测试系统

（1）可实现永久监测，在测试产出剖面的同时，可了解井筒测试段的温压变化，从而了解井筒完整性。

（2）可与油套管下入，动态监测完井时储层动态变化。

四、施工工艺

（1）井筒处理作业。

采用连续油管或油管输送强磁打捞器，工具串转换接头 + 扶正器 + 强磁打捞器 + 扶正器 + 引鞋。其规格依据井筒规格而定。在测试段反复打捞不少于两次，强磁打捞器的数量依据完井方式中井筒中碎屑的成分及数量而定。

（2）模拟通井。

采用连续油管或油管输送模拟通井仪。其工具串与实测工具串组成相同，在测试段内反复起下两次，通井过程无刮碰，无遇阻为合格。

（3）产剖测试。

采用连续油管或油管输送测试仪器，其仪器串根据储层情况及测试任务而定。在测试段内，以3～4个不同测速反复起下，录取数据。

（4）测试资料的录取及解释。

根据测试方案采集测试数据，并评价测井曲线质量。如果曲线质量合格，则采用专用的解释软件进行解释。如果曲线质量达不到要求，则重复步骤（3），进行二次测试。

五、应用案例

焦页3–3井斜深3535m，垂深2462.77m，水平段长度869m。该井采用泵送桥塞分段完井，共11段，31簇。该井采用$5^1/_2$in套管直接生产，日产气量$6.4\times10^4m^3$、产水量$4.4m^3$。该井测试目的获取本井产气产液剖面，得到各射孔簇产气产液贡献，评价各级压裂效果。与气藏物性、应力剖面和实际压裂施工参数对比，可以评估钻完井、压裂设计和施工是否达到预期效果，为后续井的作业提供经验。

测试仪器采用阵列与常规组合测井，两只阵列仪器分为阵列流量计（AFV）和阵列持水率计（AFC）组成。仪器串具体组成结构和仪器参数见表7–4–10。

表7–4–10 常规+阵列仪器串组成结构及仪器参数

序号	名称	上接头	下接头	最大外径/mm	最小内径/mm	长度/mm
1	Roll–ON接头	—	$1^1/_2$in ACME外螺纹接头	54	15	50
2	单流阀	$1^1/_2$in ACME内螺纹接头	$1^1/_2$in ACME外螺纹接头	54	5	520
3	机械丢手	$1^1/_2$in ACME内螺纹接头	$1^1/_2$in ACME外螺纹接头	54	20	320
4	循环阀（堵实）	$1^1/_2$in ACME内螺纹接头	$1^1/_2$in ACME外螺纹接头	54	7	150
5	马笼头	$1^1/_2$in ACME内螺纹接头	$1^1/_2$in ACME内螺纹接头	54	20	200
6	变扣短节	$1^1/_2$in ACME外螺纹接头	$1^3/_{16}$in 12UN内螺纹接头	43	—	50
7	柔性接头	$1^3/_{16}$in 12UN外螺纹接头	$1^3/_{16}$in 12UN内螺纹接头	43	—	170
8	遥测短节	$1^3/_{16}$in 12UN外螺纹接头	$1^3/_{16}$in 12UN内螺纹接头	43	—	600
9	压力磁定位计	$1^3/_{16}$in 12UN外螺纹接头	$1^3/_{16}$in 12UN内螺纹接头	43	—	470
10	上部滚轮扶正器	$1^3/_{16}$in 12UN外螺纹接头	$1^3/_{16}$in 12UN内螺纹接头	43	—	600
11	自然伽马	$1^3/_{16}$in 12UN外螺纹接头	$1^3/_{16}$in 12UN内螺纹接头	43	—	680
12	在线流量模计	$1^3/_{16}$in 12UN外螺纹接头	$1^3/_{16}$in 12UN内螺纹接头	43	—	455
13	柔性接头	$1^3/_{16}$in 12UN外螺纹接头	$1^3/_{16}$in 12UN内螺纹接头	43	—	170

续表

序号	名称	上接头	下接头	最大外径/mm	最小内径/mm	长度/mm
14	中部滚轮扶正器	$1^3/_{16}$in 12UN 外螺纹接头	$1^3/_{16}$in 12UN 内螺纹接头	43	—	600
15	阵列流量计	$1^3/_{16}$in 12UN 外螺纹接头	$1^3/_{16}$in 12UN 内螺纹接头	43	—	1265
16	阵列持率计	$1^3/_{16}$in 12UN 外螺纹接头	$1^3/_{16}$in 12UN 内螺纹接头	43	—	1250
17	下部滚轮扶正器	$1^3/_{16}$in 12UN 外螺纹接头	$1^3/_{16}$in 12UN 内螺纹接头	43	—	600
18	持率流量温度计	$1^3/_{16}$in 12UN 外螺纹接头	$1^3/_{16}$in 12UN 内螺纹接头	43	—	451
19	全井眼中心流量计	$1^3/_{16}$in 12UN 外螺纹接头		43	—	230
	合计					8831

测试制度上分别采用5m/min，10m/min，15m/min和20m/min的测速，进行了6趟测试，测试顺畅，没有发生遇阻遇卡现象，每趟测试均到达设计井深。

其中常规的自然伽马、磁定位、温度、压力、在线流量、宝石轴承流量等参数测井曲线如图7-4-10所示。

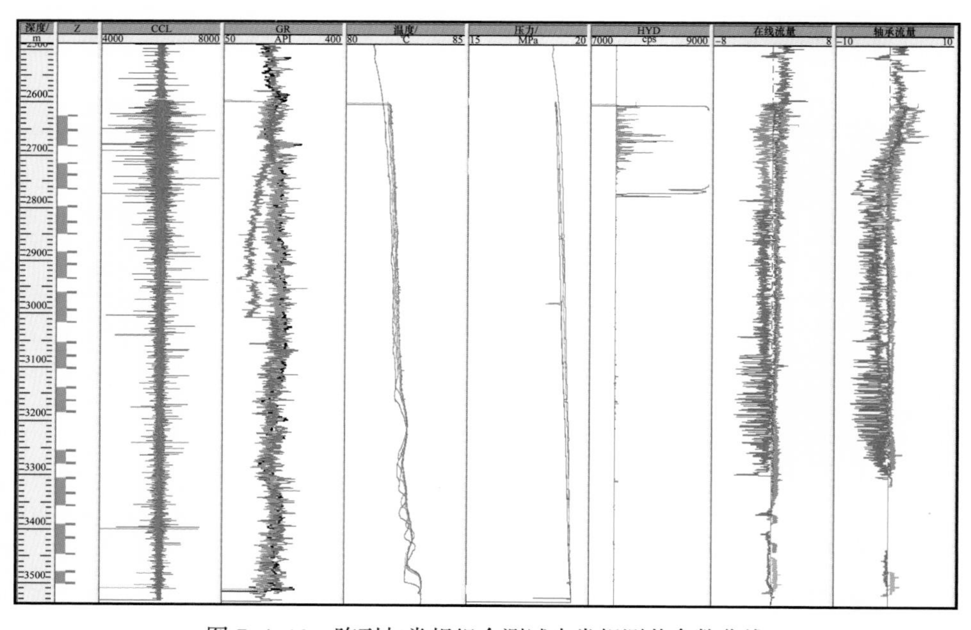

图7-4-10 阵列与常规组合测试中常规测井参数曲线

如图7-4-10曲线显示，自然伽马、磁定位重复性较好，工作正常。温度、压力响应具有一定的重复性，工作正常。持率计显示全井筒内为水，偶见气，响应正常。在线流量与宝石轴承涡轮具有一定的响应，工作正常。

阵列流量计具有6个微转子，6趟测井曲线组合如图7-4-11所示。

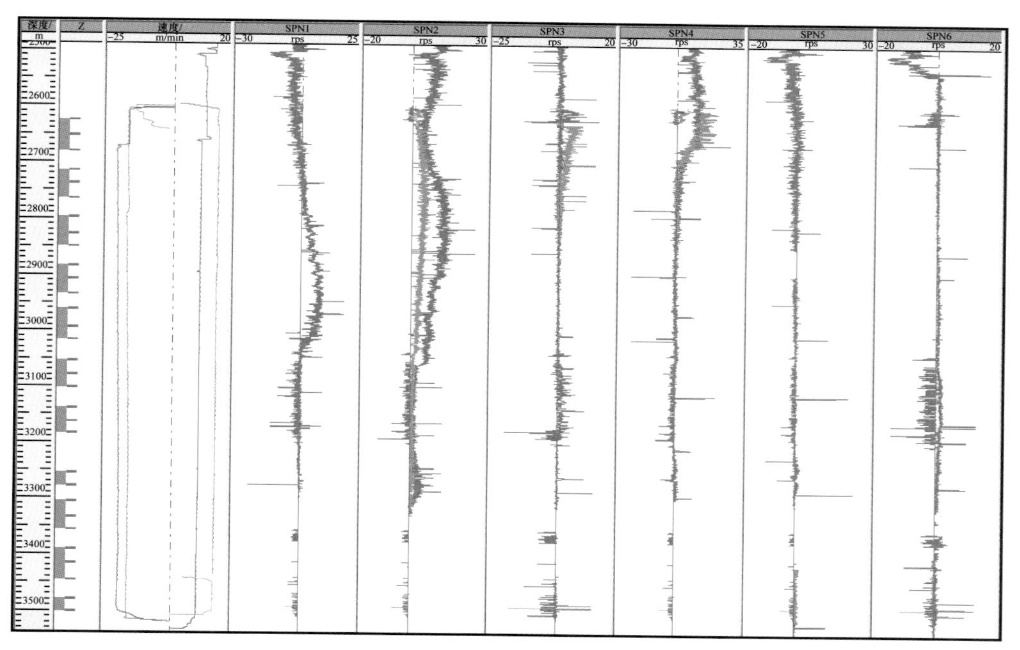

图 7-4-11　阵列与常规组合测试中阵列流量测井曲线

如图 7-4-11 所示，阵列流量计 6 个转子在不同井段工作正常，曲线反映良好，整体测试资料合格，达到资料解释的要求。

阵列持率计具有 12 个探头，6 趟测井曲线组合如图 7-4-12 所示。

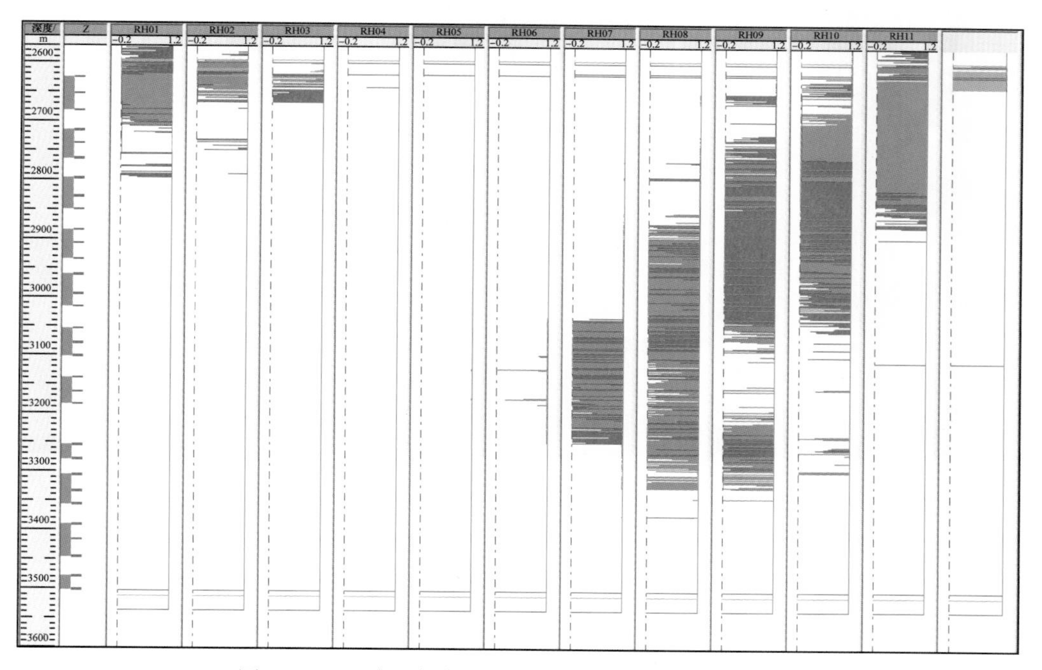

图 7-4-12　阵列与常规组合测试中阵列持率测井曲线

相比常规持率计，可以明显看到阵列持率各个探头对气具有明显上的响应，整体测井曲线合格，达到解释要求。

根据生产测井所获得原始数据，首先是进行深度校正，然后进行质量控制，质量控制的内容包括各个测井速度下上测和下测的温度、压力、流量、微转子转动、阵列持水率测量以及 PVT 数据，利用质量合格的数据进行分析。在质量控制的基础上，计算出每个相的持率以及流体的视速度（v_{app}），应用校正后的流体压缩系数、采用相应的水平井滑脱模型以及流速校正因子，利用阵列仪器多传感器处理模块，从而计算出油相和水相的在每个深度的产量。解释成果图如图 7-4-13 所示。

通过解释分析：

（1）测井成果常温下，测试计算约 $6.2\times10^4m^3/d$，地面在测井期间计量平均为 $5.6\times10^4m^3/d$，误差为 9.6%，较为符合。

（2）在地面计量 $5.6\times10^4m^3/d$ 生产制度下，主要产气压裂段为：压裂段第 6、第 7、第 8 和第 11 压裂级段。次产气段为第 3 和第 9 段，其余段不产。其中第 11 段占全井产量的 36.47%；第 6、第 7、第 8 和第 9 段占总产量的 55.58%。

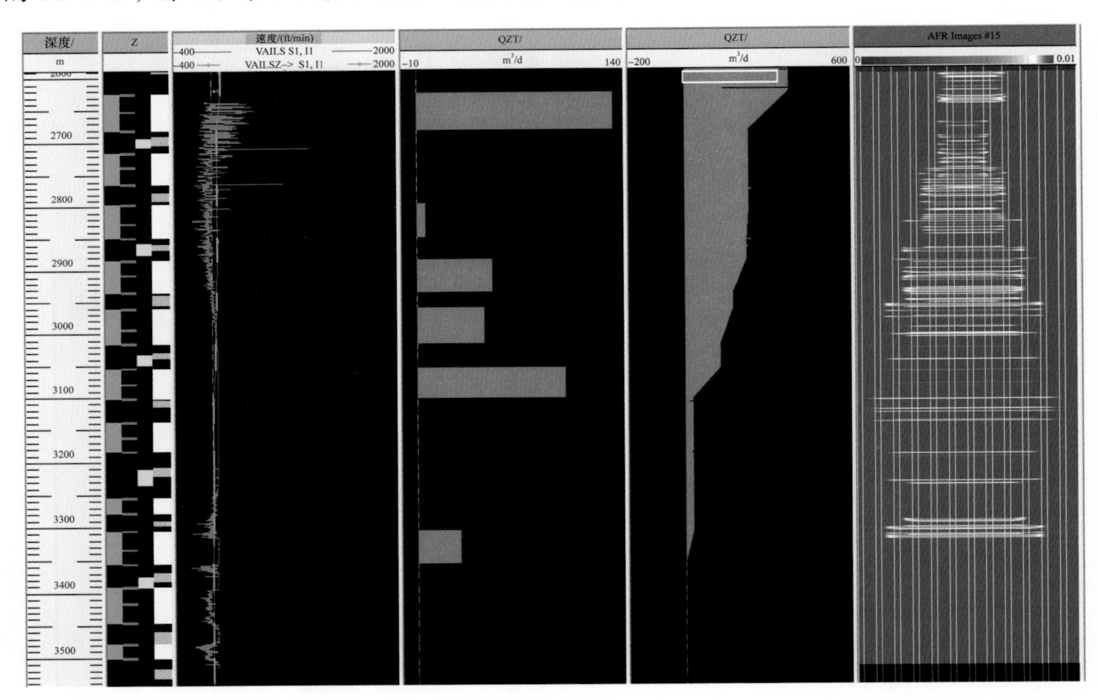

图 7-4-13 解释成果图

参考文献

蔡家品，2016. 孕镶金刚石钻头的研究与应用［J］. 钻采工艺，39（6）：72–74.

陈金霞，阚艳娜，陈春来，2015. 反渗透型低自由水钻井液体系［J］. 钻井液与完井液，32（1）：14–17.

陈颙，黄庭芳，2001. 岩石物理学［M］. 北京：北京大学出版社 .

陈昱汐，2016. 基于犁切破岩的锥形金刚石切削齿钻头及其应用［J］. 钻采工艺，39（4）：105–107.

党瑞荣，王洪淼，谢雁，2006. 三分量感应测井仪及其对各向异性地层的识别［J］. 地球物理学进展，21（4）：1238–1243.

豆宁辉，2015. 锥形 PDC 齿破岩机理仿真研究［J］. 石油矿场机械，44（11）：12–17.

范翔宇，夏宏泉，陈平，2006. 钻井液固相侵入深度的计算方法研究［J］. 天然气工业，26（3）：75–77.

冯强，2018. 振动减摩阻工具振动参数及安放位置研究［J］. 石油钻探技术，46（4）：78–83.

葛家理，宁正福，2001. 现代油藏渗流力学原理［M］. 北京：石油工业出版社 .

关舒伟，2015. 新型孕镶金刚石钻头研制及试验［J］. 石油钻探技术，43（4）：156–159.

郭元恒，2013. 长水平段水平井钻井技术难点分析及对策［J］. 石油钻采工艺，35（1）：14–18.

韩军伟，2017. 精确发现溢流研究及在西北工区现场应用［J］. 录井工程，28（3）：69–74.

韩来聚，2017. 胜利油田钻井完井技术新进展及发展建议［J］. 石油钻探技术，45（1）：1–9.

黄世军，程林松，赵凤兰，2005. 阶梯水平井生产段油藏渗流与井筒变质量管流的耦合模型［J］. 水动力学研究与进展（A 辑），20（4）：463–471.

黄晓凡，林恩怀，2013. 石油钻井用泥浆发电机综述［J］. 石油仪器，27（1）：31–34.

黄晓凡，林恩怀，干昌明，2012. 井下涡轮发电机系统特性分析与实验［J］. 石油钻探技术，40（6）：104–110.

姜国，2005. 井下仪器高温电路设计方法研究［J］. 石油仪器，19（6）：58–60.

姜海龙，2020. 井下工程参数测量系统的研制与应用［J］. 钻采工艺，28（2）：5–8.

姜伟，2013. 旋转导向钻井技术应用研究及其进展［J］. 钻井工程，33（4）：75–79.

姜伟，2018. 旋转导向钻井工具系统的研究及应用［J］. 石油钻采工艺，30（5）：21–24.

金建铭，1998. 电磁场有限元方法［M］. 西安：西安电子科技大学出版社 .

荆宝德，王智明，曲海乐，等，2012. 随钻测井用井下发电机系统的涡轮设计［J］. 光学精密工程，20（3）：616–624.

蓝强，2016a. 非离子微乳液制备及其对钻井液堵塞的解除作用［J］. 钻井液与完井液，33（3）：1–6.

蓝强，2016b. 疏水暂堵剂 HTPA–1 的研制及其性能评价［J］. 石油钻采工艺，38（4）：116–120.

李安宗，骆庆锋，李留，2017，随钻方位自然伽马成像测井在地质导向中的应用［J］. 测井技术，41（6）：713–717.

李海波，2008. 岩心核磁共振可动流体 T 截止值实验研究［D］. 北京：中国科学院渗流流体力学研究所 .

李明，杨雨佳，李早元，等，2014. 固井水泥浆与钻井液接触污染作用机理［J］. 石油学报，35（6）：1188–1196.

李秀灵，张海青，杨倩云，2013. 低渗透油藏储层保护技术研究进展［J］. 石油化工应用，32（2）：10–12.

李延礼，李春兰，2006. 低渗透油藏压裂水平井产能计算新方法［J］. 中国石油大学学报（自然科学版），30（2）：48–52.

李志勇，蒋官澄，谢水祥，2011. 碳酸钙表面改性及在新型钻井完井液中的应用［J］. 石油天然气学报，33（3）：98–102.

林楠，2015. 随钻电阻率成像技术在页岩气压裂评价中的应用［J］. 录井工程，26（2）：16–20.

刘成文，李兆敏，2000. 锥形喷嘴流量系数及水力参数的理论计算方法［J］. 钻采工艺，23（5）：1–3.

刘大伟，2006. 川东北裂缝漏失性碳酸盐岩储层损害机理及保护技术研究［D］. 成都：西南石油大学.

刘寿军，2006. 钻井液液面监测与自动灌浆装置的研制［J］. 石油机械，34（2）：29–30.

刘想平，郭呈柱，蒋志祥，1999. 油层中渗流与水平井筒内流动的耦合模型［J］. 石油学报，20（3）：82–86.

刘之的，2006. 随钻测井响应反演方法及应用研究［D］. 成都：西南石油大学.

罗平亚，1997. 中国石油天然气总公司院士文集（罗平亚集）［M］. 北京：中国大百科全书出版社.

牛新明，张克坚，丁士东，等，2008. 川东北地区高压防气窜固井技术［J］. 石油钻探技术，159（3）：10–15.

庞伟，陈德春，张仲平，2012. 非均质油藏水平井分段变密度射孔优化模型［J］. 石油勘探与开发，39（2）：214–221.

石秉忠，欧彪，徐江，2011. 川西深井钻井液技术难点分析及对策［J］. 断块油气田，18（6）：799–802.

石倩，潘兴明，王晨，2015. 基于 TMS470 单片机的高温 RS485 串行通信功能设计［J］. 电子设计工程，23（6）：187–192.

宋长河，2014. 新型 MWD 脉冲发生器高温测试与充油装置［J］. 石油仪器，28（5）：34–36.

苏义脑，孙宁，1996. 我国水平井钻井技术的现状［J］. 石油钻采工艺，18（6）：14–20.

孙合辉，2014. 出口流量监测技术在溢流预警方面的应用研究［J］. 录井工程，25（4）：59–62.

孙强，王雪晨，王伟，2020. 义 17– 斜 1 井钻井液施工难点及对技术对策［J］. 山东化工，49（11）：138–139.

孙玉杰，李雪丽，马献果，2002，. 提高电路可靠性的几项技术［J］. 河北科技大学学报，23（1）：41–44.

田冷，何永宏，王石头，等，2012. 超低渗透油藏水平井参数正交试验设计与分析［J］. 石油天然气学报，34（7）：106–10.

田鑫，毛志强，肖亮，2014. 四川盆地须家河组低渗透气层渗透率模型的建立［J］. 石油钻探技术，42（5）：16–20.

万仁溥，2003. 现代完井工程［M］. 3 版. 北京：石油工业出版社.

万小勇，何汉平，李林，2019. 可溶复合金属材料在油气井完井工艺中的应用［J］. 石油机械，47（6）：91–93.

汪传磊，2012. 致密砂岩孔隙介质内水相侵入微观流动机理研究［D］. 成都：西南石油大学.

王宝田，王雪晨，杨华，2020. 强抑制复合盐钻井液技术在胜利昌邑区块的应用［J］. 山东化工，49（12）：101–104.

王才，2016. 致密气藏压裂气井产能计算方法研究［D］. 北京：中国地质大学（北京）.

王庆，刘慧卿，张红玲，2011. 油藏耦合水平井调流控水筛管优选模型［J］. 石油学报，32（2）：346–349.

王晓冬，张义堂，刘慈群，2004. 垂直裂缝井产能及导流能力优化研究［J］. 石油勘探与开发，31（6）：78–81.

王孝刚，龙刚，熊昕东，2010. 川西地区低渗透气藏水平井完井优化设计技术［J］. 钻井工程，30（7）：65–69.

王志伟，张宁生，吕洪波，2004. 低渗透天然气气层损害机理及其预防［J］. 天然气工业，23（1）：28–31.

解庆，张建国，白玉新，2012. 自动垂直钻井系统大功率开关电源的研制［J］. 石油仪器，26（4）：25–29.

谢晓永，2010. 致密砂岩气藏欠平衡钻井储层保护适应性评价体系研究［D］. 成都：西南石油大学.

谢晓永，黄敏，2019. 基于等效毛细管的低渗透气藏液相侵入模型［J］. 石油钻探技术，47（1）：107–111.

徐吉，2016. 微流量精细控压钻井技术在冀东油田的研究与应用［J］. 钻采工艺，39（6）：21–23.

徐进，胡大梁，任茂，2010. 川西深井井下复杂情况及故障预防与处理［J］. 石油钻探技术，38（4）：22–25.

徐运波，蓝强，张斌，2017. 梳型聚合物降滤失剂的合成及其在深井盐水钻井液中的应用［J］. 钻井液与完井液，34（1）：33–38.

徐运波，于雷，黄元俊，2020. 抗高温无固相钻井液在埕北潜山油藏的应用系［J］. 中国石油大学胜利学院学报，34（1）：33–40.

闫麦奎，卫一多，马颖，2013. 新型随钻测井仪扶正器可靠性设计与研究［J］. 石油仪器，27（5）：5–7.

杨利，2013. 钻机与井下工具新进展［J］. 断块油气田，20（5）：674–677.

杨全进，2008. 旋转导向马达（RSM）控制精度浅析［J］. 石油钻采工艺，30（4）：21–23.

杨赛伟，2016. 高效低伤害钻井液技术［J］. 辽宁化工，45（12）：1570–1574.

杨顺辉，2015. 锥形 PDC 齿钻头的研制及室内试验评价［J］. 石油机械，43（2）：14–17.

杨雄文，2011. 控压钻井分级智能控制系统设计与室内试验［J］. 石油钻探技术，39（4）：13–18.

杨旭，李皋，孟英峰，2019. 低渗透气藏水锁损害定量评价模型［J］. 石油钻探技术，47（1）：101–106.

杨旭，孟英峰，李皋，2017. 考虑水锁损害的致密砂岩气藏产能分析［J］. 天然气地球科学，28（5）：812–818.

杨智光，2016. 大庆油田钻井完井技术新进展及发展建议［J］. 石油钻探技术，44（6）：1–10.

药晓江，董景新，尚捷，2015. 随钻测井用涡轮发电机叶轮组水力性能分析［J］. 石油机械，43（6）：6–10.

游利军，康毅力，陈一健，2004. 含水饱和度和有效应力对致密砂岩有效渗透率的影响［J］. 天然气工业，24（12）：105–107.

游利军，石玉江，张海涛，2013. 致密砂岩气藏水相圈闭损害自然解除行为研究［J］. 天然气地球科学，24（6）：1214–1219.

于雷，冯光通，刘宝锋，2019. 低活度强封堵钻井液体系在准中 2 区的研究与应用［J］. 承德石油高等专科学校学报，21（2）：18–21.

于雷，张敬辉，李公让，2018. 低活度强抑制封堵钻井液研究与应用［J］. 石油钻探技术，46（1）：44–48.

喻冰，2020. 裸眼分段压裂无限级全通径滑套工具新进展［J］. 石油钻采工艺，43（1）：68–72.

岳建伟，段永刚，陈伟，等，2004. 含多条垂直裂缝的压裂气井产能研究［J］. 大庆石油地质与开发，24（10）：102–104.

查春青，2019. PDC钻头扭转振动减振工具设计及现场应用［J］. 特种油气藏，26（2）：170–174.

曾凡辉，2021. 页岩气水平井分段多簇压裂返排优化理论与技术［M］. 北京：科学出版社.

曾辉，2017. 致密砂岩气藏压裂缝耦合损害机理研究［D］. 成都：西南石油大学.

曾凌翔，2011. 控制压力钻井技术与微流量控制钻井技术的对比［J］. 天然气工业，31（2）：82–84.

张伯英，1994. 我国水平钻井技术发展简况［J］. 钻采工艺，17（1）：55–57.

张虹，2017. 钻井液用非离子型微乳液WR–I的研制及其封堵和润滑作用［J］. 油气地质与采收率，24（3）：122–126.

张虹，蓝强，2015. 基于疏水改性纳米碳酸钙的钻井完井液［J］. 钻井液与完井液，32（2）：43–46.

张文，杜昱熹，孔凡波，2016. 一种乳液型钻井液润滑剂的制备及性能评价［J］. 石油与天然气化工，45（4）：73–76.

张辛耘，王敬农，郭彦军，2006. 随钻测井技术进展和发展趋势［J］. 测井技术，30（1）：10–15.

张琰，崔迎春，1999. 砂砾性低渗气层压力敏感性的试验研究［J］. 石油钻采工艺，21（6）：1–6.

张琰，崔迎春，2000. 低渗气藏主要损害机理及保护方法的研究［J］. 地质与勘探，36（5）：76–78.

张宇，史晓锋，2016. 旋转导向用电机驱动电路的耐高温设计［J］. 电子测量技术，39（5）：18–21.

赵金洲，陈曦宇，刘长宇，等，2015. SSS水平井分段多簇压裂缝间干扰影响分析［J］. 天然气地球科学，146（3）：533–538.

郑成胜，蓝强，张敬辉，2019. 玛湖油田MaHW1602水平井低活度钻井液技术［J］. 石油钻探技术，47（6）：48–53.

郑成胜，蓝强，张守文，2018. 低黏土疏水暂堵钻井液体系在排673–P1井的应用［J］. 中国石油大学胜利学院学报，32（4）：22–25.

周生田，张琪，1997. 水平井筒压降计算方法［J］. 石油钻采工艺，19（1）：53–59.

Barbala T，Scott M，Stephen H，et al，2011. Gas Isotope Reversals in Fractured Gas Reservoirs of the Western Canadian Foothills：Mature Shale gases in Disguise［J］. AAPG Bulletin，95（8）：1399–1422.

Bennion D B，1995. Water and Hydrocarbon Phase Trapping in Porous Media［M］. CIM Paper.

Bennion D B，Bietz R F，Thomas F B，et al，1994. Reductions in the Productivity of Oil and Low Permeability Gas Reservoirs Due to Aqueous Phase Trapping［J］. Journal of Canadian Petroleum Technology，33（9）：11.

Cai Chunfang，Worden R H，Bottrell S H，2003. Thermochemical Sulphate Reduction and the Generation of Hydrogen Sulphide and Thiols（mercaptans）in Triassic Carbonate Reservoirs from the Sichuan Basin，China［J］. Chemical Geology，202：39–57.

Cipolla C L，Warpinski N. R.，Mayhofer，M. J.，2008. Hydraulic Fracture Complexity：Diagnosis，Remediation，and Exploitation［C］. SPE115771.

Clemo T，2006. Flow in Perforated Pipes：a Comparison of Models and Experiments［C］. SPE 8903606.

Dacy J，2010. Core Tests for Relative Permeability of Unconventional Gas Reservoirs［C］. SPE 135427–MS.

Elgaghah S A, Osisanya S O, Tiab D, 1996. A Simple Productivity Equation for Horizontal Wells based on Drainage Area Concept [C] . SPE 35713.

Elrafie, E A, Wattenbarger, R A, 1997. Comprehensive Evaluation of Horizontal Wells with Transverse Hydraulic Fractures in the Upper Bahariyia Reservoirs [C] . SPE 37759.

Fries N, Dreyer M, 2008. The Transition from Inertial to Viscous Flow in Capillary Rise [J] . Journal of Colloid and Interface Science, 327 (1) : 125–128.

Fulda C, Hartmann A, Gorek M, 2010. High Resolution Electrical Imaging While Drilling [C] . SPWLA–2010–46830.

Hegre, Larsen, 1994. Pressure Taansien Analysis of Multifractured Horizontal Well [C] . SPE28389.

Joshi S D, 1986. Augmentation of Well Productivity using Slant and Horizontal Wells [C] . SPE 15375.

Maalouf C B, Zidan M, Uijttenhout M, et al, 2017. Responsive Design of Inflow Control Devices Completions for Horizontal Wells [C] . SPE 188794.

Mayerhofer M J , Lolon E P , Youngblood J E , et al. , 2006. Integration of Microseismic–Fracture–Mapping Results With Numerical Fracture Network Production Modeling in the Barnett Shale [C] . SPE 102103.

Minette D C, Madison Conn, 1992. Method for Analyzing Formation Data from a Formation Evaluation MWD Logging Tool : US5091644 [P] . 1992–02–25.

Mo S Y, He S L, Lei G, et al, 2016. Effect of the Drawdown Pressure on the Relative Permeability in Tight Gas : a Theoretical and Experimental Study [J] . Journal of Natural Gas Science and Engineering, 24: 264–271.

Parn–anurak S, Engler T W, 2005. Modeling of Fluid Filtration and Near–wellbore Damage along a Horizontal Well [J] . Journal of Petroleum Science and Engineering, 46 (3) : 149–160.

Penmatcha V R, Aziz K, 1999. Comprehensive Reservoir/Wellbore Model for Horizontal Wells [J] . SPE Journal, 4 (3) : 224–234.

Prada A, Civan F, 1999. Modification of Darcy' s law for the Threshold Pressure Gradient [J] . Journal of Petroleum Science and Engineering, 22 (4) : 237–240.